渤海海冰储量测算与品质评价

顾　卫　史培军　陈伟斌
谢　峰　许映军　袁　帅　著

科学出版社
北　京

内 容 简 介

本书是在完成国家自然科学基金委员会重点基金项目“渤海海冰作为淡水资源的储量测算”(40335048)和科技部国家科技支撑重大项目课题“渤海海冰资源开发利用关键技术及试验研究”(2006BAB03A03)部分工作基础上撰写而成的。本书采用遥感和地理信息系统技术,结合海上和沿岸海冰调查以及海冰冻结实验等数据,提出了海冰面积和厚度的信息提取方法,完成了渤海海冰资源储量的测算,分析了海冰储量的时空分布规律,指出了海冰作为淡水来源的品质特点,探讨了海冰开采对沿岸气候和海水盐度的可能影响,评价了渤海不同海区海冰资源开发的适宜性。

本书是海冰资源开发利用的理论基础,可作为物理海洋、海冰工程、海冰灾害等领域专业人员的参考书,也可作为海洋科学与工程、资源科学与工程等专业研究生的教学参考书。

图书在版编目(CIP)数据

渤海海冰储量测算与品质评价 / 顾卫等著. —北京:科学出版社,2014.9

ISBN 978-7-03-041914-9

Ⅰ.①渤… Ⅱ.①顾… Ⅲ.①渤海-海冰-储量-测算 ②渤海-海冰-品质-评价 Ⅳ.①P731.15

中国版本图书馆 CIP 数据核字(2014)第 217920 号

责任编辑:彭胜潮 景艳霞 / 责任校对:韩 杨
责任印制:钱玉芬 / 封面设计:铭轩堂

科学出版社 出版
北京东黄城根北街 16 号
邮政编码:100717
http://www.sciencep.com

北京通州皇家印刷厂 印刷
科学出版社发行 各地新华书店经销

*

2014 年 9 月第 一 版 开本:787×1092 1/16
2014 年 9 月第一次印刷 印张:19 1/2 插页:14
字数:450 000

定价:139.00 元

(如有印装质量问题,我社负责调换)

前言

渤海古称“沧海”，又因地处北方，也称为“北海”，其地理位置为37°07′~41°0′N，117°35′~122°15′E。

渤海是我国的内海，它三面环陆，北、西、南面分别与辽宁省、河北省、天津市和山东省三省一市(直辖市)毗邻，东面通过渤海海峡与黄海相通，辽东湾、渤海湾、莱州湾三大海湾构成了渤海的主体，辽东半岛和山东半岛犹如伸出的双臂将其合抱，构成首都北京的海上门户。

渤海的面积约为8.27万km^2，平均水深18 m，沿岸水浅处只有几米，东部老铁山水道水深处达86 m。渤海海峡口宽59 n mile，渤海水总容量约1 730 km^3。

渤海是我国北方的海上交通要道，它拥有40多个港口，构成了中国最为密集的港口群。渤海拥有辽河油田、冀东油田、大港油田和胜利油田，是我国重要的油气资源基地。另外，渤海盛产对虾、蟹和黄花鱼，海洋资源和旅游资源极其丰富。正在建设中的天津滨海新区和河北渤海新区，将成为我国北方最大的经济开发区。

渤海沿岸是以京津冀为核心、以辽东半岛和山东半岛为两翼的环渤海经济区。环渤海经济区包括北京、天津、河北、山东、辽宁三省两市(直辖市)，面积51.8万km^2，占全国陆地面积的5.4%；人口2.3亿，占全国总人口的17.5%；地区生产总值达到3.8万亿元，占全国生产总值的28.2%；该经济区是我国北方重要的经济地带，也是东北亚经济圈的中心地区。

然而这样一个具有重要政治意义、经济意义、战略意义的地区，长期以来却受到淡水资源短缺的困扰。虽然辽河、滦河、海河、黄河等水系在这里入海，但由于气候干旱、水量减少、需量过高、污染严重等原因，只能是“守着河流无水用，望着渤海用水难”。环渤海地区水资源总量占全国的2%，地表水资源量占全国的1.3%，人均水资源量低于500 m^3，不到全国的1/5，属于水资源严重短缺地区；其中大连、天津、北京、青岛等城市人均水资源量甚至低于180 m^3，处于极度缺水状态。水资源短缺已经成为21世纪制约环渤海地区社会经济可持续发展的最大瓶颈。

国家为了解决环渤海地区的水资源短缺问题，已先后建设了引滦入津、引黄济津等供水工程，目前正在建设南水北调工程，这对于缓解天津、北京等局部地区的水资源不足起到重要作用，但在总体上并没有扭转环渤海地区的缺水局面；特别是对于辽东半岛、山东半岛来说，还难以直接受益于南水北调等大型调水工程。

寻找和扩大新水源，增加淡水资源总量，是解决我国淡水资源短缺的根本途径，是保障我国社会经济可持续发展具有重大意义的战略措施，也是资源科学工作者肩负的重要历史使命。由于我国北方地区最大的水面是渤海，因此，向渤海要淡水成为新水源开发的主要方向之一。

海水淡化是人类追求了几百年的梦想。早在世界大航海的时代，英国王室就曾悬赏征求经济合算的海水淡化方法。时至今日，海水淡化的方法虽然有数百种之多，但真正被大量用于工业化生产的是反渗透法(膜法)和蒸馏法(热法)。特别是 20 世纪 50 年代以来，全球水资源危机的加剧促进了海水淡化技术发展。作为一种可靠的工业技术，海水淡化产业已成为新兴产业部门。目前全球已有 120 多个国家 170 多个公司在从事海水淡化产业，全世界已有 1.36 万座海水淡化厂，海水淡化供养的人口已达 1 亿之众。

我国海水淡化技术起步于 1958 年。经过 50 多年的发展，已经形成了比较成熟的多级闪蒸、多效蒸发和反渗透等海水淡化技术，完成了多项工程示范，日产水能力已经达到 70 万 m^3。但由于能耗、材料、价格等方面的原因，海水淡化技术的推广和应用还不尽如人意。那么，除了海水直接淡化以外，是否还有其他海水淡化方法呢？科研人员把目光从海水转向了海冰。

渤海是地理位置偏北的内陆型海区。在冬季风和寒潮天气的影响下，渤海在冬季会出现海水冻结现象，形成大范围的海冰。由于海水在冻结过程中将大量盐离子排出冰体，因此海冰的盐度大大低于海水。渤海海水的盐度为 28‰~30‰，渤海海冰的盐度只有 4‰~11‰，最低的可达到 3‰，而 3‰的盐度已经接近农业灌溉用水的盐度标准。也就是说，如此低盐度的海冰，如果经过简单的处理，能以较低的成本转变为淡水的话，就有可能成为新的淡水资源，从而为解决北方地区缺水问题提供一个新途径，并为增加我国淡水资源总量作出贡献。

开发海冰作为淡水资源利用的研究设想，最早由北京师范大学史培军教授会同其他单位的专家在 1995 年提出，得到了包括前国务委员、原国家科学技术委员会主任宋健院士等领导和学者的支持与指导。为使这一设想得以实现，北京师范大学首先开展了海水成冰及脱盐机理的室内试验研究。2000 年科学技术部农村与社会发展司首次对海冰资源利用研究予以立项支持，使这方面的研究工作开始被纳入国家研究计划，从室内试验逐步走向实际应用研究。2001 年，科学技术部农村与社会发展司再次对海冰资源利用研究给予支持，决定由北京师范大学、国家海洋局海洋环境保护研究所、国家海洋局天津海水淡化与综合利用研究所共同组织研究队伍，以“渤海海冰作为淡水资源的可行性研究”为题目，对海冰资源量的估算、海冰脱盐机理和脱盐技术、海冰采集和储运方法等问题开展进一步研究，取得了一些初步成果。

海冰资源开发利用的主要问题有 4 个：一是海冰作为淡水资源的量与质的问题；二是海冰脱盐淡化的机理和技术问题；三是海冰开采对周边环境的影响问题；四是工业化生产海冰淡水的工艺流程和质量控制问题。在这 4 个问题中，前 3 个问题为海冰淡化的理论和技术问题，后一个问题为海冰资源产业化开发的工程和经济问题。

国家自然科学基金委员会地球科学部基于海冰资源研究对环渤海地区社会经济可持续发展的战略意义，决定以重点项目的力度来支持海冰资源研究的发展。2004 年国家自然科学基金重点项目“渤海海冰作为淡水资源的储量测算”(项目编号：40335048)正式启动，标志着海冰资源开发利用基础理论研究开始进入新阶段。此后，科学技术部在 2006 年以“十一五”国家科技支撑重大项目课题“渤海海冰资源开发利用关键技术及试验研究”(项目编号：2006BAB03A03)，对渤海海冰资源储量和质量研究继续给予了支持。

“渤海海冰储量测算与品质研究”包含以下 10 个方面：

(1) 渤海与渤海海冰概况；

(2) 冬季渤海的结冰范围信息提取方法研究；

(3) 渤海海冰面积的量算方法与海冰面积时间序列；

(4) 渤海海冰厚度参数光谱信息特征的实验研究；

(5) 渤海海冰厚度信息提取方法研究；

(6) 海冰厚度随时间的变化特征；

(7) 渤海海冰资源储量估算及其时空分布特征分析；

(8) 渤海海冰开发对周边生态环境的影响；

(9) 渤海海冰资源品质分析；

(10) 渤海海冰资源开发区位评价。

上述项目由北京师范大学主持，参加及协作单位包括国家海洋环境监测中心、辽宁省气象局等。经过研究人员近四年的努力，在渤海海冰资源量的估算方法、渤海海冰资源量时空分布特征、海冰开采对沿岸气候和海水盐度的影响、海冰品质特征等方面取得了新的进展。本书以上述两个国家项目的研究成果为基础，是对前一阶段海冰资源化开发利用研究的总结和提炼。

本书由顾卫、史培军、陈伟斌、谢峰、许映军、袁帅等共同撰写，主要作者及其工作单位如下。

北京师范大学地表过程与资源生态国家重点实验室：史培军、顾卫、哈斯、李宁、许映军、谢峰、袁帅、国巧真、顾松刚、崔维佳、黄树青、吴之正、刘珍、刘杨、张秋义、宋培国、从建鸥、乐章燕、李澜涛、刘成玉。

北京师范大学地理学与遥感科学学院：王静爱、张国明。

国家海洋环境监测中心：陈伟斌、赵骞、周传光、张淑芳、徐学仁、孟广琳、王立平、吴有贵。

中国气象局沈阳大气环境研究所：崔锦、周晓姗、陈立强。

海冰资源化利用研究是一项艰苦而又繁重的工作。冬季，在-20℃以下严寒里，研究人员或是顶风冒雪在野外开展考察和试验工作，或是在渤海沿岸冰区组织人力、安装设备、采冰进行淡化试验，或是乘船出海穿越冰区调查、观测、取样，不畏冰隙的危险，克服了晕船的困扰，一次又一次地在现场取得宝贵的第一手数据。夏季，在30℃以上的高温中，研究人员或是坚守在试验田中观测、采样，分析作物生长状况，或是不畏急剧的温度变化而进入-10℃的低温实验室，研究海冰脱盐机理。16年的不懈努力，终于有了初步的回报，海冰资源化利用研究已经完成了实验室机理分析和现场小型试验工作，目前正在开展中间试验，最终将把这项科研成果推向产业化应用。

从资源性的角度研究海冰淡化利用问题，在国际上尚无先例。其原因在于地球上海冰主要出现于极地和高纬度地区，那里人口稀少，经济不发达，淡水资源储量比较丰富，由于不存在水资源短缺问题，也就没有开发海冰作为淡水资源的需要。所以国际上有关海冰的研究主要是围绕海冰与海上生产和海上交通运输的关系、海冰与海洋热力动力过程、海冰与全球气候等问题展开，国内也是如此。

渤海三面为陆地环绕，独特的地理位置使之成为地球上纬度最低的结冰海域。由于同纬度的其他海区均无结冰现象，因此有关渤海海冰资源开发利用的研究将充分体现我国的自然、地理和人文特点。随着环渤海地区淡水资源紧缺问题日益严重，实现将渤海海冰作为淡水资源开发利用的设想，将会使我国在国际水资源和海冰等学科前沿独树一帜，并居于领先之地，同时成功的海冰淡化水资源利用也将是一项对人类发展具有重要科学价值的创新。

渤海海冰资源化利用研究是一件新生事物，由于它在某种意义上颠覆了传统海洋学的一些概念，加上自身在理论、技术、经济等基础研究方面还有不足，因此它从提出设想开始，就受到一些人的置疑或反对，被认为是不可能或者是无意义的。迄今为止，也并未得到学术界的完全认同。我们承认，渤海海冰资源利用问题仍然处于摸索、研究、试验阶段，专家、学者的意见恰恰是我们亟待解决或正在解决的理论难点和关键技术问题。作为参与海冰资源利用工作的资源科学研究人员，我们感到幸运。渤海海冰资源利用对于保障我国环渤海地区经济安全、全面建设小康社会和实现可持续发展、缓解战略性水资源紧缺局面具有战略意义。因此在决定是否应该开展海冰利用可行性研究的关键时刻，科学技术部和国家自然科学基金委员会果断地决策给予支持；在讨论是否需要继续深入开展海冰淡化技术集成示范研究的重要时刻，教育部和国家海洋局也坚定地给予支持。另外，还因为我们的想法赶上了学有所用的新时代，这就是建设资源节约型、环境友好型社会的时代，这就是建设以人为本、和谐社会的时代。我们相信，有社会发展的需要，有政府部门的支持，有专家学者的批评指导，海冰资源化利用研究不仅能够走到今天，而且一定能够走向产业化，成为造福于社会的新型水资源。

感谢全国人大、科学技术部、国家自然科学基金委员会、教育部、国家海洋局对渤海海冰资源化利用项目的支持和资助！感谢北京师范大学、国家海洋环境监测中心等单位对项目研究人员的鼓励和支持！感谢所有关心、支持、批评和指导海冰项目的人！

本书在撰写过程中，引用和参考了前人和有关学者的研究成果，在此一并致谢！

由于时间和水平所限，书中疏漏之处在所难免，期待着同行学者的批评与赐教！期待着与读者讨论交流！

任何可能都是产生于不可能之中。把海冰灾害化为海冰资源，造福中国，造福人类！

目　录

第 1 章　渤海与渤海海冰概况

1.1　渤 海 概 况

渤海是深入中国大陆的内海，它三面被陆地（辽宁省、河北省、天津市、山东省）所环抱，仅东部以渤海海峡与黄海相通，其具体地理位置为 37°07′~41°0′N，117°35′~122°15′E。渤海面积约为 82 700 km^2，大陆海岸线长 2 668 km。平均深度 18 m，最大水深 78 m，20 m 以上的浅海域占渤海面积的一半以上。

渤海地处北温带，多年平均气温 10.7℃，年降水量 500~600 mm。渤海水温变化受北方大陆性气候影响，2 月为 0℃左右，8 月约为 21℃。严冬来临，除秦皇岛、大连等以外，沿岸大都冰冻，3 月初融冰时还常有大量流冰发生。大陆河川大量淡水的注入，使渤海海水盐度降低，表层盐度年平均值为 29.0‰~30.0‰。

渤海主要可以分为 4 个海区：北面的辽东湾、西面的渤海湾、南面的莱州湾以及渤海中部（图 1-1）。渤海各个海区的基本特征如下。

1. 辽东湾

辽东湾位于渤海北部，水深较大，最大水深可达 30 m，面积约为 28 000 km^2，是渤海最大的海湾。辽东湾呈东北-西南走向，大部分位于辽宁省境内，西南部属于河北省，有辽河、滦河等大型河流流入，主要海洋要素受陆地与河流的影响较大。

2. 渤海湾

渤海湾位于渤海的西部，最大水深为 28 m 左右，面积约为 14 000 km^2。渤海湾呈东-西走向，沿岸分别属于河北省、天津市和山东省，有海河、蓟运河等大型河流流入，主要海洋要素受陆地与河流的影响较大。

3. 莱州湾

莱州湾位于渤海的南部，最大水深为 18 m 多，面积约为 11 000 km^2。莱州湾呈东北-西南走向，全部位于山东省境内，有黄河、小清河等大型河流流入，特别是黄河对莱州湾影响较大。

4. 渤海中部

渤海中部是渤海中面积最大、水深最深的海区，最大水深为 78 m，面积约为 29 800 km^2。渤海中部距离大陆以及河口相对较远，因此主要海洋要素受到陆地与河流的影响较小，而渤海之外的黄海对其有重要影响（杨国金，2000）。

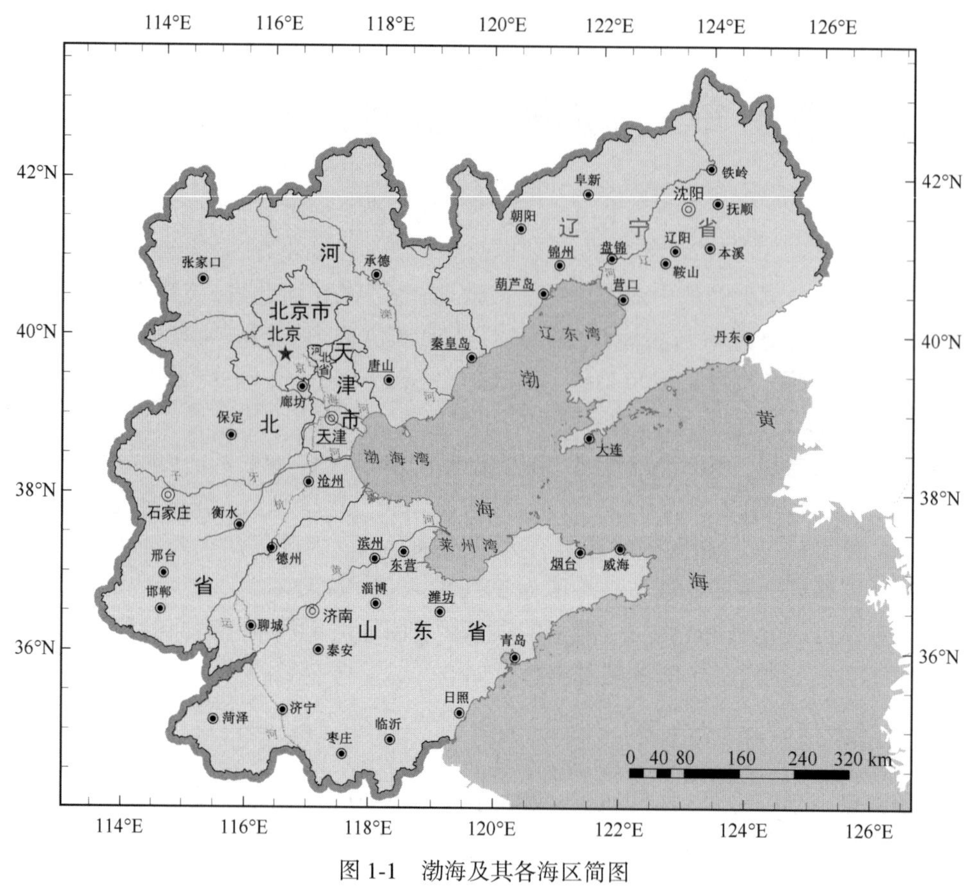

图 1-1　渤海及其各海区简图

1.2　渤海冬季的气候特点

海冰是海水在低温条件下的冻结物。渤海海冰的形成，与渤海冬季气候密切相关。

从气候学上讲，冬季是指连续 5 天的平均温度在 10℃以下的时段。在渤海不同海区，冬季的起止时间不尽相同。辽东湾冬季大致是从 10 月中旬开始，至 4 月中旬结束，其间约 180 天；渤海湾冬季大致是从 10 月下旬开始，至 4 月上旬结束，其间约 160 天；莱州湾大致是从 11 月上旬开始，至 4 月上旬结束，其间约 150 天(国家气象信息中心气象资料室，2002)。

渤海冬季最冷的月份是 1 月，平均气温为-9～-3℃，平均最低气温为-14～-6℃，气温日较差为 8～10℃。其中，辽东湾底部的营口气温最低，1 月平均气温为-9℃，莱州湾底部的潍坊气温最高，1 月平均气温为-3℃。渤海平均年极端最低气温达-24～-14℃。

渤海冬季盛行偏北风，以北风、西北风为主，1 月平均风速为 3～5 m/s。渤海冬季降水量较少，1 月降水量为 5～10 mm。

1.3　渤海海冰的形成与发展

1.3.1　渤海海冰形成的因素

海冰形成和发展显然与海区状况和大气条件有关。影响海冰出现和分布的因素可概括为气象要素和物理海洋要素两大类。气象要素包括气温、风向、风速和降雪量；物理海洋要素包括海水的温度、密度、盐度、水深、湍流等。

气温是最直接的因素，持续地低于冰点水温和过冷水温的累计负气温是海冰形成和发展的必要条件。冻结指数越大，海冰形成和发展得越快。

季风和回转流的方向是使初生冰晶在沿岸聚散的条件，当风向和流向有利于冰晶的聚集，海冰形成和发展得就快，否则海冰难以形成或形成得缓慢。沿岸冰脚带海冰的形成、堆积主要是风和流的作用。

频繁降雪和大量降雪，是海冰快速形成和发展的重要原因之一，大量降雪可直接形成海冰晶核和间接助长海冰的发展。特别是在潮间带的海水中，大量的雪晶会直接形成油脂状冰，涨潮时在岸边冰脚带可形成很高的冰坝；退潮时油脂状冰在潮间带可快速形成厚的单层冰，这种现象远远超过冻结指数的影响。

水深的影响较为明显，浅水域热容量小，而深水处热容量大，在浅水域或混合层内，充分发展的湍流运动使整层的海水温度几乎一致，因此海冰的冻结都是从沿岸浅水海域开始，逐渐向深水海域扩展。

盐度对海冰形成的影响很复杂。一方面冰点是盐度的函数，冰点随着盐度的增大而降低，因此盐度低的表层海水先结冰，盐度高的表层海水后结冰，所以河流入海口处，大量淡水的加入使海水盐度较低，是造成该区早于其他海区结冰并且冰情较重的一个原因。另一方面，水密度达到最大时的温度随盐度的增大而很快地降低，比冰点降低得快。当盐度大于 24.6‰时，海水最大密度时的温度低于冰点；而盐度小于 24.6‰时，海水最大密度时的温度高于冰点。假设初始均匀的水柱内盐度超过 24.6‰，表层海水受大气等要素冷却降温变冷，直至结冰。变冷的表层海水温密度大于下层的海水密度，这样冷却的表层海水不断下沉，形成对流，使表面海水冻结，整层海水降温到或接近冰点。因此在此情况下表面海水一旦冻结，就迅速发展向下伸展。由于对流的形成，结冰之前需要冷却更多的海水，这延迟了结冰的时间。另外，海冰形成时在冰晶、冰针和冰片的合并过程中，一部分盐水被包围在合并时形成的冰穴内；而另一部分则析出下沉到下面的海水中，析出的盐水使冰层下海水的盐度和密度增加，加剧了下层海水的对流运动。同时，盐度的增加使冰点进一步降低，更加延缓了结冰的速度。

凝结核对海冰形成的作用同样明显。达到冰点的海水含有很多凝结核时会很快冻结，而没有或凝结核很少时，常有过冷却水出现，特别是在平静的海面上。但这种条件下一旦有冰晶生成，生成的冰晶就会成为凝结核而使海水很快冻结。

海冰形成后的进一步发展同样依赖于海洋和大气条件。大气通过各种物理过程造成海冰表面的降温或升温，进而通过海冰内部的物理过程而影响海冰的生消和发展。冰厚通过影响冰层中的导热通量而影响海冰的发展。在其他条件相同的情况下，海冰的增长速率随冰厚增大而减慢。因为冰层越厚，向上的导热通量越小。海洋中海冰下表面的热平流和湍流热交换也影响着海冰的进一步发展。

一般海冰的融化过程比其形成过程要快得多。海冰融化的详尽物理过程尚不明晰。一个较为明显的事实是，融冰期中白昼变长，太阳辐射加强，引起冰面融化和融冰加快，表面反照率减小，吸收更多的太阳辐射。随着海冰的融化，开始出现水道、垂直融洞和分散的融坑。融化到一定程度后，侵蚀作用加强，沿着水道缝出现冰裂。由于浪、流和风的作用，冰裂进一步加剧，冰面积减少，冰动力和热动力相互作用加强，海冰加速崩溃，直至消失。

1.3.2 渤海海冰的发展过程

海水冷却引起的垂直对流，使对流层的海水达到冰点温度之后进一步冷却，海面开始结冰。冷却使表面薄层海水过冷产生结晶核，然后生成很小的冰晶，称之为冰针。刚生成的冰针很小，用肉眼不易分辨。

当冰在平静无浪的冷水中形成时，冰针在整个生长过程中可由极小的冰球体发展成六角星形晶粒(Arawaka，1954)。六角星形晶粒彼此冻结在一起，最终就形成表面光滑的冰皮，以后厚度逐渐增加。这些冰皮随着厚度的增大从而形成比较硬的尼罗冰。尼罗冰继续增厚而不产生变形，被称为平整冰。大冰盘平整冰或冰皮断裂后，可形成中冰盘平整冰、小冰盘平整冰或冰块、碎冰。平整冰或冰皮在风和流的作用下容易发生单层重叠和多层重叠，这种冰被称为重叠冰和多层冰。

在多数情况下，形成冰晶的初期海面有波浪。风越大，冷却就越快，单位体积内就产生更多的冰晶，并且形不成六角星形冰晶，而是杂乱无章的像沙子似的粒晶冰。另外，波浪很大时，不仅海面而且海水内部也会产生粒晶冰，并上浮到表面。这样，在海面的一定水深范围内，破碎的粒晶冰就更为集中，漂在水面上成为油脂状冰。

油脂状冰和冰块在岸边可随海浪而被堆积到岸上和礁石上形成较宽的冰脚带。按堆积程度和形状，可形成冰墙、冰坝。

油脂状冰形成后，如果海面平静，退潮时会部分滞留在沙滩上。初期其表面平整、冰质松软，称之为海绵状冰。在持续低温以及海水多次反复涨落潮的浸入下，海绵状冰逐渐可形成坚实的平整冰或平整固定冰。

油脂状冰在涌的作用下可不断地做上下运动。在运动过程中，大小约为波长一半的油脂状冰就被集合冻结在一起形成小冰盘或冰块。这些油脂状冰形成的初始冰盘一般强度较低且较柔软，相互碰撞和摩擦后边缘易卷曲形成圆盘状的冰块，其边缘微有上卷，这种冰被称为莲叶冰。

莲叶冰如果在潮间带搁浅，在冷空气和浅水浪、流的作用下，很容易形成形状不规则的堆积冰或大小不等的冰丘。由于潮流的作用，在厚冰块和冰丘之间常出现水面相对平静的水坑、水池或冰间湖。在冷空气作用下，水坑可迅速发展成较厚的平整冰。这些冰与周围的厚冰块、冰丘、冰坝以及礁石冻结在一起，在岸边可形成一定宽度的固定冰区，固定冰宽度与地形变化有关。

在离岸海域，如果海面气温继续降低，莲叶冰本身变硬，互相冻结在一起，形成表面略微粗糙且尺度各异的冰盘。随着冰盘厚度的变化，常用灰冰、灰白冰和白冰描述这些冰盘。

在(渤海)离岸较近的海域，冰的重叠和破碎如果发生在大冰盘之间，或发生在大冰盘与岸边平整固定冰之间，由于碎冰的堆积就有可能形成冰脊，冰脊特征通常用帆高和龙骨深度描述。

渤海海冰按其生长过程、存在形态、表面特征、冰块尺寸、晶体结构等分类存在的类型如下所述。

按其生长过程存在的冰型有初生冰（冰针、油脂状冰、海绵状冰）、尼罗冰（包括冰皮）、莲叶冰、灰冰、灰白冰、白冰（表 1-1）。

表 1-1　渤海海冰冰型定义*

冰　型	定　义
初生冰	由冰针和冰晶冻结的薄冰片
冰皮	厚度小于 5 cm 有弹性、易破碎的薄冰层
尼罗冰	厚度为 10 cm 之内，能产生指状重叠的薄冰层
莲叶冰	厚度为 10 cm 之内，直径为 0.3~3 m 的圆形冰块
灰冰	厚度为 10~15 cm 的初期冰，受到挤压时发生重叠
灰白冰	厚度为 15~30 cm，受到挤压时大多呈脊
白冰	厚度为 30~70 cm 的一年冰
中一年冰	厚度为 70~120 cm 的一年冰
厚一年冰	厚度超过 120 cm 的一年冰

* 改编自文献：杨国金，2000。

按存在形态的分类有固定冰和流冰，固定冰包括沿岸冰、冰脚、锚冰、搁浅冰等。

按海冰表面特征分类有平整冰、重叠冰、堆集冰、冰脊、冰丘等。

按冰块尺寸分类有冰原冰、大冰盘、小冰盘、莲叶冰、冰块、碎冰。

按晶体结构分类有柱壮冰和粒状冰。

由表 1-1 中定义可见，冰型的差异不是由于海冰本身的差异造成的，而是由于冰厚度的差异引起的形态差异。从宏观上来看，渤海海冰的形成、发展乃至消失对应的就是渤海海冰的不同冰期。渤海主要海区冰期的划分如表 1-2 所示。

表 1-2　渤海主要海区海冰冰期*

项目	辽东湾					渤海湾			莱州湾		
	北岸	西北	西南	东北	东南	北	西	南	西	南	东
初冰日（日/月）	23/11~26/11	3/12	20/11	17/11	3/2	10/12	22/12	10/12	5/12	15/12	18/12
终冰日（日/月）	25/3	15/3	10/3	22/3	15/3	20/3	25/2	9/3	5/3	26/2	25/2
冰期/天	120	108	103	120	68	108	55	90	80	—	—
盛冰期初日（日/月）	15/12	25/12	10/1	20/12	20/1	15/1	13/1	27/12	25/12	—	5/1
盛冰期终日（日/月）	5/3	5/2	25/1	2/3	17/2	10/2	2/2	20/2	20/2	—	10/2
盛冰期/天	85	65	27	72	18	20~30	12	55	50	—	20~25

* 改编自文献：杨国金，2000。

根据海冰观测规定，表 1-2 中海冰的初冰日和终冰日分别指的是观测海区范围内海冰最早出现或者最晚消失的日期。从初冰日到终冰日的这段时间被称为冰期，也称为总冰期。从表 1-2 中看出，辽东湾的冰期最长，大约为 4 个月。

1.4　渤海冰情特征

1.4.1　渤海冰情的空间特征

海冰的形成和分布是区域气象要素和物理海洋要素共同作用的结果，具有明显的区域差异性。渤海冰情的空间特征主要表现在不同海区的冰情差异（辽东湾、渤海湾、莱州湾以及渤海中部），除冰情很重的年份之外，渤海中部很少有海冰分布，因此渤海冰情的空间分布总体特征是：近岸冰厚，北多南少，主要集中在辽东湾、渤海湾和莱州湾。

辽东湾的海冰范围最大，在冬季风的作用下，不断向湾口扩展。海冰的输送一方面扩展了海冰的外缘线；另一方面输出的海冰不断降低海水温度，使之更容易结冰。受逆时针沿岸流的影响，海冰被从北岸向东输送，在东岸鲅鱼圈外海形成大范围的堆积冰区。西岸主要是平整冰，以单层冰为主，厚度不大。

渤海湾的海冰受环流的影响主要沿 15 m 等深线分布，但在河口附近冰区范围较大。在冬季风作用下，海冰被不断向渤海湾的西部和南部输送，在这里形成重叠和堆积的冰区。由于气象条件有利于海冰维系在渤海湾，历史上渤海湾曾出现严重的冰情。近年来由于气候变暖的因素，渤海湾冰情不重。

莱州湾结冰晚、融冰早，冰情不重，一般 12 月开始结冰，2 月底海冰全部融化。莱州湾西部靠近黄河三角洲的海域冰情较重，主要是那里的海水盐度低、海岸地形和风场相互作用有利于堆积以及三角洲沿岸浅滩面积大等原因。而东部海区各种因素都不利于海冰累积，冰情较轻。在河口和浅滩区，极端年份的海冰堆积高度可以达到 3 m，海上固定冰厚度可以达到 40 cm。莱州湾融冰虽早，但冰情不稳定，容易发生反复。

冰情的空间特征是由多种因素决定的。国家海洋局于 1973 年制定了《中国海冰冰情预报等级》，渤海和北黄海轻冰年、偏轻年、常冰年、偏重年、重冰年的海冰分布范围如图 1-2（a）所示，渤海常冰年，轻冰情年份、重冰情年份冰厚分布如图 1-2（b）、（c）、（d）所示。

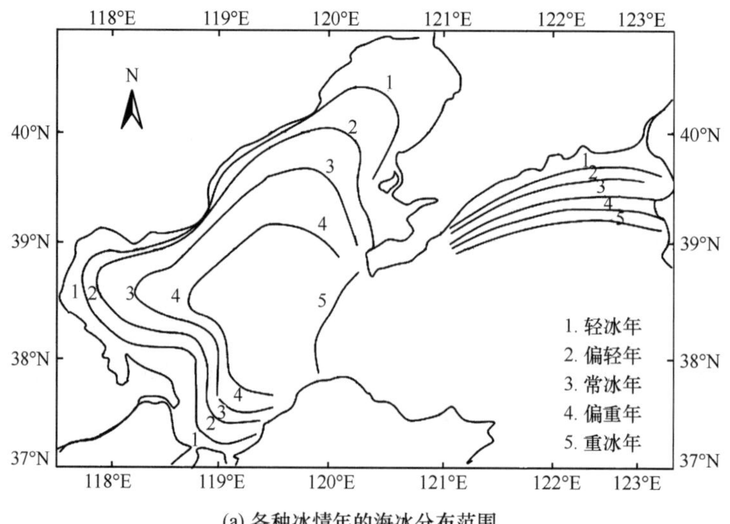

(a) 各种冰情年的海冰分布范围

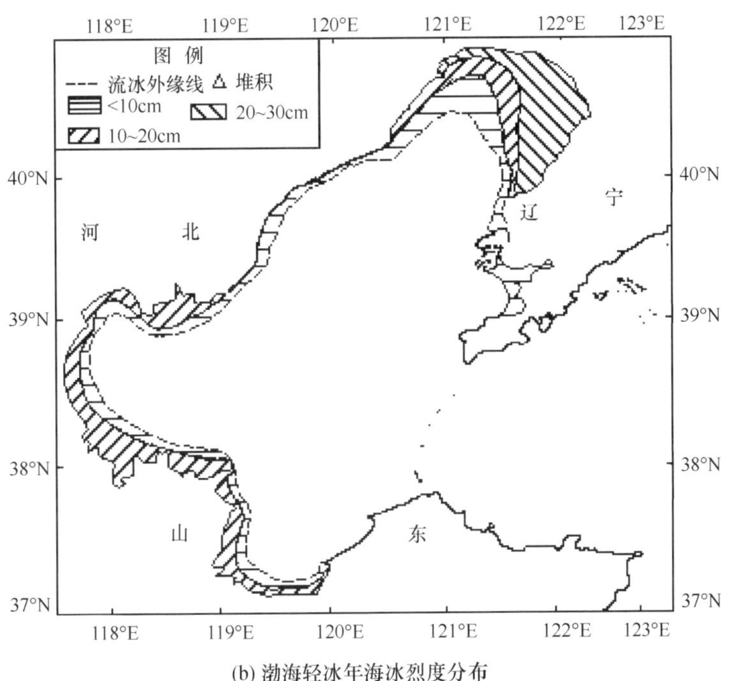

(b) 渤海轻冰年海冰烈度分布

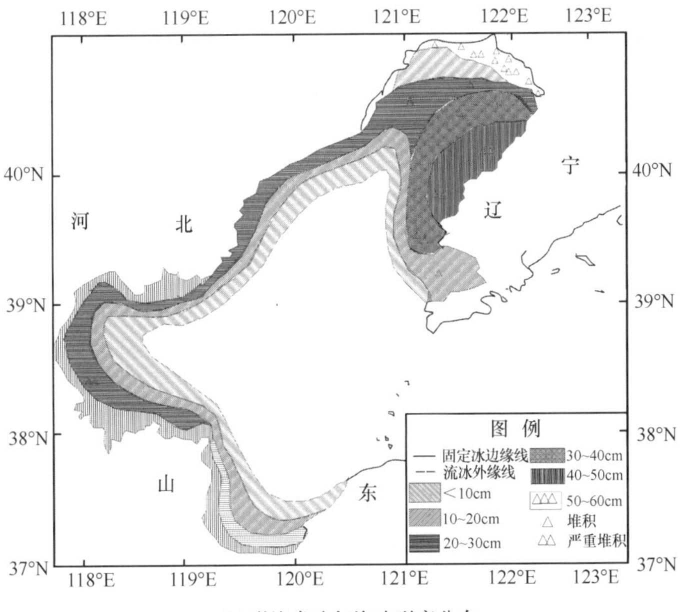

(c) 渤海常冰年海冰烈度分布

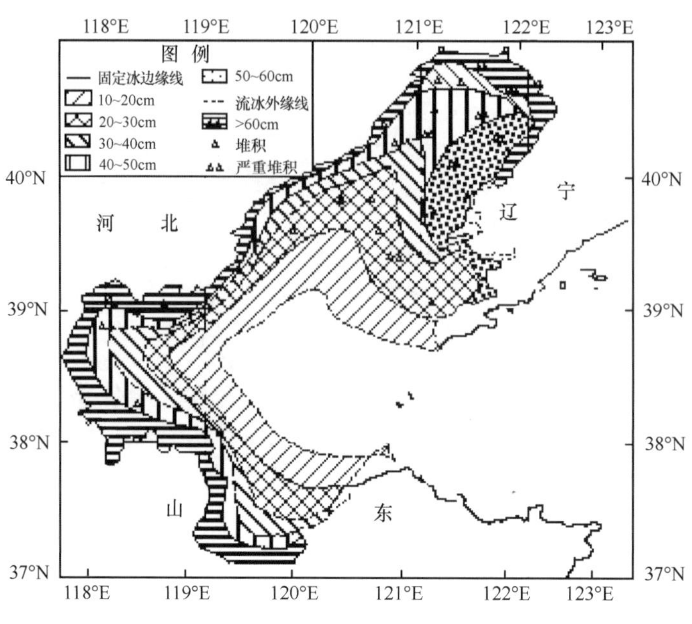

(d) 渤海偏重年海冰烈度分布

图 1-2　渤海各冰情年海冰分布范围及烈度分布

引自文献：丁德文等，1999

1.4.2　渤海冰情的时间特征

渤海冰情的时间特征主要表现在年内和年际冰情变化上。年内变化表现为海冰的形成、发展、消融和消失，具体体现在冰期的长短（表 1-2）以及不同海区的冰情特征（丁德文等，1999）。

1. 辽东湾冰情

辽东湾北部在 11 月中旬、下旬或 12 月上旬开始结冰，西部和东部在 12 月上旬、中旬开始结冰。结冰从沿岸浅滩和海湾处开始，逐渐向海区中央扩展。到 1 月末，西部流冰扩展到距岸约 18 km 处，东部流冰扩展到距岸约 24 km 处，北部流冰扩展到距岸约 74 km 处。2 月中旬，流冰范围分布接近 40°00′N，此时辽东湾流冰分布范围最大。2 月末至 3 月初，流冰分布范围缩小，北部流冰边缘线退缩至 40°00′N 以北，东部流冰距岸约 20 km，西部流冰范围分布在浅滩或沿岸海湾内。一般年份，在 3 月中旬前后海冰全部消失。平均冰期为 105～130 天。

北部流冰厚度一般为 15～30 cm，固定冰厚度一般为 30 cm 左右，最大可达 98 cm。东部流冰厚度一般为 10～30 cm，固定冰厚度一般为 25～30 cm。西部冰厚一般为 10～30 cm。

2. 渤海湾冰情

渤海湾在 12 月上旬、中旬开始结冰，在 1 月下旬左右进入严重冰期，流冰分布范围距岸 10～20 km，固定冰分布范围在渤海湾的北部浅滩海区距岸 3～4 km，在渤海湾南部距岸 2 km 左右，此时渤海湾海冰边缘线范围最大。到 2 月中旬、下旬或 3 月上旬，海冰全部消失。平均冰期为 90～110 天。

进入严重冰期，海冰厚度为 10～30 cm，北部固定冰厚度为 20～40 cm，南部固定冰厚度为 10～30 cm。

3. 莱州湾冰情

莱州湾在 12 月上旬、中旬开始结冰，至第二年 2 月中旬、下旬海冰消融。平均冰期为 75 天。

莱州湾流冰范围大致沿着 5 m 等深线分布，在河口附近海区和莱州湾西部海面分布在距岸 10～30 km，莱州湾南部流冰分布在距岸 8～20 km，莱州湾东部流冰分布在距岸 5～15 km。在严重冰期，莱州湾西部沿岸形成固定冰，分布宽度一般距岸 0.5～2 km，西部沿岸固定冰比东部略有加宽。海冰厚度一般为 5～15 cm，固定冰厚度为 10～20 cm。

渤海冰情时间特征的另外一个表现是冰情的年际变化。通过比较不同年份的海冰可以将海冰分为若干等级。我国将渤海与黄海的海冰分为 5 级，即轻冰年、常冰年偏轻、常冰年、常冰年偏重、重冰年 5 种等级。划分冰情等级的主要依据是严重冰期时的海冰范围和海冰厚度，表 1-3 是渤海辽东湾、渤海湾、莱州湾 3 个主要海区的冰情等级指标。

表 1-3　我国渤海海冰的冰情等级*

标准等级	冰界/n mile			冰厚/cm					
	辽东湾	渤海湾	莱州湾	辽东湾		渤海湾		莱州湾	
				一般	最大	一般	最大	一般	最大
轻冰年	<35	<5	<5	<15	30	<10	20	<10	20
偏轻冰年	35～65	5～15	5～15	15～25	45	10～20	35	10～15	30
常冰年	65～90	15～35	15～25	25～40	60	20～30	50	15～25	45
偏重冰年	90～125	35～65	25～35	40～50	70	30～40	60	25～35	50
重冰年	>125	>65	>35	>50	100	>40	80	>35	70

* 改编自文献：丁德文等，1999。

轻冰年时海冰主要集中在辽东湾，渤海湾和莱州湾，只是在沿岸有薄冰出现（<5 cm），如 2001 年和 2002 年；常冰年时辽东湾、渤海湾和莱州湾都有海冰出现，冰厚大于 15 cm，如 2004 年和 2005 年；重冰年时渤海的大部分海区都被海冰覆盖，冰厚大于 35 cm，如 1969 年和 1977 年。1969 年 2 月 5 日～3 月 6 日，渤海出现特大冰封，整个渤海被海冰覆盖，冰厚最大达 80 cm，堆积高度一般为 1～2 m，最大堆积高度达 9 m，航道冰封长达 1 个月。近年来，由于全球气候变暖，冬季渤海冰情较轻，常冰年偏轻和轻冰年经常出现，但近 2～3 年（2009～2012 年）冰情又有加重的趋势。

相关研究表明，以 1972 年为分界年份，可以把 1932～2000 年冰情的变化分为两个时段：1972 年以前为重冰情多发时段，冰情偏重年份占总数的 22%；1972 年以后为轻冰情时段，冰情偏重年份仅占总数的 4%（刘钦政等，2004）。影响渤海海冰冰情年际变化的主要因子是太平洋副热带高压。在 1932～1972 年间，由于上一年太平洋副热带高压面积和强度减弱，冬季冷空气活动在东亚地区加强，渤海冰情偏重。1972 年发生转折，太平洋副热带高压加强，北界向高纬扩展，极地冷空气活动在东亚地区减弱，渤海海冰冰情偏轻。

1.4.3　2009～2010 年冬季渤海冰情

2009～2010 年冬季，由于北半球中纬度大气运动的异常，我国北方地区冷空气活动频繁，大部分地区入冬时间比往年早，进入冬季后降温幅度较大，极端天气现象频发，局部地区的气温创有气象记录历史以来新低，在我国渤海发生了近 30 年来最严重的冰情。2010 年 1 月，辽东湾的海冰冰缘线在 12 天内扩展了 33 n mile，莱州湾 9 天内扩展了 23 n mile；2 月 13 日，辽东湾海冰面积占总面积的 90%之多，海冰冰缘线达到108 n mile。莱州湾在 1 月 23 日的海冰冰缘线达到 46 n mile。严重的冰清给渤海沿岸辽宁、河北、天津和山东等省(直辖市)的近海养殖业、海上交通运输、海岸及海上工程以及人民日常生活带来严重的影响。据有关统计，此次海冰灾害所造成的经济损失达到55 亿元人民币。

1. 海冰冰情特征

1）*初冰期*(2009 年 11 月 ~2010 年 1 月初)

2009~2010 年冬季渤海海冰的初冰日比以往要早，2009 年 11 月下旬辽东湾底就出现了大面积初生冰，时间较常年提前了半个月左右，到了 12 月 4~5 日受中等强度冷空气的影响，12 月 6 日辽东湾浮冰范围达 41 km。这个时期海冰主要分布在辽东湾北部，海冰的厚度小于 20 cm，冰缘线与海岸线的距离小于 30 km。渤海湾和莱州湾的海冰分布面积较小，厚度小于 10 cm，冰缘线与海岸线的距离小于 10 km。以 2009 年 12 月 20 日为初冰期的代表，其海冰分布图(卫星影像)、海冰面积的统计图、海冰厚度分布图(缓冲区间距为 10 km，下同)、海冰总量统计图如图 1-3 所示。

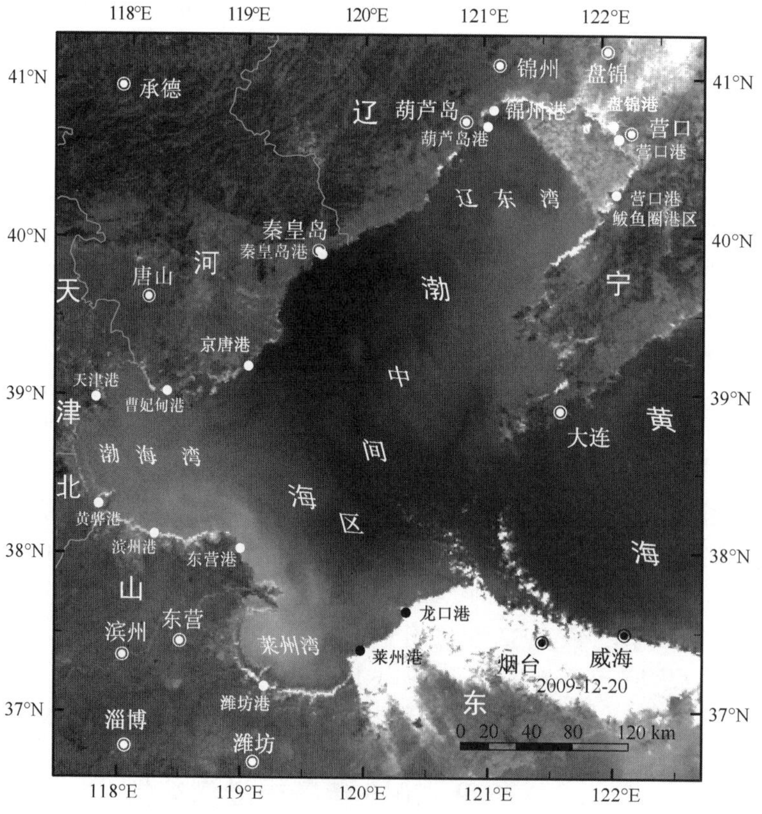

(a) 初冰期(2009年12月20日)海冰遥感图像

（彩图见书后）

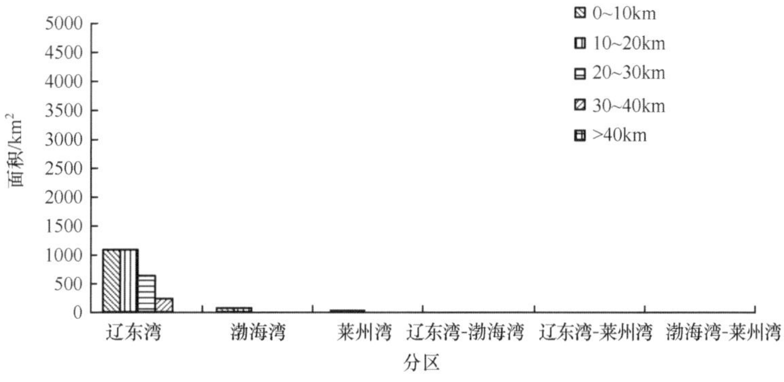

(b) 初冰期(2009年12月20日)海冰面积分区统计图

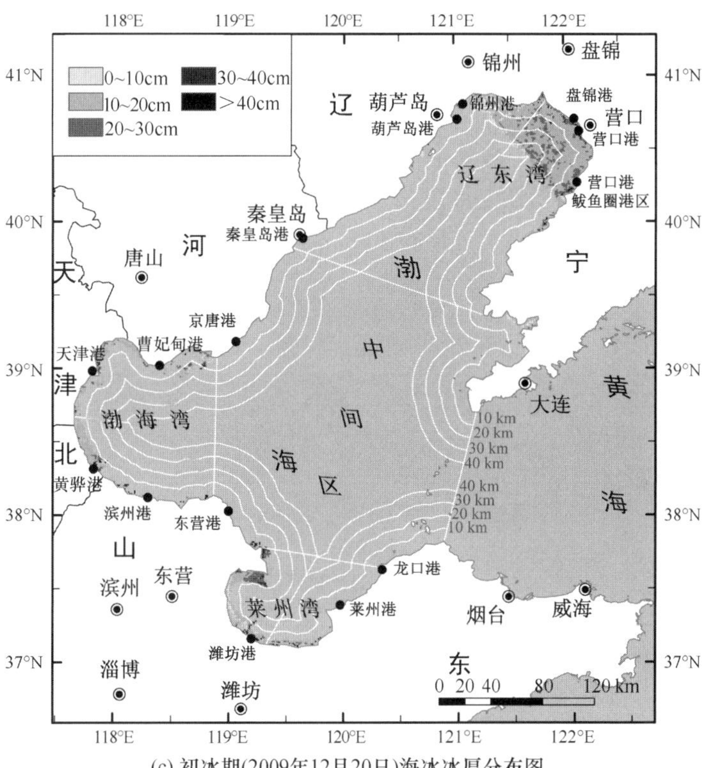

(c) 初冰期(2009年12月20日)海冰冰厚分布图

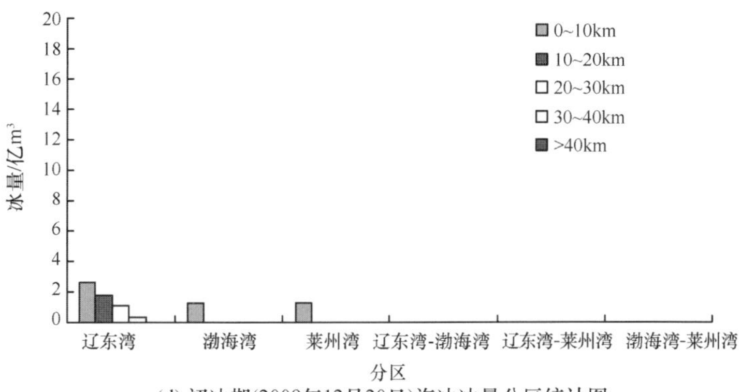

(d) 初冰期(2009年12月20日)海冰冰量分区统计图

图 1-3　初冰期海冰实况图(2009 年 12 月 20 日)

2）盛冰期（2010 年 1 月初~2 月 20 日）

从 2010 年 1 月初开始，受强冷空气的影响，我国北方大部分地区气温迅速降低，渤海冰情持续发展，结冰面积和冰厚都不断增大，冰缘线向渤海中心推移，海冰进入盛冰期。

1 月中旬、上旬，辽东湾的海冰面积较往年明显增大，海冰外缘从 2009 年 12 月 31 日的 70 km 迅猛增加到 2010 年 1 月 12 日的 131 km，沿岸固定冰宽度为 10 年之最，海冰冰厚大多为 15~40 cm，辽东湾的冰缘线与海岸线距离均超过 40 km。

1 月中旬，莱州湾浮冰范围从 1 月 9 日的 30 km 迅速增加到 1 月 18 日的 72 km，1 月 22 ~24 日连续维持在 85 km，创造了 40 余年莱州湾海冰最大分布范围。渤海湾和莱州湾的结冰面积都比初冰期时明显增大，冰缘线大都超过 30 km，沿岸固定冰宽度为 10 年之最，冰厚一般为 5~20 cm。

图 1-4 是 2010 年 1 月 23 日的海冰分布图（卫星影像）、海冰面积的统计图、海冰厚度分布图、海冰总量统计图。2010 年 1 月 23 日整个渤海海冰总量达 40 亿 m^3。

2 月上旬，强冷空气再一次影响渤海，渤海冰情进一步发展，整个渤海 40% 的面积都被海冰覆盖，无论是面积还是厚度都达到了 30 年来的最大值。辽东湾浮冰范围从1 月 31 日的 96 km 迅速发展到 2 月 13 日的 200 km，创 30 年之最。辽东湾的结冰面积占整个辽东湾面积的 90%，沿岸最大冰厚可达 1 m。渤海湾和莱州湾在 2 月初浮冰范围均达 56 km，最大冰厚为 30 cm 以上。

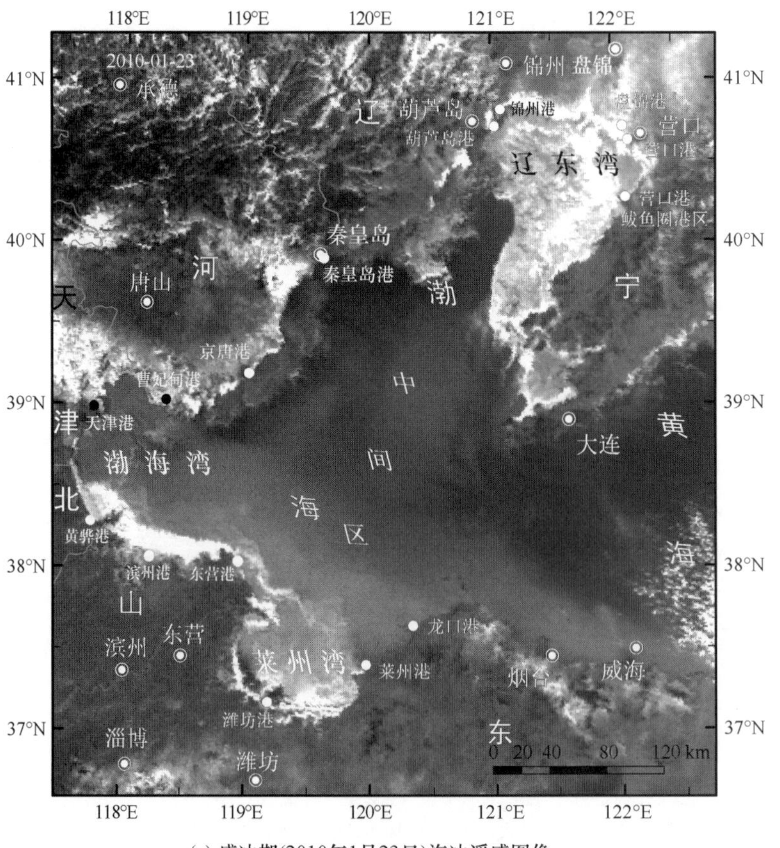

(a) 盛冰期(2010年1月23日)海冰遥感图像

（彩图见书后）

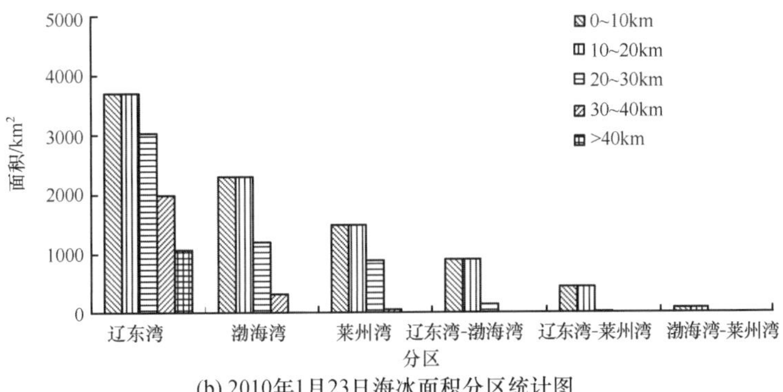

(b) 2010年1月23日海冰面积分区统计图

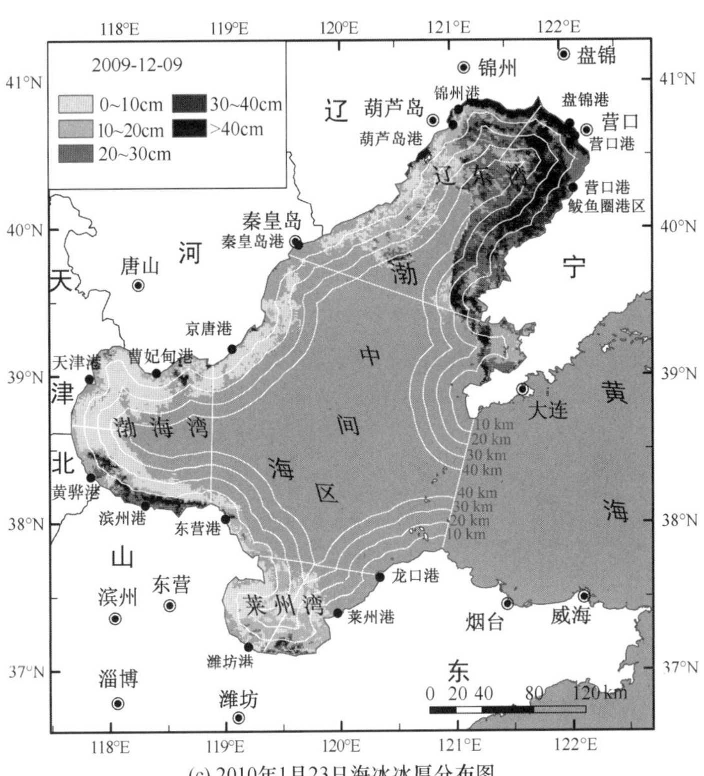

(c) 2010年1月23日海冰冰厚分布图

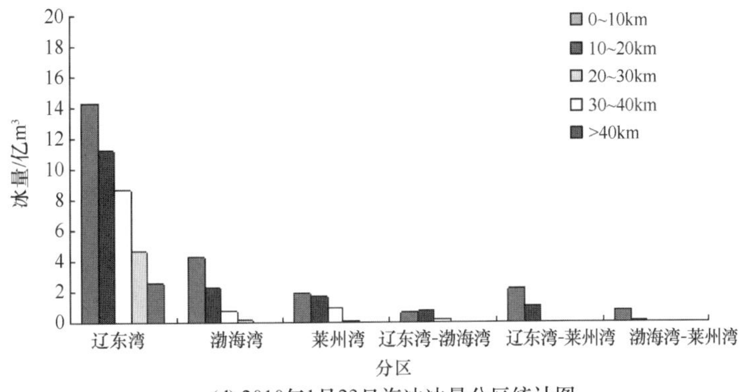

(d) 2010年1月23日海冰冰量分区统计图

图 1-4　2010 年 1 月 23 日海冰实况图

图 1-5 是 2010 年 2 月 13 日的海冰分布图(卫星影像)、海冰面积的统计图、海冰厚度分布图、海冰总量统计图。渤海海冰总量达 70 亿 m^3，其中辽东湾达 41 亿 m^3，为 30 年来的最大值。

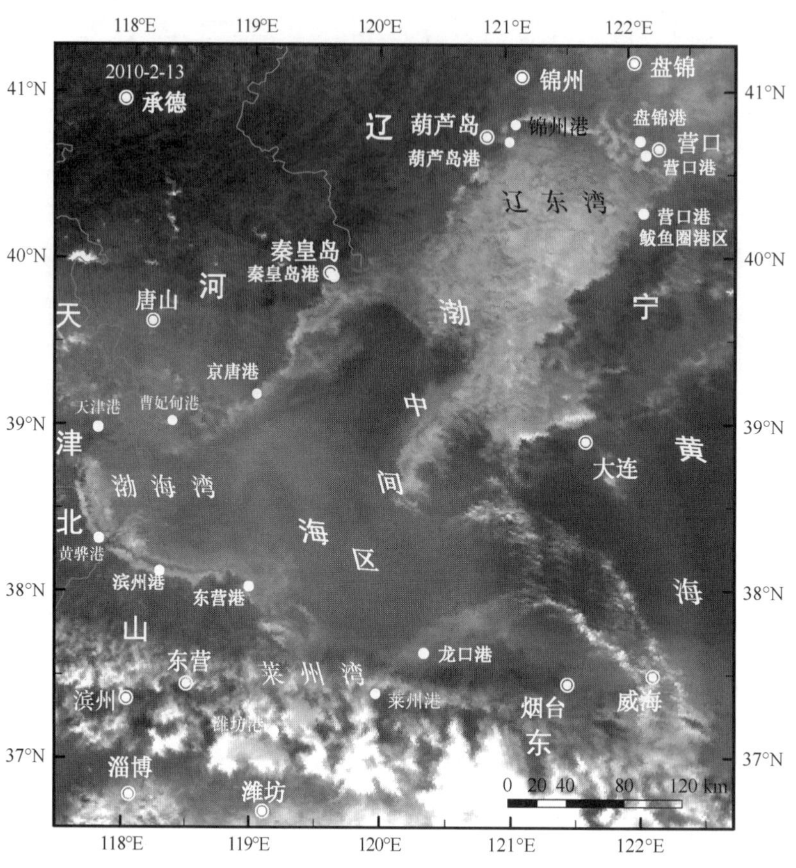

(a) 盛冰期(2010年2月13日)海冰遥感图像

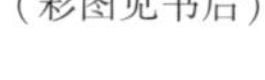
(彩图见书后)

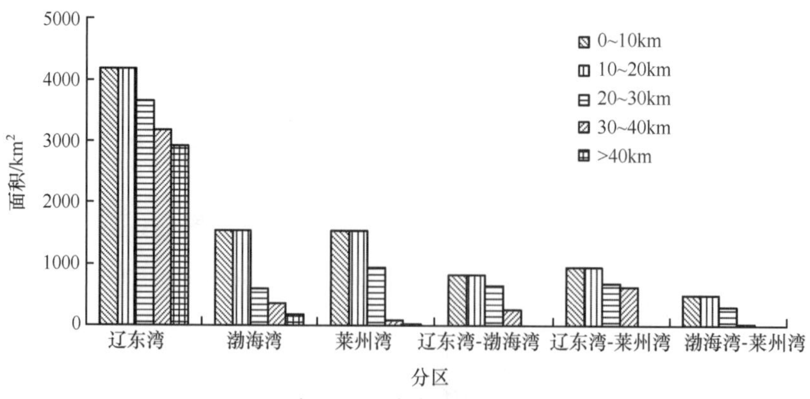

(b) 2010年2月13日海冰面积分区统计图

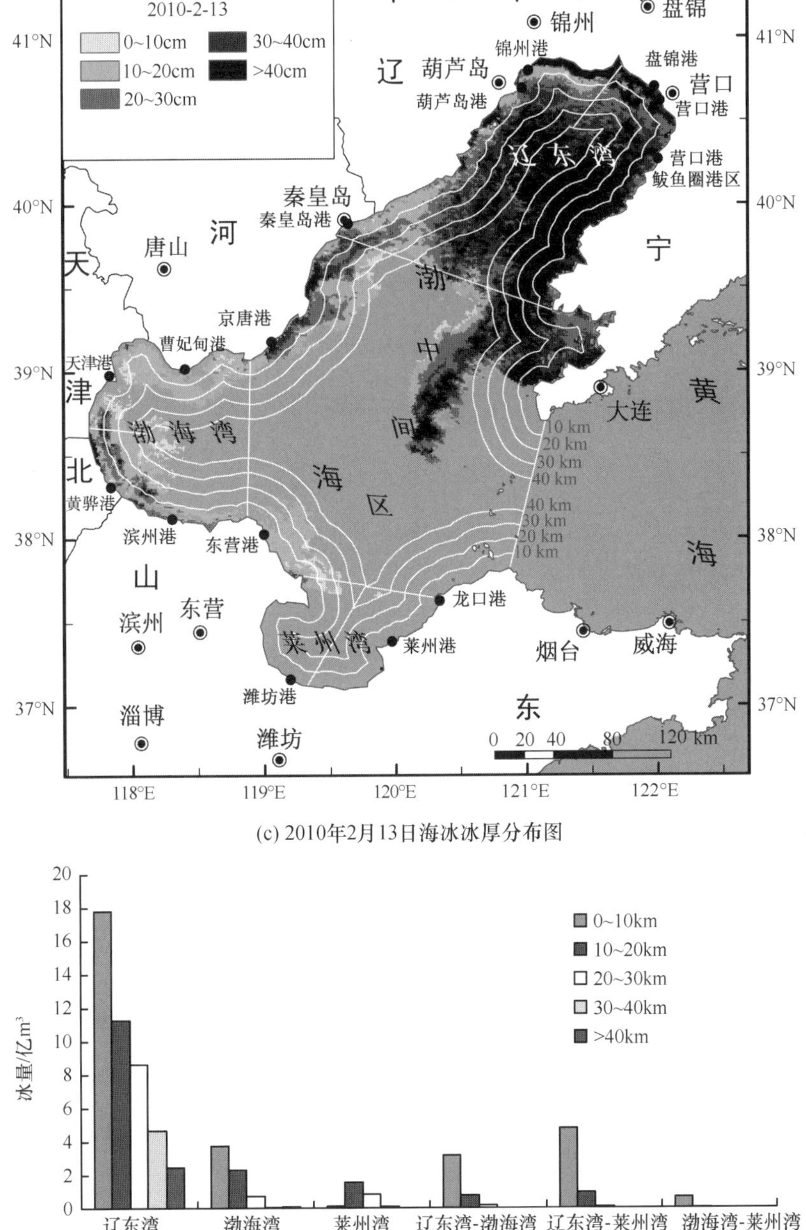

(c) 2010年2月13日海冰冰厚分布图

(d) 2010年2月13日海冰冰量分区统计图

图 1-5　2010 年 02 月 13 日海冰实况图

3）融冰期（2010 年 2 月 20 日~3 月下旬）

从 2010 年 2 月 20 日开始，渤海海冰进入融冰期。辽东湾冰情开始逐步缓解，虽然 3 月 7~9 日发生了明显的返冻现象，浮冰范围从 30 km 又增长到 111 km 左右，但由于冰厚较薄，随后很快融化，整个渤海冰缘线逐渐向海岸线靠拢，冰厚不断减小。到 3 月 13 日仅在辽东湾底的河口浅滩和东岸有少量浮冰，冰厚都在 15 cm 以下，而渤海湾和莱州湾已经基本无冰。

以 2010 年 3 月 10 日为融冰期的代表，其海冰分布图(卫星影像)、海冰面积的统计图、海冰厚度分布图、海冰总量统计图如图 1-6 所示。3 月 10 日渤海海冰总量不足14 亿 m^3。

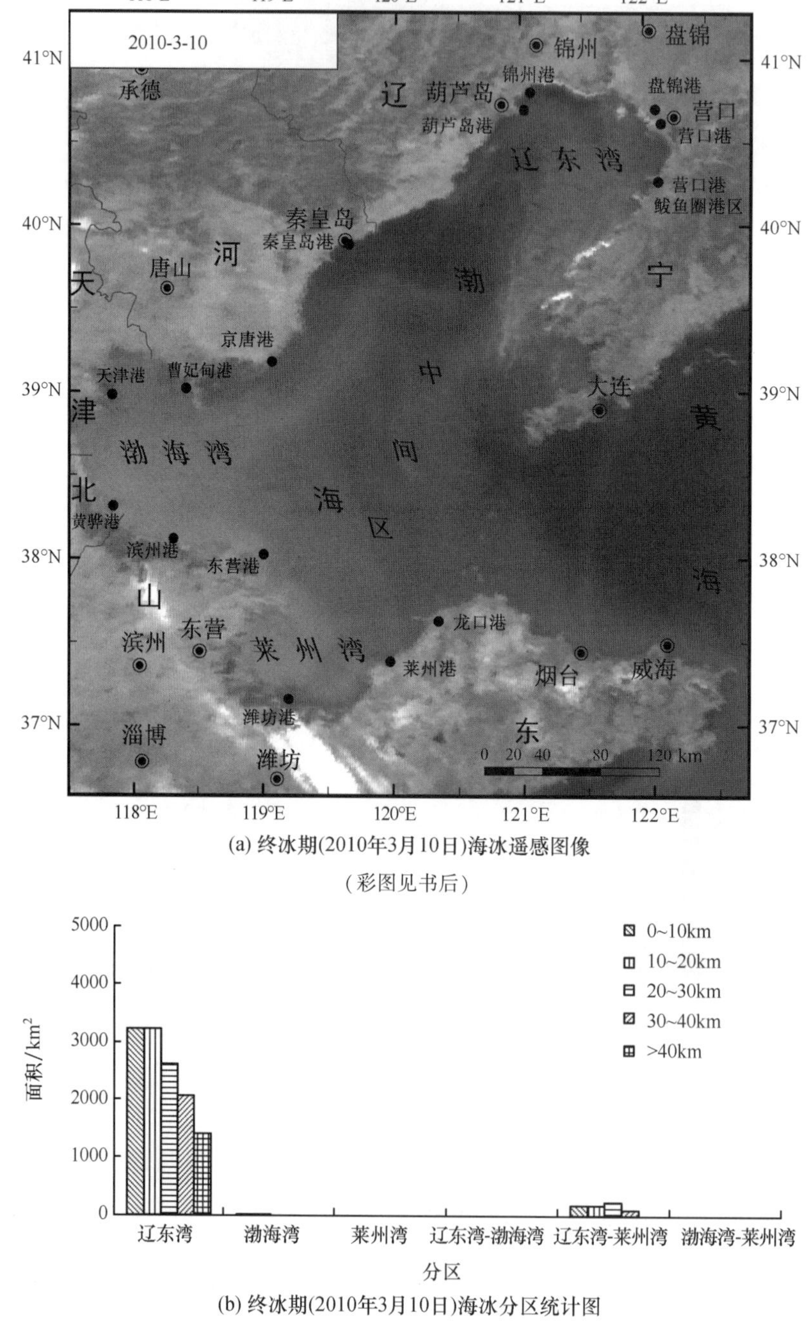

(a) 终冰期(2010年3月10日)海冰遥感图像

(彩图见书后)

(b) 终冰期(2010年3月10日)海冰分区统计图

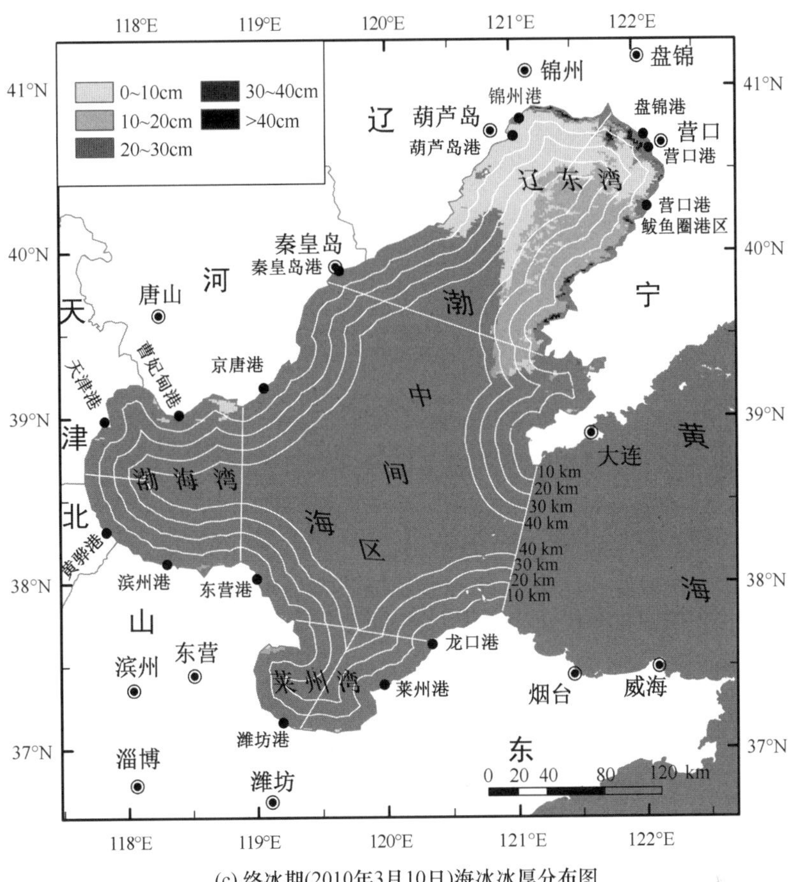

(c) 终冰期(2010年3月10日)海冰冰厚分布图

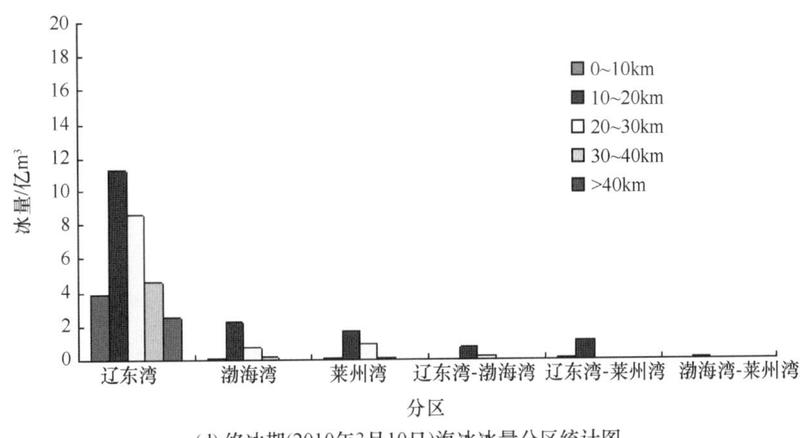

(d) 终冰期(2010年3月10日)海冰冰量分区统计图

图 1-6 终冰期海冰实况图(2010 年 3 月 10 日)

2. 渤海海冰灾害损失

2009~2010 年冬季渤海及黄海北部冰情属偏重冰年，于 2010 年 1 月中下旬达到近 30 年同期最严重冰情，其主要特点是冰情发生早、发展速度快、浮冰范围广、冰层厚度大。各海区最大浮冰范围和冰厚见表 1-4 和图 1-7。

表 1-4　2009～2010 年度冬季渤海浮冰范围和冰厚

海区	浮冰离岸最大距离/n mile	一般冰厚/cm	最大冰厚/cm
辽东湾	108	20～30	55
渤海湾	30	10～20	30
莱州湾	46	10～20	30

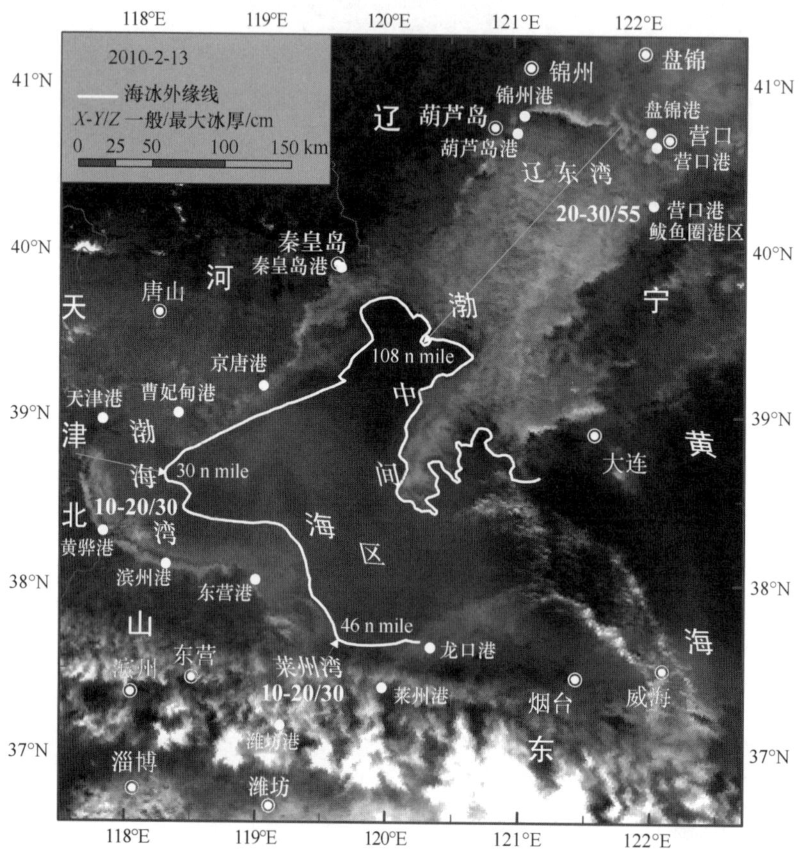

图 1-7　2010 年 2 月 13 日海冰实况图

（彩图见书后）

严重的冰情对沿海地区社会、经济产生严重影响，造成巨大损失。辽宁、河北、天津、山东沿海三省一市（直辖市）受灾人口 6.1 万人，船只损毁 7157 艘，港口及码头封冻 296 个，水产养殖受损面积 2.0787×10^5 hm^2，因灾直接经济损失 63.18 亿元。各省（直辖市）海冰灾害损失见表 1-5。

总体而言，由于 2009～2010 年冬季我国北方气温偏低，渤海海冰冰情比较严重，较往年有以下特点：①发生时间早，发展速度快。观测数据显示，2009 年 11 月中旬即发现初生冰，时间较往年提前半个月左右，进入 2010 年 1 月，受持续寒潮影响，海冰迅速

表 1-5　2009~2010 年渤海海冰灾害损失统计*

省(直辖市)	受灾人口		损毁船只/艘	封冻港口、码头/个	水产养殖损失		直接经济损失			
	受灾人口/万人	死亡(失踪)人数			受灾面积/10^3hm^2	数量/万 t	水产养殖损失/亿元	设施损失/万元	其他损失/万元	合计损失/亿元
辽宁省	0.45	无	1 078	226	58.71	15.27	34.28	4 827	1 001	34.86
山东省	5.65	无	6 032	30	148.36	19.34	25.58	3 630	8 170	26.76
河北省	—	无	47	20	0.8	0.2	0.6	3 245	6 232	1.55
天津市	—	无	—	20	—	—	—	—	—	0.01
合计	6.1	无	7 157	296	207.87	34.81	60.46	11 702	15 403	63.18

* 引自文献：国家海洋局 2010 年海洋灾害公报。

发展，在上旬出现了 30 年同期最严重的冰情，辽东湾的海冰冰缘线在 12 天内扩展了 33 n mile，莱州湾 9 天内扩展了 23 n mile。②分布范围广，海冰覆盖面积大，平均海冰厚度大于往年，冰情较常年明显。2010 年 2 月 13 日辽东湾超过 90% 的海面被冰层覆盖，海冰冰缘线达到 108 n mile，接近 30 年最大浮冰范围；1 月 23 日莱州湾的海冰冰缘线达到 46 n mile，为 40 年来最大。③沿岸固定冰明显超往年，为近 10 年最大。在辽东湾底和东岸的现场调查发现，2009~2010 年从岸边延伸出的固定冰层明显加宽，且岸边堆积现象明显，堆积冰厚达到 1~1.5 m。④影响较为严重。辽宁、河北和山东三省沿海地区的渔业损失惨重。营口港、鲅鱼圈港、锦州港、黄骅港、神华港、天津港、潍坊港、莱州港等众多港口运营受到影响，甚至导致部分港口封港。⑤发生返冻现象。3 月上旬后期辽东湾出现了明显的返冻现象，部分海面重新冻结，海冰范围明显增大，从 2010 年 3 月 7 日的 30 n mile 增加到 3 月 9 日的 60 n mile，但冰厚较薄，以初生冰、冰皮为主，维持时间很短，其后快速融化。

1.5　海冰监测

海冰监测是获得海冰信息的主要手段，是开展海冰研究的基础，同时实现对海冰的监测也是各种技术手段发展领域的前沿问题。我国自 20 世纪 60 年代后期开始进行渤海海冰的观测与监测工作，经过 30 多年的发展，为海冰研究提供了大量信息，形成了一定的业务化操作体系(杜碧兰，1990)。

1.5.1　传统的海冰监测方法

海冰监测的传统方法一般是指定点监测、船舶监测和飞机监测。这些监测的一个共同特点就是或多或少地要进行一些目测(丁德文等，1999)。

(1) 定点观测。沿岸台站定点监测是海冰监测最早也是最基本的方法，它能够在同一地点积累长期的连续监测资料(张方俭，1986)。目前我国已经建立了大鹿岛、小长山、长兴岛、鲅鱼圈、葫芦岛、龙口、塘沽、秦皇岛、烟台等海洋站，对海冰进行多方面的监测。随着科学技术的发展，定点监测的测站位置由单纯在陆地上建站发展到在海上固定平台建立测站。这些平台主要是海洋石油公司的海上生产平台，通过建立这种测站可以获取渤海中部的海冰情况。陆上的海冰监测在许多国家都被视为常规观测，而且都有详细的监测技术规范作为监测工作的准则。此外，国家海洋局在辽东湾东岸鲅鱼圈台子山上建立了我国第一座岸基雷达测冰站，并建立和发展了雷达监测海冰的系统方法，对海冰冰型的识别准确率达到 80% 以上(孙延维，1992)。雷达监测海冰具有全天候、分辨率高的优点，可及时掌握较大范围的流冰分布与其边缘线的变化和冰运动的方向、速度以及冰区水域的位置等信息，适合于重点海域的海冰监测和预报。

（2）船舶监测。船舶监测是在分布于渤海和北黄海的固定航线和站位上进行沿线监测，通常每年进行 2 或 3 次。船舶监测有两种方式：定点监测和定时监测。定点监测是船沿着固定的航线在各个事先选定的地点进行顺序监测；定时监测是船沿着固定的航线在各个规定的时间进行监测。

（3）航空监测。航空监测是以飞机作为监测平台对海上冰情进行监测。此项工作起步于 20 世纪 20 年代。利用飞机飞行速度快的特点，达到监测范围大、时效快的效果，即在短时间内可以得到大范围海区的冰情分布。航空监测的起步阶段多以目测为主，后来飞机上可以搭载的仪器越来越多(彩红外相机、微波辐射计、红外测温仪等)，功能和精度逐渐提高，对于渤海的海冰冰型、冰量、流冰密集度、海冰厚度等要素的监测越来越完善。航空遥感是通向航天遥感的必经之路。

这三种方式的监测内容基本相同，但是监测的范围在逐渐扩大，从而扩大了人们对海冰分布规律的认识和掌握。同时，就海冰监测的技术手段而言，也由主要为目测发展到用雷达等遥测技术手段进行观测。尽管这些常规监测方式，监测的代表性范围有限，没有实现对整个海区海冰状况的大范围的实时监测。但是，船舶监测到的海冰资料是在现场测到的实测资料，这是飞机和卫星无法得到的，而且船舶监测的实测资料可以在飞机和卫星监测中起到“地面真值”的作用。因此船舶监测还是有一定生命力的，不能完全被飞机或者卫星监测所替代。

1.5.2 卫星遥感监测技术

卫星遥感监测海冰是利用卫星平台上的传感器记录海冰的反射、发射或散射出来的带有自身物质信息的电磁波的波谱响应曲线，采用数据标定和处理技术，建立半经验公式或者数学模型等方法，提取海冰的各种物理性质，从而达到解释识别和分类的目的以及判定海冰有关的各种物理参数。

卫星遥感具有探测范围大、资料获取速度快，以及资料收集不受特殊地形限制的突出优点，这些都为实现对整个渤海海区的海冰状况进行大范围实时监测提供了技术支持(表 1-6)。

表 1-6　各种海冰监测方式的比较

方式	常规观测方法			遥感观测方法	
	沿岸台站定点监测	海上固定平台监测	船舶监测	航空遥感	卫星遥感
优点	测点多，资料全	海里定点资料全	航线资料全	观测细节好	大范围、连续
缺点	只有沿岸资料	范围小	资料不连续	费用高、不连续	观测细节差

卫星轨道高于飞机的航线，所以卫星遥感相对具有更开阔的视野，可以发现地面大面积内宏观的、整体的特征。在同样长的时间里，卫星观测的范围远大于航空遥感，因此卫星遥感的效率比航空遥感高。卫星发射上天后，在空间轨道上自动运行数年，不需要供给燃料和其他物资，对于取得同样面积的地面资料而言，卫星遥感要低廉得多。但是由于卫星遥感的轨道远高于航空遥感的航高，所以卫星遥感的地面分辨力远逊于航空遥感的地面分辨力，卫星遥感对地面细部的表现力也较差。利用卫星可以对地球进行周期性、重复的观测，这极有利于地球资源、环境、灾害动态连续监测，这一点是航空遥感做不到的。

目前应用于海冰遥感监测的卫星是美国的 Landsat 系列、Seasat、DMSP、Meteosat、NOAA 系列、EOS 系列，加拿大的 Radarsat，欧洲空间局的 ERS-1 等卫星。其中 NOAA 系列卫星和 EOS 系列卫星实现了逐日观测。

第一颗 NOAA 卫星于 1970 年 1 月 23 日发射，截至目前，已发射了 18 颗 NOAA 卫星。其轨道为近圆形太阳同步轨道。卫星携带的环境监测遥感器主要有改进型甚高分辨率辐射计(AVHRR)和泰罗斯业务垂直观测系统(TOVS)。AVHRR 是旋转平面镜式光学-机械扫描仪。全视场角为 56°，地面扫描宽度为 2 770 km。它有 5 个通道，分布从可见光、近红外到远红外谱段。它的直读高分辨率图像传输(HRPT)有 1. 1 km 的星下点分辨力。由两颗 NOAA 卫星组成的双星系统，利用 AVHRR，每天对同一地区可获得 4 次观测数据。

Terra 卫星于 1999 年 12 月 18 日发射，是美国地球观测系统(EOS)的第一颗先进的极地轨道环境遥感卫星。MODIS 是 EOS-AM1 系列卫星的主要探测仪器，也是 EOS Terra 平台上唯一进行直接广播的对地观测仪器。MODIS 是当前世界上新一代“图谱合一”的光学遥感仪器，具有 36 个光谱通道，分布在 0. 4~14μm 的电磁波谱范围内，地面分辨率分别为 250 m、500 m、1 000 m，扫描宽度为 2 330 km。多波段数据可以同时提供同一地区的反映其陆地、云边界、云特性、海洋水色、浮游植物、生物地理、化学、大气中水汽、地表温度、云顶温度、大气温度、臭氧和云顶高度等的特征信息，用于对地表、生物圈、固态地球、大气和海洋进行长期全球观测。

在现有的人力、物力、财力和技术水平下，能迅速把握整个渤海海冰状况的最有效方法是利用卫星遥感监测海冰。虽然目前有多种卫星资料可以用于渤海海冰监测，但是考虑到资料获取途径、成本和资料处理效率以及海冰资料时间序列的长度，NOAA/AVHRR 资料是首选，而 MODIS 数据是渤海海冰监测的有益补充。

用卫星影像直接合成的彩色冰图具有直观的观察效果，因此通过 NOAA 数据可以直接给出一些海冰参数。

1) 海冰类型分析

我国渤海的 7 种海冰类型的区别同时也体现了厚度的区别(谢峰，2006)，在卫星彩色图像上表现为颜色的差别，色调从浅蓝到白色。这种颜色的变化是我们海冰厚度反演的基础之一。如果不使用冰厚反演模式，仅仅根据海冰颜色来区分海冰类型是很可靠的。分析的结果可以用海冰类型分析图来表示。有经验的用户可以使用这种海冰类型分析图来了解海冰厚度的大致状况。这种分析方法主要针对裸冰，除了渤海之外，在日本海、鄂霍次克海、白令海都有较多的裸冰过程，都可以使用类型分析。但是，在北冰洋和一些固定冰区，由于有雪层覆盖，无法根据海冰颜色分析海冰类型。

2）海冰外缘线分析

由于海冰与海水在颜色上有明显差别，海冰外缘线可以直观地勾画出来，也可以用计算机简单地画出。

3）海冰面积的统计

由于海冰与海水可以依靠颜色区分出来，可以根据影像在不同纬度的不同分辨率，直接统计海冰的面积，统计误差由一个像元内海冰的百分比决定。

4）海冰密集度分析

卫星图像可以识别面积较大的开阔水域，在这个分辨率的意义上可以确定海冰的密集度，即海冰在特定的空间内所占的比例。渤海面积较小，卫星影像所反映的密集度较粗，与人们的理解差别较大。因此，卫星影像的密集度分析主要用来体现海冰的大尺度特征。这种分析在南北极使用得最为广泛。

由于这几种参数都是海上活动的重要参数，而且都可以容易地用图形或图像表达，所以是比较常用的海冰信息。

当然，用可见光和红外波段可进行海冰监测的卫星还有陆地卫星等，但是该卫星重复周期长，而且地面扫描宽度没有 NOAA 卫星大，因此监测我国变化较快的海冰有一定的局限性，但由于其分辨率高(30 m)，因此可用在海冰监测技术的研究方面。

1.6　本章小结

渤海是一个深入内陆的海域，海水深度相对较浅(最大深度为 78 m 左右)，受冬季从大陆吹来的北风的影响，海水表层会发生结冰现象。从每年的 11 月下旬或 12 月上旬至翌年的 3 月中下旬长达 4 个月左右的这段时间为渤海冰期。渤海海冰主要集中分布在辽东湾，无论是面积还是厚度，辽东湾居首位，其次是渤海湾，莱州湾的面积和厚度都比较小。渤海海冰的厚度随着离岸距离的增大而递减。2009~2010 年冬季渤海冰清为近 30 年之最，给沿岸造成了巨大经济损失。传统的渤海海冰监测手段主要有定点监测、船舶监测和航空监测，定点监测、船舶监测获取的资料有限，航空监测费用昂贵。卫星遥感技术的发展使得快速、大范围地获取渤海海冰资料成为现实，为渤海海冰监测谱写了新的篇章。

参考文献

邓树奇. 1985. 渤海海冰特征. 海洋预报服务，2(2)：73-75.

丁德文,等. 1999. 工程海冰学概论. 北京：海洋出版社.

杜碧兰,等. 1990. 渤海航空遥感冰情图集. 北京：海洋出版社.

国家气象信息中心气象资料室. 2002. 中华人民共和国气候图集. 北京：气象出版社.

李万标，朱元竞. 1997. 用静止气象卫星资料反演海冰分布. 大气遥感技术论文集. 北京：气象出版社：1-5.

刘钦政，黄嘉佑，白珊，等. 2004. 渤海冬季海冰气候变异的成因分析. 海洋学报，26(2)：11-19.
孙延维. 1992. 我国岸基雷达监测技术的进展. 海冰遥感研究与应用论文集. 北京：海洋出版社：73-82.
王咏亮，李海，程斌. 1999. 海冰的客观分型. 海洋预报，16(3)：114-122.
吴培中. 1992. 海冰遥感研究与应用论文集. 北京：海洋出版社.
谢峰. 2006. 高时间分辨率遥感影像中渤海海冰信息的提取研究. 北京师范大学博士学位论文.
杨国金. 2000. 海冰工程学. 北京：石油工业出版社.
张方俭，周玲. 1995. 我国海冰的最大可能厚度. 自然灾害学报，4(3)：29-32.
张方俭. 1986. 我国的海冰. 北京：海洋出版社.
周琳. 1991. 东北气候. 北京：气象出版社：43.

第 2 章　渤海结冰范围信息提取

渤海结冰范围分布信息是渤海的环境、资源和灾害等研究领域的关键内容之一(史培军等, 2002), 它影响着海上和沿岸的生活、经济活动, 而且海冰是一种大范围、瞬时变化的现象, 本身冰体参数会发生变化, 结冰范围也不断进行着收缩扩展的过程, 这也使得人们在不断加强针对获取实时、客观信息的技术方法的研究。随着遥感卫星技术的进步, 尤其是 NOAA 和 EOS 系列卫星的发射应用为这一问题的解决提供了宝贵的数据资料, 遥感平台快速而广阔的覆盖能力使我们可以一天数次监测迅速变化的各种大范围的现象; 其运行的长期性和重复性使我们可以观测到诸如海冰覆盖等季节、年度及更长期的变化(Charles and Arnon, 1997)。此外, 遥感探测的光谱范围也大大扩展了人眼可以观测的范围, 这些都为实现对整个渤海海区的海冰状况进行大范围实时监测提供了技术支持。

通过利用遥感数据中包含的表征各种地物属性的光谱值序列之间的差异性, 构造各种类型分割阈值组合和分割方法, 提取数据中类别上属于海冰的全部像元, 该部分全体像元就提供了卫星数据获取时刻的海冰结冰范围信息, 这一研究成果可推动海洋相关领域研究的进展(刘钦政等, 1998)。

但实际上这些进展只是针对遥感平台将获取的地物反射、发射光谱信号转换成电子信号后产生的数字影像, 影像信息既会包含各种干扰因素, 也会受像元空间尺度的影响(陈廷标和夏良正, 1990)。数字影像不是地面实体的完全真实的表达而只是近似, 影像信息和实际海冰分布信息之间必然存在着差异。研究发现实际海冰分布和影像数据中海冰分布信息之间的差别, 影像数据中海冰分布面积要大于实际情况。这部分引入海水成分的像元分为两种情况: 一种是伪海冰像元; 另一种是冰水混合像元。因此, 在亚像元水平下, 剔除伪海冰像元, 分解冰水混合像元, 有助于提高影像中渤海海冰的结冰范围信息提取精度, 这对于利用低空间分辨率影像数据(如 MODIS)具有重要的实际应用意义。

2.1　低空间分辨率影像中渤海结冰范围的信息提取

2.1.1　海陆分离处理

陆地与海区分离减少了在分离海冰和海水时由陆地所带来的信息干扰, 也避免在划分沿岸冰和岸上积雪时产生误差(史培军等, 2002)。在近红外波段, 海区与陆地之间的反射率差别很大, 而海冰和海水的反射率差异很小, 因此近红外波段是区分海区与陆地的理想的定义阈值的光谱区。NOAA-16/AVHRR 的第 3 通道和 MODIS 第 6 通道的光谱范围属于这个区间, 通过定义反照率阈值, 可以很好地将海陆分开。

NOAA-14/AVHRR 第 3 通道在设置上光谱范围信息不明确, 无法像 NOAA-16/AVHRR 数据的第 3 通道一样包含明确的海陆界线信息, 不可能单依靠定义阈值来分离海陆。在该数据中, 辽东湾沿岸除了大连地区以外的陆地上都覆盖了积雪, 对一些地区可以比较可见光区间内的反照率而进行海陆分离。但是大连地区地表没有覆盖积雪，同时其上空水汽影响较大（冬季这种情况在该地区是很常见的）。因此在可见光谱段里反照率与辽东湾北部的海冰一样，无论从单通道取阈值，还是从多通道组合监督分类都不能将其分离。借助辽东湾的海底等深线，以二值掩膜将辽东湾海底深度超过 3 m 的区域去掉，对剩下的部分利用第 1 通道的反照率阈值就可以较理想地做到陆地分离（图 2-1）。

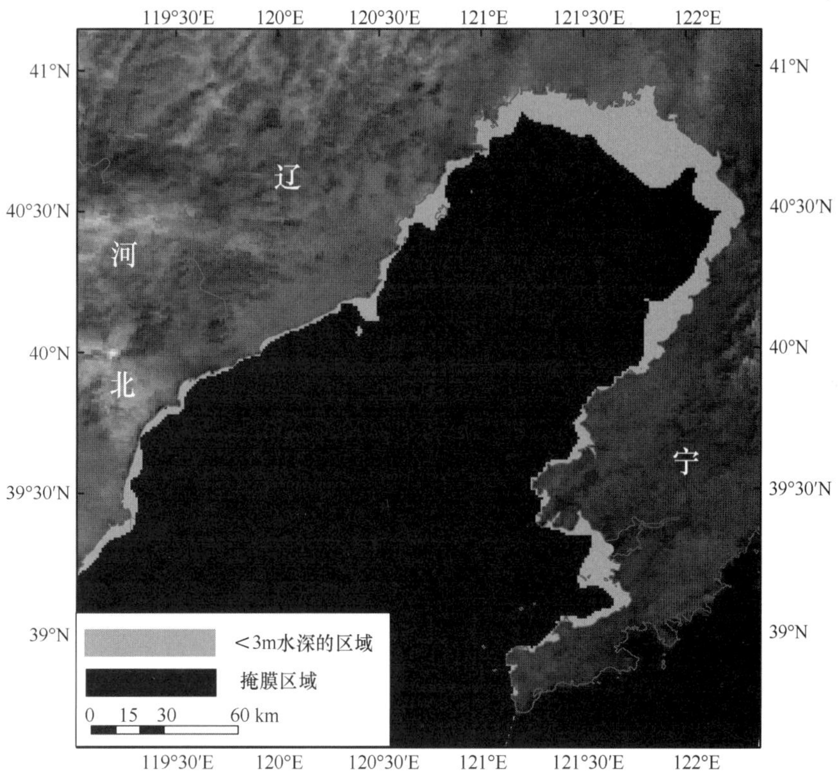

图 2-1　NOAA-14/AVHRR 资料利用海底等深线进行二值掩膜处理
（彩图见书后）

2.1.2　常规结冰范围信息提取方法的结果分析

前人的渤海结冰范围信息提取方法都是基于同一算法下对整个海区的影像进行处理，并取得了声称的提取效果。通过对渤海的海洋环境进行深入分析，可以发现一些现象。由于渤海是三面封闭的内海，水深较浅，受四周陆地的影响非常大，特别是包括黄河在内的各个陆地河流注入渤海的河水中夹带有大量的泥沙，长期的积累过程使得海区的悬浮泥沙特征明显；并在风、海流、潮流的作用下，在渤海海洋表面呈现出区域性聚集现象。海水中大量悬浮物质的存在，使得这些海区在卫星影像上表现出较高的反射率。图 2-2 是一幅冬季渤海海区的可见光反射率影像，此时海冰的覆盖范围较小，只是集中在渤海的东北部（白色区域内），这是一种轻冰年或者常冰年、重冰年初冰期的冰情。这可以了解在海冰存在的情况下非海冰覆盖区在影像中的表现。从图中可以看到，渤海东岸长兴岛—大连的海区（大圆环处）在没有海冰覆盖的情况下也表现得很亮（可见光反射率高），这和一般海水表现得不一样，甚至在和渤海西岸菊花岛附近（小圆环处）

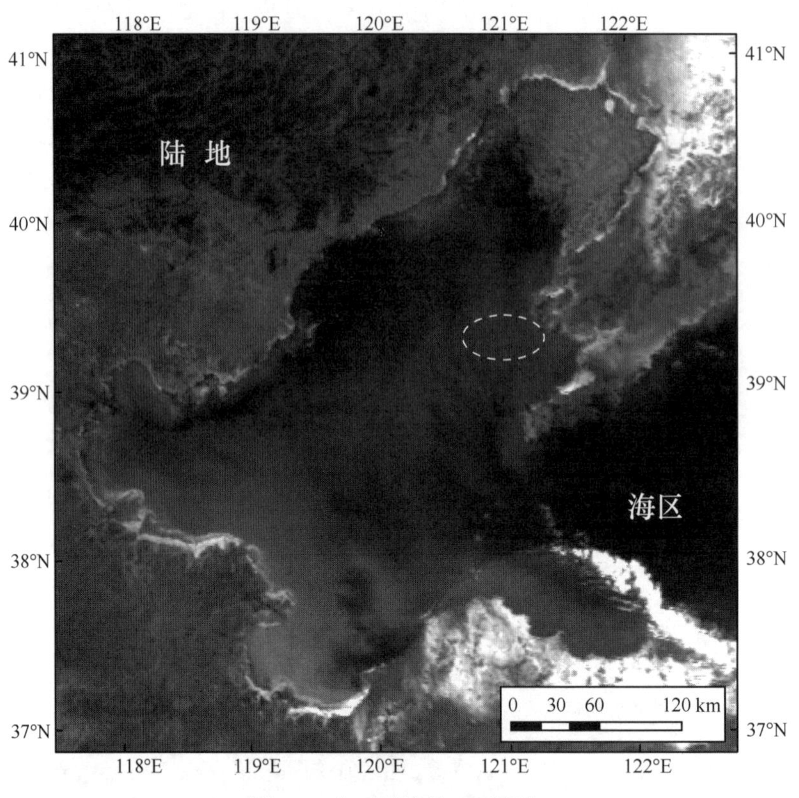

图 2-2　冬季渤海的卫星影像
(彩图见书后)

的初生冰、冰皮等薄冰覆盖区的色调相比较，也不能确定为一定较之为暗(可见光反射率低)。这实际上反映了与前人提取方法的理论基础不相符的一种现象。

根据上面的感性认识，对影像进行深入的分析。处理冬季海区的卫星遥感影像，分离出陆地和去除云带，只留下海冰和海水两类地物。统计直方图中，图 2-3(a)是可见光波段，图 2-3(b)是红外波段，图的横坐标分别是可见光的反射率值和红外辐射值，纵坐标表示像素个数。可以看到，代表海冰像元的反射率高于海水像元，而代表海水像元的辐射值高于海冰像元，但是，不论是可见光反射率还是红外辐射值中两类地物都有不可忽视的重合区。类似地处理其他时期的 AVHRR 或 MODIS 数据都有一致的结果，这表示卫星影像中可见光和红外通道的信息单独作为特征空间来区分海冰和海水覆盖区不可避免地存在很大的误差。图 2-3(c)的横坐标是反射率值与辐射值的比值，纵坐标表示像素个数。可以看到，海水和海冰类别之间仍然存在很大的重合区。这给出了一个很大的提示，虽然李万彪等(1997)基于 GMS-4 的红外亮温和可见光资料，从冰水物理特性的差异入手建立的冰水识别的判据模式，只是影像自动分类的二维或多维变量线性判别方法的一种类型，但是无疑这是最具有优势的判别模式，因为它来自于对海冰、海水物理特征的认识和表示。因此，对于低空间分辨率数据(如 AVHRR 和 MODIS)不可能构造出合适的特征空间来利用线性判别方法来区分海冰和海水覆盖区。

根据遥感图像处理理论，当影像中各个组类在特征空间任何方向的投影均区分不

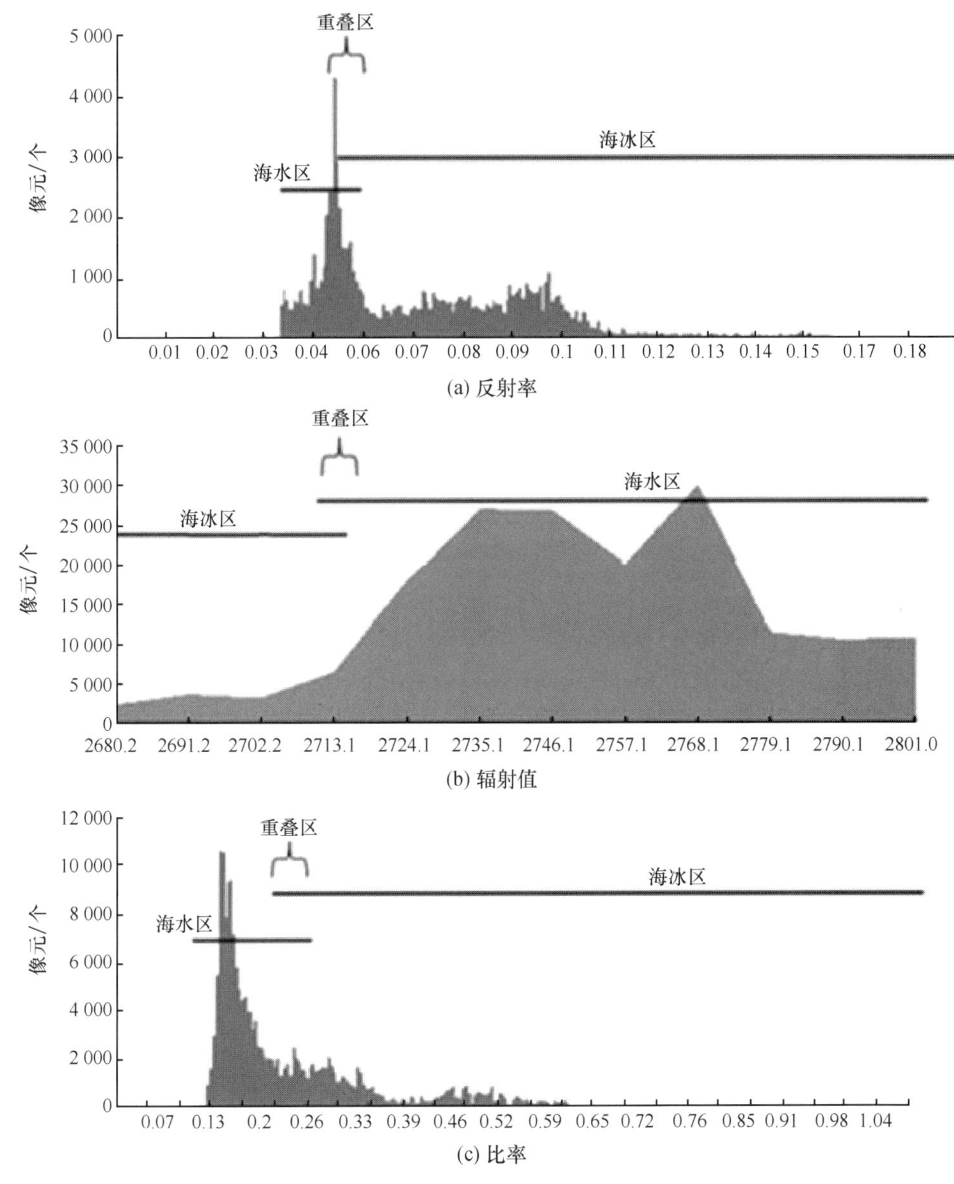

图 2-3　冰、水影像的反射率、辐射值及两者比值的直方图

开，使得采用投影降维、线性判别的处理方法行不通时，只有在特征空间建立非线性分类边界才能获得好的效果(万建、王建成，2002)。在各种影像分类实践中，ISODATA 是最常用的无监分类方法，这是一种在没有先验知识的情况下，仅根据图像本身的统计特征与自然点群的分布状况进行地物分类的方法。这种方法无须选取各类样本，因此正好对应于海水和海冰无法确定合适样本区的情况。一般只提供某些阈值对分类过程加以部分控制的分类带有一定的盲目性。实际上最终结果分出的类别是“谱类”而不是“地类”，最终要通过对“谱类”所反映的地物属性进行分析和确认，才能转化为应用所需要的“地类”。史培军等(2002)首先把陆地信息从遥感数据中切除，实现遥感数据简化；然后基于遥感数据反射率波段将海水信息进一步分离就是基于这种方法，目的是通过 ISODATA 聚类算法

去发现海区影像中的各种光谱聚类中心点，为了实现准确的聚类采用自定义多中心(多类别)的聚类标准，再进行人工确认和类别合并，形成最终的海冰与海水的分离结果。

ISODATA 算法(基于最小光谱距离公式)的聚类过程始于任意聚类中心后一个已有分类模板的平均值；聚类每重复一次，聚类的平均值就更新一次，新聚类的均值再用于下次聚类循环(图 2-4)。ISODATA 算法程序不断重复，直到最大的循环次数已达到设定阈值，或者两次聚类结果相比达到要求比例的像元类别已经不再发生变化。

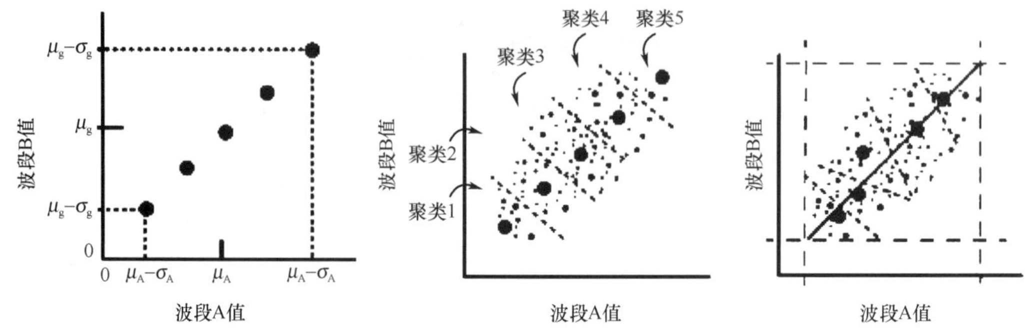

图 2-4　二维特征空间的 ISODATA 方法步骤

这种算法可以很成功地实现在影像数据内部找到和形成光谱簇类，而且是基于多维的信息空间。因此只要影像中存在有光谱特征的差异，在足够的类别数目下经过多次重复聚类就可以区分开地物类别，但它针对低对比度的地物类别具有优势，而对于区分低空间分辨率和低光谱分辨率数据中的海冰与海水类别有待考察。

正如所分析的，对冬季渤海海区的影像进行不同类别数目的分类，从 10 种类别到 50 种类别，再到 100 种类别，结果显示都不能将海冰区和海水区准确分开[图 2-5 的蓝色区域(某一类别)]。这里说明了一点，在低空间分辨率和低光谱分辨率影像数据中，部分海冰像元和海水像元在光谱特征中是重合的，因为这不仅仅是低对比度的问题。

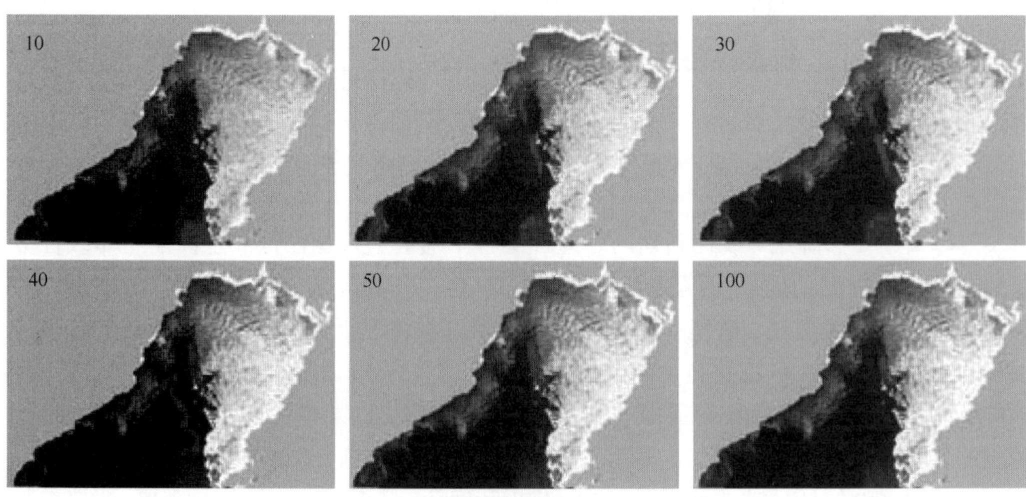

图 2-5　不同分类数目的渤海海区影像非监督分类结果

蓝色范围表示分类结果中的某一类型

(彩图见书后)

2.1.3 影像分析

经过分析，上述两种方法着力挖掘海冰与海水之间的光谱差异，无论是线性的或是非线性的判别，甚至加入先验知识，对于分类结果来说在算法上可谓完善，但是应用于低空间分辨率、低光谱分辨率影像数据都不能避免存在混淆分类结果的可能，即不可能通过上述方法准确提取整个海区中和海水区域分开的海冰的覆盖范围。这说明地物的光谱信息作为唯一的信息源来进行影像分类是不充分的。进一步仔细观察分析影像图，可以看到很明显的结冰区范围，甚至可以进行人工描绘，即使放大到像素的水平，依然可以。这是因为眼睛观察到的每一个部分都可以描绘出一条界线，来区分海水和海冰，这样联系在一起就形成了对整个海区的海冰覆盖范围的描绘，见图 2-6。

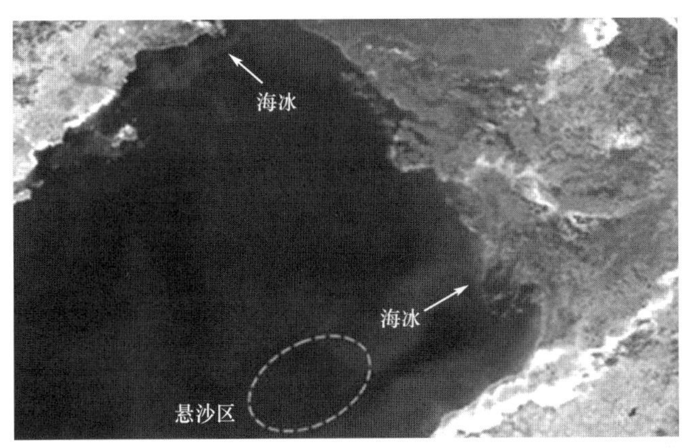

图 2-6　冬季渤海可见光反射光谱范围的影像图
（彩图见书后）

2.1.4 基于分区阈值法的结冰范围信息提取

1. 原理

图 2-6 是非常重要的现象。根据这一现象，可以首先想到的是海冰像元的可见光反射率值一定高于它邻近的海水像元的可见光反射率值，因为只有存在明暗区别才会存在分界，而且是连续存在的。换句话说，就是西岸海冰像元的可见光反射率可能低于东岸海水的反射率，但是它一定大于它邻近的海水像元的反射率值。

为了排除悬浮物所造成的光谱影响，在渤海北部海区影像中将陆地去除的基础上，根据渤海中悬浮物质的区域分布特征，将渤海划分成几个海洋环境相对比较均一的子区域，在各个子研究区域独立地进行确定阈值的冰水分离操作，最后将子区域合并形成整个研究区的海冰分布图。

2. 方法实现

由于海水、海冰在可见光波段的光谱范围里区分度最大，因此可以选择 NOAA/AVHRR 第 1、第 2 通道数据和 MODIS 前 5 个通道数据来分离冰水范围。通过分析海冰、海水相近部分的这两个通道的直方图，其分离边缘信息很相近，因此无论使用哪个通道或者通道组合进行冰水分离，效果都是一样的。

冰水像元混分现象发生在辽东湾西部沿岸的初生冰、冰皮等薄冰区以及大连附近海区的海冰与渤海中北部的海水之间。对系列海区影像的分析，可以知道渤海海区的范围虽然很大，但海水里悬浮物质的集中区域基本上是相对固定的，这提供了一种可能。即，如果按照悬浮物质的区域分布特征，将研究区划分成几个海洋环境相对比较均一的子区域，创造出子区域内海水反射率一定小于海冰反射率的常规理论条件，将海冰像元反射率的反射率高于其邻近海水像元反射率的现象在尽可能大的区域中实现，从而可以在光谱信息空间里将海冰和海水覆盖范围区分开。分区的原则是形成许多实现海冰像元的反射率高于其邻近海水像元反射率的小区。这种小区当然是越小越多，结果就越精确。但是要兼顾处理效率和可重复性，则应该使小区的范围在满足条件的情况下尽可能地大。

图 2-7 表示了渤海北部辽东湾的西岸、北岸、东岸 3 个子研究区域的分布范围，3 个区域略有重叠，用以校验各区选取阈值效果的一致性。在分区的基础上，冰水反射率的临界阈值通过确定薄冰区最小反射率即可获得，分区确定反射率阈值的方法可以达到冰水分离的目的，不再需要加上辐射亮温或其他方式来加大区分度。子区域独立的冰水分离处理完成后，经过验证、修正，最后合并形成整个研究区的海冰分布图。

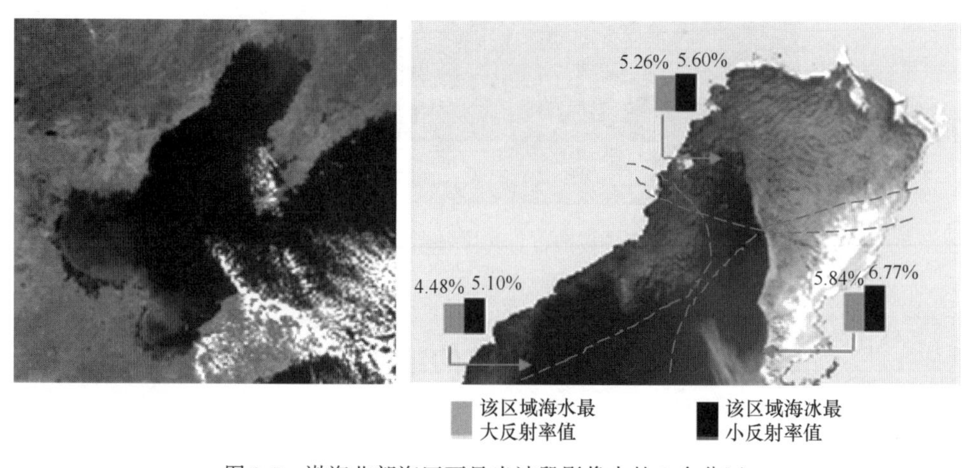

图 2-7　渤海北部海区可见光波段影像中的 3 个分区

（彩图见书后）

单纯依靠单通道的可见光或近红外反射率数据确定阈值进行地物分离的操作，其前提条件是地表信息在卫星遥感数据里较均一、稳定且区分度大。对渤海海区冬季的陆地、海水、海冰这 3 类目标地物来说，它们在一定波段上的反射率都是相对稳定的，经过上述的二值化阈值提取和分子区独立处理的方法，完全可以利用可见光、近红外反射率的数据实现对海冰范围的自动提取。这是一种简单、快速的海冰结冰范围提取方法。

2.1.5　基于局地对比度的低空间分辨率影像结冰范围信息的提取

1. 影像分析

根据前面的分析，冰水影像中表现出一个非常重要的现象。根据这一现象，首先可以分析出海冰像元的可见光反射率值一定高于它邻近的海水像元反射率值的论断，从而产生分子区独立处理的方法，实现了避免海冰与海水覆盖区混淆的目的。但实际上这只是从视觉现象本身的角度发展的方法，应该更深层次的考虑为何产生这种视觉现象，即视觉现象产生的本质。研究中分析图像的时候并不是单纯地考虑一个海冰像元和其邻接的海水像元存在的明暗程度上的区别，从而表现出一个分界像元对，即该海冰像元是一个边缘像元(边缘点)。实际上形成的映像是一串的分界像元对，是一条边缘线。这是一组实际的线，有时候长、有时候短，有时候清晰，有时候模糊。这是以连续像素群(或者说是图斑)的方式来分析的。如果能让计算机处理过程像前面的分析一样，不是着眼于处理单个像元，而是处理图斑，就可能形成新的自动提取算法。这就让人联想起目前针对处理高分辨率影像的面向对象的图像分析方法。

2. 面向对象的影像分析方法

1）概述

通过图像分割获得的图像对象具有一定的属性，不仅包含光谱信息(色调)，还包括纹理、大小、形状、紧凑度、上下文等从图像中提取出的附加信息，在不增加外来信息的情况下增加分类的依据，从而提高分类的精度，使分类结果更加接近目视判别的结果。当遥感影像被分割为地物对象后，还可以建立对象之间的拓扑关系，从而实现地理信息系统中的空间分析(Hay et al.，2003)。

2）图像分割

通过图像分割生成图像对象，生成面向对象的遥感影像分析处理的基本单元，为进一步的分类工作或分割工作提供了信息的载体和构建的基础。因此，分割结果的好坏直接影响到进一步分析处理的信息质量。图像分割方法的基本思路是：算法从一个单个像元开始，分别与它的邻居进行计算，以降低最终结果的异质性，当一轮合并进行完毕后，以上一轮生成的对象为基本单元，继续分别与它的邻居对象进行计算，这一过程将一直持续到在指定的尺度上已经不能再进行任何对象的合并为止(Baatz and Schäpe，2000)。一般定义同质影像目标多边形同时考虑对象的光谱和几何特征。某类对象有对应的适宜尺度，为了找到适合分析的尺度，对影像进行多尺度分割(Bobick and Boues，1992)。在整幅图像内采用连续等比级切割，依据色彩和形状的同质性准则，生成多尺度目标多边形，从而构建影像对象不同尺度的层次结构(图 2-8)。这个层级结构是依据图像对象的拓扑关系构建的。

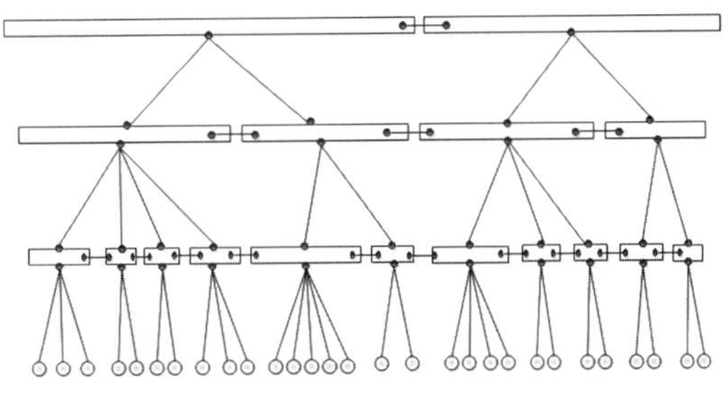

图 2-8　影像对象的层级结构
从底层到顶层尺度逐渐增大

3）对象的属性特征

影像对象切割后，影像的信息由原来单一的光谱信息，增加了大量可用于分类的特征，包括：①对象的形状特征，如面积、主要方向、不对称性、形状指数、长度、长宽比等；②对象的纹理特征，如光谱值的标准差、子对象的平均不对称性、相邻对象之间的平均光谱对比度等；③基于多尺度分层的影像对象之间的特征，包括不同尺度间对象关系和同一尺度内相邻对象间的关系。从分割的迭代过程来看，可以将特征归纳为两个方面：对象特征(object feature)和类相关特征(class-related feature)。这两类特征包含的主要类型见表 2-1 和表 2-2。

表 2-1 面向对象方法中的对象特征层次结构

图层值	图像对象与像素通道值相关的一些特征，反映对象的光谱特征
形状	利用对象本身或其子对象可以描述的图像对象形状方面的特征
纹理	利用数学工具根据子对象对对象的纹理进行描述的特征
层次	提供一个图像对象在整个图像对象层次结构中嵌入的信息
专题属性	当分类引入专题信息时专题层的对象具有的属性特征

表 2-2 面向对象方法中的类相关特征层次结构

与邻对象关系	描述同一图像对象层次上的对象之间的关系
与子对象关系	描述进行一次分类后现有的对象分类结果与较低层次上的对象之间的关系
与父对象关系	描述进行一次分类后现有的对象分类结果与较高层次上的对象之间的关系
隶属度	允许将不同类型的对象转换为同一类型，从而可以显式地将对象的隶属度赋予不同的类型
分类为	与隶属度相似，只不过不考虑隶属度值的大小

4）面向对象的分类方法

分类系统一般包含 3 个主要步骤：模糊化、模糊规则库和反模糊化(戴汝为，1995)。

A. 模糊化(fuzzification)

模糊化是指从二值系统向模糊系统转变的过程，这一过程主要靠成员函数(membership function)来对每一个特征值赋予一个 0~1 的隶属度值，隶属度的计算结果依赖于成员函数的形状(图 2-9)。在分类中成员函数的选择至关重要，这同时也是向系统引入专家知识的一个过程，对实际问题越了解，选择的成员函数就越合适，最终的分类结果也就越好。

B. 模糊规则库(fuzzy rule base)

模糊规则库是模糊规则(不同的模糊集)的组合，最简单的模糊规则仅仅依赖于一个模糊集。模糊规则是“if-then”规则。有了基本的模糊规则之后就可以通过逻辑操作符对它们进行组合来获得高级的模糊规则，基本的操作符是 and 和 or。此外还有 not 操作符，它是逻辑“非”操作，表示当前模糊集的补集。

C. 反模糊化(defuzzification)

模糊分类的结果须转换为确切的分类结果，明确地说明每一个对象属于哪种类型。如果最大隶属度仍然小于预先指定的阈值，那么对象将不被赋予任何类型。

3. 基于面向对象的方法提取结冰范围信息

1）低空间分辨率影像的面向对象分析

以冬季渤海海区的 MODIS 影像数据为例进行面向对象方法在低空间分辨率数据中

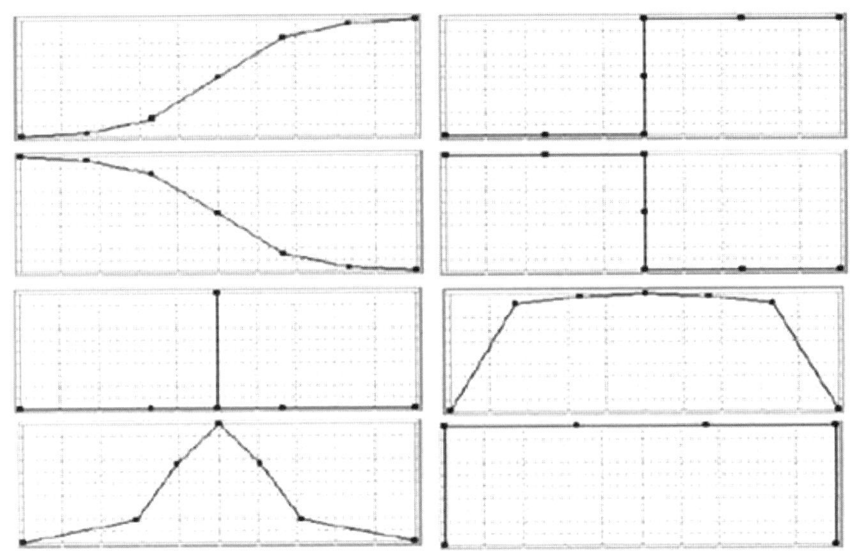

图 2-9　进行模糊化的各种成员函数
各特征值列于横坐标，模糊值列于纵坐标

的应用研究。海冰、海水可见光反射光谱曲线形状和趋势是一样的，最大的区别就是反射峰的水平高低，一般海冰高于海水，但是薄冰和海水就非常接近，如果海水里还有泥沙等黄色物质，则高于薄冰。因此典型的地物类型区分度较低的影像数据，加上海冰影像具有显著时相、季相和年际变化特点，是区域气象和气候、环境、地形和人为影响的综合反映，其信息提取对自动化处理有很强烈的要求。

人的认知过程，对于高分辨率数据(空间分辨率小于 10 m，如 QuickBird、IKONOS)，是识别细节物体，提取对象的工作较轻，定义对象的任务较重，中分辨率数据(空间分辨率等于或小于 30 m，如 TM、SPOT、CBERS)，是识别较小尺度的地表覆盖类型，提取对象的工作较高分辨率数据重，定义对象的工作较高分辨率数据轻；低分辨率数据(空间分辨率大于 250 m，如 MODIS、NOAA/AVHRR)，是识别大尺度地表覆盖类型，提取对象的任务是三者中最重的，定义对象的任务是三者中最轻的。对于中高分辨率影像数据，其中的对象，属于物质和物体，符合人的认识本质，但是低分辨率数据，其中的对象，属于物种和类型，是较抽象的概念，包含对对象定义的抽象和描述邻域关系的抽象。

低空间分辨率影像给予了对象不同的含义解释。图 2-10 分别是高空间分辨率的城镇影像和低空间分辨率的海冰影像，这实际上更像是观察者在不同的高度水平对地面的注视，高空间分辨率的观测高度低，而低空间分辨率的观测高度高，即便如此，依然可以看到许多的地面实体(或物体、对象)，屋顶、道路、灌丛、阴影；不同大小形状、不同反射特征的冰盘，只不过一种是在地面上就可以看见、测量、认识的实体，而另一种是在地面上只能想象的实体。可见，在低分辨率影像中同样存在着光谱相似或特殊形状的像素群，虽然它不是通常认为的物质实体，但是在影像分析中也表现出多种特征信息，包括色调、形状、纹理、位置、关系等(图 2-11)。其实对于高分辨率影像，对象的定义也不是针对物质实体本身，而是一个个同质化的图斑，多个图斑才形成一个真正意义的

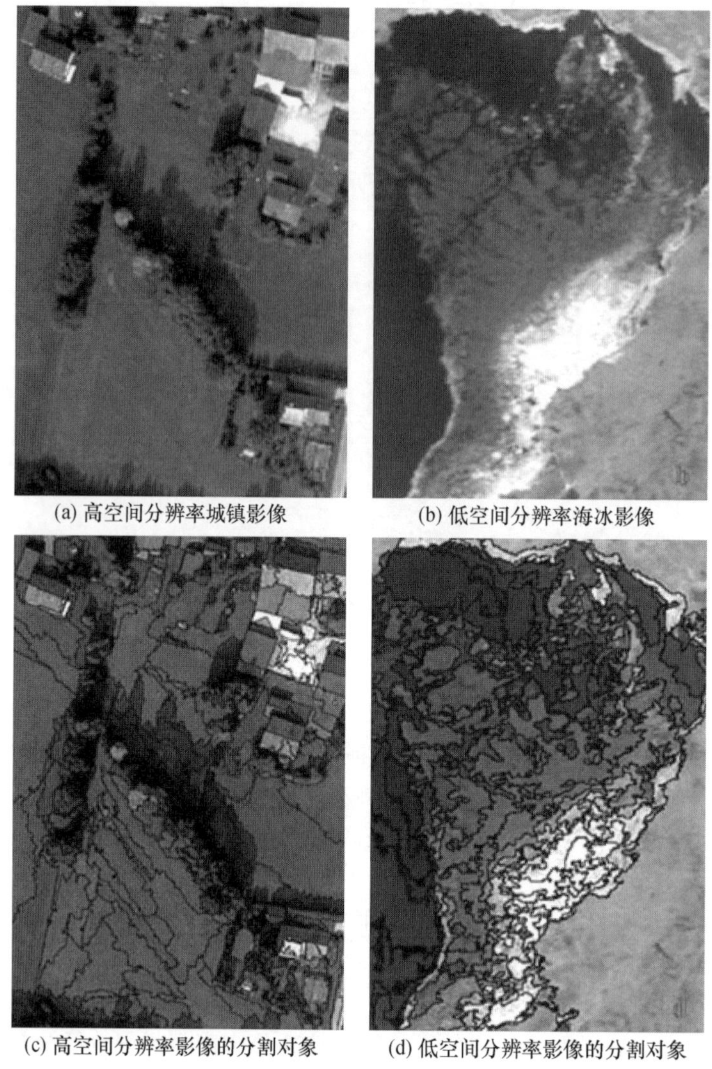

(a) 高空间分辨率城镇影像　(b) 低空间分辨率海冰影像

(c) 高空间分辨率影像的分割对象　(d) 低空间分辨率影像的分割对象

图 2-10　高空间分辨率城镇影像(a、c)和低空间分辨率海冰影像(b、d)

影像范围以黑色封闭多边形表示

(彩图见书后)

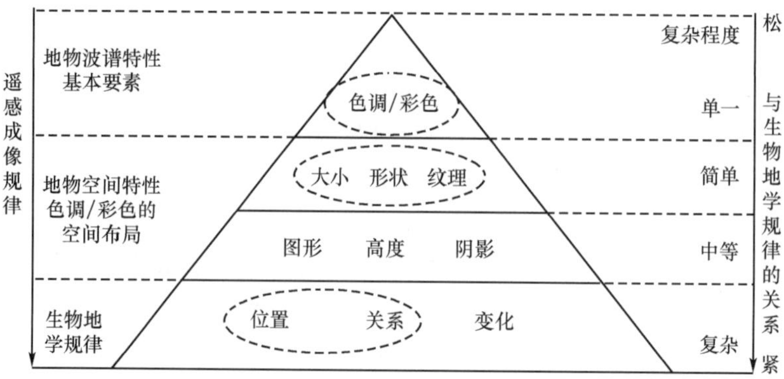

图 2-11　面向对象的低空间分辨率海冰影像判读要素的级序

物质实体，在这一点上与低空间分辨率影像中的对象的意义没有本质的区别，都是作为一个基本信息单元。因此，完全可以将面向对象方法用于低空间分辨率影像。

MODIS影像数据在获得较高时间分辨率的同时，牺牲了空间分辨率和光谱分辨率，从而产生明显的混合像元和同谱异物现象，没有小尺度、确定性的空间结构信息，通常只表现为概念性地表覆盖类型的边界。因此，与中高分辨率影像数据相比有其特殊之处，具体体现在以下4个方面。

（1）大尺度下可识别的对象已经抽象为地物类型而不是具体的物质、物体，通常不具有确定性的形状和大小，空间中表现为分布特征和分布规律。

（2）因为像元代表的地面范围大，所以包含的信息意义性较大，不能使用形状指数来约束其形状来将边缘像元剔出对象的范围。

（3）大量混合像元存在，对比度低，过渡平缓，一般没有较分明的界线，截然的分界很少。

（4）对象是抽象的类型，复杂细碎的多边形难以定义为有意义的对象，因此多尺度分割的等级很稀疏，而且因为总像元数目少、差别小要进行细致分割时就难以达到相对较小的尺度水平。

2）低空间分辨率影像的图像分割

尺度参数是一个综合指标，在一定的对象尺寸基础上考察同质准则，影像分割时采用不同的尺度，则生成的对象层所包含的多边形对象含义就不同，对于一种确定的地物类型，最适宜的尺度值是分割后的多边形能将这种地物类型的边界显示得十分清楚，并且能用一个对象或几个对象表示出这种地物，既不能太破碎，也不能太大，致使一个对象包含几个类型或类型的边界模糊不清（朱述龙和钱曾波，1998）。一般的定义是从1～100～1 000，对于城区、城镇、乡村用较小尺度如5～100，而像北方大范围的自然环境（如退化草地、未利用土地等）则用较大的尺度如200～1 000；城市中的道路、房屋、人工草地、疏林地、成片乔灌等采用的尺度一般是25～30，而道路两边的行道树、院落中的单棵乔木和灌丛等则选择小于25的尺度参数（覃先林，2005）；南方的丘陵地带和城郊农田要选择5～25的尺度参数（钱巧静，2005）。多尺度影像分割的定义，就是给影像目标多边形一系列特定的分辨率，根据指定的色调和形状的同质准则，使整幅影像的同质分割达到高度优化的程度。对于一幅影像进行任意的分割很简单，分割后多尺度影像层中的多边形对象对于对象特征信息的提取是否有用则取决于分割过程中各种参数的选择是否合理。因此要改善与优化分割后生成的影像多边形，目的是要取得满意的信息精度与可靠性。

研究中采用多尺度分割技术对影像进行分割处理，为找到最佳的分割尺度和分割方法，在对象分割试验中，分别将尺度参数从10取到100，色调参数从0.6取到1，形状参数从0取到0.4进行组合，经试验表明，形状参数对研究中图像分割没有意义，故取值为0。而尺度参数取大于50时明显错误，薄冰区和海水区完全融合，冰间水道全部并入海冰区；当取值小于20的时候，无法进行分割。图2-12就尺度参数分别为20、50，色调参数取为1的分割结果图进行分析，大尺度对象是建立在小尺度对象的基础上；a系列分割图的尺度是20，b系列分割图的尺度是50，其中a1和b1是厚冰区（全海冰覆盖海区），a2

和 b2 是薄冰区和海水区交错，a3 和 b3 是海水区绝对主体。从图 2-12 中可以看出，对于低空间分辨率影像数据，多尺度分割可以选择的尺度是很少的。尺度大于 50，对于提取海冰信息没有意义，因为大量的薄冰区被分到海水类别对象中，同样有意义的冰间水道被划入海冰类别对象中，但是尺度为 50 依然存在这些问题，只不过负面影响要小得多；再细致分割，尺度参数可以定义从 40 到 30 到 20，实际上尺度是 40 或 30 时，在这个方面并没有实质性的改进；当尺度参数选择为 20 时，有了可以比较的分割结果，而且无法再选择更细致的分割。无法选择小于 20 的尺度参数进行分割，因为这是在中高分辨率影像中没有出现过的。

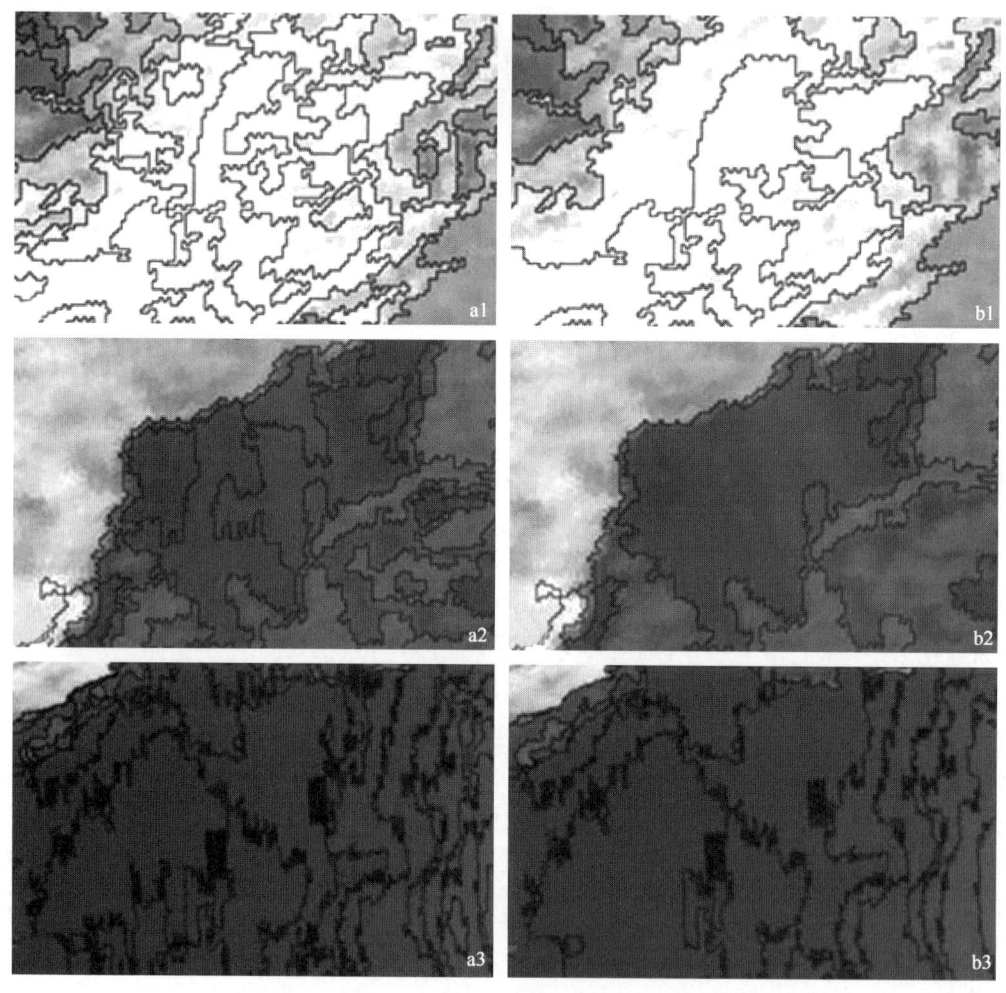

图 2-12　尺度 20(a 列)和 50(b 列)的低空间分辨率影像图像分割对比

a1 和 b1 是厚冰区，a2 和 b2 是薄冰区和海水区交错，a3 和 b3 是海水区；

各影像对象的范围以黑色封闭多边形表示

(彩图见书后)

在尺度为 20 的分割结果图中选择 6 个 3 组联结的对象，分别位于厚冰区、薄冰区(含有海水区)、海水区，统计对象的灰度平均值(值域为 0 ~ 255)、对象的灰度值标准差、对象中包含的像元个数(空间分辨率为 250 m)，如表 2-3 所示。厚冰区对象的灰度

表 2-3　3 组联结对象的统计特征对比

项目	灰度平均值	标准差	像元个数
厚冰区对象 1(a1)	232.23	13.63	2 265
厚冰区对象 2(a1)	220.15	9.21	1 400
薄冰区对象 1(b1)	68.47	4.30	341
薄冰区对象 2(b1)	59.91	3.89	1 321
海水区对象 1(c1)	52.70	1.12	20 052
海水区对象 2(c1)	50.13	0.76	34 892

平均值高，像元灰度标准差大，相比海水区对象的像元个数少得多，而海水区对象的灰度平均值很低，且像元灰度标准差非常小。研究重点是薄冰区(含有海水区)，因为厚冰区和海水区的尺度变化没有涉及类型的错分，在实际中对象 1 是薄冰全覆盖区，对象 2 是以海水覆盖区为主包括有部分薄冰像元。两个对象的灰度平均值和像元标准差相近，不过对象 1 的灰度平均值还是要大于对象 2。这个区的两个对象还有一个明显的特征，与同一尺度参数下的其他两个区的对象有很大区别，厚冰区标准差大而像元个数偏小，海水区标准差小而像元个数偏多，薄冰区的对象标准差小于厚冰区对象，而像元个数也远少于厚冰区对象。这从侧面证明了图像分割算法在总体控制的基础上，尽可能强调局地的特征，显然这种“偏袒”不是无止境的。

进一步分析，将薄冰区(包含海水区)的两个联结对象和海水区的两个联结对象分别生成两组灰度直方曲线对比图，见图 2-13。图 2-13(a)是薄冰区，图 2-13(b)是海水区。从图上可以形象地看出，两组的两个对象的像元平均值虽然相近但是还是有区别的，这么接近也是在高分辨率影像中看不到的。不过对于低空间分辨率的影像数据在可能的情况下还需要进一步细化对象分离度的距离(见下面分析)，但对于这么大的像元量来说该值似乎不能再接近了，因为再接近两个对象中的像元灰度值就大量重合了。实际上，目前水平下，很明显已经有很多不同对象的像元灰度值重叠。从这一点看，对于低空间分辨率影像来说，不可能实现意义准确的对象分割。

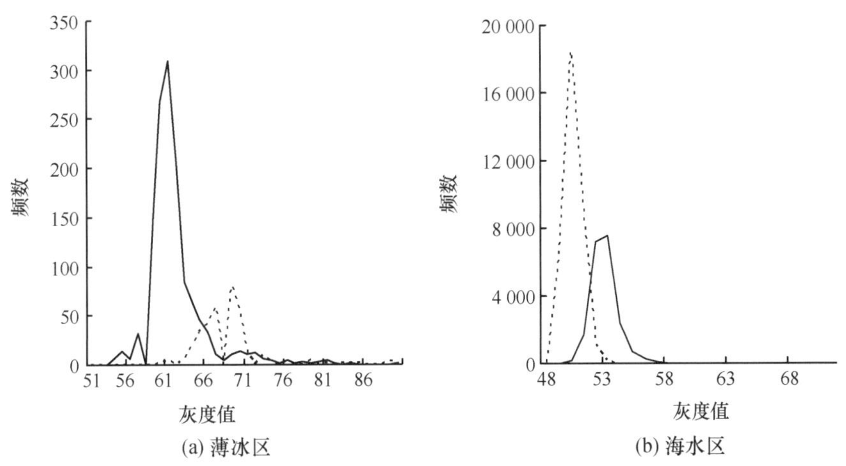

图 2-13　两组联结对象的灰度直方图

图中实线是对象 1 的灰度直方图；虚线是对象 2 的灰度直方图

灰度直方图统计总归只是考虑像元的灰度信息，而不考虑像元的位置信息，因此不能断定相邻对象的像元灰度值重叠现象是无法逾越的障碍。深入分析将两个区中对象 2 中所包含的与对象 1 中像元灰度值重叠的像元在地理栅格图中标识出来，如图 2-14 所示。黑色区域是没有意义的背景，有颜色的图斑分别是两个区的对象 2，虚线表示的区域分别是两个区的对象 1，可以形象地看到对象 1 和对象 2 是相互联结的，其中深灰色区域表示对象 2 中灰度值和对象 1 重叠的像元。在海水区[图 2-14(b)]，重叠的像元实际上是由随机噪声引起的，没有分析的意义，反映了海水区没有包含海冰覆盖区；而薄冰区中[图 2-14(a)]，灰度值重叠的像元没有和对象 1 联结(这不是重点)，且不是由随机噪声引起的，有其物理意义，因为它们呈现一种聚集状态而与周围的对象有着具体意义的联系。

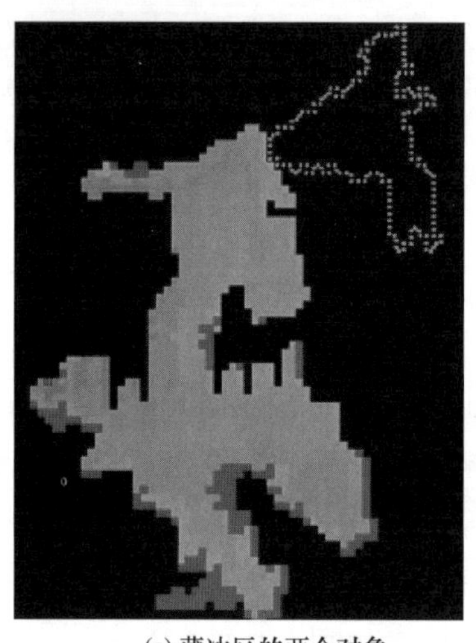

(a) 薄冰区的两个对象

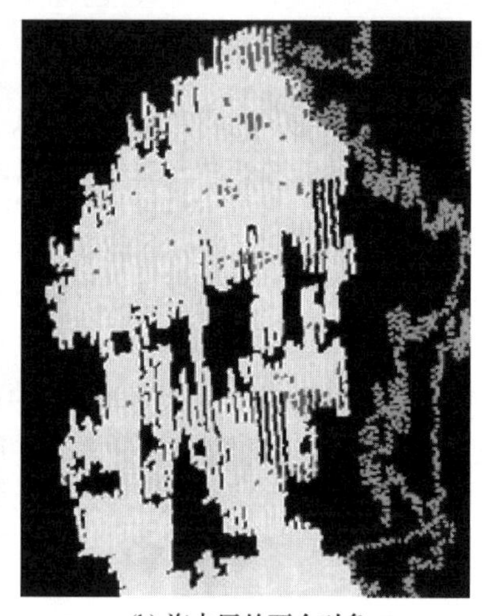

(b) 海水区的两个对象

图 2-14　两组联结对象的灰度分布空间特性

深灰色表示的是对象 1(灰、白色区域)中和对象 2(虚线框表示)灰度值重叠的区域

(彩图见书后)

由于海冰、海水类型对比度低，不能在更小尺度水平进行分割，尤其是在类型过渡区，会出现不同类型的像素同时包含在同一个对象里的现象；同时由于像元尺度空间分辨率低，混合像元多，细节不突出，平缓过渡明显，对象通常会出现不符合客观实际的分割。以上现象都是可以满足一定尺度下异质性最小化的要求，但是都得不到满意的对象多边形，都不是要进行形状约束的情形，前者是对象分割不彻底产生信息混淆，后者是对象分割错误产生信息缺失和混淆。两者都不能得到正确的对象，后者的影响更严重，它丢掉了低空间分辨率数据中区分类别重要的邻域对比等级关系等信息。

对于低空间分辨率影像，在给定的尺度下，对初始分割产生的小尺度影像对象进行合并产生高级别大尺度影像对象时，依据色彩和形状的同质性最小准则不像中高分辨率影像数据那样得到合适的影像对象，通常出现错误包容和错误割裂。虽然都是无监督过程，但是中高分辨率影像数据能较好满足条件，实现满意分割结果，算法表现出的指向性正确，而在低分辨率影像处理时指向性模糊，极易导致不正确的结果。

分析影像的分割结果，满足异质性水平下错误的发生有两种情况：一是错误融合；二是错误拉拢。后者是较大范围的均质对象在边缘带入其他对象，类似于大鱼吃小鱼，因为它们之间的梯度小于小鱼对它的邻近正确对象；前者是属性值相近而互相结合。从研究目的出发，考虑到规定尺度下异质性最小的原则并没有指向性、非智能、非监督，往往造成对象的分割不彻底或过分割，异质性最小并不代表最优，对于低空间分辨率数据表现得尤为突出。对于此问题，需要通过增加辅助信息以加强影像信息空间各类别的分离度和干预合并评价准则使合并更合理，只有让一些对象具有排他性或拉拢性，才能产生满意的图像分割结果。

不能细分的原因：①海水区的影响导致不能细分：一是因为目前的尺度水平达到了随机噪声与周围海水结合关系的极限，随机噪声干扰将不能进行再细分对象；二是海水区本身即便是达到均值区也具有很大的规模(像元个数多)，尤其是在和薄冰区的对象对比时，从而影响到尺度参数的降低。②薄冰区的影响导致不能细分，从表可以看到薄冰区的特点是像元个数非常少，而且灰度值接近即像元标准差很小，本身的异质性标准就非常低，再细分就造成其下面的子对象的异质性跳跃式地降低，考虑全局异质性水平的情况下，这是不能实现的。

需要细分的原因：直方图表示薄冰区的两个对象，其中应是海水覆盖区，而不是全海冰覆盖区，两者对比中有重叠的现象。同一类别像图 2-14 都是海水覆盖区，重叠并不影响接下来的分析，但是不同类型之间这是不允许的，因为意味着在接下来的分类过程中，这部分海冰像元将被认为是海水覆盖区，而造成错分。要实现最终的目的，则任何对象，只要是代表海水覆盖区就不能包含海冰像元。这在前面的分析中被认为是可行的，因为海冰像元与相邻海水像元之间存在灰度差别从而形成分界点。通过降低尺度参数来减小对象多变形的异质性标准，在不考虑多边形零碎、破碎的情况下，可描绘细微差别，才能避免不同类别合并在同一个对象里。

为了解决这个矛盾，本研究采取了两个预处理。首先在图像分割尺度是 20 的时候，对影像对象进行初始分类，分出确定、没有混淆的海水和海冰覆盖区的对象，剩下过渡区，包括薄冰区和海水区。这样就避免了不同目标对象之间对于尺度参数变化的承受能力差异过大的问题，薄冰区和海水区灰度值和标准差差别不大。第二个措施是对过渡区影像进行直方图线性拉伸，线性拉伸是一种最基础的拉伸算法。假设原数据的动态范围为$[a_1, a_2]$，待扩展的灰度值动态范围为$[b_1, b_2]$，必有 $b_2>a_2$，$b_1<a_1$(图 2-15)。在不改变数据对比关系的基础上，扩大数据的动态范围，从而人为增大结果对象的标准差，以利于小尺度分割的进行。

$$y=Ax+B \tag{2-1}$$

式中，x，y 分别为反差增强前后的像元灰度值；A，B 为线性拉伸常数。图 2-15 中，a_1，a_2 为原图像最小与最大的灰度值；b_1，b_2 为扩展至最小与最大的灰度值。经过对比试验，选 $A=1.3$，$B=0$，这个比例也不会造成小图斑(无论是海水还是海冰)出现类似海水区中随机噪声的干扰现象。图 2-16(a)是原始的在尺度参数为 20 的情况下的分割情况，图 2-16(b)是经过预处理后在尺度参数为 10 的情况下的过渡区分割结果，此时不需要也不能再进行细致分割。

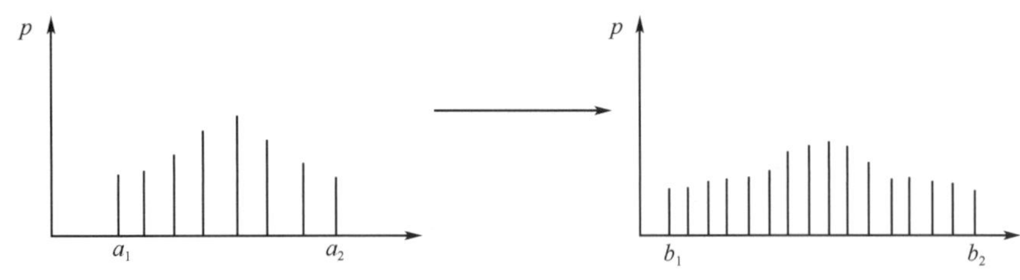

图 2-15　线性拉伸示意图

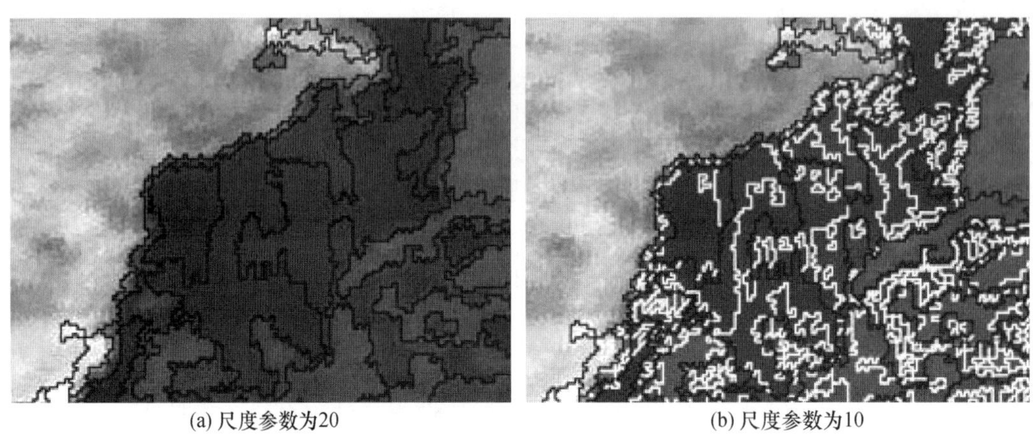

(a) 尺度参数为20
(b) 尺度参数为10

图 2-16　不同尺度的冰水影像分割结果对比

黑线封闭多边形表示的是尺度参数为 20 的对象，白线封闭多边形是尺度参数为 10 的对象

（彩图见书后）

3）低空间分辨率影像的面向对象分类

海区影像对象切割后，影像可给予的信息由原来单一的光谱信息，增加了大量可用于海冰与海水覆盖区分类的特征，包括：①对象的形状特征，如面积等；②对象的纹理特征，如光谱值的标准差、子对象的平均不对称性、相邻对象之间的平均光谱对比度等；③基于多尺度分层的影像对象之间的特征，包括不同尺度间对象关系和同一尺度内相邻对象间的关系。

海冰对象的识别特征主要通过系列模糊表达式进行定义，将对象的任意特征值转换成 0~1 的模糊值，表明特征对于一个类别的隶属程度。将对象的特征值转换成模糊值，即进行了标准化处理，可实现特征间的组合和特征的灵活选取。模糊函数定义可以基于先验知识，或是根据样本空间，主要是结合野外样点信息，选择典型样本完成。因此有两种基于图像对象的分类方法：一种是基于样本的分类方法，即选取样本后再分类；另一种是基于规则的分类方法，即通过图像的光谱、形状、纹理特征等信息，建立规则模型进行分类。本节中因为类型简单明确故采用基于规则的分类方法进行分类。

首先，初始分类，采用定义成员函数的方法。成员函数容易编辑和适应于任何一种对象特征，将各种特征值转化成描述对每一种类别的隶属度。当需要一种或若干种特征就能够区分出类别来，则可以通过定义一维成员函数进行操作，可以通过选用不同的坡度函数来实现。函数坡度值是描述如何通过特定的表达式计算一个对象特征值的成员函数值。初始分类时，考虑对象分割的准确性和遥感信息反映地物的准确性，目标定为只是分出完全海冰覆盖区和海水覆盖区。完全海冰覆盖区一般对应的是相对较高的可见光反射率值，也就是灰度值高；完全海水覆盖区对应相对低的可见光反射率值，即灰度值低。根据对象的灰度平均值的高低水平，定义出海冰类别、海水类别、未定义类别，其中未定义类别还需要进一步进行图像分割。显然，只要定义出一个灰度值，只要对象的灰度平均值高于该值就是海冰类别。同样再定义一个灰度值，凡是灰度平均值低于该值的对象就属于海冰类别，因此选用图 2-17 所示的函数坡度。这里需要说明的是，虽然这样做是有风险的，因为只是考察了对象整体的灰度平均值，没有落实到每一个像元的情况，甚至不如直接考察单个像元的灰度值稳妥，但是实际结果是一样；原因在于较小尺度下，对象的异质性标准已经很高，而且对于海冰覆盖区和海水覆盖区完全可以实现同类化。实际操作中，选择灰度值 90 为初始分类时定义海冰类别的阈值，选择 50 作为定义海水类别的阈值，其余的都认为属于未定义类别，待分类。分类结果见图 2-18，黄色表示海冰对象，蓝色表示海水对象，这已经是盛冰期的数据了，在辽东湾东岸积聚了大量的海冰。

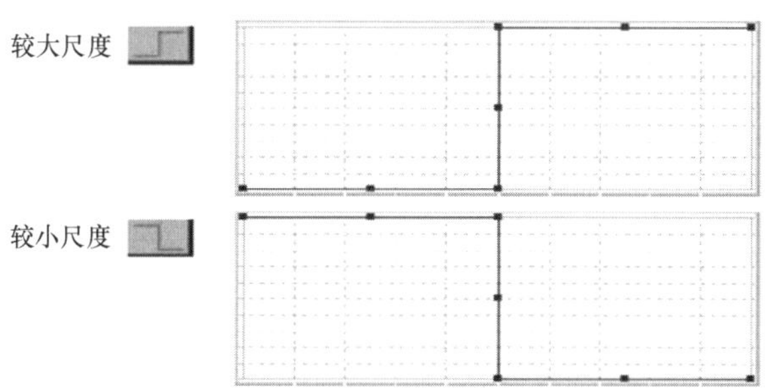

图 2-17　冰水影像对象分类的成员函数图

第 1 次分类完成后，仍然在尺度参数为 20 的分割结果图上，根据 4 个特征属性：对象面积、是否与海冰对象有公用边、对象纹理、与海水对象的公用边长占总边长的比例，建立两组成员函数对未定义类别进行分类。

A. 面积(area)

未配准的数据中单个像元的面积是 1，因此一个图像对象的面积就是构成对象的像元数。如果影像数据经过了配准，那么对象的面积就是单个像元覆盖的实际面积乘以构成对象的像元数量。

B. 纹理(texture)

遥感影像的纹理特征取决于空间分辨率和光谱辐射分辨率，不同地物在图像上具有不同的纹理特征。最常用来表征纹理的方法是灰度共生矩阵(GLCM)，

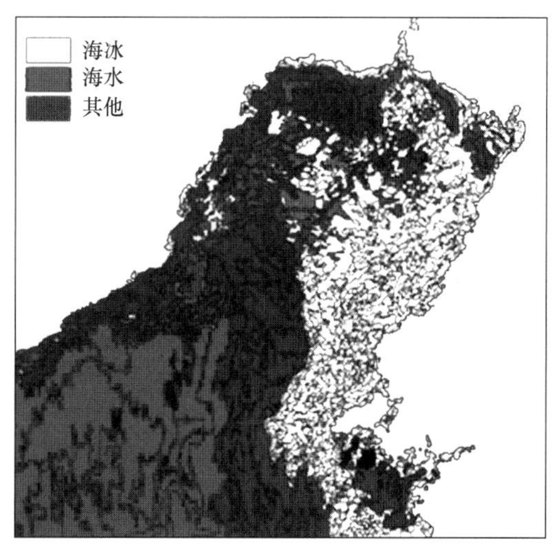

图 2-18　第 1 次冰水影像面向对象分类结果图
蓝色区域是海水类型对象，黄色区域是海冰类型对象，其他是未分类对象
(彩图见书后)

从中可计算出刻画影像的一些具体统计纹理属性，如角二阶矩、对比度和熵等。每一个属性都可生成一个纹理影像或波段。在得到灰度共生矩阵后，进行归一化处理，来计算各纹理参数。利用灰度共生矩阵，可以产生 14 个特征，但较为常用的是 3 个统计纹理特征，同时其计算与窗口大小、统计方向有关系。通常为避免方向的影响，将 4 个方向的统计量进行平均。

（1）角二阶矩

$$\mathrm{ASM}=\sum_{i=0}^{L-1}\sum_{j=0}^{L-1}p(i,j)^{2} \tag{2-2}$$

该值表示一定窗口结构单元灰度分布均一性度量，即空间结构复杂程度的反映。如果结构复杂，该值较低，反之较大。

（2）对比度

$$\mathrm{CON}=\sum_{n=0}^{L-1}n^{2}\Big\{\sum_{|i-j|=n}p(i,j)\Big\} \tag{2-3}$$

该值表示一定窗口尺度下的纹理清晰程度，反映图像的局部变异程度。

（3）熵

$$\mathrm{ENT}=-\sum_{i=0}^{L-1}\sum_{j=0}^{L-1}p(i,j)\log p(i,j) \tag{2-4}$$

该值表示一定窗口尺度下所具有的信息论的度量，空间结构越复杂，值越大。

C. 与分类对象的关系(rel. border to class)

计算一个对象和相邻的具有海冰或海水类别的对象公用边长占其总边长的比例，如果一个对象的所有边界都和一个类别的对象公用(取值为 1)，但不能认定属于该类别，需要结合其他的特征考察。

特征值的值域：[0; 1]

这两组成员函数的定义如下，都选用图 2-17 所示的坡度函数的组合进行分析，满足分析定义的对象都认为是海水类别。这两组成员函数实际上就是对光谱信息不能满足分类要求的补充，因为特征是预先知道的，故直接定义规则。结果见图 2-19，浅蓝色表示第 2 次分类后确定的海水类别对象。这样经过两次分类后，剩下的区域对象认为是冰水过渡区图像，需要进一步进行图像分割。

（1）对象面积大于 95 km^2，纹理对比度值小于 0.45，与海冰类别对象公用边的比例为 0。

（2）对象面积小于 30 km^2，纹理对比度值小于 0.45，与海水类别对象公用边的比例大于 0.5。

针对尺度参数为 20 的过渡区对象进行第 3 次分类，这次分类不是以严格物理意义进行分离，而是将各对象隶属于某一个类别的可能性绝对化，类似于对模糊隶属度进行硬分类。分类采用 3 种特征，即对象面积、对象纹理、对象的灰度平均值，也分两组成员函数表达。结果见图 2-20，浅黄色的区域代表这次分类中被定义为海冰类别的对象，

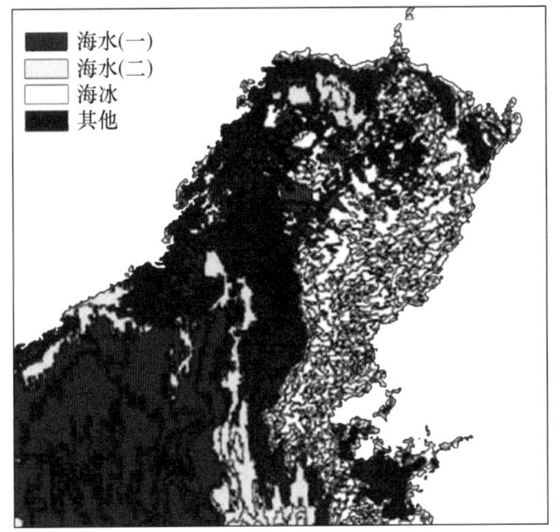

图 2-19　第 2 次冰水影像面向对象分类结果图
蓝色[海水(一)]、浅蓝色[海水(二)]区域是海水类型对象，黄色区域是海冰类型对象，其他是未分类对象
(彩图见书后)

淡蓝色的区域代表这次分类中被定义为海水类别的对象。

(1) 对象面积大于 95 km^2，纹理对比度值小于 0.45，满足的定义为海水类别的对象。

(2) 纹理对比度值大于 0.45，灰度平均值大于 60，满足的定义为海冰类别的对象。

(3) 其余的定义为海水类别的对象。

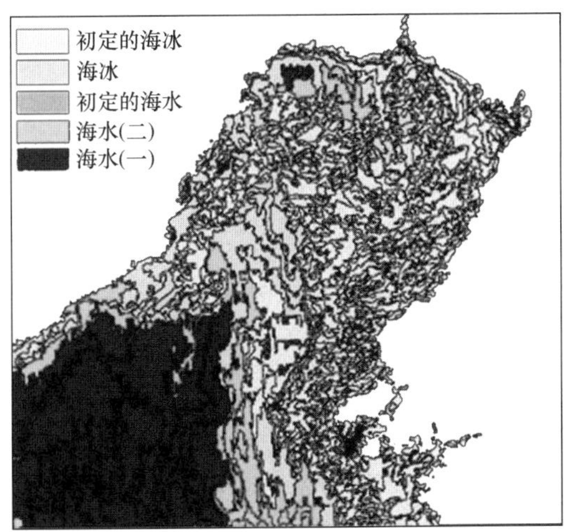

图 2-20　第 3 次冰水影像面向对象分类结果图
蓝色[海水(一)]、浅蓝色[海水(二)]区域是海水类型对象，黄色区域是海冰类型对象，
淡蓝色是初定的海水类型对象，淡黄色区域是初定的海冰类型对象
(彩图见书后)

根据第 3 次对过渡区进行分类的结果，和过渡区的尺度参数为 10 的图像分割结果，在多尺度分割过程中构成两层对象结构：一个是尺度参数为 10 的子对象层；另一个是尺

度参数为 20 的父对象层，其中父对象层都被赋予海冰或海水类别。在对象层级结构中，子对象关于上级尺度、被定义类别的父对象有一些新的特征，研究中使用了以下 3 种特征。

（1）与父对象的灰度平均值差异(mean diff. to super-object)

$$\Delta C_L = \overline{C}_{L.\ \mathrm{Object}} - \overline{C}_{L.\ \mathrm{Scene}} \tag{2-5}$$

（2）与父对象的灰度平均值比率(ratio to super-object)：特征值值域为[0; inf]。

（3）与父对象的公用边界。

如果一个父对象所属的类型和其相邻的父对象的一个外缘子对象一致，则这个子对象将和该父对象的其他子对象重新组合连接起来，从而对上一层结构的对象进行修正。受影响的父对象使得该部分影像区域发生改变，尽管由于一些重组的子对象的影响使得原来的父对象失去一些面积，但是新的父对象得到了这些子对象。最终边界优化产生了一个由形状修正后的对象组成的影像对象层。

在过渡区中利用局地对比思想的初衷实际上是针对 3 种冰水对象混合类型，即大范围悬沙带影响海水覆盖区融合进入部分冰盘边缘，如辽东湾东南部；稳定连续的大范围薄冰区，如辽河口海区；破碎的薄冰区，和海水区互相交错，如菊花岛附近。3 种类型的共同特征是代表海冰和海水的灰度值都很低而且接近，不能用传统方法分离而只能利用局地对比度生成的同质对象，面向对象的角度分析相关信息作出判断。

选择典型的 3 个在尺度参数为 20 下的对象[图 2-21(a)~(c)]，3 个对象在第 3 次分类时被分别认为是海冰对象、海水对象、海冰对象。进行尺度参数为 10 的分割，结果见图中的黑色封闭线。3 个对象虽然都是由于海冰、海水的光谱灰度值和纹理相当接近而出现的问题，但具体可分为两类情况：一类是过分割[图 2-20(b)]；另一类是欠分割[图 2-20(a)、(c)]。前者是海水区“吸引力大”在边缘区包括了部分海冰像元，尤其出现在厚冰区边缘；后者是海冰区和海水区混合交错，(a)图是冰区中裂缝、水道，(b)图是开阔初生冰区。

图 2-21　3 个尺度参数为 20(进行第 3 次分类)的典型对象及其中尺度参数为 10 的分割结果
黑色封闭多边形是被分割出的小区域影像对象

图 2-21 中，上一级父对象在第 3 次分类被认定是海水类型；类型判断依据是，生成的下一级子对象层，包括一个面积相对大的对象（与父对象的面积比例大于 0.8），和若干面积相对小的对象（与父对象的面积比例小于 0.2）；如果面积相对小的对象灰度均值高于同一父对象下的其他子对象（子对象的灰度均值最大），和上一级父对象有一段连续公共边并占自身边界比例较大（大于 0.35），与确定的海冰对象通过该公共边相邻接，则该面积相对小的对象被划分为海冰类型，其他为海水类型。

图 2-21（a），上一级父对象在第 3 次分类时被认定是海冰类型；类型判断依据是，生成的下一级子对象层，包括一个面积相对大的对象（与父对象的面积比例大于 0.5），和若干面积相对小的对象（与父对象的面积比例小于 0.2）；在子对象层中，面积相对小的对象中，灰度均值最小的是海水（差值超过 1%），其他是海冰，面积相对大的对象是海冰类型。若面积相对小的对象的灰度均值相当（差值小于 1%），则需要参考再上一级父对象尺度范围内其他次第二级层中面积相对小的对象的灰度均值，及对象距离最小的海水对象的灰度均值，完成进一步分析，一般认为灰度均值最小和与相邻海水对象灰度均值最接近的对象为海水对象。以此，根据合理的影像分析，区分浑水和薄冰特征区。

图 2-21（c），上一级父对象在第 3 次分类时可能被认定是海冰类型或海水类型；类型判断依据是，下一级子对象层包括面积相当的若干子对象（与父对象的面积比例之差的最小值小于 0.1），子对象中灰度均值高且纹理复杂（与前面分析一致）为海冰类型对象，反之为海水类型对象。

4）低空间分辨率影像的面向对象分类的结果分析

本节应用面向对象的思想，通过图像切割生成同质影像对象多边形，用模糊函数定义影像对象的光谱特征和几何特征，利用成员函数判别方法对目标多边形进行判别，得到分类结果，并与目视解译结果进行类别和形状一致性检验。面向对象方法与基于像元的分类技术相比最大的特点是：分类的基本单元不再是像元，而是根据同质性原则合并的影像对象多边形（Blaschke et al.，2000）。在利用光谱信息的同时，考虑影像对象的空间信息，融入对象的纹理特征与邻域信息，整个过程会更符合人类认知事物的过程，使自动分类得到充分实现。影像对象的切割过程中，采用多尺度切割方法，综合考虑光谱特征、纹理等几何特征，生成同质的海冰或海水对象多边形，同时也形成适合对象判别分析的不同尺度组合。通过模糊函数曲线对海冰或海水的光谱标准差、形状、纹理及相关关系等识别特征进行定义，即对各特征进行标准化处理。利用函数坡度进行影像对象的归类。运用面向对象方法成功进行渤海海冰边界勾绘，提取了结冰范围信息。应用分析也充分体现了精度和自动处理的优点，为各种空间分辨率海冰专题信息的提取提供了新的思路。

利用面向对象信息提取方法提取渤海结冰范围信息，实现完全满足目视解译要求（类型一致性、形状一致性）的提取精度。该方法首先解决了浑水与薄冰光谱信息交错的难点；其次可以大大减少人为干扰，实现自动处理。遥感地物分类结果往往存在一定的误差。就渤海海冰研究而言，由于浑水和薄冰的特征比较相近，类型间距离也很近，传统分类方法有很多像元被错误地分类，结果海冰区的形状不清晰，不利于提取特征形状，而且被错误分类的像元不易纠正。

面向对象的方法在基于高时间分辨率影像的渤海结冰范围提取应用中，具有以下特点。

（1）利用面向对象分类法可以灵活地运用海冰、海水本身的光谱信息、几何信息、结构信息和拓扑关系信息，更主要的是可以加载人的思维，构成知识库，在保证高精度提取的基础上提高了处理过程的自动化程度。

（2）在分类过程中不断调整图像分割尺度，从而适合不同提取步骤要求的分类。

（3）采用模糊分类法，对类进行描述用不确定性，可根据实际情况进行调整，其分类结果更能表达关于世界的不确定的人类知识，并产生与人类语言、思考和想法更接近的分类结果。

（4）通过考虑不同尺度下影像对象的灰度均值比较因素可以有效地识别水道、水区等的特征区域。

在应用面向对象方法进行冰水对象分类的过程中，即使是同一类别也需要依据其具体特征在不同尺度中进行类型定义和判别，最后采用小尺度类别优先的方法对不同尺度的分类结果进行合并。虽然步骤繁多，但是符合海冰海水原理和人的认知过程。同样，虽然参数、判断多，但是一个稳定的程序，不受不同影像数据中不确定性变化的影响，因为其立足于局地对比信息，不像分区分割那样针对不同数据要不断调整参数。

2.2　低空间分辨率影像中伪海冰像元的剔除

2.2.1　伪海冰像元的存在及其影响

遥感成像过程涉及遥感信息的获取、传输、处理以及分析判读和应用（周成虎和邵全琴，1999）。其中信息收集包括两个过程：一个过程是地物的电磁波信息传送到遥感平台；另一个过程是地物的电磁波信息经过传感器记录下来，遥感平台以及传感器是确保遥感信息获取的物质保证。太阳辐射的电磁波到达地面，地物目标反射或自身发射的电磁波被置于空中的遥感平台接收，都要穿越大气层，电磁波与大气的相互作用，对电磁波的传输会产生重大影响，如图 2-22 所示。大气对电磁波的散射从理论上说不发生衰减，只改变电磁波传播方向，但是由于遥感器受到视角的限制，不可能接收到各方向的散射辐射，从而改变了遥感器接收到的能量与地物辐射能量之间的对应关系，使得遥感图像发射辐射失真甚至变得模糊不清（余国华和田岩，2004）。

大气里所有的气体都具有散射效应，其总散射是大气密度和压力的函数，大气分子引起的瑞利散射强度将随着波长的减小而急剧增加（牛铮等，1997）。大气中除各种分子外，往往含有云、霭、水滴、冰晶以及烟尘、灰尘等多种液态或固态微粒，这些全部被视为气溶胶，对电磁波传输主要有散射影响。大气中气溶胶的数量、光学特征及粒径分布，在不同地区、不同场所可能很不相同，并随温度、湿度等环境条件的变化而变化，所以要想准确了解、计算气溶胶的散射特性是一个高难度的问题。

传感器是信息获取的核心部件，按照确定的飞行路线飞行或运转进行探测，即可获得所需的遥感信息。任何类型的传感器，都是由几个基本部件组成，见图 2-23（钱乐祥，2004）。采集器负责收集地物目标辐射的电磁波能量。探测与处理器的主要功能是将收

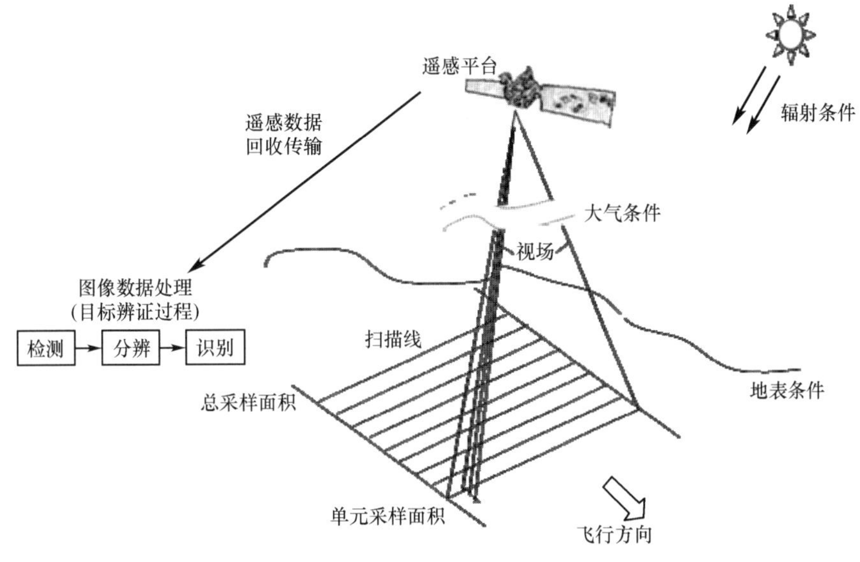

图 2-22　遥感系统示意图（郭华东等，2000）

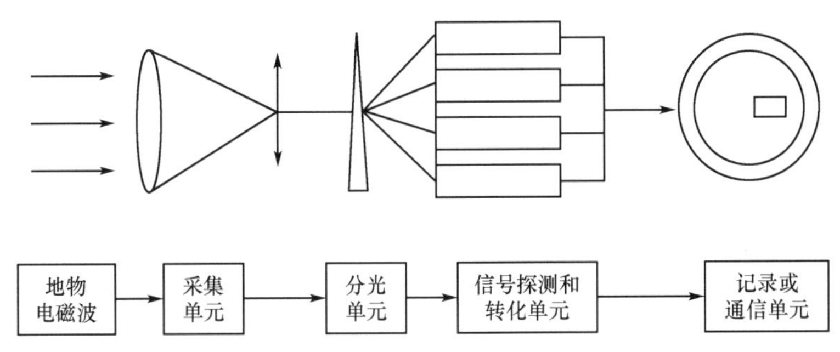

图 2-23　传感器结构示意图

集到的电磁辐射能转变为化学能或电能，具体的元器件主要有感光胶片、光电管、光敏和热敏探测元件、共振腔谐振器等；同时对转换后的信号进行各种处理，如显影、定影、信号放大、变换、校正和编码等。

卫星平台上光学系统中的衍射、传感器的非线性失真、光学系统的像差、镜头畸变等，每个环节都可能对生成图像的质量产生影响，对于航空遥感，其图像质量的下降主要是传感器光学器件的性能造成的，大气的影响相对较小；而对于航天遥感图像而言，其图像的质量下降不仅取决于传感器光学器件的性能，还取决于大气状况引起的系统影响（Schowengerdt，1997）。因此常常造成同一个传感器，在有的地区获得的遥感图像质量很好，在有的地区获得的图像质量较差，即使是在同一地区，图像质量也是时好时坏。

在海冰影像上，每一个 CCD 成像单元接收的不仅是它所代表的地域的信号，还会接收到周围区域信号的影响。通常这种影响是综合的、不确定的、不易区分的，甚至可能相互减弱抵消。但是这种影响在渤海海冰与海水交界的影像上产生了确定性的影响，因为海冰、海水的光谱特征曲线的形状非常相似，而且一定的光谱范围区内（常用卫星数据记录的波段范围）光谱特征曲线都是一种逐渐递减趋势，因此也就是在卫星数据的每一个波段都是海冰像元将部分“能量”叠加到它邻近的海水像元上，而不会有反向作用。在海冰边缘部分，高亮的海冰相对于低暗均匀的海水产生了类似“振铃”的影响，提高了与海冰区域临近海水区域的反射值，这种影响是随距离增加而递减的，如图 2-24 所示。这部分被“提亮”的像元一般就被提取作为海冰像元，如果是分辨率为 30 m 的 TM 数据，影响会小一些，因为它的尺度相对于渤海的海冰开裂区而言很小，但是对于分辨率为 250 m 的 MODIS 数据，就会产生很大的影响，它的影响范围甚至可以覆盖整个海冰开裂区海水的反射值，从而影响海冰分布区的整体形状和细节，造成一些边缘的损失和一些冰间水域的消失。伪海冰像元的存在对海冰范围分布信息的提取产生了 3 个方面的影响：一是大大地扩大了海冰范围的面积；二是造成相当多的海冰边缘线信息损失；三是无法进行进一步的信息提取精度的改进处理，如冰水混合像元分解。

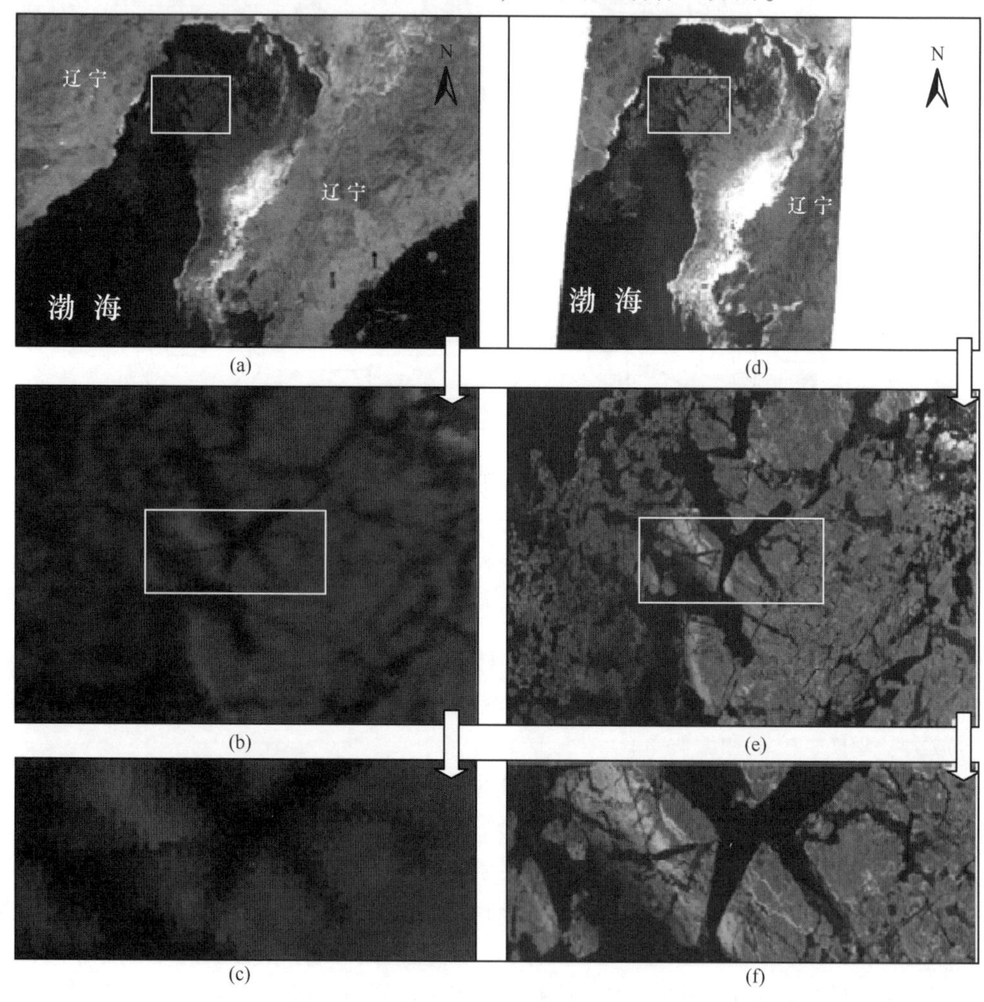

图 2-24　MODIS(左列)和 TM(右列)数据中的冰水边界影像

下图是上图中白色矩形框范围的影像

(彩图见书后)

数字图像处理的研究进展表明，对于获取数字图像的过程中，由于受多种因素影响，出现的散焦、模糊、失真、噪声干扰等典型图像质量下降现象的恢复，一般是利用质量现象的某种先验知识建立数学模型，再根据模型进行反向推演运算以恢复原来的图像信息，如运动模糊图像的 Moore Penrose 逆法恢复（吴魁等，2002）、最大熵迭代法（于红斌等，1999）、改进的约束最小二乘法（沈瑛等，2003）等。这些图像处理方法均有很强的针对性，情况不同采用的处理模型和估计准则亦不同。图像复原是利用图像质量下降现象的某种先验知识（退化模型），把已退化的图像加以重建。这就要求了解图像质量下降的原因，建立相应的数学模型，然后沿着退化的逆过程复原图像。虽然由于造成图像灰度失真因素的多样性以及噪声干扰的存在，原始图像不可能精确地重建，但是，图像逆过程参数的估计值，完全能够满足后续图像处理与模式识别的要求。

伪海冰像元的灰度值介于其邻域的纯海冰像元和海水像元之间，必然影响到灰度分割的结果，通常它们都被划归为海冰类别，显然不能通过灰度分割、空间聚类等常规方法使其不被划归到海冰类别中。只有降低它们与其邻域的海水像元之间的光谱分离度，以扩大与其邻域的海冰像元之间的光谱分离度，这样才有可能将它们从海冰类别中提取出来剔除掉。为了实现这一目的，首先对产生伪海冰像元现象的系统响应函数进行分析，采用逆处理的方法，在使影像恢复到更近似地面实际情况的过程中，将产生伪海冰像元的“振铃”情况尽可能地限制，以提高在空间聚类处理中将伪海冰像元划归海水类别的可能性。

2.2.2 “伪海冰像元”剔除算法的原理

1. 系统响应函数构建

在成像过程中，由于成像系统的内在因素和外在环境的影响，原始图像 $f(x,y)$ 经过一个系统 H 的作用，与噪声 $n(x,y)$ 叠加形成影像数据 $g(x,y)$（陈廷标和夏良正，1990），图 2-25 上部描述了简单通用的系统响应模型，用公式描述为

$$g(x,\ y) = H[f(x,\ y)] + n(x,\ y) \tag{2-6}$$

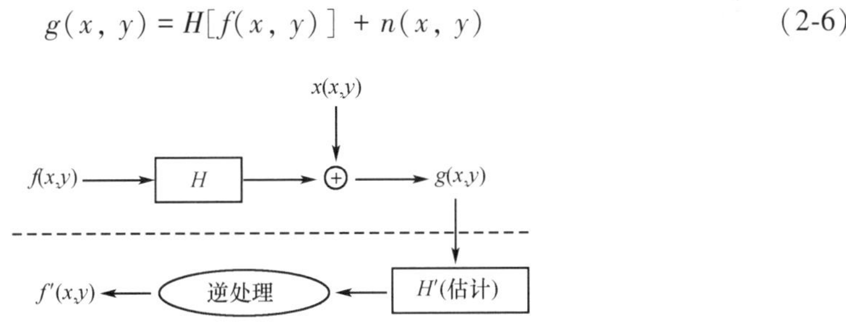

图 2-25　卫星平台的系统响应函数及其逆处理过程

系统 H 可理解为综合所有系统畸变因素的函数，即是由某些元件或部件以一定方式构造而成的整体，为输入信号和输出信号之间的联系。如果估计出系统 H'，那么由获得的影像数据 $g(x,y)$ 可以逆向地寻找原始图像的最佳近似估计 $\hat{f}(x,y)$。整个复原过程的关键是确定系统 H，这个处理过程也可以看成是一个估计过程，见图 2-25 的下部。

原始图像 $f(x,y)$ 可看做是由一系列点源组成的，则 $f(x,y)$ 可以通过点源函数积分式表示为

$$f(x,y)=\int_{-\infty}^{+\infty}f(\alpha,\beta)\delta(x-\alpha,\ y-\beta)\mathrm{d}\alpha\mathrm{d}\beta \tag{2-7}$$

式中，函数 δ 为点源函数。经系统处理后，输出影像图像为

$$\begin{aligned} g(x,y)&=T[f(x,\ y)]=\iint f(\alpha,\ \beta)T[\delta(x-\alpha,\ y-\beta)]\mathrm{d}\alpha\mathrm{d}\beta \\ &=\iint f(\alpha,\ \beta)h(x,\ \alpha;Y,\ \beta)\mathrm{d}\alpha\mathrm{d}\beta \end{aligned} \tag{2-8}$$

式中，$h(x,\ \alpha;Y,\ \beta)=T[\delta(x-\alpha,\ y-\beta)]$ 为传感器成像系统对单位脉冲的响应，这个系统响应并非理想，从而形成的图像包含有畸变。在一般情况下，系统是位移不变的，因此输出图像为

$$g(x,\ y)=\iint f(\alpha,\ \beta)h(x-\alpha,\ y-\beta)\mathrm{d}\alpha\mathrm{d}\beta=f(x,\ y)h(x,y) \tag{2-9}$$

考虑到各个环节可加性噪声项叠加于输入图像上作用，在实际研究中对产生的图像退化过程系统，往往可用线形、位移不变、可分离系统模型近似地来描述，这时退化后的图像为

$$g(x,\ y)=\iint f(\alpha,\ \beta)h(x-\alpha,\ y-\beta)\mathrm{d}\alpha\mathrm{d}\beta+n(x,y) \tag{2-10}$$

式中，$n(x,\ y)$ 为噪声因子。对于数字传感器来说，这种噪声通常为呈一种高斯分布的随机噪声，其强度特性可以用传感器信噪比（singal/noise ratio，SNR）来表征。如果卫星获取的图像信噪比较低，则必须在式中考虑其影响。

因此可以将卫星获得的影像看成是真实影像和系统对单位脉冲响应的卷积，即

$$g(x,\ y)=f(x,\ y)*h(x,\ y)+\sigma(x,y) \tag{2-11}$$

解决式（2-11）一般可采用两种方法。一种是对原始图像有足够的先验知识，则对原始图像建立一个数学模型并根据它对结果图像进行逆合得到的复原结果较有效。从这个角度考虑，这是一个检测问题。另一种方法适用于对图像缺乏先验知识的情况，此时可对退化过程（如模糊、噪声）建立模型，进行描述，并进而寻找一种去除或削弱其影响的过程。由于这种方法试图估计图像被一些特性相对来说为已知的过程影响以前的情况，故是一种估计方法。

依靠先验模型的复原方法（赵荣椿等，1996），需要得到一些传感器平台、光学参数，但这些参数是很难全部得到满足的。而且这种复原方法包括大气状况的参数，但实际上由于不同成像条件下大气状况的变化对图像造成的模糊差异明显，很难将它作为参数加入复原模型中，也很难通过测量等其他途径得到数据。即使是通过采用蒙特卡洛方法模拟传感器成像条件下的大气点扩散函数来进行（胡宝新等，1996），也需要预先给定某些大气参数（如气溶胶浓度等），计算量很大。

由于一些传感器平台、光学参数、大气状况参数难以全部获得，也很难通过测量等其他途径得到，因此系统对图像获取影响的物理过程及其他相关知识是不可能预先知道，即一般就无法通过先验知识得到系统响应函数 $h(x,y)$。在这种情况下，只有通过最终获取的影像图像的本身特征信息后验估计该响应函数，对图像获取、传输过程中传感器、大气状况的各种影响进行综合，而不需要考虑这些参数的具体属性。

理论上要实现这一估计，影像 $g(x,y)$ 包含的区域地面上要存在一个相对于其周围

区域是高亮的小区域，该小区域的大小正好为影像数据的地面分辨率尺寸且正好位于一个像元内，记为 $g(m,n)$，同时其周围区域是均匀的，此时在图像上以位置 (m,n) 为中心的邻域范围内的取值来近似表示系统对单位脉冲的响应，通常可以用函数来表征这个脉冲响应分布。但是一般此情况在卫星影像上是可遇不可求的。在渤海海冰影像上虽然有满足均匀暗背景的海水区域，但是代表高亮点的海冰是成片出现的，没有单点的情况，只有通过计算各方向的线状响应函数值来构建点状响应函数。实际分析影像，给出两个前提设定：一是考虑到一般冰水过渡边缘阶宽为 3~5 个像元，则设脉冲响应函数为 9×9 的二维离散数组；二是这个脉冲响应函数是对称分布的。

2. 系统响应函数求解

1）系统响应函数的各方向取值问题的求解

海冰边缘某个方向上的剖面结构如图 2-26 所示，w 为剖面阶状结构的像素宽度，b 为海冰的波段幅度值，c 为海水的波段幅度值，则 $h=b-c$ 为海冰和海水接触线的梯度值。

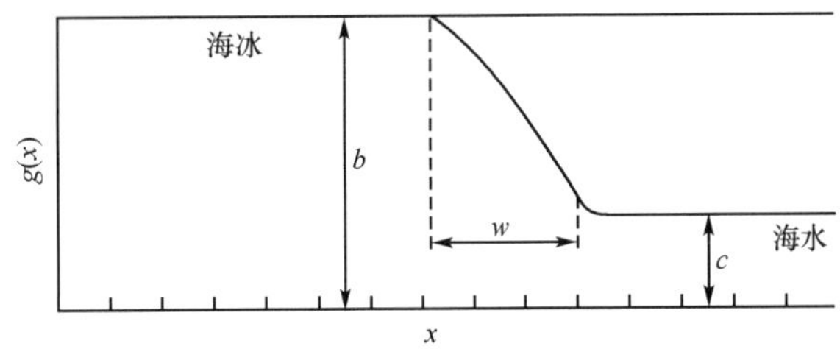

图 2-26　海冰边缘剖面图

$$f(x,y) = g(x,y) * h(x,y) \tag{2-12}$$

展开卷积式(2-12)，亦即

$$f(x,y) = \int_{-\infty}^{+\infty}\int_{-\infty}^{+\infty} g(\alpha,\beta)h(x-\alpha,y-\beta)\,\mathrm{d}\alpha\mathrm{d}\beta \tag{2-13}$$

根据图 2-14，整理得

$$f(x,y) = h\int_{0}^{+\infty}\int_{0}^{+\infty} h(x-\alpha,\ y-\beta)\,\mathrm{d}\alpha\mathrm{d}\beta \tag{2-14}$$

令 $\mu = x-\alpha$，$\nu = y-\beta$，即 $\alpha = x-\mu$，$\beta = y-\nu$，有

$$f(x,y) = h\int_{x}^{+\infty}\int_{y}^{+\infty} h(\mu,\ \nu)\,\mathrm{d}(x-\mu)\mathrm{d}(y-\nu) = h\int_{-\infty}^{x}\int_{-\infty}^{y} h(\mu,\ \nu)\,\mathrm{d}\mu\mathrm{d}\nu \tag{2-15}$$

对式(2-15)两边求导数得

$$h(x,\ y) = h\frac{\partial f(x,\ y)}{\partial x}\Delta x + h\frac{\partial f(x,\ y)}{\partial y}\Delta y \tag{2-16}$$

由以上推导，在实际图像分析中，响应函数各个方向的取值能从卫星影像中记录的海冰和海水接触线的剖面结构中获得，利用这种结构对其剖面求导数可以获得响应函数在某个方向的取值(Richard, 1993)。

2）系统脉冲响应函数属性值的求解

属性值的估计可以立足于不同样本区域构成的直边、直角边、锐角边、钝角边 4 种区域结构求取得到。但是考虑到卷积运算对于响应函数各个属性值的分布和大小比例关系非常敏感，同时这种求取方式只是一种估计，而这种情况下对求取样本估计总平均值的方式也不是最优的。本节从影像中按照梯度 h 等级关系区分出 4 种边缘结构：厚冰和浑水、厚冰和清水、薄冰和浑水、薄冰和清水，通过试验能使四种边缘结构同时达到最好结果的估计值为最终属性值，即系统响应函数值。

因为在影像上线函数与点函数的关系表示为

$$h^*(y) = \int_{-\infty}^{+\infty} h(x,y)\,\mathrm{d}x \tag{2-17}$$

系统在 y 方向上的扩展函数可表示为

$$h(y) = \frac{\mathrm{d}h^*(y)}{\mathrm{d}y} \tag{2-18}$$

假设系统在各个方向上的响应是相同的，则系统的响应函数可通过对 $h(y)$ 求得

$$H(w_y) = \int_{-\infty}^{+\infty} h^*(y)\,e^{-jw_y y}\,\mathrm{d}y \tag{2-19}$$

则对 $H(w_x)$ 进行周向旋转可获得系统的调制传输函数

$$H(w_x, W_y) = H(\sqrt{w_x^2 + w_y^2}) \tag{2-20}$$

3. 逆处理函数求解

根据上式就可以进行反卷积函数的求解，从而最终利用求得的反卷积函数对影像数据进行逆处理，以获得理想的海冰和海水交界边缘。反卷积函数的求解方法有多种类型（邹谋炎，2001），按照处理的领域可分为频域和空域两大类，许多方法在频域里进行，但目前空域处理得到了越来越多的应用。相关研究表明空域的方法简单，但得到合适的矩阵要难一些。频域的方法虽然相对复杂，但常常能获得稳定的解。本节采取在频率域的方法，得到一个反卷积函数，将该函数反傅里叶变换回空间域，获得反卷积函数的矩阵表示。

20 世纪 60 年代中期，逆滤波器（去卷积）方法开始被广泛用于数字图像复原。此方法主要是根据对两函数的卷积进行傅里叶变换后变成两函数傅里叶变换的乘积这一数学原理而创立的。

在频域最常用的有逆滤波和维纳（Wiener）滤波两种方法，两者最大的区别在于后者充分考虑噪声的情况。一般的遥感影像对于这种滤波而言自身的噪声是很严重的，因此通常都用维纳滤波的方法。本节对两种方法都进行了应用，以分析对海冰研究目的的效果。

1）逆滤波恢复法

在 20 世纪 60 年代中期，逆滤波（去卷积）开始被广泛地用于数字图像处理，Nathan 用二维逆滤波方法处理由漫游者、探索者等外星探索发射得到的图像。由于与噪声相比，信号的频谱随着频率升高下降较快，因此高频部分主要是噪声，他采用的是限定去卷积传递函数最大值的方法。在同一时期，Harris（1966）采用点扩散函数的解析模型对望远镜图像中由于大气扰动造成的模糊进行了逆滤波处理，McGlamery（1967）则采用由实验确定的点扩散函数来对大气扰动逆滤波。

逆滤波恢复法是一种频域的无约束恢复的图像处理技术（沈瑛等，2002），对卫星平台产生数字图像的模式两边进行傅里叶变换，得

$$G(\mu, \nu) = F(\mu, \nu)H(\mu, \nu) + N(\mu, \nu) \tag{2-21}$$

式中，$G(\mu, \nu)$ 、$F(\mu, \nu)$ 、$N(\mu, \nu)$ 分别是 $g(x, y)$ 、$f(x, y)$ 、$n(x, y)$ 的傅里叶变换，$H(\mu, \nu)$ 为系统转换函数。这里应用了卷积定理，即空域中两函数的卷积等于它们分别进行傅里叶变换后的乘积。因此，在理想情况下，等式两边乘以反滤波函数 $\frac{1}{H(\mu, \nu)}$，得

$$F(\mu, \nu) = \frac{G(\mu, \nu)}{H(\mu, \nu)} \tag{2-22}$$

由于 $H(\mu, \nu)$ 为已知的系统响应函数，因此用式(2-22)求得 $F(\mu, \nu)$，再通过傅里叶反变换即可得到对影像的复原结果，即得到一个更接近 $f(x,y)$ 的结果：

$$\hat{f}(x,y) = \mathrm{IFFT}\left[\frac{G(\mu, \nu)}{H(\mu, \nu)}\right] \tag{2-23}$$

在实际情况下考虑噪声干扰的影响，则复原的图像近似信息如式(2-24)：

$$\hat{F}(\mu, \nu) = F(\mu, \nu) + \frac{N(\mu, \nu)}{H(\mu, \nu)} \tag{2-24}$$

因此通常情况下的逆滤波器往往不是正好的 $\frac{1}{H(\mu, \nu)}$，而是关于 μ 和 ν 的某个非线性的恢复转移函数 $M(\mu, \nu)$。

在进行恢复处理过程中，μ 、ν 平面不可避免地会出现一些点或区域使得 $H(\mu, \nu) = 0$，或者 $H(\mu, \nu)$ 非常小，这种情况下，即使没有噪声也不能准确地恢复退化图像。考虑到 $H(\mu, \nu)$ 在 μ 、ν 平面随着离原点的距离的增加而迅速下降，而噪声 $N(\mu, \nu)$ 相对变换是比较平缓的，因此上述情况下可设定取值为常数。

2）维纳滤波恢复法

大部分图像中，邻近的像素是高度相关的，而距离较远的像素相关性较弱。由此可以认为图像的自相关函数通常是随着与原点的距离增加而下降。由于图像的功率谱是其自相关函数的傅里叶变换，可以认为图像的功率谱随着频率的升高而下降。一般地，噪声源往往具有平坦的功率谱，即使不是如此，其随频率升高而下降的趋势也要比图像功率谱慢得多。因此，可以设想功率谱的低频部分以信号为主，而高频部分则主要被噪声占据。由于去卷积滤波器的幅值通常随着频率的升高而升高，因此会增强高频处的噪声。处理噪声，Helstorm（1967）采用最小均方误差估计法，提出具有二维传递函数的维纳去卷积滤波器。

设成像系统线性时是不变的，则

$$g(x,y) = \iint_{-\infty}^{\infty} f(\alpha, \beta)h(x-\alpha, y-\beta)\,\mathrm{d}\alpha\mathrm{d}\beta + n(x,y) \tag{2-25}$$

仍考虑线性时不变系统，重写为

$$g(x,y) = \iint_{-\infty}^{\infty} f(\alpha, \beta)h(x-\alpha, y-\beta)\,\mathrm{d}\alpha\mathrm{d}\beta + n(x,y) \tag{2-26}$$

求解这一方程的解 $f(x, y)$ 的估计值 $\tilde{f}(x, y)$，设它有如下形式：

$$\tilde{f}(x, y) = \iint_{-\infty}^{\infty} m(x-\alpha, y-\beta) g(\alpha, \beta) \mathrm{d}\alpha \mathrm{d}\beta \tag{2-27}$$

假设 $m(x, y)$ [也包括 $f(x, y)$ 和 $n(x, y)$] 是平稳的随机变量，$m(x, y)$ 是确知的函数。现在求 $m(x, y)$，使误差最小。

$$e^2 = E[\,|f(x, y) - \tilde{f}(x, y)|^2] \tag{2-28}$$

这就是著名的维纳滤波问题，解法很多，这里直接给出连续维纳滤波的最后结果。

$$F(\mu, \nu) = \frac{\dot{H}(u, v) G(u, v)}{|H(u, v)|^2 + \mathrm{SNR}} \tag{2-29}$$

维纳滤波是一种有约束的频域图像恢复处理方法(沈瑛等，2004)，求取原始图像与恢复图像之间的均方差最小，其数学形式要复杂一些。式(2-29)中，$\dot{H}(u, v)$ 为 $H(u, v)$ 的共轭复数。从其数学形式可以看出，维纳滤波比逆滤波在对噪声的处理方面要强一些。在研究进行实际处理时，因为有关的统计性质不知道，用式(2-30)进行近似处理：

$$F(\mu, \nu) = \frac{G(u, v)}{H(u, v)} \frac{|H(u, v)|^2}{|H(u, v)|^2 + \mathrm{SNR}} \tag{2-30}$$

式中，$\mathrm{SNR} = S_n(u, v)/S_f(u, v)$，$S_n(u, v)$ 和 $S_f(u, v)$ 分别是 $n(x, y)$ 和 $f(x, y)$ 的功率谱密度。参变维纳滤波器对噪声放大有自动抑制作用，但增强了低频段中偏高的频率成分，在视觉上表现为一些小细节增强。如果 $H(u, v)$ 在某处为 0，由于存在 $S_n(u, v)/S_f(u, v)$，所以分母就不会出现 0 的情形。一般在低频谱区，信噪比很高，即 $S_n(u, v) < S_f(u, v)$，滤波器的效果趋向反向滤波器，而反向滤波器常常会增强小的细节；在高频谱区，信噪比很小，即 $S_n(u, v) > S_f(u, v)$，因为噪声项一般多在高频范围，所以滤波器抑制了噪声，但同时也去掉了一些有用的高频细节。因此参变维纳滤波器在滤波过程中，减少了对噪声的放大作用。

2.2.3　剔除算法的实施步骤

综合上述系统响应函数估计、反卷积函数的求解和运算，整个处理流程可以用图 2-27来表示。

研究以 MODIS 的 250 m 空间分辨率的第 1 通道数据为例，应用图 2-27 所示的技术流程。选择 2003 年 1 月 29 日获取的覆盖渤海北部海区的 MODIS 影像，并用同日进行精确配准的同区域的 TM 影像作为检验。从中对 4 种场景各选择 10 条具有阶状结构的冰水边缘的样本线，通过分析使样本线的选取具有客观性和代表性，并求取平均值。

图 2-28(a)是利用影像中 4 种场景综合而成的冰水边缘样本线阶状结构剖面求导，获得的系统线响应函数求出系统点响应函数的三维结构示意图。图 2-28(b)是利用图 2-28(a)的系统点响应函数进行逆滤波器求得的反卷积函数的三维结构示意图。从图 2-28 可以看到，在 9×9 二维数组大小的条件下，系统响应函数已经可以很好地表达这种大气

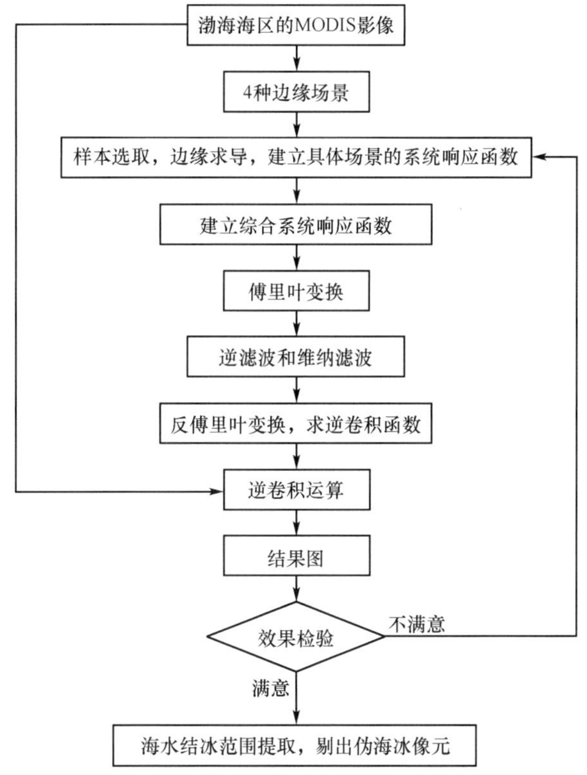

图 2-27　海冰伪像元剔除方法流程图

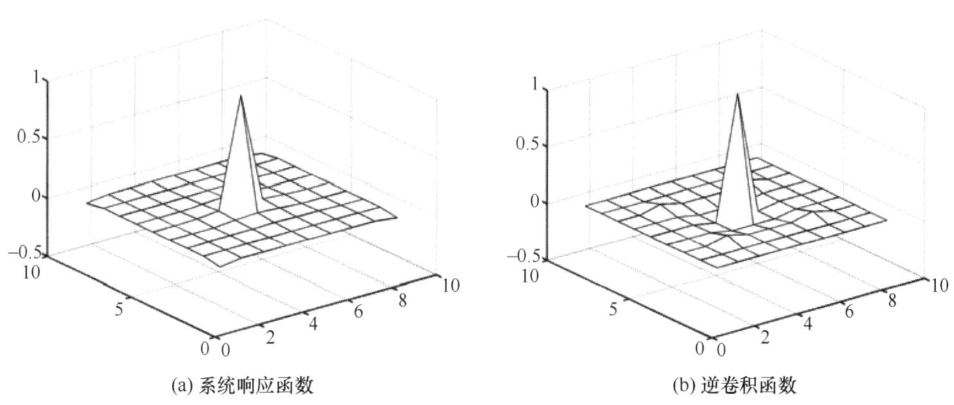

图 2-28　不同函数的三维结构图

和传感器等综合影响下引起的伪海冰像元出现的情况。

图 2-29 是在运算结果图中按照不同的场景各选出一个边缘样线，从中可以看到应用逆卷积运算后，4 种场景中原来的伪海冰像元(虚线圈中)与海水像元之间的灰度值梯度都有不同程度的减小，从而接近海水，这大大增加了在空间聚类过程中划归为海水类别的可能性，较好地实现了研究目的。

表 2-4 中的结果分别是从 TM 和原始 MODIS 影像中提取的海冰分布面积，及对 MO-

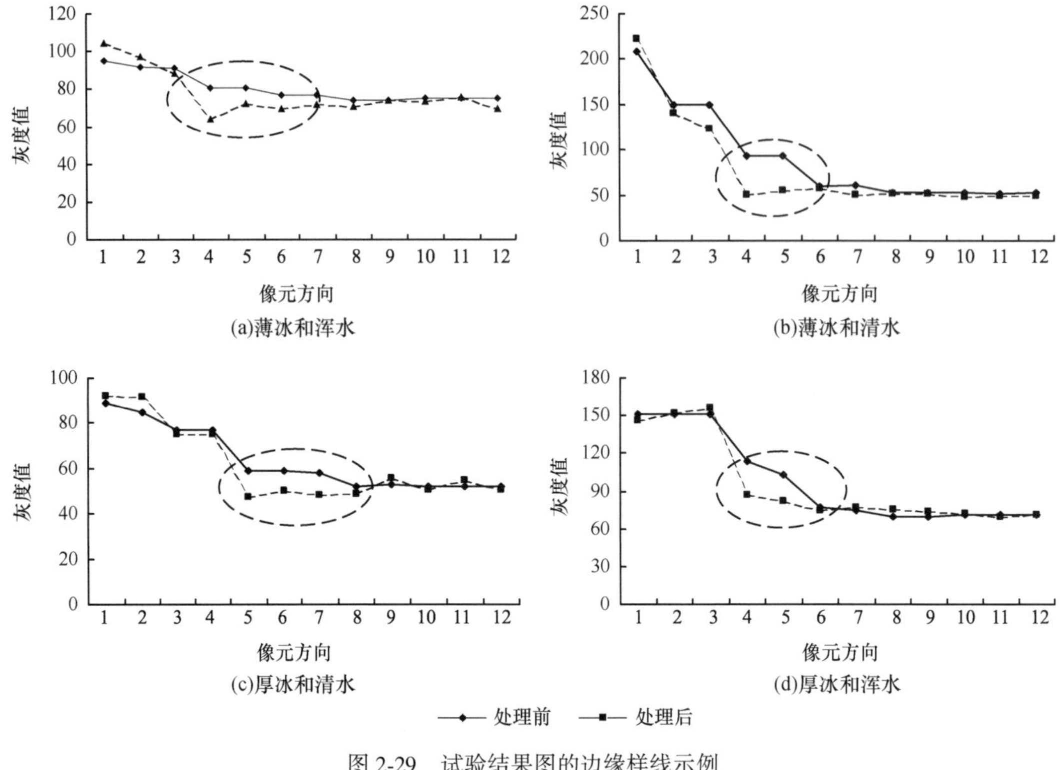

图 2-29　试验结果图的边缘样线示例

DIS 影像进行基于逆滤波器和维纳滤波器的逆处理后提取的海冰分布面积，可见经过逆处理后得到的 MODIS 数据的海冰分布面积都更接近 TM 数据的海冰分布面积。如果将所有的海冰边缘像元都主观划归为海冰类的话，即不考虑冰水混合像元存在的情况，则逆滤波处理方法剔除了 85% 的伪海冰像元，维纳滤波处理方法剔除了 76% 的伪海冰像元，两种方法都有较好的结果，其中逆滤波处理方法在海水研究的目的中优于维纳滤波处理方法。

表 2-4　处理结果对比

项目	TM 影像	原 MODIS 影像	逆滤波处理	维纳滤波处理
海冰范围面积	10 069	12 474	11 433	11 549
与 TM 结果的误差	0	1871	946	1043

2. 2. 4　剔除方法的分析

卫星遥感影像在获取过程中常常由于传感器光学器件、大气状况等的脉冲响应函数的影响而造成遥感图像的模糊，对于冬季渤海海区影像会造成海冰边缘的扩张，产生大量的伪海冰像元。从原理上，对获取的影像进行逆处理可以复原海冰真实边缘，消除伪海冰像元，但是需要得到一些传感器的参数、大气状况的参数，通常这些参数是很难全部得到满足的。本节研究了在不需要知道传感器参数、大气状况参数的条件下通过对图像进行试验分析并提取传感器、大气状况引起的脉冲响应函数，并利用该函数结合频域逆滤波和维纳滤波器求解消除非理想脉冲响应的反卷积函数，在空域利用反卷积函数对图像进行逆处理。该方法应用于冬季渤海海区的 MODIS 数据，相对于原始影像，原来的伪海冰像元的灰度值降低，即与其邻近的海水像元之间的梯度差减小而与其邻近的真实海冰像元之间的梯度差增大，如此可在基于灰度值的聚类时把这些原来的伪海冰像元都划归到海水类，可以说逆处理取得较好的效果。

通过对比逆滤波和维纳滤波对影像处理的结果，可以看出尽管维纳滤波方法对抑制影像噪声方面有出色的效果，但是在特定的渤海海冰和海水区域里，其作用并没有得到发挥。因为该区域的信噪比较高，反而是该方法中的一些复杂过程对求解带来了相比逆滤波方法更多的不确定性和计算的复杂性。

该方法是相对于特定影像图像的试验分析估计求解的脉冲响应函数，它代表的是特定的大气条件下的系统综合响应函数，因此计算出来的反卷积函数也只能针对相似的大气条件才能获得最佳效果。当对大量的图像进行逆处理时，就需要针对不同大气条件下获取的图像分别求系统响应函数和构造对应的空域反卷积函数。

遥感影像恢复处理涉及的运算量很庞大，模型中系统响应函数 H 一般都是阶数很大的循环矩阵，通常的做法是转移到频域里通过傅里叶变换进行，其运算量相当惊人，这是图像处理过程面临的技术瓶颈。当面对处理巨幅整景影像的时候，或者是流程化处理大量的影像数据时，效率就很低。余国华和田岩(2004)从光学图像退化模型出发，发展了一种基于最小二乘法的恢复算法，在算法的实现过程中回避了变换到频域的常规做法，提出了一种级联模板的运算方法，直接在空域里通过级联模板的思路实现了恢复算法，在保证一定恢复效果的情况下，算法的复杂度亦有所降低。这里首先回避常规方法，找到点扩展函数 $h(x,y)$ 所对应的模板 p，然后把 p 当做滑动窗口置于原始图像，逐一做模板运算就可以很方便地得到降质图像 Hf。同样的方法可得到 $\mathrm{H}^T\mathrm{f}$，而 $\mathrm{H}^T\mathrm{Hf}$ 则可由 f 做两次模板运算得到，这就是所谓的级联模板运算(ally-template，AT)。该方法在一定程度上减小了运算量，降低了复杂度，但是对于图像恢复的根本目标来说还不能满足恢复的效果，这是有待深入研究的方向。

2.3　低空间分辨率影像中冰水混合像元的线性分解

2.3.1　冰水混合像元的存在及其影响

混合像元(mixed pixel)是指所记录的信号来自一个以上的地类，它是扫描图像存在的一个普遍现象。由于空间分辨率的制约，高时间分辨率影像数据中像元很少是由单一均匀的地表覆盖类组成的，一般都是几种地物的混合体，即便是同一种类别也会包含各种物理、化学、组成等特性的差异。因此影像中像元在某波段的光谱特征并不是单一地物的光谱特征，而是像元中几种地物在此波段的光谱特征的混合作用的反映。随着空间分辨率的提高，混合像元的数量将减少，但不管空间分辨率达到多少，混合像元的现象总归是存在的，这是地球表层客观存在的混沌现象的反映(Johnson et al.，1983)。混合像元问题不仅是遥感技术向定量化深入发展的重要障碍，而且也严重影响计算机处理的效果和在遥感领域中的应用。

冬季渤海的影像上包括海冰、海水两种类型，在海冰的冰缘线上，海冰和海水相邻［图 2-30(a)］；海冰的开裂是十分普遍的现象(吴辉碇等，1998)，冰区中遍布细小的水道和冰中湖［图 2-30(b)］，这对于影像的空间分辨率提出了更高的要求。因此，像 NOAA/AVHRR 和 MODIS 等低空间分辨率的影像数据必然存在大量的冰水混合像元，给影像解译提取结冰范围造成困扰。混合像元无论直接归属到海水或者海冰，都是错误的，因为它至少不完全属于典型的海水或者典型的海冰。混合像元所反映的冰温和反射率都不只是海冰的量，也不是海水的量，而是海冰和海水综合影响的结果。如果每一冰水混合像元能够被分解而且它的组分(冰和水)占像元的比例(丰度)能够求得，那么冰、水范围的提取将更精确，这一处理过程称为冰水混合像元分解。这里研究的目的是提取海冰影像中的结冰范围，只要是纯海冰像元就可以满足研究要求，因此目标只是针对含有海水的冰水混合像元，对它们的结构组成进行再分析，提高信息提取精度。

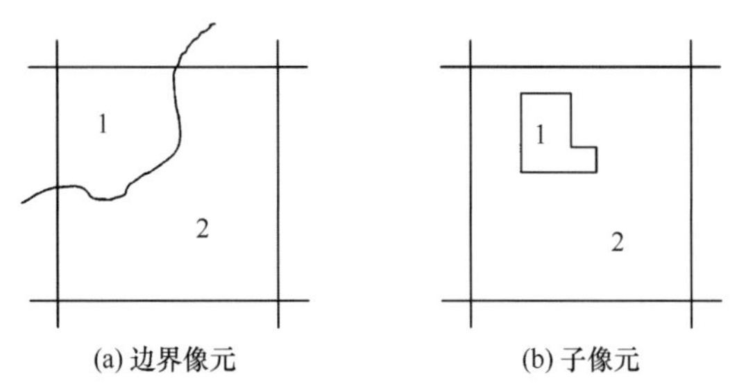

(a) 边界像元　　(b) 子像元

图 2-30　冰水混合像元情况

图中数字表示：1. 海水区；2. 海冰区

2.3.2　混合像元分解模型

1. 分解模型

针对混合像元的处理，是对该像元分出各组分所占的面积，分解途径是通过建立光谱的混合模拟模型来进行。混合像元的反射率可以表示为组分的发射率和它们的面积所占比例(丰度)的函数；更精确的是，表示为组分的光谱特征和其他的地面参数的函数。目前进行应用和研究的像元混合模型归结为 5 种类型(Charles and Arnoon，1997)：线性(linear)模型、概率(probabilistic)模型、几何光学(geometric-optical)模型、随机几何(stochastic geometric)模型和模糊分析(fuzzy)模型。

各种分解思想尚处于探索阶段，有关理论和方法都有待进一步验证和完善。每种分解模型都针对具体的实际情况，有各自的优缺点。几何模型(几何光学模型和随机几何模型)和线性模型相比，都是基于同样的假设：混合像元的反射率可以表示为端元组分的光谱特征和它们的面积所占比例(丰度)的函数。不同的是，线性模型把地面考虑成二维的实体，而几何模型从三维的角度来考虑地面实况，这样既有助于消除一些复杂地形的影响，又能够实现提取一些地学、生物学的立体参数。概率模型和模糊模型都采用概率方法(利用散点图或最大似然法等统计方法)来考虑地面差异性，相对于线性模型用随机残差来考虑在原理上更合理些。实际应用中，因为一些参数的选择和计算的不完善使得概率模型和模糊模型的分解效果不如线性模型好，尤其是在地物类别少且类别信息对比度低的情况下更明显，如冰水分离。

线性分解模型是建立在像元内相同地物都有相同的光谱特征以及光谱线性可加性基础上的，优点是构模简单，其物理含义明确，理论上有较好的科学性，对于解决像元内的混合现象有一定的效果(桂预风等，2000)。线性模型在实际应用中最关键的一步是获取各种地物的参照光谱值，即纯像元下某种地物光谱值。但在实际应用中各类地物的典型光谱值很难获得，当典型地物选取不精确时，会带来较大的误差。这是在应用线性模型(或非线性模型)需要特别注意的地方，处理好了往往能取得很好的像元分解结果。

在线性混合模型中，每一光谱波段中单一像元的反射率表示为它的端元组分特征反射率与它们各自丰度的线性组合。因此，第 i 波段像元反射率 γ_i 可以表示为

$$\gamma_i = \sum_{j=1}^{n} (a_{ij}\chi_j) + e_i \tag{2-31}$$

式中，$i=1, 2, 3, \cdots, m$；$j=1, 2, 3, \cdots, n$；γ_i 是混合像元的反射率；a_{ij} 表示第 i 个波段第 j 个组分的反射率；χ_j 是该像元第 j 个组分的丰度；e_i 是第 i 波段的误差；m 表示波段数；n 表示选定的组分数，$\chi_1+\chi_2+\cdots+\chi_n=1$。

非线性和线性混合是基于同一个概念，即线性混合是非线性混合在多次反射被忽略的情况下的特例。非线性光谱模型最常用的是把灰度表示为非线性函数与残差之和，表达式如下所示：

$$\mathrm{DN}_b = f(F_i, \mathrm{DN}_{i,b}) + \varepsilon_b \tag{2-32}$$

$$\sum_{i=1}^{n} F_i = 1 \tag{2-33}$$

式中，f 是非线性函数，一般可设为二次多项式；F_i 表示第 i 种典型地物在混合像元中所占面积的比例；b 为波段数。

2. 端元的确定

在不依靠光谱数据库和地面实地测量的情况下，直接根据影像数据来应用各种混合像元分解模型，但它们都不可避免地要使用到端元信息，模型中最关键的一步是获取各种地物的参照光谱值，即纯像元下某种地物光谱值。因此，近年来端元提取技术发展很快，提出了许多基于线性混合模型的端元提取方法，如像素纯化指数(pixel purity index，PPI)、N-FINDR 法、ORASIS(optical real-time adaptative spectral identification system)系统“样本选择”算法、IEA(iterative error analysis)方法、AMEE (automated morphological end-member extraction)算法等。

这些算法的目的都是自动、合理提取确定类别的端元，但冰水混合像元的两个端元的光谱值是变化的，而且也不能由具体的几个类别来表示，因此上述方法都不适用。

3. 冰水混合像元分解模型

本节研究目标是渤海海冰影像中的冰水混合像元。海冰和海水的反射光谱具有相似的特征，在可见光的光谱区间有一个反射单峰，随着光谱范围向长波移动，反射值不断降低，

直至全吸收，这一变化过程几乎是同步的，这意味着对特殊的混合像元组分具有比其他典型地物混合类型更接近线性相关的可能性。基本上渤海的冰水混合像元分布在大冰盘的前缘或者冰盘内部的冰间湖，是薄冰或平整冰与海水的混合，在渤海辽东湾东岸的冰丘、堆积冰等冰区几乎没有混合像元，因此不用考虑冰表明形态的影响。基于以上的考虑，分析各种分解模型的适用特点，对于渤海的冰水混合像元采用线性模型进行分解。

2.3.3 冰水混合像元分解模型的实现

方法一 统计线性分解模型

一般地，首先要确定海冰、海水在不同波段的像元值 a_{ij} 。a_{ij} 可以通过野外或实验室光谱测量及光谱测量值与像元值换算得到，也可以在影像上选择样本像元通过统计回归方法得出。利用后者估算 a_{ij} ，首先要确定每一样本内地表覆盖的比例 A 。直接从 MODIS 图像上确定比例 A 比较困难。参考空间分辨率较高的陆地卫星影像来辅助确定矩阵。选择与 MODIS 影像时间相近的陆地卫星影像，对陆地卫星影像进行监督分类，监督分类的结果按 MODIS 的空间分辨率进行压缩，压缩后的图像与 MODIS 图像进行配准，得到矩阵 $\boldsymbol{A}$。

李万彪等(1997)根据冰、水概率密度分布曲线确定冰水分界点的亮温值来区分海冰与海水。考虑到海冰的反射率和海水的反射率都因地点不同而变，用该临界算法找出一块像元海冰比例为 1 的冰区和一块像元海冰比例为 0 的海水区，每个区的面积可以有 100 个左右的像元。然后，对这些像元的反射率进行统计，平均得到海冰反射率 $\bar{A}_{\mathrm{i}}$ 和海水平均反射率 $\bar{A}_{\mathrm{w}}$。

依据反射率来确定海冰比例。设海冰与海水的反射率分别为 A_{i} 和 A_{w}，A 为像元反射率，有

$$A = DA_{\mathrm{i}} + (1 - D)A_{\mathrm{w}} \tag{2-34}$$

$$D = \frac{A - A_{\mathrm{w}}}{A_{\mathrm{i}} - A_{\mathrm{w}}} \tag{2-35}$$

代入平均值有

$$D = \frac{A - \bar{A}_{\mathrm{w}}}{\bar{A}_{\mathrm{i}} - \bar{A}_{\mathrm{w}}} \tag{2-36}$$

平均反射率对一幅影像的数据保持不变。当 A 大于海冰平均反射率时认为像元海冰比例为 1，同样当 A 小于海水平均反射率时认为像元海冰比例为 0。

实际上，卫星成像中对混合像元影响最大的是靠近冰盖的边缘像元，而不是为了达到均匀目的而选取的冰盘内部。另外，海冰不同于其他的典型地物，其反射率在一个比较大的范围内变化，主要受厚度、表面形态、冰体泥沙等影响。因此取平均值的方法只能是作为一种简单操作的方法，并将带来误差。本研究希望能够基于像元本身的反射值，即混合像元的组分自身来获得端元的反射率值，这一信息由陆地卫星提供。陆地卫星的空间分辨率为 30 m，大大高于 MODIS 数据；同时在作为识别海冰最佳的可见光光谱段，陆地卫星的波段敏感性优于 MODIS 数据，因此研究中将由 TM 数据提取的海冰像元都视为海冰纯净像元。

这样就有两部分资料：一是 MODIS 影像中的冰水混合像元，像元分辨率是 250 m；二是 TM 影像中的海冰纯净像元，像元分辨率是 30 m。经过影像分析，有以下 3 点考虑：

（1）以 MODIS 影像数据第 1 通道，TM 影像数据第 3 通道作为像元值代表。这是因为对于海冰、海水而言，影像各通道数据之间几乎是线性相关的，而该通道位于对海冰最敏感的可见光光谱区间。

（2）只有对 MODIS 影像相对 TM 影像进行高精度的配准，才能准确确定海冰组分的比例。一般的影像配准的要求是达到小于一个像元的精度，但是 TM 影像的像元在经向和纬向都要小于 MODIS 像元的 1/8 大小，这样的要求对于全图像配准是很难实现的。

（3）分析 MODIS 影像上混合像元第 1 通道的 DN 值范围为 60~100，这就是冰水混合像元分解所针对的主要像元值域。

研究中选择辽东湾北部的一个大冰盘作为研究对象（图 2-31），该冰盘的外缘混合像元第 1 通道的灰度值为 60~93。该冰盘具有直线边界，同时东、西、北侧都有尖角，这样对该冰盘就能够进行 TM 影像的配准。辽东湾北部海区的海水比较纯净，其反射率值比较均一、固定。

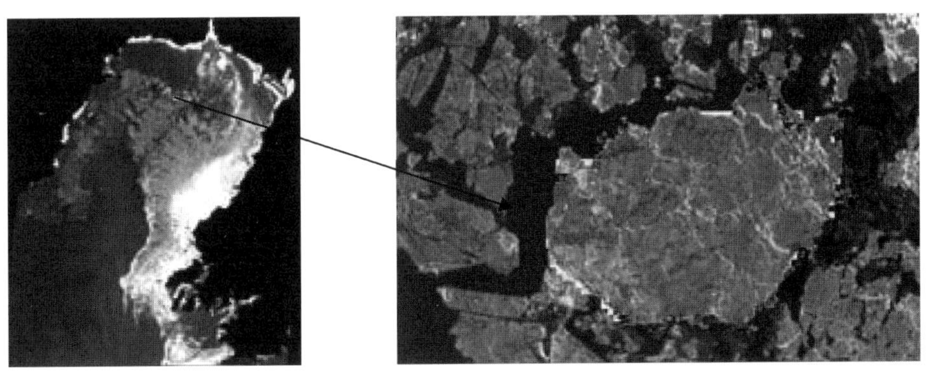

图 2-31　冰水混合像元的研究区
（彩图见书后）

据此，进行以下步骤，对 TM 数据进行降分辨率重采样，得到和 MODIS 数据中混合像元对应的分辨率为 250 m 的像元集，即每一个 TM 降分辨率像元对应一个 MODIS 混合像元，将两者的像元比值和 MODIS 混合像元值做回归分析：

$$y = -0.0086x + 1.6649 \tag{2-37}$$

式中，y 表示 MODIS 数据中的混合像元的像元值；x 表示 TM 降分辨率像元和 MODIS 混合像元的第 1 通道的比值。两颗卫星的成像方式和代表的光谱范围不同，根据式（2-37）可以建立两个数据之间的关系。将 MODIS 数据混合像元的第 1 通道的像元值用式（2-37）进行换算，就可以和 TM 数据的海冰纯净像元的像元值建立关系（图 2-32）。

因为 MODIS 数据的像元分辨率是 250 m，TM 数据的像元分辨率是 30 m，MODIS 像元不能包括整数个数的 TM 像元，将边缘的 TM 像元按进入的面积比例计算，完全包括的像元也按面积比例计算。这样就得到了一组 MODIS 混合像元转换值与海冰纯净像元面积比例对应的数据。

首先根据这组数据计算混合像元中海水的像元值，如果该值大于混合像元中海冰的

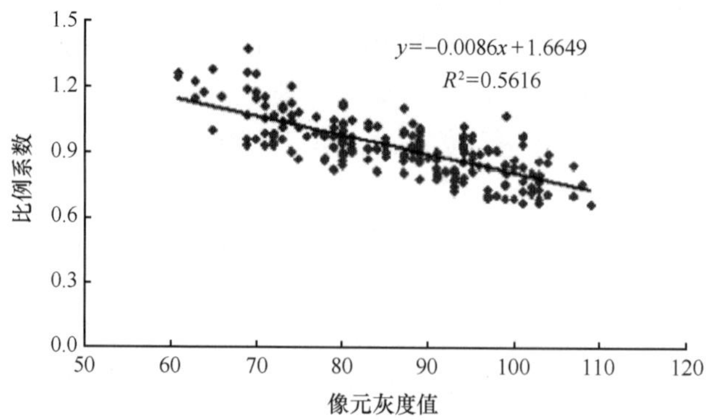

图 2-32　TM 降分辨率像元和 MODIS 混合像元的关系式

像元值，则将该数据去掉，以排除成像不确定性原因造成的干扰。

将纯化的数据进行回归，得到 MODIS 混合像元值与海冰所占面积比例的关系式：

$$y=3.1616x-182.54 \tag{2-38}$$

式中，y 为 MODIS 数据混合像元的像元值；x 为该像元中海冰所占的面积比例（图 2-33）。

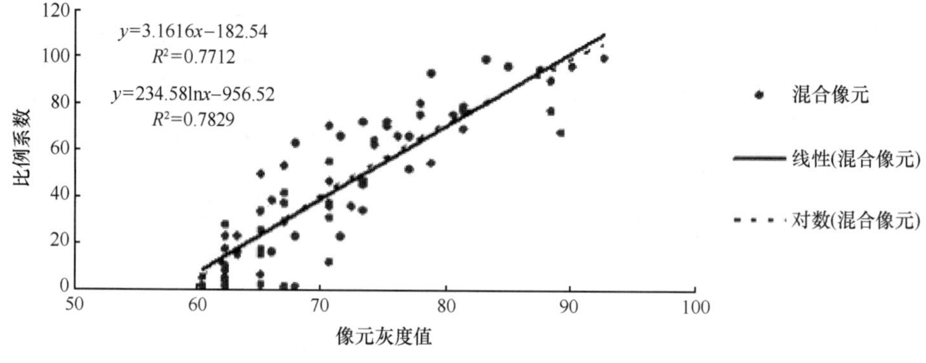

图 2-33　冰水混合像元的统计线性分解模型

通过回归系数可以看到，基于 TM 高分辨率数据，通过分区域精确配准、换算混合像元光谱值、纯化回归样本点，建立线性分解模型，达到较高的分解精度（图 2-34）。

方法二　局地端元线性分级模型

从上面的分析可知，冰水混合像元的端元是一个局地性的参数，不是可以进行全局分析的。实际上，这个“逐个像元变化”是一个相对的概念。因为海冰、海水的反射率是由多种因素影响而不是固定值，多种因素在每一个像元里的组合有多种可能，故是逐个像元变化，但是作为环境因子，它们的特征又不是杂乱无联系的，一个很大的特点就是连续性，连续区域的水特性是一致的，连续区域的冰的特性也是一致的，不会出现人工改造的突兀现象。这就可以有机会考察它最有可能作为自身延续的那个特征值，再通过延续性估计，得到各像元的端元值。

根据面向对象方法提取的海冰和海水图斑结果，如图 2-35 所示，黄色（包括黄色和

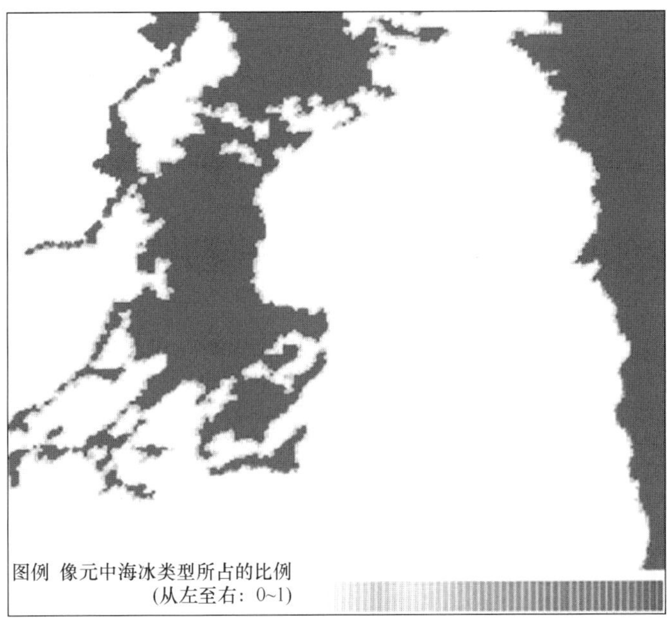

图 2-34　冰水混合像元分解结果(方法一)
(彩图见书后)

浅黄色)是海冰图斑对象，浅蓝色是海水图斑对象，其中与海水图斑对象有公共边界的海冰图斑对象(黄色图斑)包含冰水界线。引入面向对象的方法，这样影像中的像元就增加了更多的信息。其中两种信息具有特殊的意义：一个是对象的光谱灰度均值；另一个是与海冰对象图斑的边界像元有公共边的海水对象图斑的光谱灰度均值。因为考虑到对象的特点是光谱同质性，前者就是可靠的局地海冰像元端元值，而后者是可靠的局地海水像元端元值。图 2-34 所示的例子中，冰水混合像元的海冰端元是一个固定值，即对象的灰度均值；海水端元有两个值，即两个有公共边界的海水对象的灰度均值。

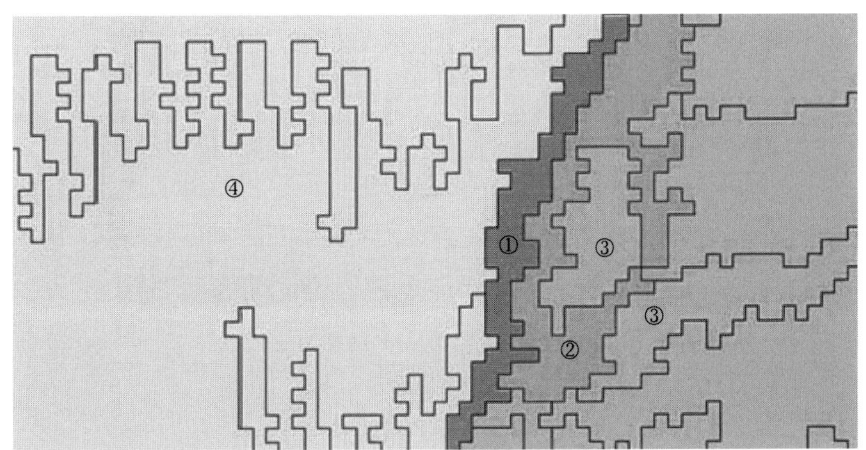

图 2-35　冰区边缘的对象图斑示意图
黑色多边形表示是影像对象的范围；黄色①、浅黄色②、土黄色③是海冰类型对象；
蓝色④是海水类型对象；其中黄色为冰水交界的海冰类型对象
(彩图见书后)

据此，可以建立冰水混合像元的线性分解模型，模型的两个端元是动态化的，根据局地对象的属性值，得

$$边界像元的灰度值 = \alpha \times A + (1 - \alpha) \times B \tag{2-39}$$

式中，A 是包含该像元的海冰对象的灰度均值；B 是有公共边界的海水对象的灰度均值。

考虑到厚冰区处于冰区前缘的情况，包括在较浑的海水区或较洁净的海水区，此时包含冰水界线像元及冰水混合像元的对象基本上是细长形的，这是由于灰度梯度变化大造成的。细长条的边缘对象实际上是海冰区的边缘线，而不是典型的局地海冰对象，它的灰度均值就不是可靠的局地海冰端元，需要进行调整。采取的调整方法分两个步骤：一是确定需要调整的海冰对象，判别方式是对象的长宽比，若长宽比 $\gamma>10$，则需要进行调整；二是确定调整方法，引入与该边缘对象的公用边界最大的海冰对象的灰度均值（图中中级饱和度的黄色对象），使用式（2-40）计算的灰度均值 $\bar{A}$ 作为该边缘对象中边界像元的海冰端元灰度值。

$$\bar{A} = \left(\frac{S}{S + S_{邻}}\right) \times A + \left(\frac{S_{邻}}{S + S_{邻}}\right) \times A_{邻} \tag{2-40}$$

式中，A 是边缘对象的灰度均值；$A_{邻}$是与边缘对象公共边界最大的相邻海冰对象的灰度均值；S 和 $S_{邻}$分别是两对象的面积。

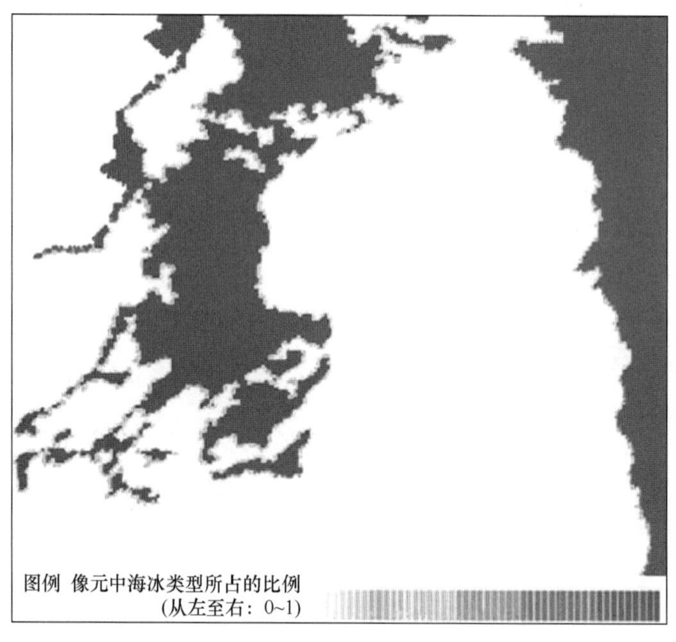

图 2-36　冰水混合像元分解结果（方法二）
（彩图见书后）

3. 两种分解模型的结果分析

精度是目标提取最重要的指标之一，尤其是在进行海冰这样的地表参数长时间序列的监测工作中。理论上对于一幅影像而言，像元分解的效果要好于传统的分类提取方法

(Charles and Arnon, 1997)。因此尽管单个像元的分解精度会存在一些问题，但是整幅影像的估计精度还是得到了很大的提高。

研究基于线性模型，针对冰水混合像元——这一特殊而确定的目标，采用两种方法进行像元分解。方法一是考虑到冰水混合情况下其对比度低，因此端元的特征值值域不会宽，这种情况下海冰亮度和面积这一对“此消彼长”的矛盾体间各种组合对像元值的影响范围不会大，而且从全海区来看端元信息不是固定值而是有较大变化的，故对端元值不做刻意追求，而是将其包含在统计关系里，这是一种“性价比”高的方法。方法二根据混合像元的端元不是固定的，而是逐个像元变化的，针对这一现象采用基于像元的动态端元分解方法。

选择渤海北部一个研究区，应用两种方法进行 MODIS 数据的冰水混合像元分解，并与 TM 数据的结冰范围结果对比，见表 2-5。通过表 2-5 的比较，方法一达到了一定的精度，有时候和方法二相当，但是原理上和方法二相比还是有差距的。不仅如此，对长时间序列的影像分析来说，其分解结果(尤其是空间特征)的稳定性方面差距较大，因为它毕竟还只是对方法二描述关系的一种线性或非线性的拟合，而方法二是在选定分解模型的基础上对实际类别关系的“较稳妥”地估计。此外，研究使用的 MODIS 数据的空间分辨率是 250 m，TM 数据的空间分辨率是 30 m，比例是 25∶3，如果采用 500 m 或 1 km 空间分辨率的数据，则比例更大，方法一的精度就大大下降。

表 2-5　两种线性分解模型的试验结果对比

项目	TM 数据	MODIS 数据(原始)	MODIS 数据(方法一)	MODIS 数据(方法二)
面积	1257.125	1525.625	1297.968	1305.43

2.4　本章小结

高时间分辨率卫星遥感数据为获取冬季渤海结冰范围的实时信息提供了可能。但是，目前这种数据波段设置的光谱性质不可避免地造成部分海冰像元与海水像元的混分现象。本章研究通过分析影像，从海冰像元的目视判读规律和判读方法入手，提出了两种冰水分离方法，即分区阈值法和面向对象方法。此外，这种数据具有空间分辨率较低的特征，许多海水范围也会被误分为结冰范围。因此对海冰伪像元和冰水混合像元进行处理，分别采用图像恢复的方法和混合像元线性分解模型，其中对后者的端元选取采取了统计和动态两种方式。

参考文献

白珊，吴辉碇. 1998. 渤海的海冰数值预报. 气象学报，56(2)：139-153.

陈廷标，夏良正. 1990. 数字图像处理. 北京：人民邮电出版社.

戴汝为. 1995. 语义、句法模式识别方法及其应用. 模式识别与人工智能，8(2)：23-29.

顾卫，史培军，刘杨，等. 2002. 渤海和黄海北部地区负积温资源的时空分布特征. 自然资源学报，17(2)：168-173.

桂预风，张继贤，林宗坚. 2000. 土地利用遥感动态监测中混合像元的分解方法研究. 遥感信息，2：18-20.

胡宝新，李小文，朱重光，等. 1996. 大倾角光学遥感中大气点扩散函数的近似模型. 中国图象图形学报，1(1)：19-29.

李万彪，朱元竞，赵柏林. 1997. GMS 红外通道实时资料遥感海冰的研究. 北京大学学报(自然科学版)，33（1）：53-61.

刘钦政，白珊，吴辉碇. 1998. 中国海冰研究. 海洋预报，15(4)：8-13.

牛铮，朱重光，王长耀. 1997. 斜视角度下大气交叉辐射影响分析. 遥感学报，1（2）：88 -93.

钱乐祥. 2004. 遥感数字影像处理与地理特征提取. 北京：科学出版社.

钱巧静. 2005. 基于 WEB 的水土保持监测信息表达的研究及实现. 中国科学院研究生院硕士学位论文.

沈瑛，吴建华，吴禄慎. 2003. 由约束最小二乘方法改进的图像恢复方法. 数据采集与处理，17（3）：325-327.

沈瑛等. 2002. 身份证识别系统研究. 西南交通大学硕士学位论文.

覃先林. 2005. 遥感与地理信息系统技术相结合的林火预警方法的研究. 中国林业科学研究院博士学位论文.

万建，王继成. 2002. 基于 ISODATA 算法的彩色图像分割. 计算机工程，28(5)：135-137.

吴魁，任丹，吴建华. 2002. 运动模糊图像的 Moore-Penrose 逆法恢复. 江西科学，20（4）：195-198.

于红斌，李志能，陈杭生. 1999. 一种运动模糊图像处理的快速算法. 浙江大学学报，33（5）：564-568.

余国华，田岩. 2004. 一种新型的图像恢复算法. 红外与激光工程，33(1)：34-37.

赵荣椿，赵忠明，崔更生. 1996. 数字图像处理导论. 西安：西北工业大学出版社.

周成虎，邵全琴. 1997. 地理信息系统应用方法论. 地理学报，52：187-196.

朱述龙，钱曾波. 1998. 基于小波包特征的纹理影像分割. 中国图象图形学报，3(8)：662-665.

邹谋炎. 2001. 反卷积和信号复原. 北京：国防工业出版社.

Baatz M, Schäpe A. 2000. Multiresolution segmentation: an optimization approach for high quality multiscale image segmentation. In: Strobl J, Blaschke T. Angewandte Geogr. Informations verarbeitung. Heidelberg, Wichmann: 12-23.

Blaschke T, Lang S, Lorup E, et al. 2000. Object-oriented image processing in an integrated GIS/remote sensing environment and perspectives for environmental applications. In: Cremers A, Greve K. Environmental Information for planning, politics and the public. Marburg, Metropolis Verlag: 555-570.

Bobick A, Bolles R. 1992. The representation space paradigm of concurrent evolving object descriptions. IEEE Transactions on Pattern Analysis and Machine Intelligence, 14(2): 146-156.

Charles I, Arnon K. 1997. A review of mixture modeling techniques for sub-pixel land cover estimation. Remote Sensing Reviews, 13: 161-186.

Harris J L. 1966. Image evaluation and restoration. Journal of the Optical Society of America, 56: 569-574.

Hay G, Blaschke T, Marceau D, et al. 2003. A comparison of three image-object methods for the multiscale analysis of landscape structure. Journal of Photogrammetry & Remote Sensing, (53): 1-19.

Johnson P E, Smith M O, Taylor-George S, et al. 1983. A semiemprical method for analysis of the reflectance spectra of binary mineral mixtures. Geophysical Research, 88(B4): 3557-3561.

McGlamery B L. 1967. Restoration of turbulence degraded images. Journal of the Optical Society of America, 57(3): 293-297.

Richard A C. 1993. Image restoration using nonlinear optimization techniques with a knowledge based constraint. SPIE-2029, 209-226.

Schowengerdt R A. 1997. Remote Sensing: Models and Methods for Image Processing. Second Edition. San Diego: Academic Press.

第 3 章　渤海海冰面积量算与海冰面积动态

3.1　渤海海冰面积量算

1. 数据来源

本章所用数据是以渤海海域为中心（36°~42°N，116°~124°E）的 NOAA/AVHRR 的 1 km 分辨率遥感影像，数据来源于中国气象局和日本东京大学生产研究所，数据选取原则为每年 12 月至第二年 3 月基本无云覆盖的渤海地区白天的 NOAA 影像。由于数据源和云覆盖等条件限制，能够用于渤海海冰资源测算研究的卫星资料数量有限，最终仅挑选了 1987~2007 年冬季环渤海地区 1 587 景 NOAA 影像数据用于渤海海冰面积量算工作。由于这些影像时间间隔并不均匀，各年、各月之间的影像数量差异较大。严格来讲，这些影像并不能十分准确地反映当时渤海海冰分布的全部情况。尽管如此，这已是目前尽最大努力所收集到的具有时间序列的卫星影像数据，这些数据应该能够提供渤海海冰面积时间变化的基本特征。

2. 海陆分离处理

选用渤海海域的 MODIS（250 m 分辨率）夏季影像数据进行海陆分离。这一时间的 MODIS 影像因为没有冰与雪的干扰，海陆边界比较清晰，比较适合作为边界模板对 NOAA/AVHRR的影像进行边界切割，从而较容易地将海陆分离开来。

3. 冰水分离处理

采用分区阈值法实现冰水分离。分区的基本条件是：①一定海区内的海洋环境相对比较均一，即相同地物的反射率在一定范围内，且能够区别于他物的反射率；②一定海域范围内海冰的可见光反射率值高于其邻近的海水的可见光反射率值。划分原则是小区域内海冰像元的反射率高于其邻近的海水像元的反射率。从其划分理论上来讲，小区划分得越多、越小，小区中的阈值定义得就越精确，小区内海冰范围信息提取的结果就越准确。但是，从操作的效率和可重复性来考虑，小区的范围不可能无限制地小，相反应该尽可能地大。这就需要根据地物信息尽可能少地将研究区域分成若干个小区域。

已有研究表明，辽东湾西部沿岸的初生冰、冰皮等薄冰区、大连附近海区的海冰与渤海中北部的海水之间发生冰水像元混分现象（谢锋，2006）。对于不同的海区，由于受邻近陆地河流汇入时带来泥沙的影响，高反射率的悬沙区也会与其他海区的海冰像元在确定反射率临界阈值时产生混分现象。例如，渤海湾和莱州湾的悬沙区像元的反射率就很接近辽东湾西岸的海冰像元，甚至高于辽东湾某些部分海冰像元的反射率。通过对大量影像考察发现，在渤海湾和莱州湾也有很大的混分概率。在黄河入海口附近（黄河三角洲沿岸很长一段远离海岸线的海域），由黄河汇入渤海时带来的很多泥沙形成了一大片悬沙区，该区像元反射率值相当高，超过渤海湾和莱州湾某些海域的海冰像元反射率。因此，对于这部分比较特殊的海域需分别处理。

基于以上分析，将整个渤海海域划分成5个子区域。它们分别是辽东湾北部冰区、东南岸(大连附近海域)冰区、西岸冰区、渤海湾北部冰区以及黄河三角洲沿海和莱州湾冰区(图3-1)。5个区域略有重叠，用以校验各区选取阈值效果的一致性。通过分区，各区冰水反射率的临界阈值通过确定薄冰区最小反射率即可获得，用分区确定反射率阈值的方法就可以将冰水分离开来。最后再将各子区域得到的海冰分布范围合并形成整个研究区域的海冰分布范围。

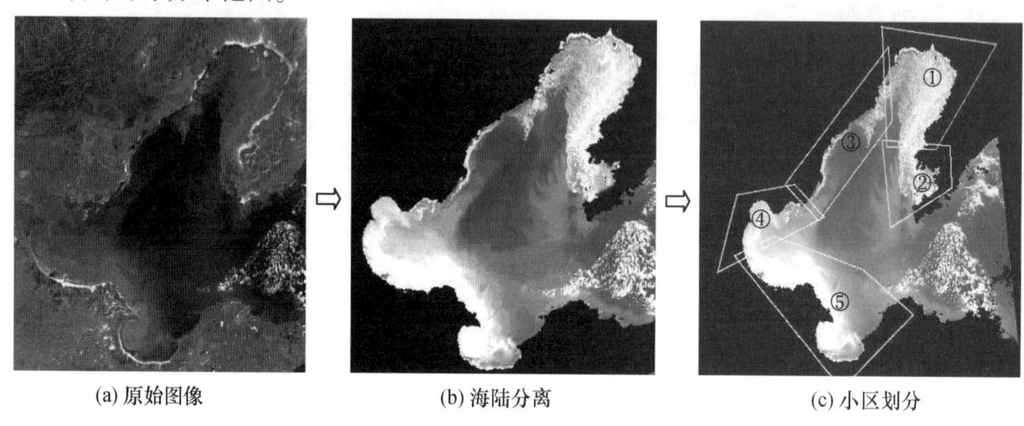

(a) 原始图像　　(b) 海陆分离　　(c) 小区划分

图3-1　渤海5个子研究区域分布图

图中数字表示：①辽东湾北部冰区；②辽东湾东南岸(大连附近海域)冰区；③辽东湾西岸冰区；④渤海湾北部冰区；⑤黄河三角洲沿海和莱州湾冰区

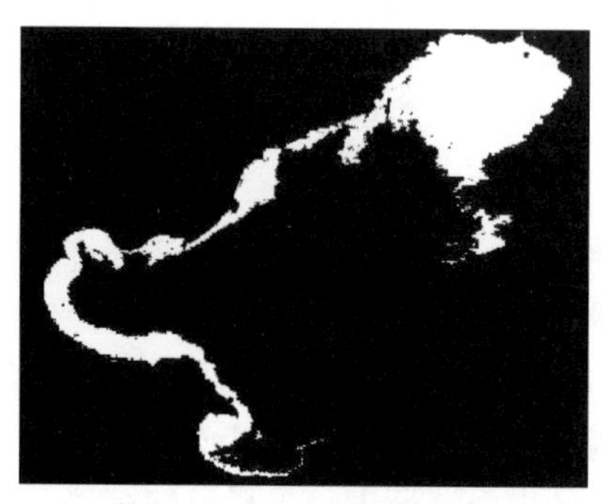

图3-2　研究区海冰分布范围提取效果图

将5个子研究区域冰水分离处理完成后，经过验证、修正，最后合并形成整个研究区的海冰分布范围，如图3-2所示。再根据整个海冰分布范围图就可以求出海冰面积。

单纯依靠单通道的可见光和近红外反照率数据确定阈值进行地物分离的操作，其前提条件是地表信息反映在卫星遥感数据里是比较均一、稳定且区分度大的(顾卫等，2002)。对渤海海区冬季的陆地、海水和海冰这3类地物目标而言，它们在一定波段上的反照率都是相对均一和稳定的。利用矢量边界模板法和分子区独立确定阈值处理的方法，完全可以利用可见光、近红外反照率的数据将海陆分离、冰水分离，从而实现对海冰范围的自动提取。

4. 伪像元和冰水混合像元的分离处理

由于NOAA/AVHRR数据的空间分辨率较低，许多海水范围也被误分为结冰范围，因此分别采用2.2节和2.3节中介绍的图像恢复的方法和混合像元线性分解模型，对海冰伪像元和冰水混合像元进行处理。

5. 海冰面积量算

NOAA/AVHRR 图像的像元点代表了地面实际分辨率为 1.1 km×1.1 km 的正方形区域，在地理信息系统技术的支持下，把被判别为海冰的像元点累加起来，再乘以 1.1 km×1.1 km，就可以得到图像中渤海海冰的总面积。

6. 渤海海冰面积信息提取系统

定期或不定期地得到海冰分布即海冰面积信息，需要建立一个海冰面积信息提取系统。借助遥感图像处理软件 ENVI、ENVI 二次开发语言 IDL、地理信息系统 MapInfo 及 MapInfo 二次开发语言 MapBasic，可以构建具有海冰遥感图像处理能力和海冰面积数据统计能力的海冰面积信息提取系统。该系统总体结构图如图 3-3 所示，解译系统与统计系统界面分别为图 3-4 和图 3-5。

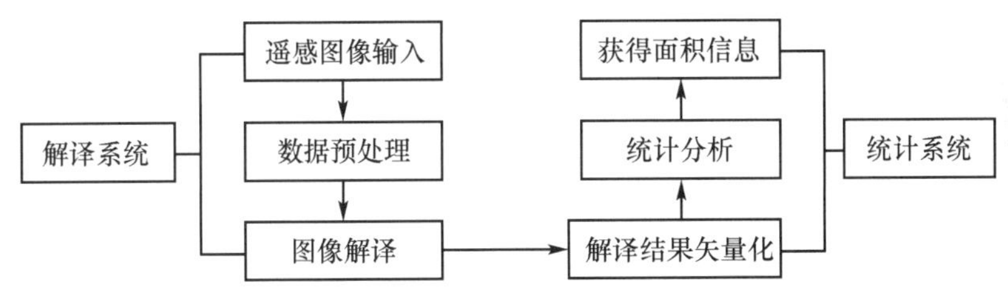

图 3-3　系统总体结构图

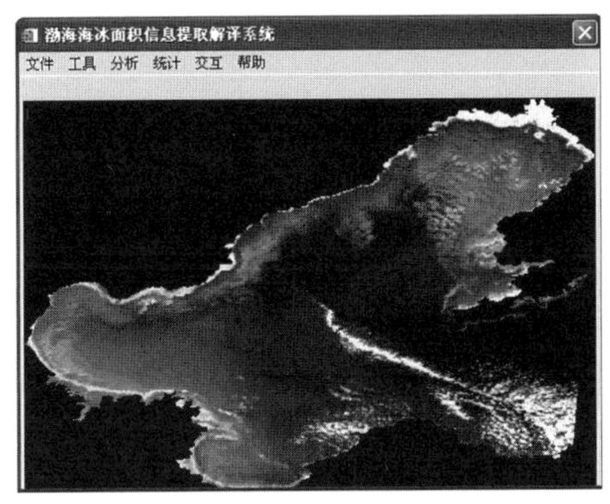

图 3-4　解译系统总体示意图

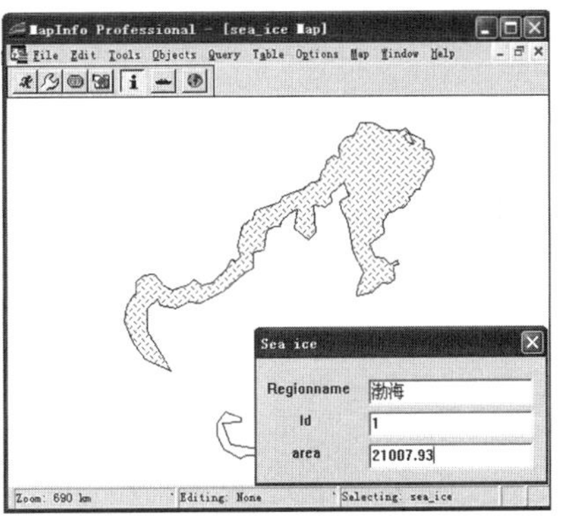

图 3-5　统计分析系统总体示意图

应用该系统把解译后的渤海海冰遥感图像矢量化，然后打开矢量图；使用"获取信息"可以显示地图或布局中选中对象的"区域对象"对话框，使用此对话框可以为对象设定地理属性。使用"区域对象"对话框或设定区域位置，可显示区域的面积和周长，以及组成区域的线段数和多边形个数。点击求面积工具可以获得渤海海冰的面积。统计分析系统工具栏如图 3-6 所示，使用该系统可以方便、快捷地完成对海冰面积的提取和海冰面积统计图的绘制。

应用该系统完成的解译结果如图 3-7 所示，可以看出 2003 年 1 月 7 日渤海海冰分布的海区包括辽东湾大部、渤海湾和莱州湾的沿岸海区。

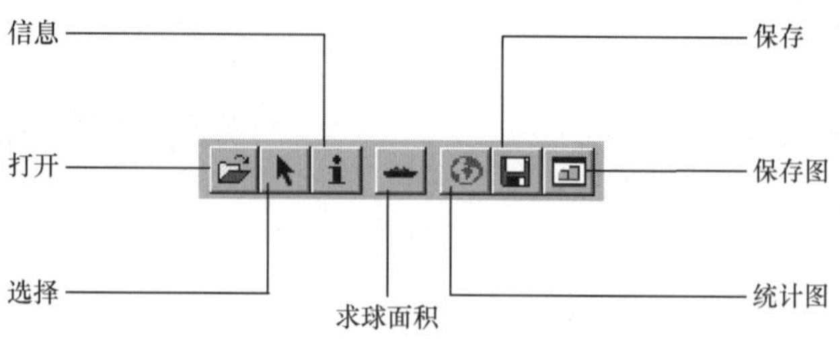

图 3-6　统计分析系统工具栏示意图

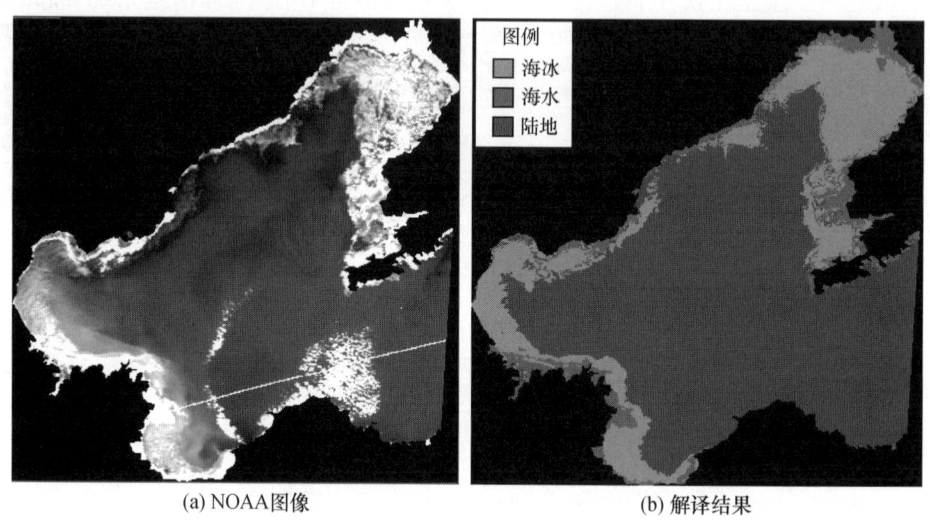

(a) NOAA图像　　(b) 解译结果

图 3-7　2003 年 1 月 7 日 NOAA 图像及解译结果图

（彩图见书后）

7. 1984~2004 年渤海海冰日最大面积变化图像

图 3-8 为 1984~2004 年渤海海冰日最大面积变化图像，从中可以比较直观地了解渤海海冰面积的年际变化情况。

8. 基于遥感数据的渤海海冰面积提取订正模型

对渤海而言，固定冰区只是存在于沿岸地区，绝大部分冰区的海冰是在不断运动的，因此在整体上，渤海海冰的面积是一个不断变化的量。无论是遥感数据还是地面观测数据，它所反映的海冰面积严格来说只是卫星通过或人工观测那一瞬间的面积，在当前的技术水平和观测能力的条件下，绝对准确的海冰面积是难以得到的。由于没有可供参考的绝对准确的海冰面积，因此不同方法估算海冰面积的误差，更多地取决于原始观测资料的精度。

1）可用于海冰研究的遥感资料特点

目前，卫星遥感资料对于获取整个渤海的海冰面积信息是最适合的。尽管卫星遥感

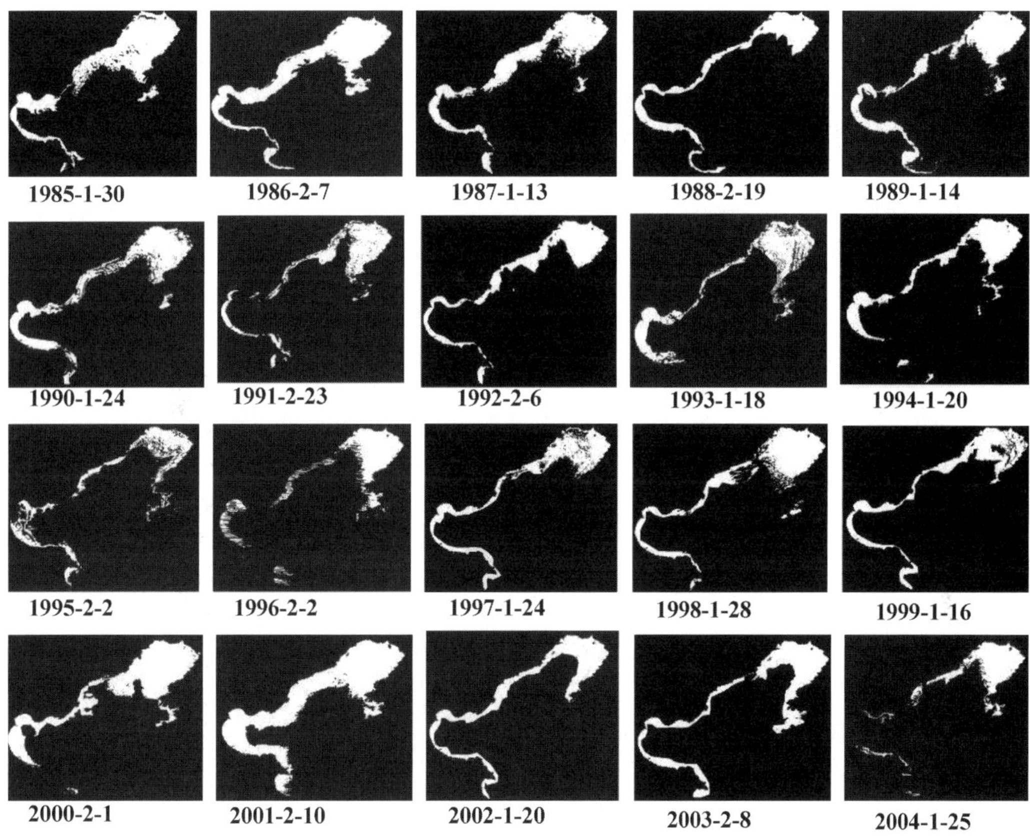

图 3-8　1984~2004 年渤海海冰日最大面积变化

资料的种类有很多，但从获取的可能性和便捷性来说，能够用于实际研究或业务化运行的，主要还是 Landsat/TM、MODIS 和 NOAA/AVHRR 这 3 种遥感影像数据。TM 影像属于高空间分辨率，在海冰面积观测资料中精度较高，从 TM 数据中提取出的海冰面积信息，可以近似地看做是相对准确的数据，能用它来评估从其他遥感资料中提取出的海冰面积信息的精度。但 TM 资料时间分辨率低、周期长，且价格昂贵，难以用来进行实时监测。NOAA/AVHRR 影像时间分辨率高，资料获取容易，可以用来对整个渤海海区的海冰面积变化进行实时监测，并且具有较长的时间序列，最早的资料可以追溯到 20 世纪 80 年代，但 NOAA/AVHRR 资料空间分辨率虽然低，用于提取局部海区的海冰面积信息时，往往把冰水的边缘区和冰间水道、冰间湖误判为冰，从而夸大了实际的海冰面积。MODIS 影像也具有高时间分辨率，其空间分辨率虽然高于 NOAA/AVHRR 影像，但还是低于 TM 影像，属于中等空间分辨率。用 MODIS 数据提取海冰面积时，也存在着误判的倾向，而且 MODIS 资料时间较短，最早的资料是 2000 年，只能用于实时监测或分析近几年的海冰面积变化，不能用于研究历史上的海冰面积特征。

2）提高海冰面积估算精度的基本思路

从以上分析可知，Landsat/TM、MODIS 和 NOAA/AVHRR 这 3 种遥感数据各有长短，只有把它们在时间分辨率和空间分辨率上各自的优势结合起来，才能满足海冰资源开发对海冰面积估算的要求。而这种结合方式可以通过建立 TM 海冰面积与 MODIS 和 NOAA/AVHRR 海冰面积之间的对应关系来实现，在假设 TM 海冰面积是比较准确的前提下，用 TM 海冰面积来订正 MODIS 和 NOAA/AVHRR 海冰面积，以提高这两种高时间分辨率遥感资料对海冰面积的判别精度，从而建立起长期的、连续的、有一定精度的渤海全区海冰面积的数据序列。对于 2000 年之前的海冰面积，通过用 TM 来订正 NOAA/AVHRR 数据得到，对于 2000 年之后的海冰面积，通过用 TM 来订正 MODIS 数据得到，因此，如何建立起基于 TM 资料的 MODIS 和 NOAA/AVHRR 海冰面积订正模型，成为本节研究的核心内容。

3）面积订正模型的建立

在 ERDAS IMAGINE 8.5 和 Arc/Info 9.0 软件的支持下，对 2003 年 2 月 5 日渤海（37.10°~41.07°N，117.53°~122.27°E）TM、MODIS 和 NOAA/AVHRR 图像分别进行地理校正、几何校正。在进行地理校正时，3 种数据采取了相同的投影方式，均为地球投影（经纬度投影）。

从遥感影像中提取海冰面积分为 3 个步骤：一是进行海陆分离，即先把陆地信息部分从遥感数据中切除，此项工作是在 GIS 技术的支持下实现的，切除后的遥感数据只剩下海面部分，使遥感数据得到简化；二是进行冰水分离，即利用海冰和海水在反射光谱上的差异将彼此分开；三是统计海冰面积。

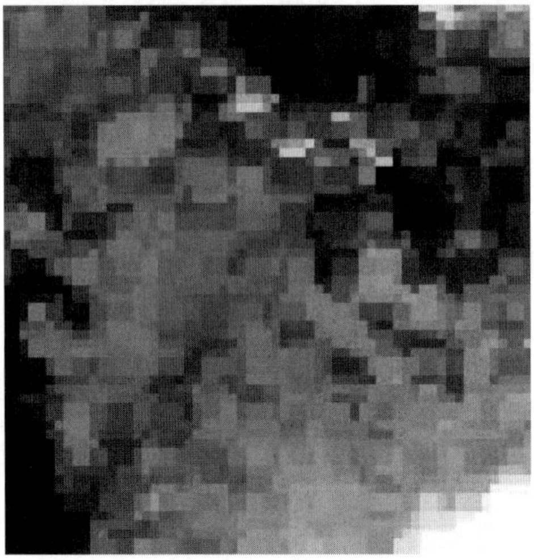

图 3-9　NOAA 影像样本
（彩图见书后）

为建立 TM 资料对 MODIS 和 NOAA/AVHRR 资料的订正关系，在 2003 年 2 月 5 日的 TM、MODIS 和 NOAA/AVHRR 图像上分别选择 20 个相同的区域，其中一个样本如图 3-9~图 3-11 所示。从图 3-9~图 3-11 可以看出，不同空间分辨率影像所反映的冰区和冰区边缘是截然不同的，TM 样本的冰区及其边缘最清晰，MODIS 样本次之，NOAA/AVHRR 样本冰区及其边缘非常模糊，很容易产生将冰间水道和冰间湖判别为冰区。

对这 20 个样本区域用 ERDAS IMAGINE 8.5 软件计算海冰面积值，其结果如表 3-1 所示。TM 海冰面积对 MODIS 和 NOAA/AVHRR 海冰面积的订正关系通过线性回归方法得到，整个分析过程由图 3-12 给出。图 3-13 对 NOAA/AVHRR 和 MODIS 数据测算海冰面积的相对误差做了比较。从图 3-13 可以看出，用 MODIS 数据提取海冰面积比用 NOAA/AVHRR 数据提取时的相对误差小，用 NOAA/AVHRR 数据提取海冰面积的平均相对误差是 30.39%，而用 MODIS 数据提取海冰面积的平均相对误差是 17.28%。这说明在提取海冰面积时，MODIS 数据可以得到更精确的值。

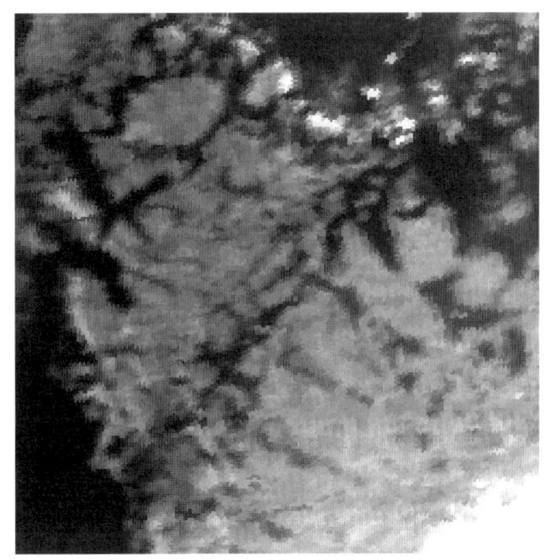
图 3-10　MODIS 影像样本
（彩图见书后）

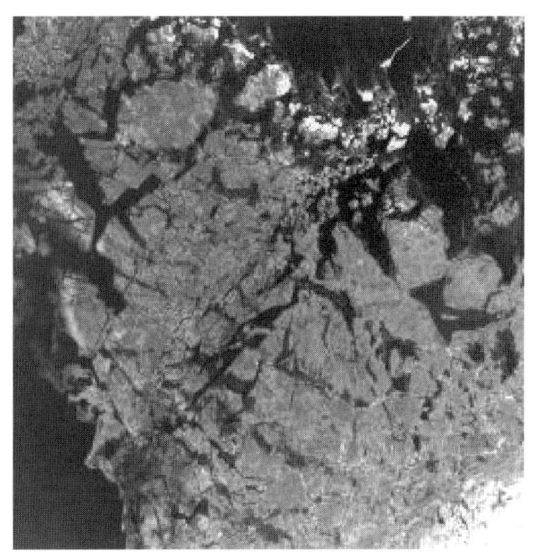
图 3-11　TM 影像样本
（彩图见书后）

表 3-1　渤海海冰样本面积值和相对误差

样本	NOAA/AVHRR 样本面积/km^2	MODIS 样本面积/km^2	TM 样本面积/km^2	NOAA/AVHRR 的相对误差/%	MODIS 的相对误差/%
1	712.00	612.56	516.06	27.52	15.75
2	634.00	415.13	331.29	47.75	20.20
3	519.00	378.63	276.06	46.81	27.09
4	918.00	730.63	680.13	25.91	6.91
5	927.00	868.25	820.21	11.52	5.53
6	460.00	325.13	225.71	50.93	30.58
7	198.00	40.69	18.90	90.45	53.55
8	957.00	926.19	835.77	12.67	9.76
9	650.00	558.31	471.06	27.53	15.63
10	614.00	486.69	372.96	39.26	23.37
11	543.00	380.31	287.85	46.99	24.31
12	1 015.00	997.75	805.44	20.65	19.27
13	1 261.00	1 039.06	952.77	24.44	8.30
14	1 565.00	1 336.81	1 177.25	24.78	11.94
15	1 817.00	1 620.88	1 379.81	24.06	14.87
16	2 142.00	1 984.38	1 861.12	13.11	6.21
17	2 546.00	2 431.88	2 256.08	11.39	7.23
18	3 014.00	2 765.75	2 171.53	27.95	21.48
19	3 069.00	2 884.63	2 553.79	16.79	11.47
20	3 408.00	3 207.31	2 819.83	17.26	12.08
平均相对误差/%				30.39	17.28

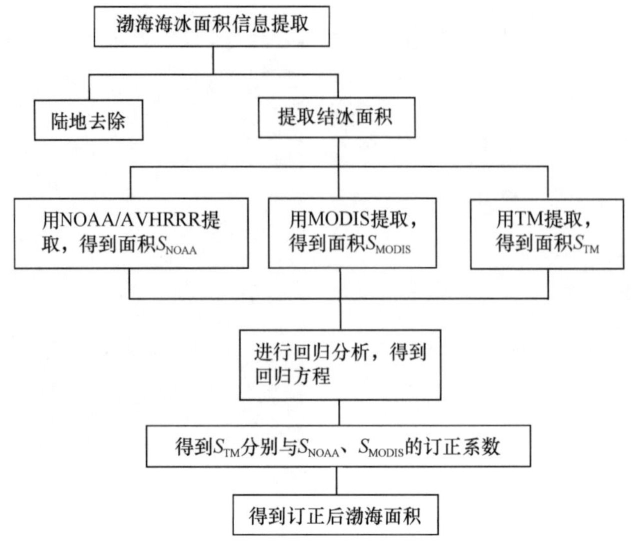

图 3-12　渤海海冰面积提取及精度订正流程示意图

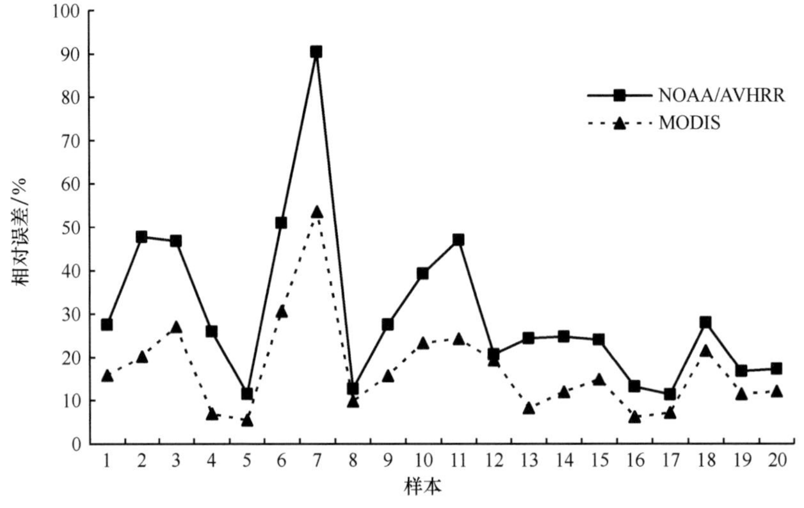

图 3-13　NOAA/AVHRR 和 MODIS 数据测算海冰面积的相对误差比较

利用 TM 数据与 MODIS、NOAA 进行线性回归分析，对由 TM 算得的海冰面积与由 MODIS、NOAA 求得的面积值的散点利用最小二乘法进行拟合，拟合程度用相关系数 R^2 代表。得到的线性回归方程为，由 NOAA 和 TM 回归分析得到 $S_{TM}=0.86S_{NOAA}-116.24$，$R^2$ 为 0.98，其中 S_{TM}为由 TM 得到的海冰面积值，S_{NOAA}为由 NOAA 得到的海冰面积值；由 MODIS 和 TM 回归分析得到 $S_{TM}=0.88S_{MODIS}-17.70$，$R^2$ 为 0.99，其中 S_{TM}为由 TM 得到的海冰面积值，S_{MODIS}为由 MODIS 得到的海冰面积值。散点拟合结果如图 3-14 和图 3-15所示。

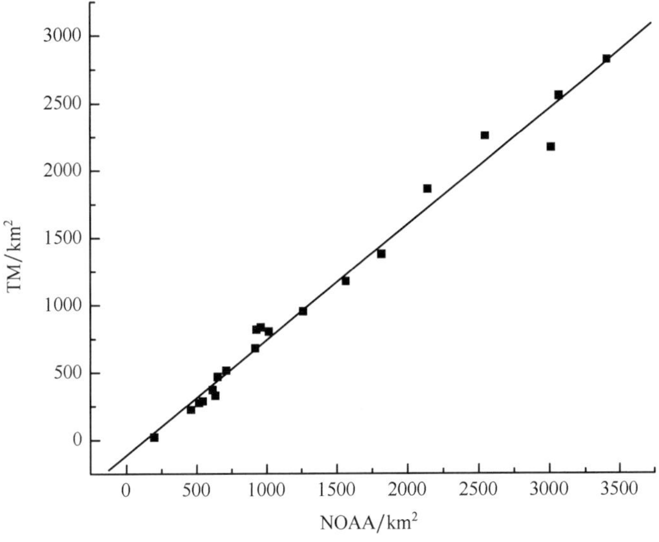

图 3-14　NOAA 与 TM 线性回归

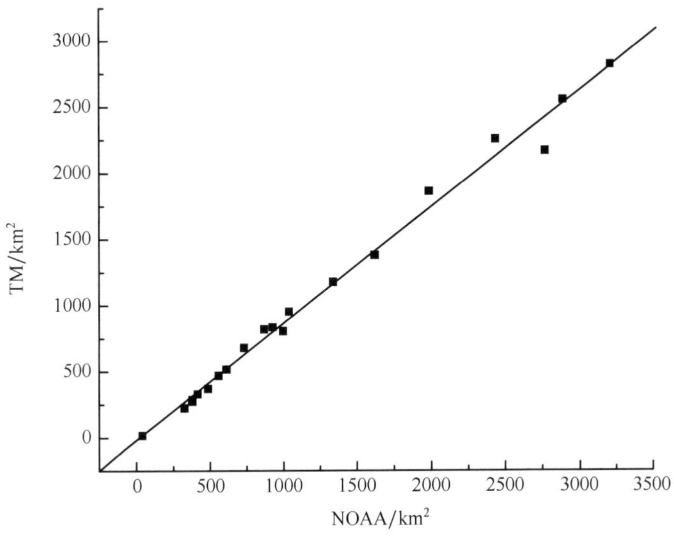

图 3-15　MODIS 与 TM 线性回归

4）结果比较

（1）与 NOAA/AVHRR 数据结果比较。对 2002 年 12 月 8 日至 2003 年 2 月 26 日由 NOAA/AVHRR 数据所提取出来的渤海海冰面积值（NOAA 初算值），利用模型 $S_{TM}=0.86S_{NOAA}-116.24$ 进行订正，得到海冰面积订正值 1（表 3-2）。图 3-16 是国家海洋环境预报中心用 MODIS 等数据求出的 2002 年 12 月 8 日至 2003 年 2 月 26 日冬季渤海海冰面积值（预报中心值），图 3-17 是 NOAA 初算值、预报中心值和订正值 1 之间的比较。从表 3-2 和图 3-17 中可以看出，订正后的海冰面积测算精度有了较大程度的提高，平均相对误差从初算值的 20. 52% 降低到 14. 25%。

表 3-2　用 TM 数据订正后的 NOAA/AVHRR 海冰面积与预报中心海冰面积误差比较

日期	NOAA 初算值 /km^2	预报中心 MODIS 估算值/km^2	订正值 1 /km^2	初算-中心相对误差/%	订正 2-中心相对误差/%
12 月 8 日	3 500. 53	2 100. 00	2 894. 22	40. 01	37. 82
12 月 9 日	4 071. 65	3 000. 00	3 385. 38	26. 32	12. 85
12 月 11 日	4 808. 54	3 500. 00	4 019. 10	27. 21	14. 83
12 月 12 日	4 785. 55	3 100. 00	3 999. 33	35. 22	29. 01
12 月 31 日	11 985. 05	11 000. 00	10 190. 9	8. 22	7. 36
1 月 7 日	22 077	18 000. 00	18 869. 9	18. 47	4. 83
2 月 16 日	8 138. 46	8 000. 00	6 882. 84	1. 70	13. 96
2 月 18 日	8 299. 39	7 100. 00	7 021. 24	14. 45	1. 11
2 月 19 日	7 505. 63	6 900. 00	6 338. 60	8. 07	8. 14
2 月 26 日	5 371. 19	4 000. 00	4 502. 98	25. 53	12. 57
平均相对误差/%				20. 52	14. 25

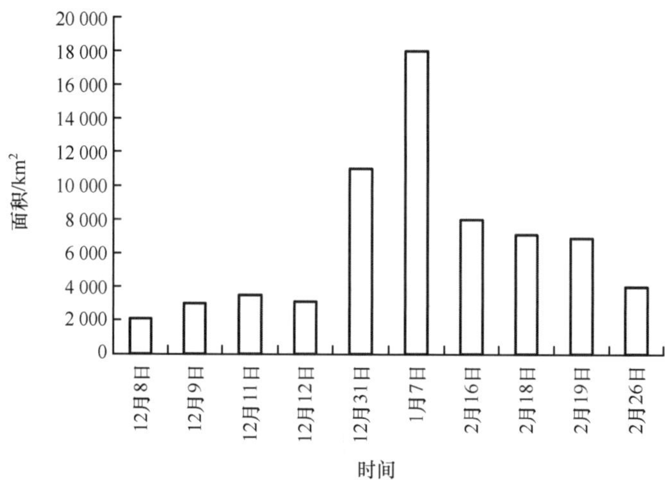

图 3-16　2002 年 12 月 8 日至 2003 年 2 月 26 日冬季渤海海冰面积

（2）与 MODIS 数据结果比较。对 2005 年 2 月 1～11 日由 MODIS 数据所提取出来的渤海海冰面积值（MODIS 初算值），利用模型 $S_{TM}=0.88S_{MODIS}-17.70$ 进行订正，得到海冰面积订正值 2（表 3-3）。图 3-18是国家海洋环境预报中心给出的 2005 年 2 月 1～11 日冬季渤海海冰面积值（预报中心值）。图 3-19 是 MODIS 初算值、预报中心值和订正值 2 之间的比较。从表 3-3 和图 3-19 可以看出，订正后的海冰面积测算精度有了较大程度的提高，平均相对误差从初算值的 10. 32% 降低到 2. 08%。

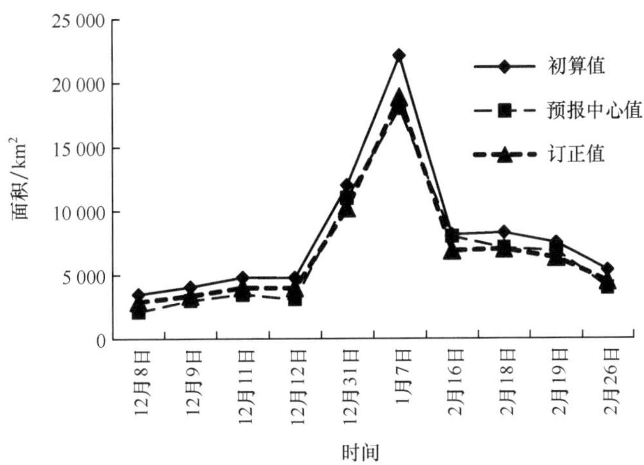

图 3-17　初算值、预报中心值、订正值 1 对比

表 3-3　用 TM 数据订正后的 MODIS 海冰面积与预报中心海冰面积误差比较

日期	MODIS 初算值 /km²	预报中心 MODIS 估算值/km²	订正值 2 /km²	初算-中心相对误差/%	订正 2-中心相对误差/%
2005 年 2 月 1 日	21 655. 98	19 000. 00	19 039. 57	12. 26	0. 21
2005 年 2 月 2 日	22 024. 16	20 000. 00	19 363. 56	9. 19	3. 18
2005 年 2 月 11 日	24 973. 52	22 600. 00	21 959. 00	9. 50	2. 84
平均相对误差/%				10. 32	2. 08

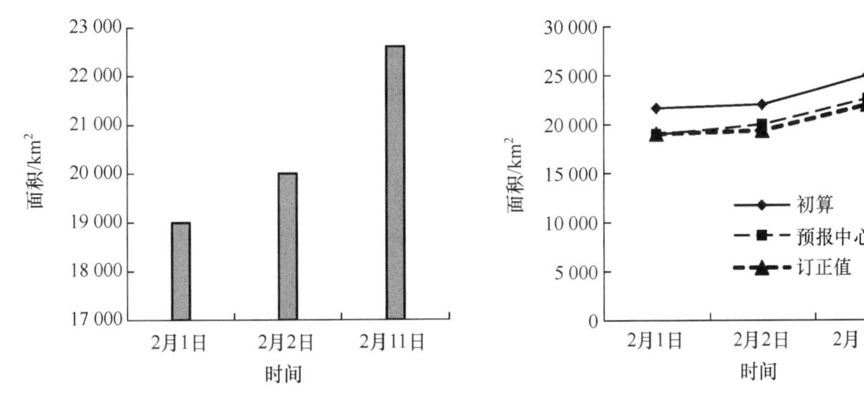

图 3-18　2005 年 2 月 1～11 日海冰面积　　图 3-19　初算值、预报中心值、订正值 2 对比

3. 2　渤海海冰面积动态

在上述海冰面积量算方法研究成果的支持下，本节完成了 1987～2007 年渤海冬季海冰面积量算工作，建立了近 20 年的海冰面积时间序列。

1. 1987～2007 年渤海海冰面积动态

对 1605 景 NOAA/AVHRR、MODIS、TM 影像进行质量筛选，剔出云量较多的影像，最终选取 567 景 NOAA/AVHRR 影像数据进行渤海海冰面积测算，获得了 1987~2007 年 20 年冬季渤海海冰日面积数据的时间序列(图 3-20)。从图 3-20 中可以看出，在 1987~2007 年的 20 个冬季里(当年 12 月至翌年 3 月)，海冰日面积呈现出明显的周期性变化。这种周期也就是年内周期，即每一年内的海冰面积基本上表现为不对称的正态型分布，初冰期时海冰较为缓慢地从无到有，盛冰期时面积达到最大，融冰期时面积迅速减小直至消失。

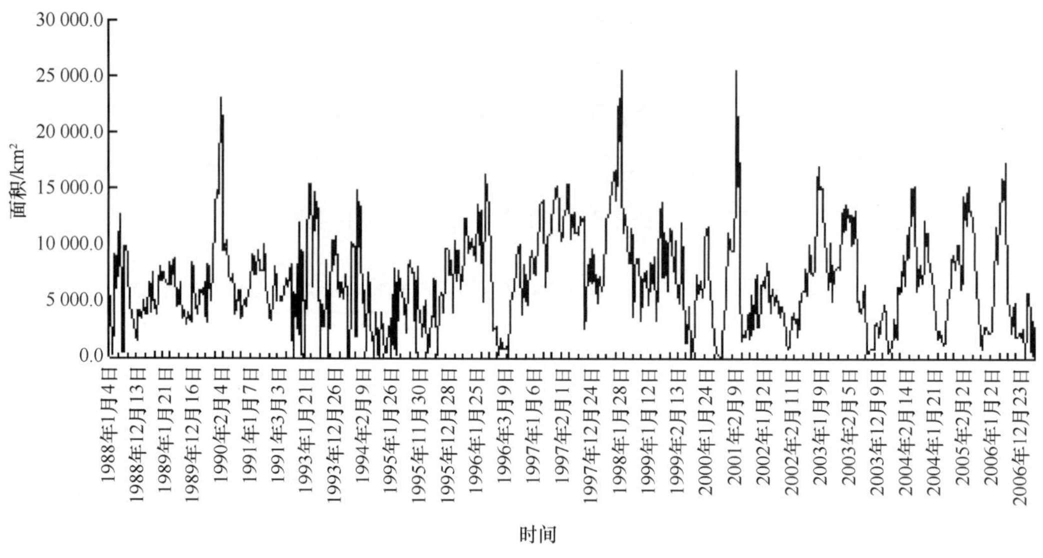

图 3-20　1987~2007 年渤海海冰日面积变化

1987~2007 年渤海海冰年最大面积和年平均面积也存在着明显的周期变化，也就是年际周期，即每 3~5 年，渤海海冰面积出现一个小的波动(图 3-21)。

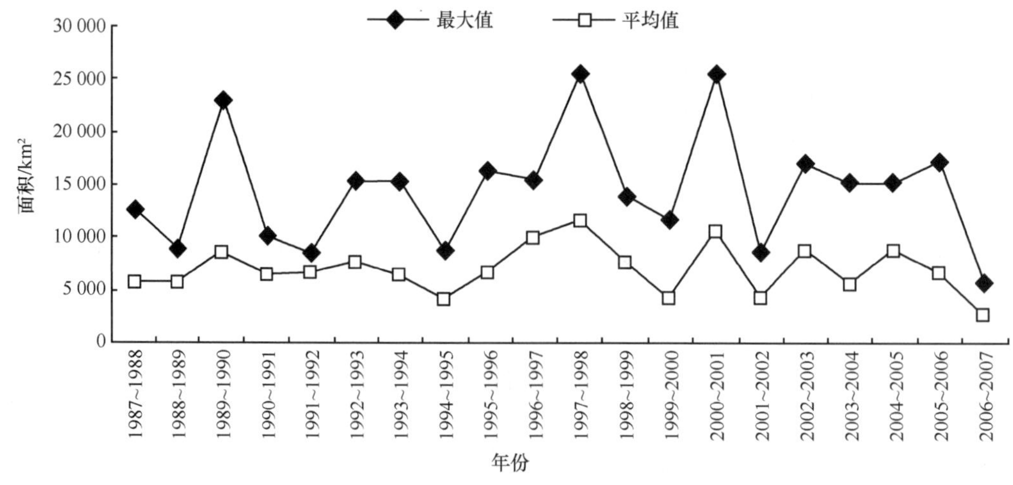

图 3-21　1987~2007 年渤海海冰年最大面积、年平均面积变化

2. 轻冰年(1994~1995 年)渤海海冰面积动态

轻冰年的冰情指数为 1.0~1.5。在 1987~2007 年期间典型的轻冰年有 1994~1995 年和 2006~2007 年。轻冰年渤海海冰面积变化的基本特点是结冰面积增长缓慢，日最大面积出现在盛冰期结束前后，且小于 10 000 km^2(图 3-22)。

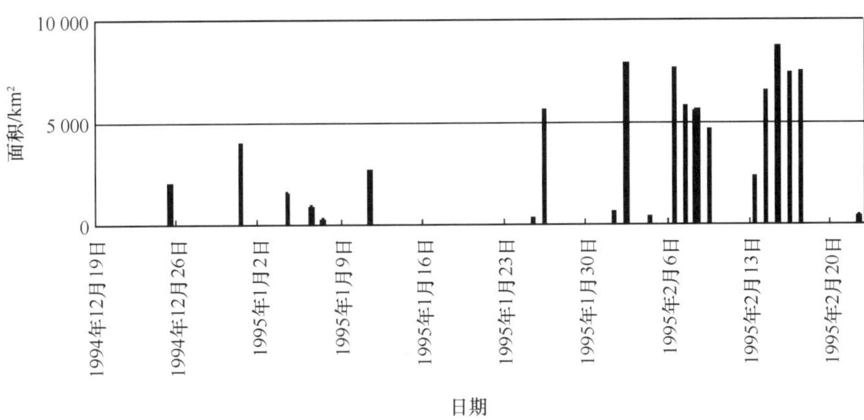

图 3-22　轻冰年海冰面积变化

3. 常冰年(2002~2003 年)渤海海冰面积动态

常冰年的冰情指数为 3.0~3.5。2002~2003 年为典型的常冰年。常冰年渤海海冰面积变化的基本特点是结冰面积增长迅速，日最大面积出现在盛冰期开始阶段，最大面积值为 15 000~20 000 km^2(图 3-23)，冰期持续时间长，海冰面积相对稳定。

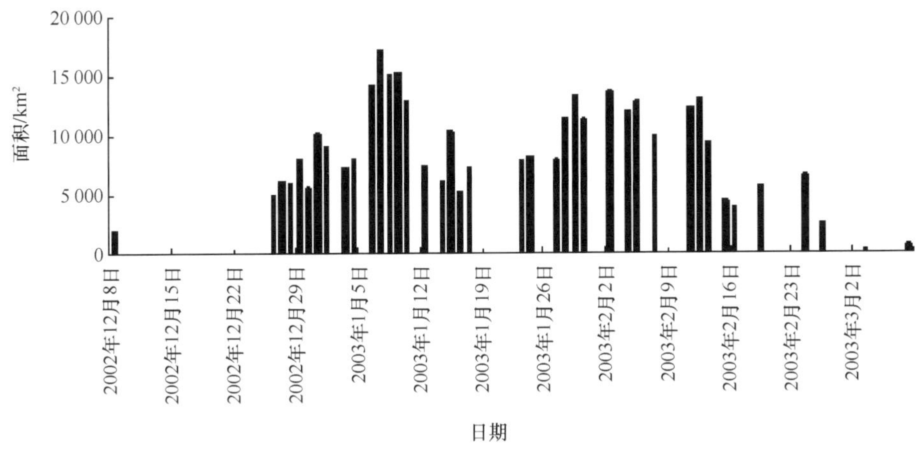

图 3-23　常冰年海冰面积变化

4. 偏重冰年(2000~2001 年)渤海海冰面积动态

偏重冰年的冰情指数为 4.0~4.5。2000~2001 年为典型的偏重冰年。偏重冰年渤海海冰面积变化的基本特点是结冰面积增长平稳，日最大面积出现在盛冰期中间阶段，最大面积值超过 25 000 km^2(图 3-24)，冰期持续时间长，海冰面积相对稳定。

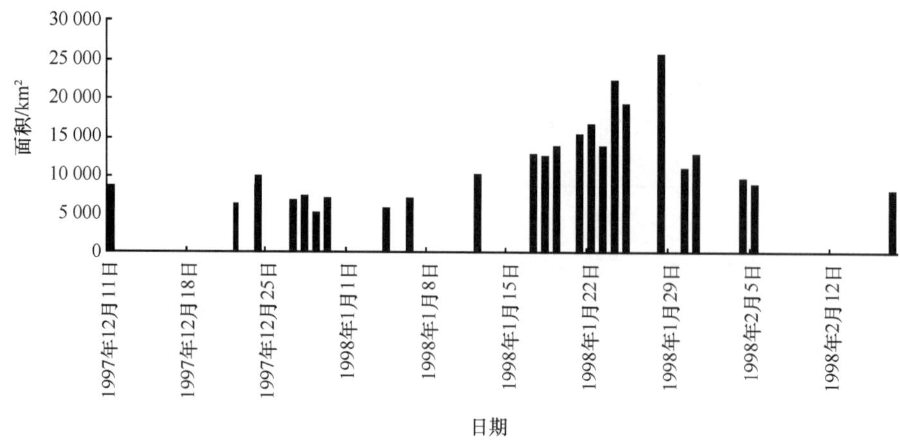

图 3-24 偏重常冰年海冰面积变化

3.3 本章小结

本章提出了针对 MODIS 数据的冰水混合像元的线性分解模型和“伪海冰像元”的消除方法，建立了基于 TM、MODIS 和 NOAA/AVHRR 3 种数据的渤海海冰面积提取订正模型，提出了基于 NOAA/AVHRR 数据的渤海海冰面积信息提取方法，完成了 1987～2007 年渤海冬季海冰面积量算，建立了近 20 年的海冰面积时间序列。

海冰面积提取分为 3 个步骤：一是进行海陆分离；二是进行冰水分离；三是统计海冰面积。海陆分离和冰水分离可以通过采用矢量边界模板和分子区独立确定阈值处理渤海海域的 MODIS(250 m 分辨率)可见光、近红外反照率的夏季影像数据而实现。采用图像恢复的方法和混合像元线性分解模型，可以处理海冰伪像元和冰水混合像元。基于遥感图像处理软件 ENVI、ENVI 二次开发语言 IDL、地理信息系统 MapInfo 及 MapInfo 二次开发语言 MapBasic 而构建的海冰面积信息提取系统具有海冰遥感图像处理能力和海冰面积数据统计能力，可以方便、快捷地完成对海冰面积的提取和海冰面积统计图的绘制。

不同空间分辨率影像所反映的冰区和冰区边缘截然不同：TM 样本的冰区及其边缘最清晰，MODIS 样本次之，NOAA/AVHRR 样本冰区及其边缘非常模糊。用 MODIS 数据提取海冰面积比用 NOAA/AVHRR 数据提取时的相对误差小，用 NOAA/AVHRR 数据提取海冰面积的平均相对误差是 30.39%，而用 MODIS 数据提取海冰面积的平均相对误差是 17.28%。与 NOAA/AVHRR 数据结果相比，订正后的海冰面积测算精度平均相对误差从初算值的 20.52%降低到 14.25%；与 MODIS 数据结果相比，从初算值的 10.32%降低到 2.08%。

1987～2007 年的 20 年冰期(当年 12 月至第二年 3 月)海冰日面积时间序列呈现出明显的周期性变化。年内周期表现为不对称的正态型分布，初冰期时海冰面积从无到有，较为缓慢；盛冰期时面积达到最大；融冰期时面积迅速减小直至消失。20 年年际周期为

3 ~5 年。轻冰年冰情指数为 1. 0 ~ 1. 5；典型轻冰年为 1994 ~ 1995 年和 2006 ~ 2007 年；轻冰年渤海海冰面积变化的基本特点是结冰面积增长缓慢，日最大面积出现在盛冰期结束前后，且小于 10 000 km²。常冰年冰情指数为 3. 0 ~ 3. 5；典型常冰年为 2002 ~ 2003 年；常冰年渤海海冰面积变化的基本特点是结冰面积增长迅速，日最大面积出现在盛冰期开始阶段，最大面积值为 15 000 ~ 20 000 km²，冰期持续时间长，海冰面积相对稳定。偏重冰年冰情指数为 4. 0 ~ 4. 5；典型偏重冰年为 2000 ~ 2001 年；偏重冰年渤海海冰面积变化的基本特点是结冰面积增长平稳，日最大面积出现在盛冰期中间阶段，最大面积值超过 25 000km²，冰期持续时间长，海冰面积相对稳定。

参考文献

顾卫，史培军，刘杨，等 . 2002. 渤海和黄海北部地区负积温资源的时空分布特征. 自然资源学报，17(2)：168-173.
谢锋 . 2006. 高时间分辨率遥感影像中渤海海冰信息的提取研究. 北京师范大学博士学位论文：18-69.
袁帅 . 2009. 渤海海冰资源量时空分布及其对气候变化的响应 . 北京师范大学博士学位论文.

第 4 章　渤海海冰厚度光谱信息特征

4.1　海冰厚度参数

不论是国内研究(杨国金, 2000), 还是国外研究(Grenfell, 1991), 针对一年生海冰或小于 1 m 的海冰厚度的估算或测量都把一定的注意力放在冰体可见光反射率信息的探索上, 但是这些研究都还只是停留在较为初级的层次, 也就是对观察到的现象理解和“初加工”, 因为目前既没有建立相关的基础物理理论, 也没有渤海海区现场的有关冰厚参数的有效基础数据集及据此建立的相关关系模型, 更没有卫星同步大范围的实地观测数据用以检验和建立模型。而且上述关于通过反射率计算冰厚的经验算法, 其观测依据虽然都注意到反射率与冰厚的联系, 但实际上都不能断定这种联系的形式。目前条件下, 开展室内冰体光学结构或者室外水-冰-气三相体过程的热力学研究所必需的实验条件和知识掌握水平都很欠缺, 因此要建立相关的基础物理理论有相当大的难度。

针对上述问题, 着重进行了采集和积累渤海海冰的基础观测数据、冰厚的现场实测数据等试验工作, 以期能较客观、准确地认识渤海海冰厚度与其反射率之间的相关关系, 建立基于遥感数据关系的渤海海冰厚度估算模型。试验研究分为两部分: 一是室内试验, 包括室内淡水冻结成冰试验、室内海水冻结成冰试验、室内海冰样本试验、室外盐池平整冰试验等; 二是现场试验, 包括 2003~3004 年、2004~2005 年、2005~2006 年连续 3 个冰季在渤海东北部开展的冰厚、冰型、反射光谱现场观测试验等。

4.2　海冰反射光谱的室内试验

1. 室内试验准备

室内冻结试验是在北京师范大学资源学院实验室进行。冻结设备采用 500L 温控冰柜, 冰柜内放入高 45 cm, 直径 40 cm 的容器, 容器开口向上, 四周及底部用保温材料包裹好。这样可使容器的四周和底部基本不受冷气的影响, 只是在开口处受到冷气的作用, 从而产生自上向下的冻结过程, 以近似海水的实际冻结过程(图 4-1)。容器内装入淡水、海水(海水采集地点: 河北省黄骅市中捷友谊农场), 水深 35 cm。冰柜的温度条件分别设为-10℃, 温度变化幅度基本控制在±0. 2℃范围内; 该温度条件下的实际冻结时间从 48~200 h。冰厚的测量采用钢尺量算, 取样 4 个角点的厚度值, 以其平均值代表该样本的冰厚。每个海冰样本的冻结试验结束后, 更新容器内的海水, 以保证与冻结前的海水盐度一致; 冻结前海水的盐度为 38‰, 冻结所形成的海冰的盐度为 20‰~30‰。

将利用温控冰箱模拟海水冻结条件制作的海冰样本以及淡水冰样本储藏在冰柜里, 等到所有样本准备好以后, 于晚上在暗室内, 基于两种背景条件(黑体、海水), 利用人工光源测试不同厚度的海冰反射率, 其中人造光源由 V-light 灯产生(图 4-2)。实验室内没有任何自然光, 也没有其他的人工光源, 只有 V-light 灯产生的模拟光照射到试验冰体

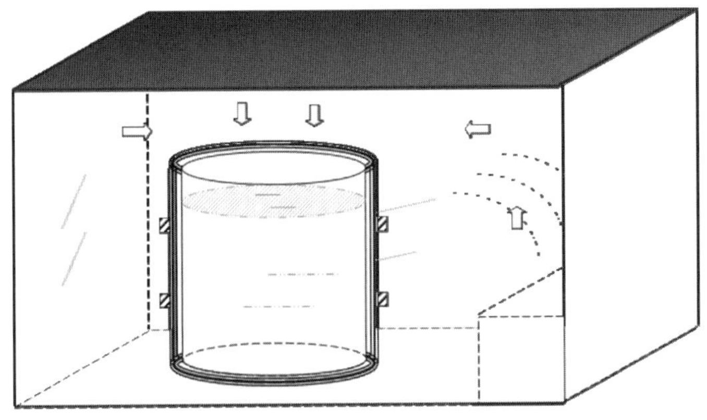

图 4-1　室内冻结设备

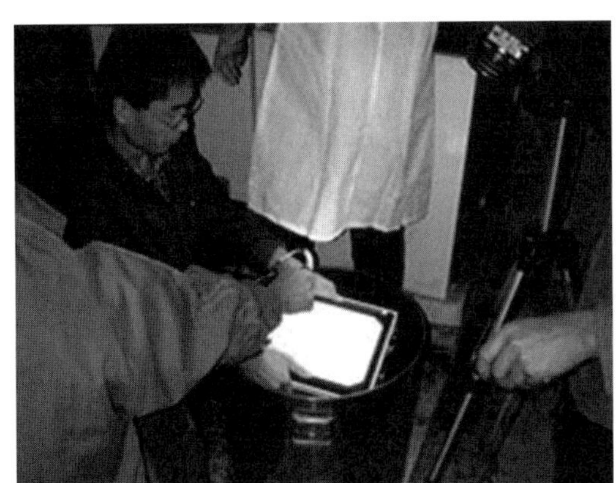
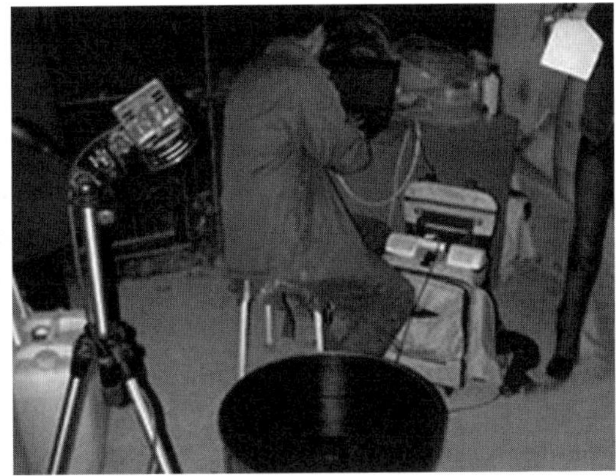

图 4-2　室内光谱测量和 V-light 灯光源

上。这样做的原因是，可以不需要考虑各种气象条件变化造成对试验的影响，而且试验时间和条件便于控制。

室内试验选择两种不同的冰体光谱测量背景：一种是质地粗糙的棉织黑布；一种是内部均匀涂满哑光黑漆的金属桶(图 4-3)。前者是非吸收体，一般可认为是黑体，不吸收和反射光能量；后者在测量淡水冰的时候盛有大量的淡水，测量海冰光谱的时候盛有大量的海水，以模拟自然状态下的冰体反射光谱情况。两种背景截然不同，黑布背景完全让冰体表现其自身的光谱规律，水桶背景引入液态水和冰体一起形成反射规律，以便与实际情况相吻合。每一个样本首先放置于黑布上测量光谱；然后放于水桶中，稳定后再进行光谱测量，这个稳定过程包括能平稳漂浮于水面上，水能适应冰体的温度和结构。取若干海冰冰体样本进行统计分析，规律见于图 4-4，其他样本亦有此特点。

室内试验表现了海冰厚度和表面反射光谱具有一定的对应关系，相对厚的海冰对应高的反射光谱值，相对薄的海冰对应低的反射光谱值(图 4-4)。这种关系不是连续的变化响应，较明显地大致分为厚度小于 10 cm 的样本群和大于 10 cm 的样本群两个部分。对于两种背景而言，形成两种差别很大的样本反射光谱值，但是表现出的规律还是一致的。黑布是黑体不吸收光，冰体本身也不是强烈的吸收体，照射到冰体的光能被最大可

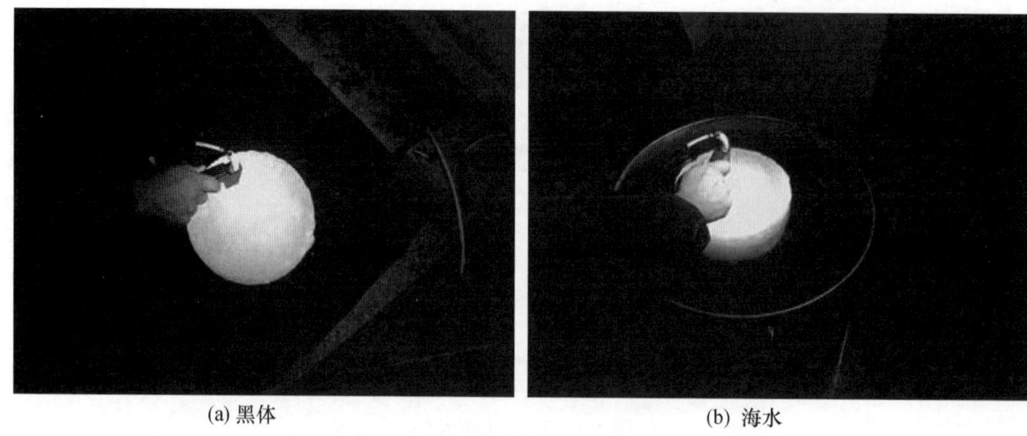
(a) 黑体 (b) 海水

图 4-3 放置在黑体(a)上和海水(b)中的海冰样本

能地反射，故表现出高的反射率值。冰体在水桶中稳定后，冰体中的间隙都被液态水物质充满，这就加强了冰体对照射光的吸收。此外，冰体下的水体也有潜力对照射光进行强吸收，故此时冰体能反射的光能减弱了。所以样本在水桶中的测量值要比在黑布上的测量值低很多，鉴于两个背景表现的冰体反射规律性没有区别，水桶更接近实际，且不会有使反射率过高的情况出现，故以后的样本分析都是基于水桶背景的。在对比试验分析中，有一个很重要的现象，这就是造成水桶中样本的反射率值低的原因，即液态水物质的存在较深刻地影响了冰体的反射光谱。首先可以肯定的是冰体中水物质的吸收作用，其次也间接证明冰体的透射性使得冰下水体对照射光也产生了部分吸收。

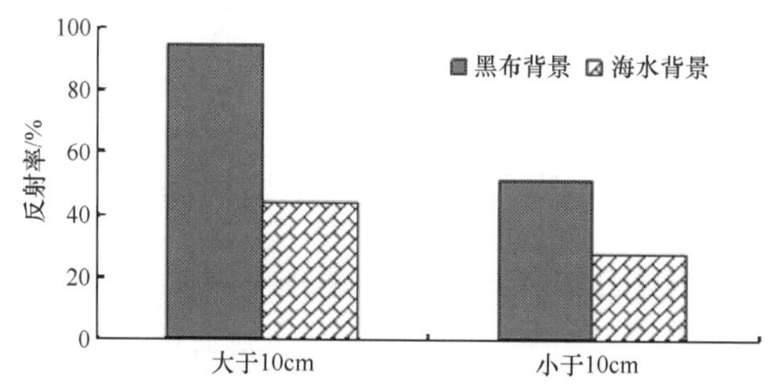

图 4-4 两种背景的冰体平均反射光谱比较

2. 人工淡水冰样本的室内试验

室内试验首先对淡水冰进行研究，冻结的水源来自于实验室的自来水，淡水冰冻得很快，很平整。共产生从 5. 5 cm 厚到 20. 5 cm 厚的样本 9 个，它们的反射曲线见图 4-5，光谱范围为 350~2 500 nm，1 nm 的光谱采样间隔。在可见光光谱范围内，各样本的反射峰高低水平表现出明显的差别，大致趋势是随着冰厚的增加而升高。

统计各样本在可见光光谱范围内的反射率平均值，按厚度增加的顺序制图，见图 4-6。随着厚度的增加，冰体的可见光反射率平均值大致呈幂函数的形状升高，其中 8~16 cm 厚度样本之间的差别不明显。

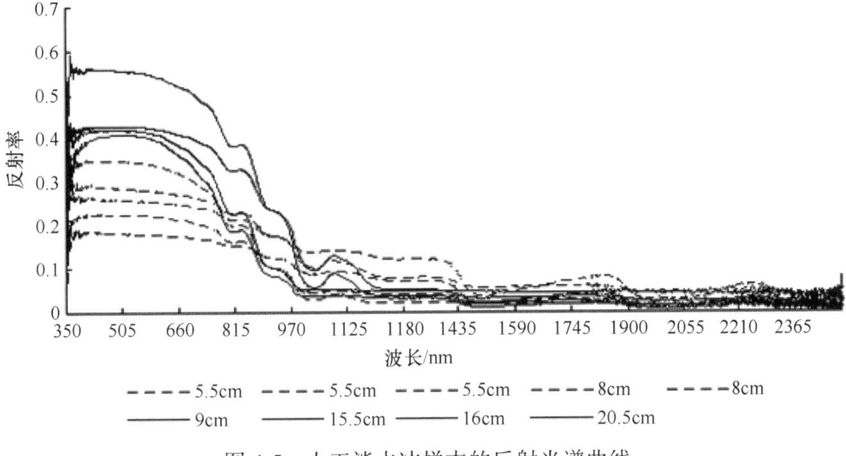

图 4-5　人工淡水冰样本的反射光谱曲线

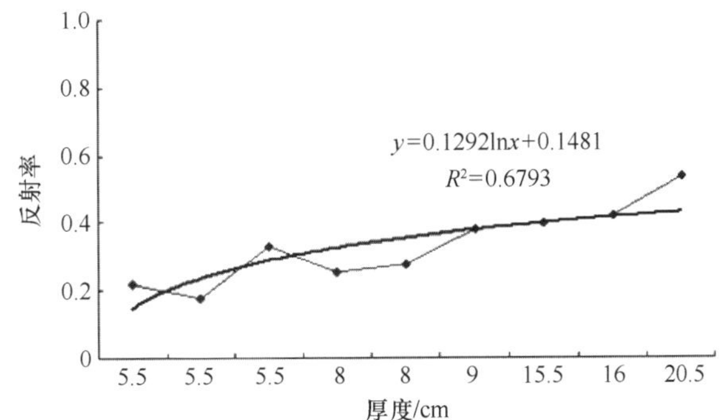

图 4-6　人工淡水冰样本的可见光反射率平均值

注：图中横坐标上数值相同，表示冰厚相同，冰质不同。

3. 人工海水冰样本的室内试验

完成淡水冰体的室内试验后，从河北省黄骅市中捷友谊农场运回了大量的海水，在室内开始进行冻结过程，产生海冰样本。海水冰冻得相对慢些，一般呈不规则平整。冻结完成后共产生从 3 cm 厚到 22 cm 厚的样本 13 个，它们的反射曲线见图 4-7，光谱范围是 350~2 500 nm，光谱采样间隔为 1 nm。在可见光光谱范围内，各样本的反射峰高低水平表现出明显的差别，因为图例是按照反射峰的高低顺序排列的，可见大致趋势是随着冰厚的增加而升高。

统计各样本在可见光光谱范围内的反射率平均值，按厚度增加的顺序制图，见图4-8。随着厚度的增加，冰体的可见光反射率平均值也是大致呈幂函数的形状升高，其中7~16 cm 厚度样本之间的差别不明显。从这点看，淡水冰体和海水冰体都表现出一致的规律，因此盐分的高低、盐水泡的存在与否并不影响冰体表现这种规律性。在人工冻结和经过冰柜储藏后的冰体样本表现出海冰样本反射率值高于淡水冰反射率值的特征。

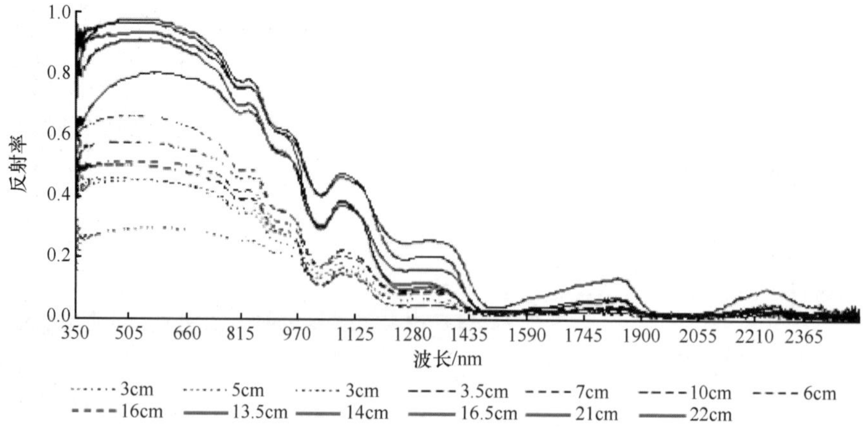

图 4-7　人工海水冰样本的反射光谱曲线

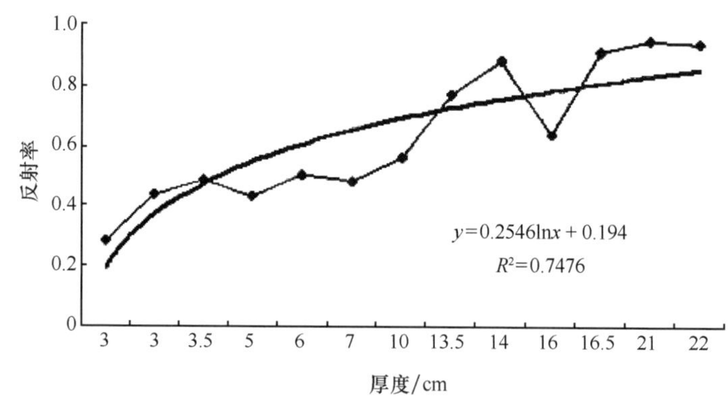

图 4-8　人工海水冰体样本的可见光反射率平均值

注：图中横坐标上数值相同，表示冰厚相同，冰质不同。

4. 自然海冰样本的室内试验

完成淡水冰体和海冰冰体的室内试验后，从渤海北部港口海区采集并运回了一些自然状态下冻结而成的平整冰样本，储藏于室内的冰柜中，见图 4-9。共采集了从 3. 5 cm 厚到 14. 5 cm 厚的样本 73 个，光谱范围为 350~2500 nm，1 nm 的光谱采样间隔。由于样本过多便没有直接绘制反射率曲线图，所以直接统计各样本在可见光光谱范围内的反射率平均值，再按厚度增加的顺序制图，见图 4-10。随着厚度的增加，冰体的可见光反射率平均值也是大致呈幂函数的形状升高。此时的置信水平较低，主要是厚度差异不大，而且样本的主体部分厚度为 8 ~14 cm，这个厚度区间的样本在前面的室内试验中不能区分出来。另外就是部分样本在采样的时候表面有融雪层。总之，自然状态下的海冰样本无论是光谱曲线形状，还是可见光反射率值和厚度关系的规律性都与室内人工冻结的样本一致。

图 4-9　自然海冰样本的采集和测试准备

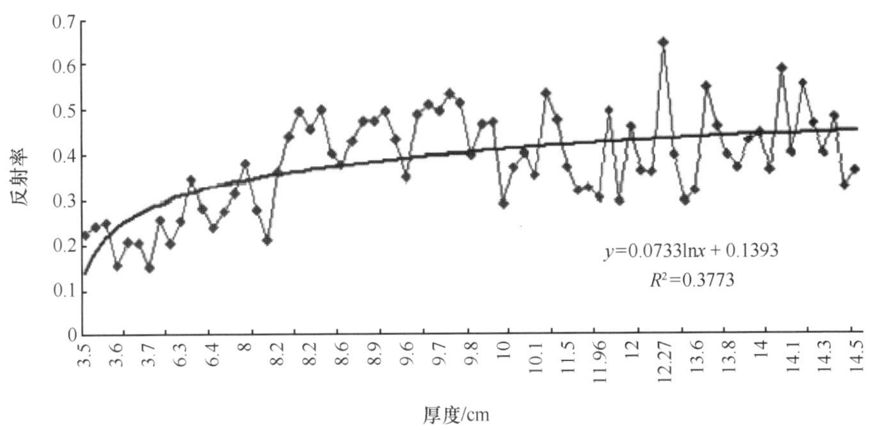

图 4-10　自然海冰样本的可见光反射率平均值

注：图中横坐标上数值相同，表示冰厚相同，冰质不同。

4.3　盐池海水冰的室外光谱试验

在进行多次室内试验后，可以对海冰的反射光谱特性有一定的了解。但是这毕竟是通过室内人工产生的，或者是经过人工储藏的，然后在人工水环境中，在人造光源的照射下进行的光谱测量工作，其中冰体表现出来的规律性在自然状态下是否依然如此，需要实际中的实践检验。室外试验点选择在天津汉沽海边的一级盐池，天气晴朗无云。一级盐池中海水的物理化学性质和周边海区的海水一致，区别在于其是封闭固定的所以冻得比较快，水深较浅；冰面平整洁净，与室内的冰样一样。在新环境中，先观测记录现场的气象和水环境条件，再选择合适的样本点，进行现场自然光的光谱测量(图 4-11)。

在天津汉沽海边盐池，由于是第一次室外实地进行光谱试验，防寒、安全准备不足及对实验地实时冰情缺乏了解，所以收集的样本并不多，但是依然得到了宝贵的数据，达到了试验目的。试验共采集了 10 个有效数据，它们的反射曲线见图 4-12，光谱范围为 350 ~2500 nm，光谱采样间隔为 1 nm。从图 4-12 中可以看到，可见光光谱范围内，海冰和海水依然表现出反射峰的特征和形状，是进行光谱分析研究的核心区；但是光谱曲线

(a) 进行试验场热环境的测量

(b) 进行试验场水体盐度的分析

(c) 选择进行光谱测量的海冰样本

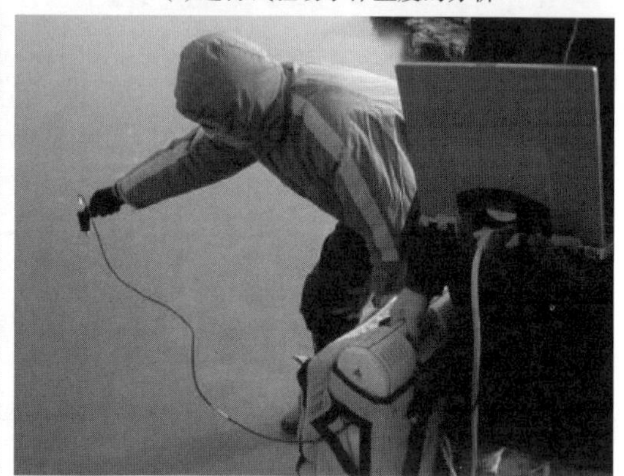
(d) 对选定的样本进行光谱测量

图 4-11　天津汉沽盐池的海冰光谱实验

在细节上有些变化，而且所有样本表现出共同的细节变化，这表明了一些潜在的海冰光谱特征规律，这是在室内冻结样本的光谱曲线中所没有表现出的。这次试验的样本不多，厚度变化也不大，实际上是两种厚度类别(8 cm 和 16 cm，以及海水)，其中 16 cm 是搁浅冰。就反射率曲线的可见光反射峰水平而言 16 cm 厚的海冰要比 8 cm 厚的海冰高出很多。虽然它们一个是搁浅冰，一个是平整冰，但是显然水物质的存在单独不会引起这么大的差别，厚度差异无疑是另外一个重要的因素。厚度差异对海冰可见光反射率的影响很显著的原因是它们表面非常平整洁净，因此冰体光学特征只受自身特性和结构的影响，其他表面因素的干扰并没有引入，这是室内试验的样本不能完全做到的。厚度 8 cm的盐池海冰样本的反射曲线水平要比室内试验时相同厚度的样本低很多。因为没有海水运动发生，这些样本表面非常平整光滑，加上水底的影响，所以实际上其可见光反射率已经有所升高。总之，可以分析得到平整冰的可见光光谱范围内反射峰高低水平是随着冰厚的增加而升高。这可以说明，平整冰是研究海冰光谱特性的最基本冰型，也是认识一年生海冰光学本质的唯一冰型。

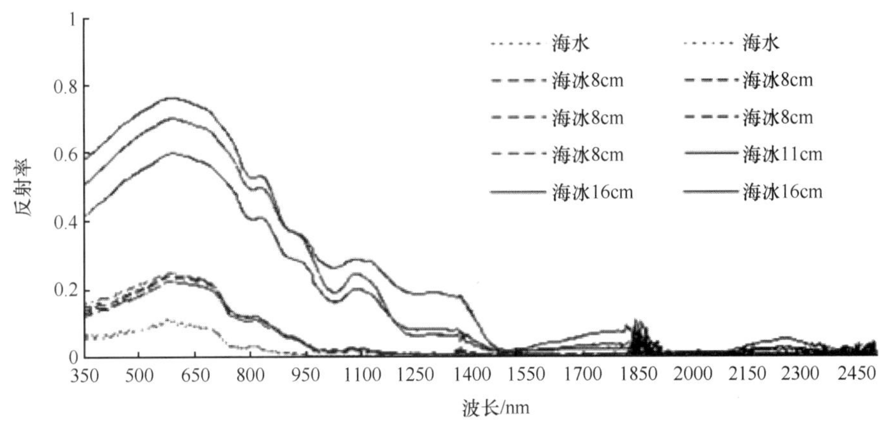

图 4-12　盐池冰样本的反射光谱曲线

4.4　渤海海冰的现场光谱试验

1. 试验点概况

鲅鱼圈区位于辽宁省盖州，地理坐标为 40°18′N，122°06′E（图 4-13）。海边有一个始建于 1959 年的国家海洋局海洋站，用于观测波浪、水温、盐度、海发光、海冰和地面气象。此外还有一个雷达观测站。营口新港也位于鲅鱼圈，是北方重要的港口，目前正在建设新的码头，冬季港口有多艘破冰拖轮作业。

鲅鱼圈区港口附近海区冬季水温低且较稳定，12 月至翌年 2 月平均水温为 -1.5 ~ -1.0℃，1 月最低；表层海水盐度为 25.9‰~30.0‰。平均初冰日为 11 月 17 日，终冰日为 3 月 24 日，平均冰期 128 天。累年固定冰平均厚度为 38.3 cm，1 ~ 3 月分别为 29.4 cm、45.5 cm 和 25.0 cm。历年固定冰最大宽度为 500~2 500 cm。累年各向流冰频率以 ENE-WSW 为轴，向两侧递减，累年各向最大流冰速度差异较大，为 0.2 ~ 1.5 m/s。总之，鲅鱼圈区处于渤海的东北角，是整个渤海冰情最重、最稳定的海区。课题组选择鲅鱼圈港区作为进行渤海海冰光谱研究的试验地点，共连续进行了 3 个冰季（2003 ~ 2004 年、2004 ~ 2005 年、2005 ~ 2006 年）的现场试验，港区平均水深超过 5 m，平均冰厚为 20 ~40 cm。

2. 试验设计

自然环境中，由海水直接冻结而成的平整冰，不受外界干扰，最能体现海冰的本质。但是在现实当中，外界干扰是客观存在的，而且是经常出现的。对于渤海的平整冰而言，有两种情况比较常见：一种情况是冰上覆盖有薄薄的积雪，在日光下融化后在夜间又冻结，和表层冰胶合在一起，形成特殊的表面层——表面融雪层；另一种情况是冻结的海水比较混浊（渤海是浅的内陆海，泥沙影响较严重），冻结形成的海冰冰体中含有很多的泥沙等杂质。以上两点是在没有引入冰体表面形态和结构状态下影响光谱特征最基本的因子。以往的渤海光谱试验是基于沿岸或沿航线的“找冰块”式的测量，没有针对渤

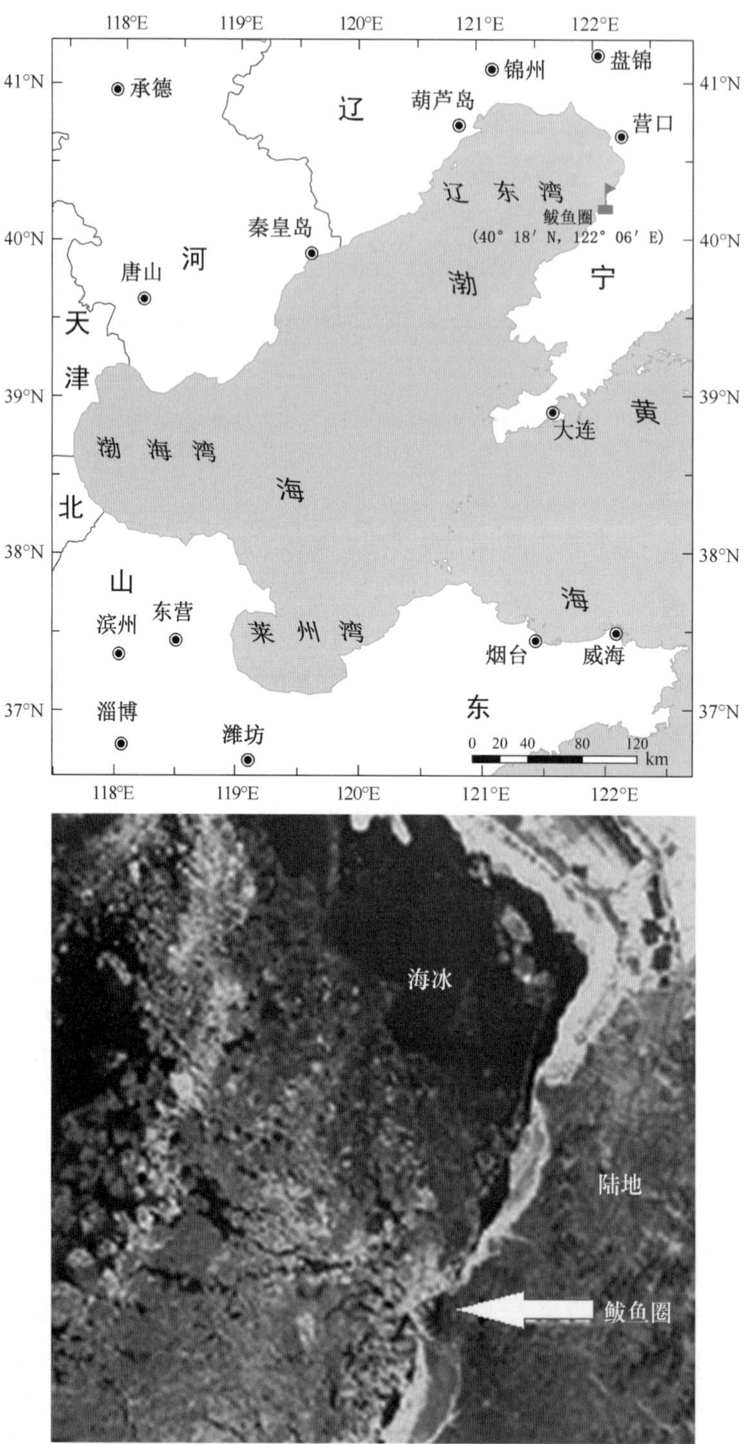

图 4-13　鲅鱼圈区地理位置及附近海区的 TM 影像

海海冰的生长过程和典型特征，也不可能对各种海冰光谱的影响因素进行分析。

试验选择在若干块直径 100~200 m 连续平整冰冰盘上进行，该平整冰须是表面较平整的单层冰，处于盛冰期状态，即主要厚度为 18~35 cm。试验前期在保证冰盘结构安全的前提下，以一定间隔在冰盘上开出若干个洞口，露出冰下的海水，形成了 1 m×1 m 或 2 m×2 m 的水面，使海水通过洞口与空气接触，让海水在自然低温条件下重新冻结，以人为清理洞口海冰的方式来调节冻结时间，从而在洞口中生成具有不同生长期的海冰。试验后期是连续对冰洞中的海冰样本进行光谱测量。冰洞口的尺寸都开得较大，以尽量减少原生冰通过侧向热力作用对冰洞内海冰生长的影响，使得冻结过程近似自然过程，即完全是自上而下地进行。在进行冰增长试验的时间里，试验点附近海区没有发生明显的风、海流运动，因此各冰洞都没有受到侧向力的影响产生变形，冰洞中重新冻结的海冰也没有产生裂纹。同时海水开始产生冻结时，冰洞中海水洁净，没有泥沙及其他明显的悬浮物。

通过上述方法产生了一系列平整洁净的海冰样本，品质接近盐池中的平整冰。此外在试验过程中，为了分析冰体中含有的泥沙对平整冰光谱的影响，于 2005 年 1 月 30 日、2006 年 1 月 22 日两次乘破冰船深入渤海辽东湾中部，采集了一些平整冰冰样进行光谱测量。2005 年 1 月 28 日晚下了小雪，第二日白天覆盖在冰洞上的积雪部分融化，和冰样表面层融合在一起，形成了一层表面平整的 2~3 mm 厚的融雪层。这样就形成了包括生长过程和 3 种典型特征的平整冰的冰样系列。

开展光谱测量试验主要包括以下 4 个方面内容。

1）海冰表面反射光谱测量

- 测量距离：距冰面约 0.5 m 处。
- 测量仪器：便携式地物光谱仪(工作波长范围为 350~2 500 nm，2 500 个波段，波段宽度约为 1 nm)。
- 白板特征：标准余弦反射板(将反射强度转化为反射率)。
- 外部环境条件：无物体遮挡，所有采样点不必考虑水底反射的影响。
- 样本重复测量次数：每个采样点，至少进行 4 次反射光谱重复测量。

2）冰厚测量

从海面上直接取平整冰样本，用直角钢尺分别从 4 个侧面测量，厚度取平均值。

3）海冰表面形态照相

在距离冰面约 1 m 处，使用数码相机，垂直于冰面方向拍照。

4）海冰现场气象观测

水温、垂直温度梯度(0 cm、10 cm、50 cm、100 cm 高度)、风向、风速。

3. 2003~2004 年冬季海冰光谱试验

1）试验过程

这个冬季的冰情很稳定，冰上作业的安全系数高，因此选择直接在港池里切割冰洞。以 2 m×3 m 的尺寸在碎冰带以内共切割 8 个冰洞，人工调节冻结时间为 1~8 天，分 8 种厚度类别(图 4-14~图 4-17)。

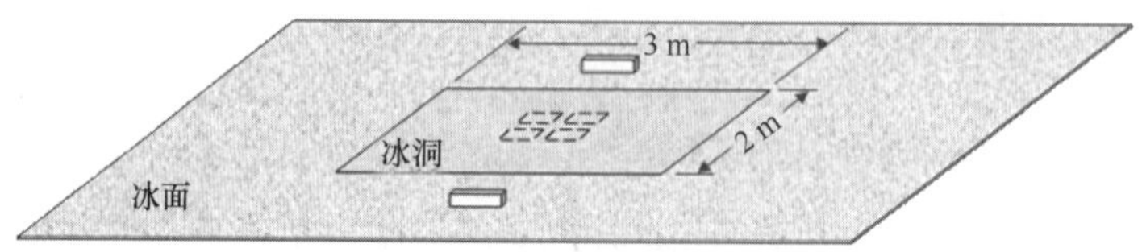

图 4-14　试验冰洞设计示意图

图 4-15　原始平整冰冰盘和形成的冰洞

图 4-16　现场光谱测量

图 4-17　样本厚度测量

2）试验测试数据的统计

2004 年 1 月 29 日、30 日、31 日及 2 月 6 日、7 日，共进行 48 个现场冰洞样本的光谱测量。样本集中包括 0~9 cm 厚度的样本 19 个、10~19 cm 厚度的样本 14 个、20~34 cm厚度的样本 15 个。

4. 2004~2005 年冬季海冰光谱试验

1）试验过程

2004~2005 年冬季盛冰期时候冰情依然不是很稳定，冰上作业的安全系数不高，观察多日后，选择在港池平台内侧切割冰洞(图 4-18~图 4-21)。

图 4-18　原始平整冰冰盘

试验时间：2005 年 1 月 14 日至 2 月 3 日。

试验过程如下。

A. 前期准备

(1) 在原生冰盘上开凿 26 个冰洞。

(2) 在原生冰盘上叠加海冰，形成 37 个重叠冰样本。

(3) 每天从开凿的冰洞中取样，在室内冰柜中保存。

B. 光谱测量

(1) 1 月 26 日、27 日、29 日、31 日进行现场冰洞内样本的光谱测量。

(2) 1 月 26 日、27 日、29 日、31 日进行原生冰盘上重叠冰样本的光谱测量。

(3) 1 月 30 日进行海上海冰样本的光谱测量和样本收集。

(4) 2 月 1 日进行自然光下水桶内海冰样本的光谱测量。

图 4-19　切割冰洞

图 4-20　现场光谱测量

2) 试验测试数据的统计

(1) 共进行 123 个现场冰洞样本的光谱测量。样本集中包括 0～9 cm 厚度的样本 23 个、10～19 cm 厚度的样本 77 个、20～32 cm 厚度的样本 23 个。

(2) 共进行 108 个现场重叠冰样本的光谱测量。样本集中包括 0～9 cm 厚度的样本 8 个、10～19 cm 厚度的样本 36 个、20～29 cm 厚度的样本 32 个、30～60 cm 厚度的样本 22 个。

(3) 共进行 30 个海上样本的光谱测量。样本集中包括 0～9 cm 厚度的样本 11 个、10～19 cm 厚度的样本 6 个、20～29 cm 厚度样本 11 个、30～60 cm 厚度的样本 2 个。

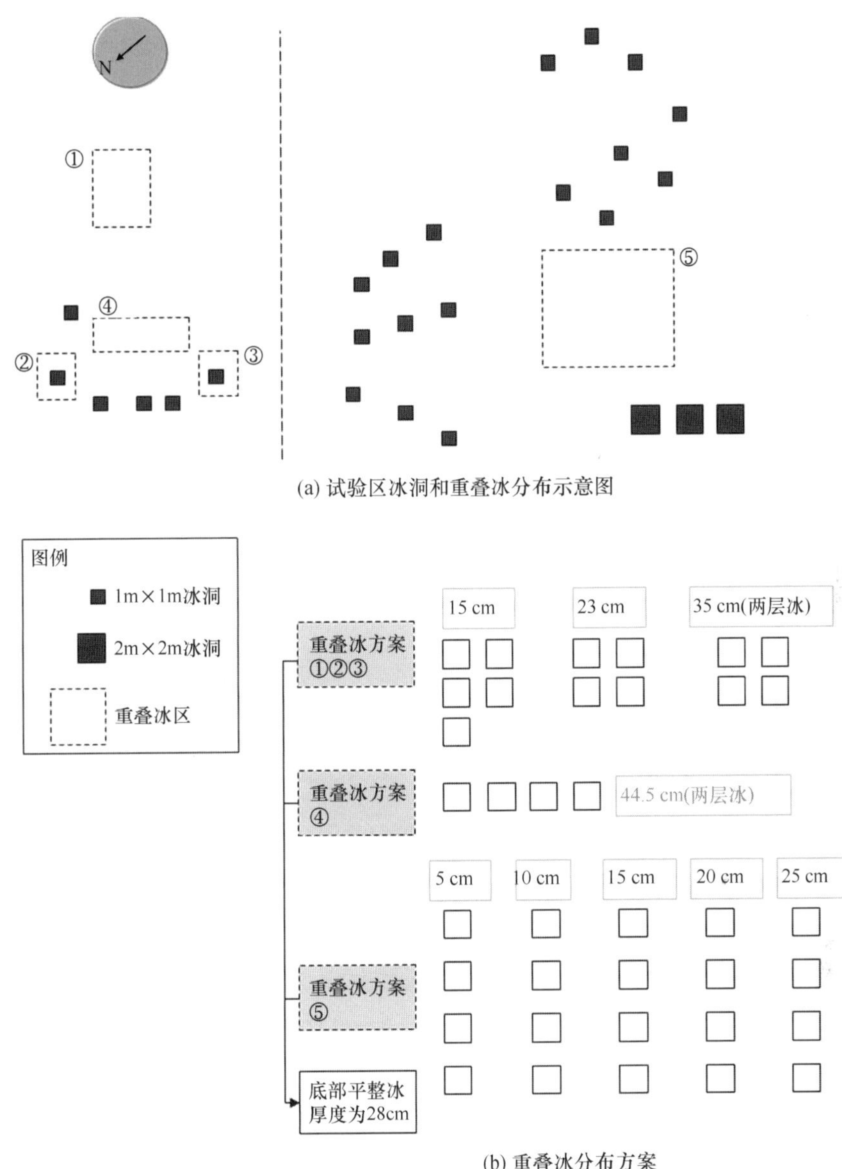

(a) 试验区冰洞和重叠冰分布示意图

(b) 重叠冰分布方案

图 4-21　试验冰洞分布图

5. 2005~2006 年冬季海冰光谱试验

1）试验过程

这个冬季试验场的冰情表现得有些特殊，在盛冰期的时候冰情不是很稳定，但是到了盛冰期后段冷空气突然发力，持续不断地降温，反而使得实验场的固定冰不断增厚，出现了近年来少见的厚冰。在天气过程和海冰增长过程稳定后，课题组及时到达现场开展试验。这时候自然状态下的平整冰，既符合冰洞试验的要求，又是冰洞试验的样本达不到的厚度，正好满足对厚度序列平整冰光谱研究的需要。因此，这一次没有进行人控冰洞试验，而是采用“找冰”式的方法进行平整冰光谱测试实验研究，共进行了 5 次平整冰光谱测量，分别是在鲅鱼圈进行了两次，在大洼县盘锦港海区、葫芦岛港东北部港湾、绥中二河口海区各进行了一次光谱测量(图 4-22 和图 4-23)。共测试了 31 个样本，厚度为 30～120 cm。

图 4-22　平整冰现场

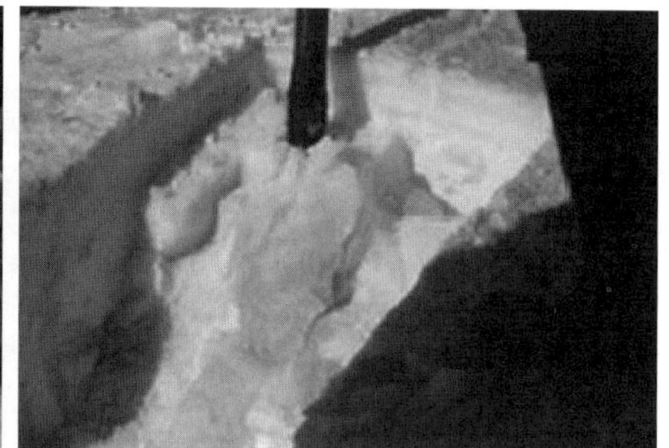

图 4-23　光谱测量和冰厚测量

2）试验测试数据的统计

2006 年 1 月 20 日、3 月 2 日两次海上航行考察，共完成 29 个海上样本的光谱测量。样本包括 0～9 cm 厚度的样本 8 个、10～19 cm 厚度的样本 7 个、20～35 cm 厚度的样本 6 个、堆积冰样本 8 个。

共进行 30 个沿岸固定冰样本的测量，厚度范围为 36～120 cm。

6. 室外试验样本总结

总计，3 年试验中共进行 170 个现场冰洞样本的光谱测量(图 4-24)，包括 0～9 cm 厚度的样本 42 个、10～19 cm 厚度的样本 90 个、20～35 cm 厚度的样本 36 个；共进行 59 个海上样本的光谱测量，包括 0～9 cm 厚度的样本 19 个、10～19 cm 厚度的样本 11 个、20～35 cm 厚度的样本 18 个、堆积冰样本 8 个；共进行 33 个沿岸固定冰样本的光谱测量，厚度范围为 30～120 cm。

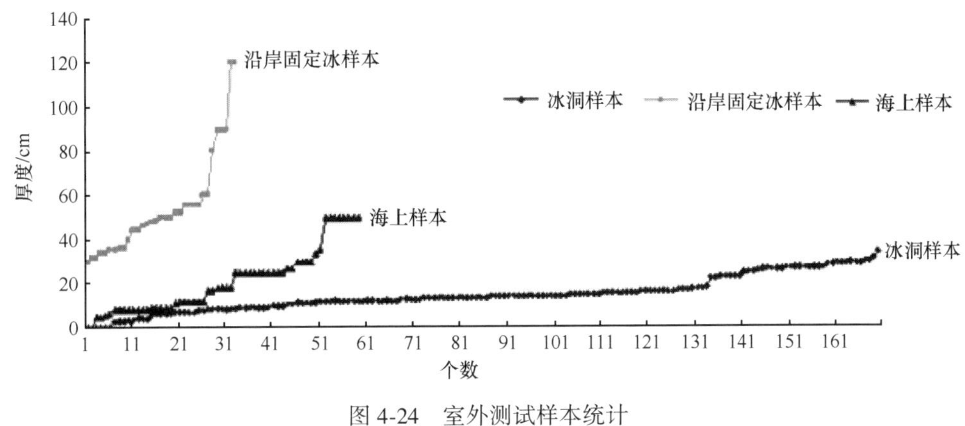

图 4-24　室外测试样本统计

4.5　数字相机在现场平整冰光谱试验研究中的应用分析

渤海海冰形成时间短、厚度薄且非常容易随着潮汐或海流而剧烈运动，加上特殊的冬季天气和海上自然状况等背景，对于冰上海冰光谱试验开展是一项严酷的考验。确保试验测量数据的可分析性和完整性，将是在有限、不可重复的试验环境下开展工作的最重要保证。同时，因为现场光谱测试时间紧促，不可避免地会造成小视场角的测试探头指向偏差，产生样本测试误差，这需要有背景资料来记录和分析，以纯化样本。因此，在试验中对测试样本表面拍照，不是指“留影”，而是强调达到记录的效果。目前将数字相机引入现场试验中能否实现相应的效果，以下进行必要性和可行性分析，再结合冰上实践提出一些应用要求。

4.5.1　必要性分析

影响渤海海冰反射光谱特征的因素是冰体本身的光学性质和海冰的状态，以往的研究表明其中可以度量的影响参数是厚度、表面融雪层、积雪覆盖、泥沙、悬浮状态等，平整冰的自然状态也就是这些参数特征的组合。从更小的范围观察，水汽泡、裂纹、小斑点块、薄冰的组成块等都是平整冰表面可以辨别的差异特征。

在海上现场进行的海冰反射光谱试验的主要仪器是野外光谱仪，它在 350~2 500 nm 以 1 nm 的光谱分辨率测定各种特征的海冰样本的光谱值，这将有助于理解渤海海冰的光谱特性和提高不同种类遥感数据的分析应用精度。虽然光谱仪的“高光谱”特性可以实现获取高精度、全面详细的海冰光谱信息，但是由于是“非成像”的，将会给室内的数据分析和特征关系的建立工作带来困扰和误判，甚至可能导致宝贵数据的失效。这里最主要的原因就是光谱仪测量过程中有一个视角范围，因此存在一定的冰面覆盖局限，从而会引入各种影响因素。这也是海冰与其他地物相比的一个显著特点，在各种尺度进行光谱观测都很可能是多种影响因素的综合，从而不易于进行定量分析和遥测定量反演。另外一个重要原因是一些海冰研究人员长期在低空飞机和航船上对航线海冰色调进行连续观测记录，这种观测很大程度上和冰厚进行了联系。因此，记录色调也可推动今后的相关研究。

4.5.2 可行性分析

多光谱数字摄影技术目前主要采用多相机系统、多光谱序列摄影系统、单相机分光系统、单阵列 CCD 模板滤色系统(陈鹰，2003)。前 3 种系统成像效果较佳，即可获取更丰富详细、准确的地物信息。但是比较昂贵，而且尺寸较大，结构复杂，在海冰现场上应用代价太大。本节就探讨基于单阵列 CCD 模板滤色系统的数字相机在记录平整冰表面反射信息的可行性。要实现实验现场的“记录”而非“留影”，数字相机系统就要满足相应的研究要求。要对所有可能对光谱测量结果造成影响的物质进行相对于研究目的的“真实”记录，系统产生的数据则必须包含有必要的基础信息。对于冰面来说，记录的要素可分成细节、色彩两个方面。据此，可以考察数字相机系统的空间分辨率、辐射分辨率、光谱分辨率等性能对冰面反射光谱研究的效果。

1. 细节记录

地物的空间信息和形态特征，一般包括空间频率信息、边缘和线性信息、结构或纹理信息以及几何信息等，是通过影像亮度值在空间上的变化反映出来的(戴昌达等，2002)。影像中有实际意义的点、线、面或区域的空间位置、长度、面积、距离等量度都属于影像的空间信息。影响冰面成像空间信息内容和精度的主要因素有成像系统的空间分辨率、色深、动态范围等。

1）空间分辨率

数字相机中每个固态阵列遥感器的大小、镜头的焦距和拍摄高度等都对空间分辨率有影响。此外，曝光时间、景物的反差、所用的光谱波段、大气光学条件及机身震动等因素都会影响到分辨率(冯文灏，2002)。一般的计算是，镜头焦距为 50 mm(标准视角焦距)，乘以焦距转化倍率 1.5(Nikon)或 1.6(Canon)，摄影高度为 1.5 m，则影像比例尺为 1∶20。对于 1∶20 的比例尺，要获得 2.5 mm 的地面解像距离，则需要达到 50 线/mm 分辨率的系统来进行，如果 CCD 芯片的尺寸为 23.7 mm×15.6 mm 规格(SONY 生产的 CCD 标准规格之一)，则对应的像素为 3008×2000，即 600 万像素。实际上 2.5 mm 的尺寸对于冰面中的雪点和裂缝已经满足记录。

2）色深

24 位的数字相机可得到总数为 2^{24}，即 16 777 216 种颜色。从另外一方面看，对于光谱仪的测量精度，能满足目视要求即可进行分析。人眼能够明确区分的色调有黑、灰黑、暗灰、灰、浅灰、灰白和白 7 级。仔细比较还可以进一步分出过渡色调 6 级，甚至 10~20 级。人眼识别颜色的能力远远高于色调。实验证明，只要可见光的波长发生 0.01~0.02μm 的微变化，人的色觉也就会有变化，所以人眼能在可见光中分辨出 100 多种颜色。

3）动态范围

对于任何小型 CCD 传感器而言，都不能在多云天气明亮的室外，记录穿透云层的阳光的细节，即无法记录这种高白亮度的细节。这种情况下，该区域的 RGB 三通道的值域都大于 230（值域 0~255）。这种情况属于强烈的正顺光，光线硬，即便使用各种滤镜也难分辨细节。而经过冰面反射到相机里的光线，已经是减弱之后的，因为只要光线一经过冰面，必然被其中的水分吸收一部分能量。因此这种情况在冰面拍摄中是不会出现的。实际上海冰的值域用 256 级灰度来考量的话，灰冰为 90~180，处于中部，肯定在动态范围内而远不会延伸到饱和区域。即便是落在冰上的厚的新雪，最大值也为 200，即在 0~255 的区间里位于 4/5 之内，这样的范围就是对于宽容度较低的 CCD 也在动态范围之内。

2. 色彩记录

实际上从日常生活中的彩色摄影到在飞机和卫星上工作的多光谱遥感器，就是在一定程度上将物质的光谱和图像结合起来。随着光谱段的不断增加，人们对遥感对象的认识能力也随之不断深化。从高光谱连续波段影像上，人们可以获取连续的光谱信息，这是高光谱遥感和常规遥感数据的主要区别。后者又被称为宽波段遥感，波段宽一般大于 100 nm，且波段在波谱上不连续，并不能完整覆盖整个可见光至红外线的光谱范围。CCD/CMOS 自身具备 400~1 200 nm 的感光能力，是一种可以同时感受可见光和红外线的材料（袁燕谊，2005）。一般认为在可见光与近红外遥感中只需要 4 个波段：蓝光（430~470 nm）、绿光（530~570 nm）、暗红（680~720 nm），近红外（780~820 nm）。理想状态下蓝色光波长为 435~480 nm，绿色光波长为 500~560 nm，红色光波长为 605~760 nm。这 3 种光线频率以外的光线由于 CCD 前滤光片的滤阻效应是不会穿透滤光镜到达 CCD 感光窗口而激发出代表数字影像的亮度的，那么也就不会被数字相机记录下来。

虽然不是窄波段（在不加窄波段滤光片的情况下），且不连续完全覆盖，但是平整冰的反射波谱曲线所要描述的区分特征分为两点：第一点是用最高峰值点也好，用全色波段值也好，就是比较值之高低，来反映厚度的变化和有融雪层或覆盖积雪的变化；第二点是利用红光波段，来反映冰体泥沙的情况。对于第一点很明显不需要诊断性波段，全色波段都可以表达，当然最好是绿光波段，对于第二点泥沙对海冰光谱的影像也不是在一个窄波段范围内表现，而是影响整个可见光光谱范围，在红光波段相对更明显些，只要泥沙明显分布就能反映，而且与 TM 数据的光谱波段范围也很近似。

从图 4-25 可以看出，除了能保持表现出大小值的区别外，绿光波段虽然没有覆盖到峰值点，但是由于还是位于上坡的上段，所以还是最高的，且红光波段的值从 22.5 cm 厚度的数据看也反映出泥沙的情况。因此，用只设置了对蓝色、绿色和红色波长（普通颜色）敏感的 CCD 反映冰样是可行的。

4.5.3　数字相机在冰面成像的要求分析

要实现应用数字相机进行冰面试验记录工作，还需要强调一些具体指标要求。考虑到单阵列 CCD 的情况，需要强调的是数字相机对色彩的准确还原，而且是稳定的，具体

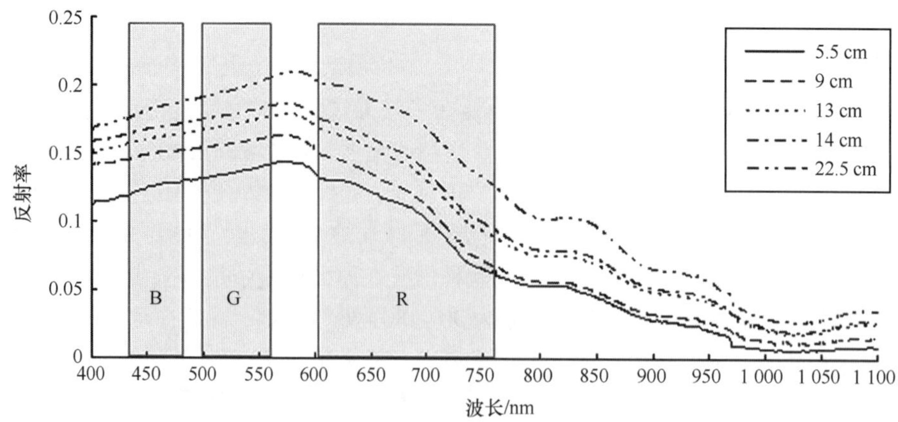

图 4-25　海冰反射光谱的蓝、绿、红光光谱范围

原因已经在可行性分析中描述了。从数字相机的成像原理看，这取决于 3 个因素：白平衡、曝光和图像处理芯片。

1. 白平衡和曝光

CCD 没有办法像人眼一样会自动修正光线的改变，所以需要通过白平衡的修正。但是这种自动修正，是因相机和时间不同而有较大的差异。数字相机通过内置的测光系统，可以根据拍摄环境的光线强弱，在取景器内显示推荐的曝光量。不过它只能感知光线的亮度，只能指出被摄物体的亮度，然后把这种亮度再现为 18% 中灰密度(大自然中最常出现的色调)所需要的曝光量，而对被摄物体的颜色、材质和反光率等都无法判断(姚海根，2004)。所以一些特定的环境下，会出现曝光失误的现象。

要在冰面上进行长时间的连续记录，有两个需要面对的问题：一是冰面成像的影像中多是色调变化不大的亮色；二是光线条件变化(每时、每天、每年)对区域平均来说是明显的。这两点是数字相机依靠自动功能不可能完成“记录”任务的。需要做的是，在拍摄前启用手动白平衡模式，设置一下新环境下的白平衡标准，使获得真实的色彩更具可能性。采用手动曝光模式，光圈、快门值都由自己调节，不拘泥于相机的自动模式。

2. 色彩还原

进入 CCD 每个“像素”里的原始光强经过图像处理器计算，还原被摄物原色。像素重叠技术的原理是：CCD 采用彩色滤光片原理，每个像素感应不同的颜色，然后再将这些颜色重新组合成一个有效像素。图像处理器是各个相机厂商设计的，无法控制。但是目前即便是便宜的小型数字相机的图像处理器都具有准确还原色彩的能力，更不用说可以支持 Adobe RGB 色彩空间的高端相机，Nikon 的 LSI II 和 Canon 的 DIGIC II 和 OLYMPUS 的 Ture Pic TURBO 都是其中的佼佼者。了解上述色彩还原的基本原理，利于掌握数字相机的发展过程，把最合适的技术应用于试验研究当中，以实现研究目的。

3. 几何畸变

这里没有对数字相机冰面成像的几何畸变作出要求，因为冰面成像不像在草地上进行覆盖度拍摄那样对垂直投影面的变化要求严格(张全法等，2002)。只需要做到两点：

一是使用标准焦距 50 cm，符合人眼视角，产生几何畸变的可能性最小；二是使用优质镜头。

4. 海冰光谱试验研究中的数字相机应用

在试验中使用 Nikon D100 和 Canon 20D 相机，按照如下基本拍摄过程。在晴空无云天气下，中午时分，以此建立标准光强和入射角度；固定高度和垂直向下的拍摄角度，固定焦距，以此建立标准冰面分辨率和镜头接受光线的角度；通过标准测光和统计分析，手动设置曝光组合和白平衡，建立标准的 CCD 接受光强和标准色阶。使用电子快门线，减小机身震动的可能性，同时也以 RAW 原始格式记录，避免相机内部的优化处理和参数设置失误。对镜头要收缩两档光圈，不使用最大光圈。这样既可以使用镜头的最佳解析力，又有较大的景深，即可获得清晰的图像，也防备于数字相机的跑焦问题。这对于需要非常快速的测量是很关键的，尤其对于冰面没有色调起伏变化，本身的对焦就是难度。

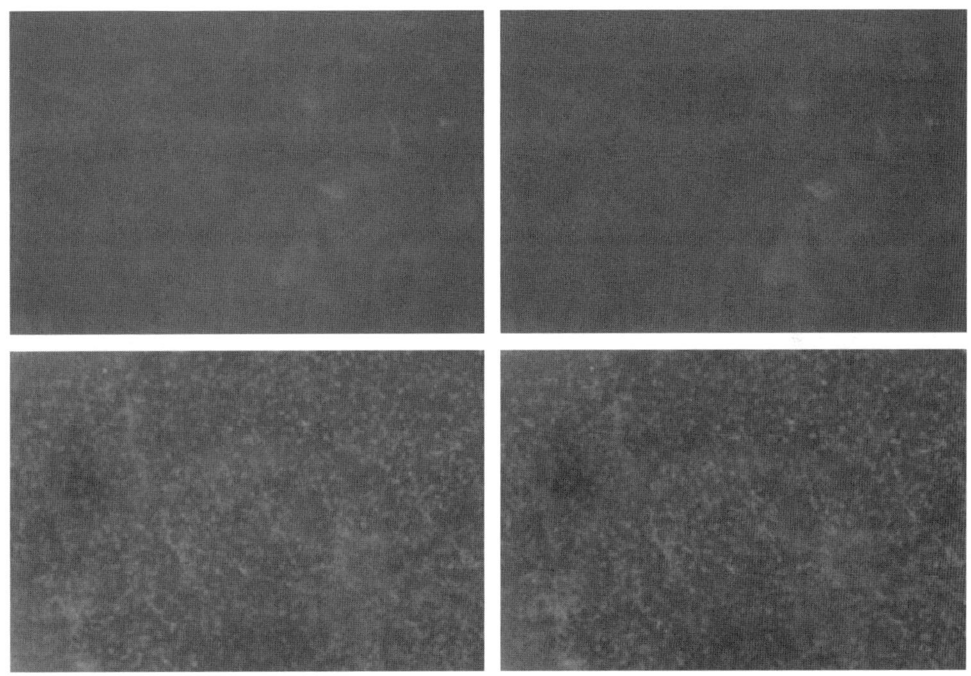

图 4-26　手动白平衡(左)和自动白平衡(右)成像对比

图 4-26 是性能优异、广受好评的 NIKON D100 和 Canon 20D 数字单反相机对冰面的拍摄效果，可见目前再先进的白平衡系统对这种存亮色的表面也是力所不及，在自动白平衡下色调都朝暖调偏移(普通相机一般都会朝冷调偏移以获得更好锐度表现)。因此其他的数字相机更不可能做到，但是这又是进行冰面光谱测量试验做记录所必需的，无论是冰样的横向比较，或者是自身不同时期的纵向比较都是必需的，否则会影响到数据分析的准确性。这需要技术和经验的结合。图 4-27 是常见的曝光问题，欠曝是在进行冰面拍摄必然存在的，即使是再优秀的测光系统(如图 4-27 是 NIKON 著名的 3D 矩阵测光系统的效果)，这需要标准化确定曝光补偿量或者曝光量。

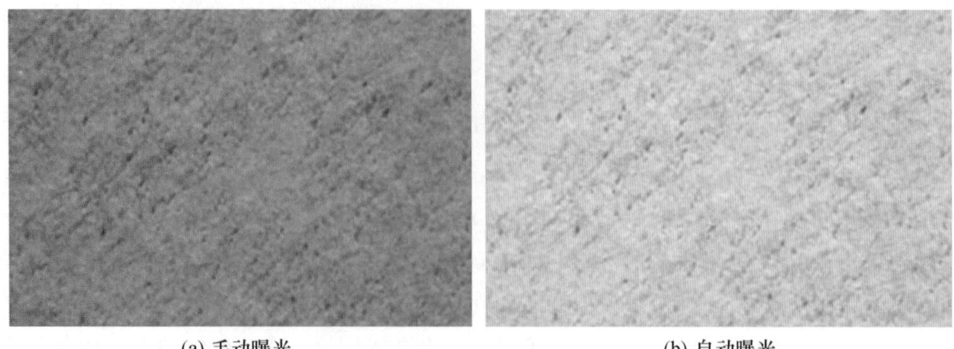

(a) 手动曝光　　　　(b) 自动曝光

图 4-27　手动曝光(a)和自动曝光(b)成像对比

相邻不远的两个冰洞，厚度相同(17 cm)，同一天进行光谱测量，但是结果如图 4-28 所示，两个样本的光谱反射曲线的反射峰水平差异很大，虽然说偏移是有可能的，但不会差别如此大。对比了当时的冰面拍摄照片，基本上两个样本的色调相当，本不应该出现明显的差别。但是其中一个样本的冰体里出现了两道交叉的裂纹[图 4-28(b)]，当时的测量情况下，裂缝必然会出现在探头视场范围内，而且如果恰好正是指向了裂纹，则影响更明显。因为在开挖冰洞的时候，体力和时间上不允许把更多的冰块移开。该冰洞四周摆放了一些冰块，且靠近岸边，所以很有可能是在巨轮进港的时候引起震动使得受力不均造成的，故这个测量值不能使用。

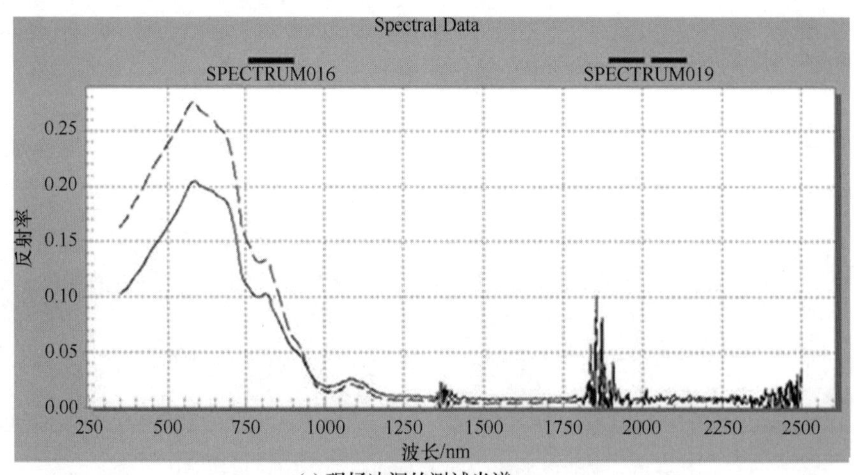

(a) 现场冰洞的测试光谱

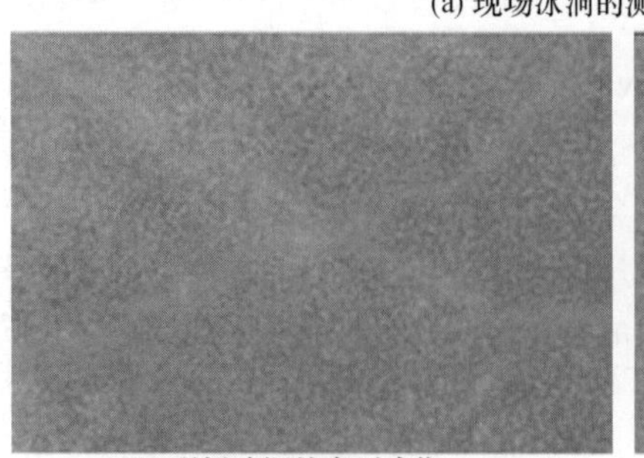

(b) 现场冰洞的表面成像　　　　(c) 现场冰洞的表面成像

图 4-28　现场冰洞的测试光谱(a)和表面成像(b、c)

4.6　渤海海冰反射光谱特征

4.6.1　渤海海冰的反射光谱特征研究现状

近年来在渤海海冰遥感监测和应用中发现，目前提供的一些海冰卫星遥感信息存在很大的误差，具体包括结冰范围、厚度分布反演等，致使在推广应用中受到很大限制。深入分析这种情况的发生，其原因在于遥感信息模型(包括信息提取和参数反演)的可信度和精度较差。这是由于早期开展的渤海现场海冰光谱研究没有真实、全面掌握渤海海冰的各种典型特征，由此得到的渤海海冰反射光谱规律是片面的甚至是错误的。单单建立在不全面、不稳定的地面海冰光谱模型基础上的遥感反演模型和范围信息提取模型，是不能够达到现代遥感应用技术的要求，不能够满足实际应用对海冰信息的精度要求。这迫切需要开展相关研究，分析和掌握渤海海冰的光谱特征。

不同地物由于其物质结构和组成成分的不同而具有不同的电磁波特征，这是最直接应用的地物信息。因此海冰的光谱特征研究将是利用遥感技术进行海冰监测应用的关键组成部分，它既是现有遥感器波段选择和未来遥感器波段设计的依据，又是遥感数据分析解译的基础(王桥等，2005)。虽然国内外对各种地物的光谱特性进行了长期研究，建立了包括数千种岩石矿物、土壤、植物和水体的反射、辐射和吸收特性的光谱数据库和基本光谱数据集(钱乐祥，2004)，但是对冰体，尤其是一年生海冰不同生长期冰体的光谱特征研究成果非常贫乏，这是一直以来在我国渤海海区未能连续获取准确的大范围海冰厚度分布图像信息的主要原因之一。国际上研究的关注点在极地海冰，冰层形成的时间非常久远，如果表面起伏和表层覆盖性质一样的话，其光谱差别非常小。对于渤海海冰，因为形成的时间较短，厚度只达到 3～30 cm，而且运动剧烈，在其上开展海冰光谱试验不仅是非常危险的工作，而且天气和海上自然状况往往导致试验无法开展。

因此，本节立足于通过收集生长期过程的各种冰体样本，构建渤海海冰特征系列，使用光谱仪进行现场海冰光谱测定，通过分析以系统获取海冰光谱信息特征规律为目标，为有效进行海冰遥感监测提供基础知识，并尝试建立一个较有效的海冰厚度信息提取模型。

水、雪是光谱研究的典型地物，冰的物质结构与它们相近，三者进行比较可以较清晰地理解海冰的光谱特征。图 4-29 是一组国内海冰研究者引用国外的数据作的一个对比图，在 500～700 nm 的可见光波段内的冰的反射率为 30%～60%，大小取决于冰体本身、冰面粗糙度和冰所含的泥沙量等因素。雪在此波段内基本上属非选择性的高反射体，反射率高达 80%。而海水在此波段内的反射率约为 10%，并随着波长增加而下降。在 700～1 100 nm 的近红外波段范围内，冰和雪的反射率虽比可见光波段有明显下降，但仍与该波段的海水反射率有较大差别。至波长等于或大于 1 200 nm，冰和水的反射率相当接近而难以区分，均为全吸收体。从光谱曲线的整体形状看，雪、海水的曲线都是随着波长的增加而不断下降，在 500 nm 处是最大值，而冰的曲线呈单峰状，最高值在 650 nm附近。从可见光到近红外波段，雪的反射率值最高，冰次之，水的反射率值最低。

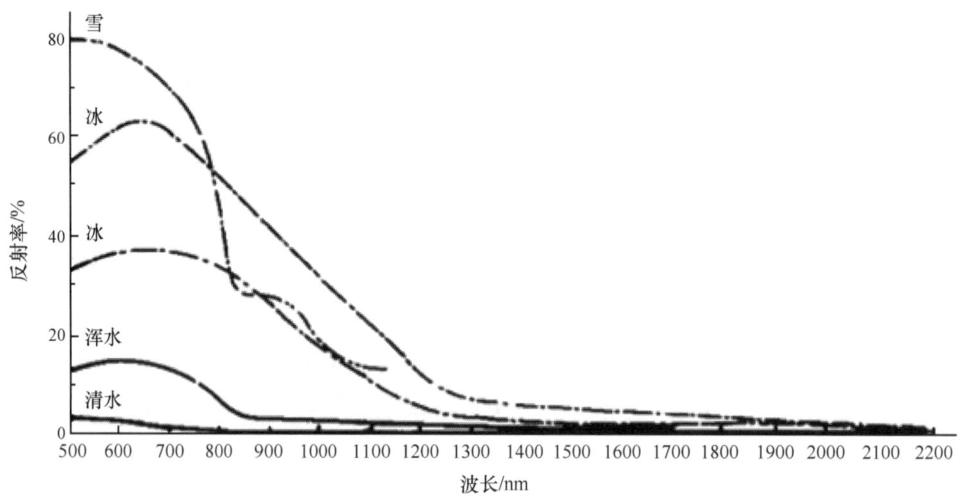

图 4-29　雪、海冰、海水反射光谱特征对比(丁德文等, 1999)

同其他地物一样, 一年生海冰的反射波谱特性也是由本身的化学组成、结构和表面物理特征等因素决定。海冰是固态水, 本体的化学组成较为简单, 但也会不同程度包含盐泡、泥沙及其他污染物杂质。海冰是晶体形态结构(杨国金, 2000), 有晶体粒径和冰晶碳轴空间分布方位等表征因素, 不同的结冰条件和冻结速率会导致一些晶体形态差异。正常情况下的海冰表面是纯净、平整的, 但是有时也会有积雪、粉尘、油污等覆盖层, 一些含沙量较大的海冰会由于受到日光的照晒, 表面还出现波状的凹凸现象。各冰体之间的差异既来自本体因素又有各种干扰因素, 在现场进行冰体光谱测量得到的数据是多种因素综合的结果。恶劣环境使得测量海冰各种属性参数的可能性非常小, 导致对一年生海冰光谱特性理解的偏差, 影响定量遥感技术在海冰监测中的应用。前人研究指出, 单层平整冰在渤海中最先出现, 是气-水-冰界面间热力作用最直接的体现(丁德文, 1999), 其他各种构造形态的冰都是由不同厚度(或不同时期的)平整冰破碎后重组再继续发展的。因此单层平整冰是揭示一年生海冰的本质光谱信息的最基本冰型。

4.6.2　渤海一年生平整冰的反射光谱特征

1. 海冰光谱测量及相关记录

光谱测量采用 ASD PRO FR2500 地物光谱仪, 测量光谱波段范围为 350~2500 nm, 采样间隔 1 nm, 输出波段数 2500。在室外自然光照条件下测量, 测量时天气晴朗, 风速较小, 时间范围为上午 11：00~12：00, 探头视场角 25°, 距海冰表面 40 cm 处垂直角度测定; 采用与 ASD PRO FR2500 配套的漫反射标准参考板; 数据采集之前, 仪器自动进行暗电流校正; 测量值采用 4 次平均, 得到海冰反射亮度平均值(DN_{ice}); 在其前后准同步地用测量参考板反射的太阳辐射光谱, 取它们的平均值, 得到参考板反射太阳辐射光谱的平均值(DN_{ref}); 参考板的光谱反射率已在试验室内经过严格的标定, 通过比值法, 海冰的光谱反射率即可用式(4-1)求出:

$$R_{ice} = \frac{DN_{ice}(\lambda)}{DN_{ref}(\lambda)} \times R_{ref}(\lambda) \tag{4-1}$$

式中，$R_{ice}(\lambda)$、$R_{ref}(\lambda)$分别为海冰和参考板的反射率；$DN_{ice}(\lambda)$、$DN_{ice}(\lambda)$分别为海冰和参考板反射亮度的测量平均值；λ 为波谱采样点的中心波长。其他参数，以测试点为中心按 50 cm×50 cm 的面积将整个冰块从冰盘中切割下，测量四周的厚度取平均值作为该点的厚度，单位为 cm；因为分布均匀，表面融雪层也是测量平均厚度，单位为 mm；海上流冰的冰体悬沙通常是均匀分布的，不像岸边的固定冰区受冻结过程水流影响分出若干的泥沙带，故一般不分层来测悬沙含量，以标准体积计算，单位为 mg/L。

在考虑前人研究和本章室内试验等预研究结果的基础上，经过与数字相机的记录比对，对测量样本进行筛选，剔除一些歧义的样本，然后进行分析。这些歧义的样本主要是针对分析洁净平整冰的光谱特征，如初始冻结时被周围港口浮筒所污染，由于冰盘承重不均匀及大型货轮航行影响造成冰体裂纹。

2. 洁净的平整冰的光谱特征

通过研究得到的渤海海冰反射率光谱曲线，其宏观特征与图 4-29 的曲线基本相同，但在微观特征上远比图 4-29 详细得多。图 4-30 是渤海不同厚度的洁净平整冰的反射光谱曲线。在 500～700 nm 的可见光波段，光谱曲线表现为先上升后下降；在 700～1 100 nm的近红外波段，光谱曲线是随波长增加而呈递减的趋势；在红外波段，海冰和海水一样几乎是全吸收体。

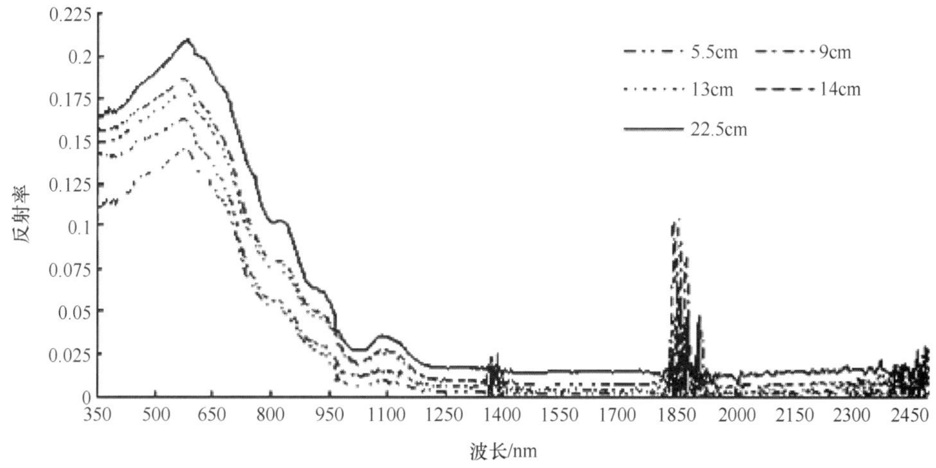

图 4-30　渤海不同厚度的洁净平整冰的反射光谱曲线

从图 4-30 中还可以看出，洁净的平整冰的反射光谱在可见光、近红外、红外线的整个波段范围内，反射率曲线呈现出“一大一小” 的双峰特征。“一大”是指反射率曲线具有显著的反射峰，反射峰主体部分出现在可见光波段，峰值点出现在 560～600 nm 范围内；“一小”是指在 1 070～1 130 nm 的近红外区间还出现有一个小的反射峰。两个反射峰之间的 1 030 nm 附近是峰值的谷底(对应吸收峰)，也是两个反射峰之间的交界。在反射率曲线从主反射峰的峰值定点迅速下降的过程中，在 800 nm 和 900 nm 附近出现两个较为平缓的拐点，也可称为肩状平台。图 4-30 中光谱曲线从主反射峰下降到谷底的倾斜程度随冰厚的不同而有所差异，这个差异的产生与冰厚并无直接的关系，而是与海冰的冻结速度、凝结核等因素有关。

需要指出的是野外获取的海冰反射光谱曲线，在 1 400 nm、1 900 nm 和 2 400 nm 等波段为水汽吸收带，受大气中水汽吸收的干扰作用较大，数据质量较差，无法直接用冰体在这些波段的反射特性来表现厚度的变化，一般可以进行剔除处理。

3. 洁净平整冰的可见光反射曲线峰值与厚度的关系

渤海海冰在 0~30 cm 的厚度内，其反射光谱的一个显著特征是它的主反射峰峰值的高低和海冰厚度有很好的相关性，随着海冰厚度的增加反射峰值也升高。这一特征与绝大多数陆地表面覆盖物体的反射光谱有很大的差异。通常物体的反射光谱只与表面特性有关，也就是反射光谱只是反映物体表面几微米厚度部分的性质。但渤海海冰的光谱特征与陆地表面覆盖物体的光谱特征不同，在渤海海冰生长过程中，成冰不同阶段的冰结构是不同的。初生冰的厚度小，冰体内的结晶排列不够紧密；随着冰厚不断增长，冰体内的结晶排列得越来越紧密，并影响其中海水的存在状态，这种变化很自然地可以通过反射光谱而表现出来。在试验过程中获取的大量的平整冰光谱曲线也说明了这一问题(图 4-31)，在 3~36 cm 的冰厚范围里，反射率曲线很明显地在 3~9 cm、10~17 cm、22~36 cm 3 个不同冰厚区间内形成了聚集，反射率主峰值点的数值也发生了变化。在最薄的 3~9 cm 冰厚区间，反射率主峰值点为 0. 086~0. 163；在中间的 10~17 cm 冰厚区间，反射率主峰值点为 0. 152~0. 188；在较厚的 22~36 cm 冰厚区间，反射率主峰值点为 0. 201~0. 268。这表明海冰的厚度与海冰光谱曲线主峰值点之间存在一种同步递增的对应关系。

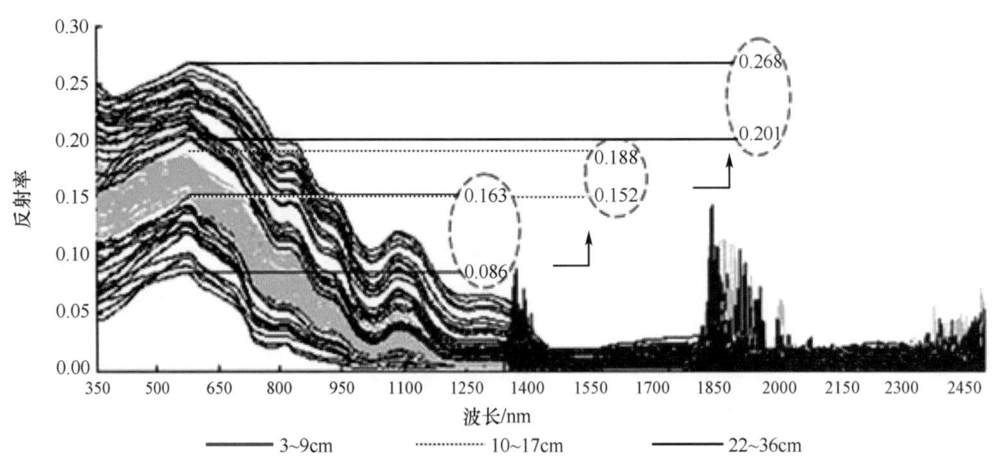

图 4-31　渤海海冰反射光谱与冰厚的对比

为了进一步明确渤海海冰主反射峰的光谱值随海冰厚度的变化规律，可以将不同厚度海冰的主反射峰光谱值提取出来，分析它随冰厚变化的变化特点。图 4-32 是主反射峰光谱值随冰厚变化的变化线。从中可以看出，主反射峰光谱值与冰厚的对应递增关系不是线性的，而是表现出分为几个层次、呈阶梯状上升的趋势。在每一个厚度层次内，

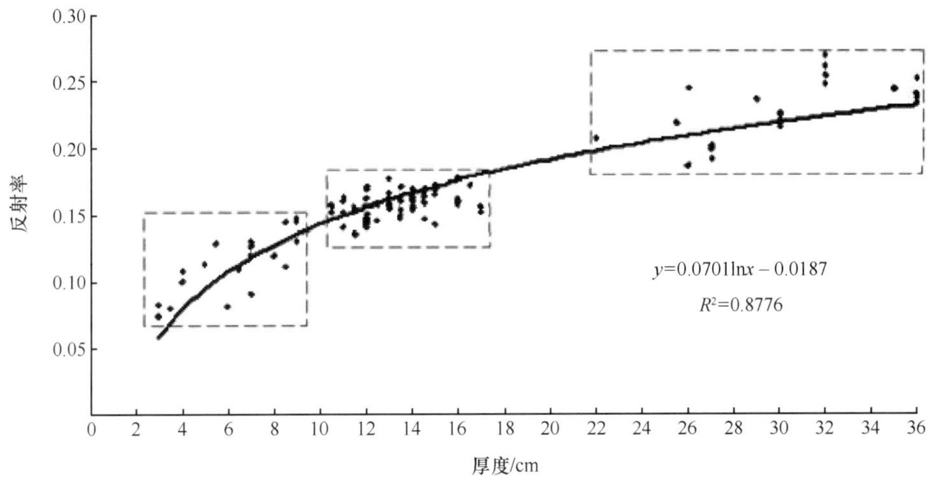

图 4-32　渤海海冰的光谱主反射峰值随冰厚的变化

各主反射峰的光谱值之间是相互交错的，不存在明显的线性对应关系。但在各个厚度层次之间，主反射峰的光谱值呈现出阶梯状递增趋势。

经典遥感理论认为遥感平台接收到的地物电磁波中是不包括反映其厚度参数的信息，但国外的一些研究人员在海冰研究中已有一些可见光波段反射率与冰厚具有相关关系的试验结果(Grenfell，1993)。考虑到主反射峰值对测量条件变化的敏感有可能会发生偏移，为了表现出更客观的规律性，可以计算冰洞中 137 个样本在可见光波段的反射率平均值，按厚度变化顺序成图(图 4-33)。数据体现了随着厚度的增加，反射率表现为一种非线性提升的趋势，和主反射峰值与样本厚度的关系基本一致。这种关系的特征和以往在其他海区进行过的海冰光谱试验的结果相似，只是在绝对值上稍低一些。但是也发现以往研究中的样本数据较少，数据的连续性和重复性不足，因此在试验中以厚度为属性参数重复设置样本。从试验结果看，相同厚度的样本并非是一致的反射率值，而是有一定取值范围，因此相邻厚度值样本群的反射率值的重叠很普遍。但是厚度相差扩大到一定程度后重叠现象就表现得不明显了，总体上表现为阶梯状的提升。

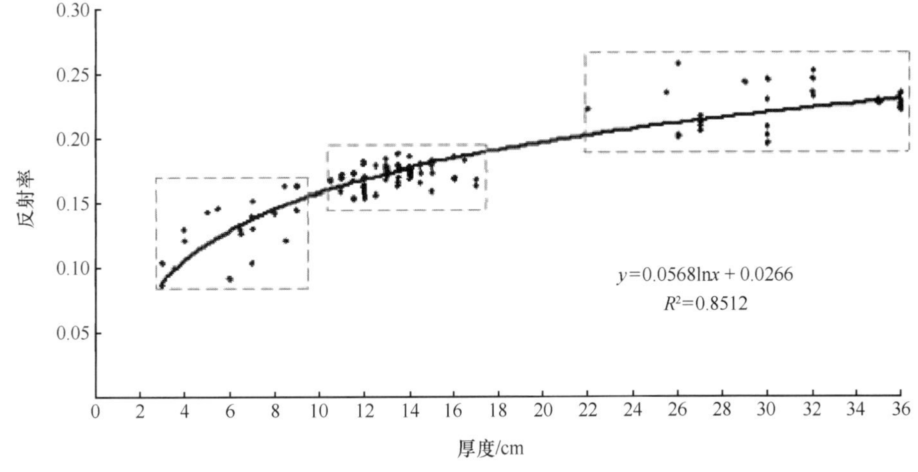

图 4-33　渤海海冰的可见光反射率值随冰厚增加的变化

经过与数字相机记录的冰面影像进行比较分析，可以判定相同厚度海冰样本的可见光反射率值在一定范围内波动是正常的，不是测量仪器性能、操作过程或者测量条件变化造成的，属于其自身的结构组成差异的表现和可见光反射光谱对厚度的响应敏感度。试验照片显示没有引入其他干扰因素，因此是正确的。

以上的分析，虽然是根据明显的现象特征，但总归是建立在主观化定性分析基础上，因此需要进一步对原始数据进行处理，进行定量分析。将所有的冰洞样本的可见光(380 ~760 nm)反射率值按样本厚度递增的顺序排列。按照式(4-2)进行相关分析，分析样本的可见光反射率值和厚度两个参数，分析的过程是依据厚度递增顺序从两个样本开始逐个增加样本，每增加一个样本就返回一个相关系数值。根据这个方法开始进行数据处理，计算结果以厚度递增变化为横坐标，以相关系数为纵坐标成图。从图 4-34 的结果可见，从 3~8 cm 厚度的样本相关系数低而且没有趋势变化，不能说明厚度与可见光反射率值之间的同步递增关系。当样本增加到 10 cm 厚度时，样本有趋势变化，但相关系数低，不能可靠说明厚度与可见光反射率值之间的同步递增关系。当样本再增加到 30 cm 厚度的样本时，趋势性稳定且相关系数高，充分说明厚度与可见光反射率值之间的同步递增关系。因此，3~8 cm 的样本厚度变化与可见光反射率变化之间没有确定的关系，不能通过后者反映前者的变化；3 ~ 10 cm 的样本厚度变化与可见光反射率变化之间有趋势性的关系，但相关关系不是完全确定；从 3 ~ 10 cm、3 ~ 11 cm、3 ~ 12 cm、…、3 ~ 36 cm，样本的厚度变化与可见光反射率变化之间有确定的关系，可以通过后者反映前者的变化。

$$P_{X,Y}=\frac{\mathrm{Cov}(X,\ Y)}{\sigma_X\sigma_Y} \tag{4-2}$$

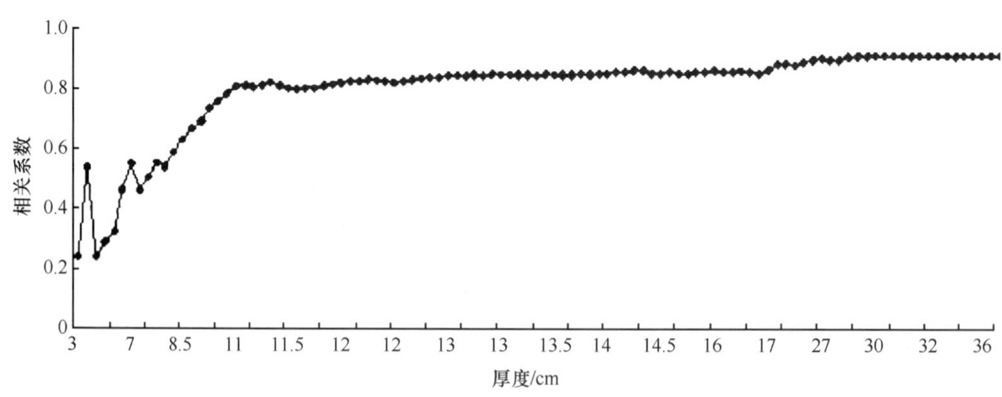

图 4-34 从 3 cm 厚度开始的冰厚与可见光反射率相关分析

从 10 cm 开始再计算连续厚度变化的样本厚度与可见光反射率值的相关关系，过程同上，结果见图 4-35。从 10 cm 到 12. 5 cm 厚度的样本相关系数低而且没有趋势变化，不能说明厚度与可见光反射率值之间的同步递增关系。当样本厚度增加到 17 cm 时，样本有趋势变化，但相关系数低，不能可靠说明厚度与可见光反射率值之间的同步递增关系。当样本厚度再增加到 30 cm 时，趋势性稳定且相关系数高，充分说明厚度与可见光反射率值之间的同步递增关系。因此，10~12. 5 cm 的样本厚度变化与可见光反射率变

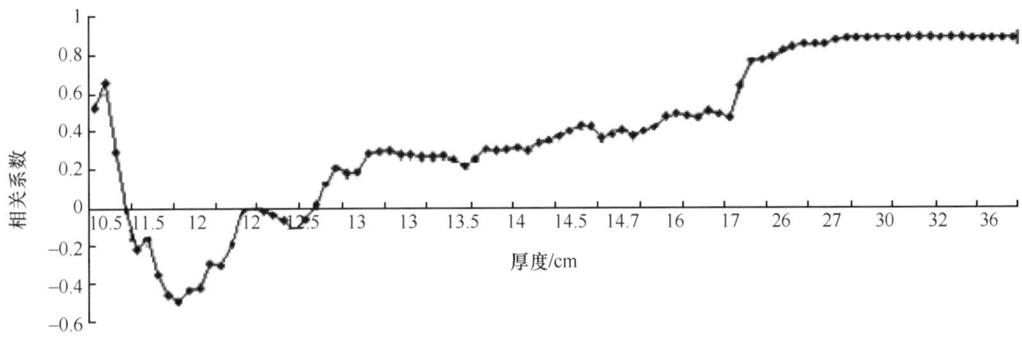

图 4-35　从 10 cm 厚度开始的冰厚与可见光反射率相关分析

化之间没有确定的关系，不能通过后者反映前者的变化；10～17 cm 的样本厚度变化与可见光反射率变化之间有趋势性的关系，但相关关系的确定程度较低；从 10～22 cm、10～26 cm、…、10～36 cm，样本的厚度变化与可见光反射率变化之间有确定的关系，能通过后者反映前者的变化。

从图 4-31 中还可以看出，在不同厚度层次之内，主反射峰光谱值的变化范围是不一样的。这体现出不同海冰厚度对反射率响应的敏感程度不同。薄冰(3～9 cm)对反射率响应的敏感性强，其反射率值域范围很宽，分布在 0. 08 的范围内，而且在 3～4 cm 和 8～9 cm 之间还有较显著的区别。厚冰(10～17 cm)对反射率响应的敏感性弱，其反射率值域范围相对于薄冰来说变窄，10～17 cm 厚度范围内的海冰样本的反射率峰值分布在不到 0. 05 的范围内，而且几乎不能再根据主反射峰光谱值区分出更细的厚度差别。22～30 cm 厚度范围内的海冰样本，其反射率值域范围相比 10～17 cm 厚度样本的范围要宽一些，但实际上这是因为该范围内的海冰样本不是在冰洞中形成的，而是来自于在海上随机采取的平整冰。这些样本的表面有时会有一些水汽泡或小裂纹，而水汽泡或小裂纹对其表面光谱有一些升高的作用，这使得 22～30 cm 厚度范围内的海冰样本反射率值域范围变宽。如果是洁净的平整冰的话，它们的反射率峰值分布范围应该较窄。

4. 非纯净平整冰的可见光反射光谱特征

图 4-36 是冰厚为 12 cm 和 15 cm 的洁净平整冰反射光谱曲线。厚度为 15 cm 的海冰样本表面有融雪层(厚约 1 mm)，而厚度为 12 cm 的海冰样本表面洁净。两者的海冰厚度尽管相近，反射光谱曲线的基本形状也依然保持着与图 4-30 相同的特征，但两者的光谱值，特别是主反射峰的光谱值却表现出很大的差异，有积雪覆盖的 15 cm 海冰样本的主反射峰光谱值，不仅大大高于没有积雪覆盖的 12 cm 海冰样本的主反射峰光谱值，还要高于试验中测试的所有 10～17 cm 厚度范围内的样本光谱，甚至高过一些厚度大于 22 cm的样本。

图 4-37 是厚度相同(8 cm)而泥沙含量不同的平整冰反射光谱曲线。这些光谱曲线的基本特征虽然也与图 4-30 相似，即表现为“一大一小”两个反射峰，从峰值近乎线形递减到红外线为全吸收体，同时明显表现出两个峰值点、一个谷值点、两个肩状点，但是在形状上还是表现出一些显著差异特征。一是在 675～725 nm 波长，图 4-30 的光谱曲线

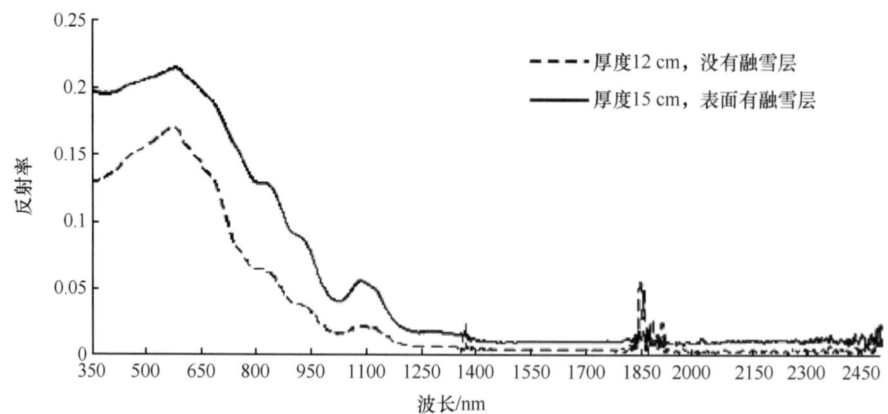

图 4-36　表面有积雪覆盖的相似厚度的海冰样本反射率曲线

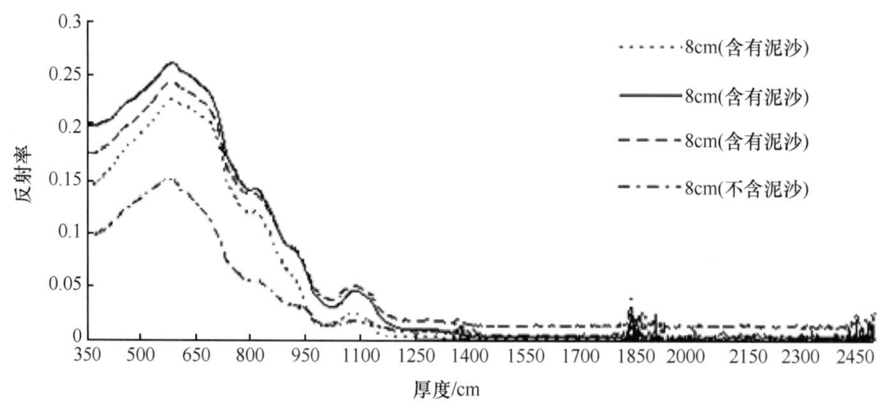

图 4-37　冰体内含有泥沙的冰样和洁净冰样的反射率曲线对比

是一个线性下降过程，而图 4-37 中含有泥沙的光谱曲线在这一波长范围内表现为先略有抬升，然后再继续下降的特征。另一个显著的特征是其反射峰值大大升高，虽然只有 8 cm 的厚度，但是达到了厚度为 22～30 cm 的样本光谱的反射峰值。

为了定量化分析两种样本反射率曲线的差异，对原始数据进一步处理。图 4-38 中曲线数据是经一阶导数处理后得到的，导数波形分析既能部分消除大气效应，又能反映冰体的本质特征。如图 4-38 所示，两种样本在 3 个光谱段表现出反射率曲线变化过程的差异性，在其他的光谱区间两种样本基本上是等比变化的过程或近似全吸收。在 630～660 nm 光谱段，洁净样本反射率曲线下降得相对快些，反衬了含有悬沙的样本反射率曲线下降变缓而反抬，表现出一些悬沙水体反射率曲线的“红移”现象。在 690～785 nm 光谱段，含有悬沙的样本的反射光谱曲线反过来要比洁净的样本下降快速得多，在下降到第一个肩状平台处又基本恢复了等比状态，可见是因为前一个光谱段的提升而导致下降加速。在 815～915 nm 光谱段，即第一个肩状平台到第二个肩状平台之间，含有悬沙的样本的反射光谱曲线也表现出比洁净的样本下降快速的现象，原因是含有悬沙的样本的反射光谱曲线总体水平高于洁净样本，此时的洁净样本的反射率曲线可下降得范围已经不多，因此反衬了含有悬沙的样本的反射光谱曲线下降快速。总之，图定量化地表现了

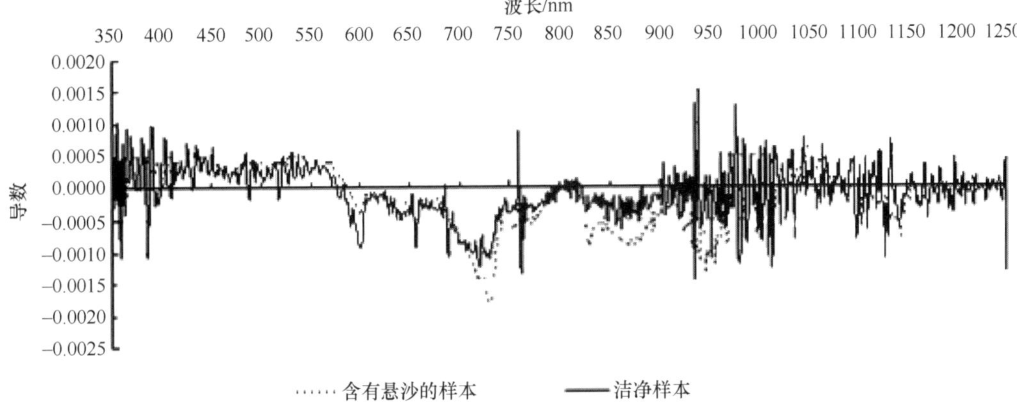

图 4-38　洁净样本和非洁净样本反射曲线的导数波形分析

含有悬沙的样本比同厚度洁净样本的反射光谱曲线水平高，还有些形状上的改变。

光谱的一阶导数 k_ρ 的计算公式如下：

$$k_\rho=(\rho_n-\rho_{n-1})/(\lambda_n-\lambda_{n-1})=\Delta\rho/\Delta\lambda \tag{4-3}$$

式中，k_ρ 为 ρ 的一阶导数；ρ_n、ρ_{n-1} 为相邻两个波段上的反射率；λ_n、λ_{n-1} 为相邻两个波段。

5. 冰洞样本的光谱特征（渤海一年生海冰的本质光谱特征）

控制性冰洞试验产生的洁净平整冰样本是揭示渤海一年生海冰最本质特征的冰型。它是一种没有发生重叠、没有悬沙等干扰因素的浮冰式生长，并在热力学特征上区别于沿岸固定冰的生长方式。因此，其表现的反射光谱特征是一年生海冰的发射光谱特征的核心基础，在非重冰年情况下其自然生长冰厚小于 40 cm。这两点是三年控制试验的结果。

通过研究得到的渤海海冰反射率光谱曲线，其宏观特征与图 4-30 的曲线基本相同，但在微观特征上远比图 4-30 详细得多。特别是一年生渤海海冰（洁净平整冰）的反射率，具有两个峰值点、一个谷值点、两个肩状点的光谱特征。这为深入分析渤海海冰光谱与冰厚、冰表面形状、覆盖物、泥沙含量之间的关系奠定基础。

渤海一年生海冰的反射光谱曲线形状与海水和雪的反射光谱曲线形状类似，其反射峰水平高于海水反射峰，但比多年冰、雪反射峰低很多。在总体水平上随着厚度增加，在可见光波段海冰反射率是一种非线性的递增趋势；在连续厚度增加变化中，反射率并不是连续变化的过程，而是表现为一种阶梯状递增的形式，并分出了 3~9 cm、10~20 cm、20~36 cm 3 个层次，最大值在 0. 26 附近。可见，若以可见光反射率为基本信息，本质上就无法以连续的方式反映渤海海冰的厚度变化，事实上也证明了常规的冰型划分（尼罗冰、莲叶冰、灰冰、灰白冰）的光学基础。光谱反射率对厚度变化的敏感性还随着厚度的增加而减弱。

若将洁净平整冰的反射光谱作为渤海海冰光谱曲线的基本型，那么海冰表面的凹凸不平、海冰表面覆盖物、冰内泥沙含量等将对基本曲线产生扰动。洁净平整冰反射率水平要低于表面有冰雪融合层及冰体中含有泥沙的平整冰，即表面有冰雪融合层及冰体中含有泥沙的平整冰改变了洁净平整冰反射光谱随冰厚变化的规律趋势；其次洁净样本与含有悬沙的样本相比，反射峰呈现一种较“尖、陡”的特征，洁净样本的反射峰最高值部分近似于点状，而悬沙样本的反射峰最高值的部分像一个平台，悬沙样本从主峰值点到第一个肩状点之间的光谱曲线并不是单纯地下降，而是有一定的提升，从而比较平缓一些。

4.7 本章小结

本章通过分析前人对海冰厚度的研究进展，选择可见光反射光谱曲线作为厚度相关的特征信息进行试验研究。通过室内人工淡水冰、人工海水冰、自然海冰及室外盐池海冰样本的光谱测试，确定了本质冰体类型和相关规律。通过开展海上现场的冰洞控制试验，产生连续厚度系列的洁净平整冰，在室外晴空下进行光谱测量。从而分析总结了渤海一年生海冰的本质光谱特征及随厚度增加变化规律，并对比了悬沙冰体和有表面融雪层冰体的光谱特征差异。在海上现场试验中，规范光谱测试同步的冰面成像过程，在试验分析中进行样本的对比分析。

室内试验可以体现海冰厚度和表面反射光谱具有一定的对应关系，相对厚的海冰对应高的反射光谱值，相对薄的海冰对应低的反射光谱值。这种关系不是连续变化响应的，较明显的大致分为厚度小于 10 cm 的样本群和大于 10 cm 的样本群两个部分。随着厚度的增加，人工冻结冰体和自然海冰冰体的可见光反射率平均值大致呈幂函数的形状升高，人工淡水冰样本中 8～16 cm 厚度样本之间差别不明确，而人工海冰样本冰体中 7～16 cm厚度样本之间差别明确，自然海冰样本不能够区分出来；样本反射率值海冰要高于淡水冰。

3 年控制性冰洞试验表明，洁净平整冰样本是揭示渤海一年生海冰最本质特征的冰型，其表现的反射光谱特征是一年生海冰的核心基础，在非重冰年情况下其自然生长冰厚小于 40 cm。一年生的渤海海冰（洁净平整冰）的反射率，具有两个峰值点、一个谷值点、两个肩状点的光谱特征；总体水平上随着厚度增加，在可见光波段海冰反射率是一种非线性的递增趋势；在连续厚度增加变化中，反射率并不是连续变化的过程，而是表现为一种阶梯状递增的形式，并分出了 3～9 cm、10～20 cm、20～36 cm 3 个层次，最大值在 0.26 附近。光谱反射率对厚度变化的敏感性还随着厚度的增加而减弱。海冰表面的凹凸不平、海冰表面覆盖物、冰内泥沙含量等将会对基本曲线产生扰动。悬沙样本的反射峰最高值的部分像一个平台，悬沙样本从主峰值点到第一个肩状点之间的光谱曲线并不是单纯地下降，而是有一定的提升。

洁净平整冰光谱曲线在 500～700 nm 可见光波段先上升后下降；在 700～1 100 nm 的近红外波段随波长增加而呈递减的状态；在红外波段，海冰和海水一样几乎是全吸收体。反射光谱在可见光、近红外、红外线的整个波段范围内，反射率曲线呈现出“一大一小”的双峰特征。渤海海冰在 0～30 cm 的厚度范围内，其反射光谱的一个显著特征是它的主反射峰峰值的高低和海冰厚度存在一种很好的同步递增对应关系，表现为几个层次、呈阶梯状上升的趋势；每一个厚度层次内各主反射峰光谱值之间相互交错，但主反射峰光谱值在各个厚度层次之间，呈现出阶梯状递增的趋势；相同厚度样本并非是一致的反射率值，相邻厚度值样本群的反射率值普遍重叠。样本厚度变化在 10~12.5 cm 与可见光反射率变化之间没有确定的关系；在 10~17 cm 与可见光反射率变化之间有趋势性关系；在 10~22 cm、10~26 cm、…、10~36 cm 与可见光反射率变化之间有确定关系，能通过后者反映前者的变化。

参考文献

陈鹰. 2003. 遥感影像的数字摄影测量. 上海：同济大学出版社.

戴昌达，姜小光，唐伶俐. 2002. 遥感图像应用处理与分析. 北京：清华大学出版社.

丁德文，等. 1999. 工程海冰学概论. 北京：海洋出版社.

冯文灏. 2002. 数码相机实施摄像测量的几个问题. 测绘信息与工程，27(3)：3-5.

钱乐祥. 2004. 遥感数字影像处理与地理特征提取. 北京：科学出版社.

王桥，杨一鹏等. 2005. 环境遥感. 北京：科学出版社.

谢峰. 2006. 高时间分辨率遥感影像中渤海海冰信息的提取研究. 北京师范大学博士学位论文.

杨国金. 2000. 海冰工程学. 北京：石油工业出版社.

姚海根. 2004. 照相机原始数据图像的参数调整. 印刷工程，(4)：25-30.

袁燕谊. 2005. 数码相机在紫外荧光照相中的应用. 刑事技术，(2)：54-55.

张全法，何金田，陈渝仁. 2002. 提高植物叶片面积测量精度的方法. 河南农业大学学报，36(1)：91-95.

Grenfell T C. 1991. A radiative transfer model for sea ice with vertical structure variations. Journal Geophysical Research, 96: 16991-17001.

Wensnahan M, Maykut G A, Grenfell T C. 1993. Passive microwave remote sensing of thin sea ice using principal component analysis. Journal Geophysical Research, (98): 12453-12468.

第 5 章　渤海海冰厚度信息提取方法

5.1　基于冰型-反射率相互关系的海冰厚度信息提取方法

5.1.1　卫星过境同步光谱试验

1. 同步光谱试验过程

经过冰洞控制试验，分析得到渤海一年生海冰的基本反射光谱特征，它是通过洁净单层平整冰反映的。而平时所看到的海冰是由其他各种因素加于洁净单层平整冰上，也参与海冰的光学过程，这时候样本的可见光反射曲线是多种因素综合影响的结果。为此，进一步深入海区测量典型样本的可见光反射光谱，同时也作为进行影像大气校正的参考值，以及不同尺度下分析反射光谱特征的参考。

非人控冰洞试验，即采用"找冰"式的方法进行平整冰光谱测试试验，通过两种方式进行：一是 3 次乘坐破冰船深入冰区，在各个停靠点测量冰面反射光谱分别是 2005 年 1 月 30 日、2006 年 1 月 22 日和 3 月 2 日；二是在渤海沿岸实地考察，选择平整冰测量反射光谱，在 2006 年 1 月、2 月共进行了 5 次平整冰光谱测量，分别在鲅鱼圈进行了两次，在大洼县盘锦港海区、葫芦岛港东北部港湾、绥中二河口海区各进行了一次光谱测量(图 5-1)。

(a) 光谱测量

(b) 光谱测量

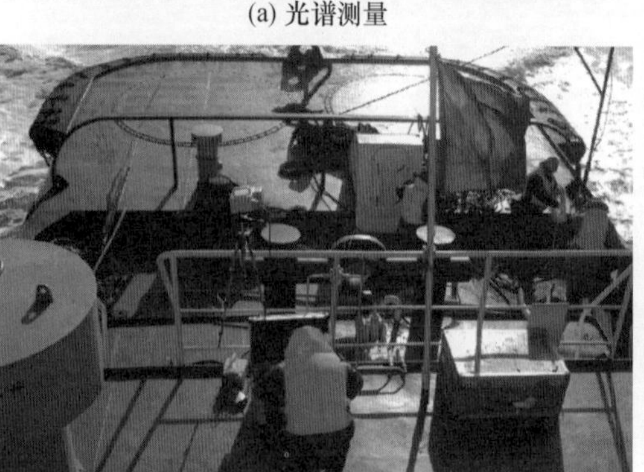

(c) 气象条件观测

(d) 气象条件观测

(e) 航点记录

(f) 航向确定

图 5-1　海上同步试验过程

乘坐破冰船的光谱试验方式，是在晴空下从 10：00～14：00 进行，对渤海上的典型冰型进行测量，测量的样本代表范围足够大。航行过程中，通过目视和雷达扫描，调整航向，每到一个合适的地方就停船开展试验。具体工作包括，光谱测量、相关气象参数记录、定位（图 5-1）；测量工作完成后，再通过采用人工搬运、网兜、绳套等方式采集冰样（图 5-2）。

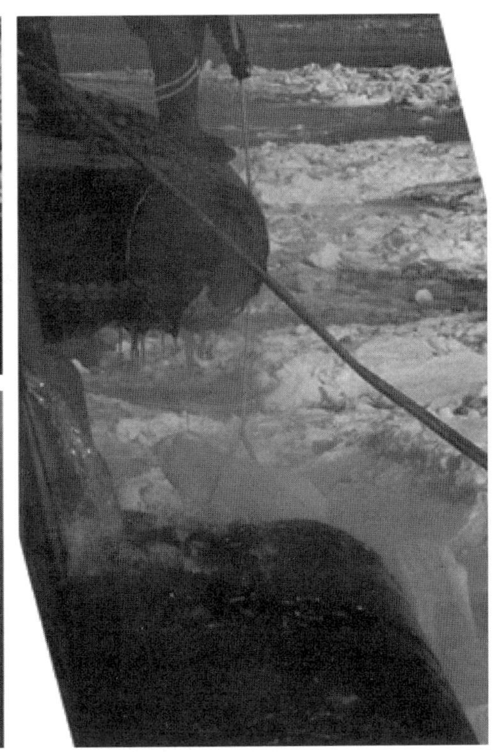

图 5-2　采用人工搬运、网兜、绳套等方式采集冰样

2. 数据分析

根据类型代表范围大、类型内部均一、类型典型的原则，选择停船点进行卫星同步光谱测量试验，选择的冰型包括洁净的尼罗冰，及含悬沙的尼罗冰、莲叶冰、灰冰、灰白冰及堆积冰等，见图 5-3~图 5-7。沿岸考察，只是针对固定平整冰，见图 5-9，这种冰型是海区浮冰所没有的，生长过程受陆地、水浅等因素影响。所有样本的反射光谱曲线见图 5-10。图 5-8(a)近景是尼罗冰，远处是堆积冰，图 5-8(b)近景是海水，远处是堆积冰，可见海冰的冰型不是过渡变化的，各种海洋、气象参数的变化规律并不对应特定的冰型。

(a) 俯角拍摄　　(b) 扬角拍摄

图 5-3　洁净的尼罗冰

(a) 远景

(b)近景

图 5-4　含悬沙的尼罗冰

(a) 含悬沙的莲叶冰

(b) 含悬沙的灰冰

图 5-5　含悬沙的莲叶冰(a)和灰冰(b)

(a) 近景

(b) 远景

图 5-6　含悬沙的灰白冰

图 5-7　堆积冰、积雪

(a) 近景尼罗冰，远景堆积冰

(b) 近景海水，远景堆积冰

图 5-8　处于远景位置的堆积冰、积雪区

试验中采集的含悬沙尼罗冰及莲叶冰的悬沙含量在之间，含悬沙灰冰的悬沙含量在之间，含悬沙灰白冰的悬沙含量在之间。由于是大范围的自然现象，浮冰冰体含有悬沙无论纵向还是横向都是均匀的，在本节的研究中，对于遥感信息(或光谱信息)，尤其是大尺度、低光谱分辨率的数据，其意义是只在于含有或不含有悬沙，含有则可见光反射

率高，不含有则可见光反射率低，悬沙含量的多少不是影响因素。

图 5-9　沿岸固定冰

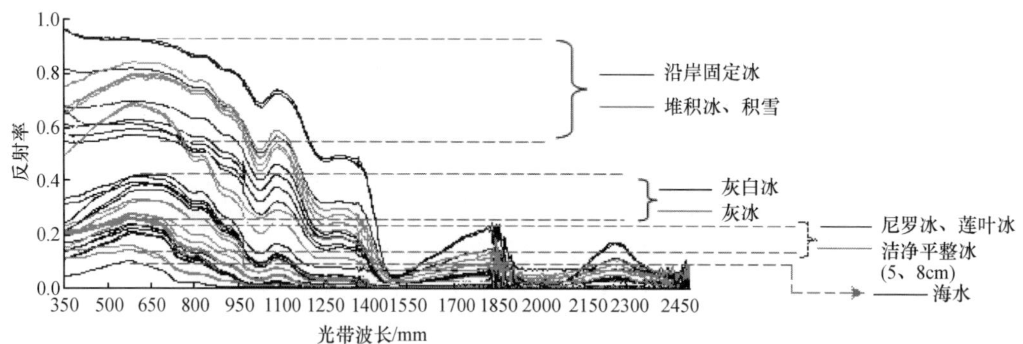

图 5-10　海上卫星同步实验样本的反射光谱曲线

这些冰型的可见光反射光谱曲线具有较明显的区别，与现场观察的现象是一致的，这也是 3 次海上考察对渤海卫星影像可观测的大范围冰型的总结。洁净平整尼罗冰的可见光反射峰值为 0. 16 左右，而含有悬沙的尼罗冰和莲叶冰的可见光反射峰值分布在 0. 20~0. 25，它们对应的厚度范围为 5~9 cm；含有悬沙的灰冰的可见光反射峰值分布在 0. 27~0. 33，对应的厚度范围为 10~16 cm；含有悬沙的灰白冰的可见光反射峰值分布在 0. 38~0. 41，对应的厚度范围为 26~38 cm；堆积冰和积雪总是结合在一起，因此反射光谱曲线形状和积雪相似，没有明显的反射峰值点，可见光反射峰水平大于 0. 55，最大达到 0. 92。试验观测到的沿岸固定冰厚度范围为 47~96 cm，其反射峰水平和堆积冰、积雪交错，但是有反射峰值点，可见光反射峰值大于 0. 69，最大达到 0. 84，固定冰的可见光反射率与厚度没有确定的相关关系，明显受表面特征影响。

根据前人研究及系列室内试验、现场控制试验、海上同步试验的相关结果，构成一年生冰体的 3 等级特征(信息可被卫星接收和区别的)层，见图 5-11。最底层是基本层，体现一年生冰体的本质，按可被可见光反射率区分的特征分成 4 类：3~9 cm 厚度范围的平整浮冰、10~17(19)cm 厚度范围的平整浮冰、(20)~36(40)cm 厚度范围的平整浮冰和沿岸固定冰(厚度为 30~100 cm)。这一层特征主要来自于现场控制试验及沿岸考察。最底层 3 个浮冰冰型构成了中间特征层的冰体标准型，中间层的其他冰型都是自然干扰

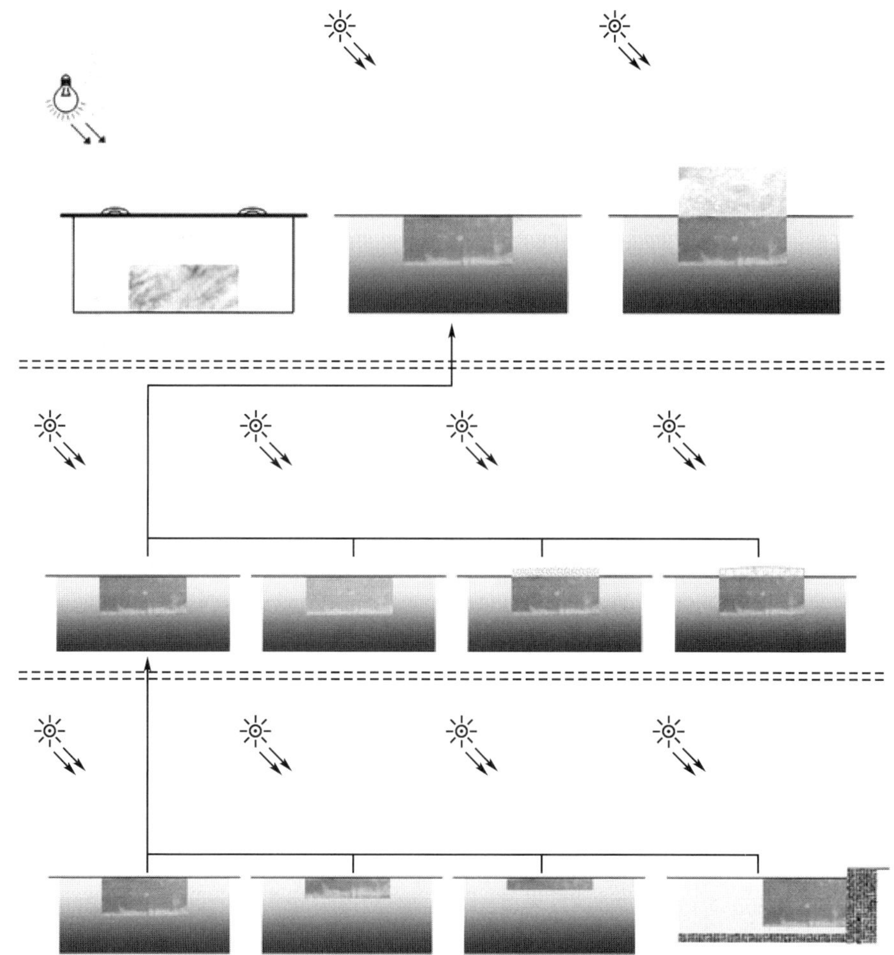

图 5-11　基于可见光反射信息的冰体可被识别特征分类分层示意图

因素加之于标准型，包括冰体中含有悬沙、积雪均匀覆盖、表面有融雪层等 3 个类型；这一层特征表现的是渤海海区实际基本浮冰冰型。中间层的 4 个冰型组成了渤海平整冰冰型（相对于表面起伏的平整），与堆积冰冰型和室内人工冻结冰，构成一年生冰体的三大类别。最上层特征体现了一年生冰体具有明显结构区别的类别。

5.1.2　渤海海冰厚度高时间分辨率遥感的最佳波段选择

目前常规的较高时间分辨率的遥感影像都是多光谱数据，即以若干光谱波段离散地表示连续可见光反射光谱曲线，如 TM 数据用前 4 个波段（450~521 nm、520~600 nm、630~690 nm、760~900 nm），MODIS 数据用 CH1、CH2、CH3、CH4、CH8、CH9、CH10、CH11、CH12、CH19 共 10 个波段（620~670 nm、841~876 nm、459~479 nm、545~564 nm、405~420 nm、438~448 nm、483~494 nm、526~536 nm、545~556 nm、915~966 nm），AVHRR 数据用前 2 个波段（580~680 nm、720~1100 nm）来描述。具体对应于各种冰型的光谱反射曲线见图 5-12。

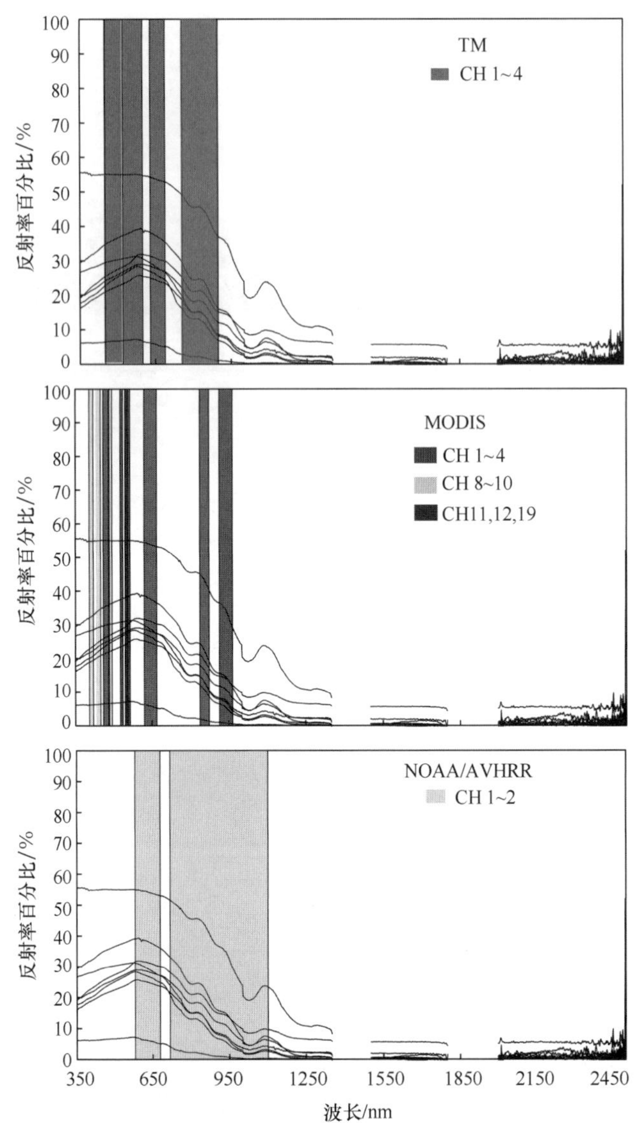

图 5-12　TM、NOAA/AVHRR 及 MODIS 数据可见光各通道对应的海冰反射光谱的位置

（彩图见书后）

将非控制试验的样本，即卫星同步观测样本按 3 种数据源（TM、NOAA/AVHRR、MODIS）的可见光波段设置进行计算，对每一个波段的样本反射率值与厚度值做相关分析，结果见图 5-13。可见，所有的可见光波段的反射率值与厚度值之间是高度相关的，接近或大于 0.9。从这个分析层面而言，常规影像数据的任何可见光波段都可以用来对冰厚进行估算，这也是目前各种遥感算法在对现象机理或规律不求甚解的情况下依然可以付之于应用的原因。

为了分析其中的规律性，对数据进行处理，求各个波段的标准差，按照厚度等级来划分。图 5-14[（a）、（b）、（c）]分别是 TM 数据（包括第 1～第 4 波段）、MODIS 数据（包括第 8、第 9、第 3、第 10、第 11、第 4、第 12、第 1、第 2、第 19 波段）、AVHRR 数据（包

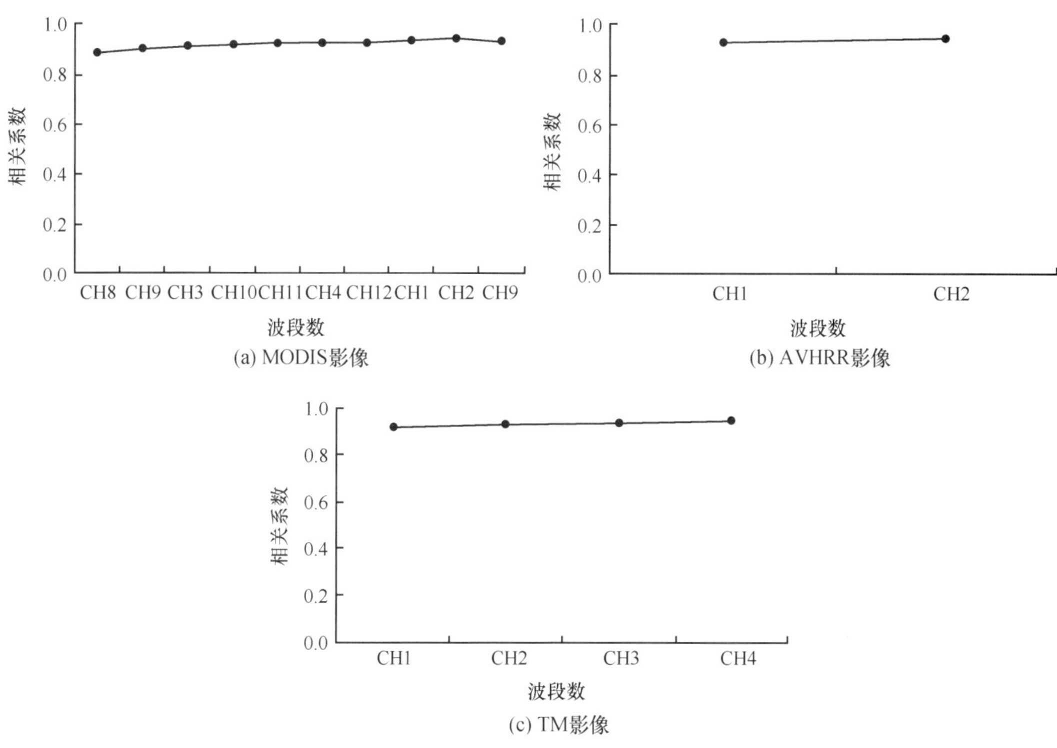

图 5-13　3 种影像资料的可见光反射率值与样本厚度的相关性分析

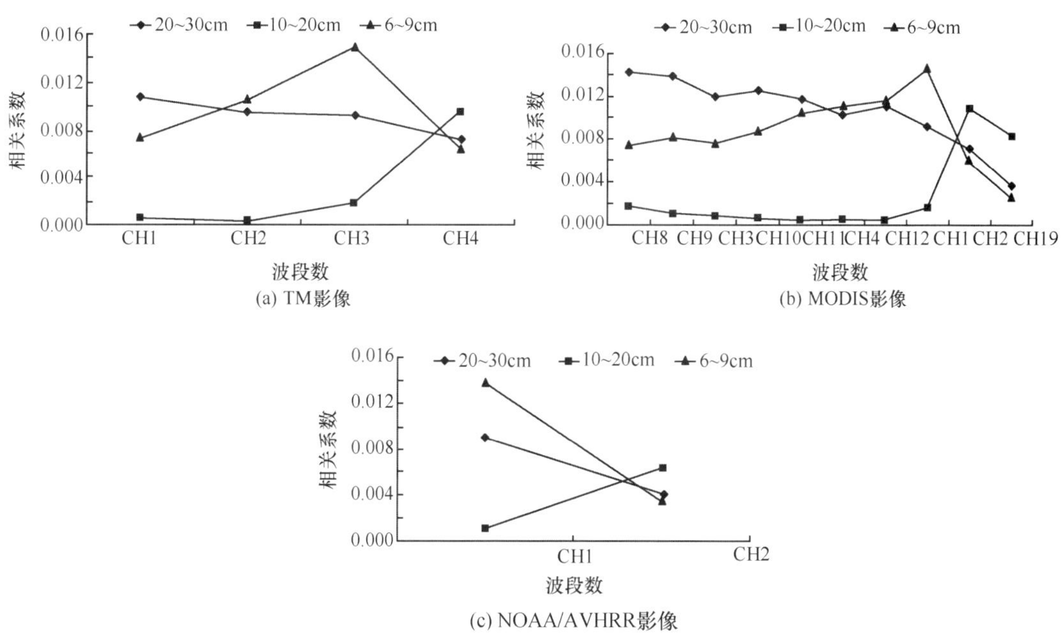

图 5-14　各个影像通道随厚度变化可见光反射率值变化的标准差分析

括第 1、第 2 波段）的反射率值按 6～9 cm、10～20 cm、20～30 cm 这三个厚度层次分别计算标准差。图中存在两个很明显的现象：一是尤其对于较厚的冰体，短波范围对表面特征敏感，如TM的第1波段、MODIS的第8、第9、第3、第10、第11、第12波段，因此将这些波段排除出分析过程；二是尤其对于较薄的冰体，近红外波段范围冰体反射率值大为降低，对于标准差分析来说意义不大，也排除掉。另外，AVHRR的波段设置少而且光谱范围区分较粗，不能做光谱影响特性的分析。最终简化到图5-15进行分析。

图5-15(a)是TM数据的第2、第3、第4波段，图5-15(b)是MODIS数据的第4、第1、第2波段。对于TM数据，6~9 cm厚度范围样本的反射率值第3波段的标准差要高于第2波段，第4波段的标准差由于反射率总体水平偏低而下降很多；10~20 cm厚度范围样本的反射率值第3波段的标准差要高于第2波段，第4波段的标准差由于结构因素相关和厚度不大而上升很多；20~30 cm厚度范围样本的反射率值在第3波段的标准差与第2波段相当略低，以上表现的绿光波段以前的光谱范围对表面特征的敏感性，第4波段的标准差由于相关敏感性下降而略为下降。对于MODIS数据，6~9 cm厚度范围样本的反射率值第3波段的标准差要高于第2波段，第4波段的标准差由于是反射率总体水平偏低而下降很多；10~20 cm厚度范围样本的反射率值第3波段的标准差要高于第2波段，第4波段的标准差由于结构因素相关和厚度不大而上升很多；20~30 cm厚度范围样本的反射率值在第3波段的标准差与第2波段相当且略低，以让表现的绿光波段以前的光谱范围对表面特征的敏感性，第4波段的标准差由于相关敏感性下降而略为下降。

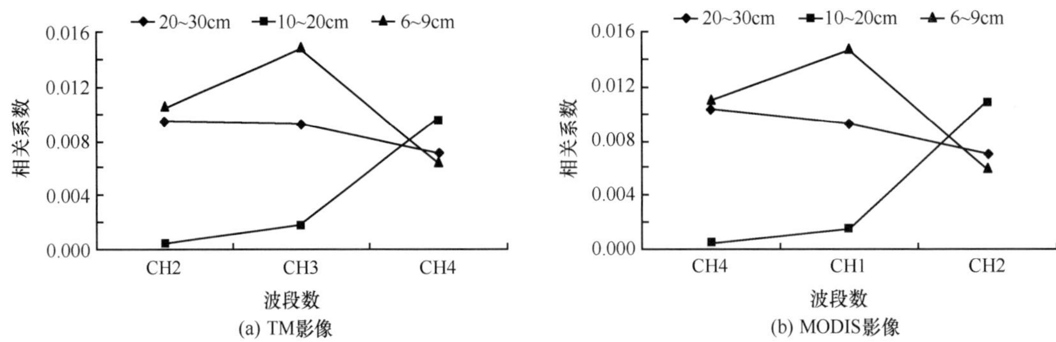

图5-15 典型影像通道可见光反射率值变化的标准差分析

因此，根据标准差最小原则选择TM数据的第2波段、MODIS数据的第4波段作为划分厚度范围的信息载体；根据标准差最大原则以TM数据的第3波段与第2波段之比、MODIS数据的第1波段与第4波段之比作为判读是否洁净的信息载体；根据厚冰的近红外波段稳定性相比高的规律，以TM数据的第3波段与第4波段之比、MODIS数据的第1波段与第2波段之比作为区分堆积冰、积雪与沿岸固定冰的信息载体。

5.1.3 遥感数据的大气辐射校正

传感器接收到的地面辐射，既包括地面反射光谱信息，也记录了大气辐射传输效应引起的地面反射辐照度的变化信息。影像上灰度值的大小与地形、太阳光入射角、天空光散射、传感器观测角度等有关。剔除这些干扰因素，将遥感原始影像数据DN值转换为反射率，是正确利用遥感数据进行定量分析的关键。

TM 数据大气辐射校正方法介绍如下。

1）辐射转换

将 1G 产品用 32bit 运算转化为绝对辐射值时，在输出前像素按比例转为数值。用式(5-1)将 1G 产品的 DN 值转为辐射值：

$$\text{辐射率} = \text{增益值} \times \text{DN} + \text{偏移量} \tag{5-1}$$

2）辐射率转化为反射率

为了减少图像间的差异，尤其是增强多源数据间的可比性，通过归一化处理，综合考虑地面与大气反射的影响，将光谱辐射值转化为反射率。

$$\rho_{\mathrm{P}} = \frac{\pi L_{\lambda} d^2}{\mathrm{ESUN}_{\lambda} \cos\theta_{\mathrm{s}}} \tag{5-2}$$

式中，ρ_{P} 为行星反射率；L_{λ} 为传感器辐射值（表 5-1）；d 为日地距离（天文单位，表 5-2）；ESUN_{λ} 为大气层外平均太阳辐射值（表 5-3）；θ_{s} 为太阳方位角。

表 5-1　TM 光谱辐射值

波段	2000 年 7 月以前				2000 年 7 月以后			
	低增益		高增益		低增益		高增益	
	LMIN	LMAX	LMIN	LMAX	LMIN	LMAX	LMIN	LMAX
1	-6.2	297.5	-6.2	194.3	-6.2	293.7	-6.2	191.6
2	-6.0	303.4	-6.0	202.4	-6.4	300.9	-6.4	196.5
3	-4.5	235.5	-4.5	158.6	-5.0	234.4	-5.0	152.9
4	-4.5	235.0	-4.5	157.5	-5.1	241.1	-5.1	157.4

表 5-2　日地距离

一年中的第几天	d	一年中的第几天	d	一年中的第几天	d	一年中的第几天	d	一年中的第几天	d
1	0.9832	74	0.9945	152	1.0140	227	1.0128	305	0.9925
15	0.9836	91	0.9993	166	1.0158	242	1.0092	319	0.9892
32	0.9853	106	1.0033	182	1.0167	258	1.0057	335	0.9860
46	0.9878	121	1.0076	196	1.0165	274	1.0011	349	0.9843
60	0.9909	135	1.0109	213	1.0149	288	0.9972	365	0.9833

表 5-3　TM 大气层外平均太阳辐射

波段	太阳辐射
1	1969
2	1840
3	1551
4	1044

MODIS 数据大气辐射校正方法：

目前光谱反演模型中，基于影像特征的模型优点是不需要地面光谱及大气环境参数的测量，但反演精度差，且对定标点的选择有较强的依赖性，不能将影像 DN 值反演为地面绝对反射率，限制了适用性。FLAASH 是对波谱数据进行快速大气校正分析的 ENVI 扩展模块。FLAASH 可以消除大气中水蒸气、氧气、二氧化碳、甲烷和臭氧对地物反射的影响，还可以消除大气分子和气溶胶散射的影响。该模块是由研究 MODTRAN 大气传输模型的 Air Force Research Labs（AFRL）发起，由 Spectral Sciences，Inc.(SSI)开发，Research System，Inc.(RSI)负责 FLAASH 模块的 GUI 设计和模块集成。FLAASH 模块的优势在于：它是目前精度最高的大气辐射校正模型；使用了 MODTRAN4+辐射传输模型的代码；给予像素级的校正；校正由于漫反射引起的连带效应；包含卷云和不透明云层的分类图；可调整由于人为抑制而导致的光谱平滑。

5.1.4　基于遥感数据提取海冰厚度相关信息的步骤

第一步，根据 MODIS 卫星数据第 4 波段或 TM 卫星数据第 2 波段的反射率作为判断参数，对影像上的海冰像素进行厚度划分。通过卫星同步观测试验，确定 MODIS 和 TM 卫星数据可能识别的特征(图 5-11)，即影像上对应的可明确区分的 5 种类型，分别是洁净尼罗冰(灰冰)、尼罗冰和莲叶冰、灰冰、灰白冰、堆积冰及积雪，它们的厚度范围是逐渐增加的。其中后两种冰型因为表面特征的影响而存在较宽的值域范围。根据冰洞和同步试验数据的规律，只要在影像数据上对灰度直方图进行连续、分段线性划分，可分出 5 类冰型，从而区分出 5 类厚度范围层级。

通过定位和描述准确性判断，将 62 个有实测厚度的定位点代入同步影像，读取相应的 MODIS 数据第 4 波段的反射率。读取的反射率值符合实测光谱值的划分规律(图 5-10)，并进行线性排列，因此只要确定尼罗冰及莲叶冰与灰冰之间、灰冰与灰白冰之间、灰白冰与堆积冰(及积雪、沿岸固定冰)之间共 3 个反射率值分界点即可对影像进行厚度范围层级划分，如图 5-16 和图 5-17 所示。

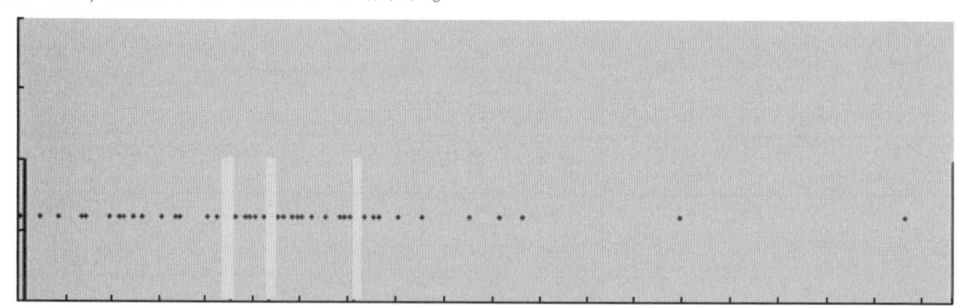

图 5-16　同步实测点对应的 MODIS 数据反射率(%)分布图及冰型分界范围

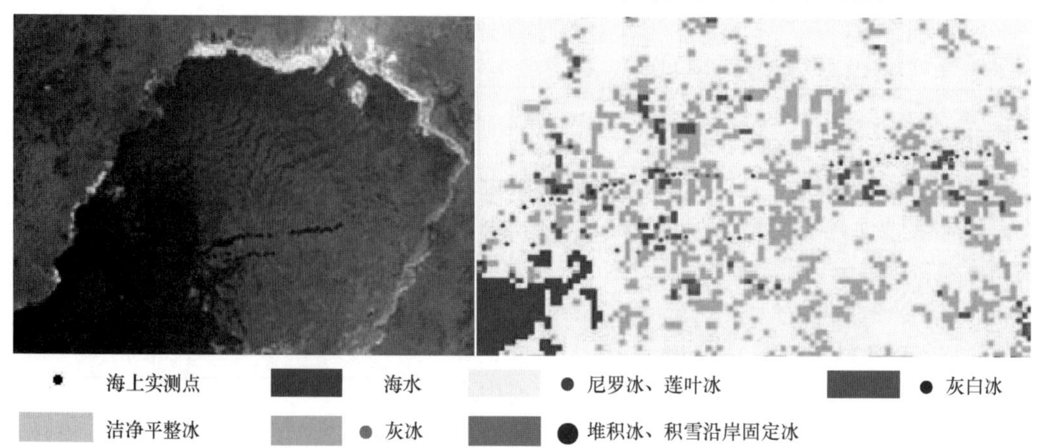

图 5-17　同步实测点位置及对应的海冰影像厚度范围划分

(彩图见书后)

从变动范围中确定分界线的位置，实际上是一个一维分类的问题。这种情况下，建立厚度与反射率间相关关系的回归方法没有明确的意义。特征空间较简单和不确定，使用概率松弛等数学方法不适合。因为海区浮冰的空间分布信息不具有变化特征，空间分析的方法也不适合。通过地面试验或者实测的方法显然也是不适合的，这是提取冰厚信息与其他反演地表参量模型的区别之一。实际上自然现象本身提供了客观的判据，分界线的可变动范围其实不大，最理想的情况是，排除冰边缘线自然扩张区域，选择连续两日几乎没有运动发生的影像，截取出全海冰覆盖的海区中部作为实验样本区域，连续变化分界值，读取相应的类型面积，两日数据相比变化最小的即为确定的分界值。在数据不能满足的情况下，对连续两日的影像数据，能够满足可辨识区域内厚度分布不发生变化情况的也可作为实验样本区域，本节研究采用了此类数据，见图 5-18。白线框内为实验样本区域，虽然发生了运动，作为整体性的运动，该区域的厚度分布情况可以认为是没有发生巨大变化的。

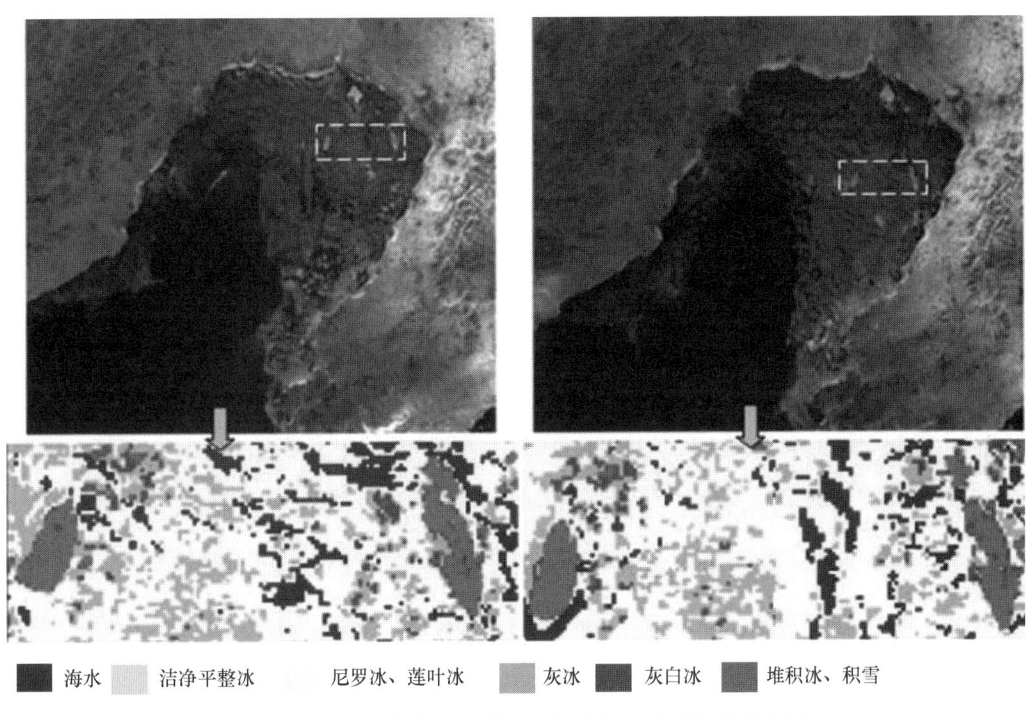

图 5-18　两幅影像的实验样区及海冰厚度范围划分结果图

（彩图见书后）

从两幅影像中切割出实验样本区，形态位置和面积相当，厚度范围和分布符合自然规律和辨识要求。在分离海水的基础上，以第 4 波段的反射率值为参数，分 4 组进行分割，每组按变动范围的连续值逐个进行，同时比较两日影像的面积变化，见表 5-4，面积变化最小的为分界值。

表 5-4　不同分界值的各冰型提取结果

反射率/%		堆积冰、积雪			灰白冰			灰冰			尼罗冰、莲叶冰		
		第1日	第2日	面积变化量	第1日	第2日	面积变化量	第1日	第2日	面积变化量	第1日	第2日	面积变化量
提取堆积冰、积雪	12.0	578	512	66									
	12.1	570	494	76									
提取灰白冰	10.3				274	311	37						
	10.4				232	273	41						
提取灰冰	9.4							2087	2234	147			
	9.5							1879	2018	139			
	9.6							1693	1771	78			
提取尼罗冰、莲叶冰	6.3										4122	4261	139
	6.4										4052	4186	134
	6.5										3953	4124	171

越多的连续影像参与上述分析，得到更多的实验样本区，就能获取更精确的分界点。本节研究根据表 5-4 的结果，确定 MODIS 影像的厚度范围层级的分割点，见图 5-19。选取的结果也说明了数理方法的引入不能够形成合理的结果。

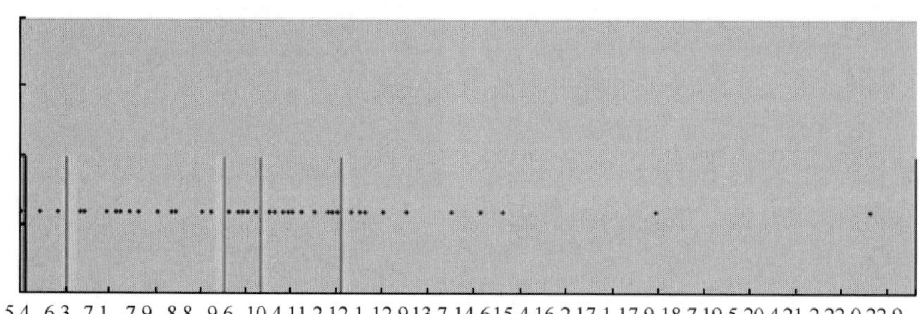

图 5-19　同步实测点对应的 MODIS 数据反射率分布图及冰型分界线

针对 MODIS 数据，以第 4 波段反射率作为参数，反射率小于 9.6% 的海冰像元属于尼罗冰、莲叶冰(包括洁净尼罗冰)，反射率为 9.7%～10.3% 的海冰像元属于灰冰，反射率为 10.4%～12% 的海冰像元属于灰白冰，反射率大于 12.1% 的海冰像元属于堆积冰、积雪及沿岸固定冰类型，最大值为 23.5% 左右(表 5-5)。

表 5-5　影像中冰型的反射率分界点及与地面实测的对比

项　目	卫星数据反射率 (min)/%	卫星数据反射率 (max)/%	地面实测反射率 (min)/%	地面实测反射率 (max)/%
海水	3.6	5.5	10.3	12.1(19.7*)
洁净尼罗冰(0～10 cm)	5.6	6.4	14.8	15.8
尼罗冰、莲叶冰(0～10 cm)	6.5	9.6	16.9	24.4

续表

项　目	卫星数据反射率(min)/%	卫星数据反射率(max)/%	地面实测反射率(min)/%	地面实测反射率(max)/%
灰冰(10～20 cm)	9.7	10.3	26.0	28.3
灰白冰(20～40 cm)	10.4	12.0	32.0	42.6
堆积冰、积雪(> 40 cm)	12.1	23.5	56.8	93.0
沿岸固定冰(36～120 cm)	13.8	18.6	68.7	79.0

注：* 极限特殊值。

利用传感器测量目标的辐射或反射能量，所得到的测量值与目标的分谱辐射率值往往不一样。它们的起因有两类：传感仪器响应特性和外界(自然)条件。后者包括太阳照射(位置和角度)和大气传输(雾和云)等条件，前面已经进行大气辐射校正处理和标准化。前者主要表现为卫星平台的行星反射率与地面实测反射率之间的绝对值差异。如图 5-20 所示，地面实测光谱区分范围和卫星数据反射率区分范围绝对值差异较大，但是趋势是一致的。

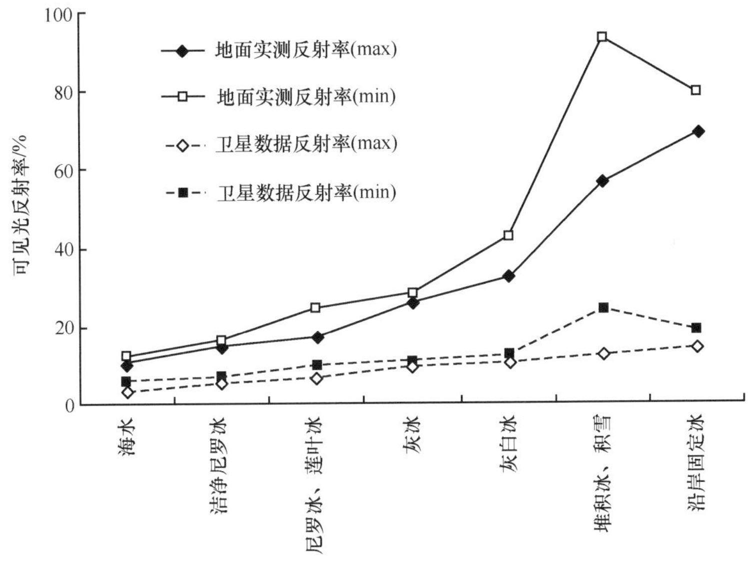

图 5-20　影像中冰型的可见光反射率百分比分界点及与地面实测对比

第二步，识别洁净冰型，修正其所对应的厚度范围，即洁净平整冰与尼罗冰及莲叶冰之间的反射率分界点。根据冰洞试验和卫星同步观测的结果，洁净冰型和非洁净冰型的可见光反射率值差别很大，会导致厚度范围层级的错位。洁净的尼罗冰虽然和海水几乎一致，但在冰水分离后，厚度可以直接判定归入 0～10 cm。洁净的灰冰，或者灰白冰就会被划归为其对应的下一级较薄的厚度范围层级，如灰冰被认为是尼罗冰，灰白冰被认为是灰冰。因为洁净冰型是渤海辽东湾海区的少数现象，所以通常的做法就是经过第一步的厚度范围层级划分后，识别出洁净冰型，将其厚度范围层级提升一级。根据图 4-38进行的洁净冰型和含悬沙冰型反射率曲线的导数对比分析以及参考相关研究，本节采用 MODIS 数据的第 1 波段与第 4 波段之比作为判断参数，凡比值小于 0.8 的像素都认为是洁净冰型。类似地，TM 数据采用第 3 波段与第 2 波段之比作为判断参数，凡比值小于 1 的像素都认为是洁净冰型。将识别的洁净冰型对应的 MODIS 第 4 波段反射率提取，见表 5-5 和图 5-21。

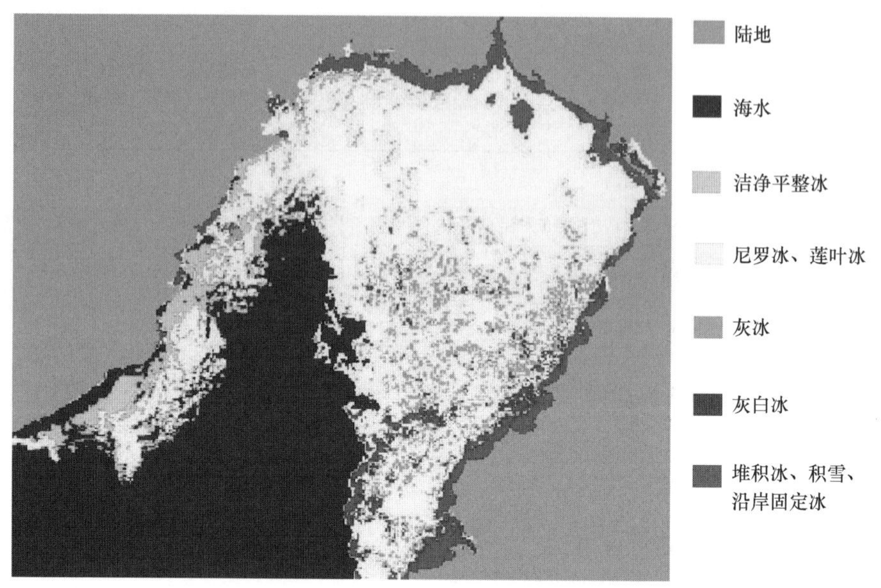

图 5-21　洁净平整冰提取结果示意图

（彩图见书后）

根据卫星数据计算和现场观察，在常冰年、轻冰年只有 0～10 cm 的尼罗冰存在洁净冰型，见图 5-21；其他较厚冰型都含有悬沙，但是在重冰年，尤其是在持续冷空气下冻结的灰冰，将会明显地出现洁净冰型，甚至是灰白冰。

第三步，识别沿岸固定冰冰型，修正其所对应的厚度范围。对于划分厚度的线性方法来说，沿岸固定冰的可见光反射率和堆积冰、积雪冰型易混淆，被认为是同一厚度范围。虽然它们的厚度范围都是变化很大，从卫星识别的尺度，也不能判断谁更厚些，但本质上它们是有区别的，而且沿岸固定冰的冰厚规律性强，所以应该单独划分出来以区分彼此。从同步实测的光谱反射曲线看，它们在近红外光谱范围内有明显的区别，堆积冰、积雪的可见光反射峰呈台状，而沿岸固定冰的反射峰呈“尖峰状”，因此后者在近红外反射率下降相对很快。本节采用 MODIS 数据的第 2 波段与第 1 波段之比作为判断参数，凡比值大于 1 的像素都认为是沿岸固定冰类型。类似地，TM 数据采用第 4 波段与第 3 波段之比作为判断参数，凡比值大于 0.655 的像素都认为是沿岸固定冰类型。将识别沿岸固定冰型对应的 MODIS 第 4 波段反射率提取，见表 5-5 和图 5-22。

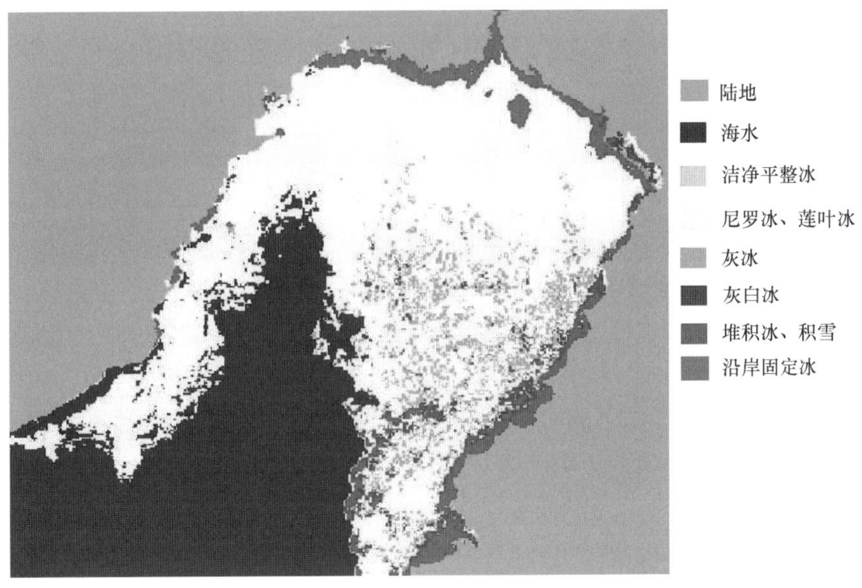

图 5-22　沿岸固定冰提取结果示意图

（彩图见书后）

5.1.5　针对 MODIS 数据的渤海海冰厚度信息提取方法的验证

对 2006 年 1 月 22 日渤海北部的 MODIS 影像应用上述方法进行处理，提取海冰厚度信息，生成厚度层级结果图(图 5-23)。将同步海上实测冰厚值与影像上相同位置的厚度层级范围进行对比，可以看出尼罗冰、灰冰和堆积冰 3 种冰型的实际观测位置与影像的冰型划分范围相吻合，结果与研究设想一致，从而验证基于对渤海海冰光谱的认识而建立的海冰厚度信息提取方法的科学性，说明该方法可以应用于 MODIS 影像海冰厚度信息提取研究。

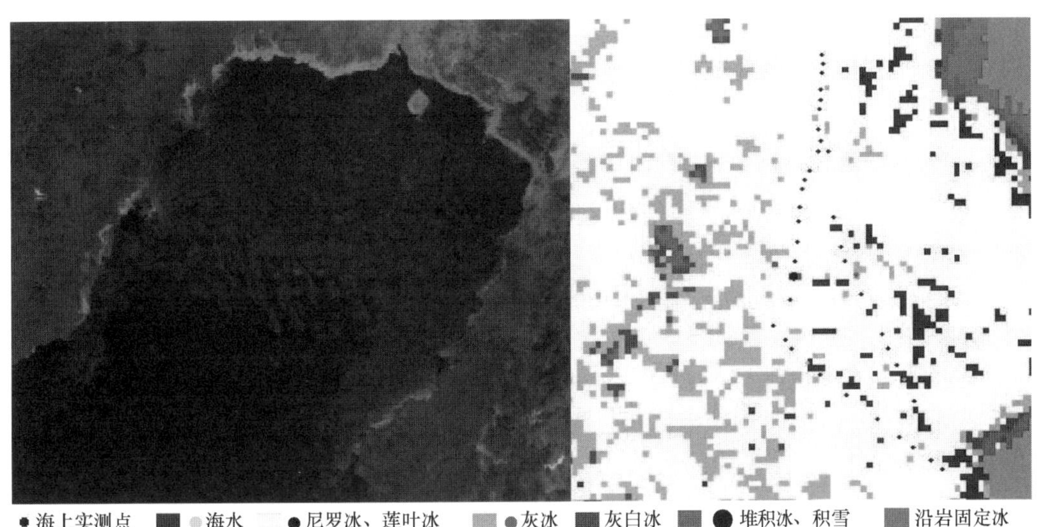

图 5-23　同步实测点位置及对应的影像厚度范围划分

（彩图见书后）

5.1.6　NOAA/AVHRR 影像的冰厚信息提取分析

由于 NOAA/AVHRR 影像波段设置的状况(图 5-12)，光谱覆盖范围过宽，波段数过少，故不适用上述针对洁净冰型和沿岸固定冰型的提取方法，也不能运用较好的厚度信息划分光谱波段。但是 NOAA/AVHRR 资料已经有 30 多年的积累，是进行长时间序列渤海海冰冰情特征分析的最主要资料。因此，针对该数据展开分析。参考 MODIS 和 TM 数据，对于 AVHRR 数据选择第 1 通道进行厚度范围划分。

选择 2002 年 1 月 23 日的 MODIS 影像和 AVHRR 影像进行分析。图 5-24(a)是 MODIS 影像的渤海北部海冰厚度层级划分结果图，是按上述 3 个步骤进行的。AVHRR 影像第 1 通道的划分范围是对比 MODIS 影像的冰厚信息提取结果来确定的，划分范围是尼罗冰、莲叶冰(反射率值：0.074~0.147)、灰冰(反射率值：0.148~0.162)、灰白冰(反射率值：0.163~0.195)、堆积冰、积雪(反射率值：0.196~0.370)。

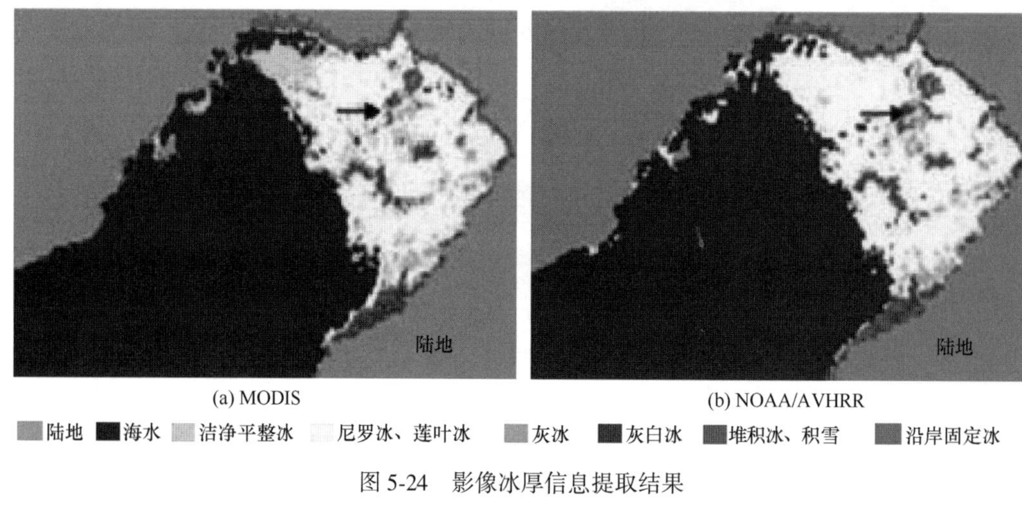

图 5-24　影像冰厚信息提取结果

(彩图见书后)

对两种数据的厚度信息提取结果的对比分析，可以得到 3 点认识。AVHRR 数据无法提取洁净平整冰的信息，在常冰年和轻冰年时这类误差几乎可以忽略。因为此时主要产生洁净的尼罗冰，而在重冰年则会有较大的误差，所以会形成较多的洁净灰冰，这就需要对连续的海冰影像进行运动分析来订正。AVHRR 数据无法提取沿岸平整冰的信息，因此在光谱信息上无法和堆积冰、积雪冰型相区别，但可以根据与陆地相连的特性进行人工判读来划分。AVHRR 数据第 1 通道与 MODIS 数据第 4 通道相比较容易受冰体悬沙的影响，而会掩盖部分厚度变化的规律。如图 5-24 箭头所指的区域，在灰冰冰型和灰白冰冰型的区分上，AVHRR 数据中冰厚有增加的趋势。但是由于 AVHRR 数据的空间尺度非常大，信息综合的程度很高，部分减弱了这方面的误差。因此，应用 AVHRR 数据按的方式(第 1 通道)进行冰厚层级的划分，也是较合理的，但是对洁净冰型和沿岸固定冰型的确定需要人工干预。

5.1.7　渤海北部典型冰情分析

渤海冰情虽然受多种因素的影响，但是也具有一定规律性，而且从实际工程应用来说，也需要了解这种冰情规律。渤海冰情变化是时时、天天、年际变化，其中年际变化主要受气候(包括气温、低温过程、持续时间)变化过程的影响，规律性明显且与工程规划应用最直接相关。年际变化是以每年冬季盛冰期冰情来描述的。

选择 2001~2002 年、2002~2003 年、2004~2005 年 3 个冬季进行分析。2001~2002 年冬季是典型的轻冰年，选择 2002 年 1 月 24 日的冰情作为其代表；2002~2003 年冬季是典型的常冰年(最近十几年里最重冰情年)，选择 2003 年 1 月 30 日的冰情作为其代表；2004~2005 年冬季是偏轻冰年而且盛冰期持续时间长，选择 2005 年 2 月 2 日的冰情作为其代表。提取海冰范围，根据上述方法，区分出尼罗冰及莲叶冰、灰冰、灰白冰、沿岸固定冰及堆积冰、积雪 5 种冰型。将 3 幅冰型划分(厚度范围层级划分)的结果图叠加起来，形成专题图，再进行面向像元的 3 层特征值分析和统计。首先是建立分类类型定义，见表 5-6。

表 5-6　根据冰型叠加情况的像元类型分类

类型号	第一计数年	第二计数年	第三计数年
01	沿岸堆积冰	沿岸堆积冰	沿岸堆积冰
02	尼罗冰、莲叶冰	—	—
03	尼罗冰、莲叶冰	尼罗冰、莲叶冰	—
04	尼罗冰、莲叶冰	尼罗冰、莲叶冰	尼罗冰、莲叶冰
05	灰冰	—	—
06	灰冰	尼罗冰、莲叶冰	—
07	灰冰	尼罗冰、莲叶冰	尼罗冰、莲叶冰
08	灰冰	灰冰	—
09	灰冰	灰冰	尼罗冰、莲叶冰
10	灰冰	灰冰	灰冰
11	灰白冰	—	—
12	灰白冰	尼罗冰、莲叶冰	—
13	灰白冰	尼罗冰、莲叶冰	尼罗冰、莲叶冰
14	灰白冰	灰冰	—
15	灰白冰	灰冰	尼罗冰、莲叶冰
16	灰白冰	灰冰	灰冰
17	灰白冰	灰白冰	—
18	灰白冰	灰白冰	尼罗冰、莲叶冰
19	灰白冰	灰白冰	灰冰
20	灰白冰	灰白冰	灰白冰
21	堆积冰、积雪	—	—
22	堆积冰、积雪	尼罗冰、莲叶冰	—
23	堆积冰、积雪	尼罗冰、莲叶冰	尼罗冰、莲叶冰
24	堆积冰、积雪	灰冰	—
25	堆积冰、积雪	灰冰	尼罗冰、莲叶冰
26	堆积冰、积雪	灰冰	灰冰

续表

类型号	第一计数年	第二计数年	第三计数年
27	堆积冰、积雪	灰白冰	—
28	堆积冰、积雪	灰白冰	尼罗冰、莲叶冰
29	堆积冰、积雪	灰白冰	灰冰
30	堆积冰、积雪	灰白冰	灰白冰
31	堆积冰、积雪	堆积冰、积雪	—
32	堆积冰、积雪	堆积冰、积雪	尼罗冰、莲叶冰
33	堆积冰、积雪	堆积冰、积雪	灰冰
34	堆积冰、积雪	堆积冰、积雪	灰白冰
35	堆积冰、积雪	堆积冰、积雪	堆积冰、积雪

将3个典型冰情年的厚度范围层级(5种冰型)进行叠加处理，共分出35种类型，为了便于查看分析，按照冰情从轻到重的顺序排列(这里说的冰情与气象、海洋部门的术语意义不同，而是描述每个像元的厚度等级)。其中沿岸固定冰冰型因为较为稳定，只分为一类。分类结果见图5-25，渤海北部冰情的空间特征表现为东岸、西岸两个区域，东岸冰

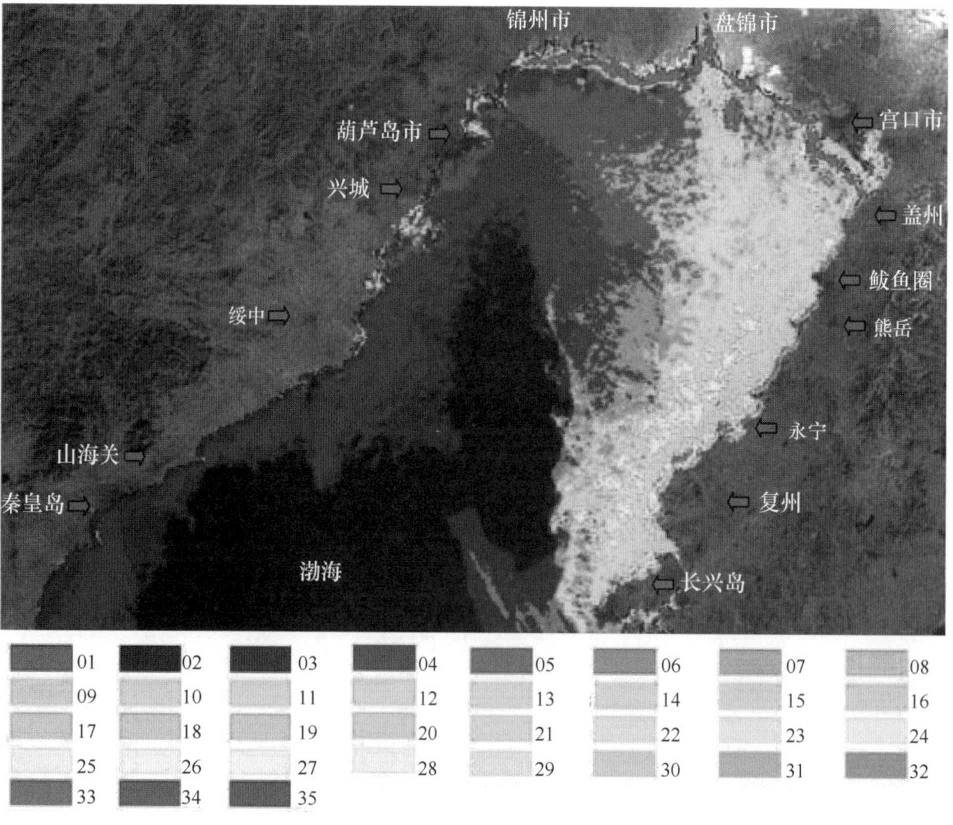

图5-25　典型冬季渤海北部冰情分类图

(彩图见书后)

情较西岸重。西岸主要是尼罗冰、莲叶冰，及少量灰冰；而东岸以灰冰、灰白冰为主，局部地区有无规律分布的堆积冰，在长兴岛—瓦房店—熊岳这一带的近岸 20 km 范围内的冰情最重。海区的中部区域是海水区，近年来明显的结冰现象不多；一般来说，渤海北部海区（辽东湾）的北部（熊岳—葫芦岛以北）比南部形成结冰的可能性要更平常、更稳定。

图 5-26 是对各种冰情分类类型的面积统计，尼罗冰、莲叶冰和灰冰是近年来分布最广的冰型，随着厚度范围层级的提升，其分布面积不断减小。

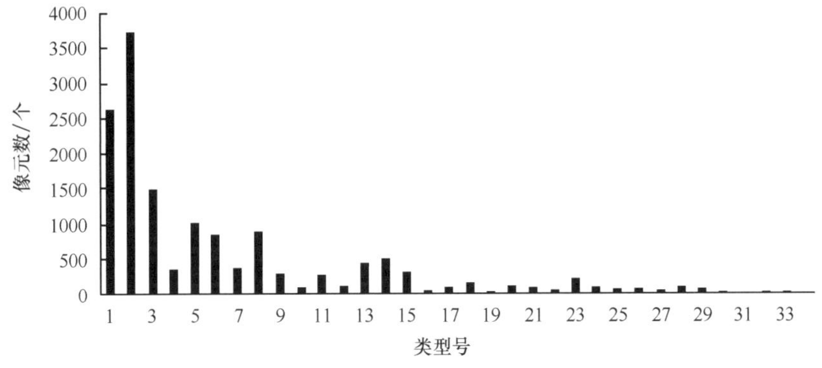

图 5-26　冰型叠加分类的类型像元总数对比

5.2　基于冰厚-反射率相互关系的海冰厚度信息提取方法

5.2.1　海冰厚度的反演原理与方法

NOAA 卫星 AVHRR 探测器可以观测到我国渤海海冰中的冰皮、灰冰、灰白冰、白冰等几种冰型，并且能通过假彩色合成的方式在卫星影像上用彩色加以区别，如从暗蓝色到亮黄色，这种色彩差别反映的是对应于海冰的反照率的差异。卫星遥感数据的反照率是表征由卫星传感器所接收到的从地物表面反射来的电磁波信息，由于各种地物的结构、形状和成分不同，其产生的反射光谱特性也就各不相同，根据这种不同，遥感数据就能识别各种地物。海冰是一种特殊的固体地物。一方面它是一种透明体，由六方对称的晶体构成，主要成分是纯冰晶、水、固体盐和空气，太阳辐射能够透过海冰表面进入冰内，如果海冰厚度不大，太阳辐射甚至能够穿透海冰进入冰下的海水里。另一方面，随着厚度的增加，海冰的结构也由松散稀薄变得密实，即海冰厚度的变化是与海冰结构的变化相关联的。海冰厚度的变化反映了冰型、色调和结构的变化。因此海冰就有可能通过其厚度变化，来影响其反照率的变化，并由卫星传感器接收到这些变化的信息。

关于海冰厚度和反照率的关系，很早就有人研究。日本研究人员白泽等在 1973 年对北海道的一年冰进行了观测，得到一组表现反照率随着冰厚而递增的数据。Grenfell（1983）从海冰光学理论中得出反照率与海冰厚度有关的结论，并观测到两者之间的同步递增关系。Allison 等（1993）的研究工作也得到了相似的结果。

Grenfell 和 Allison 等的研究表明，当海冰厚度在 2~9 cm 递增时，反照率从 0.11 递增到 0.24。理论和试验表明海冰的反照率不大于雪的反照率 0.8，当雪覆盖于海冰之上后，反照率跃升。因此，海冰的反照率的值域范围为 0.7~0.11，但是在渤海海区海冰的厚度范围却可从 2 cm 到冰堆冰脊的 2 m，其中最常见的范围为 2~40 cm。从回归分析得知，海冰厚度和海冰反照率呈指数关系，这种关系也符合自然界中两种同步相关现象的关系。其表示式如下：

$$\alpha(h) = \alpha_{max}[1 - \kappa \exp(-\mu_{\alpha} h)] \tag{5-3}$$

式中，$\alpha(h)$ 是海冰对太阳短波辐射谱段的反照率，是一个随冰厚变化的数值；α_{max} 是无限大冰厚对应的反照率；μ_{α} 是关于反照率的衰减系数；κ 是与 α_{max} 和 α_{sea} 相关的系数。

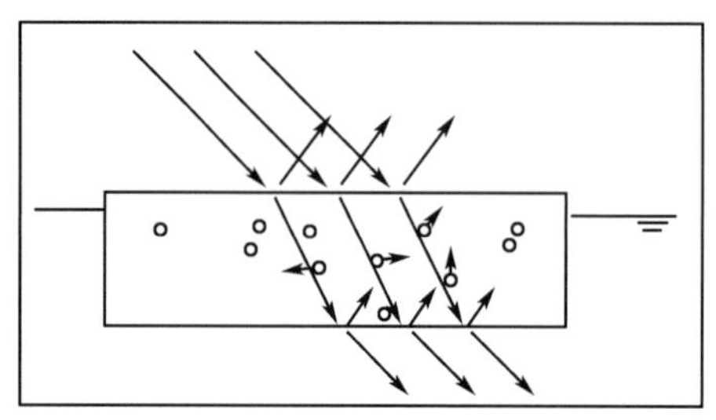

图 5-27　海冰太阳短波辐射能量平衡示意图

反射只是太阳短波辐射(海冰可吸收的太阳辐射的部分)到达冰表面后产生的光过程的一个方面。虽然这种光传播过程很复杂，但通常能量的平衡关系是各种光学过程的结果，从能量平衡的角度考虑海冰对太阳短波辐射的吸收，就可以得到简单明确的表达。从能量平衡的角度可以将光到达冰表面后的过程分成 3 个部分：一是上表面的反射产生的能量损失；二是下表面的透射产生的能量损失；三是中间冰层的能量吸收(图 5-27)。用公式表示为

$$\text{到达冰面的太阳短波辐射能}=\text{反射部分}+\text{透射部分}+\text{吸收部分} \tag{5-4}$$

用能量比率可以表示为

$$\alpha + \beta + \lambda = 1 \tag{5-5}$$

式中，α、β 和 λ 分别为海冰对太阳短波辐射能量的反射率、透射率和吸收率。

根据 Lamber 定律有关物体对单一波长太阳辐射吸收的描述，得

$$I_{\lambda} = I_{\lambda 0} \exp(-\mu_{\lambda} h) \tag{5-6}$$

式中，$I_{\lambda 0}$ 和 I_{λ} 为单色光的入射强度和出射强度；μ_{λ} 为单色光的衰减系数。$I_{\lambda 0}$ 还可以理解为到达冰面的某波段太阳辐射减去反射出去的部分所剩下的进入冰里的能量，可以用式(5-6)比率表示为

$$\beta_{\lambda} = (1 - \alpha_{\lambda}) \exp(-\mu_{\lambda} h) \tag{5-7}$$

一般情况下假设任意单色光的衰减系数是不变的，可以用一个统一的系数 μ_{β} 来表示。相应地，就可将式(5-7)改为全太阳短波辐射谱带的比率表示式，其中将单色光的透射率 β_{λ} 改为全谱段的透射率 $\beta(h)$，将单色光的反射率 α_{λ} 改为全谱段的反射率 $\alpha(h)$。得出

$$\beta(h) = [1 - \alpha(h)] \exp(-\mu_{\beta} h) \tag{5-8}$$

式(5-3)、式(5-5)、式(5-8)构成了海冰的太阳短波辐射能量分配理论。由这 3 个方程可知，当海冰厚度为 0 时，即为海水，海冰吸收为 0，到达海水的太阳辐射比率为 $1-\alpha_{sea}$；当海冰厚度趋于无穷时，海冰反照率为 α_{max}，到达海水的太阳辐射比例为 0；随着海冰厚度开始增加，刚开始有冰薄形成时，反射率低，进入冰里的能量大，而且此时透射率大，即透过冰层到达冰底海水的太阳辐射多，因此其能量分配接近海水，在卫星假彩色合成图像上色调接近海水色调；随着冰厚的增加，反射率变高，进入冰里的能量减少，透射率变低，透过冰层到达冰底海水的太阳辐射减少，在卫星假彩色合成图像上色调由接近海水的暗蓝逐渐变亮。

这就是渤海辽东湾海冰反映在卫星假彩色合成图像上的客观自然现象。根据以上分析，本节从研究区的海冰客观现象出发，提出了一个海冰厚度的反照率反演公式[式(5-3)]，该公式满足了前人的研究结论，并可以正确地描述海冰的太阳短波辐射的分配理论。

5.2.2　海冰厚度反演公式的参数

使用的 NOAA/AVHRR 数据为 1999~2000 年和 2001~2002 年冬季的晴空图像，范围是辽东湾及其周边地区。资料经过标定、大气校正、地理校正和配准、标准化等预处理过程，数据产品为可见光反照率值和红外辐射亮温值。

在公式(5-3)中，α_{max} 取 0.7，海水的反照率 α_{sea} 取 0.1，$\kappa = 1 - \alpha_{sea}/\alpha_{max}$，$\alpha = 0.423 \times ch1 + 0.577 \times ch2$(ch1 是 AVHRR 第 1 通道数值，ch2 是 AVHRR 第 2 通道数值)。由于 μ 没有以往研究的成果，并且由于卫星资料的来源不同，辐射定标也不同，其反照率是有差别的，因此 μ 的取值将根据实际数据确定。具体做法是利用热力学方法求出某一固定地点的海冰厚度 h，利用卫星数据算出该点的 α_{max}、α_{sea} 和 α，代入公式(5-3)中反推 μ。

海冰厚度的增长和太阳辐射、空气温度、冰下温度等有关，因此可以依据热力学原理，通过冻(融)冰度日法来计算冰厚 h。但现行的冻(融)冰度日法存在两个问题：一是本身无法排除 2 月底以后至终冰日之间的融冰效果；二是渤海海冰厚度增长的一个重要特点就是动力学过程起重要作用，把每一个测点的冰厚都统一地认为是纯热力学的过程是不适宜的。在求算系数 μ 时要排除这两个问题的影响，最简单的方法是选择以热力学过程为主的海冰生长时间和地点。

已有研究表明，葫芦岛港、鲅鱼圈港内海冰生长条件比较理想，可以找到冰厚与冻(融)冰度日之间的统计关系。以下是根据历年葫芦岛港和鲅鱼圈港的冻(融)冰度日、实测平整冰冰厚建立的统计关系式：

葫芦岛港：　$$h = 1.64[(\mathrm{FDD} - 3\mathrm{TDD}) - 151.4]^{1/2} \tag{5-9}$$

鲅鱼圈港：　$$h = 1.92[(\mathrm{FDD} - 3\mathrm{TDD}) - 35.35]^{1/2} \tag{5-10}$$

式中，FDD 为在冰厚增长期内-2℃以下的累积冻冰度日(℃ · d)；TDD 为在冰厚增长期内 0℃以上的累积融冰度日(℃ · d)。

在 2000 年 1 月 6~8 日的降温过程中，葫芦岛港和鲅鱼圈港及其附近海域海冰的增长基本上是以热力过程为主，因此选择这个时段，用式(5-9)、式(5-10)计算两个港湾的海冰厚度 h，再用式(5-3)反推系数 μ。表 5-7 是计算结果，系数 μ 的平均值为 1.209 06。

表 5-7　2000 年 1 月 6~8 日参数 μ 的计算值

参数	1 月 6 日（葫芦岛）	1 月 7 日（葫芦岛）	1 月 8 日（葫芦岛）	1 月 6 日（鲅鱼圈港）	1 月 7 日（鲅鱼圈港）	1 月 8 日（鲅鱼圈港）
h	9.689	11.585	12.809	23.306	24.479	25.432
α	0.161	0.178	0.193	0.247	0.255	0.259
μ	1.104 89	1.200 66	1.313 56	1.205 12	1.220 18	1.209 97

5.2.3　反演结果验证评价

1. 根据渤海年度冰情等级验证

由上述方法得到的 2000 年 1 月 30 日渤海海区的海冰厚度分布，如图 5-28 所示。该日的结冰范围和冰厚达到了 1999～2000 年冬季渤海海区结冰范围和冰厚的最大值，可以用它来代表年度渤海的冰情状况。从图 5-28 中可以看出，辽东湾海冰厚度的分布呈现出从西北向东南递增的趋势，即辽东湾西岸的海冰较薄，为 0～15 cm；辽东湾东岸的海冰较厚，为 30～40 cm；两岸之间海区的冰厚为 15～30 cm。

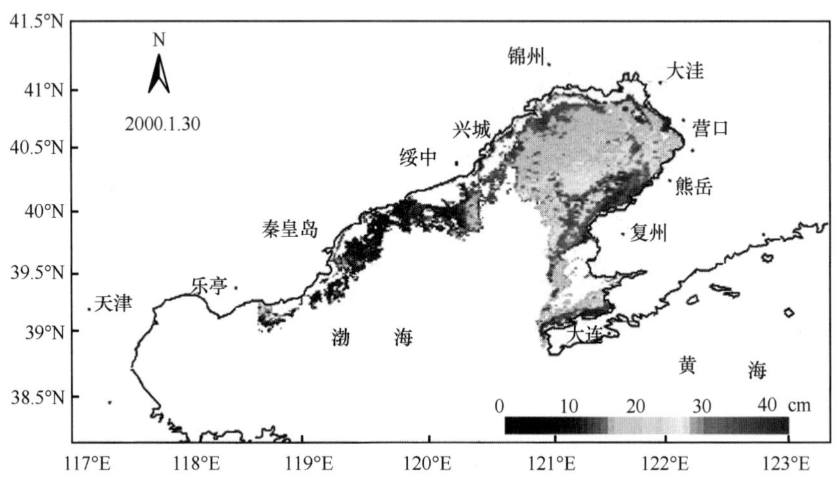

图 5-28　2000 年 1 月 30 日遥感反演的渤海海冰冰况图

（彩图见书后）

国家海洋局的预报结果指出，1999～2000 年渤海冰情等级是常冰年，也就是说结冰范围为 65～90 n mile，一般冰厚范围为 25～40 cm，最大冰厚 60 cm。图 5-28 显示的结冰范围是 70～82 n mile，冰厚范围是 3～61 cm，其中主要冰厚的分布范围是 20～40 cm，最大冰厚是 58～61 cm（图 5-29），这与国家海洋局的冰情预报结果是一致的，说明冰厚反演结果与实际冰情是相符合的。

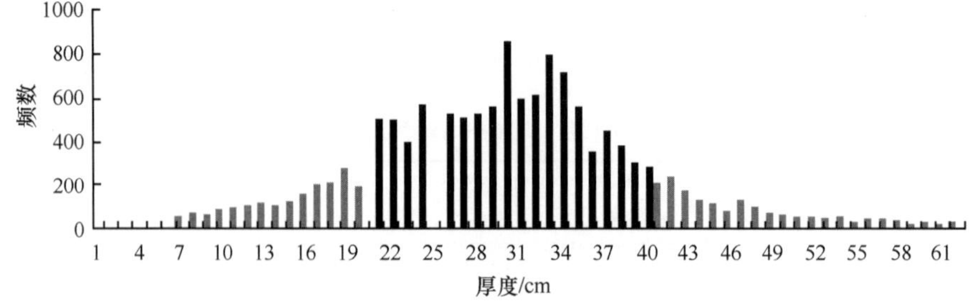

图 5-29　2000 年 1 月 30 日渤海辽东湾海冰厚度分布直方图

2. 根据渤海海冰冰厚等级分布来验证

图 5-30(a)、(b)分别是中国海冰冰情常冰年冰况图和 2000 年 1 月 30 日海冰厚度分布图，两张图在结冰范围和冰厚分布等方面的基本特征是一致的。造成这种分布特征的原因是海区的热力、风、海流与地形共同的作用。常冰年时受热力因素的影响，辽东湾大部分海区都有海冰生成，在风和海流的作用下，湾内海冰沿顺时针方向自西岸向东岸运动，辽东湾东岸的封闭地形使海冰的运动受到阻挡，于是在辽东湾东岸产生海冰的堆积。西岸海区在海冰移走后出现大片过冷海水区域，在低温环境下又重新结成薄冰。这种运动在冰期不断地进行着，加上同纬度辽东湾东岸气温低于西岸气温，东岸的海冰厚度不断增加，最终出现了如图 5-30(a)所示的冰厚从西岸向东岸递增的分布状况，图 5-30(b)也反映出这种情况。

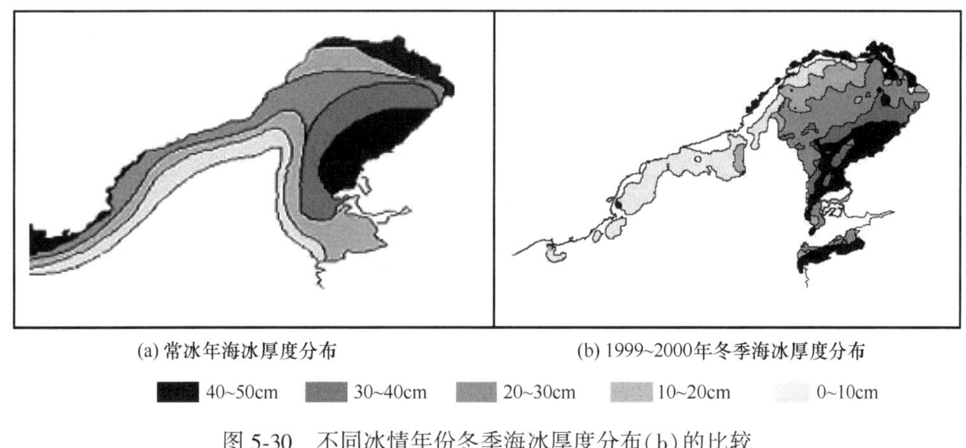

(a) 常冰年海冰厚度分布　(b) 1999~2000年冬季海冰厚度分布

40~50cm　30~40cm　20~30cm　10~20cm　0~10cm

图 5-30　不同冰情年份冬季海冰厚度分布(b)的比较

为了更好地表示冰厚分布及其随时间变化的动态变化情况，对 2000 年 1 月 30 日和 31 日两天的监测结果进行处理，将海冰按冰厚分成 0~10 cm、10~20 cm、20~30 cm、30~40 cm 和>40 cm 5 个等级，分别给出每天各冰厚等级的分布情况。图 5-31 中辽东湾内白色部分表示无冰区域(或是为云所覆盖)，有色部分是有冰区域，其中浅色表示该厚度等级海冰的分布范围，黑色区域表示其他厚度等级的海冰分布范围。各等级冰厚分布形状基本上是呈现东北—西南向的长条形，其长轴与东西两岸的地形走向基本平行，这反映了海冰的运动方向和运动性质。从 30~31 日不同厚度海冰的分布宽度是不一致的(表 5-8)。薄冰区(0~15 cm)的海冰除了向东运动外，还伴随有新的海冰不断生成，因此 31 日的宽度比 30 日的宽度宽。较薄海冰(15~20 cm)的运动阻力小，移动距离较大，因此 31 日的分布位置比 30 日的偏东，宽度也大。较厚海冰(20~25 cm 和 25~30 cm)的运动阻力大，受到前方更厚海冰的阻挡，在运动方向前出现大量的堆积现象，因此 31 日的分布宽度比 30 日的窄。厚海冰(>30 cm)就完全是一种挤压的过程，31 日的分布宽度比 30 日的要紧凑得多。根据分析，反演的结果和实际相符，同时选取的冰厚反演公式的参数也是合理的。

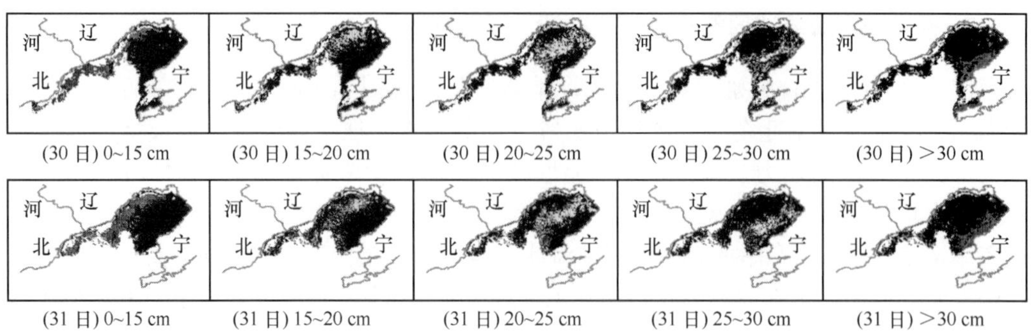

图 5-31　2000 年 1 月 30 日、31 日渤海辽东湾各个厚度等级的海冰分布图

（彩图见书后）

表 5-8　2000 年 1 月 30 日、31 日渤海辽东湾各个厚度等级的海冰分布平均宽度比较（单位：km）

时间	0～15 cm	15～20 cm	20～25 cm	25～30 cm	>30 cm
1 月 30 日	15	30	40	28	26
1 月 31 日	25	32	35	30	20

3. 根据渤海辽东湾海冰的运动特征来验证

辽东湾海冰除了沿岸是固定冰外其余的都是流冰。流冰在海流和风的动力作用下产生运动。2000 年 1 月 30 日和 31 日的渤海海区风速比较大，海冰运动明显。图 5-32(a)是 30 日的海冰厚度分布图，在辽东湾西岸的南部、北部以及辽东湾东岸的中部选择了 3 个小区域(依次编号为 1、2、3)，这 3 个小区域中都有可以明显辨认的大块冰[图 5-32(b)]。通过对冰块形状的相关分析并确定冰块的重心位置，进而在 31 日的冰厚分布图[图 5-32(c)]上找到这 3 个区域的位置，并给出这 3 个小区重心位置的偏移状况(表 5-9)。比较两天之间这 3 个小区域的中心位置的位移可以判断各个研究小区域海冰的运动方向。区域 1(辽东湾西岸南部)和区域 2(辽东湾西岸北部)的海冰运动方向都是东南方向，这是因为渤海冬季盛行西北风，在这种盛行风向的带动下，辽东湾内的海流呈顺时针流向，造成西岸的海冰向东运动。而区域 2(辽东湾西岸中部)的海冰运动方向是西南方向，这是因为东岸海冰在顺时针海流、西岸流冰的挤推、东岸地形的阻挡等作用下，只能沿东岸地形走向向西南方运动。图 5-32(d)是 1 月 31 日当天海冰运动预报结果图，它显示的海冰运动方向与 3 个小区的移动方向基本相符。根据上述海冰运动分析，反演的结果和实际相符。

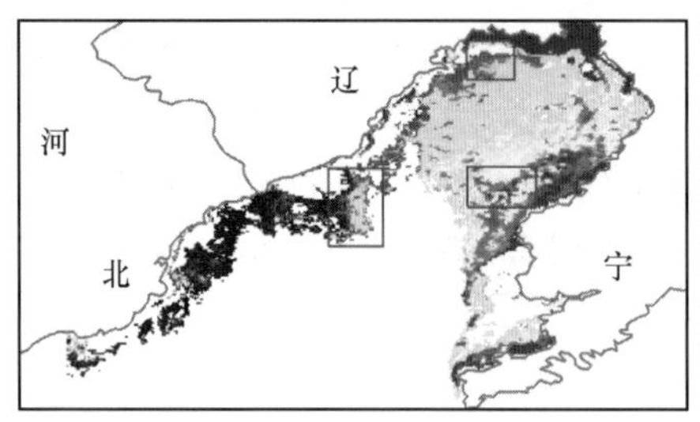

(a) 2000年1月30日海冰专题图

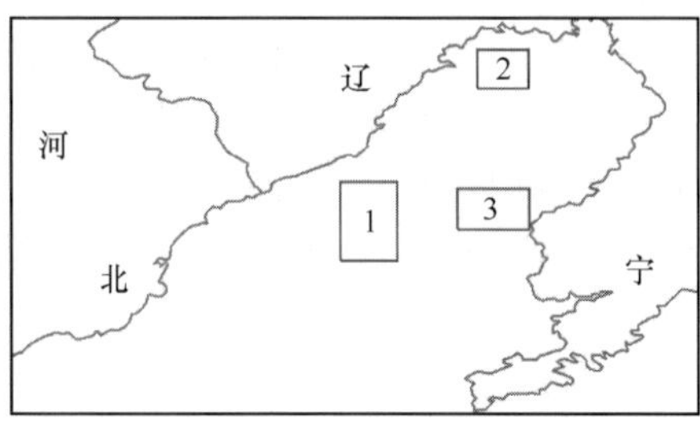

(b) 3个研究小区域的分布图

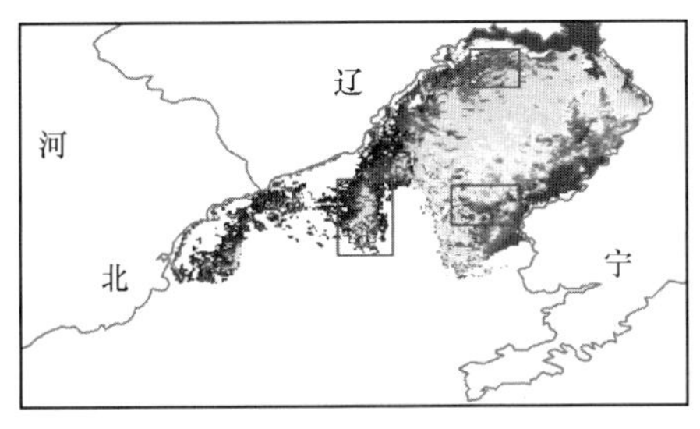

(c) 2000年1月31日海冰与题图

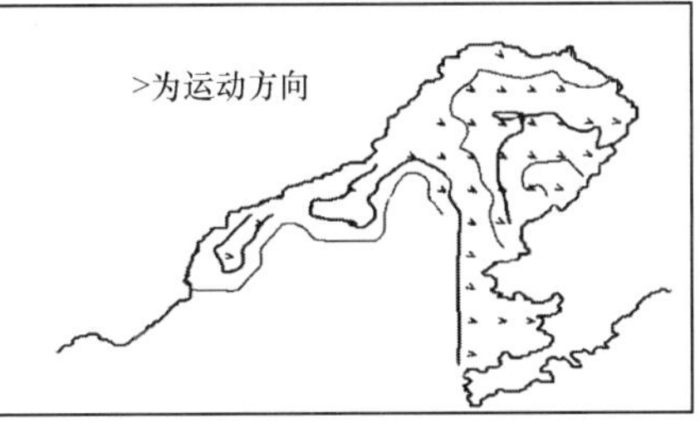

(d) 2000年1月31日海冰运动预报图

图 5-32　2000 年 1 月 30 日、31 日渤海辽东湾 3 个小区域的海冰运动分析

(彩图见书后)

表 5-9　研究小区域中心位置偏移比较

研究小区域	1	2	3
1 月 30 日(经、纬度)	120.45°E, 39.91°N	121.27°E, 40.72°N	121.34°E, 40.04°N
1 月 31 日(经、纬度)	120.46°E, 39.87°N	121.35°E, 40.68°N	121.25°E, 39.89°N

5.3　基于多角度光学和热红外遥感的冰厚信息提取

前面论述的海冰水厚信息提取方法都是从单一视角的遥感图像估算海冰厚度，而且反演所使用的模型主要适用于平整海冰。然而海冰表面并不是平整的，有着比较复杂的表面形状，仅用单一视角的遥感图像估算渤海海冰厚度，有时误差较大。同时，海冰表面粗糙程度与冰厚也有着比较密切的关系，通过估算海冰表面粗糙度来估算粗糙海冰厚度也不失为一种估算粗糙海冰厚度的有效途径。

多角度遥感从不同的观测方向获取地表的反射和辐射信息，使得信息量大增，应用多角度光学和热红外遥感提取冰厚信息，有望进一步提高海冰厚度估算精度，并进一步获取海冰表面的三维空间结构参数。因此，课题组在辽东湾的海冰淡化实验基地开展了相关的地面观测试验，以了解海冰的多角度反射和辐射特征，并初步探讨应用多角度光学和热红外遥感提取诸如海冰厚度、粗糙度等海冰参数的可能性。

5.3.1　渤海海冰表面粗糙特征观测试验

由于风、海流、潮汐、陆地和海岛等的作用，渤海海冰的表面并不全是平坦光滑的，而是大部分海冰的表面形态都是粗糙的(丁德文等，1999；Wadhams，1996)。一方面海冰表面粗糙程度是判断海冰的形成与发展阶段的重要指标；另一方面，海冰表面的粗糙程度会影响海冰反射率、散射系数和比辐射率等在 2π 空间的分布特征以及它们在 2π 空间的均值(徐希孺，2006；金亚秋，1993)。因此，了解和掌握海冰表面的粗糙特征对于准确分离海冰面散射与体散射、估算海冰辐射方向特征以及提高利用遥感图像区分海冰类型，反演海冰厚度、海冰表面温度和海冰拖拽系数等参数的精确度具有重要意义。

长期以来，对于海冰粗糙特征的研究主要集中于南北极附近海域的海冰，对于渤海海区的海冰粗糙特征的研究很少。Mai 等(1996)根据机载激光高度计在弗拉姆海峡测量的海冰表面出水高度、浮冰距离和浮冰尺寸数据统计了 3 个参数的频率分布特征，并根据所得结果估算了海冰的表面拖拽系数。Hibler 和 Leschack(1972)用能量谱分析方法分析了在北冰洋用声纳和激光扫描仪测得的海冰底面和表面轮廓数据，结果表明海冰底面的冰脊的分布并不是随机的，多年冰与一年冰的能量谱有较大差异。Rivas 等(2006)根据机载激光雷达测得的波弗特海、楚科奇海和白令海等海区的海冰表面轮廓线，计算了这 3 个海区初生冰、一年生平整冰、一年生非平整冰和多年冰的功率谱密度函数、相关长度和均方根高度，结果表明洛伦兹函数可以较好地描述这些海区海冰表面高度的功率谱密度函数。Dierking(1995)根据激光高度计在威德尔海测量的海冰表面高度数据，分析了海冰冰脊高度和海冰冰脊距离的关系，结果表明二者呈现指数关系。Gneiting 等(2010)利用分形分析方法计算北极海冰的表面剖面线的分形维数。李志军等(2009)利用 CCD 摄像技术对辽东湾附近的固定冰进行了监测，并统计了海冰堆积高度和剖面切角的概率分布特征。

1. 试验简介

基于以上研究现状和实际试验条件，在盛冰期选取了辽东湾东岸的 3 个地点的固定冰，用 Trimble GX 微地形激光扫描仪进行实地测量。

所使用的仪器为美国 Trimble 导航公司研制的 Trimble GX 3D 激光扫描仪。激光脉冲波长为 532 nm，视场范围为 360°×60°，扫描分辨率为 3 mm@ 50 m，标准偏差为 6. 5 mm@ 200 m，水平扫描行为 200 000 点，垂直扫描行为 65 536 点。仪器采用自动整平补偿和实时温度补偿，还可以进行大气校正，输出结果为点云图。

试验采取野外实地测量的方式，测量对象为沿岸的固定冰，具体的空间分布图如图 5-33 所示，测量地点海冰的具体状况见表 5-10。考虑测量的时间耗费和空间分辨率，测量时仪器的扫描分辨率设置为 4～6 mm@ 10 m，见表 5-10。

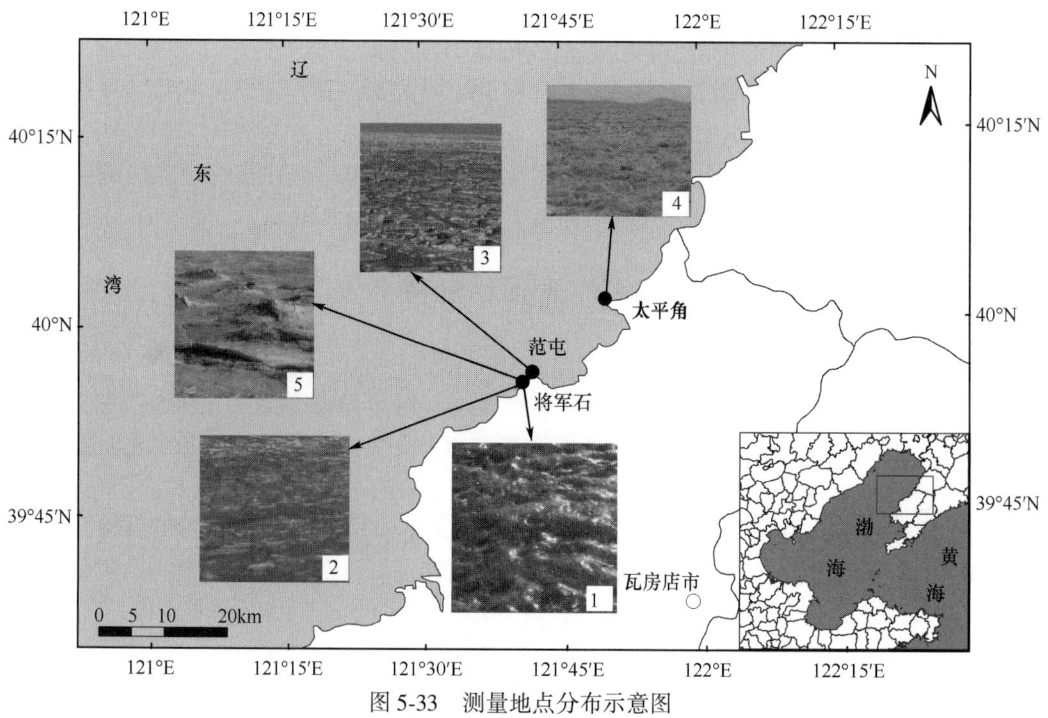

图 5-33　测量地点分布示意图

照片的编号表示样本的编号

表 5-10　测量地点海冰状况

	测量日期(年-月-日)	主要特征	测量分辨率
样本 1	2012-02-05	沿岸冰，表面融化与冻结	4mm@ 10m
样本 2	2012-01-15	沿岸冰，碰撞且冰盘较小	4mm@ 10m
样本 3	2012-02-15	沿岸冰，碰撞且冰盘较大	6mm@ 10m
样本 4	2012-02-09	沿岸冰，剧烈碰撞	4mm@ 10m
样本 5	2012-01-13	搁浅冰，礁石搁浅	5mm@ 10m

在假设海冰表面粗糙度特征各向同性的情况下，选取了所得数据的剖面线计算了剖面线的统计参数、功率谱密度和分形维数。

2. 海冰表面粗糙特征的描述

目前，主要采用统计参数、分形维度和功率谱密度描述海冰表面的粗糙特征。统计参数主要包括均值、均方根、偏度、峰度和频率直方图等。对于大量的海冰表面高度数据，统计参数的计算速度较快，可以比较快速地了解海冰表面高度分布的状况，但是对于拟合和模拟海冰表面形态比较困难。分形维度可以反映表面轮廓数据的粗糙程度(Davies and Hou，1996；Gneiting et al.，2004)，越光滑的表面其分形维度越接近几何维度，越粗糙的表面其分形维度与几何维度相差越大。在已知分形维度的情况下，还可以根据一些具有分型特性的函数来模拟粗糙表面，并进一步计算一些其他相关的参数(Jaggard and Sun，1990；Franceschetti et al.，1996)。功率谱密度可以在一定程度上较好地消除在实际采样时不可避免的仪器和采样误差。同时，通过功率谱密度可以更容易地建立表面统计量与表面散射量的关系(Stover，1995)。

Trimble GX 3D 激光扫描仪所得到的点云图是海冰某一面的点云图。假设海冰粗糙特征是各向同性的，从表 5-10 中所列每个样本的点云图中选取 50 条剖面线，共 250 条剖面线，并将剖面线重采样为分辨率为 0. 1 m 的剖面线。用剖面线的 Z 方向坐标值减去该剖面线的均值，所得到的剖面线记为($x_{p,n}$，$z_{r,p,n}$)；p 表示剖面线序号，n 为采样点序号，$n\in\{0, 1, 2, 3, \cdots, N-1\}$，$N$ 为采样点数量，所以 $x_{p,n}$表示第 p 条剖面线第 n 个采样点的水平坐标，所以 $x_{p,n}$表示第 p 条剖面线中第 n 个采样点的相对高度。

1) 统计参数

分别计算每个样本的 50 条剖面线总的高度分布直方图、高度均方根(σ_z)、高度偏度(α_z)、高度峰度(κ_z)、相关长度(l_z)、坡度(s)分布直方图、坡度均值($\bar{s}$)、坡度均方根(σ_s)、坡度偏度(α_s)、坡度峰度(κ_s)等参数。

2) 分形维度

近些年来，分形分析被广泛地应用于包括时间、剖面线和表面轮廓线等数据的分析研究中，它的应用几乎遍布各个学科领域(Mandelbrot，1982)。用于计算分形维数的方法主要有盒子计数法、Hall-Wood 法、变差法、能量变换法、半周期图法和小波变换法等。Gneiting 等(2010)的研究结果表明变换法更适合于空间数据的分形分析，因此采用

变换法计算海冰表面剖面线的分形维度，一维离散采样数据 $z_{r,p,n}$，计算式为

$$\hat{D}_{p,q} = 2 - \frac{\left\{ \sum_{l=1}^{L} (s_l - \bar{s}) \ln[\hat{V}_{p,q}(l/N)] \right\}}{q \sum_{l=1}^{L} (s_l - \bar{s})^2} \tag{5-11}$$

$$\hat{V}_{p,q}(l/N) = \frac{1}{2(N-l)} \sum_{n=1}^{N-1} | z_{r,p,n} - z_{r,p,n-l} | \tag{5-12}$$

式中，q 为变差的次数，q 一般取 1/2，1，2；$\hat{D}_{p,q}$ 为次数为 q 时求得的分形维数；$s_1 = \ln(l/N)$，为度量的尺度的对数值；$\bar{s}$ 为 s_l 的均值；$\hat{V}_{p,q}$ 为次数为 q、度量尺度为 l/N 时的能量变化值；L 为度量尺度的级数，$L \geqslant 2$。Gneiting 等(2010)研究表明对于空间数据来说，L 和 q 都取 2 时效果较好。

在实际计算分形维度时，采用如下方案，先用式(5-11)和式(5-12)计算每种样本每条剖面线的分形维度 $\hat{D}_{p,2}$，最后将该样本所有剖面线分形维度的均值 $\overline{\hat{D}}_{p,2}$ 作为该样本表面高度的分形维度，计算每条剖面线的分形维度时 N 设定为 100，并以 5 为增量，向前滑动，计算每次滑动的分形维度，最后将所有滑动计算的分形维度的均值作为该条剖面线的分形维度。

3）功率谱密度

采样点数量为 N 的离散采样数据($x_{p,n}$，$z_{r,p,n}$)的功率谱密度计算式为

$$\mathrm{PSD}_1(f_k) \approx \mathrm{P\hat{S}D}_1(f_k) = \frac{1}{P} \sum_{p=1}^{P} \frac{d}{N} \left| \sum_{n=0}^{N-1} \mathrm{e}^{-(\frac{j2\pi kn}{N})} z_{r,p,n} \right|^2 \tag{5-13}$$

式中，P 为采样剖面线的数量；$z_{r,p,n}$ 为第 p 条剖面线；d 为采样间隔；$x_{p,n}=nd$，$0 \leqslant x_{p,n} \leqslant (N-1)d$；$f_k \frac{k}{Nd}$，$\frac{1}{Nd} \leqslant f_k \leqslant \frac{1}{2d}$；频率间隔为 $\Delta f = \frac{1}{Nd}$。由尼奎斯特定理可知 k 的取值范围为 $1 \sim N/2$。

3. 海冰表面粗糙特征

1）统计参数特征

一般情况下，粗糙海冰或者是由于表面的冻融作用形成(样本 1)，或者是由平整冰在风、海流、陆地作用破碎后，再在这 3 个因素的作用下相互碰撞或堆积而成(样本 2、样本 3、样本 4 和样本 5)。当然上面两种情况并不是独立的，有时是两种情况的叠加，即力学作用形成大的高度起伏，冻融作用形成微小的起伏。图 5-34(a)～(e)分别为样本 1～样本 5 的高度频率直方图和坡度频率直方图，左边为高度频率直方图，右边为坡度频率直方图，直方图的采样数量为 30。其中，坡度用所对应的正切值表示。从图 5-34 和表 5-11 中可以看出，对于以冻融为主要作用形成的样本 1，表面高度最小，高度均方根仅为 0.009 m，高度四分位距为 0.014 m。同样，样本 1 的平均坡度也最小(0.013)，坡度均方根为 0.015，坡度四分位距为 0.022。样本 2 主要是在单层海冰破碎后碰撞并重新冻结而成的，表面高度高于样本 1，高度均方根为 0.027 m，高度四分位距为 0.039 m，平均坡度为 0.019，坡度均方根为 0.019，坡度四分位距为 0.05。样本 3 与样本 2 成因基本相同，所不同的是样本 3 的

冰盘尺寸大于样本 2, 高度均方根为 0.061 m, 高度四分位距为 0.090 m, 平均坡度为 0.065, 坡度均方根为 0.093, 坡度四分位距为 0.10。样本 4 是在剧烈碰撞的情况下形成的, 样本 4 的冰盘已经不明显, 高度均方根明显增大, 为 0.218 m, 高度四分位距为 0.374 m, 平均坡度为 0.190, 坡度均方根为 0.281, 坡度四分位距为 0.23。样本 5 是在涨潮时海冰向岸边或礁石上漂动, 落潮时被搁浅或隆起形成的, 并无明显的冰盘, 高度均方根为 0.136 m, 高度四分位距为 0.192 m, 平均坡度为 0.087, 坡度均方根为 0.120, 坡度四分位距为 0.59。从高度的三阶标准统计量偏度来看, 除了样本 1 的偏度为-1.052, 高度频率直方图呈现左偏外, 其他四个样本的高度频率直方图都是右偏, 右偏程度的大小顺序为样本 3>样本 5>样本 2>样本 4。这主要是由于样本 1 在冻融的作用下形成了低于原平整冰面的小坑, 平整部分的面积多于小坑的面积, 而其他 4 个样本则是由于碰撞挤压形成了高于原来平整冰面的隆起, 隆起的面积小于平整部分的面积。对于四阶标准统计量高度峰度来说, 样本 1 和样本 2 的峰度小于正态分布的峰度(3.0), 其他 3 个样本的峰度大于正态分布的峰度。从坡度偏度和峰度来看, 5 个样本的偏度都大于

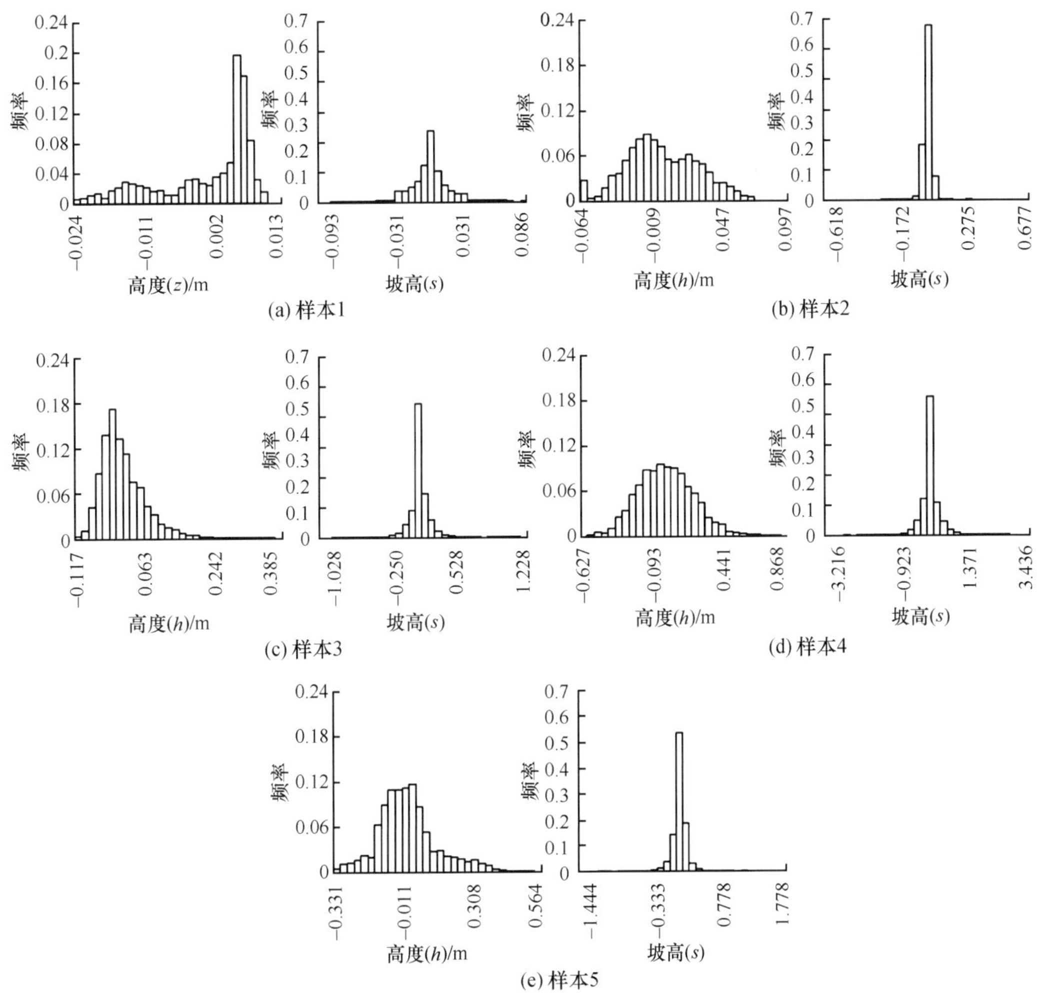

图 5-34　不同样本的高度频率和坡度频率直方图

左：高度频率直方图；右：坡度频率直方图

0，呈现右偏状态，5 个样本的峰度相差较大，样本 2 的峰度最大，达到了 38. 595，样本 1 的仅为 3. 397，大小顺序为样本 2>样本 5>样本 3>样本 4>样本 1。对于坡度偏度来说，样本 5 的坡度偏度大于其他 4 个样本的坡度偏度，即搁浅冰样本的坡度偏度大于所有的沿岸冰的坡度偏度，从表 5-11 中可以发现坡度偏度也是唯一的一个搁浅冰大于所有沿岸冰的统计参数，而对于其他统计参数，两种海冰类型的统计参数值大小互有消长。

表 5-11　不同样本剖面线的统计参数与分形纬度

样本	Nd/m	σ_z/m	α_z	κ_z	$\bar{s}$	σ_s	α_s	κ_s	l_z/m	$\overline{\hat{D}_2}$
样本 1	13. 0	0. 009	−1. 052	2. 826	0. 013	0. 015	1. 741	3. 397	2. 4	1. 087
样本 2	120. 0	0. 027	0. 335	2. 493	0. 019	0. 019	3. 299	38. 595	20	1. 134
样本 3	150. 0	0. 061	1. 554	7. 396	0. 065	0. 093	2. 877	13. 539	8. 7	1. 154
样本 4	203. 8	0. 218	0. 257	3. 188	0. 190	0. 281	2. 806	12. 505	15. 6	1. 169
样本 5	79. 8	0. 136	0. 661	3. 894	0. 087	0. 120	3. 979	23. 710	12	1. 118

表 5-12 为高度频率直方图与坡度频率直方图的卡方检验得分值与临界值对照表。高度频率直方图的理论假设为正态分布，正态分布的表达式为

$$f(z) = \frac{1}{\sqrt{2\pi\sigma_z}}\exp\left[-\frac{(z-\bar{z})^2}{2\sigma_z^2}\right] \tag{5-14}$$

式中，$f(z)$ 为概率密度函数；$\bar{z}$ 为均值；σ_z 为均方根。坡度频率直方图的理论假设为指数分布，表达式为

$$f(s) = \frac{1}{\bar{s}}\exp(-|s|\sqrt{|s|}) \tag{5-15}$$

式中，$f(s)$ 为概率密度函数；$|\bar{s}|$ 为均值。卡方检验的计算式(Bendat and Piersol, 2010)为

$$\chi^2 \sum_{i=1}^{M} \frac{O_i - E_i}{E_i} M \tag{5-16}$$

式中，χ^2 为卡方值；O_i 为实测值；E_i 为理论计算值；M 为采样数量。从表 5-12 中可以看出，样本 1 与样本 3 的高度频率直方图不符合正态分布，样本 2、样本 4 与样本 5 的高度分布为正态分布。5 个样本的坡度分布都是指数分布，只是样本 5 的卡方值比较接近临界值。

表 5-12　高度频率直方图与坡度频率直方图的卡方检验

项目	样本 1	样本 2	样本 3	样本 4	样本 5
正态分布	36. 35	4. 60	10 803. 95	0. 88	4. 80
正态分布临界值(Prob=95)	16. 93	16. 93	16. 93	16. 93	16. 93
指数分布	2. 91	11. 50	12. 39	12. 95	15. 52
指数分布临界值(Prob=95)	17. 71	17. 71	17. 71	17. 71	17. 71

2）分形纬度特征

从表 5-11 中可以看出，5 个样本的分形维度均大于它们的几何维度（1.0），分形维度最大的为样本 4（1.169），最小的为样本 1（1.087），最大的分形维度不大于 1.2，小于北极海冰的分形维度（1.38 左右）（Gneiting et al.，2010），这也说明与多年生北极海冰相比，一年生渤海海冰的粗糙程度不是很大。表 5-13 为表 5-11 中统计量之间的相关系数，从表 5-13 中可以看出，高度均方根（σ_z）与坡度均值（$\bar{s}$）和坡度均方根（σ_s）显著相关，坡度均值（$\bar{s}$）与坡度均方根（σ_s）完全相关，坡度峰度（k_s）与相关长度（l_z）相关。这可能是由于这些统计量的计算方法存在一定的相似。另外，二阶统计量与三阶标准统计量和四阶标准统计量的相关性较小，如高度均方根（σ_z）与高度峰度（κ_z）的相关系数仅为-0.03。分形维度（$\overline{\hat{D}_2}$）与坡度均值（$\bar{s}$）和坡度均方根（σ_s）的相关系数最大，均为 0.72。在实际应用中，对于相关程度较高的统计量可以只选取一个来分析，这样可以降低信息的冗余度。

表 5-13　不同参数之间的相关系数

项目	σ_z	α_z	κ_z	$\bar{s}$	σ_s	α_s	κ_s	l_z	$\overline{\hat{D}_2}$
σ_z	1.00	0.25	-0.03	0.98	0.97	0.38	-0.09	0.36	0.63
α_z		1.00	0.78	0.26	0.25	0.63	0.34	0.36	0.68
κ_z			1.00	0.05	0.06	0.10	-0.24	-0.28	0.38
$\bar{s}$				1.00	1.00	0.22	-0.20	0.31	0.72
σ_s					1.00	0.20	-0.22	0.29	0.72
α_s						1.00	0.73	0.64	0.32
κ_s							1.00	0.84	0.18
l_z								1.00	0.59
$\overline{\hat{D}_2}$									1.00

3）功率谱密度特征

图 5-35（a）~（e）分别为样本 1~样本 5 的高度曲线和功率谱密度曲线，左边为高度曲线，右边为功率谱密度曲线。由于采样长度的不同（表 5-10），5 个样本的空间频率的最小值不完全相同，样本 1 ~ 样本 5 的最小空间频率分别为 0.0769/m、0.0083/m、0.0067/m、0.0049/m、0.0125/m，最大空间频率均为 5/m。从整体上看，5 个样本的功率谱密度值的大小顺序为样本 4> 样本 5>样本 3>样本 2>样本 1，这与表 5-11 中的高度均方根的大小次序相对应。为了分析高度曲线功率谱密度的特征，分别假设高度自相关函数为高斯自相关函数和指数自相关函数，并用式（5-17）中的计算式进行卡方检验。高斯自相关函数的表达式为

$$g(r) = \delta_z^2 \exp\left(\frac{-r^2}{l_z}\right) \tag{5-17}$$

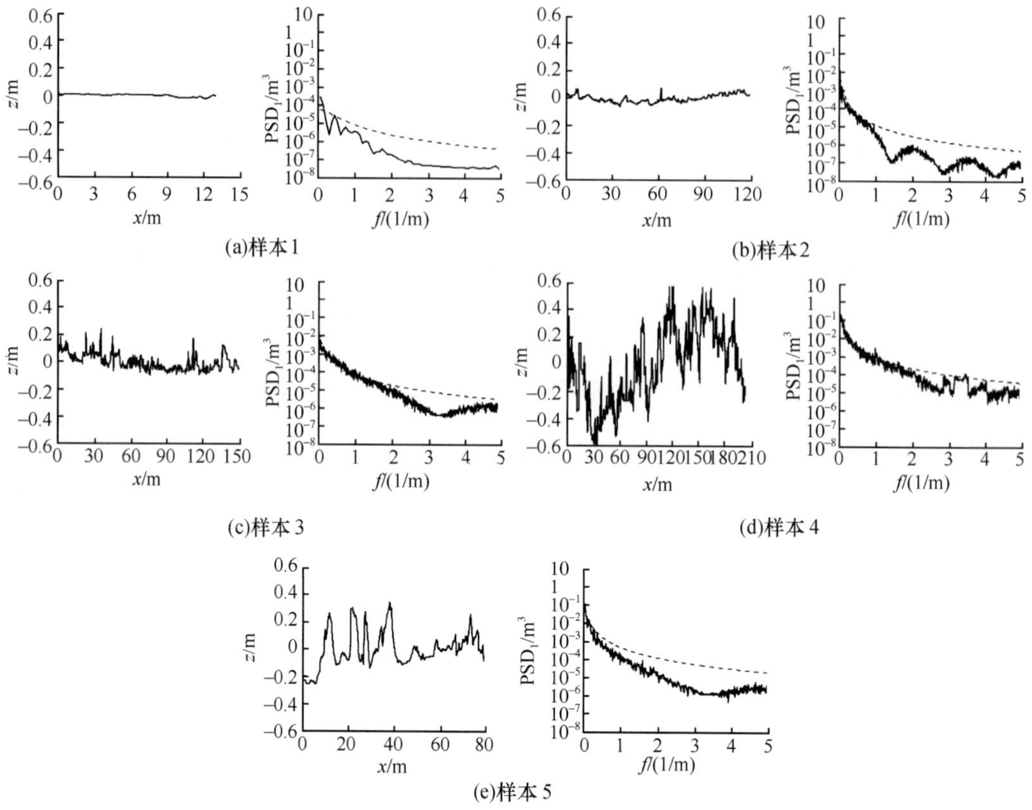

(a)样本1 (b)样本2 (c)样本3 (d)样本4 (e)样本5

图 5-35 不同样本的高度曲线和功率谱密度曲线

左为高度曲线；右为功率谱密度(PSD)曲线；实线为实际计算的功率谱密度值；虚线为指数分布的功率谱密度理论计算值

式中，$g(r)$为自相关函数；$r=x_2-x_1$，为 x 方向上的距离。高斯自相关函数的功率谱密度为

$$\mathrm{PSD}(f)=\frac{\delta_z^2 l_z}{2\sqrt{\pi}}\exp\left(\frac{-f^2 l_z^2}{4}\right) \tag{5-18}$$

式中，PSD(f)为高斯自相关函数的功率谱密度；f 为频率。指数自相关函数的表达式为

$$g(r)=\delta_z^2\exp\left(\frac{-|r|}{l_z}\right) \tag{5-19}$$

功率谱密度为

$$\mathrm{PSD}(f)=\frac{\delta_z^2 l_z}{\pi(1+f^2 l_z^2)} \tag{5-20}$$

从式(5-18)和式(5-20)可以看出，功率谱密度函数只与高度均方根(σ^2)和相关长度(l_z)两个参数有关。将表 5-11 中的高度均方根(σ^2)和相关长度(l_z)值分别代入式(5-18)和式(5-20)，用式(5-17)和图 5-35 中的功率谱密度 PSD_l 计算卡方值χ^2，计算结果见表 5-14。

表 5-14　功率谱密度的卡方检验

项目	样本 1	样本 2	样本 3	样本 4	样本 5
指数自相关函数功率谱密度	0.07	84.96	234.99	563.24	92.90
高斯自相关函数功率谱密度	126 771	4.72×10^{22}	6.78×10^{30}	1.41×10^{20}	1.33×10^{107}
临界值(Prob=95)	64.94	598.71	748.85	1 018.06	398.50

从表 5-14 中可以看出 5 个样本的功率谱密度与指数自相关函数功率谱密度更接近，即高度自相关函数为指数自相关函数。另外，从图 5-35 可以看出，在空间频率小于 1.0/m时，所计算功率谱密度值与指数自相关函数功率谱密度更接近，随着频率的增大，两者的差异增大，这有可能是仪器测量以及重采样过程中引入了误差所引起的。

通过对计算结果的分析可以得出以下主要结论：①所选取的 5 个样本中，有 3 个样本的高度分布符合正态分布，所有样本的坡度分布都符合指数分布，高度和坡度的二阶统计量与三阶标准统计量和四阶标准统计量的相关性较小，高度的二阶统计量和坡度的二阶统计量相关性较大；②所有样本的分形维度都大于它们的几何维度，分形维度与坡度均值和坡度均方根的相关系数最大；③功率谱密度的值基本上随着高度均方根的增大而增大，所有样本的功率谱密度分布更接近指数自相关函数功率谱密度。另外，在测量与计算过程中的误差主要来源为仪器测量误差和原始数据重采样造成的误差。

统计参数、分形维度与功率谱密度的计算与数据采样的分辨率以及采样数量有关，即尺度效应。对于不同尺度粗糙海冰，其统计参数有所不同，并且具有不同的分形维度和功率谱密度。同样，计算粗糙海冰的电磁散射量、辐射量也需要考虑电磁波波长与表面高度比例。因此，研究海冰不同尺度下海冰的粗糙特征，对于计算海冰表面的电磁散射量、辐射量等参数具有重要意义。统计参数(尤其是高度均方根与坡度均方根)、分形维度与功率谱密度存在一定的相关性。这一方面与海冰的粗糙特征有关，另一方面与这三者的计算方法有关。一般在建立与粗糙海冰表面相关的经验模型时多考虑用统计参数表示粗糙程度，若要建立半经验和数理模型多考虑用分形维度和功率谱密度表示粗糙程度。尽管我们只对沿岸粗糙海冰表面高度进行测量，然而从粗糙海冰形成过程来看，海上测粗糙海冰的形成过程与样本 2、样本 3 和样本 4 的形成过程比较相似。因此，上述测量结果对于描述海上粗糙海冰的粗糙特征也具有一定的参考价值。

5.3.2　平整海冰多角度反射光谱观测试验

1. 试验简介

试验地点位于渤海东部的辽宁省瓦房店市西杨乡将军石渔港附近，具体地理位置为 121.6799°E，39.9205°N。试验时间为 2012 年 2 月 4~5 日，处于渤海的盛冰期，天气状况为晴天，天空晴朗无云。测量对象为 3 种典型的平整海冰，样品特征见表 5-15。所用仪器为美国 ASD 公司 Field Spec 3 野外便携式地物光谱仪，工作波段为 350~2500 nm，输出反射光谱采样间隔为 1 nm。仪器视场角为 7.5°，观测天顶角为 0°、10°、20°、30°、

40°、50°和60°共计7个，方位角为0°、90°、180°和270°共计4个，即每个样品共进行25个方向的观测。观测时的太阳高度角均为25°左右，观测时间控制在15 min之内，在此期间，太阳高度角变化小于2°，基本可以忽略不计，观测示意图见图5-36。

表5-15　被观测的样品特征

项目	厚度/cm	外观
样品1	8	表面光滑
样品2	20	表面较光滑
样品3	34	表面较光滑

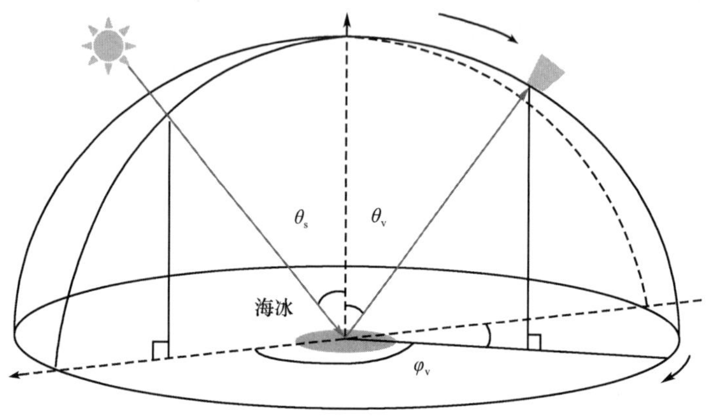

图5-36　观测示意图

2. 海冰光谱反射特征的描述

晴空条件下，在野外使用参考白板模拟朗伯体进行观测时，观测到的参考白板的反射辐射亮度实际上是2π空间内的辐射经过参考白板反射后的辐射亮度。因此，对于海冰来说所观测到的半球-方向反射率因子（hemispherical directional reflectance factor，HDRF）可以表示为

$$R_I(\frown, \theta_v, \phi_v, \lambda) = \frac{\mathrm{d}L_I(\theta_v, \phi_v, \lambda)}{\mathrm{d}L_L(\lambda)} R_L(\lambda) \tag{5-21}$$

式中，$R_I(\frown, \theta_v, \phi_v, \lambda)$为某方向的HDRF；$L_L(\lambda)$为所观测到的参考白板的辐射亮度，参考白板在这里被认为是近似的朗伯体，因此其方向-半球反射率与观测方向无关。$\mathrm{dL}_I(\theta_v, \phi_v, \lambda)$为在某方向观测到的海冰的反射辐射亮度；$R_L(\lambda)$为参考白板的半球-方向反射率，$R_L(\lambda) \equiv 1$。

为了反映海冰在不同方向的反射特征，用各向异性因子（anisotropy factor，ANIF）来表征海冰反射的方向性。计算方法为

$$\mathrm{ANIF}(\frown, \theta_v, \phi_v, \lambda) = \frac{R_I(\frown, \theta_v, \phi_v, \lambda)}{R_{10}(\frown, \lambda)} \tag{5-22}$$

式中，$\mathrm{ANIF}(\frown, \theta_v, \phi_v, \lambda)$为某一观测方向的ANIF；$R_{10}(\frown, \lambda)$为观测天顶角为0°时的HDRF。

3. 海冰的 HDRF 和 ANIF 特征

1）HDRF 特征

图 5-37 为根据试验测量结果绘制的不同样品在不同观测方向上的 HDRF 光谱曲线。由于海冰在短波红外波段反射率较低，仪器在该波段噪声较大，因此只选择了 350～1 350 nm波段的数据进行讨论分析。对比图 5-37(a)～(c)可以看出，在观测方位角为 0°时，不同厚度和内部结构(气泡与卤水泡的数量及分布)的海冰其 HDRF 随着观测天顶角(0°～60°)的增大而增大，但是光谱形状差异较大。厚度较大的样品 3(表 5-15)其 HDRF 光谱具有明显的双峰结构，分别为可见光波段的 671 nm 附近的主峰和近红外波段的 1070 nm 附近的次峰。样品 1 和样品 2(表 5-15)虽然也是双峰结构特征，但是只有在 550 nm附近和 606 nm 附近的主峰较明显，而在 1 070 nm 附近的次峰不明显。海冰对太阳辐射的反射主要包括海冰底面、表面的反射(随着冰厚增加底面的反射减少，直至消失)和海冰内部的散射。对比图 5-37(d)～(f)、(g)～(i)和(j)～(l)可以看出，在观测方位角为 90°，180°和 270°时，海冰的反射主要是来自内部的散射，厚度越大的海冰其内部散射越多，因此 3 个样品的 HDRF 随着天顶角的变化没有明显的规律，而且在不同观测天顶角上的 HDRF 值相差不大，3 个样品的 HDRF 值随波长变化的变化趋势分别与其相应的观测方位角为 0°时的形状基本相同，厚度越大的 HDRF 越大。对比图 5-37 中相同样品在不同观测方向上[(a)、(d)、(g)和(j)；(b)、(d)、(h)和(k)；(c)、(f)、(i)和(l)]的 HDRF 光谱可知，当观测方向靠近太阳前向反射方向时，海冰表面的镜面反射迅速增大，在同一观测天顶角下，3 种样品的 HDRF 值在观测方位角为 0°时最大，在 90°、180°和 270°的值基本相同，即观测方向越接近太阳入射光的前向反射方向(65°，0°)，其 HDRF 就越大。虽然 3 种样品的厚度不同，但是 HDRF 值随着观测方向变化的变化趋势相同，这也说明冰厚没有影响平整海冰的 HDRF 值随着观测方向改变的变化趋势。

2）ANIF 特征

图 5-38 为根据式(5-22)计算的不同样品在不同观测方向上的 ANIF 光谱，波段区间为 3 50～950 nm。对比图 5-38(a)～(c)，可以看出，在观测方位角为 0°时，3 个样品的 ANIF 值随观测天顶角增大而增大，而且 3 个样品的 ANIF 在同一观测天顶角时随波长变化的变化趋势基本相同，即随着波长的增加 ANIF 值波动增加，在 950 nm 附近达到最大值，这也说明随着波长的增大，海冰表面的反射量所占的比例增加。在同一观测方向(同一观测天顶角，同一观测方位角)和同一波长位置时，3 个样品的 ANIF 值大小差异很大，样品 1 从 350 nm 处的 11. 94 增加到 950 nm 处的 85. 13，样品 2 从 350 nm 处的 2. 78 增加到 950 nm 处的 12. 66，明显小于样品 1。样品 3 的最小，仅为从 350 nm 处的 1. 64 增加到 950 nm 处的 3. 34，ANIF 值随着冰厚的增加而减小。但对比图 5-38(d)～(f)、(g)～(i)和(j)～(l)可以看出，在观测方位角为 90°、180°和 270°时，3 个样品的 ANIF 随着天顶角变化的变化没有明显的规律。样品 1 在不同天顶角上的 ANIF 相差较大，在 90°观测方位角从 0. 83 增加到 3. 02，在 180°观测方位角从 0. 77 增加到 1. 79，在 270°观测方位角从 0. 83 增加到 1. 72。样品 2 在不同天顶角上的 ANIF 差异小于样品 1，在 90°观测方位角从 0. 99 增加到 1. 77，在 180°观测方位角从 0. 99 增加到 1. 76，在 270°

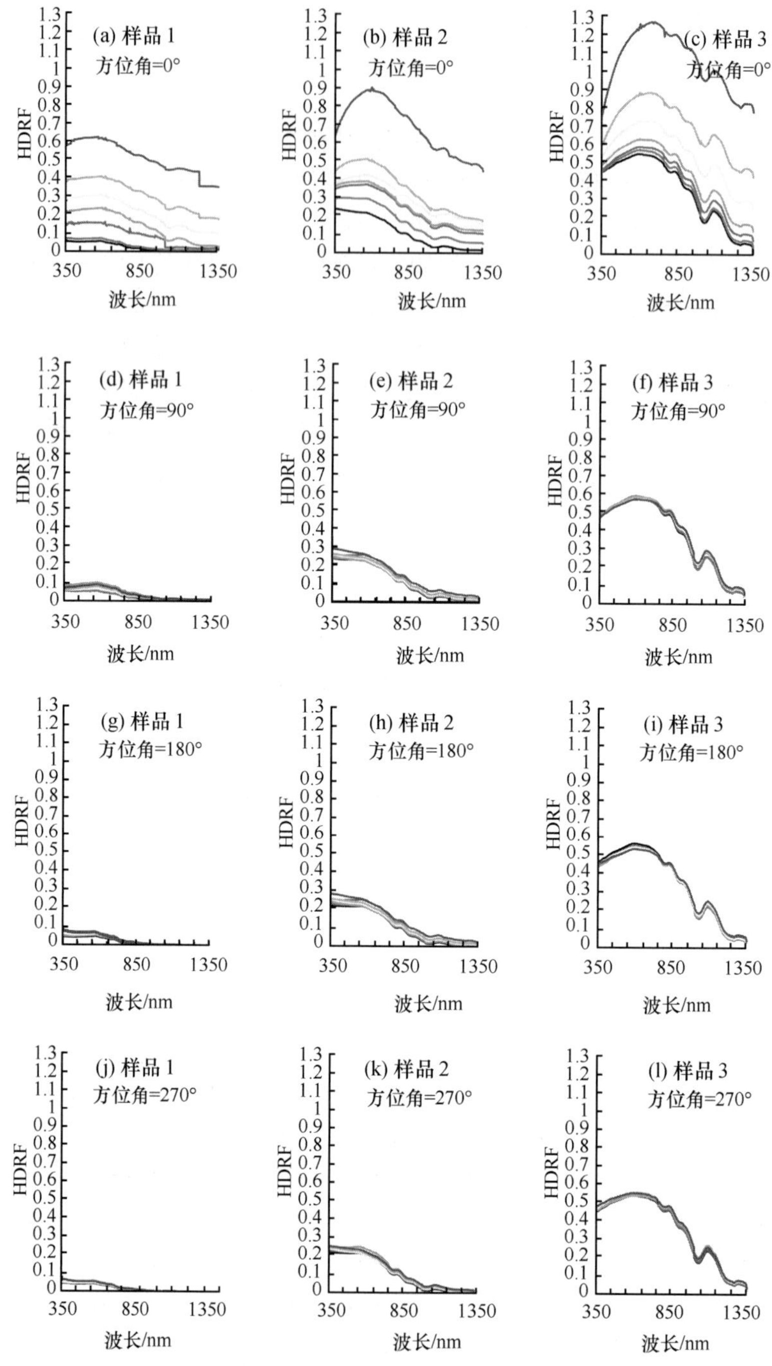

图 5-37　不同观测方向上的 HDRF 光谱

（彩图见书后）

方位角从 0.99 增加到 1.46。样品 3 在不同天顶角上的 ANIF 的差异最小，在 90°观测方位角从 1.03 增加到 1.20，在 180°观测方位角从 0.98 增加到 1.05，在 270°观测方位角从 0.99 增加到 1.12。可以看出，观测方位角为 90°、180°和 270°3 种样品都出现了 ANIF 值小于 1 的情况，这也说明此时海冰内部散射占主要地位，而且海冰内部散射的各向异性程度相对较小。3 个样品的 ANIF 值在 750~950 nm 波段的差异明显大于 350~750 nm 波段的值，尤其是样品 1 和样品 2 比较明显。分别对比图 5-38 中相同样品在不同观测方向上[(a)、(d)、(g)和(j)；(b)、(d)、(h)和(k)；(c)、(f)、(i)和(l)]的 ANIF 光谱可知，在同一观测天顶角下，3 种样品的 ANIF 值在观测方位角为 0°时明显大于观测方位角为 90°、180°和 270°。即观测方向越接近与太阳入射光的前向反射方向，其 ANIF 就越大，这与 HDRF 的变化趋势相似。

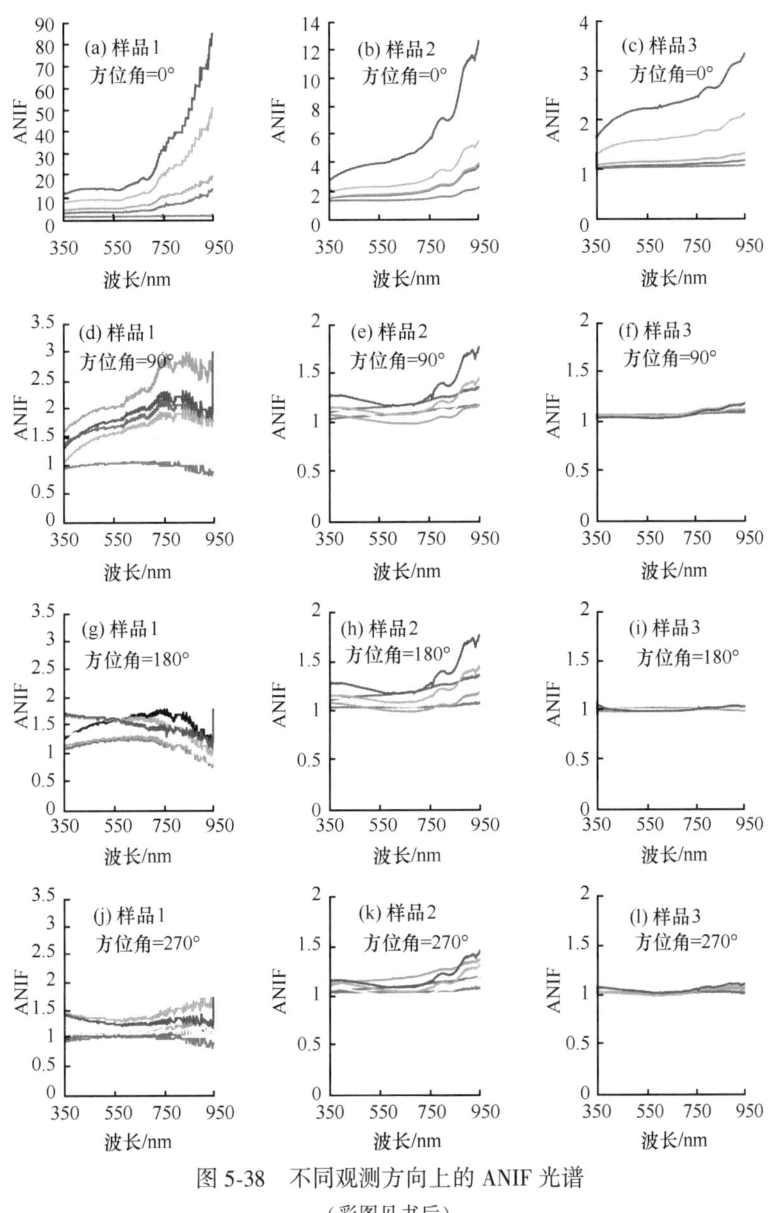

图 5-38　不同观测方向上的 ANIF 光谱

（彩图见书后）

综上所述，HDRF 和 ANIF 反映了海冰对太阳入射以及大气向下散射的能量在 2π 空间内的反射特征。海冰的厚度、内部结构和形态会影响海冰的 HDRF 和 ANIF 分布特征。

通过分析实测数据可知，对于平整海冰来说，反射能量主要集中在太阳入射光的前向反射方向上，在其他方向上的反射能量差异要远小于前向反射方向上的能量差异。平整海冰的厚度和内部结构等因素会影响 HDRF 和 ANIF 的特征，在 350~1 350 nm 波段，厚度较小、表面光滑的平整海冰(样品 1)其 HDRF 相对较小，而 ANIF 相对较大，厚度较大的平整海冰其 HDRF 相对较大，而 ANIF 相对较小。尤其是在前向反射方向上这个现象更明显。因此，可以考虑使用前向反射方向的 HDRF 和 ANIF 与其他方向的差异，并结合其在不同波长上的差异来反演海冰厚度、内部结构和表面形态等物理属性。

5.3.3 粗糙海冰表面的多角度辐射特征

1. 试验简介

试验地点为辽东湾东岸，测量时间为 2012 年 1 月 17 日至 2 月 12 日，测量对象为盛冰期沿岸的固定冰(包括沿岸冰和搁浅冰)，测量地点见图 5-39，每个地点的冰情概况见表 5-16。

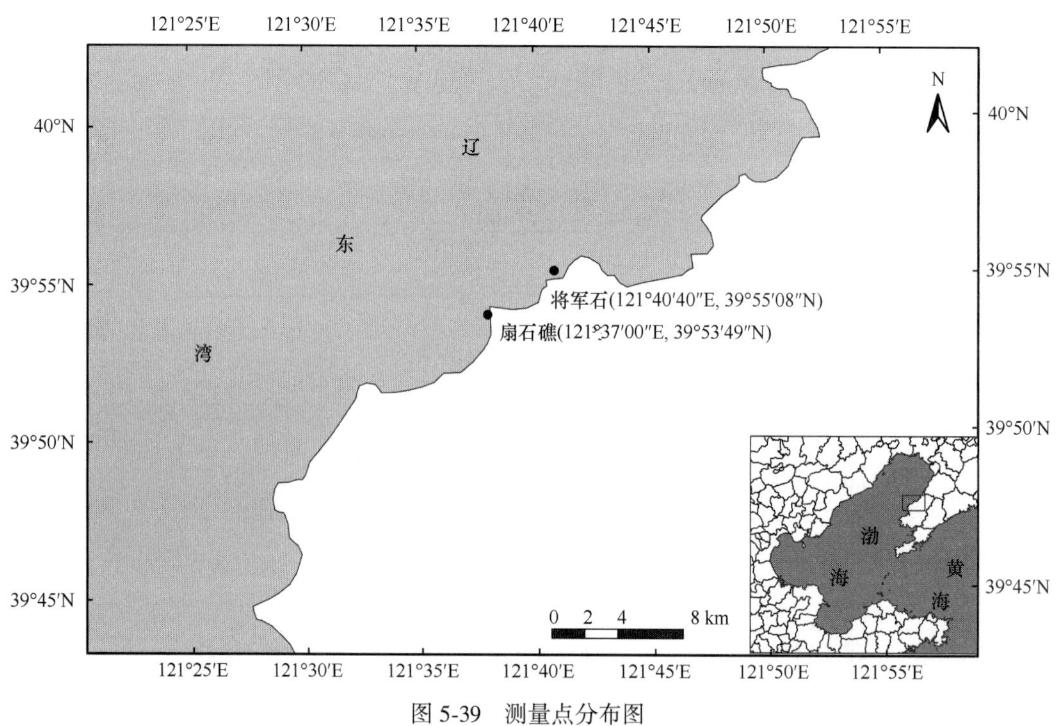

图 5-39 测量点分布图

表 5-16 测量地点冰情概况

地点	冰情概况
将军石	大部分为沿岸冰，少量搁浅冰，表面粗糙，单层冰厚度为 38 cm 左右
扇石礁	绝大部分为沿岸冰，极少量搁浅冰，单层冰厚约为 30 cm

所使用的实验仪器主要有用于测量海冰表层温度的 Watchdog A-125 温度计，测量海冰表面辐射亮温的 TH3102 MR 型热红外成像仪和测量海冰表面形态的 Trimble GX 3D 激

光扫描仪。

Watchdog A-125 温度计为自动记录温度计，最大记录数据量为 8000 个，可以自主设定采样时间间隔，最小采样时间间隔为 1 min。Watchdog A-125 温度计有两个探头：一个固定在记录器上；另一个通过传输线与记录器相连接，长度约为 3 cm，可分别用于测量空气温度和海冰表层温度。测量范围为−40~70℃，误差为±0.6℃。

TH3102 MR 型热红外成像仪由日本三荣株式会社生产。工作波段为 8~13μm，温度分辨率为 0.02℃，空间分辨率为 1.5 mrad，斯特林制冷方式，测量精度为±5%。仪器主要分为探测器和控制器两部分，探测器的水平视场角为 30°，垂直视场角为 28.5°，控制器采用伪彩色的方式显示结果，输出结果为辐射亮温。

Trimble GX 3D 激光扫描仪由 Trimble 导航公司研制生产。激光脉冲波长为 532 nm，视场范围为 360°×60°，扫描分辨率为 0.06 mrad，标准偏差为 0.0325 mrad，水平扫描行为 200 000 点，垂直扫描行为 65 536 点。仪器采用自动整平补偿和实时温度补偿，还可以进行大气校正，输出结果为点云图。

主要的测量项目有海冰表层温度、海冰表面多角度热红外辐射、海冰表面单视角热红外辐射和海冰表面形状，每个地点的测量项目见表 5-17。

表 5-17　测量地点与项目

地点	项目
将军石	海冰表层温度
	海冰表面多角度热红外
扇石礁	海冰表面单视角热红外
	表面形状

测量海冰表层温度时，用手钻在海冰表层钻一个直径小于 1 cm，深度为 4.5 cm，将 Watchdog A-125 温度计的探头放入小洞中，并用原来的碎屑将探头埋上，这样温度计测量的温度为 3 cm 左右深度处的温度。将 Watchdog A-125 温度计的记录器放入百叶箱，悬挂到固定架子上，并使它距离冰面有数十厘米的距离，这样 Watchdog A-125 温度计的气温探头测量的就是距离海冰表面一定高度的空气温度，测量示意图见图 5-40；h_{si} 为测量冰块表面与大冰盘的垂直距离，取值为 0 cm、10 cm、20 cm、30 cm、40 cm 和 50 cm；h_a 为百叶箱底部与大冰盘的垂直距离，取值为 10 cm、20 cm、30 cm、40 cm、50 cm 和 60 cm。测量时采样时间间隔为 1 min。

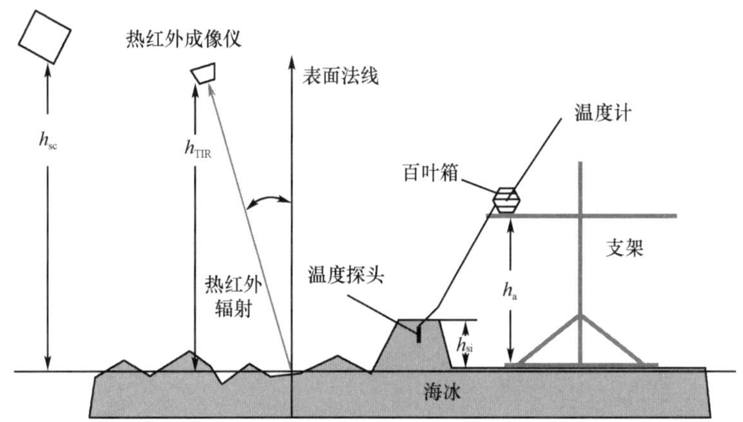

图 5-40　测量示意图

图 5-41 为不同凸出高度海冰表层温度测量示意图，图 5-41(a)、(c)和(d)中凸出冰块的高度从冰面的 0 cm 至相对于冰面最大高度 50 cm，增量为 10 cm。图 5-41(a)～(d)空气温度为相对于冰面的 10 cm 至相对于冰面最大高度 60 cm，增量为 10 cm。图 5-41(b)为人工取出的冰块模拟粗糙海冰，并未按照高度排列，而是按照体积大小的顺序排列的。图 5-41(a)、(c)和(d)均为自然形成的粗糙海冰。图 5-41(a)观测时的天气为阴天，其余的都为晴天。

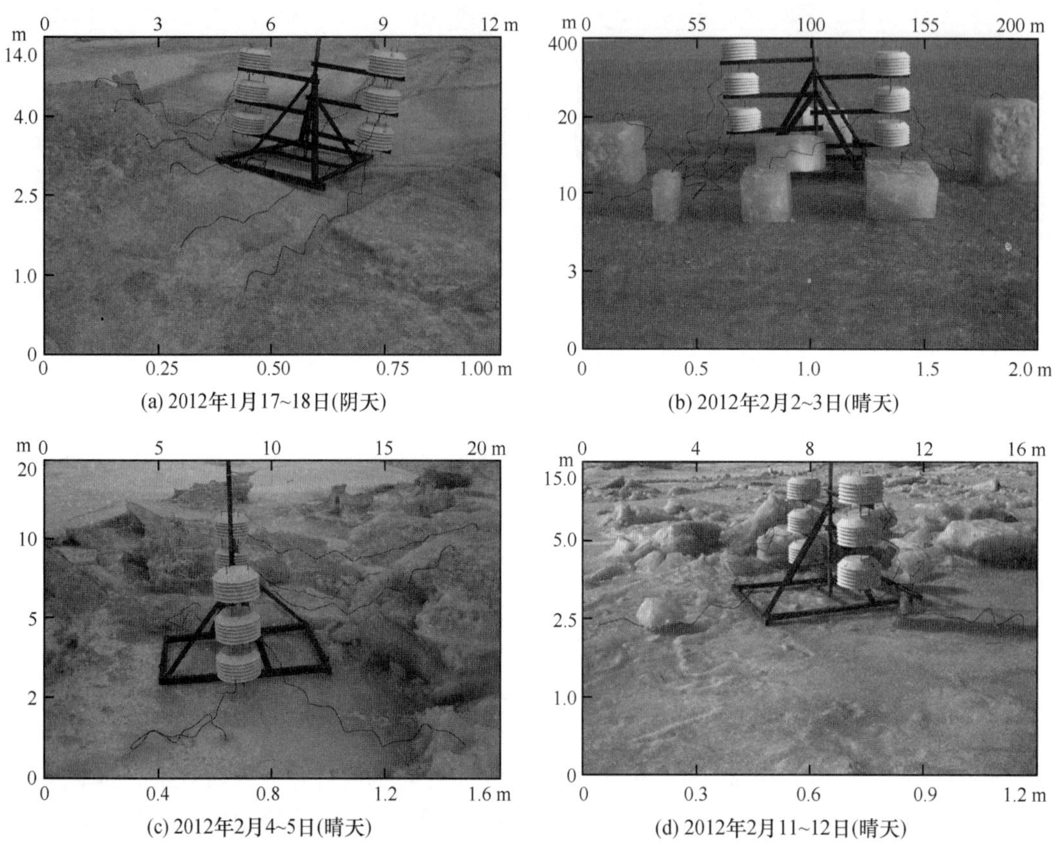

图 5-41　不同凸出高度海冰表层温度测量示意图

测量海冰表面辐射亮温时，仪器的发射率设置为 1.0，天顶角视观测范围而确定，由于仪器的视场角相对较小。因此，对大范围观测时采用的观测天顶角较大，约为 60°～80°。而对小范围观测，仪器观测天顶角范围可从 0°～80°，观测示意图见图 5-40，h_{TIR}为热红外成像仪与海冰表面的距离，视观测项目而定(见表 4-20)，从 2～30 m 不等。

对海冰表面形状进行测量时，由于 Trimble GX 3D 激光扫描仪只能进行斜视测量，因此，需要根据所要测量的范围，选择合适的仪器放置高度。实际测量时考虑测量的时间耗费和空间分辨率，测量时仪器的扫描分辨率设置为 0.4～0.6 mrad，观测示意图见图 5-40，h_{SC}为激光扫描仪与海冰表面的距离，约为 35 m。

2. 辐射能量与粗糙程度的计算方法

1）辐射能量的计算方法

TH3102 MR 型热红外成像仪的输出结果为辐射亮温，由于测量时发射率设置为 1.0，可以将辐射亮温认为是所对应黑体的真实温度，根据普朗克公式在有界区间的积分可以计算对应仪器相应波段的辐射亮度，计算方法为(邓明德等，2002)

$$L_{\lambda_1,\lambda_2}(T)=\alpha_1\sum_{n=1}^{+\infty}\left(\frac{1}{n\alpha_2\lambda_2^3}T+\frac{3}{n^2\alpha_2^2\lambda_2^2}T^2+\frac{6}{n^3\alpha_2^3\lambda_2}T^3+\frac{1}{n^4\alpha_2^4}T^4\right)e^{-\frac{n\alpha_2}{\lambda_2 T}}-\alpha_1\sum_{n=1}^{+\infty}\left(\frac{1}{n\alpha_2\lambda_1^3}T+\frac{3}{n^2\alpha_2^2\lambda_1^2}T^2+\frac{6}{n^3\alpha_2^3\lambda_1}T^3+\frac{1}{n^4\alpha_2^4}T^4\right)e^{-\frac{n\alpha_2}{\lambda_1 T}} \tag{5-23}$$

式中，L_{λ_1,λ_2}为波段 λ_1，λ_2 辐射亮度，单位为 W/(m · sr)；λ 单位为 μm；α_1，α_1 为常数，$\alpha_1=1.191\ 066\times10^8$W · cm^2，$a_2=1.191\ 006\times10^4$μm · K；$T$ 为热力学温度。

2）粗糙程度的计算方法

从 Trimble GX 3D 激光扫描仪所测量的点云图中选取一定范围的点，计算点的高度均方根，将均方根作为衡量海冰粗糙度的指标。高度均方根的计算公式为

$$\sigma=\sqrt{\sum_{i=1}^{N}\frac{(z_i-\bar{z})^2}{N}} \tag{5-24}$$

式中，σ 为高度均方根；z_i 为第 i 个采样点的高度值；$\bar{z}$ 为均值；N 为采样点的个数。

3. 粗糙海冰像元内的非同温现象

目前，遥感图像的分辨率从米级到千米级不等。因此，本节所测量的粗糙海冰的各个部分的真实温度和辐射亮温都是在米级之内开展的，即所测量的粗糙海冰各个分部的水平距离为几十厘米至几米。

1）起伏对真实温度的影响

渤海粗糙海冰的形成主要受动力过程的影响，在凸出的部分与较大冰盘之间容易形成热阻层，凸出部分与空气的接触面积增大，比表面增大。这些都会使粗糙海冰凸出的部分感热通量、潜热通量以及热传导通量变化率较大，最明显的结果是引起温度的日较差较大。

图 5-42 为图 5-41 测量试验的结果，左侧为海冰表层温度随时间变化的变化图，右侧为空气温度随时间变化的变化图。从图 5-42(a)中可以看出，阴天没有太阳光照时，位于冰盘上的 0 cm 处的海冰表层温度一致高于其他高度的海冰表层温度，海冰的表层温度随着高度增加而减小，不同高度的温差小于 2℃。对于有太阳光照时的海冰表层温度则有所不同，从图 5-42(c)可以看出，位于冰盘上的 0 cm 处的海冰表层温度并不是一直高于其他高度的海冰表层温度，在 10：00~17：00 40 cm 和 50 cm 处温度较高，0 cm、10 cm 和 30 cm 处的温度较低，而在 20：00~9：00 10 cm 处的温度一直高于其他高度的温度，最大温差接近 2℃，在 3：00~7：00，0 cm 处的温度高于除了 10 cm 高度的其他高度的温度，这主要是由于凸出高度越高的冰块的表面比越大，白天受太阳光照影响，升温较快，夜间热量散失也

快，而且与冰盘的热交换较慢，而处于冰盘 0 cm 处的海冰与周围热交换较快，即使散失热量也会有周围的海冰以及底部的海水，即热惯量较大，在其他时间不同高度海冰表层温度差异较小，此时也正是太阳日出不久或日落不久。另外，图 5-42(c) 中的结果显示，0 cm处的温度并不是最高的，这可能是由于海冰 10 cm 处冰盘的热阻较小。图 5-42(d) 与图 5-42(c) 的趋势总体相似，只是测量的时段不同，在 20：00~9：00 0 cm 处的温度一直高于其他高度的温度，最大温差接近 8℃，在 10：00~17：00 40 cm 处温度高于其他高

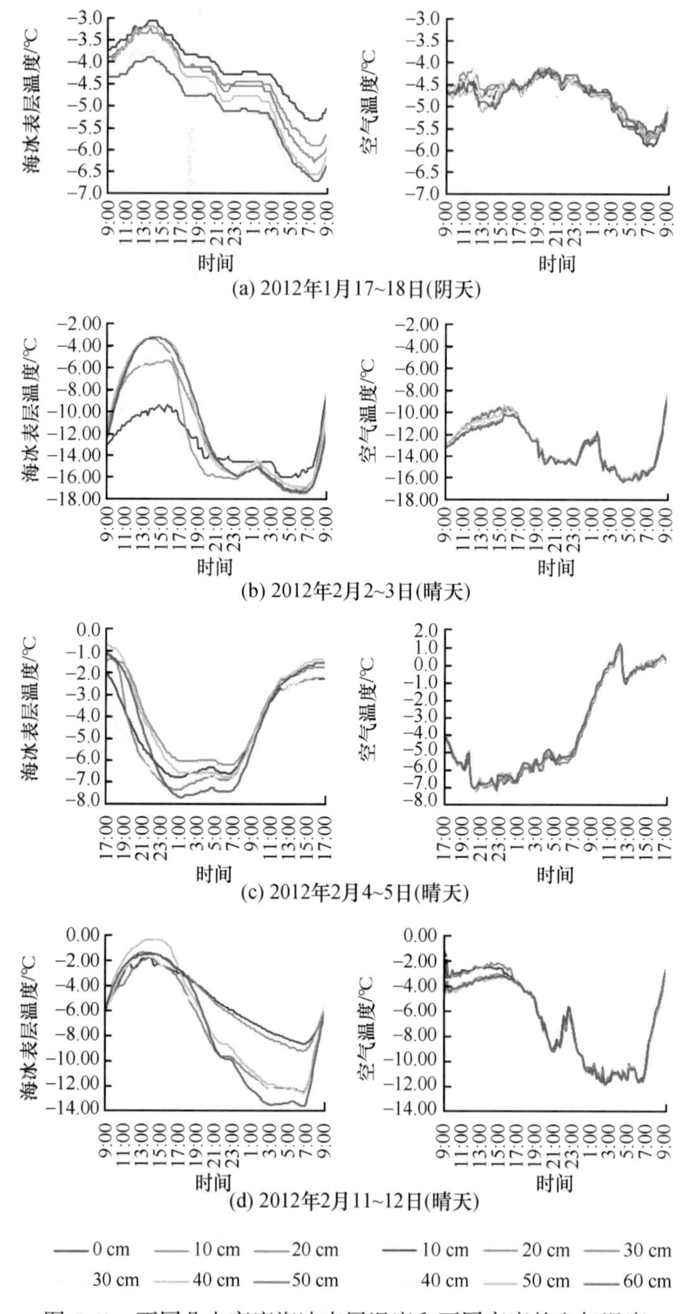

图 5-42　不同凸出高度海冰表层温度和不同高度的空气温度

（彩图见书后）

度的温度。图 5-42(b)为人工取出的平整冰冰块，放置于平整冰之上的测量试验。从图 5-42(b)中可以看出冰块的温度变化趋势比较一致，与平整冰表层温度差异较大，平整冰的温度日变化小于冰块的变化值。这主要是由于冰块与平整冰之间热阻较大，冰块的热惯量较小，冰块与冰面的最大温差出现在 15：40，接近 8℃。对比图5-42中左侧的海冰表层温度图和右侧的空气温度图可知，海冰表层的温度变化率总体小于空气的温度变化率，空气的温度受海冰表面湍流影响，并未像海冰表层温度那样随着高度的变化表现出一定的变化趋势。

2）遮蔽对真实温度的影响

海冰表面的粗糙也会产生遮蔽效应，这使得有些部分接收到的太阳短波辐射较多，有些部分接收到的太阳短波辐射较少。图 5-43 海冰粗糙导致的遮蔽效应，左侧为热红外亮温图像，右侧为测量照片，左侧的热红外图像大致与右图中的红色方框区域相对应。从热红外图像照片明显看出阴影的痕迹，没有受到遮挡的平整海冰的亮温为 1.5℃左右(图中白色部分)，受到遮挡的部分亮温为 2.3℃(图中右侧黑色部分)左右，两者温度相差 0.9℃。图 5-43 中的冰块尺寸为 20 cm，对于渤海的粗糙海冰来说，这个尺寸的凸起冰块是常见的，而目前卫星遥感图像空间分辨率大都在米级，有的甚至更低仅为百米级和千米级，因此粗糙海冰造成像元内各部分的非同温是非常常见的。

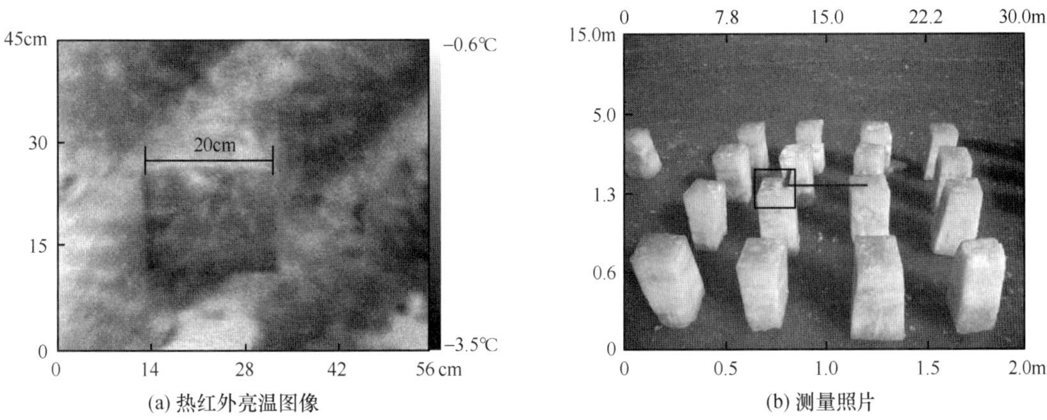

(a) 热红外亮温图像　　(b) 测量照片

图 5-43　海冰粗糙导致的遮蔽效应

4. 平整海冰的辐射特征

图 5-44 为不同观测天顶角下的平整海冰的相对比辐射率，样品的特征见表 5-18。相对比辐射率定义为某一个观测角度辐射亮度与 0°观测天顶角辐射亮度的比值，计算式为

$$\varepsilon_r(\theta) = \frac{L(\theta)}{L(0)} \tag{5-25}$$

式中，$\varepsilon_r(\theta)$为相对比辐射率；$L(\theta)$和$L(0)$分别为观测天顶角为θ和0°时的辐射亮度。

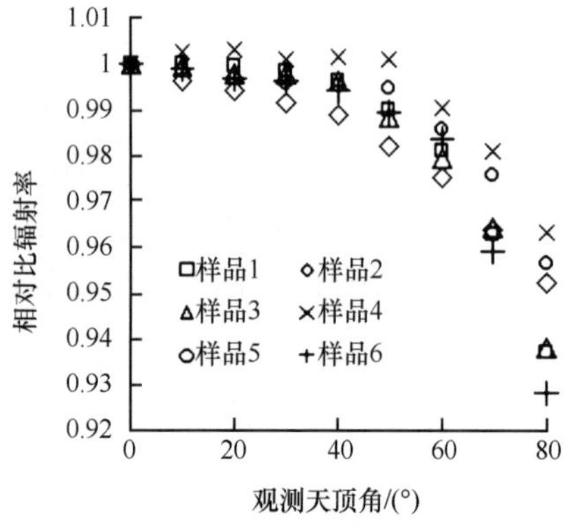

图 5-44 观测天顶角下的相对比辐射率

表 5-18 被观测的样品特征

样品号	厚度/cm	外观
1	15	表面光滑，呈现不透明白色
2	34	表面较光滑，透明
3	9	表面有微小起伏，透明稍暗，有冰花
4	40	表面有毫米级起伏，呈现不透明白色
5	37	表面较光滑，呈现不透明白色
6	35	表面光滑，透明白色，有冰花

从图 5-44 中可以看出，样品 3 在 30°时的相对比辐射率稍大于 20°时的相对比辐射率，但是具体数值不足万分之一(0.00005)，在其他观测天顶角的相对比辐射率小于 0°的相对比辐射率。样品 4 在 10°、20°、30°、40°和 50°的相对比辐射率都大于 1.0，即大于 0°的相对比辐射率。但是在观测天顶角很大时，相对比辐射率开始迅速下降到 0.9631。除了样品 3 和样品 4 外，其他样品的相对比辐射率都随着观测天顶角的增大而减小。图 5-45 为 6 个样品相对比辐射率随着角度的变化率，即一阶微分。从图中可以看出，观测天顶角小于 50°时，变化率随观测角的变化呈现上下波动的方式，没有明显的趋势。当观测天顶角大于 50°时，相对比辐射率的变化率迅速增大，样品 2 的变化率最小(−0.0011)，样品 6 的变化率最大(−0.0031)。图 5-46 为不同观测天顶角相对比辐射率极差，从图中可以看出，除了 50°外，在其他观测角上，6 个样品的极差都是随着角度的增大而增大，不过极差的最大值也不是很大(0.0351)。

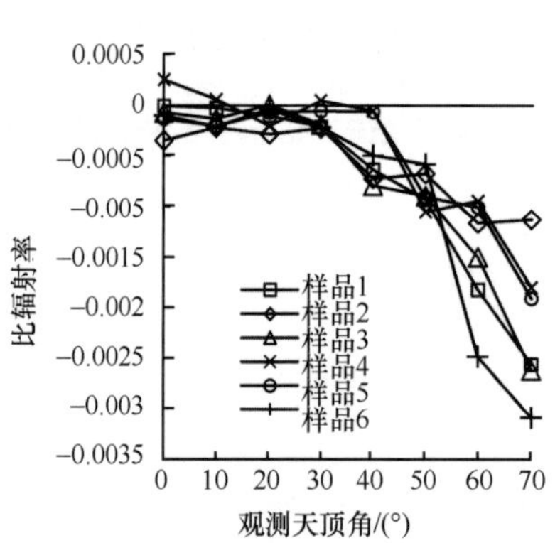

图 5-45 比辐射率随天顶角的变化率

(彩图见书后)

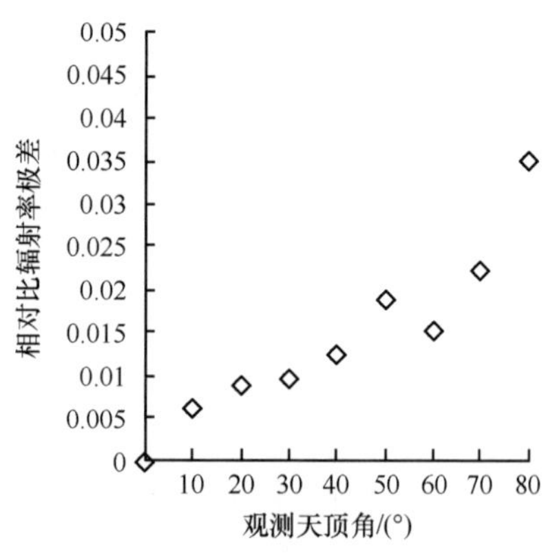

图 5-46 观测天顶角相对比辐射率极差

综上所述，虽然 6 个样品在厚度和外观上不同，但是它们的相对比辐射率随着观测天顶角增加的变化趋势基本相同，而且同一观测天顶角不同样品的相对比辐射率相差不是很大。这说明不同的海冰，虽然由于厚度和内部结构不同会导致温度有所不同，使得海冰在热红外波段的辐射亮度不同，但是并不会对海冰的相对比辐射率产生很大的影响，即海冰的相对比辐射率与海冰的厚度以及内部结构没有明显的相关性。不过样品3与样品4的相对比辐射率特征与其他样品稍有不同，这可能是由于样品3与样品4的表面存在微小的粗糙，使得相对比辐射率在0°~50°观测天顶角内变化减缓，甚至样品4在10°~50°的相对比辐射率大于0°时的相对比辐射率，这说明，海冰表面的形态会影响相对比辐射率的变化特征。

产生以上结果的原因主要是由于海冰对热红外辐射具有强烈的吸收作用，其辐射特征接近黑体，仪器所观测到的热红外辐射只是来源于冰-气交界面的微米级的薄冰层。另外，对于不透明地物，根据方向基尔霍夫可得方向发射率可以表达为(Becker and Li，1995)

$$\varepsilon(\theta) = 1 - \rho_{\Omega}(\theta) \tag{5-26}$$

式中，$\rho_{\Omega}(\theta)$为方向半球反射率。对于理想的平面，半球反射率等于菲涅尔反射率，在0°至布鲁斯特角时，反射率随着角度的增大有微小的减小，当观测角大于布鲁斯特角时反射率随着观测角增大而迅速增大。比辐射率的变化与此正相反，在0°至布鲁斯特之间有微小递增，观测角大于布鲁斯特角时，发射率迅速减小。实际上，平整海冰并非理想的光滑平面，并非理想的朗伯体。因此，平整海冰的方向比辐射率介于光滑平面和朗伯体之间，其比辐射率随观测角的变化特征与表面形态密切相关。这也再次证明多角度遥感技术有助于更好地了解地物的三维空间特征(李小文等，2001)。

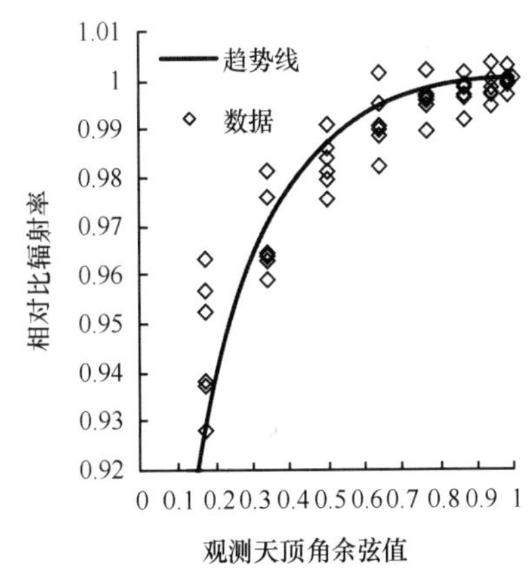

图 5-47　相对比辐射率与观测天顶角的拟合曲线

图5-47为所有样品的相对比辐射率的散点图，以及用采样点拟合的曲线，其中$\mu = \cos\theta$。所得曲线的可决系数(R^2)为0.9107，均方根误差(R_{MSE})为0.005 513。从图中可以看出，曲线基本符合相对比辐射率随观测天顶角变化的趋势，可以用来估算某一观测角的相对比辐射率。渤海自然平整海冰的比辐射率的估算方法如下：

$$\varepsilon(\theta) = \varepsilon_0 \cos \frac{\pi(1 - \mu^{0.1573})}{2} \tag{5-27}$$

式中，ε_0表示0°观测角时的比辐射率。这样已知法向的比辐射率就可以估算其他天顶角的比辐射率。

5. 局部观测天顶角对辐射亮温的影响

图5-48为人工模拟的凸起冰块与平整海冰的辐射亮温图像，图像中心观测天顶角约为80°，观测时间为7：30。图中A和B处的观测天顶角约为85°。A处为凸起冰块，亮温值为-12.1℃，B处为平整冰，亮温值约为-15.2℃，凸出冰块的亮温大于平整冰块的亮温。而实际用温度计测量的凸出冰块的温度为-9.0 ℃左右，平整冰的温度为-3.1℃。可见，虽然凸起冰块的温度远远低于平整冰的温度，但是由于传感器在凸起冰块的局部观测天顶角远远小于在平整冰的观测天顶角，导致凸起冰块的亮温大于平整冰的亮温。这也说明由于海冰表面的粗糙可能会使传感器的局部观测天顶角与整体观测天顶角不同而导致粗糙海冰各个部分的亮温不同，而真实温度有可能相差无几。

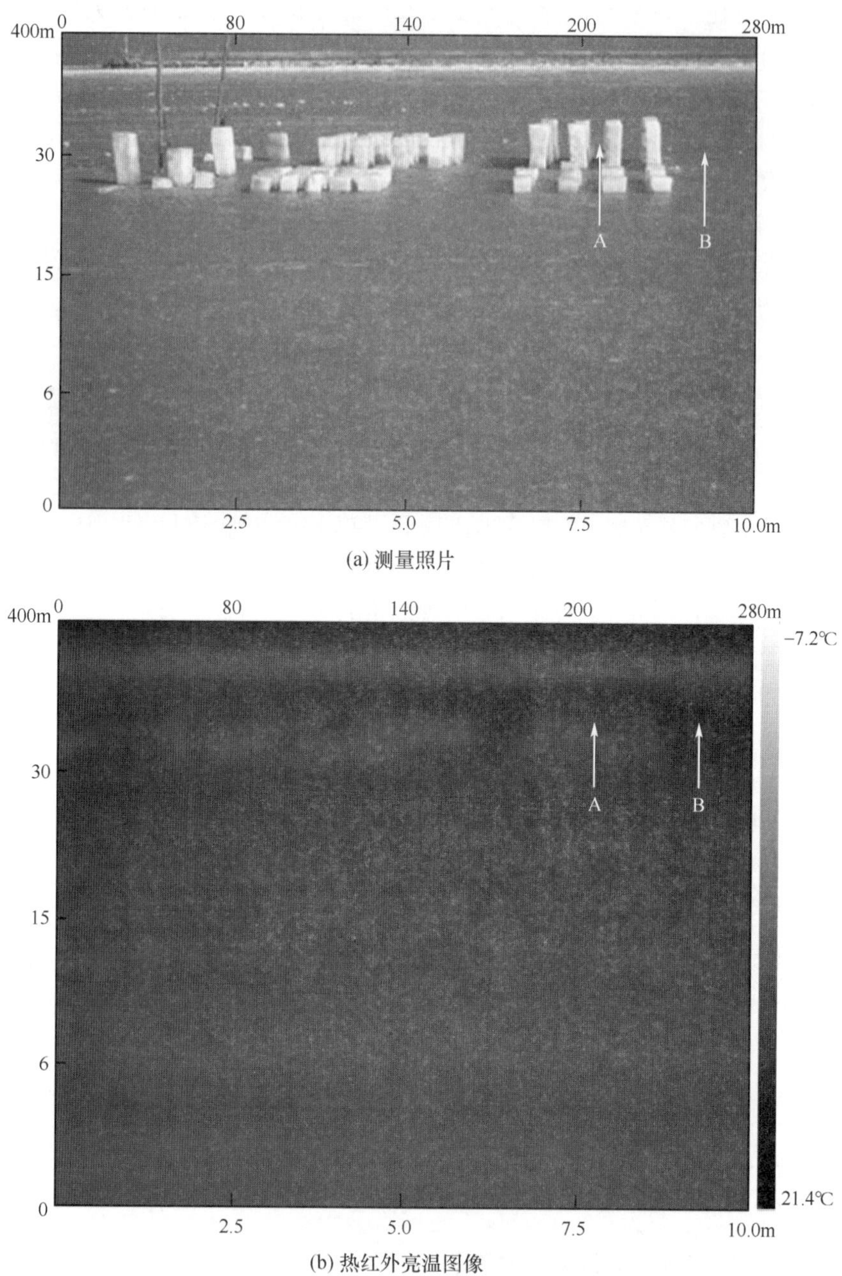

(a) 测量照片

(b) 热红外亮温图像

图 5-48　凸起冰块与平整海冰热红外亮温差异图

6. 粗糙海水与平整海冰热红外辐射方向特征的差异

图 5-49 为粗糙海冰与平整海冰亮温多角度测量示意图，测量时的方位角为图中虚线与带箭头实线的夹角。图 5-49(a) 为粗糙海冰的测量示意图，凸起相对于最低点的高度可达 15 cm；图 5-49(b) 为平整海冰的测量示意图，选取黑色皮带圈内的部分计算不同观测天顶角时的亮温。图 5-50 为根据所获取的热红外亮温图像的计算结果，图 5-50(a) 为粗糙海冰与平整海冰的亮温随观测天顶角变化的散点图，随着天顶角的增大平整海冰

的亮温开始逐渐减小，当观测天顶角达到60°时，减小的速度迅速增大，最大亮温值和最小亮温值相差3.77℃。粗糙海冰的亮温变化趋势与平整海冰差异较大，其亮温随天顶角变化不是很大，而且并未像平整海冰表现得那样有规律，最大亮温值和最小亮温值仅差0.26℃。粗糙海冰与平整海冰的亮温差在观测天顶角为0°时最小，为0.49℃，当观测天顶角为80°时最大，为4.29℃。图5-50(b)为粗糙海冰与平整海冰的亮温随观测天顶角变化的散点图，从图5-50(b)可以看出，平整海冰的相对比辐射率从0°时的1.0减小到80°的0.93，其变化趋势更接近镜面，而粗糙海冰相对比辐射率都在1.0左右，除0°外其他角度的比辐射率都大于1.0，其变化趋势更接近朗伯体。

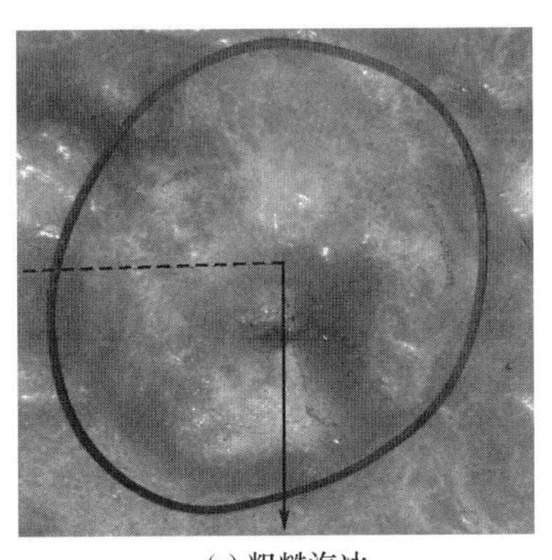

(a) 粗糙海冰　　(b) 平整海冰

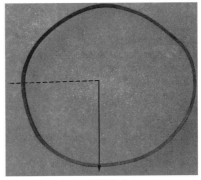

图5-49　粗糙海冰与平整海冰亮温多角度测量示意图

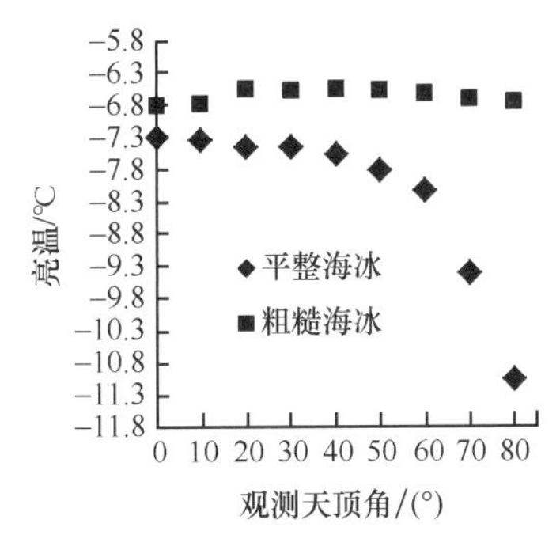

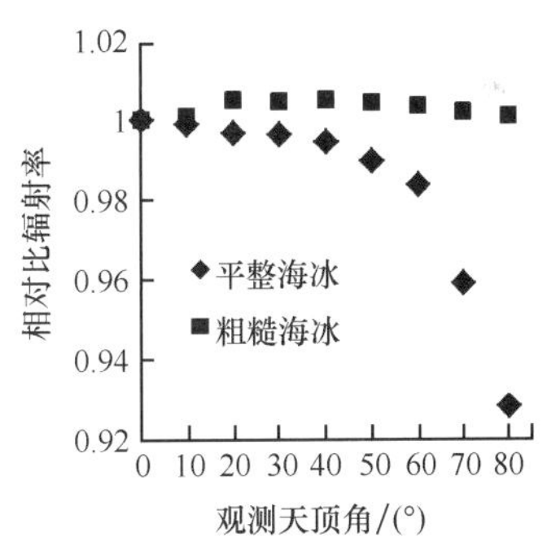

图5-50　不同观测天顶角下粗糙海冰与平整海冰的亮温与相对比辐射率

图5-51为单一观测角下粗糙海冰热红外辐射测量的热红外图像和实时照片，中心观测天顶角为70°，以图5-51(a)中线段AB为中心线，以2.5 m为缓冲距离，形成宽度为5 m的缓冲带，将缓冲带划分为5 m×5 m分辨率的格网，统计格网内的平均亮温值和所对应的Trimble GX 3D激光扫描仪所测量的点云图的高度均方根，将该亮温值和高度均方根作为该格网的亮温和高度均方根，高度均方根由式(5-24)计算。图5-52为根据结果绘制的散点图。从图5-52可以看出，随着高度均方根的增加，亮温逐渐增加，亮温与高度均方根的相关系数为0.98。这主要是由于一方面粗糙海冰凸出部分由于白天有太阳光照，升温较快，凸出部分的真实温度相对较高；另一方面凸出的部分的传感器局部观测天顶角较小，导致进入传感器视场的热红外辐射量增加所致。

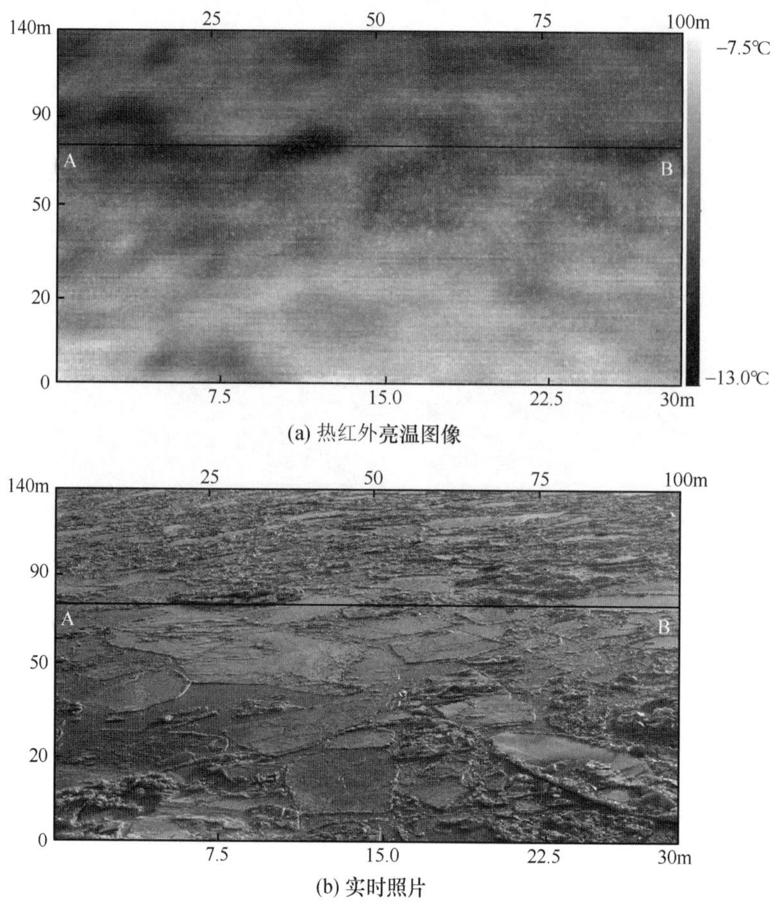

(a) 热红外亮温图像

(b) 实时照片

图 5-51　单一观测角下粗糙海冰热红外辐射测量

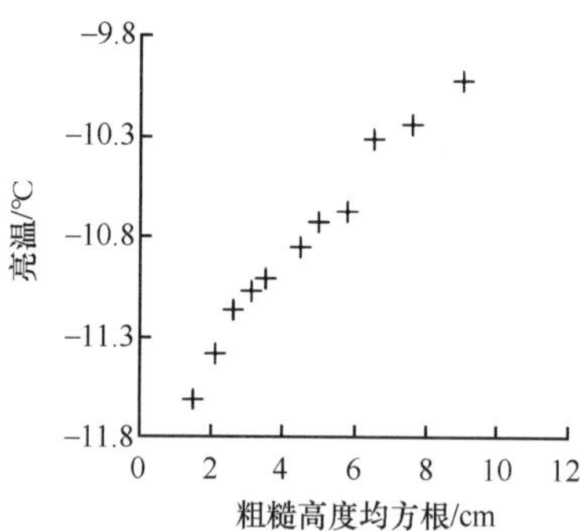

图 5-52　同一观测天顶角下高度均方根与亮温的关系

表层无积雪覆盖的海冰表面温度取决于海冰在空气-海冰-海水热力学过程中的热量收支状况，可以用如下平衡方程描述

$$(1-\alpha)Q_s - I_0 + Q_l + Q_{sh} + Q_{lh} + F_i = 0 \tag{5-28}$$

式中，α 为表面反照率；Q_s 为太阳短波透过大气的入射辐射通量；I_0 为太阳短波辐射穿

透冰面的部分；Q_1 为净长波辐射；Q_{sh}为感热通量；Q_{lh}为潜热通量；F_i 为热传导通量。

式(5-28)中的每一个量的变化都会引起海冰表面温度的变化。同样式(5-28)中各个参数并不是孤立的，它们之间也具有一定的相关性，如太阳辐射会影响海冰表层温度的升高，而海冰表层温度升高会影响海冰的热传导通量，海冰温度是以上各个参数共同耦合作用的一个结果。

平整海冰的辐射一般只与观测天顶角有关，而与观测方位角无关。由于表面的起伏，粗糙海冰的辐射对观测方位的变化与平整海冰差异很大。对于陆地粗糙表面的反射与辐射特征一般可以用基于几何-光学模型来描述。对于粗糙海冰像元，表面辐射可以表示为

$$L(\theta_v,\ \phi_v)=\frac{\iint_A \varepsilon_s(\theta_L)B(T_s)\langle\vec{s},\vec{r}\rangle I(\vec{s},\vec{r})\,\mathrm{d}s}{A\cos\theta_v}+\frac{\iint_A \Delta\widehat{L}_s[1-\varepsilon_s(\theta_L)]\langle\vec{s},\vec{r}\rangle I(\vec{s},\vec{r})\,\mathrm{d}s}{A\cos\theta_v}+\frac{\iint_A\iint_{2\pi} L_a^{\downarrow}(\theta,\ \phi)I(\theta,\ \phi,\vec{s})\,\mathrm{d}\theta\mathrm{d}\phi[1-\varepsilon_s(\theta_L)]\langle\vec{s},\vec{r}\rangle I(\vec{s},\vec{r})\,\mathrm{d}s}{A\cos\theta_v} \tag{5-29}$$

式中，$L(\theta_v,\ \phi_v)$为传感器在$(\theta_v,\ \phi_v)$观测方向上接收到的辐射亮度；A 为像元面积；$B(T_s)$为面元 ds 的同温黑体辐射亮度，T_s 为表面温度；$\varepsilon_s(\theta_L)$为面元 ds 在 θ_L 方向的比辐射率；θ_L 为传感器观测方向相对于面元 ds 的观测天顶角；$\langle\vec{s},\vec{r}\rangle$为面元 ds 的法线向量与观测方向向量夹角余弦值，$\vec{s}$ 为面元 ds 的法线向量，$\vec{r}$ 为观测方向向量；$I(\vec{s},\vec{r})$为面元 ds 到传感器的可见度；$I(\theta,\ \phi,\vec{s})$为大气向下辐射相对于面元 ds 的相对可见度；$L_a^{\downarrow}(\theta,\ \phi)$为大气向下热红外辐射；$\Delta\widehat{L}_s$ 为由于面元之间反射而造成的增量。如果只考虑其他面元对 ds 的一次贡献，$\Delta\widehat{L}_s$ 可以简写为

$$\Delta\widehat{L}_s\approx\iint_A B(T_{s_1})\varepsilon_{s_1}(\theta_{s\to s_1})I(s,\ s_1)\,\mathrm{d}s_1 \tag{5-30}$$

式中，$B(T_{s_1})$为面元 $\mathrm{d}s_1$ 的同温黑体辐射亮度；T_{s_1}为表面温度；$\varepsilon_{s_1}(\theta_{s\to s_1})$为面元 $\mathrm{d}s_1$ 在角 $\theta_{s\to s_1}$方向的比辐射率；$\theta_{s\to s_1}$ 为面元 ds 与 $\mathrm{d}s_1$ 中心连线与面元 $\mathrm{d}s_1$ 法线向量的夹角；$B(T_{s_1})\varepsilon_{s_1}(\theta_{s\to s_1})$ 可以认为是面元 $\mathrm{d}s_1$ 辐射到面元 ds 的能量；$I(s,s_1)$为可见度。

从式(5-29)和式(5-30)中可以看出，传感器所接收到的辐射能量与面元的真实温度、面元在传感器视场内的投影面积以及面元之间的多次反射有关。这三者的增减都会增减传感器所接收到的辐射能量，即海冰表面的粗糙会影响海冰表面辐射方向特征。只是在一定情况下，三者的主次地位不同。一般来说当空间分辨率较高时，海冰表面遮蔽的影响会减弱，局部观测天顶角的影响会增强，较低时则相反。

粗糙度不仅与自身的表面起伏有关，还与波长有关。一个表面对于可见光来说是粗糙的，但是对于微波来说可能是光滑的。本节所讨论的渤海海冰的粗糙度主要是指厘米级的粗糙。另外，对于遥感来说，像元内海冰是否粗糙，还取决于空间分辨率，空间分辨率越高，像元内的组成就越单一，这也正是尺度效应造成的结果。海冰的比辐射率一般为0.97左右，属于高吸收率的地物，因此关于热红外辐射能量的论述中忽略了比辐射

率的影响。粗糙海冰表面的热力学过程是一个复杂的物理过程，要完全了解和定量描述这个复杂的物理过程，还需要大量的包括航空机载的测量试验和海上粗糙海冰的测量试验，以及相应的理论分析。

5.4 本章小结

本章开展了海上自然海冰的光谱试验测量，结合前人研究及系列室内试验、现场控制性试验的相关结果，建立了渤海一年生冰体的三等级类型层，从中确定卫星的反射光谱数据中可识别的冰型。同时对各种高时间分辨率数据的波段进行分析，确定了海冰厚度信息提取的相对最佳波段。根据冰型类型层的特征，通过海上实测点的统计和影像分析，确定划分冰型的反射率值分界点。根据相关波段的比值信息，进行厚度范围层级的调整。选择 2001~2002 年、2002~2003 年、2004~2005 年 3 个冬季作为典型年份，进行渤海北部的冰情分析。

基于冰型-反射率相互关系，可以进行海冰厚度信息提取。经过冰洞控制试验分析得到渤海一年生海冰的基本反射光谱特征，它由洁净单层平整冰所反映，而常规海冰是由其他各种因素作用于洁净单层平整冰，其可见光反射曲线是多种因素综合影响的结果。洁净平整尼罗冰的可见光反射峰值为 0.16 左右，而含有悬沙的尼罗冰和莲叶冰可见光反射峰值分布为 0.20~0.25，对应厚度范围为 5~9 cm；含有悬沙的灰冰可见光反射峰值分布在 0.27~0.33，对应厚度范围为 10~16 cm；含有悬沙的灰白冰的可见光反射峰值分布为 0.38~0.41，对应厚度范围为 26~38 cm；堆积冰和积雪总是结合在一起，可见光反射峰水平大于 0.55，最大达到 0.92。试验观测沿岸固定冰厚度分布在 47~95 cm，其反射峰水平和堆积冰、积雪交错，但是有反射峰值点，可见光反射峰值大于 0.69，最大达到 0.84，固定冰的可见光反射率与厚度没有确定的相关关系，明显受表面特征影响。

根据前人研究以及系列室内试验、现场控制试验、海上同步试验的相关结果，可以构成一年生冰体的三等级特征层。最底层是基本层，体现一年生冰体的本质，按可见光反射率区分特征分成 3~9 cm 厚度范围的平整浮冰、10~17(19)cm 厚度范围的平整浮冰、(20)~36(40)cm 厚度范围的平整浮冰以及沿岸固定冰(厚度 30~100 cm)。最底层 3 个浮冰冰型构成中间特征层的冰体标准型，中间层的其他冰型都是自然干扰因素加之于标准型，包括冰体中含有悬沙、积雪均匀覆盖、表面有融雪层 3 个类。这一层特征表现的是渤海海区实际基本浮冰冰型，中间层的 4 个冰型组成了渤海平整冰冰型(相对于表面起伏的平整)，与堆积冰冰型和室内人工冻结冰，构成一年生冰体的三大类别。最上层特征是体现了一年生冰体具有明显结构区别的类别。

根据标准差最小原则选择 TM 数据的第 2 波段、MODIS 数据的第 4 波段作为划分厚度范围的信息载体；根据标准差最大原则以 TM 数据的第 3 波段与第 2 波段之比、MODIS 数据的第 1 波段与第 4 波段之比作为判读是否洁净的信息载体；根据厚冰的近红外波段稳定性相比高的规律，以 TM 数据的第 3 波段与第 4 波段之比、MODIS 数据的第 1 波段与第 2 波段之比作为区分堆积冰、积雪与沿岸固定冰的信息载体。

基于遥感数据提取海冰厚度相关信息的步骤是：第一步，根据 MODIS 卫星数据第 4

波段或 TM 卫星数据第 2 波段的反射率作为判断参数，对影像上的海冰像素进行厚度划分；第二步，识别洁净冰型，修正其所对应的厚度范围，即洁净平整冰与尼罗冰及莲叶冰之间的反射率分界点；第三步，识别沿岸固定冰冰型，修正其所对应的厚度范围。参考 MODIS 和 TM 数据，对于 AVHRR 数据选择第 1 通道进行厚度范围划分。渤海北部海冰厚度层级划分：AVHRR 影像第 1 通道的划分范围是对比 MODIS 影像的冰厚信息提取结果来确定的，划分范围是尼罗冰和莲叶冰（反射率值：0.074~0.147）、灰冰（反射率值：0.148~0.162）、灰白冰（反射率值：0.163~0.195）、堆积冰和积雪（反射率值：0.196~0.370）；应用 AVHRR 数据按的方式（第 1 通道）进行冰厚层级划分较合理，但是对洁净冰型和沿岸固定冰型的确定需要人工干预。

2001~2002 年冬季是典型的轻冰年；2002~2003 年冬季是典型的常冰年（最近十几年里最重冰情年）；2004~2005 年冬季是偏轻冰年而且盛冰期持续时间长。3 个典型冰情年的厚度范围层级（5 种冰型）分类结果是：渤海北部冰情空间特征表现为东岸、西岸两个区域，东岸冰情较西岸重；西岸主要是尼罗冰、莲叶冰，及少量灰冰；而东岸以灰冰、灰白冰为主，局部地区有无规律分布的堆积冰，在长兴岛—瓦房店—熊岳这一带的近岸 20 km 范围内的冰情最重。一般来说，渤海北部海区（辽东湾）的北部（熊岳—葫芦岛以北）比南部形成结冰的可能性要更平常、更稳定。将 2000 年 1 月 30 日渤海海区海冰厚度作为年度渤海冰情状况代表：辽东湾海冰厚度的分布呈现出从西北向东南递增的趋势，即辽东湾西岸的海冰较薄，为 0~15 cm；辽东湾东岸的海冰较厚，为 30~40 cm；两岸之间海区的冰厚为 15~30 cm。实测冰厚范围为 5~16 cm，数值模拟冰厚值与实测值比较接近；而遥感反演冰厚均比实测值偏大，冰厚越小区域，遥感反演值越与实测值接近，反之亦然。在小于 16 cm 的冰厚范围之内，模拟冰厚结果与实测值较接近；随着冰厚的增加，模拟冰厚与实测冰厚间的相似性逐渐减小；而又依据模拟结果与遥感反演结果间的误差是随冰厚增加而增加的特性，遥感反演冰厚与实测冰厚间的接近程度是随着冰厚增加而增大。

最后，本章针对渤海海冰的粗糙度和海冰光学多角度光谱反射率与热红外辐射开展了野外实际测量试验。通过对试验数据的分析，结果表明海冰表面高度分布基本符合正态分布，坡度分布符合指数分布，高度和坡度的二阶统计量与三阶标准统计量和四阶标准统计量的相关性较小，高度的二阶统计量和坡度的二阶统计量相关性较大；海冰平面分形维度都大于它们的几何维度，分形维度与坡度均值和坡度均方根的相关系数最大；海冰表面功率谱密度的值基本上随着高度均方根的增大而增大，所有样本的功率谱密度分布更接近指数自相关函数功率谱密度。海冰的多角度反射与海冰内部结构、表面形状和厚度关系密切，而多角度热红外辐射与结构关系不大，与表面粗糙度关系较大。由于绝大多数渤海海冰，尤其是浮冰，大多伴随海冰的变形和表面的粗糙化，海冰表面粗糙度在很大程度上可以指示海冰的厚薄。因此，多角度海冰遥感不仅可以更精确地估算海冰表面反照率、辐射通量和粗糙度等参数，还有可能进一步估算海冰厚度。

对于粗糙海冰来说，凸出部分和凹陷部分的真实温度不完全相同，会形成遥感尺度上的三维非同温像元。粗糙海冰表面各部分的局部观测天顶角与整体的观测天顶角不同，使得粗糙海冰具有与平整海冰不同的辐射方向特征，而目前的热红外遥感反演海冰表面温度时，大都没有考虑这一因素的影响，有时会造成较大误差，如图 5-50(a) 中平整海冰与粗糙海冰的不同辐射方向特征可以导致从最小的相差 0.49℃ 到最大的 4.29℃，而实际温度差远没有那么大。由于粗糙海冰和平整海冰具有不同的辐射方向特征，这也说明利用多角度的热红外遥感可以进一步了解海冰的表面粗糙特征。

参考文献

邓明德，尹京苑，刘西垣，等 . 2002. 黑体辐射公式的积分解及应用 . 遥感信息，1：2-10.

丁德文，等 . 1999. 工程海冰学概论 . 北京：海洋出版社 .

顾卫，史培军，刘杨，等 . 2002. 渤海和黄海北部地区负积温资源的时空分布特征 . 自然资源学报，17(2)：168-173.

金亚秋 . 1993. 电磁散射和热辐射的遥感理论 . 北京：科学出版社，194-210.

李小文，Strahler A H，朱启疆，等 . 1993. 基本颗粒构成的粗糙表面二向性反射——相互遮蔽效应的几何光学模型 . 科学通报，38(1)：86-89.

李小文，王俊发，王锦地，等 . 2001. 多角度与热红外对地遥感 . 北京：科学出版社，3-11.

李志军，孔祥鹏，张勇，等 . 2009. 近岸堆积冰形成过程的原型调查 . 大连海事大学学报，35(3)：9-12.

李志军 . 1999. 辽东湾海冰现场调查研究 . 海洋预报，16(3)：48-55.

刘成玉 . 2013. 渤海海冰粗糙程度及多角度光学反射与热能外辐射特征的观测研究 . 北京师范大学博士学位论文 .

马超飞，马建文，布和敖斯尔 . 2001. USLE 模型中植被覆盖因子的遥感数据定量估算 . 水土保持通报，21(4)：6-9.

小野延雄 . 1968. 海冰の热的性质の研究Ⅳ，海冰の热的存储定数 . 低温科学 . 物理编，26：329-349.

徐希孺 . 2006. 遥感物理 . 北京：北京大学出版社 .

余志豪，白学志 . 1996. 海冰热力模式及北极海冰季节变化的数值模拟 . 海洋预报，15(2).

Allison I，Brandt R E，Warren S G. 1993. East Antarctic sea ice：albedo，thickness distribution，and snow cover. Journal of Geophysical Research，98：12417-12429.

Becker F，L i Z. 1995. Surface temperature and emissivity at various scale：definition，measurement，and related problem. Remote Sensing Review，12：225-253.

Bendat J S，Piersol A G. 2010. Random Data Analysis and Measurement Procedures. Hoboken，John Wiley & Sons，79-108.

Claire L，Parkinson，et al. 1979. A large-scale numerical model of Sea ice. Journal of Geophysical Research，8：311-317.

Davies S，Hall P. 1999. Fractal analysis of surface roughness by using spatial data. Journal of the Royal Statistical Society Series，B61：3-37.

Deng S Q. 1988. Thickness，keel depth and consolidated keel depth in sea ice，in gulf of Bohai of China. Port and Ocean Engineering under Arctic Condition，3：151-160.

Dierking W. 1995. Laser profiling of the ice surface topography during the Winter Weddell Gyre Study 1992. Journal of Geophysical Research，100(C3)：4807-4820.

Franceschetti G，Migliaccio M，Riccio D. 1996. An electromagnetic fractal-based model for the study of fading. Radio Science，31(6)：1749-1759.

Gneiting T，Schlather M. 2004. Stochastic models that separate fractal dimension and the Hursteect. SIAM Review，46：269-282.

Gneiting T，Ševčíkovì Z H，Percival D B. 2010. Estimators of fractal dimension：assessing the roughness of time series and spatial data，Technical Report No. 577. Washington，University of Washington.

Grenfell T C. 1983. A theoretical model of the optic properties of sea ice in the visible and near infrared. Journal. of Geophysical Research，(88)：9723-9735.

Hibler III W D，Leschack L A. 1972. Power spectrum analysis of undersea and surface sea-ice profiles. Journal of Glaciolcgy，(11)：345-356.

Jaggard D L，Sun X. 1990. Scattering from fractally corrugated surfaces. Journal of the Optical Society of America，7(6)：1131-1139.

Launiainen J，Cheng B. 1998. Modelling of ice thermodynamics in natural water bodies. Cold Regions Science and Technology，(27)：153-178.

LI X W, Strahler A H. 1992. Geometric-optical bidirectional reflectance modeling of the discrete crown vegetation canopy: Effect of crown shape and mutual shadowing. IEEE Transactions on Geoscience and Remote Sensing, 30(2): 276-292.

Mai S, Wamser C, Kottmeier C. 1996. Geometric and aerodynamic roughness of sea ice. Boundary-Layer Meteorology, 77: 233-248.

Mandelbrot B B. 1982. The fractal geometry of nature. NewYork, Freeman, 25-108.

Omstedt A. 1990. A coupled one-dimensional sea ice-ocean model applied to a semi-enclosed basin. Tellus, 42(A): 568-582.

Rivas M B, Maslanik J A, Sonntag J G, et al. 2006. Sea ice roughness from airborne LIDAR profiles. IEEE Transactions on Geoscience and Remote Sensing, 44(11): 3032-3037.

Stover J C. 1995. Optical scattering measurement and analysis. Bellingham, SPIE Optical Engineering Press, 45-50.

Wadhams, P. 2000. Ice in the ocean. Amsterdam, Gordon and Breach Science Publishers, 1-73.

Yu Y D, Rothrock A. 1996. Thin ice thickness from satellite thermal imagery. Journal of Geophysical Research, 101: 25753-25766.

第6章　渤海海冰厚度的时间变化特征

海冰一旦形成以后，其厚度随时间变化主要取决于热力因素和动力因素。热力因素是指温度降低幅度以及低温持续时间；动力因素是指风向、风速以及海流变化。为了把握海冰厚度随时间变化的变化特征，本章开展了室内冻结试验、现场观测试验和历史资料分析3个方面的工作，并对海冰再生周期进行了初步分析。

6.1　室内冻结试验

室内冻结试验是在北京师范大学进行。冻结设备采用500L温控冰柜，冰柜内放入高45 cm，直径40 cm的容器，容器开口向上，四周及底部用保温材料包裹好，这样可使容器的四周和底部基本不受冷气的影响，只是在开口处受到冷气的作用，从而产生自上向下的冻结过程，以近似于海水的实际冻结过程。容器内装入海水（海水采集地点：河北省秦皇岛市），水深35 cm；冰柜的温度条件分别设为-2℃、-4℃、-6℃、-8℃、-10℃，温度变化幅度基本控制在±0.2℃内；每种温度条件下的实际冻结时间为114~120 h；冰厚的测量采用钢尺量算，取样的时间间隔为6 h，每次取样为3或4个点，以其平均值代表当时的冰厚；每种温度条件下的冻结试验结束后，更新容器内的海水，以保证与冻结前的海水盐度一致。冻结前海水的盐度为38‰，冻结所形成的海冰的盐度为20‰。

图6-1是在上述5种低温条件下冰厚随时间变化的变化曲线。从图6-1可以看出，各种温度条件下冰厚随时间的增加基本上呈线性关系增长，温度越低，冰厚增长越快。各种温度条件下冰厚与时间的线性关系由表6-1给出，表6-1中的系数项就是各温度条件下的平均冰厚增长率，-10℃时的冰厚增长率是-2℃的3.7倍。

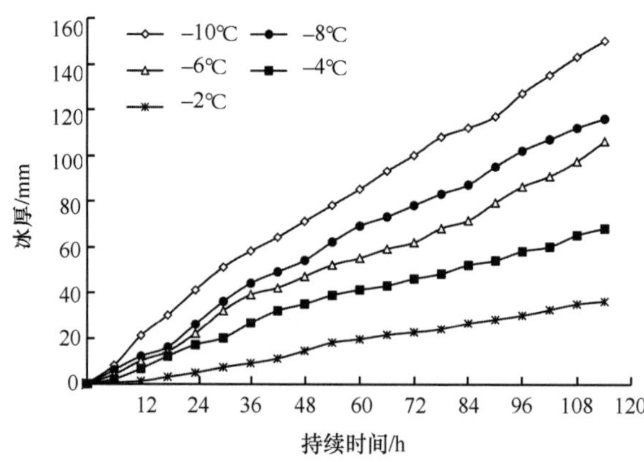

图6-1　不同温度条件下海冰厚度随时间变化的变化特征（室内冻结试验）

表 6-1　不同温度条件下冰厚与时间的线性相关表

设定温度	-10℃	-8℃	-6℃	-4℃	-2℃
相关系数	0. 994	0. 994	0. 992	0. 985	0. 993
系数项	1. 2662	1. 0337	0. 8872	0. 5895	0. 3397
常数项	7. 4286	2. 4286	1. 2771	2. 6657	-2. 1111

由于试验装置的限制，本次试验无法加入动力因素（风向、风速和海流）的影响。因此室内冻结试验的结果只能看成是从热力因素的角度，对海冰厚度随时间的变化进行模拟，这与海冰厚度的实际变化状况是有差异的。尽管如此，试验得出的结论可以基本代表平整冰（主要受热力因素影响所形成的冰）厚度随时间的变化特征：随着低温持续时间的延长，冰厚逐渐增加。

低温持续时间的延长，实际上也就是低温的累计值在增加，如果把每次冰厚取样时的温度值累加起来的话（由于每次试验时温度值是固定的，低温累计值=试验温度×取样次数），就可以得到低温累计值，即负积温。负积温与冰厚增长的关系曲线由图 6-2 给出，从中可见，负积温与冰厚增长的变化趋势是一致的，两者的相关系数达到 0. 99 以上（表 6-2）。这表明随着负积温值的增加，冰厚也逐渐增加。

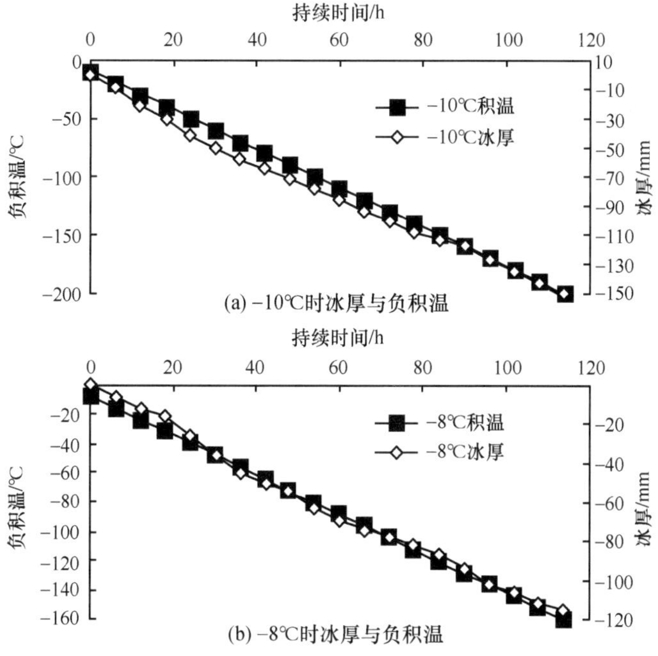

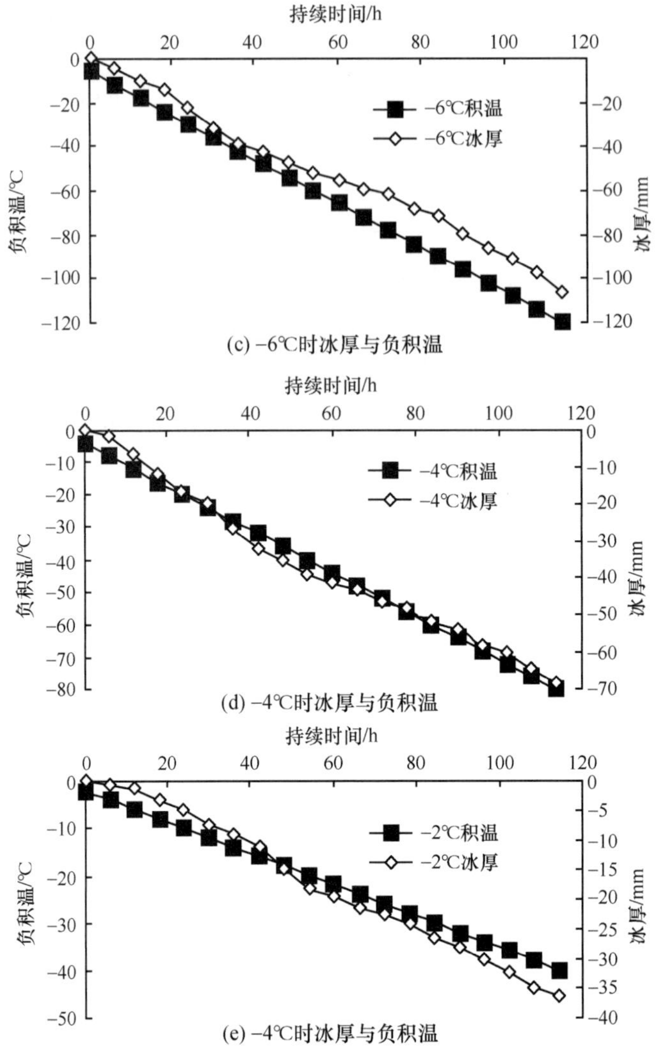

图 6-2 不同温度条件下冰厚与负积温关系

表 6-2 不同温度条件下冰厚与负积温相关系数

设定温度	-10℃	-8℃	-6℃	-4℃	-2℃
相关系数	0.9969	0.9969	0.9958	0.9923	0.9967

6.2 现场观测试验

6.2.1 辽东湾长兴岛观测试验

海冰厚度随时间变化的变化现场观测试验于 2002 年 1 月 27～30 日在大连湾附近的长兴岛进行。该地点位于长兴岛北侧海区的潮间带，地理坐标：东经 121°24.703′E，39°36.438′N，离岸距离约为 100 m，水深 67 cm，水温-1.67℃，海水盐度 29‰～30‰。

试验地点北侧的海岸为北风或西北风的迎风岸。在风、海流和地形的共同作用下，这一海区极易产生流冰的堆积。由于 2001～2002 年冬季渤海地区气温偏高且变化幅度大，长兴岛海区在 2002 年 1 月中旬之前虽发生了 3 次海冰的冻融过程，但并没有形成大范围的固定冰。从 2002 年 1 月 16 日才开始出现海冰的主要生长期，直至 1 月 30 日结束。生长期内的主要冰型为厚度不均匀的冰块和搁浅冰丘。只是在一些离岸较近的水池和水道处才形成小范围平整冰(2～40 cm)。为了准确地把握海冰厚度随时间变化的变化过程，尽可能地排除地形和海流的堆积作用，在试验地点选择了一块面积约 30 m^2的平整冰，冰厚为 15～20 cm，2002 年 1 月 27 日 16：00 在这块平整冰上割开 7 个面积为 40 cm×40 cm 的正方形冰洞，使海水暴露出来，设此时的冰厚为零，然后定时来此处观测冰厚。观测方法为：每次取出面积约 10 cm×10 cm 的冰块，用钢尺测量冰块 4 个边的厚度，然后取其平均值代表该时刻的冰厚。

现场观测试验自 2002 年 1 月 27 日 16：00 起，至 2002 年 1 月 30 日止，连续取得 11 个冰厚数据，观测结果如图 6-3 所示。从图 6-3 中可见，冰厚随时间延长的增长呈 2 次曲线型变化(表 6-3)，在 39 h 之前，冰厚增长速率较快，可以达到 1.5 mm/h，到 40 h 以后，冰厚增长速度减缓，维持在 0.24 mm/h，这与图 6-1 冰厚随时间的延长而增加近似于直线的增长特征有明显区别，其原因在于图 6-1 表现出的是在固定温度条件下冰厚的增长特征，而图 6-3 表现出的是在多个因子，即温度、风、海流的综合影响下冰厚的增长特征。

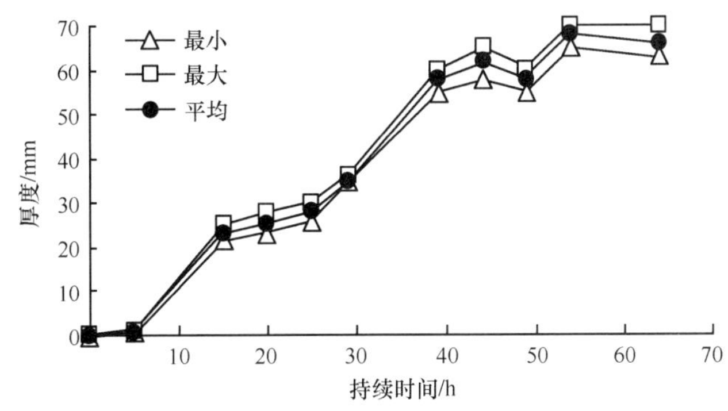

图 6-3　2002 年 1 月(27～30 日)长兴岛北侧海区冰厚的时间变化特征

表 6-3　2002 年 1 月长兴岛北侧海区冰厚(Y)随时间(X)变化的变化特征

类型	近似曲线	相关系数
最小冰厚 $Y_{小}$	$Y_{小}=-0.0093X^2+1.7179X-4.3579$	0.9821
平均冰厚 $Y_{平}$	$Y_{平}=-0.01X^2+1.8166X-4.6342$	0.9812
最大冰厚 $Y_{大}$	$Y_{大}=-0.0104X^2+1.8834X-4.3086$	0.9826

在现场观测试验中，除了观测冰厚随时间变化外，还同时在冰厚观测点和邻近的岸上(地理坐标：121°24.728′E，39°36.405′N)进行了温度和风的同步观测，观测的项目有：冰厚观测点——冰表面温度(简称冰面温度)、距冰面 1.5 m 处气温(简称冰上气温)；岸上观测点——地表面温度(简称地面温度)、距地面 1.5 m 处气温(简称地上气温)、风向、风速。温度观测采用日制 TR-71S 型温度自记仪，温度记录间隔为 5 min，风

向、风速观测采用三杯式手持风向风速计，观测试验期间风和天气状况由表 6-4 给出 4 种温度的时间变化由图 6-4 给出。

表 6-4　2002 年 1 月 27～30 日长兴岛北侧海区风和天气状况

项目	1 月 27 日	1 月 28 日	1 月 29 日	1 月 30 日
主要风向	NWN	NE	NNE	WSW
风速(日平均)/(m/s)	4.4	1.8	缺测	缺测
天气状况	晴	晴，少云	多云	多云

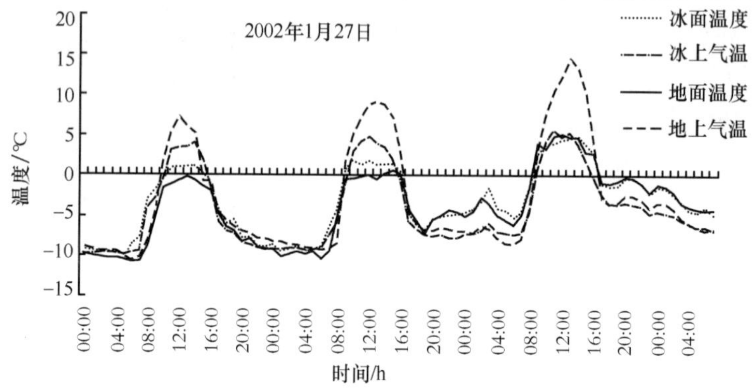

图 6-4　2002 年 1 月 27～30 日长兴岛北侧海区温度的时间变化特征

从图 6-4 可以看出，在白天(9：00～16：00)4 种温度之间数值差异较大，依次表现为地上气温>冰上气温>冰面温度>地面温度；在清晨和黄昏(7：00～9：00；16：00～19：00)4 种温度的数值差异较小；在夜间(19：00～7：00)4 种温度数值，变化规律与云量有关，晴天时相互差异较小，阴天时表现为冰面温度和地面温度>冰上气温和地上气温。

表 6-5　4 种温度的日平均值

日期	冰面温度/℃	冰上气温/℃	地面温度/℃	地上气温/℃
1 月 27 日	−6	−6	−7.4	−5.4
1 月 28 日	−4.4	−4.8	−5.2	−3.2
1 月 29 日	−0.5	−2.5	−0.5	−0.4

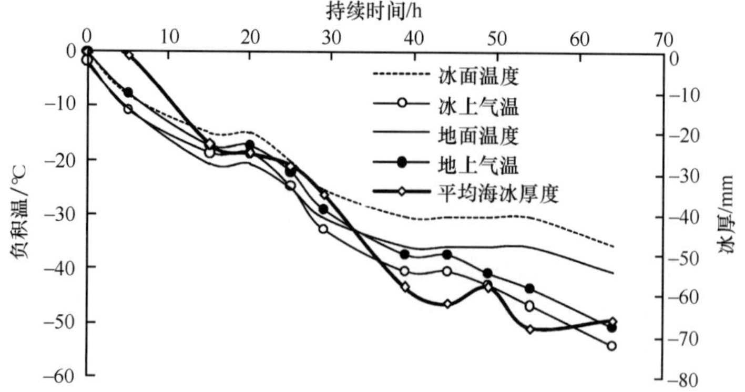

图 6-5　长兴岛北侧海区负积温与冰厚关系

图 6-3 表现出冰厚随时间的变化过程，与图 6-4 的温度变化过程有直接的关系。2002 年 1 月 27～29 日 4 种温度日平均值均呈现出逐日上升的趋势(表 6-5)，29 日的日平均气温已经达到-0.5℃，高于长兴岛海水冻结温度(-1.6℃)，而冰厚的增长曲线在持续时间达到 39 h(1 月 29 日 7：00)后出现转折，增长速率明显降低，这与气温上升的趋势是一致的。冰厚与负积温变化的关系也说明了这一点(图 6-5)。负积温的计算方法是将与冰厚取样同时刻的温度值中，低于-1.6℃的温度值进行累加。从图 6-5 中可以看到，从观测开始到持续时间 39 h，随着负积温的增加冰厚在不断增长，负积温的增加在持续 39 h 后出现了停顿，冰厚的增长对这种温度变化滞后了 10 h(持续时间 49 h 处)并做出了反应，冰厚开始减小，随后又随着温度的降低恢复增长。这说明室内试验得出的，“随着负积温值的增加，冰厚也逐渐增加”的结论与实际情况相符合，并可由此进一步将该结论扩展为随着负积温值的增加，冰厚也逐渐增加；当负积温停止增加时，冰厚将开始减小。图 6-5 中负积温与冰厚增长的关系曲线与图 6-2 中负积温与冰厚增长的关系曲线在趋势上虽然近于一致，但两者并不完全同步，原因在于现场观测点设在长兴岛北侧海区的潮间带，在落潮时海水水位降低，冰层与海水之间出现空隙，此时即使气温低于冰点，海冰也无法增长，即对潮间带来说，海冰的热力增长是不连续的。

6.2.2　辽东湾鲅鱼圈观测试验

海冰厚度随时间变化的现场观测试验于 2005 年 1 月 19～28 日在辽东湾鲅鱼圈进行的。

现场观测试验自 2005 年 1 月 19 日起，到 1 月 28 日止，连续取得 10 天累积冰厚数据和日冻结厚度数据。观测结果如图 6-6 所示，累计冰厚平均日增量为 1.33 cm/d，平均日冻结厚度为 3 cm。从图 6-6 中可见，累积冰厚随时间延长的增长不是近似直线变化，而是呈 2

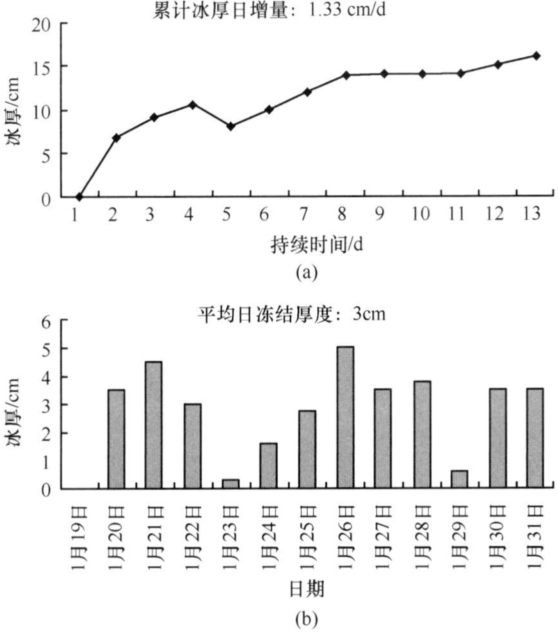

图 6-6　2005 年 1 月 19～27 日辽东湾鲅鱼圈冰厚的时间变化特征

次曲线型变化(表6-6),在前3天,累计冰厚随时间增加的增长速率较快,增长速率达到3.50 cm/d,累计冰厚达10.5 cm。第4天冰厚有所减少,减少速率为2.5 cm/d,从第5天开始冰厚又开始较快增长,到第7天增长速率为1.93 cm/d,但到了第8天以后冰厚增长速率变缓,到第12天增长速率为0.44 cm/d。这与室内冻结试验中冰厚随时间增加近似于直线的增长特征有明显区别,其原因在于室内试验表现出的是在固定温度条件下冰厚的增长特征,而图6-6表现出的是在多个因子,即温度、风、海流的综合影响下冰厚的增长特征。

表6-6　2005年1月19日到1月28日鲅鱼圈海区冰厚(y)随时间(x)的变化特征

类型	近似曲线	相关系数
平均冰厚	$y = -0.0292x^2 + 1.1548x + 5.9717$	0.920 923

1. 冰厚随温度变化的变化特征

在现场观测试验中,除了冰厚的数据外,还同时在冰厚观测点和邻近的岸上进行温度和风的同步观测。观测的项目有:冰厚观测点——冰表面温度(简称冰面温度)、水温、距冰面1.5 m处气温(简称冰上气温)及靠岸的风速。图6-7是冰厚受多个温度因子影响下随时间变化的变化特征。从图6-7可以看出,水温基本上不变,相对稳定在-1.4℃左右,而据李志军对辽东湾海冰场调查研究得知辽东湾的海冰冻结温度为-1.4℃,因此鲅鱼圈的水温满足结冰的温度条件。冰厚还受冰上气温和冰温的影响,从图6-7可见冰温和气温与冰厚均呈负相关关系,相关系数为分别为-0.82和-0.903(均通过0.01的检验),气温与日变化的相关关系比较好。随着气温和冰温的降低,相应冰厚日变化越大,但有一定的滞后性。

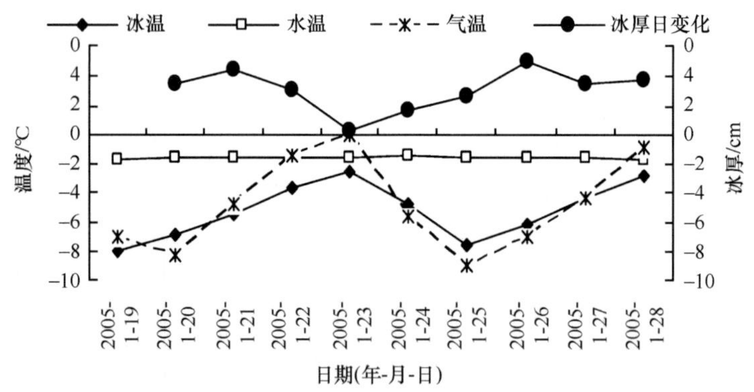

图6-7　2005年1月19日~1月28日鲅鱼圈冰厚与温度变化特征

积温可以反映出各地气候对某一自然过程所能提供的温度条件或热量资源总量。在气象上通常把小于0℃的日平均气温累加值称为负积温。由于海冰的冰点是在0℃以下,辽东湾的海冰的冻结温度约为-1.4℃,因此可以分析-1.4℃的负积温对冰厚的影响。如图6-8所示-1.4℃的积温与累积冰厚关系。由图6-8可见冰厚随积温的增加在不断地增长,当持续第8天时,冰厚开始缓慢增加。

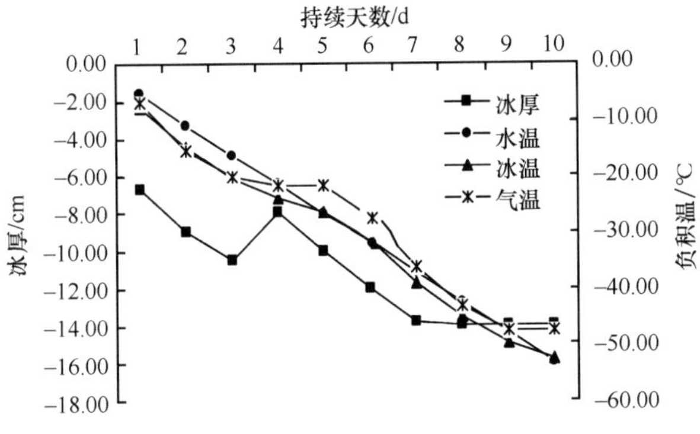

图 6-8　负积温与累积冰厚的关系

2. 冰厚随风速变化的变化特征

冰厚不仅受温度的影响，还受风速的影响。图 6-9 是冰厚日变化与风速的关系，由图可见风速对冰厚的影响没有规律性。这是因为风速对冰厚不仅有动力作用还有热力作用，影响较复杂，因而风速对冰厚的影响很难确定。

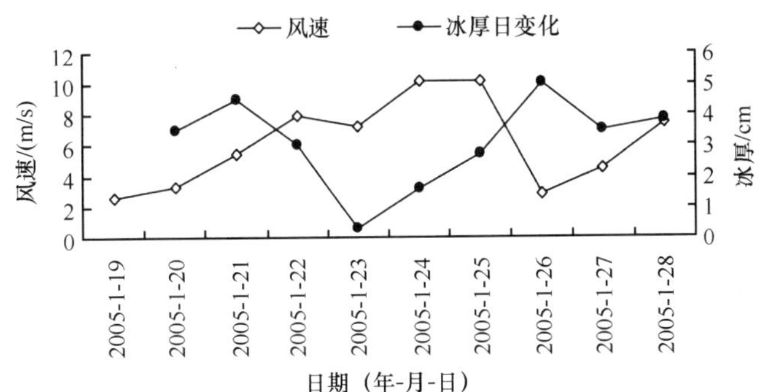

图 6-9　2005 年 1 月 19 日～1 月 28 日冰厚日变化与风速的关系

6.2.3　渤海湾黄骅观测试验

渤海湾海冰厚度随时间变化的现场观测试验于 2005 年 1 月 11～30 日在河北黄骅附近进行。

现场观测试验自 2005 年 1 月 11 日起，至 2005 年 1 月 30 日止，连续取得 17 个累积冰厚数据和日冻结厚度数据，观测结果如图 6-10 所示，累计冰厚平均日增量为 0. 55 cm/d，平均日冻结厚度为 2. 3 cm。冰厚随着时间增加的增长呈 2 次曲线型变化(表 6-7)，10 天左右冰厚能增加到 10 cm，但增长速率不尽相同，前 3 天冰厚增长速率为 1. 67 cm/d，累计冰厚值达 5 cm，从第 4 天～第 7 天，冰厚增长速率为 0. 93 cm/d，累计冰厚值达 8. 7 cm，从第 8 天～第 12 天，冰厚增长速率为 0. 34 cm/d，累计冰厚值达 10. 4 cm。从第 14 天开始，冰厚进入负增长，累计冰厚值减小到 8. 7 cm。

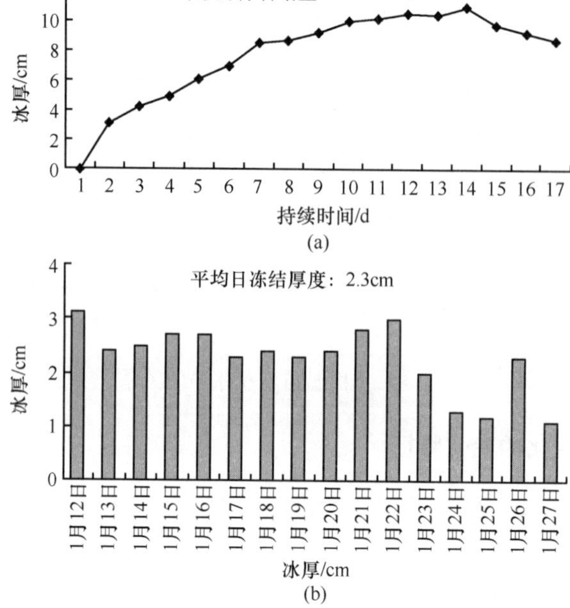

图 6-10　2005 年 1 月 11 日～1 月 27 日渤海湾黄骅冰厚的时间变化特征

表 6-7　2005 年 1 月 11 日～27 日黄骅冰厚随时间变化的变化特征

类型	近似曲线	相关系数
累积冰厚	$y=-0.0748x^2+1.8541x-1.0912$	0.9916

在现场观测试验中，除了冰厚的数据外，还同时在冰厚观测点进行了温度和风的观测。观测的项目有：冰厚观测点——冰表面温度（简称冰面温度）、水温、距冰面 1.5 m 处气温（简称冰上气温）。图 6-11 是冰厚在多个温度因子影响下随时间变化的变化特征。从图 6-11 中可以看出，海冰的冰厚日变化与温度呈负相关关系，气温与冰厚的相关系数为-0.472，未通过检验，水温与冰厚的相关系数为-0.760，冰温与冰厚的相关系数为-0.719，均通过 0.01 的检验。因此随着温度的降低，冰厚日变化增大。从图 6-11 中还可以看出 1 月 21 日的水温、气温、冰温的温度都很低，但是冰厚日变化没有达到最大，反而在气温、水温、冰温都较高的 1 月 22 日冰厚日变化达到最大。这说明冰厚日变化与温度之间有一定滞后性。

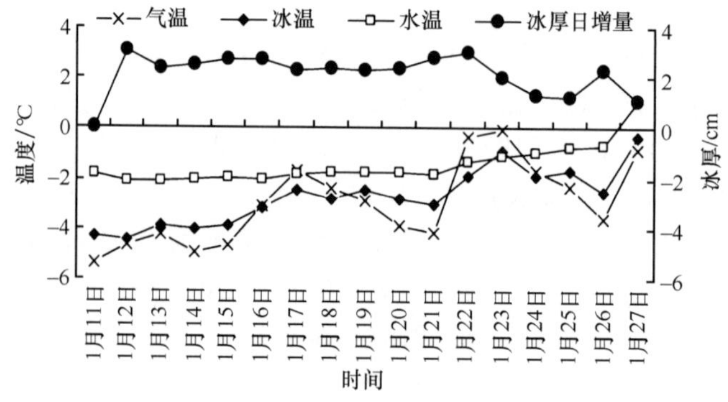

图 6-11　渤海湾海冰冰厚随温度变化的特征

积温可以反映出各地气候对某一自然过程所能提供的温度条件或热量资源总量，在气象上通常把小于 0℃的日平均气温累加值称为负积温。由于海冰的冰点是在 0℃以下，渤海湾的冻结温度一般为-1.6℃，可分析-1.6℃负积温与冰厚度之间的关系。由图 6-12 可见冰厚随积温的增加在不断地增长，当持续第 10 天时，随着负积温的平缓增加，冰厚也缓慢增加。

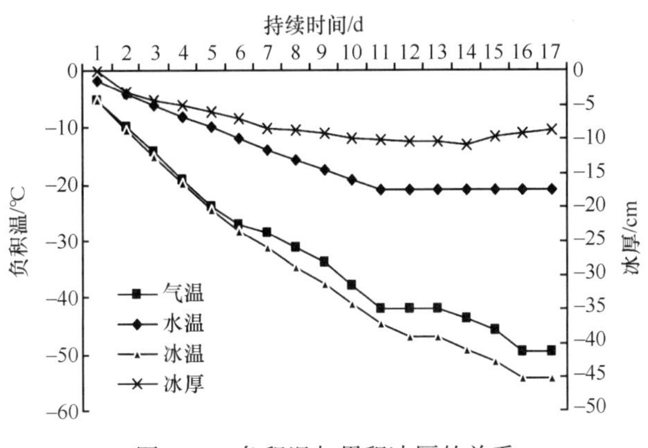

图 6-12　负积温与累积冰厚的关系

6.3　历史资料分析

上述现场试验时间较短，得出的结论与冰厚的长时间变化是否一致，还有待于进一步验证。国家海洋局所属的海洋站虽然也进行海冰观测，但多数以目测为主，冰厚往往根据目测到的冰型来确定，很少有固定地点的、与气象要素同步的冰厚时间序列资料。杨国金(2002)在《海冰工程学》中给出了 1989 年冬季葫芦岛海洋站观测到的气温、风速和冰厚(根据海冰类型得出)，尽管这部分冰厚资料不是某一固定地点的海冰厚度增长的连续资料，但由于其时间序列比较长，资料比较珍贵，还是可以利用它进行冰厚变化与气温和风速关系的分析。

1989 年 12 月 15 日~1990 年 2 月 23 日葫芦岛海洋站日平均气温、日平均风速和海冰厚度的变化状况如图 6-13 所示。图 6-13 中海冰厚度的时间序列变化大致可分为两个阶段，1 月 24 日之前大致在-15~-25 cm 变化，1 月 24 日之后大致在-35~-40 cm 变化，但气温和风速则没有表现出这样的阶段性变化，而是以 5~7d 为周期做短期振动，三者之间的对应关系并不是十分明显。为此，对气温和风速做了 7 日滑动平均，用以过滤短周期振动所带来的影响，这时气温、风速、冰厚之间的对应关系就有了较为清楚的显现(图 6-14)。从图 6-14 中可以看出，1 月 24 日之前海冰厚度与气温 7 日滑动平均值之间基本上是同向变化：气温上升，冰厚降低；气温下降，冰厚增加；而与风速 7 日滑动平均值之间基本上是反向变化，即风速增加，冰厚增加；风速减小，冰厚增加。1 月 24 日以后海冰厚度与气温和风速的变化基本是一致的：气温逐渐上升，风速逐渐增加，冰厚逐渐降低。

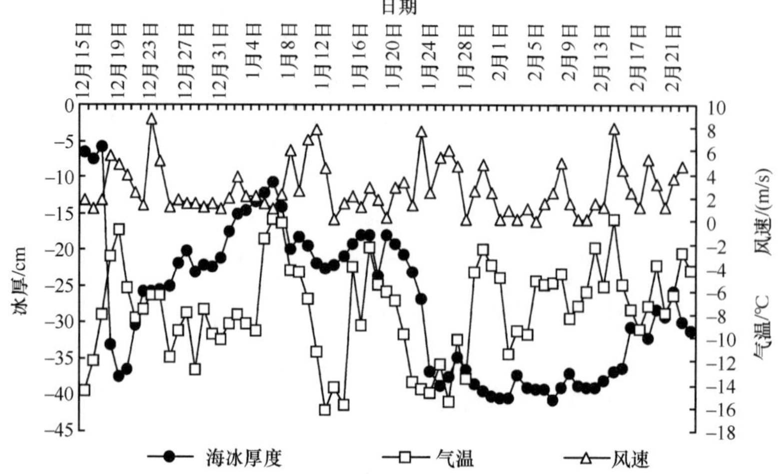

图 6-13　1989～1990 年冬季葫芦岛冰厚随气温、风速的时间变化

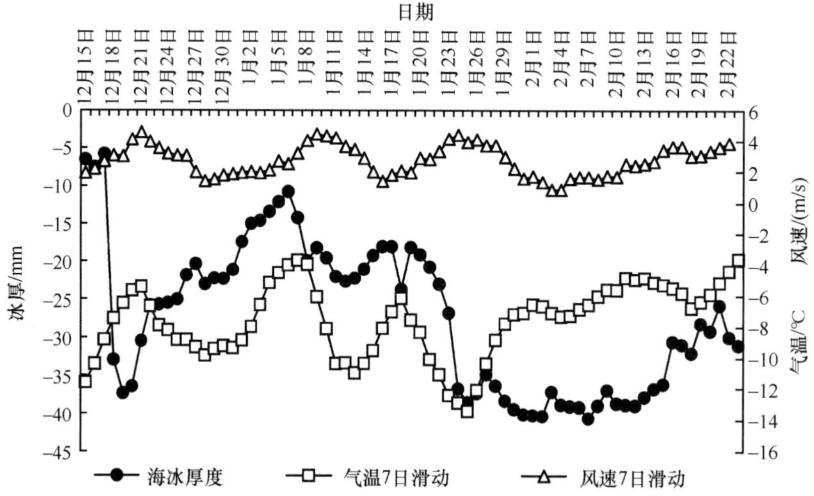

图 6-14　1989～1990 年冬季葫芦岛冰厚和气温、风速 7 日滑动平均值的时间变化

在图 6-13 和图 6-14 中，海冰厚度在 1 月 24 日前后表现出的明显差异与在这前后出现的剧烈降温过程有关。1 月 17～24 日期间，气温从-2. 3℃连续下降到-14. 6℃，1 月 17～22 日风速的变化幅度只是在 0. 3～2. 9 m/s，表明没有大的天气系统移来，辐射冷却持续发展，有利于冰厚热力增长；1 月 23 日平均风速突然加大到 7. 7 m/s(相当于 4 级风)，而气温仍继续下降，冰厚从-23. 6 cm 迅速增长到-36. 8 cm(1 月 24 日)。除了 1 月 24 日前后的冰厚差异外，在 12 月 17 日(-5. 9 cm)～19 日(-37. 4 cm)也有一次冰厚的迅速增长过程，但此时的气温处于上升期，没有明显的降温过程，风速变化也不大。因此这次冰厚增长过程显然是其他因子造成的，如海流、潮汐的影响等。

图 6-15 给出的是 1989～1990 年冬季葫芦岛冰厚和-2℃积温、-4℃积温的时间变化曲线。这一曲线的结果与图 6-2、图 6-8、图 6-12 明显不同，从整体上来说，冰厚并没有与负积温一样随着时间的增加而呈现出有规律的变化，但在局部上(1 月 4 日～2 月 15

日)，冰厚的变化与负积温的变化趋势还是一致的。究其原因有两个方面：一是海冰厚度的时间序列资料并不是从一个固定冰面上连续获得的，而是利用对海冰类型的观测换算出来的，因此与温度资料之间实际上存在着空间上的不一致性；二是海冰厚度的实际变化是热力因子和动力因子共同影响的结果，对于平整的固定冰而言，冰厚与热力因子之间有较好的对应关系，对非平整的堆积冰和重叠冰而言，冰厚与热力因子之间的对应关系就不是一一对应。因此，如何在海冰厚度随时间变化的过程研究中加入动力因子的影响，将是今后继续研究的重要内容之一。

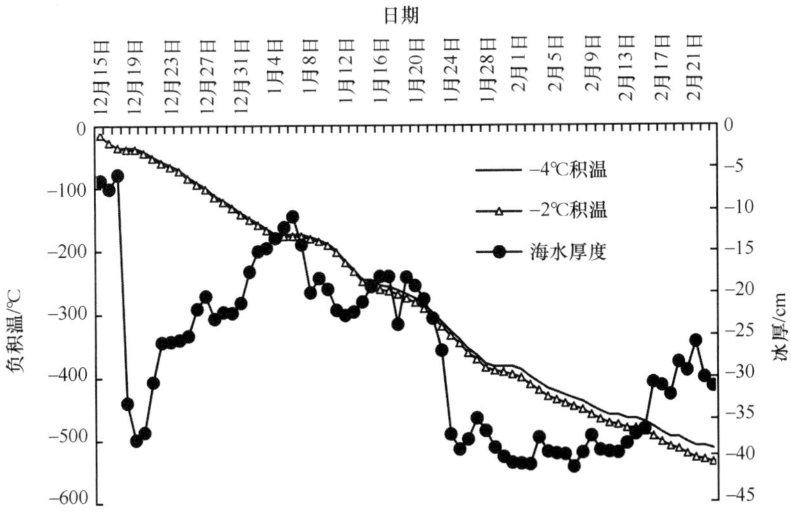

图 6-15　1989~1990 年冬季葫芦岛冰厚和负积温的时间变化

表 6-8 是 1989 年 12 月 15 日~1990 年 2 月 23 日辽东湾葫芦岛海冰厚度变化数据，从中可见，累计冰厚的平均日增量为 2. 16 cm/d。

表 6-8　由历史资料得到的气温≤-4℃条件下海冰再生率(地点：葫芦岛)

日期	气温/℃	冰厚/cm	累计冰厚日增量/(cm/d)	累计冰厚平均日增量/(cm/d)
1 月 17 日	-2. 3	18		
1 月 18 日	-5. 4	23. 7	5. 7	
1 月 19 日	-6. 1	18. 1	-5. 6	
1 月 20 日	-6. 8	19. 1	1	
1 月 21 日	-9. 7	20. 7	1. 6	2. 16
1 月 22 日	-13. 8	23	2. 3	
1 月 23 日	-14. 3	26. 8	3. 8	
1 月 24 日	-14. 6	36. 8	10	
1 月 25 日	-12. 2	38. 6	1. 8	
1 月 26 日	-15. 5	37. 4	-1. 2	

6.4　海冰再生周期

海冰资源是一种可更新资源，其更新周期或再生周期有两种：一是年际周期，即每年冬季随着气温的降低海冰将发生发展；二是年内周期，即在一个冬季里，一旦将海冰取走后，在一定的时间和低温范围内，海冰将再次冻结生成。对海冰资源利用来说，海冰的年内周期具有非常重要的意义，它将决定在一个冬季时间内的海冰资源总量和可能开采次数。

海冰的年内再生周期是多长，与工程上开采海冰的最小厚度限制、低温持续时间和海冰生长速率等要素有关。工程上开采海冰的最小厚度限制将受到开采方法和所用设备的制约，目前国内有关这方面的研究尚未开始，因此这一技术指标现在还不能准确地定下来。不过，如果是使用机械设备采冰，显然海冰厚度越小，设备的能耗和效益比就越低，所以这一指标不宜定得过低。为了讨论方便，作为一种假设，在此将海冰的最小开采厚度暂时定为 10 cm。

低温持续时间与长期气候变化趋势、每年冬季的大气环流背景、不同海区的地理位置有关，显然它是一个随时间、地点变化而变化的量，它应该与各海区的冰期长短密切相关。丁德文等(1999)在《工程海冰学概论》中曾给出渤海各海区的冰期天数(表 6-9)，从中可知，随着北半球冬季逐渐变暖，渤海各海区 20 世纪 90 年代的冰期天数比 70 年代减少了 30~50 天，下降率为 23%~50%。表 6-9 中的冰期来自于国家海洋局的有关资料统计，它表示初冰日至融冰日之间的天数，主要是依据海洋站的水文气象观测得出。由于渤海结冰情况复杂，目前还没有与初冰日和融冰日相对应的气温指标，这给分析低温持续时间带来不便。根据研究(顾卫等，2002)，渤海各海区冰期的初冰日、融冰日和持续天数与日平均气温≤-4℃的初日、终日和初终期日数比较接近，可将气温≤-4℃日数近似作为与海冰生成、发展、融解有关的低温持续期，来探讨海冰的年内再生周期问题。渤海各海区气温≤-4℃日数由表 6-10 给出，多年平均状态下的低温持续期(气温≤-4℃日数)为辽东湾 40~70 天、渤海湾 20~40 天、莱州湾 10~20 天。

表 6-9　20 世纪 70 年代和 90 年代渤海各海区冰期

项目	辽东湾	渤海湾	莱州湾
70 年代冰期/天	105~130	90~110	100
90 年代冰期/天	100	65	45

注：引自文献(丁德文等，1999)。

表 6-10　渤海各海区气温≤-4℃积温和日数(1961~1990 年平均)

	辽东湾	渤海湾	莱州湾
≤-4℃积温/℃	-300~-600	-100~-300	0~-100
≤-4℃日数/天	40~70	20~40	10~20

海冰再生速率与气象环境、海洋环境、再生时间等多方面因素有关。对于渤海来说，在环境气温为≤-4℃、水温为-1.6℃的条件下，如果把已冻结的海冰取走，使海水

暴露出来重新冻结的话，前 3 天海冰厚度增长比较快，3 天以后冰厚增长速率减缓，随着气温的升降，累计冰厚可能增加，也可能停止增长甚至降低。因此，渤海海冰再生速率是一个随时间、地点变化而变化的量，不论是用累计冰厚平均增长率还是用平均日冻结厚度，都不能全面地反映渤海海冰的再生特征。考虑到工程性开采海冰需要对冰厚有一个基本要求，根据现场采冰试验的结果，可以设定 10 cm 为工程性开采海冰的最小冰厚。冰厚从 0 cm 增长到 10 cm 所用时间随海区不同差异较大，辽东湾需要 3～4 天，渤海湾需要 10～11 天（表 6-11），莱州湾和渤海中部由于没有观测试验尚不能给出准确数据，根据这两个海区位置的特点，初步估计渤海中部为 5～7 天，莱州湾为 13～15 天。

表 6-11　辽东湾、渤海湾海冰再生特征

项目	累计冰厚增长到 10 cm 所需时间/天	累计冰厚前 3 天增长率/(cm/d)	累计冰厚平均增长率/(cm/d)	平均日冻结厚度/cm
辽东湾长兴岛	4	2. 20	—	2. 3
辽东湾鲅鱼圈	3	3. 50	1. 33	3. 0
辽东湾葫芦岛	—	—	2. 16	—
渤海湾黄骅	10	1. 67	0. 54	2. 3

注：“—”表示数据欠缺。

根据以上分析得出的结果，在渤海冬季低温（日平均气温≤-4℃）期内，以生成厚度 10 cm 的海冰所需时间为海冰年内再生周期的话，渤海各海区在多年平均状态下（常冰年）工程性开采海冰的可能次数是：辽东湾 10～17. 5 次，渤海湾 1. 8～3. 6 次，莱州湾 1 次（表 6-12）。

表 6-12　渤海各海区常冰年工程性开采海冰的可能次数

项目	辽东湾	渤海湾	莱州湾
开采次数	10～17. 5	1. 8～3. 6	1

6. 5　本 章 小 结

海冰厚度变化主要取决于热力因素和动力因素。本章开展了室内冻结试验、现场观测试验和历史资料分析三方面工作，并对海冰再生周期进行初步分析。

室内试验结果表明平整冰厚增长特征：仅在热力作用下，随着低温持续时间的延长，冰厚逐渐增加；随着负积温值的增加，冰厚也逐渐增加。各种温度条件下冰厚随时间的增加基本上呈线性关系增长，温度越低，冰厚增长越快，-10℃时的冰厚增长率是 -2℃的 3. 7 倍。

现场观测试验结果表明冰厚增长特征：在热动力作用下（温度、风、海流的综合影响）随着负积温值的增加，冰厚也逐渐增加；当负积温停止增加时，冰厚将开始减小；冰厚随着时间的增长呈 2 次曲线的变化。辽东湾海水冻结温度约为-1. 4℃，渤海湾一般在 -1. 6℃。辽东湾长兴岛观测站冰厚在 39 h 之前，可以达到 1. 5 mm/h，到 40 h 以后，维持在 0. 24 mm/h；在潮间带，其热力增长是不连续的。辽东湾鲅鱼圈观测站累计冰厚平均日增量为 1. 33 cm/天，平均日冻结厚度为 3 cm；前 3 天，累计冰厚随时间增加增长速率较快，增长速率达到 3. 50 cm/天，累计冰厚达 10. 5 cm；冰温和气温与冰厚均呈较好负相关关系，随着气温和冰温的降低，相应冰厚日变化越大，但有一定的滞后性。渤海湾黄骅观测站累计冰厚平均日增量为 0. 54 cm/天，平均日冻结厚度为 2. 3 cm；10 天左右冰厚能增加到 10 cm，但增长速率不尽相同，在前 3 天，冰厚增长速率为 1. 68 cm/天，累计冰厚值达 5 cm。

历史资料分析结果表明，剧烈降温过程之前海冰厚度与气温 7 日滑动平均值之间基本上是同向变化的，而与风速 7 日滑动平均值之间基本上是反向变化的；之后海冰厚度与气温和风速的变化基本是一致的；冬季葫芦岛海洋观测站累计冰厚平均日增量为 2. 16 cm/天。

海冰资源更新周期（再生周期）可以分为年际周期和年内周期。海冰年内周期决定冰期特定冰区海冰资源总量和可能开采次数。渤海各海区多年平均状态下的低温持续期（日平均气温≤-4℃日数）是：辽东湾 40～70 天，渤海湾 20～40 天，莱州湾 10～20 天。如果设定工程性开采海冰的最小冰厚为 10 cm，渤海各海区相应年内再生周期是：辽东湾 3～4 天，渤海湾 10～11 天，莱州湾为 13～15 天，渤海中部为 5～7 天；渤海各主要冰区在多年平均状态下（常冰年）工程性开采次数是：辽东湾 10～17. 5 次，渤海湾 1. 8～3. 6 次，莱州湾 1 次。

参考文献

丁德文，等 . 1999. 工程海冰学概论 . 北京：海洋出版社：84-88.

顾卫、张秋义，谢锋，等 . 2003. 用气候统计方法估算辽东湾海冰资源量的尝试 . 资源科学，25(3)：9-16.

顾卫，顾松刚，史培军，等 . 2003. 海冰厚度的时间变化特征与海冰再生周期研究 . 资源科学，25(3)：24-32.

顾卫，史培军，刘杨，等 . 2002. 渤海和黄海北部地区负积温资源的时空分布特征 . 自然资源学报，17(2)：168-173.

杨国金 . 2000. 海冰工程学 . 北京：石油工业出版社，193-196.

第 7 章　渤海海冰资源储量估算及时空分布特征

7.1　渤海海冰资源储量的估算方法

7.1.1　数据来源及处理方法

1. 数据来源

本章采用的 NOAA 数据主要来源于两部分。其中主要部分来自于日本东京大学的 NOAA 数据库；另一部分来自于国家气象卫星中心。日本东京大学的 Panda 数据处理系统是 Package for NOAA Data Analysis 的缩写，即 NOAA 数据分析软件包。该软件系统是一些日本科学家于 1989 年开发的，并且作为一种免费软件在网上提供了共享。该软件主要运行于 UNIX 和 Linux 环境，基本功能包括 NOAA 数据的格式转换、辐射校正、大气校正以及几何校正等。本章利用该软件在线处理功能下载了 1500 余幅 NOAA 影像，从国家气象卫星中心下载了 200 幅左右的 NOAA 影像。

2. 数据订正处理

下载的 NOAA 图像都是覆盖了渤海的影像，但是在进行数据订正之前，需要对影像数据做出细致的筛选，剔除影像质量差或者通道信息缺失的影像。经过筛选，剔除了 800 余幅质量较差的影像(云覆盖、通道信息缺失等)，最后用于面积提取和厚度计算的约有 600 幅 NOAA 影像。

下载的 NOAA 影像经过基本的辐射定标、大气校正以及几何粗校正等预处理，影像数据产品为可见光反照率值和红外辐射亮温值。基于标准的渤海区域底图，对影像进行人工控制的地理校正和配准，并把所有图像的投影设置为 Albers 等面积投影。

7.1.2　海冰面积提取方法

研究区影像包含有云、陆地、海水、海冰 4 类基本地物(图 7-1)。影像的空间分辨率较低，存在有异物同谱现象。手工勾绘可以在影像上将海冰范围(海冰像元集合)从背景中完全分离出来，这种目视判读的方式就是头脑综合分析影像中有关海冰的直接和间接信息的结果。因此采取适当的策略，是可以实现在该数据的像素水平下海冰范围的完全提取。一般的提取分离过程顺序是云、陆地、海水、海冰。

关于去云的处理，可以利用云的光谱特点具有高反射率和低亮温值，定义综合阈值去除；但是当云的光谱特性和冰、雪相似时(与光谱分辨率和辐射分辨力有关)，就可以采取分形方法。本节中采用定义综合阈值和人工判读相结合的方法完成云的去除工作。

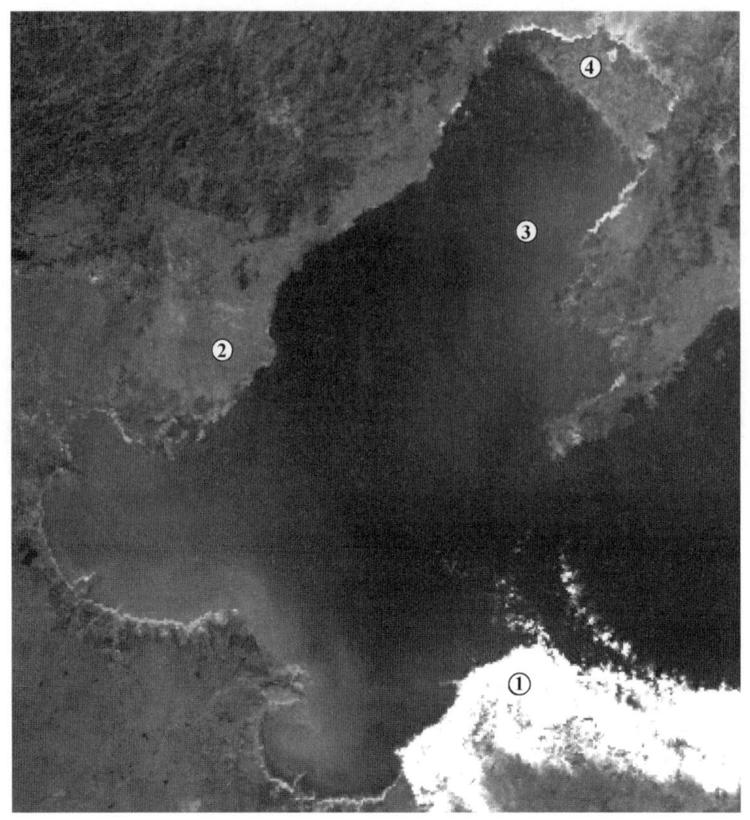

图 7-1　研究区 NOAA/AVHRR 影像

图中数字表示:①云; ②陆地; ③海水; ④海冰

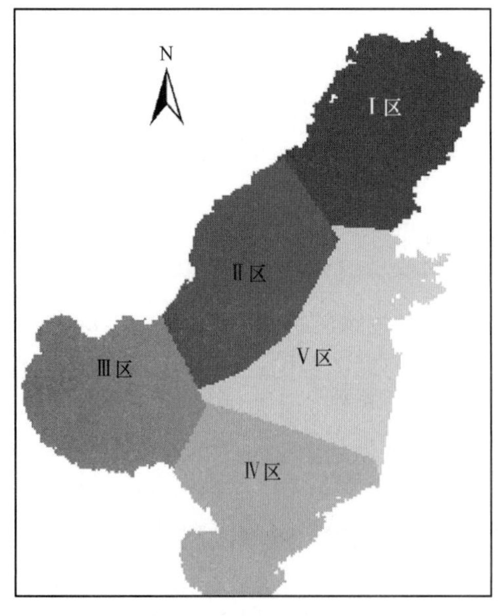

图 7-2　渤海海冰面积分区提取示意图

采用矢量边界的方法进行陆地范围的去除。而冰水分离问题涉及海区划分、泥沙区剔除等操作。

1. 海冰范围提取方法

一般来说, 海冰和海水一样具有比较均一的性质, 海冰是具有各种晶体结构的固体, 对太阳短波辐射的吸收不如海水强烈, 所以一般的反射率比海水要高很多; 同时由于海冰是由海水在气温下降时冻结而成的, 因此海冰的表面温度比海水要低, 而且低于一定的温度值。这样高反射率和低表面温度就是海冰自身的物理属性。

采用 2. 1. 4 小节介绍的分区提取海冰范围的方法, 分区示意图见图 7-2。从图中可以看出, 渤海被分为 5 个区, 分别是Ⅰ

区：以辽东湾为主的海区；Ⅱ区：主要为辽东湾和渤海湾之间的海区；Ⅲ区：以渤海湾为主的海区；Ⅳ区：以莱州湾为主的海区；其余海区为 Ⅴ区。

2. 面积统计方法

在分区阈值的基础上分别提取不同分区的海冰结冰范围，即不同分区的海冰像元个数。然后把 5 个分区的图像拼接成完整的渤海区的海冰面积图，并统计出渤海区的海冰像元总数。

下载的原始 NOAA 影像是经纬度投影，在 Albers 等面积投影转换过程中，默认的像元大小可能会发生变化，在严格按照影像分辨率转换过程中，像元大小均为 1 100 m × 1 100 m。因此在统计出渤海海冰像元个数的同时，可以计算出渤海的海冰面积为像元个数 ×像元面积。

3. 海冰面积时间序列

根据上述的海冰面积提取方法，统计出近 20 年来渤海海冰面积变化的时间序列，如图 7-3 所示。

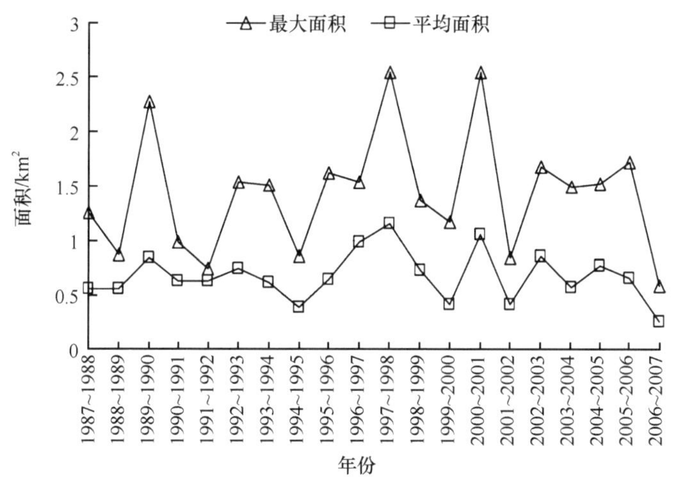

图 7-3　近 20 年来渤海海冰面积变化

从图 7-3 中可以看出，渤海海冰的平均面积与最大面积的变化趋势基本一致。只有 2 个年份的平均海冰面积在 1 万 km²以上，其余年份的平均海冰面积一般都在 1 万 km²以下。1997 年冬季和 2000 年冬季的海冰面积为近 20 年来的 2 个峰值，海冰面积达 2. 55 万 km²，而 2000 年冬季的冰情等级也显示，该冬季的渤海海冰冰情等级为偏重冰年。渤海海冰面积的最大值和平均海冰面积的最小值之比为 2. 5 ∶ 0. 26，即约 10 倍之差。

海冰面积的最小值出现在初冰日，由于现有遥感数据的限制，很难统计到每一年的初冰日面积。因此现有数据统计出的海冰面积最小值有待进一步印证。

7.1.3　海冰厚度提取方法

1. 海冰厚度信息提取方法的选择

海冰厚度的提取方法很多，如基于冰型-反射率相互关系的海冰厚度信息提取方法、基于冰厚-反射率相互关系的海冰厚度信息提取方法、海冰生长与热平衡原理的冰厚估算方法（如根据改进型 Stefan 解析模式估算冰厚）等。每种提取海冰厚度的方法都有其自身的特点和适用范围，详细内容请参考本书 5.2 节，这里不再赘述。

考虑到以下几点，采用基于冰厚-反射率相互关系的海冰厚度信息提取方法。首先是海冰厚度信息提取方法本身的特点。关于海冰厚度和反射率的关系，很早就有人研究，在一系列相关研究的基础上并结合太阳短波辐射理论提出的海冰厚度反演模型，具有较好的理论基础，且该反演模型对于其他要素（温度、盐度、海流等）没有苛刻要求，适用性较强。其次是研究内容的需要。在研究渤海海冰资源的时空分布特征时，需要建立起海冰资源量的时间序列，在此基础上才可能对其时空分布进行相关分析。最后是遥感数据的获取。基于冰厚-反射率相互关系的海冰厚度信息提取方法可以充分利用历史时期的遥感影像数据，据此建立起高时间分辨率的海冰厚度时间序列，这是研究海冰资源时空分布的重要基础。

2. 厚度估算误差分析

在分区定义参数计算渤海海冰厚度的过程中，海冰厚度反演模型体现了较好的稳定性，但是实际影像在不同分区中的参数是有时间变化的，每个分区仅采用同一个参数（μ）来计算时间跨度 20 余年的海冰影像，必然产生或大或小的误差。相关研究表明，由于仪器、天气状况等的影响，同一地点、不同时间影像的反照率等参数是有差别的，图像参数应该即时调整。很理想的情况是，结合研究区域的具体状况（纬度位置、泥沙含量等）建立一系列的试验来求算每一幅影像的反演参数（μ），然后根据求算出来的参数来分别计算每一幅影像的海冰厚度。但是，限于目前的研究现状，无法回到过去来做相关的试验，而且每一幅图像都采用不同的参数来计算，无法体现反演模型的普适性。本节的计算结果表明，不同分区采用了各自的唯一参数（μ）计算出来的海冰厚度基本符合渤海海冰厚度分布规律，其误差比较如表 7-1 和表 7-2 所示。

表 7-1　2005 年 1 月 30 日渤海海冰厚度计算误差比较

北纬	东经	取样厚度（30 日）/cm	计算厚度（31 日）/cm	误差/%
40°18′14″	121°50′38″	16	20	25
40°18′54″	121°44′31″	8	6	-25
40°19′04″	121°34′04″	16.5	19	15
40°18′50″	121°29′32″	7~22	12	*
40°19′12″	121°21′35″	5~25	17	*
40°19′21″	121°12′06″	12~20	14	*

注：* 表示计算厚度在取样（或目测）厚度内。

表 7-2　2006 年 3 月 2 日渤海海冰厚度计算误差比较

北纬	东经	实测厚度/cm		计算厚度/cm	误差/%
		取样厚度	目测厚度		
40°22′43″	121°54′55″	12	5~12/20	17	*
40°25′29″	121°52′14″	10	8~12/20	29	45
40°32′09″	121°57′11″	5	5~12/20	12	*
40°38′17″	121°57′55″	5	5~12/20	3	-40

注：* 表示计算厚度在取样(或目测)厚度内。

从表 7-1 中可以看出，计算出来的海冰厚度的最大误差为 25%，较小的误差是 15%，另外 3 个计算出来的厚度值均在取样厚度范围内。表 7-2 中的计算厚度 29 cm 和 3 cm 与实际厚度偏差较大，其他的厚度计算值均在目测厚度范围内。从厚度误差分析中可以看出，尽管有的反演厚度值有较大的偏差，但是总体来说该冰厚反演模型的效果较好。值得注意的是，尽管表 7-2 中的 3 cm 厚度反演值偏离了 5~12/20 cm 的海冰厚度范围，但是计算出来的厚度分布图中，该点周边的像元值厚度分别为 5 cm 和 11 cm。

计算海冰厚度和实际海冰厚度之间产生误差的原因，主要有以下几点：

(1) 海冰取样的问题。海冰取样过程中，由于实际条件的限制，在进行实地海冰调查的过程中，取样点较小(一般为 1 m×1 m 的海冰样点)，而且该点的厚度值对其周边海冰厚度的代表程度还有待探讨。

(2) 光谱问题。一方面，海冰表面形态(冰面凹凸、含泥沙等)是有差异的，这些反映在光谱上都是有变化的，从而引起海冰厚度计算值的变动。另一方面，NOAA 影像的空间分辨率较低，一个像元尺度上(1.1 km×1.1 km)的海冰厚度应该是有一定变化的，其像元值表示的海冰厚度是单位面积(1.1 km×1.1 km)上光谱信息的综合。如果提高遥感影像的空间分辨率，那么计算出的海冰厚度与真实海冰厚度的误差会逐渐缩小。

(3) 空间位置的精确对应问题。采样点是利用 GPS 定位的地理坐标，尽管遥感影像在几何校正等过程中，误差都控制在 1 个像元以内，但是海冰调查的采样点仍然可能游离于对应的像元点。特别是当采样点位于像元区域的边界时，这种可能性会大大提高。

(4) 海冰运动问题。渤海的固定冰较少，大部分都是浮冰。所以渤海的海冰并不是静止不动的，在冰下海流以及冬季风的作用下，会发生海冰的漂移现象。因此，同一天不同时刻的同一地点的海冰，由于海冰的漂移也会发生厚度变化。上述的影响因子都可能导致海冰计算厚度与采样点厚度产生较大差异。

7.1.4　海冰资源储量时间序列的建立

1. 海冰资源量的定义

海冰资源量是一个综合性的概念，它包括日储量、最大日储量、最小日储量、结冰期平均储量、可探明储量、潜在储量、可开采量等。

日储量是指在一个冬季内某一天的海冰总体积。

最大(小)日储量是指在一个冬季内，日储量(日海冰总体积)的最大(小)值。其中最小日储量是指一个冬季内所能测算出的大于零的日海冰总体积最小值。

结冰期平均储量是指从海冰开始出现(初冰期)到海冰消融(终冰期)为止的时间范围内，能够探测到的日海冰总体积的平均值。

可探明储量是指利用各种探测手段(冰区调查、雷达监测、卫星遥感测算、航空测算、数值模拟、经验公式推算、人工观测等)在一定区域、一定时间范围内所能测量出的海冰总体积。由于海冰资源量是一个随时间、空间变化的变化量，因此可探明储量既可以是某一个区域内某一天的海冰总体积，也可以是某一个区域内某一时段的海冰总体积。从这个意义上来说，日储量、最大(小)日储量和结冰期平均储量等都可以看成是该区域、该时段的可探明储量。

潜在储量是指考虑到海冰年内再生周期后的海冰总体积。海冰再生周期是指生成一定厚度(工程性开采海冰的最小厚度)的海冰所需要的时间。对渤海来说，可以把工程性开采海冰的最小厚度定为 10 cm。在一个结冰期内，海冰再生次数为冰期总日数除以海冰年内再生周期，而潜在储量就是海冰年内再生次数乘以可探明储量。

可开采量是指在目前的海冰开采技术水平、工程能力、经济成本等条件制约下，有可能从渤海中采集出的海冰总体积。可开采量一般可以用某一离岸距离内的海冰总体积来表示，离岸距离通常可以定为 10 km、20 km、30 km、40 km。

2. 海冰资源量的计算

海冰面积和厚度是海冰资源量计算中的两个重要参数，在提取出渤海的海冰面积和厚度的基础上，海冰资源量=面积×厚度。在本节的实际计算中，首先统计的是有海冰分布的像元总数，然后把每个像元的厚度值累加求和，最后把该求和的值乘以单位像元的面积。

$$Z = \sum_{i=1}^{n} s \times d(i) \tag{7-1}$$

式中，Z 为海冰资源量；s 为单位像元面积；$d(i)$ 为不同像元的海冰厚度值；n 为海冰像元总数。

3. 1987~2007 年渤海海冰资源量时间序列

在海冰面积统计和厚度提取的基础上，计算出 1987~2007 年每一天(有可用遥感影像的每一天)的渤海海冰资源量，建立起该时间段的海冰资源量时间序列。由于全球变暖的影响，渤海近年来出现了较多的轻冰年，但是近 20 年中出现的常冰年以及偏重冰年的海冰资源量仍然十分可观。常冰年的资源量一般在 40 亿 m^3 左右，特别是 2000 年(冰情等级：偏重冰)的海冰资源量较多，达到了 60 亿 m^3。图 7-4 显示了盛冰期渤海海冰资源总量(最大日储量)的变化。可以看出，近年来渤海的海冰资源量有逐年减少的趋势，特别是 2006 年冬季至 2007 年年初，渤海海冰资源总量仅为 13 亿 m^3，是近 20 多年来渤海海冰资源量最少的年份。

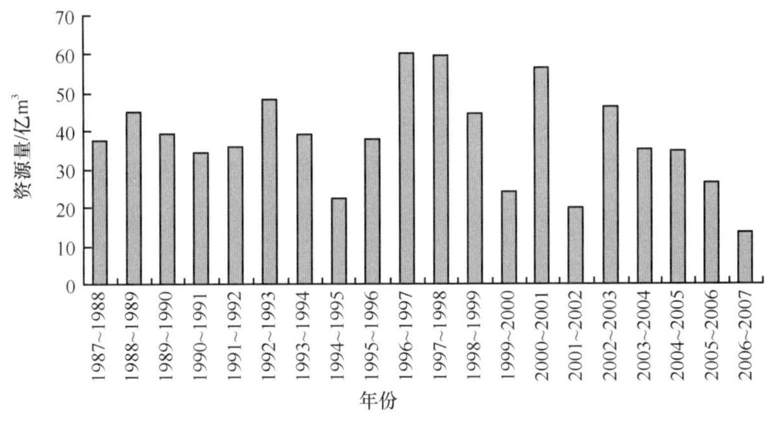

图 7-4　渤海盛冰期海冰资源总量的年际变化

7.1.5　海冰资源储量时间序列的延长

利用遥感等方法建立起来的 1987～2007 年的海冰资源量时间序列，基本反映了 20 年来渤海海冰资源量的变化规律，是研究渤海海冰资源的重要的定量数据。结合时间序列较长的冰情等级和历史气象数据，把 20 年来定量的海冰资源量序列延拓为 1950～2007 年的海冰资源量时间序列，需要逐一分析海冰资源量与气候要素、冰情等级的关系，并在综合分析的基础上采用一个综合参数或者多个参数来拟合以及建立 1950～2007 年的海冰资源量时间序列。

1. 海冰资源量与气候要素的关系

一般来说，气候要素中与海冰资源量的关系较密切的是气温，而平均气温和负积温是两个常用的主要指标。图 7-5 显示了营口冬季 12 月至翌年 2 月均温和最大海冰资源量以及平均海冰资源量的关系。理论上两者应该有一定的负相关关系，但在图 7-5 中并不明显。

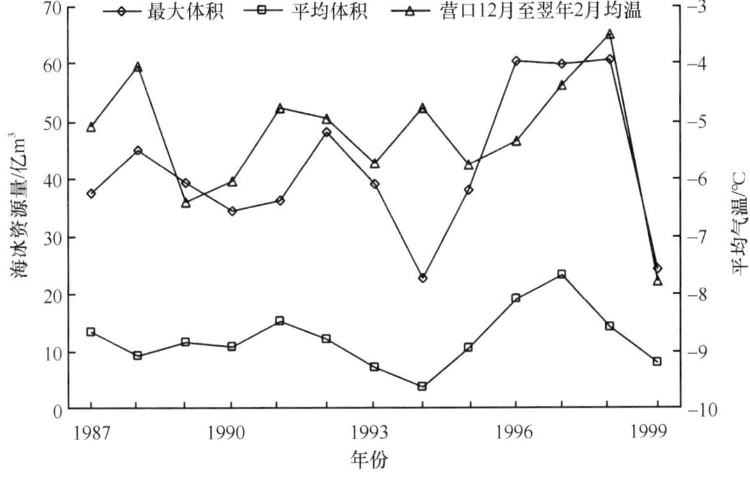

图 7-5　海冰资源量和营口冬季平均气温时间序列

只是在 1994 年冬季均温较高时，海冰资源量较少，其他年份关系不明显，而冬季均温和海冰资源量的相关分析甚至显示(图 7-6)，冬季平均气温与海冰资源量有微弱的正相关。负积温与海冰资源量的关系和平均气温与资源量的关系类似(图 7-7)，存在微弱的正相关，理论上的关系也没有很好的体现。7 天滑动均温的最低值与当年资源量的相关系数也接近 0(图 7-8)。

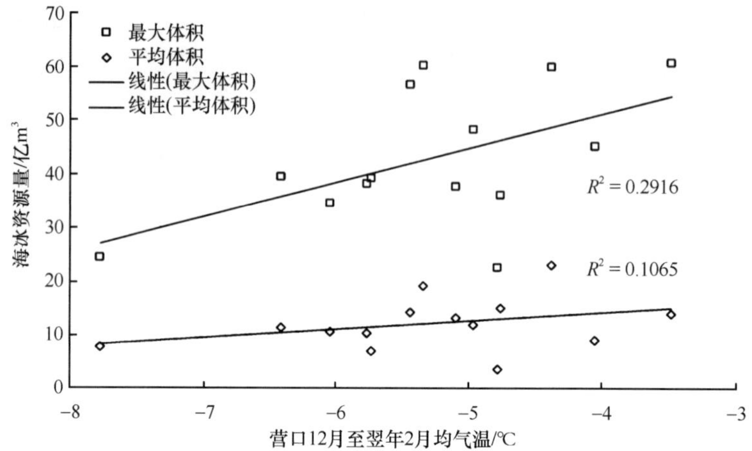

图 7-6　海冰资源量和营口冬季平均温度的线性回归

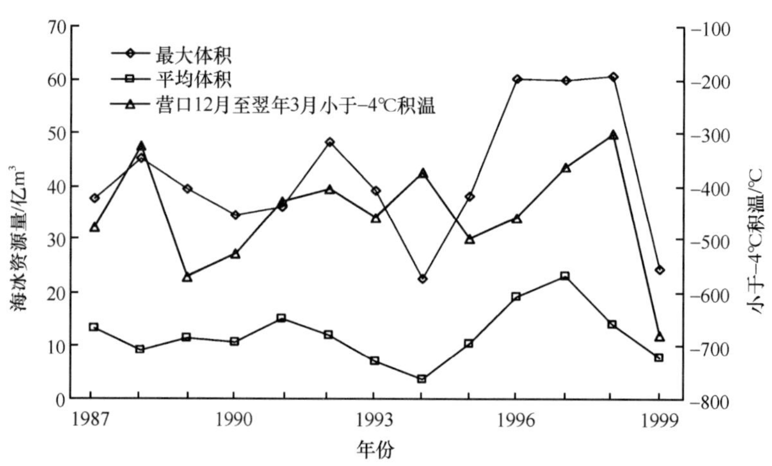

图 7-7　海冰资源量和营口冬季负积温时间序列

对海冰资源量与单一气候要素的分析并没有得出较好的结果，这很可能表明影响海冰资源量因素是复杂的，单一的气候要素不能说明海冰资源量的变化情况。

2. 海冰资源量与冰情等级的关系

海冰冰情等级有着较长的时间序列，是以往研究海冰变化的重要资料。海冰资源量

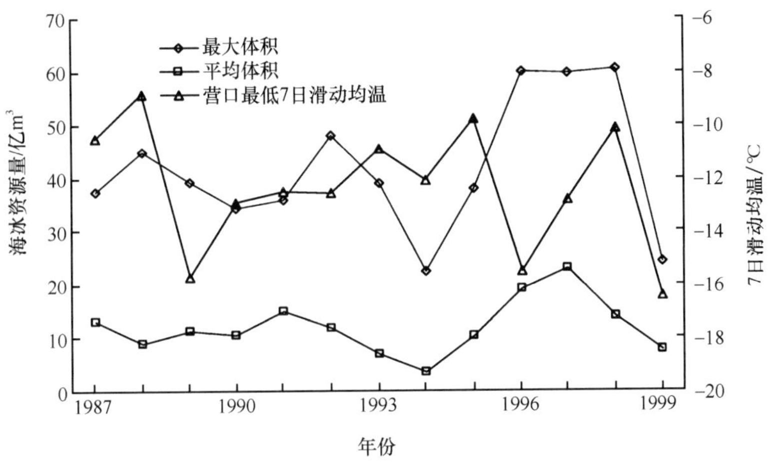

图 7-8　海冰资源量和营口冬季最低 7 日滑动均温时间序列

与冰情等级并不是一一对应的关系。但是，从图 7-9 中可以看出，冰情较重的时候，海冰资源量较大；冰情较轻的时候，海冰资源量较少。尽管 1990 年和 1991 年的海冰资源量和海冰冰情等级的关系是游离于上述基本规律的，但是数据总体趋势还是表明了冰情等级越高(低)则海冰资源量越大(小)这一基本规律。

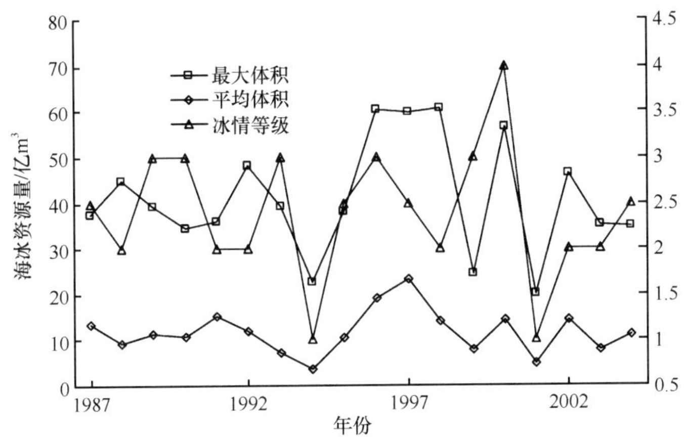

图 7-9　海冰资源量和冰情等级时间序列

3. 海冰资源量与寒潮次数的关系

结合海冰冻结的气温条件，参照国家气象局关于寒潮的规定，本节中定义某一站点日平均气温低于-4℃，且比前一天的日平均气温降低 8℃以上时，称为该站点出现一次寒潮。连续两天达到这一条件的，只计为一次寒潮。根据这个定义，可从逐日气温数据中提取出各站点的寒潮次数。

图 7-10 为辽东湾沿岸三站的寒潮次数提取结果。从图中可以看出，寒潮次数的主体是 2 次或者 2 次以下。大洼的寒潮次数较多，特别是 1960~1970 年，寒潮次数几乎都在 3 次以上，1969 年渤海的大冰封就发生在寒潮次数较多的这一时段。与大洼比较，营

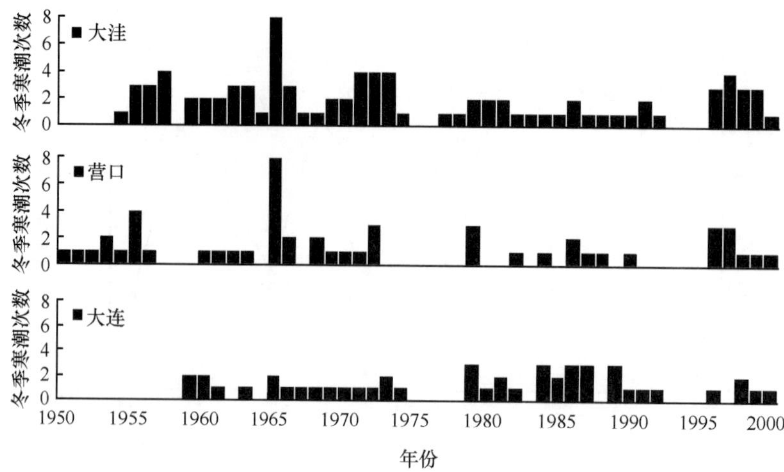

图 7-10　辽东湾三站寒潮次数

口和大连的寒潮次数相对较少，而且未出现寒潮的时段也较长。

寒潮这一急剧降温现象，对海冰生成意义十分重大。从图 7-11 中可以看出，当寒潮次数较多时，海冰资源量明显提高，而寒潮发生次数较少时，海冰资源量则较少，1994 年和 1997 年的海冰资源量与营口寒潮次数的关系尤为明显地反映了这一现象。寒潮与海冰资源量的单相关关系比前述任一气候要素和海冰资源量的关系都要显著，这表明寒潮次数对海冰资源量有重要影响。当然，寒潮的发生仅仅是海冰生成的一个条件，海冰资源量大小是极端低温、海流等其他要素综合作用的结果，任何单一的气候要素很难对海冰资源量作出全面的诠释。

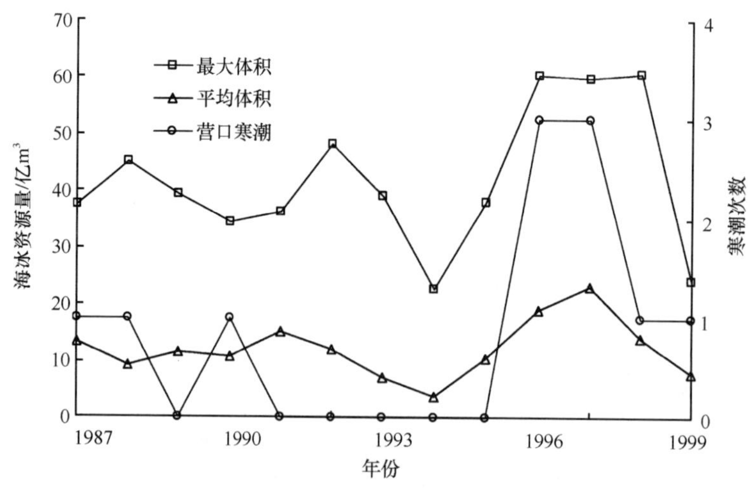

图 7-11　营口寒潮次数与海冰资源量的时间序列

4. 近 50 年渤海海冰资源量序列

鉴于海冰资源量和单一气候要素的关系都不是很显著，本节采用偏相关分析和多元线性回归方法进行海冰资源量的拟合。因为辽东湾的海冰资源量占渤海海冰资源量的绝大部分，且其沿岸的大洼、营口、大连 3 个气象站的开始记录时间最早，本节选取该 3 站的气象数据进行分析。通过对 3 站 50 年来逐日气温数据的处理，分别提取出各站的冬季各月及多月均温、冬季各月及多月≤-4℃积温、冬季各月≤-4℃的天数、冬季寒潮次数、冬季最低温度、冬季最低 7 日滑动均温等各种指标。通过逐步回归和偏相关分析，最后挑选出以营口寒潮次数、营口最低 7 日滑动均温、大连最低 7 日滑动均温 3 个指标作为自变量进行拟合，拟合效果在较好地反映数据变化趋势的基础上，无论是平均海冰资源量(平均体积)还是最大海冰资源量(最大体积)，其数值的大小都较为接近实际值(图 7-12 和图 7-13)。因此可根据气象站 50 年的气象数据，模拟建立海冰资源量的 50 年时间序列(图 7-14)。

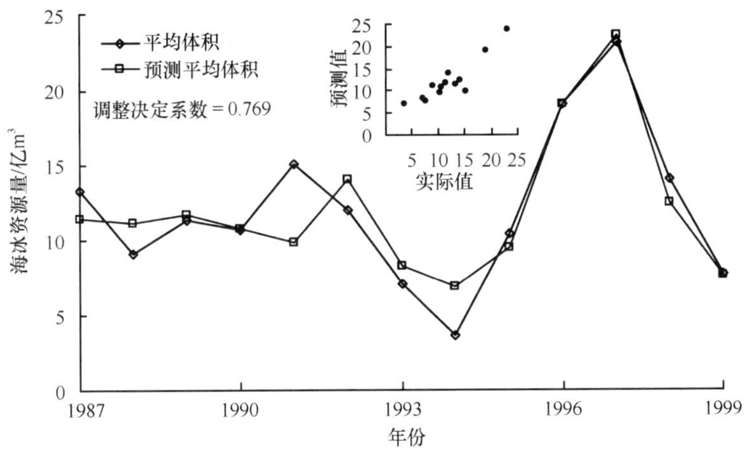

图 7-12　海冰平均体积的多元回归拟合结果

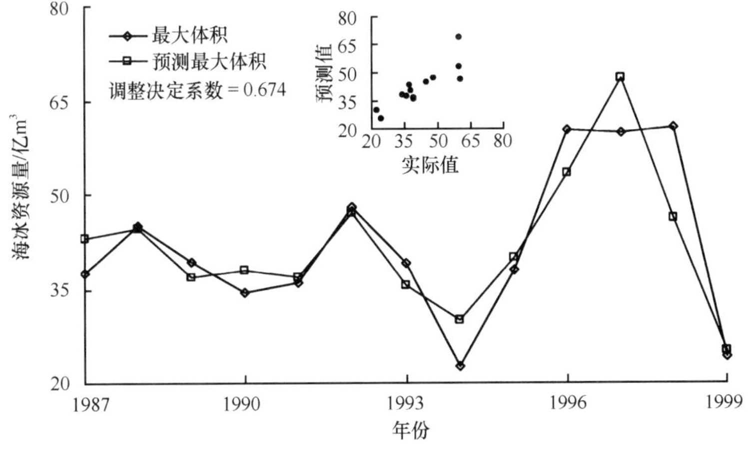

图 7-13　海冰最大体积的多元回归拟合结果

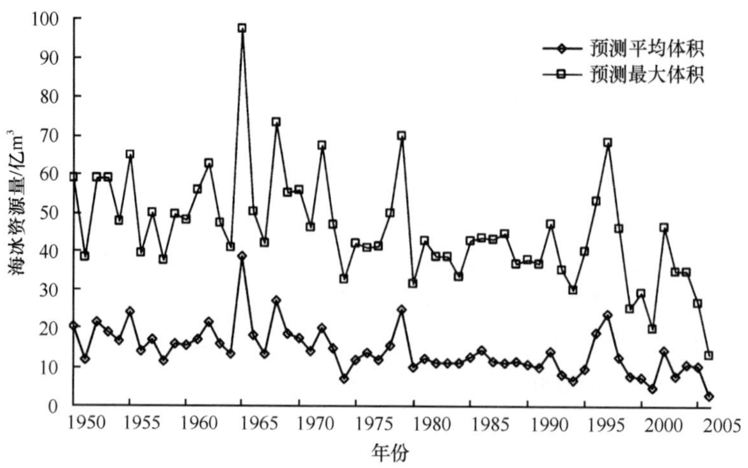

图 7-14 利用气象数据拟合的海冰资源量时间序列

利用 1987~1999 年的拟合数据和真实数据作比较，其误差大小见表 7-3。从表 7-3 中可以看出，海冰资源量的拟合预测效果较好，其中平均海冰资源量的平均预测误差在 17% 以下，最大海冰资源量的平均误差在 10.6% 以下。平均误差为 88.6% 的年份是 1994 年，主要原因是该年份的平均体积较少，仅为 3.6 亿 m^3，因此较少的差值就导致了较高的相对误差。最大资源量(最大体积)和平均资源量(平均体积)的误差最小值分别为 0.8% 和 0.2%。

表 7-3 海冰资源量拟合误差统计表

项目	最大体积预测误差/亿 m^3	平均体积预测误差/亿 m^3	最大体积预测相对误差/%	平均体积预测相对误差/%
最大误差	14.4	5.2	33.1	88.6
最小误差	0.3	0.04	0.8	0.2
平均误差	4.4	1.4	10.6	17.0

7.2 渤海海冰资源储量的时空变化特征

7.2.1 时间变化特征

海冰资源量的时间变化特征包括年内、年际、周期等变化，这在研究海冰资源的可持续利用和海冰资源保证率等方面有重要意义。

1. 年内变化(增幅、减幅、变率)

海冰资源量的年内变化比较剧烈，变率较大，可达 2.5 以上(图 7-15)。海冰资源量的年内增幅和减幅都较大，所以海冰资源的年内变率也很大。这主要是因为渤海的海冰为一年生海冰，海冰资源量是“零—增长—最大—减少—零”的变化模式，加之计算冬季海冰资源量的遥感影像因质量、云覆盖等问题而缺失时，导致海冰资源量的统计严格意义上并不是按照日期的等差数列，那么年内的海冰资源量的增(减)幅必然较大。图 7-15 和图 7-16 表明，渤海结冰期内海冰资源量的概率分布基本为对数分布，资源量越大，其出现的频率越小。

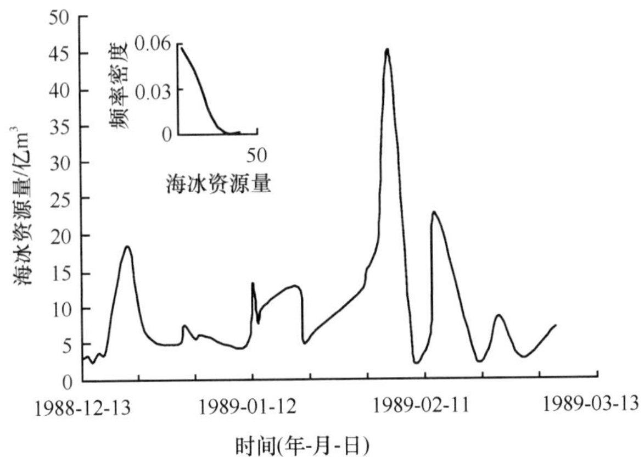

图 7-15　1988 年冬季海冰资源量年内变化及频率分布

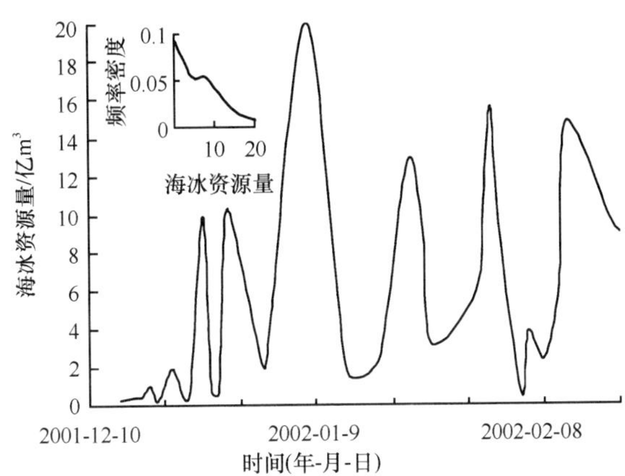

图 7-16　2001 年冬季海冰资源量年内变化及频率分布

海冰资源量年内变化剧烈，资源量达峰值的时间有所差异，一般会在 1 月初或 2 月初出现峰值，比较典型的如 2001 年冬季的海冰资源量在 1 月初达到峰值，而 1988 年冬季的海冰资源量则是在 2 月初达到峰值。

2. 年际变化及周期

从图 7-14 中 1950~2006 年海冰资源量变化来看，海冰资源量的年际变化有逐渐降低的趋势，但是这种变化并不是简单的资源量逐年减少。从最大海冰资源量变化来看，变化趋势主要经历了 3 个较明显的变化阶段。第一阶段是 1950~1975 年的"50 亿振动期"。因为这一时段的最大海冰资源量基本保持在 50 亿 m^3 左右，尽管 1969 年附近的海冰资源量有急剧跃升现象(渤海在 1969 年发生了大冰封，海冰资源量剧增)，但是除此之外，该时段内的海冰资源量基本在 50 亿 m^3 左右振动。第二阶段是 1975~1990 年海冰资源量的“40亿振动期”。这一时段内的海冰资源量稳定保持在40亿m^3左右，对比前一时段，尽管海冰资源量有所减少，但是海冰资源量仍然较稳定，没有出现明显的逐年下降趋势。第三阶段是1990~2006年的“30亿跃动期”。这一时段的海冰资源量均值为36亿m^3左右，但是海冰资源量变化较大，而且整体的趋势在跃动中下降，尤其是2006年冬季，海冰资源量仅为10亿多立方米。

以遥感数据计算出的20年海冰资源量数据分析，其落后自相关功率谱的计算结果表明(图7-17)，海冰资源量在2.2年和5年上表现出较强的周期性；mexh小波分析的周期结果为2年、5年和8~10年，1996年之前和2002年以后处于海冰资源量萎缩期(图7-18)。

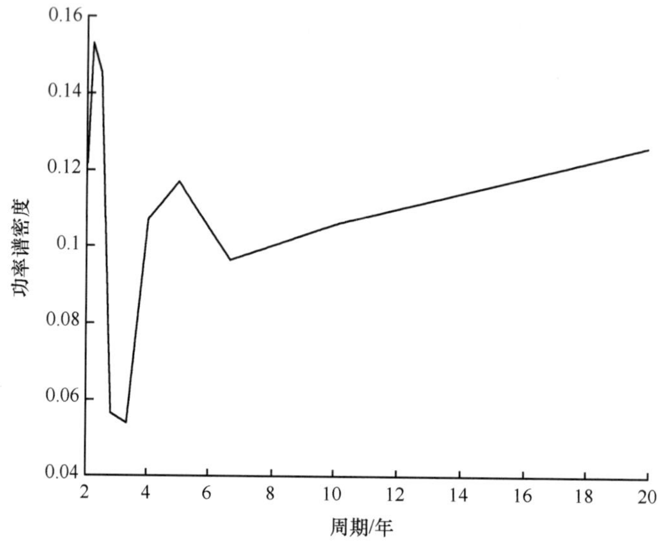

图7-17　海冰资源量时间序列的功率谱分析

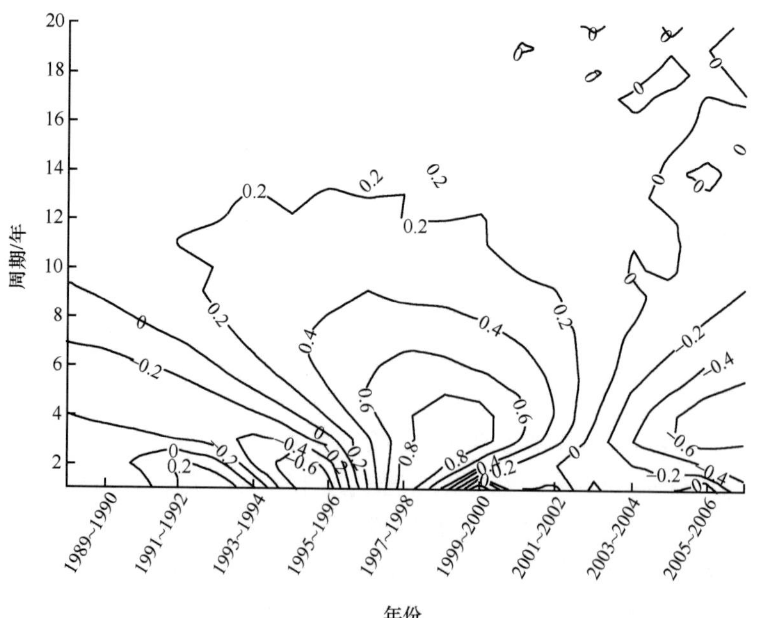

图7-18　海冰资源量时间序列的小波周期分析

以 1950~2006 年的最大海冰资源量分析渤海海冰的周期性变化，滤去 10 年以下的波动后，其变化过程见图 7-19。从图 7-19 中可以看出，1950~1959 年的渤海海冰资源量从约 60 亿 m^3 逐渐下降至 50 亿 m^3 以下，之后海冰资源量逐渐上升，在 1968~1969 年附近达峰值，这也是渤海资源量最大、发生大面积冰封的时段。从 1968 年左右开始，海冰资源量下降，在 1975 年左右，海冰资源量较稳定地保持在 45 亿 m^3 左右，1980 年开始，海冰资源量小幅下降并稳定保持在 40 亿 m^3 左右，该状态一直持续到 1990 年；1990 年之后，海冰资源波动极大，在 2000 年(冰情等级偏重的年份)附近升至峰值后急剧下降，2006 年的海冰资源量最低，为 13. 4 亿 m^3。10 年滤波的资源量变化所反映的周期性变化与图 7-14 的阶段变化基本一致，这是渤海海冰资源周期性变化的主要特征。

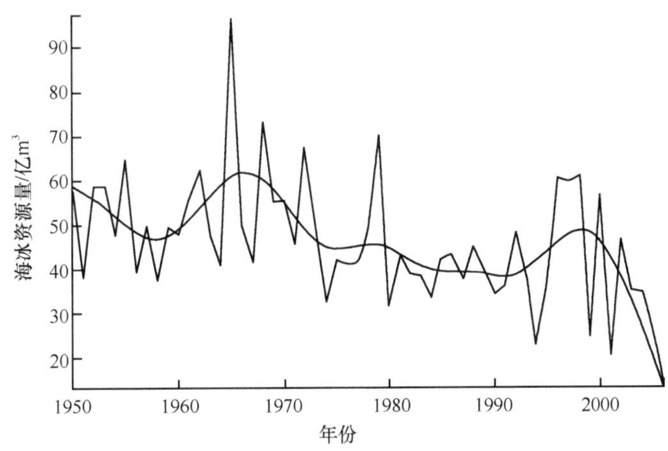

图 7-19　渤海最大海冰资源量 10 年滤波后资源量变化图

3. 资源储量时间保证率

对海冰资源量时间序列出现频率进行统计，不同海冰资源量出现的累积频率见表 7-4。从表 7-4 中可以看出，每一年的海冰资源量基本上都在 30 亿 m^3 以上，30 亿 m^3 海冰资源量基本可以实现 100% 的保证率(30 亿 m^3 海冰资源量的保证率在 98% 以上)。50 亿 m^3 海冰资源量的保证率约为 66%，也就是说，近 50 年来有一半以上年份的海冰资源量可以达到 50 亿 m^3。而对于 70 亿 m^3 以上的海冰资源量，其保证率较低，一般在 12% 以下。

表 7-4　渤海海冰资源储量的时间保证率

最大资源量/亿 m^3	<10	20	30	40	50	60	70	80	90	>90
累积频率	1	1	0. 982	0. 930	0. 667	0. 281	0. 123	0. 053	0. 018	0. 018

4. 不同等级资源储量的再现期间

以 10 亿 m^3 作为分组的组距，把 50 年来的海冰资源量分成 10 组，其不同等级海冰资源储量的再现期间如图 7-20 所示。从图中可以看出，30 亿 m^3 以下的海冰资源量基本上每年都可以达到，即为 1 年的再现期间。50 亿 m^3 以下的海冰资源量的再现周期都在 2 年以下，基本为 1.5 年一遇。海冰资源量的再现周期在 2 年以上、10 年以下的主要是 60 亿 m^3 和 70 亿 m^3，其中 60 亿 m^3 的海冰资源储量为 3.6 年一遇，70 亿 m^3 的海冰资源储量为 8.1 年一遇。70 亿 m^3 以上的海冰资源量一般约为 20 年一遇，而 90 亿 m^3 以上的海冰资源储量很少出现，一般为 57 年一遇。

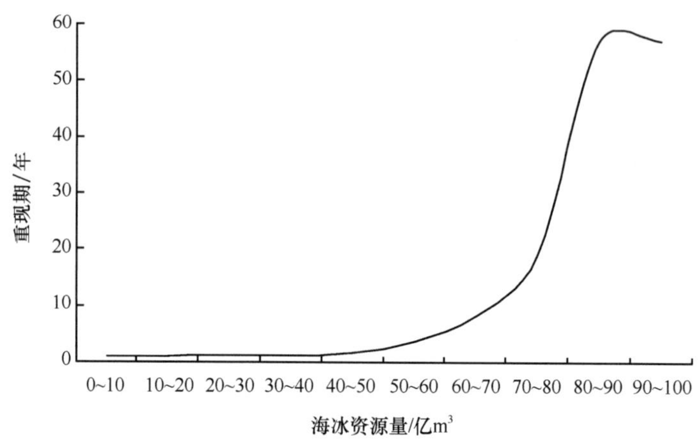

图 7-20　不同等级资源储量的重现期

7.2.2　空间变化特征

海冰资源量在空间分布上是不均匀的，因此海冰资源量的空间变化特征是海冰资源开发过程中必须要考虑的问题。开发海冰资源，需要把海冰开采出来并运送到海岸边进行加工或者储存，这一过程需要耗费较多的人力和物力，因此海冰开采的成本与海冰资源的空间分布和海冰的距岸远近有密切联系。在海冰采集技术等其他条件都相同的情况下，如果资源量大而且离岸距离近，那么该区海冰开采的成本就相对较低，反之成本则较高。

1. 研究方法

渤海海冰资源量的空间变化特征对海冰开采成本有重要影响，为了准确描述渤海海冰资源量的空间变化，本节把渤海分为 4 个海区(辽东湾、渤海湾、莱州湾、中间区)，并以 10 km 为间距作出不同海区离岸距离的等距线分布图，离岸最远的等距线距离岸边为 40 km，然后利用不同海湾各自的中轴线把辽东湾分为东西两岸、渤海湾分为南北两岸、莱州湾分为东西两岸(图 7-21)。在此基础来细致刻画渤海海冰资源量的空间变化特征(表 7-5)。

2. 不同海区资源储量分布

渤海 4 个海区，不同海区的海冰资源储量差异很大。从海冰的初冰期一直到终冰期的海冰分布变化过程中，4 个海冰分区中只有辽东湾海区在这一过程中一直有海冰分布。这主要是因为辽东湾海区所处的纬度在整个渤海的 4 个分区中是最高的，冬季气温较低，所以渤海冬季开始结冰的海区是辽东湾区，当海冰开始消融、海区有海冰残留并且残留海冰最终消失的海区也是辽东湾区。因此，辽东湾的海冰资源储量在整个渤海的海冰资源储量中占有重要地位，是渤海海冰资源储量的主要贡献者。

近年来由于全球变暖的影响，很难见到渤海整体冰封的现象。特别是近 10 年来，从渤海海冰的冰情等级来说，轻冰年出现较多。在渤海海冰的初冰期和终冰期，经常出现的现象是，只有辽东湾区海冰分布较广，其他 3 个海区的海冰分布较少或者基本没有海冰分布。有时在渤海海冰的盛冰期，除了少量的沿岸固定冰外，渤海湾和莱州湾基本没有海冰分布。因此，在分析不同海区海冰资源储量分布时，每年冬季盛冰期(4 个海区可能都有海冰分布的时期)的海冰资源储量基本可以反映出渤海不同海区海冰资源储量分布的状况。不同海区的资源储量分布见表 7-6。

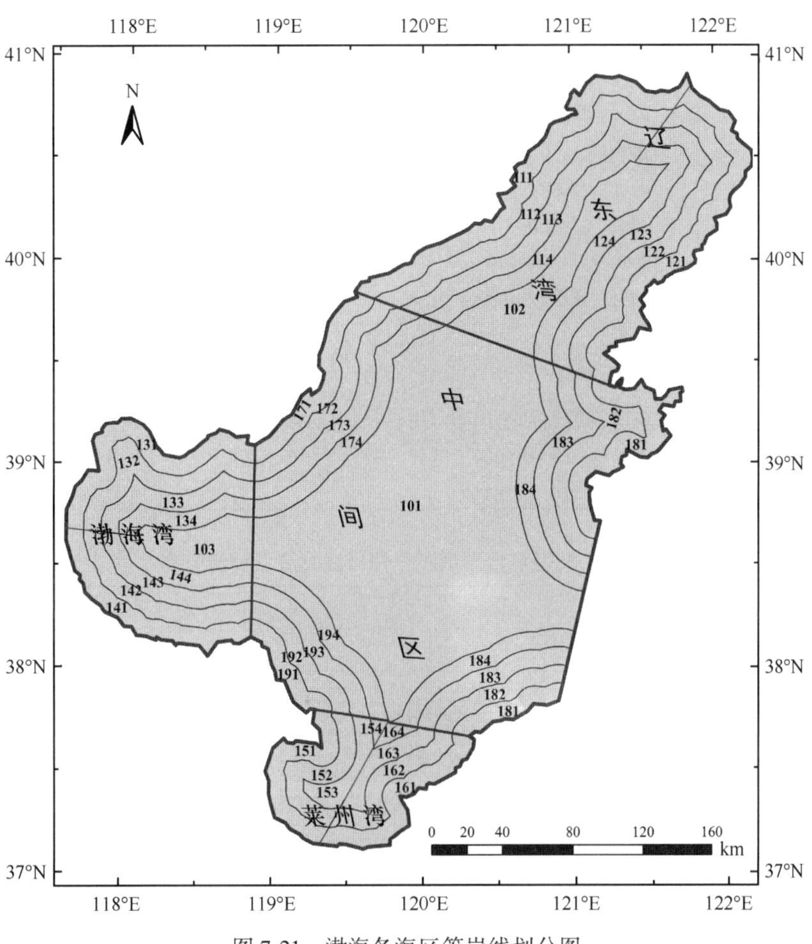

图 7-21　渤海各海区等岸线划分图

表 7-5　渤海各海区空间划分代码说明

中间区		中间区	
101		101	
辽东湾		渤海湾-莱州湾之间	
102	辽东湾>40 km 区	191	渤莱之间 0~10 km
111	辽东湾西岸 0~10 km	192	渤莱之间 10~20 km
112	辽东湾西岸 10~20 km	193	渤莱之间 20~30 km
113	辽东湾西岸 20~30 km	194	渤莱之间 30~40 km
114	辽东湾西岸 30~40 km	莱州湾	
121	辽东湾东岸 0~10 km	151	莱州湾西岸 0~10 km
122	辽东湾东岸 10~20 km	152	莱州湾西岸 10~20 km
123	辽东湾东岸 20~30 km	153	莱州湾西岸 20~30 km
124	辽东湾东岸 30~40 km	154	莱州湾西岸 30~40 km
辽东湾-渤海湾		161	莱州湾东岸 0~10 km
171	辽渤之间 0~10 km	162	莱州湾东岸 10~20 km
172	辽渤之间 10~20 km	163	莱州湾东岸 20~30 km
173	辽渤之间 20~30 km	164	莱州湾东岸 30~40 km
174	辽渤之间 30~40 km	辽东湾-莱州湾	
渤海湾		181	辽莱之间 0~10 km
103	渤海湾>40 km 区	182	辽莱之间 10~20 km
131	渤海湾北岸 0~10 km	183	辽莱之间 20~30 km
132	渤海湾北岸 10~20 km	184	辽莱之间 30~40 km
133	渤海湾北岸 20~30 km	整个渤海	
134	渤海湾北岸 30~40 km	111+121+131+141+151+161+181+191	整个渤海区 0~10 km
141	渤海湾南岸 0~10 km	112+122+132+142+152+162+182+192	整个渤海区 10~20 km
142	渤海湾南岸 10~20 km	113+123+133+143+153+163+183+193	整个渤海区 20~30 km
143	渤海湾南岸 20~30 km	114+124+134+144+154+164+184+194	整个渤海区 30~40 km
144	渤海湾南岸 30~40 km		

表 7-6　典型年份渤海不同海区海冰资源储量分布

项目		轻冰年	偏轻冰年	常冰年	偏重冰年
辽东湾	资源量/亿 m^3	13.4	23.8	25.1	28.3
	占总量的比例/%	100	89.2	63.8	50.1
渤海湾	资源量/亿 m^3	0	1.1	5.0	11.0
	占总量的比例/%	0	4.2	12.6	19.4
莱州湾	资源量/亿 m^3	0	0	1.4	0
	占总量的比例/%	0	0	3.7	0
中间区	资源量/亿 m^3	0	1.8	7.8	17.2
	占总量的比例/%	0	6.6	19.9	30.5
渤海	海冰资源总量/亿 m^3	13.4	26.7	39.3	56.5

从表 7-6 中可以看出，无论该年份冰情等级如何，辽东湾的海冰资源量都占渤海海冰资源总量的 50% 以上，特别是轻冰年和偏轻冰年，占整个渤海湾的 89% 以上，甚至可以达到 100%。这种现象的原因如前所述，主要是辽东湾纬度位置较高，冬季严寒，初冰期出现海冰海区和终冰期有海冰残留海区基本上都是辽东湾区。但随着渤海冰情的加重，渤海湾等其他海区的海冰资源量所占比例逐渐提高，这是在辽东湾海冰资源量基本稳定后，渤海海冰资源总量的主要增长点。

渤海海冰资源量的年际变化剧烈，空间分布的主要特征首先是各海区分布的不均衡。从图 7-22 可以看出，辽东湾海冰资源量占整个渤海海冰资源总量的比例是最大的。在所有年份中，辽东湾的海冰资源量都占总量的 50% 以上，辽东湾海冰资源量占总量的 80% 以上的年份有 11 年，占 90% 以上的年份有 8 年。

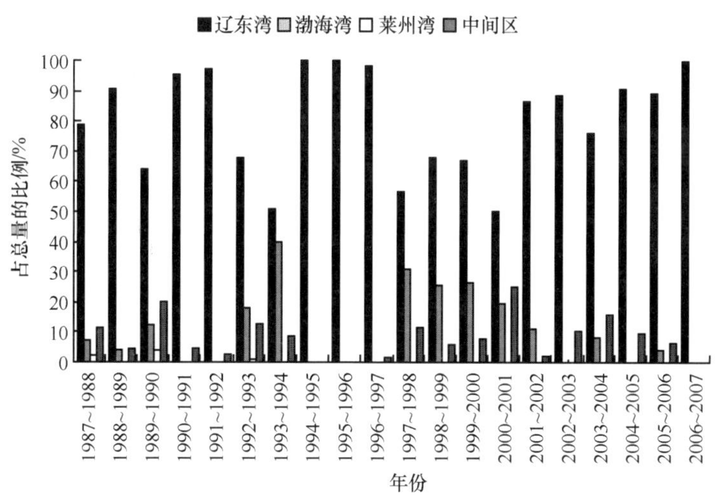

图 7-22　渤海各海区海冰资源量占渤海海冰资源总量的比例

辽东湾、渤海湾和莱州湾东西(或南北)岸的海冰资源量分布，见表 7-7。

表 7-7　渤海三湾两岸海冰资源量分布

渤海三湾两岸海水资源量		轻冰年	偏轻冰年	常冰年	偏重冰年
辽东湾 海冰资源量/亿 m^3	东岸	10.5	18.0	13.3	11.5
	西岸	2.8	3.7	8.9	13.5
渤海湾 海冰资源量/亿 m^3	南岸	0	0.6	2.4	3.4
	北岸	0	0.5	2.5	7.3
莱州湾 海冰资源量/亿 m^3	东岸	0	0	0.5	0
	西岸	0	0	0.9	0
渤海海冰资源总量/亿 m^3		13.4	26.7	39.3	56.5

从表 7-7 中可以看出，尽管渤海湾的海冰资源绝大部分分布在辽东湾区，但是在辽东湾海区内，海冰资源的分布也是有差异的。图 7-23 显示，辽东湾的海冰资源量主要分

布在辽东湾东岸。统计数据显示，辽东湾东岸的海冰资源量占整个辽东湾海冰资源量的70%以上的年份有 9 个，其他年份也大部分都在 52% 以上，只有 2000～2001 年的冬季，辽东湾东岸的海冰资源量略少于辽东湾西岸。

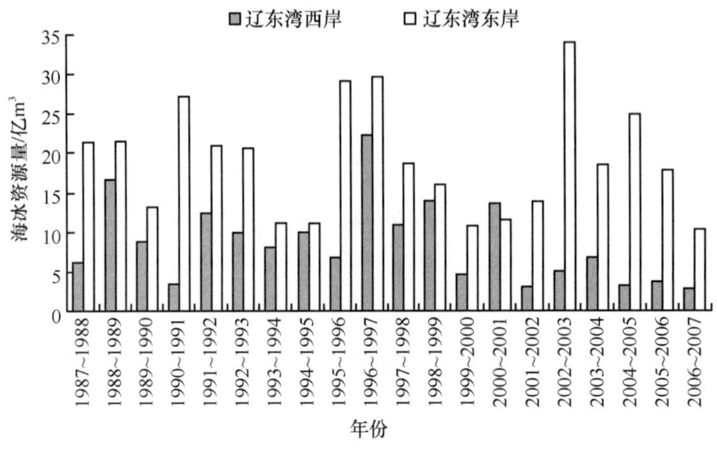

图 7-23　辽东湾东岸、西岸海冰资源量分布

虽然渤海湾和莱州湾的海冰资源量，占整个渤海海冰资源总量的比例较小，但是海湾两岸的海冰资源量的分布也是有差异的。图 7-24 和图 7-25 显示了渤海湾南岸、北岸占渤海湾总量的比例和莱州湾东岸、西岸占莱州湾总量的比例。总体来说，渤海湾南、北两岸的海冰资源分布在不同年份各有差异，渤海湾北岸资源量多于南岸的年份有 6 个，南岸多于北岸的年份有 7 个；在莱州湾有海冰分布的年份，莱州湾西岸的海冰资源量明显多于东岸，只有在 1997 年冬季，莱州湾的海冰资源主要分布于莱州湾东岸。

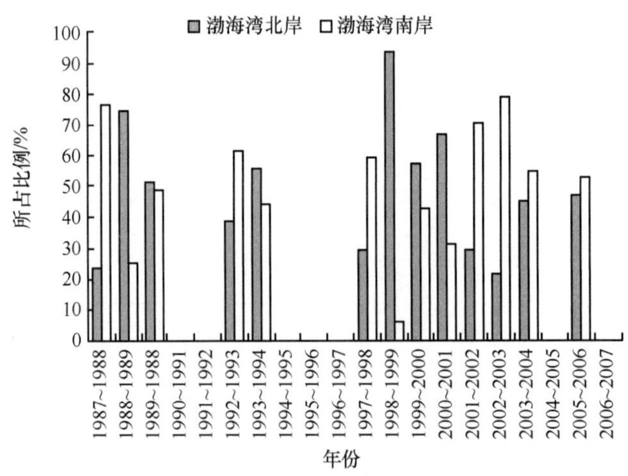

图 7-24　渤海湾南、北岸海冰资源量分布

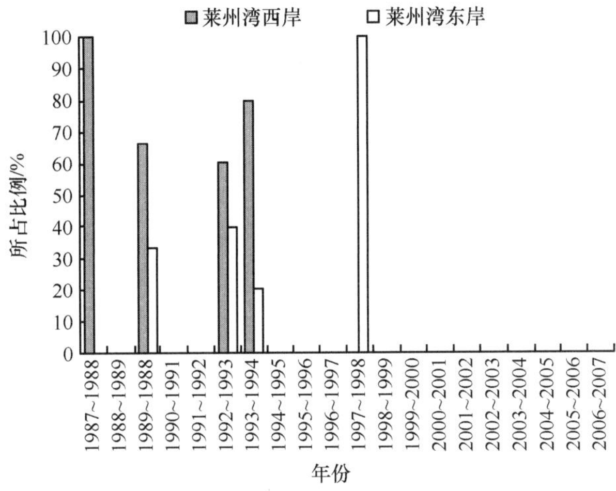

图 7-25　莱州湾东、西岸海冰资源量分布

3. 不同距离资源储量分布

开采渤海海冰资源，首先要明确渤海海冰资源在不同分区的分布特征，然后分析渤海海冰资源量在不同离岸距离的分布特征。这是海冰资源开采成本的一个重要影响因素。历年来盛冰期渤海不同距离海冰资源储量分布见表 7-8。

表 7-8　渤海不同距离资源储量分布

年份	0~10 km 资源量/亿 m^3	10~20 km 资源量/亿 m^3	20~30 km 资源量/亿 m^3	30~40 km 资源量/亿 m^3	>40 km 资源量/亿 m^3
1987~1988	15. 79	9. 88	5. 88	3. 95	1. 98
1988~1989	17. 15	11. 78	7. 77	5. 57	2. 77
1989~1990	16. 31	10. 72	5. 18	4. 26	2. 87
1990~1991	13. 66	8. 39	4. 93	5. 25	2. 19
1991~1992	13. 68	9. 87	6. 24	4. 69	1. 59
1992~1993	20. 71	14. 59	6. 16	4. 48	2. 15
1993~1994	21. 13	12. 83	3. 12	1. 49	0. 55
1994~1995	8. 2	6. 51	3. 71	2. 77	1. 38
1995~1996	11. 81	12. 46	7. 32	4. 36	2. 14
1996~1997	14. 89	16. 35	12. 12	10	6. 89
1997~1998	18. 59	15. 47	10. 5	8. 97	6. 23
1998~1999	19. 73	16. 34	5. 4	2. 83	0. 36
1999~2000	13. 41	5. 81	2. 62	1. 85	0. 63
2000~2001	16. 97	15. 18	10. 27	7. 58	6. 41
2001~2002	7. 93	5. 21	3. 91	2. 43	0. 53
2002~2003	18. 18	13. 51	7. 13	5. 87	1. 75

续表

年份	0~10 km 资源量/亿 m^3	10~20 km 资源量/亿 m^3	20~30 km 资源量/亿 m^3	30~40 km 资源量/亿 m^3	>40 km 资源量/亿 m^3
2003~2004	16. 25	9. 77	4. 46	3. 32	1. 24
2004~2005	8. 72	10. 9	6. 54	5. 57	3. 05
2005~2006	10. 73	6. 75	3. 73	3. 42	2. 04
2006~2007	7. 16	3. 84	1. 43	0. 93	0. 07

从整体来说，渤海的海冰资源主要分布在沿岸至离岸 10 km 范围内(0~10 km)，这部分海冰资源基本上占整个渤海海冰资源总量的 35% 以上(图 7-26)，而且其所占比例在绝大多数年份都高于或接近 40%，个别年份该比例可达 50% 以上。沿岸至离岸 10 km 范围内是海冰分布的主体，这与渤海海冰的成冰机理和分布规律是一致的，这种分布状况也有利于降低渤海海冰的开采成本，对于海冰资源利用具有积极意义。

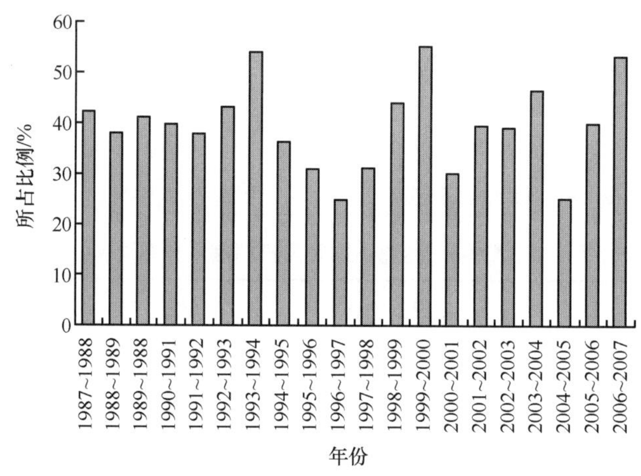

图 7-26　0~10 km 海冰资源占渤海海冰资源总量的比例分布

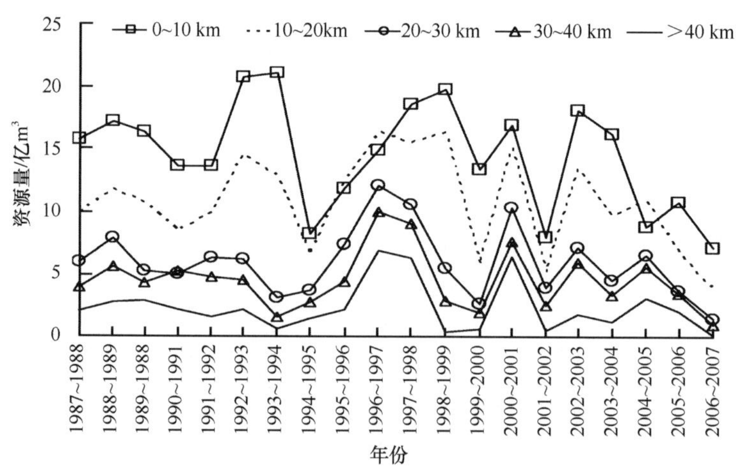

图 7-27　不同距离渤海海冰资源储量分布

图 7-27 直观显示了不同距离渤海海冰资源储量的分布规律。从图中可以看出，渤海海冰资源储量随着离岸距离的增加而逐渐减少，离岸 40 km 以外区域的海冰资源储量是最少的。特别是 0~10 km 和 10~20 km 的海冰资源最为集中，两者之和约占渤海海冰资源总量的 67.9%，个别年份其占总量的 86.8%。

不同距离海冰资源量之所以差异显著，首先是海冰厚度分布的差异。假使渤海不同距离都有海冰分布，而由于渤海海冰的成冰过程一般都是从沿岸冰的生成开始，沿岸固定冰较浮冰等离岸冰的厚度要大，加之海冰运动(如辽东湾海冰向东岸的集中)的影响，使一部分海冰在岸边形成堆积，海冰厚度剧增，因此离岸较近区域的海冰资源量必然要高于其他区域。其次是海冰面积的分布。一般来说，海冰的生长都是从岸边开始，向海中逐渐扩展，因此在大多数情况下，当沿岸 10 km 或者 20 km 范围内有海冰分布时，距离海岸更远的海区还没有海冰分布，因此计算资源量的过程中，必然导致离岸近的海区海冰资源高度集中。最后是气候的影响。由于全球变暖的影响，渤海一般以轻冰年为主，即使在一年内的盛冰期，渤海湾和莱州湾的海冰分布仍然是以沿岸冰为主，这必然影响到不同离岸距离海冰资源量的统计，导致近海岸区海冰资源量明显占优势。

4. 可开采量

渤海海冰资源的可开采量一般认为是离岸 20 km 以内的海冰资源量。由于海冰资源的可开采量不仅随海冰资源的时间变化而波动，而且还会随着海冰开采技术的成熟和成本的降低而有所提高，因此也可以考虑离岸 40 km 以内的海冰资源为可开采资源。

在不考虑海冰资源的再生周期时，渤海海冰资源的可开采量有一定的时间波动，表 7-9 显示了轻冰年、常冰年等不同冰情年份的海冰资源可开采量。从表中可以看出，随着冰情逐渐加重，不同距离的海冰资源量逐渐增加；同一年内不同距离的海冰资源量，离岸最近海区的海冰资源量是最大的，随着离岸距离的增加，海冰资源量逐渐减少。

表 7-9　渤海不同冰情年份的海冰资源可能开采量

典型年份	不同离岸等距离资源量/亿 m³					总量/亿 m³
	0~10 km	10~20 km	20~30 km	30~40 km	>40 km	
轻冰年	7.16	3.84	1.43	0.93	0.07	13.43
偏轻冰年	10.73	6.75	3.73	3.42	2.04	26.67
常冰年	16.31	10.72	5.18	4.26	2.87	39.34
偏重冰年	16.97	15.18	10.27	7.58	6.41	56.41

图 7-28 显示尽管不同年份的冰情不同，但是 20 km 以内的可开采海冰资源量稳定保持在渤海海冰资源总量的 52% 以上，40 km 以内的可开采海冰资源量稳定保持在总量的 88.6% 以上。轻冰年可开采的海冰资源主要在离岸 20 km 范围内，该范围内的海冰资源约占海冰资源总量的 82%，40 km 以内的可开采海冰资源约占总量的 99.5%。20 km 以内和 40 km 以内的可开采海冰资源量占总量的比例，常冰年和重冰年比轻冰年有所降低。

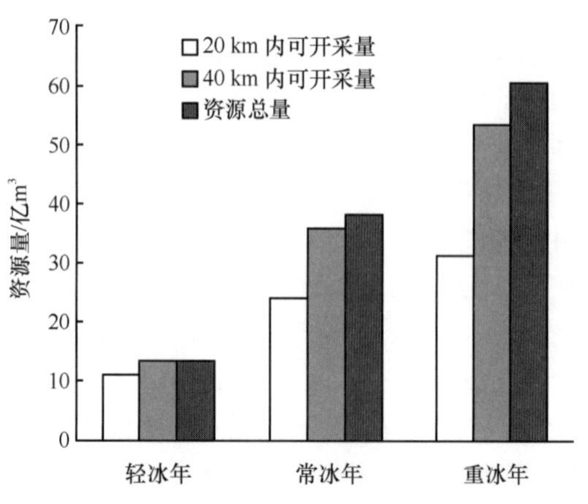

图 7-28　不同年份海冰资源可开采量

随着海冰资源开发利用技术的发展，整个渤海的海冰资源都可能成为可开采资源，那么渤海的可开采资源量即为整个渤海的海冰资源总量，据此计算得出的渤海可开采海冰资源量的极值为 60 亿 m^3 以上。

7.2.3　再生周期与潜在资源储量

渤海的潜在资源储量相当可观，这一方面与渤海海冰资源总量有关，另一方面与海冰再生周期密切相关。在前期研究工作中，通过室内冻结试验、现场观测试验和历史资料分析等，探讨了在气温和风的影响下海冰厚度随时间变化的变化特征，并在此基础上给出了海冰再生周期。研究表明，随着气温降低或负积温值的增加，冰厚逐渐增加；风速增加，冰厚降低，风速减小，冰厚增加；在气温≤-4℃条件下，渤海海冰再生速率为 1.86 cm/d，生成厚度为 10 cm 的海冰所需时间为 5.4d。由此推算出，常冰年渤海各海区工程性开采海冰的可能次数是：辽东湾 10~17.5 次，渤海湾 1.8~3.6 次，莱州湾1 次。中间区估计开采次数为 2.8~5.8 次。

开采后渤海海冰可以再生，这使渤海的海冰资源可以反复开采，因此渤海海冰资源的潜在储量大大增加。以常冰年的海冰再生周期为基准，在可以实现海冰工程性完全开采的条件下，渤海湾的可探明海冰资源储量为 38 亿 m^3，而其理想化开采条件下的潜在海冰资源储量可达 280 亿 m^3以上。对于轻冰年而言，海冰再生速度较慢，工程性可开采次数有所减少，但是一般情况下。海冰再生速度重冰年要比常冰年快。重冰年，开采次数的增加，使得其潜在海冰资源储量会非常可观。

利用 1987~2006 年海冰资源储量空间分布特征，统计出渤海不同海区的平均资源分布（表 7-10），并把较少的开采次数（10 次、1.8 次）计为低开采率，较多的开采次数（17.5 次、3.6 次）计为高开采率，那么 1950~2006 年渤海平均海冰资源的潜在储量变化见图 7-29。

表 7-10　1987~2006 年渤海不同海区平均资源分布

项目	辽东湾	渤海湾	莱州湾	中间区
平均分布(占总量的比例)/%	78	11	1	10
可开采次数/次	10~17.5	1.8~3.6	1	2.8~5.8

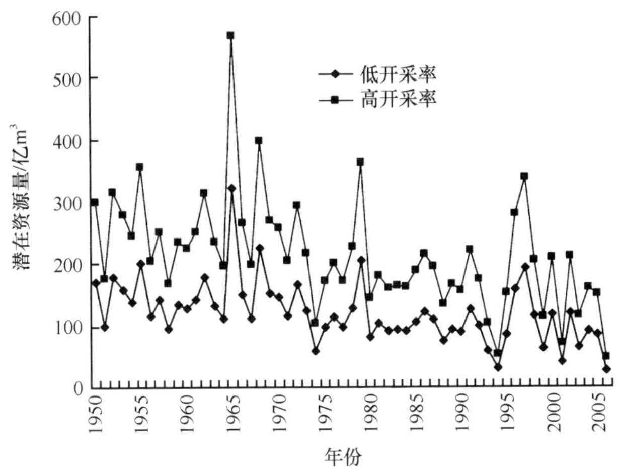

图 7-29　渤海平均海冰资源在不同开采次数条件下的潜在储量变化

从图 7-29 中可以看出，以平均资源量估算，即使在低开采率条件下，渤海海冰资源的潜在储量均值大约为 100 亿 m^3，其极值可以达到 300 亿 m^3 以上。而在高开采率的条件下，渤海海冰资源潜在储量一般都在 200 亿立方米以上，极端年份甚至可以接近 600 亿 m^3。尽管渤海海冰资源的潜在储量十分巨大，但是因为各年份海冰资源储量的降低，渤海海冰资源潜在储量的总体变化趋势仍然是减少的。

7.2.4　极端年份的最大可能资源储量

受全球气候变暖的影响，渤海近年来多以轻冰年为主。1987~2007 年的遥感数据计算结果表明，近 20 年来渤海海冰的最大可能资源量约为 60 亿 m^3。但是历史记录显示，尽管渤海的冰情在一般年份并不十分严重，但在某些特别严寒的冬季却极为严重。20 世纪 30 年代以来，渤海发生了 3 次严重的冰封，1936 年和 1947 年冬季的严重冰封，海冰堆积现象严重，甚至出现了高达几米甚至十几米的冰山。1969 年 2~3 月，渤海发生大面积冰封，流冰的边缘距离渤海海峡只有 36 km，渤海的其余海区全部封冻，厚冰堆积区的冰厚都在 50~70 cm 以上。以平均海冰厚度 40 cm 计算，该年份渤海的海冰资源储量约为 308 亿 m^3；若以海冰厚度 70 cm 计算，那么 1969 年冬季的最大可能海冰资源储量约为 540 亿 m^3。

7.2.5　2009~2010 年冬季渤海海冰资源储量特征

从海冰冰情方面来说，2009~2010 年的冬季是偏重冰年，是近 30 年以来最严重的一次，这个冬季的海冰资源储量也是近 30 年来最多的。因此，研究这个冬季的渤海海冰资源储量的特征有利于了解和掌握在极端情况下渤海海冰的储量特征。因此，单独选取了 2009~2010 年冬季的 NOAA 卫星遥感数据并提取海冰资源量，并对该年份的海冰资源量的时空特征做了详细的分析。

1. 数据简介

所使用的卫星遥感图像来自于日本东京大学的 NOAA 数据库，在 2009 年 12 月中旬至 2010 年 3 月中旬的图像中，去除云量大于 10% 和质量不好的图像，最终选出 17 幅时间段在 11：00~13：00 的 NOAA 卫星遥感图像，见表 7-11。图像覆盖区域为 36°~42°N，116°~124°E，sample：800，line：600，空间分辨率为 1 100 m，图像经过大气校正和几何校正。

表 7-11 选出的 NOAA 卫星遥感图像

图像编号	日期(年-月-日)	日期序号	图像编号	日期(年-月-日)	日期序号
1	2009-12-20	0	10	2010-01-25	36
2	2009-12-21	1	11	2010-01-28	39
3	2009-12-26	6	12	2010-01-29	40
4	2010-01-06	17	13	2010-02-03	45
5	2010-01-13	24	14	2010-02-06	48
6	2010-01-15	26	15	2010-02-13	53
7	2010-01-21	32	16	2010-02-16	58
8	2010-01-23	34	17	2010-03-10	70
9	2010-01-24	35			

注：日期序号相对于 2009 年 12 月 20 日。

2. 厚度信息的提取

在厚度信息提取方法选择上，同样采用基于冰厚-反射率相互关系的海冰厚度信息提取方法，详细的介绍请参考本书 5. 2 节。

3. 海冰资源统计量的计算

由表 7-11 可知，所选出的遥感图像相差的时间并不是等间隔的，有的时间段的图像较多，有的时间段的图像较少。因此，采用加权平均数表示渤海平均海冰资源量。计算方法如下：

$$\overline{A}(x, y) = A(x, y, i) \times w_i \tag{7-2}$$

式中，$\overline{A}(x,y)$ 为点 (x,y) 的平均资源量；$\overline{A}(x, y, i)$ 为点 (x, y) 在第 i 幅图像中的资源量，

i 为图像编号，取值见表 7-11；w_i 为权重值。计算方法如下：

$$w_i = \begin{cases} \dfrac{n_2 - n_1}{2(n_{17} - n_1)} & i = 1 \\ \dfrac{n_{i+1} - n_{i-1}}{2(n_{17} - n_1)} & i = 2, \cdots, 16 \\ \dfrac{n_{17} - n_{16}}{2(n_{17} - n_1)} & i = 17 \end{cases} \tag{7-3}$$

式中，n_i 为日期序号，取值见表 7-11。整个渤海的海冰平均资源量计算方法如下：

$$\bar{A} = \sum_{i=1}^{17} \left[w_i \sum_{x,y} A(x, y, i) \right] \tag{7-4}$$

同样，可以根据式(7-4)中的平均海冰资源量计算渤海海冰资源的变异系数，它可以在一定程度上反映渤海海冰资源量随时间变化的变化剧烈程度。计算方法如下：

$$B(x,y) = \frac{\sqrt{\sum_{i=1}^{17} [A(x, y, i) - \bar{A}(x, y)]^2 \times w_i}}{\bar{A}(x, y)} \tag{7-5}$$

式中，$B(x,y)$ 为点 (x,y) 的变异系数。对于整个渤海海冰资源量的变异系数，计算方法如下：

$$B = \frac{\sqrt{\sum_{i=1}^{17} \left[\sum_{x,y} A(x, y, i) - \bar{A} \right]^2 \times w_i}}{\bar{A}} \tag{7-6}$$

4. 分区

根据渤海的空间分布特征、水深、沿岸地形以及气候特征等地理环境要素，本节同样将渤海划分为辽东湾、渤海湾、莱州湾和中间区 4 个大的分区。其中，滦河口—大连老铁山角一线以北的部分为辽东湾，滦河口—黄河口一线以西为渤海湾，黄河口—龙口屺姆角以南为莱州湾，其余的部分为中间区。同时，再以滦河口—大连老铁山角一线的中点与辽东湾最北端的点的连线将辽东湾分为东西两部分，以滦河口—黄河口一线的中点与渤海湾最西端的点的连线将渤海湾分为南北两部分，以黄河口—龙口屺峄岛一线的中点与莱州湾最南端的点的连线将莱州湾分为东西两部分。这样，最终将渤海分为 4 个分区、6 个小分区，见图 7-30。

为了研究渤海海冰资源随着离岸距离增加而变化的情况，以渤海最低潮线为基准线，以 10 km 为间隔，将渤海划分为不同离岸距离的等距离海区，见图 7-30。

在以上分区划分基础上，借助于地理信息系统技术中的分区统计方法对各个分区的 2009~2010 年冬季渤海平均海冰资源量进行统计并分析，来细致刻画 2009~2010 年冬季渤海海冰资源量的空间分布特征。

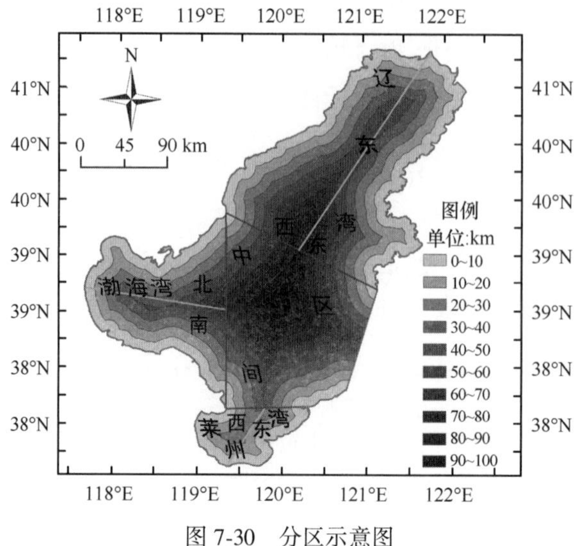

图 7-30　分区示意图

5. 渤海海冰资源量时空特征

利用表 7-11 中的 NOAA 遥感图像和 6. 2. 4 节中第 2 小节介绍的方法，估算了渤海海冰资源量。按照本书 7. 2. 4 节中第 4 小节的分区结果，用 ArcGIS 10. 0 软件对所计算的所有渤海海冰资源量进行分区统计，并根据统计结果和 7. 2. 4 中第 3 小节所介绍的方法，计算了相应分区的统计量。根据以上结果，绘制相应的结果图，以此来分析 2009~2010 年冬季渤海海冰资源量的时空特征。

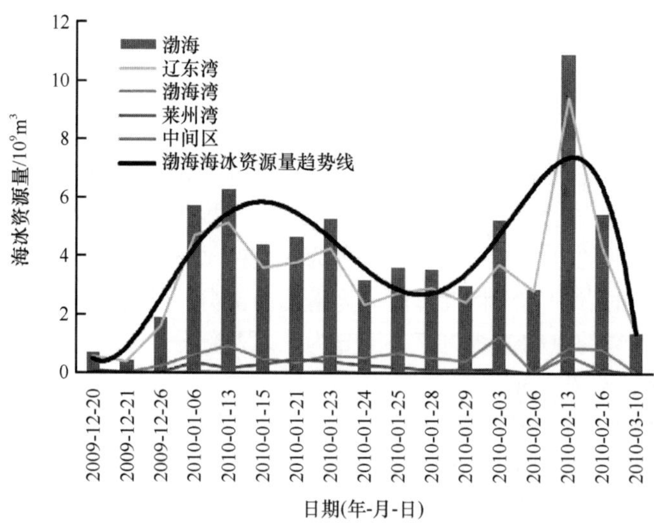

图 7-31　2009~2010 年冬季渤海海冰资源量

（彩图见书后）

1）渤海海冰资源量的时间特征

图 7-31 为不同时间的渤海海冰资源量柱状图。从图中可以看出，2009~2010 年冬季渤海海冰资源量变化较大，从 2009 年 12 月 21 日的 4.4 亿 m^3 增加到 2010 年 2 月 13 日的 109.1 亿 m^3，前者仅为后者的 4%，全年的平均海冰资源量为 44.1 亿 m^3，变异系数为 0.60。1 月和 2 月的海冰资源量都在 30 亿 m^3 以上。全年的海冰资源量随时间分布是一个双峰曲线，有两个峰值，分别是 2010 年 2 月 13 日的 109.1 亿 m^3 和 2010 年 1 月 13 日的 6.30 亿 m^3。辽东湾的海冰资源量随时间变化的变化特征与整个渤海的海冰资源量随时间变化的变化特征完全一致，而其他的 3 个分区有较大差异。图 7-32 为渤海海冰资源量变异系数的分布图，从图中可以看出，渤海海冰资源量的变异系数差较大，在 4 个分区中变异系数都随着离岸距离的增大而增大，海上的资源量随时间变化的变化较大，而岸边的资源量随时间变化的变化较小。

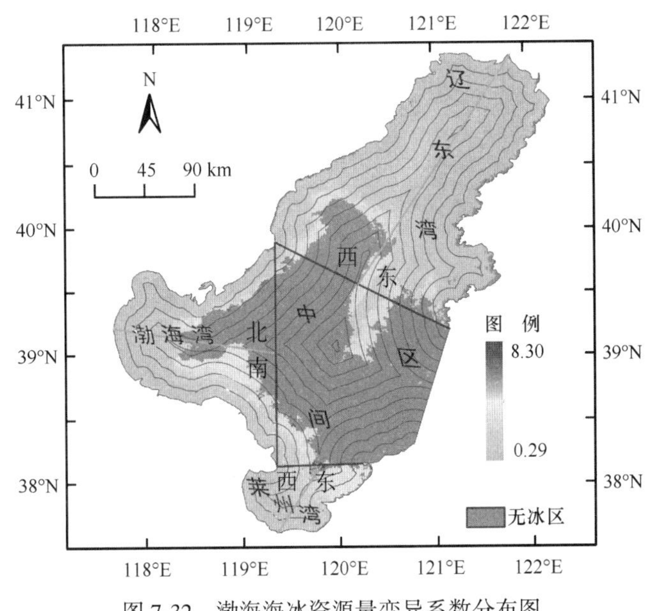

图 7-32 渤海海冰资源量变异系数分布图

2）渤海海冰资源量的空间特征

图 7-33 为各个分区平均海冰资源量对比图。从图 7-33 可以看出，海冰资源量大小顺序为辽东湾>渤海湾>莱州湾>中间区。辽东湾的平均海冰资源量占整个渤海平均海冰资源量的比例高达 82.81%，渤海湾为 12.11%，莱州湾为 3.49%，中间区仅为 1.59%。图 7-34 为各个小分区平均海冰资源量对比图。可以看出辽东湾东部的平均海冰资源量大于辽东湾西部的平均海冰资源量，而辽东湾西部的面积大于辽东湾东部的面积，这主要是由于冬季渤海盛行西北风，辽东湾西部的海冰被吹到辽东湾东部。渤海湾南部的平均海冰资源量大于渤海湾北部的平均海冰资源量，莱州湾西部的平均海冰资源量大于莱州湾东部的平均海冰资源量。

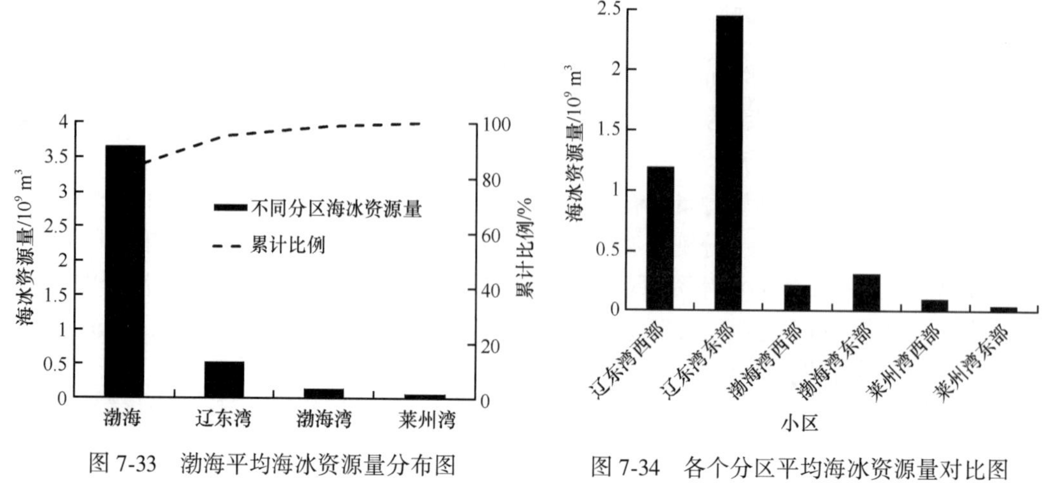

图 7-33　渤海平均海冰资源量分布图　　　　图 7-34　各个分区平均海冰资源量对比图

图 7-35 为各个等距离海区的平均海冰资源量对比图。图 7-36 为各个等距离海区的单位面积平均海冰资源量对比图。从图中可以看出，随着距离的增加，渤海平均海冰资源量迅速减小，两者呈指数关系，拟合曲线的可决系数为 0. 9616。0～10 km 海区内的平均海冰资源量占整个渤海的 40. 09%，90～100 km 海区区内平均海冰资源量占整个渤海比例不足 0. 01%。同样，随着距离的增加，除了 70～80 km（0. 73 m^3/km^2）海区比 60～70 km(0. 70 m^3/km^2)海区稍大外，单位面积上的海冰资源量也是随着距离的增加而迅速减小。这主要是由于一方面距离海岸越近，海冰厚度较大；另一方面渤海的海岸线呈一个开口的环状，距离海岸线越近，海区面积越大。但是，从图 7-35 和图 7-36 综合来看，前者居主要地位。

3）讨论与结论

遥感技术的发展，使得大面积快速地监测渤海海冰资源量成为可能。应用遥感图像估算渤海海冰面积的误差为 10% 左右，可以满足实际应用的需求。对于厚度来说，应用本节所述方法估算海冰厚度的误差为 15%～35%。因此，还需要精度更高的海冰厚度估算

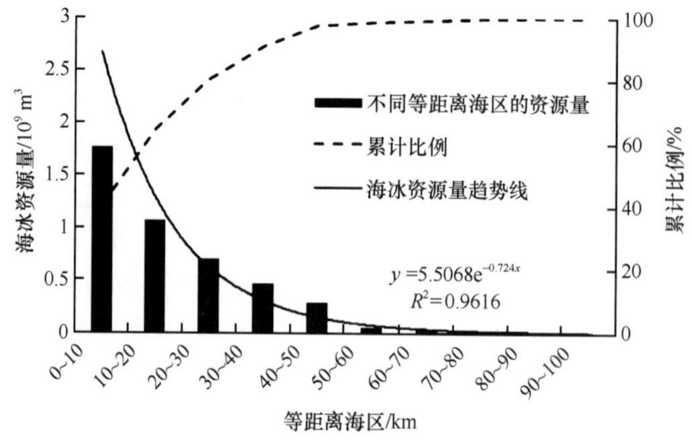

图 7-35　各个等距离海区平均海冰资源量对比图

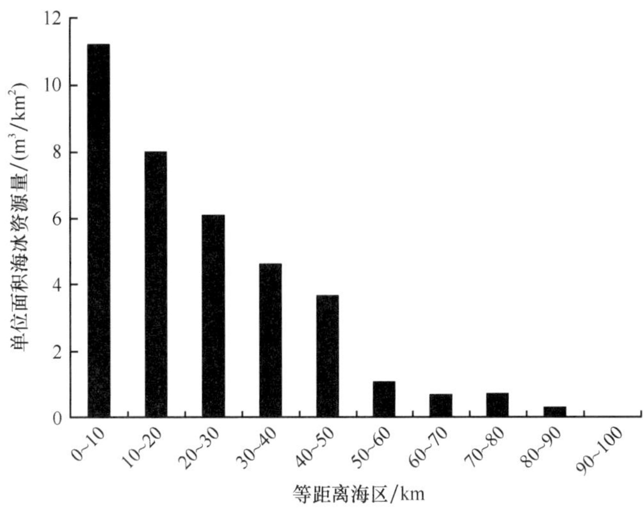

图 7-36　各个等距离海区的单位面积平均海冰资源量对比图

模型。由于天气因素的影响，无法获取 2009~2010 年冬季每一天的或等时间间隔的遥感图像，这给海冰资源量的时空特征分析带来困难，尽管使用加权平均的方式计算平均海冰资源量，但是仍需要寻找全天候的遥感监测方法来估算渤海海冰资源量，如可以考虑使用光学和微波遥感相结合的方式来估算渤海海冰资源量。

总之，对于整个渤海来说，渤海海冰资源量分布呈现双峰结构，沿岸的海冰资源量变化幅度远小于海上的海冰变化幅度。从空间特征来看，平均海冰资源量的大小顺序为辽东湾>渤海湾>莱州湾>中间区。由于风向的影响，辽东湾西部的海冰资源量大于辽东湾东部的海冰资源量。海冰资源量与距离呈指数关系，0~10 km 缓冲区内的海冰资源量超过总量的 40%，而 90~100 km 等距线只占了不到 10%。以上论述充分说明，渤海海冰资源量的时空特征是空气-海水热力过程与风-海流-海冰动力过程共同作用的结果。

7.3　本章小结

本章针对渤海海冰分布和不同海区环境特征，提出基于 NOAA/AVHRR 数据的渤海海冰面积信息分区提取方法。试验结果表明人工干预下的分区面积提取效果较好。通过建立 1987~2007 年的海冰面积时间序列数据分析表明，平均海冰面积一般都在 1 万 km^2 以下，其中 1997 年冬季和 2000 年冬季的海冰面积是这一时间序列的 2 个峰值，海冰面积达 2.55 万 km^2。根据海冰反射光谱特征，提出了基于冰厚-反射率相关关系的 NOAA/AVHRR 数据冰厚遥感估算方法。根据渤海海冰分布特征，把渤海分为 39.5°N 以北的包括辽东湾等的北区和 39.5°N 以南的包括渤海湾和莱州湾等的南区，不同分区分别采用不同的模型参数。结果表明，分区参数的海冰厚度估算模型的计算结果较好，厚度误差为 25% 以下，最小误差为 15.2%，并对造成厚度误差的原因进行系统分析。基于海冰冰面面积和厚度遥感估算，建立了 1987~2007 年的海冰资源量时间序列。相应的数据分析表明：由于全球变暖的影响，渤海近年来出现了较多的轻冰年，但是近 20 年中出现的常冰年以及偏重冰年的海冰资源量仍然十分可观，其中常冰年的资源量一般为 40 亿 m^3 左右，偏重冰年的海冰资源量可以达到 60 亿 m^3。根据海冰资源量与气候因子、海冰等级等的相关关系，拟合出 1950～2007 年的海冰资源量时间序列，误差分析表明，平均海冰资源量的平均误差为 17% 以下，最大海冰资源量的平均误差为 10.6% 以下。

根据现场试验数据等，计算出生成 10 cm 厚度海冰所需时间分别为：辽东湾 3～4 天，渤海湾 10～11 天，渤海中部 5～7 天，莱州湾 13～15 天。由此推算出，常冰年渤海各海区工程性开采海冰的可能次数为：辽东湾 10～17.5 次，渤海湾 1.8～3.6 次，莱州湾 1 次，中间区估计为 2.8～5.8 次。渤海的可探明海冰资源储量为 38 亿 m^3，因而其理想化开采条件下的潜在海冰资源储量可达 280 亿 m^3 以上。

海冰资源量周期分析表明，1950～2007 年的资源量经历了 3 个阶段性变化结果，即第一阶段的 1950～1975 年的“50 亿振动期”、第二阶段的 1975～1990 年的“40 亿振动期”和第三阶段的 1990～2006 年的“30 亿跃动期”。功率谱和小波分析表明，渤海海冰资源量有 2 年、5 年和 8～10 年的短周期。近 50 年来海冰资源量时空分布特征：结冰期平均储量为 7 亿～35 亿 m^3，最大日储量为 28 亿～95 亿 m^3，极端年份储量可达 540 亿 m^3，潜在储量为 400 亿 m^3，可开采量最大为 60 亿 m^3。海冰资源量空间分布特征是：辽东湾占 78%，渤海湾占 11%，渤海中部占 10%，莱州湾站 1%；距岸 0～10 km 占 40%，距岸 0～20 km 占 67%。海冰资源量时间序列出现频率分析表明，30 亿 m^3 海冰资源量基本可以实现 100% 的保证率，50 亿 m^3 海冰资源量的保证率约为 66%，70 亿 m^3 及其以上的海冰资源量，其保证率较低，一般在 12% 以下。50 亿 m^3 以下的海冰资源量的再现周期都在 2 年以下，基本为 1.5 年一遇。60 亿 m^3 的海冰资源储量为 3.6 年一遇，70 亿 m^3 的海冰资源储量为 8.1 年一遇，70 亿 m^3 以上的海冰资源量一般约为 20 年一遇，90 亿 m^3 以上的海冰资源储量出现很少，一般为 57 年一遇。

选择 30 年一遇的偏重冰年——2009～2010 年冬季的海冰资源量为研究对象，用 NOAA 卫星遥感图像和基于冰厚-反射率相互关系的海冰厚度信息提取方法，测算了 2009～2010 年渤海海冰资源量。应用地理信息系统技术对渤海海冰资源量进行了分区统计，并根据分区统计结果论述了 2009～2010 年渤海海冰资源量的时空特征。

参 考 文 献

谢锋．2006. 高时间分辨率遥感影像中渤海海冰信息提出研究．北京师范大学博士学位论文．

袁帅．2009. 渤海海冰资源量时空分布及其气候变化的响应．北京师范大学博士学位论文．

第 8 章　渤海海冰开发对周边生态环境的影响评价

8.1　渤海海岸小气候的观测试验

渤海沿岸包括辽东湾、渤海湾和莱州湾这三个主要海湾，以及属于渤海中部的辽宁、河北、山东等省的部分海岸，海冰资源开发利用工程将主要在这些沿岸地区展开实施。

从海岸类型来看，渤海海岸可分为基岩海岸和泥质海岸两种，辽东湾属于基岩海岸，沿岸为低山丘陵，相对高差可从数十米至 100 多米；渤海湾和莱州湾属于泥质海岸，沿岸为冲积平原，相对高差仅为几米至十几米。

渤海海冰开发将改变冬季渤海地区的下垫面性质，从而对渤海沿岸的气候造成影响。要搞清楚渤海海冰开发对渤海沿岸气候的影响程度，首先要了解渤海沿岸的气候背景，这其中最具特色的气候背景之一就是受海陆风影响的海岸小气候。为了研究渤海沿岸小气候的特征，作者选取位于渤海湾西岸的黄骅为试验区，从海边向内陆布设气象观测站，开展梯度气象观测，以期获取海岸小气候特征的第一手数据。由于这里为平原型海岸，沿岸没有高大地形的阻挡，观测数据更容易反映海陆风自身的发生、发展以及其影响作用的空间范围。

8.1.1　研究背景及观测点布设

1. 研究背景

渤海湾西岸是指天津、河北的沿海地区。近年来，天津滨海新区和河北渤海新区的建设，使这里的社会经济发展获得了新的活力。昔日的荒滩如今已成为工业园区和城市，城市化进程的加速和人口的急剧增长，在给这里带来经济繁荣的同时，也正在使环境悄然发生着各种变化，如污染加剧、生态恶化、淡水资源极度短缺等。

海陆风对沿岸地区的小气候影响显著(于恩红等，1997)，海风和陆风交换不仅可以调整温度和湿度，也对大气污染物的扩散产生影响。一般来说，内陆地区城市化的进展会使当地原有的气候发生变化，逐渐具备高温、干燥、地表气流紊乱等城市气候的特点，但沿海地区的城市化是否也具有同样的特征？海陆风在沿海地区城市化的进程中会起到什么作用？这是需要关注的问题。为此，首先需要了解当地的气候背景，即调查清楚在未发生城市化之前的渤海沿岸海陆风有哪些特点。另外，为解决环渤海沿岸地区淡水紧缺问题，有关研究人员提出在冬季采集渤海海冰，使其转化为淡水的设想，并通过试验完成海冰淡化技术工艺过程(史培军等，2002;许映军等，2007)；但如果在冬季大量采集渤海海冰，势必会对渤海冬季气候造成影响，而这种影响是否会通过海陆风的过程进一步影响沿岸地区的气候？这也需要深入研究渤海沿岸海陆风的特征。

国外对海陆风的研究比较重视观测方法的改进。例如，Fisher(1960)首先使用船舶和飞机对包括海洋和陆地的海陆风系进行空间观测。Kingsmill(1995)分别采用脉冲式多普勒雷达和双多普勒雷达进行探测，通过这些新型探测技术，如今已经能够完整而清晰地捕捉到海陆风的三维结构特征。

我国对海陆风环流的观测和研究起始于20世纪50年代，最初是朱抱真(1955)对台湾海陆风的分析研究。20世纪70年代以后，海陆风的研究开始与大气污染问题联系在一起。1976年北京大学地球物理系首次在锦西沿海进行海风观测，利用观测实例，分析研究该地区海风环流的出现频率、强度和转换高度，并从海陆风的空间温度场变化特征提出海陆风对大气污染物扩散所造成的影响。80年代以后，周钦华(1987)对浙江沿海地区、孔宁谦和欧志方(1998)对广西北海地区的海陆风都做了统计分析。而1997年于恩洪等编著《海陆风及其应用》一书，填补了国内有关海陆风方面专著的空白。

以上这些国内研究主要是开展单点、短时观测，或者利用沿岸地区气象台站的观测资料。但由于我国气象台站各网点之间间距较大，加上海陆风又容易受到季风、天气系统和局地地形等因子的影响，因此上述这些研究成果还不能详细说明空间影响范围和时间变化。为此，本节选择位于渤海湾西岸的黄骅市作为研究区，按距海远近分别设置气象观测点，分冬、夏两季开展海陆风小气候观测，研究平原型海岸地面海陆风的转换特征和影响范围，以期为今后天津滨海新区、河北渤海新区的海冰资源开发等气候研究提供背景基础资料。

2. 观测点布设

黄骅市紧邻天津市大港区，处于“环渤海、环京津”的“双环”枢纽地带，是河北渤海新区重点建设的龙头项目、国家跨世纪工程-神华工程黄骅港所在地。地理坐标为38°09′~38°39′N，117°05′~117°49′E。由于这里处于城市化的初期，人为影响较小，所以选为海陆风观测地点。黄骅为暖温带半湿润季风气候，四季分明，季风显著，夏季潮湿多雨，冬季干燥寒冷。年平均气温12℃，年降水量627 mm。

观测点沿东西方向从海边向内陆展开，包括赵家堡码头、十三队、果园、中捷友谊农场、黄骅市、李天木、沧州市7处(图8-1)，其中中捷友谊农场、黄骅市和沧州市3处

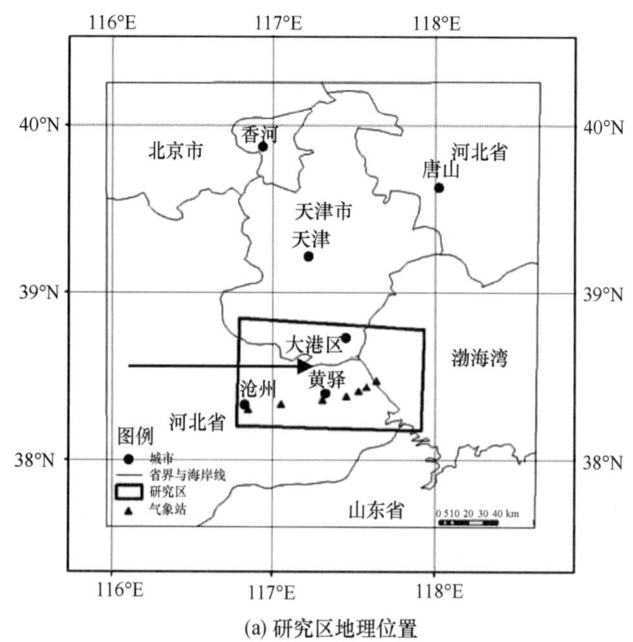

(a) 研究区地理位置

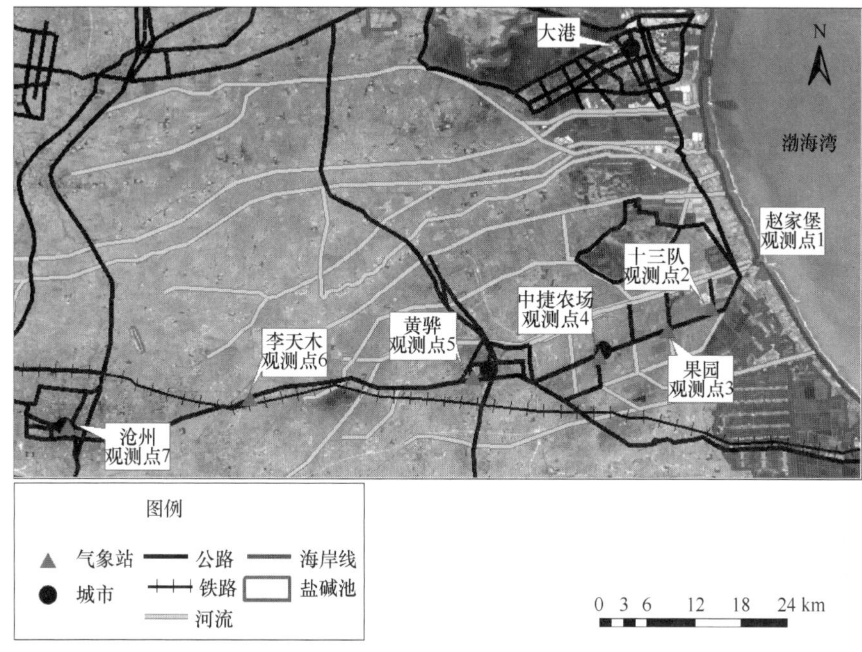

(b) 气象观测点布设位置

图 8-1　研究区气象观测点布设位置示意

为现有气候站或气象站，其余 4 处为自设自动气象观测站(表 8-1)。从海边向内陆观测点海拔 0~20 m，全线长 75 km，沿线自然景观主要为农田。

表 8-1　渤海湾沿岸气象观测点基本状况

测点编号	测点性质	地名	北纬	东经	距海边距离/km	下垫面特征
1	自设	赵家堡	38°29′12.12″	117°37′57.8″	0	海边
2	自设	十三队	38°26′23.89″	117°35′0.82″	6.777	盐碱池
3	自设	果园	38°24′48.56″	117°32′2.18″	11.957	草地
4	气候站	中捷农场	38°23′0.92″	117°27′22.9″	19.465	村落
5	气象站	黄骅	38°21′42.37″	117°18′44.6″	32.278	城市
6	自设	李天木	38°20′16.76″	117°3′32.22″	54.477	农田
7	气象站	沧州	38°18′14.85″	116°51′3.65″	73.942	城市

气象站和气候站仪器设置与观测时间均按国家规定执行，自设气象观测点仪器设置及观测项目有：2 m、4 m、12 m 高度的风向和风速；1.5 m 高度的气温和相对湿度；地表面温度。各气象要素的观测均采用自动观测仪器，在观测前对各探头进行仪器订正校准。观测方式为自动观测，每 10 min 记录一次数据，所有数据都由数据采集器自动记录存储。观测时间为 2005 年 11 月 17 日~12 月 1 日，2006 年 1 月 6~16 日和 7 月 15~23 日。由于从气象站和气候站获得的气象数据只是每日 4 次观测或 3 次观测的数据，主要依据自设自动气象观测站的数据来分析当地的海陆风特征。

8.1.2　海陆风时空分布特征

1. 海陆风风向和海陆风日的确定

1）海风、陆风风向的确定

由于渤海湾是被陆地呈弧形包围，所以陆风的范围要大于海风，加之考虑站点布局情况，规定：NE、ENE、E、ESE4 个方位为海风风向，SSE、S、SSW、SW、WSW、W、WNW、NW8 个方位为陆风风向，静风既不是海风也不是陆风。同海岸线走向基本一致的其余 4 个方位剔除。

2）海陆风日的确定标准

按于恩红等(1997)提出的标准，把每天海陆风的出现和转换分为 4 个时段，即陆风时段：00：00~07：50；陆风向海风转化时段：08：00~11：50；海风时段：12：00~19：50；海风向陆风转化时段：20：00~23：50。由于数据采集为每 10 分钟记录一次，故 24 h 有 144 个数据。利用自动气象站每日24 h地面风的观测资料，依据各时段海风、陆风的出现时次来确定海陆风日，具体标准如下：在陆风时段 00：00~07：50 陆风的出现频率必须≥50%，而海风出现频率必须≤25%；在海风时段 12：00~19：50 海风的出现频率必须≥50%，而陆风出现频率必须≤25%；在选入的海陆风日，24 h 地面观测风速必须≤10 m/s；在一个海陆风日中必须同时符合海风和陆风的规定标准。

根据上述海陆风日标准，对 4 个观测点的观测资料(2005 年 11 月 17 日~12 月 1 日、2006 年 1 月 6~16 日、2006 年 7 月 15~23 日)进行统计分析，从中选出 4 个站点均符合以上标准的 2005 年 12 月 1 日、2006 年 1 月 15 日和 2006 年 7 月 22 日作为典型海陆风日，并以这 3 天为例分析渤海湾西岸海陆风特征。

2. 海陆风时间特征分析

1）海陆风风向的日变化特征

海陆风季节分布不均，秋冬季较多，春夏较少(于恩红等，1997)，这是由于秋冬季大陆气团占主导地位，在大陆气团减弱变性的时候有利于海陆风发生；海陆风日出现频率与大尺度背景风的强弱有关，大尺度背景风比较强时，海陆风常常被“淹没”(唐永銮等，1988)，不易被观测到，只有在大尺度背景风比较弱时，海陆风环流才能被观测到。

为了明确地反映出海陆风风向的变化特点，以 0°为正北方位，随角度增大，方位角呈逆时针变化，即 90°为正西方位、180°为正南方位、270°为正东方位。将观测到的风向数据按时间顺序展开，得到风向-时间变化特征图。以内陆观测点李天木站点为例(图 8-2)，在海陆风日(2006 年 1 月 15 日、2006 年 7 月 22 日)可以看出明显风向转化，即海风和陆风的相互转化，风向变化幅度可达到 90°~180°；而在非海陆风日(2006 年 1 月 16 日、2006 年 7月18 日)，风向变化幅度较小，基本为 45°~90°。夏季(2006 年 7 月 22 日)的海、陆风向转换时间比较迅速，冬季(2006 年 1 月 15 日)的海、陆风向转换时间相对长一些。

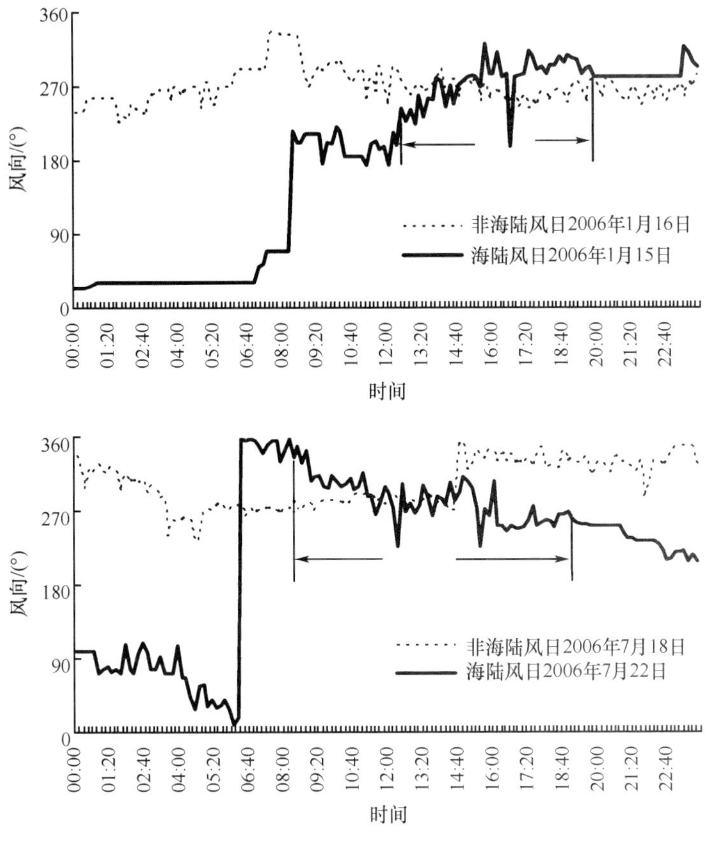

图 8-2　李天木站点海陆风日风向变化的比较

2）海风风向频率特征

统计观测时间内各站点所有的海陆风日，得出海风风向频率特征（表 8-2）：渤海湾西岸海风风向以 ENE、E 两个风向为主，并与海岸线基本垂直，这与 B. W. 阿特金森（1987）的研究结论一致。海风风向频率占总风向频率的 48. 33%。其中，ENE、E 这两个风向占海风风向频率的 66. 32%。

表 8-2　各站点所有海陆风日海风风向的频率

海风风向	NE	ENE	E	ESE	合计
频率/%	10. 04	17. 75	14. 30	6. 24	48. 33

3）海风持续时间特征

海风持续时间随距海远近的不同而有所差异（表 8-3）。位于海边的赵家堡海风持续时间最长，平均为 10~11 h；内陆观测点李天木的海风持续时间最短，平均为 8 h。这是因为海风环流是从海边向内陆推进的，海风深入内陆需要一定的时间。海风持续时间的长短与季节和海风出现的初始时刻有关，夏季日出时间早，太阳辐射强度高，能够较早地产生海陆风环流所需的海陆温差，因此海风出现的初始时刻比较早，大致在 8：00，所以海风持续时间长。冬季日出时间晚，太阳辐射强度低，因此海风出现的初始时刻比较晚，大致在 12：00，所以海风持续时间短。夏季海风环流形成时间要早于冬季海风环流，夏季(7 月)海风持续时间较冬季(12 月和 1 月)海风持续时间要长 2 h 左右。

表 8-3 各个站点海风持续时间比较 （单位：h）

站点	2005 年 12 月	2006 年 1 月	2006 年 7 月	平均值
赵家堡	11	9.8	13	11.3
十三队	10.1	9.2	11.6	10.3
果园	9.5	8.8	9.8	9.4
李天木	7.2	7.8	8.8	7.9

4）海风风速变化特征

海边风速明显大于内陆，越深入内陆风速越小。如图 8-3(a)、(b)所示，在海陆风日，各观测点风速变化趋势基本相似；在冬季(2006 年 1 月 15 日)海风开始时间较晚(12：00 左右)，海风风速峰值出现时间在 14：00 左右。在夏季(2006 年 7 月 22 日)海风开始时间较早(8：00 左右)，海风风速峰值出现时间也较冬季提前，在 9：00 左右。而在非海陆风日[图 8-3(c)]，海边与内陆三站风速变化趋于一致，但风速日变化没有明显的峰值现象。

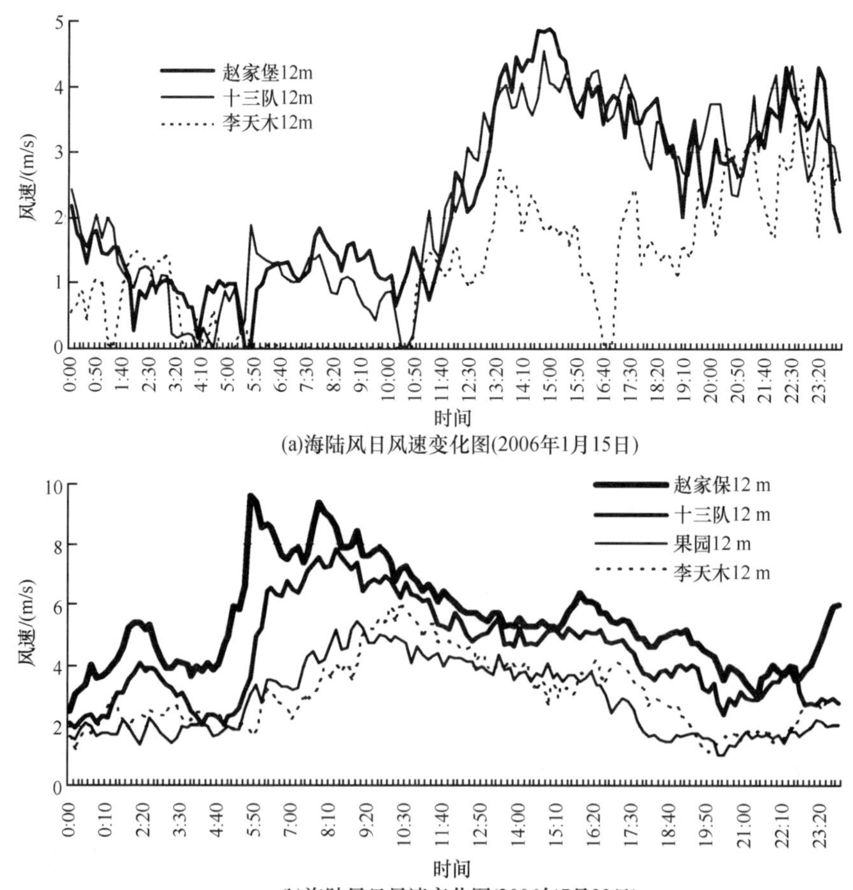

(a)海陆风日风速变化图(2006年1月15日)

(b)海陆风日风速变化图(2006年7月22日)

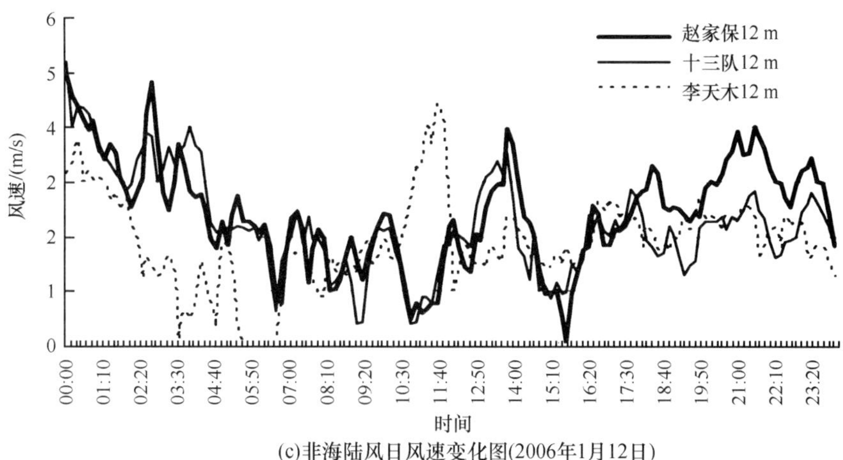

(c)非海陆风日风速变化图(2006年1月12日)

图 8-3　海陆风日和非海陆风日 12 m 高度风速变化图

分析海边(赵家堡，距海 0 km)、近海岸(十三队，距海 6.8 km)与内陆(李天木，距海 54.5 km)地面 12 m 高度风速差绝对值发现，在海陆风日，海边与内陆风速差大于海边与近海岸风速差[图 8-4(a)、图 8-4(b)]。冬季，海边与内陆海风风速差最大可达

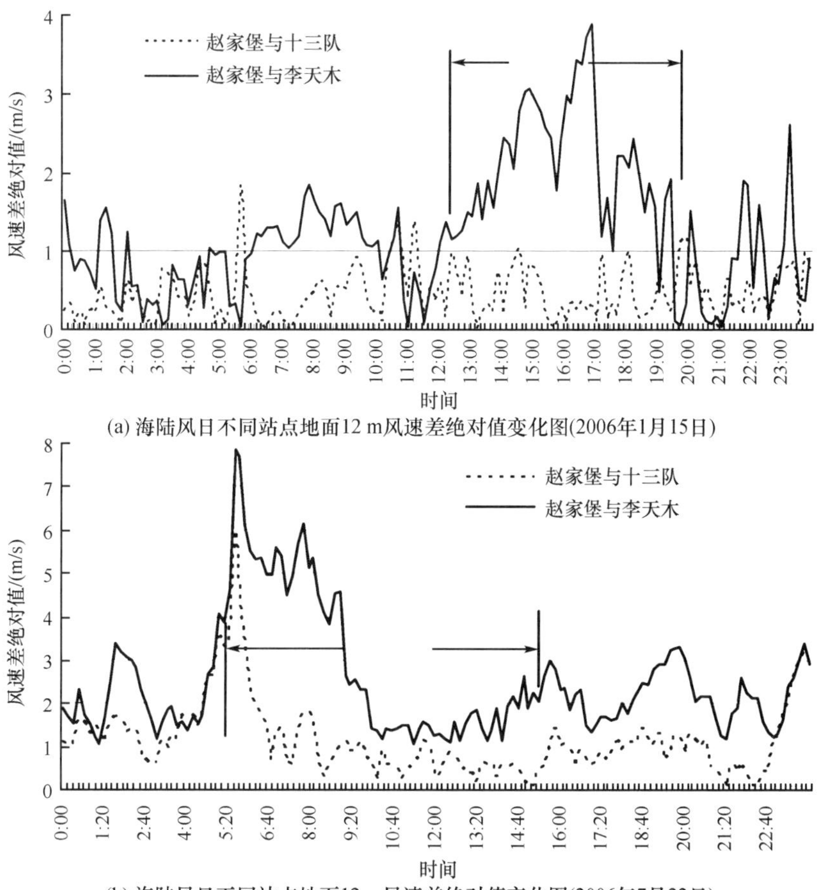

(a) 海陆风日不同站点地面12 m风速差绝对值变化图(2006年1月15日)

(b) 海陆风日不同站点地面12 m风速差绝对值变化图(2006年7月22日)

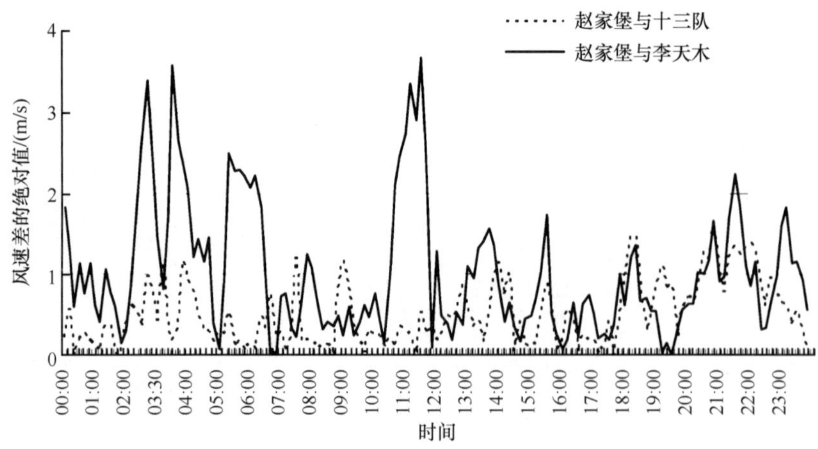

(c) 非海陆风日不同站点地面12 m风速差绝对值变化图(2006年1月12日)

图 8-4　海陆风日和非海陆风日地面 12 m 风速差绝对值变化图(续)

4 m/s左右，而海边与近海岸海风风速差最大只有 1 m/s 左右[图 8-4(a)]。夏季，海边与内陆海风风速差最大可达 8 m/s 左右，海边与近海岸海风风速差最大可达 6 m/s 左右[图 8-4(b)]。在非海陆风日，海边与内陆风速差虽然也较大，但不像海陆风日那样一天之中只有一个峰值，而是随机性较强，一天之中可以有 2~3 个峰值[图 8-4(c)]。

5）晴天与阴天的海陆风差异

海陆之间热量差异的日变化是产生海陆风的原因，而热量差异日变化量的大小除了与季节有关之外，还与晴天、阴天有很大关系。晴天太阳辐射可以更多地达到地表，可在海陆之间产生较大的温度差，有利于海陆风的发生。而阴天太阳辐射被云、雾等遮挡，到达地表的太阳辐射量少，海陆之间的温度差小，不利于海陆风的形成。

图 8-5 是晴天、阴天海陆风风向变化的差异情况，从中可见，无论是冬季还是夏季，晴天(2005 年 11 月 24 日，2006 年 7 月 22 日)的海陆风发展明显，海风持续时间达 8~11 h；而阴天(2005 年 11 月 23 日，2006 年 7 月 15 日)则无明显的海陆风现象。

3. 海陆风空间特征分析

海陆风现象在海岸地区表现得最为明显。但海陆风作为一种空气运动方式，其影响范围不可能仅限于海岸边缘，它要把海上的凉爽空气从海边送往内陆。这种运送距离的长短，主要取决于海陆热量差异日变化的强弱程度。也就是说，海陆风的影响范围在空间上存在差异。

不同学科对海岸带有着不同的理解。在海洋学上被认为是近海水域、潮间带和潮上带的沿岸陆地部分；在地理学上被认为是以海岸为基线向两侧扩散而且辐射的地带集(陈述彭，1996)；在经济学上被认为是内陆地区、滨海土地、滨海水域、离岸水域和远海水区所包含的范围等(吴晓莉和陈宏军，2001)。如果把海陆风作为气象学对海岸带的判别标准的话，是否也可以认为海岸带是海陆风所能影响的地带？而海陆风的势力边缘也就可以看成是“气候海岸带”的边界。在这样一个地带内，空气温度、湿度的变化和空气污染物的扩散，将在一定程度上受到海陆风的影响。

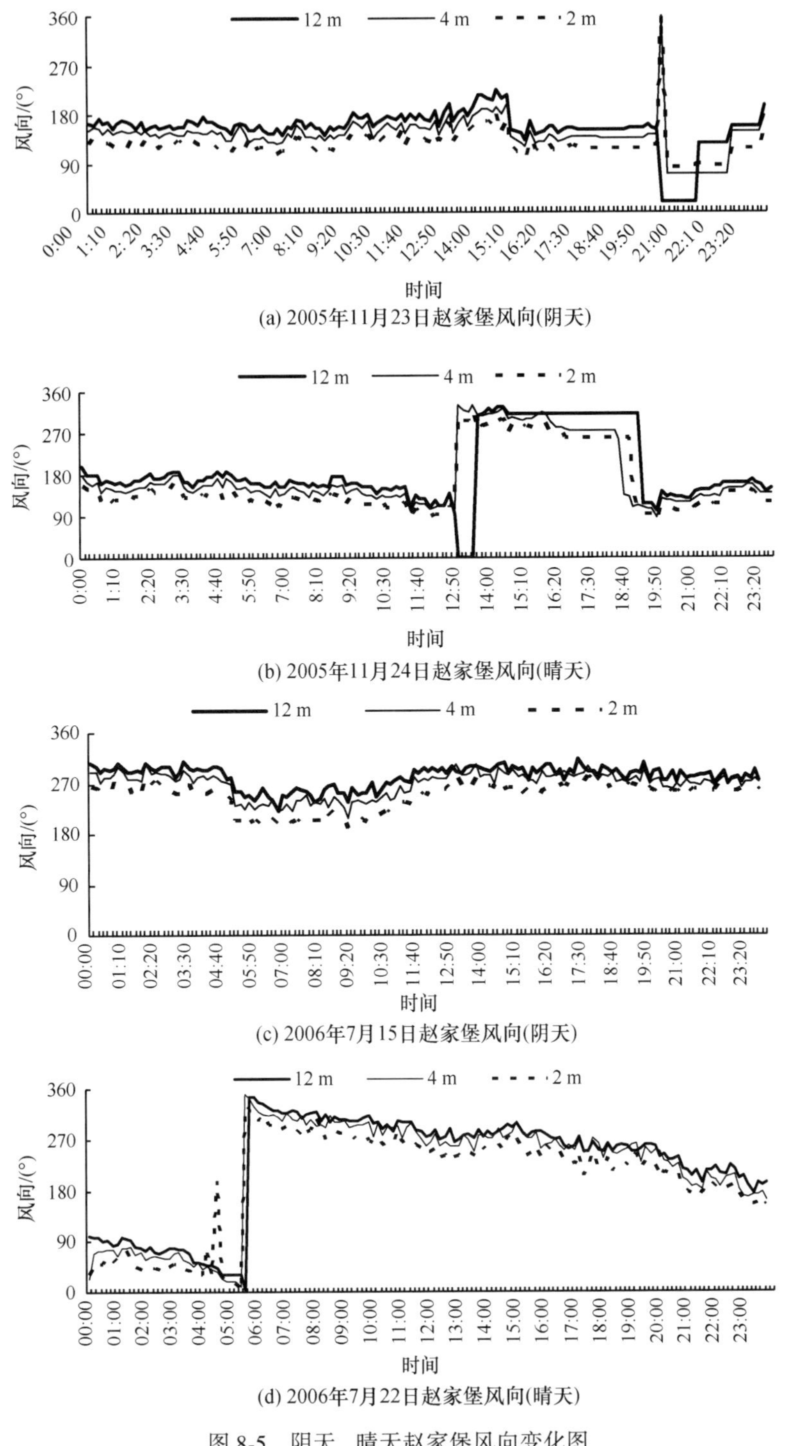

(a) 2005年11月23日赵家堡风向(阴天)

(b) 2005年11月24日赵家堡风向(晴天)

(c) 2006年7月15日赵家堡风向(阴天)

(d) 2006年7月22日赵家堡风向(晴天)

图 8-5　阴天、晴天赵家堡风向变化图

本章研究所自设的 4 个气象观测点基本上是垂直海岸由东向西呈一线排列，其中赵家堡位于海边(离海岸 0 km)、十三队和果园位于近海岸(离海岸 6.8 km 和 12 km)、李天木位于内陆(离海岸 54.5 km)(图 8-1 和表 8-1)。把 4 个站点与沧州(离海岸 73.9 km)同一天的风向和风速资料放在一起比较，可以了解海陆风的空间分布特征。

1）风向的空间变化特征

在典型海陆风日(4 个观测站均符合海陆风日标准)，从海边的赵家堡至内陆的李天木均出现明显的海、陆风向变化，甚至在距海边更远的沧州也有这种现象(图 8-6)。尽管沧州气象站的风向资料的时间间隔为 1 h，但在 6：00 左右也出现了明显的风向转换。在非典型海陆风日(4 个观测站中至少有 2 个均符合海陆风日标准)，只是在海边和近海岸的观测点出现了明显的海、陆风向变化，而深入内陆达 54.5 km 的李天木则没有明显的海、陆风向变化(图 8-7)。由此可以看出，在渤海湾西岸，典型海陆风日的海风影响范围可深入陆地 74 km 以上，这与游春华等(2006)用 ARPS 模式模拟出的京津地区海陆风的影响可深入陆地100 km左右的结论是相似的。而在非典型海陆风日，海陆风的影响范围深入陆地不及 10 km。

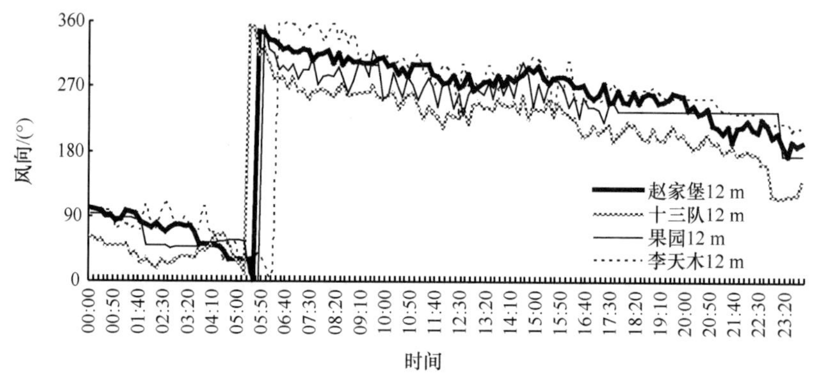

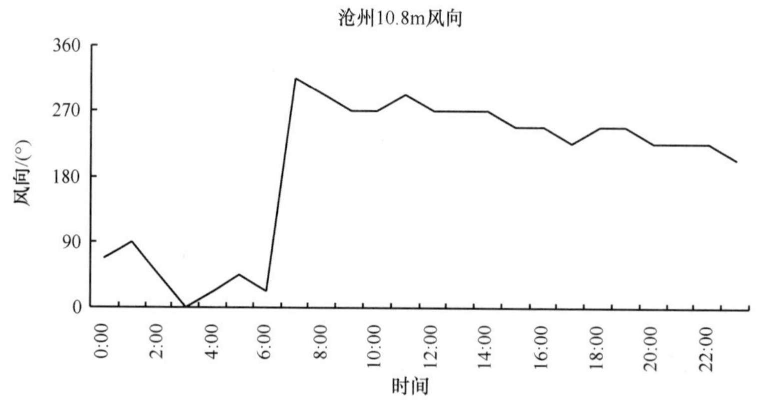

图 8-6　典型海陆风日风向变化图(2006 年 7 月 22 日)

2）风速的空间变化特征

表 8-4 和表 8-5 分别为典型海陆风日和非典型海陆风日日平均风速空间变化情况。在典型海陆风日，地面 12 m 高度的日平均风速从海边向内陆呈现逐渐降低的特征，夏季的空间递减率约为 0.023 m/(s · km)[表 8-4(a)]，冬季的空间递减率约为 0.018 m/(s · km)[表 8-4(b)]。在非典型海陆风日，冬季的空间递减率约为 0.013 m/(s · km)(表 8-5)。

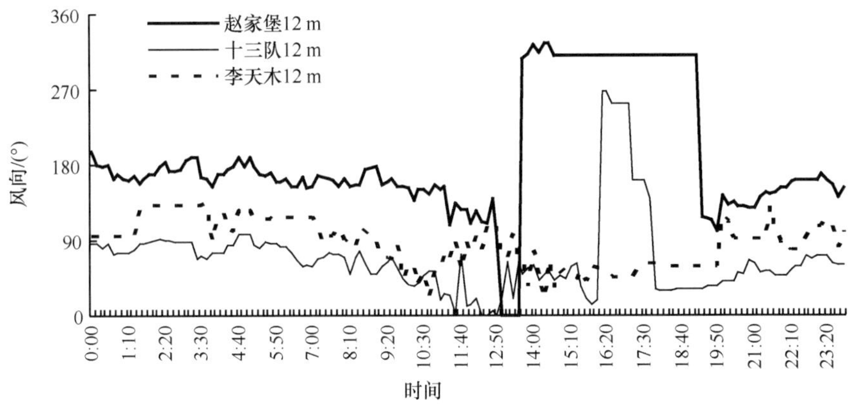

图 8-7　非典型海陆风日风向变化图(2006 年 11 月 24 日)

表 8-4　典型海陆风日风速比较

站点	地面 12 m	地面 4 m	地面 2 m
(a)2006 年 7 月 22 日			
赵家堡(海边)/(m/s)	5.5	5.1	4.8
十三队(近海岸)/(m/s)	4.4	4.1	4.8
李天木(内陆)/(m/s)	3.0	2.6	2.1
沧州＊(内陆)/(m/s)	2.8	＊＊	＊＊
空间递减率[m/(s · km)]	0.023	0.038	0.035
(b)2006 年 1 月 15 日			
赵家堡(海边)/(m/s)	2.3	2.1	2.0
十三队(近海岸)/(m/s)	2.2	1.8	1.9
李天木(内陆)/(m/s)	1.2	1.0	0.8
沧州＊(内陆)/(m/s)	1.2	＊＊	＊＊
空间递减率[m/(s · km)]	0.018	0.027	0.020

注:＊沧州点风速值为一小时记录一次;＊＊代表沧州地面 4 m 和 2 m 数据无。

表 8-5　非海陆风日风速比较(2006 年 1 月 12 日)

站点	地面 12 m	地面 4 m	地面 2 m
赵家堡(海边)/(m/s)	2.4	2.2	2.0
十三队(近海岸)/(m/s)	2.2	1.9	1.8
李天木(内陆)/(m/s)	1.9	1.5	1.3
沧州＊(内陆)/(m/s)	1.9	＊＊	＊＊
空间递减率[m/(s · km)]	0.013	0.022	0.018

同表 8-4 注。

综上分析

在海陆风日,海风和陆风相互转化十分明显,风向变化幅度为 90°~180°;而在非海陆风日，风向变化幅度较小，基本为45°~90°。夏季海、陆风向转换时间比较迅速，冬季的海、陆风向转换时间相对长一些。渤海湾西岸海风风向以 ENE、E 两个风向为主，并与海岸线基本垂直。海风风向频率占总风向频率的48. 33%。其中，ENE、E 这两个风向占海风风向频率的66. 32%。海风持续时间随距海远近的不同而有所差异。海边的海风持续时间最长，平均为10~11 h；内陆的海风持续时间最短，平均为8 h。夏季海风环流形成时间要早于冬季海风环流，夏季(7 月)海风持续时间较冬季(12 月和 1 月)海风持续时间要长2 h左右。海边风速明显大于内陆，越深入内陆风速越小。在海陆风日，风速的日变化有一个明显的峰值；而非海陆风日，风速日变化没有明显的峰值现象。夏季的海边与内陆海风风速差大于冬季。无论是冬季还是夏季，晴天的海陆风发展明显，海风持续时间可达8~11 h；而阴天则无明显的海陆风现象。可以把海陆风的影响范围看成“气候海岸带”的范围。在渤海湾西岸，典型海陆风日的海风影响范围可深入陆地74 km以上；而在非典型海陆风日，海陆风的影响范围深入陆地不及10 km。本研究的观测时间很短，资料的代表性有限，尚不足以完全反映当地的海陆风气候特征。尽管如此，作为现场观测的第一手资料，用其来表征渤海湾西岸不同季节(冬季、夏季)海陆风的日变化特点，也还具有一定的典型意义。本节主要对观测期间内的风向、风速特征进行分析，而温度、湿度等其他气象要素的变化特点以及与海陆风之间的关联，将在今后另行讨论。

8. 1. 3 海岸气温时空分布特征

1. 气温时间变化特征

1) 观测期间平均气温日变化

图8-8为各观测期间平均气温的日变化。从中可以看出，日最高气温的出现时间随季节和离岸距离的不同而有所差异。秋季，海边在14：50左右，内陆在14：40左右[图8-8(a)]；冬季，海边在15：10左右，内陆在13：00左右[图8-8(b)]；夏季，海边在14：10左右，内陆在16：00左右[图8-8(c)]。日最低气温的出现时间随季节和离岸距离的不同差异较小，各地区基本一致。从气温的升降速度来看，秋、冬季气温上升和下降都很迅速。秋季海边升温速率为1. 17℃/h，内陆升温速率为1. 59℃/h；海边降温速率为2. 03℃/h，内陆降温速率为1. 06℃/h；冬季海边升温速率为0. 72℃/h，内陆升温速率为1. 59℃/h；海边降温速率为0. 26℃/h，内陆降温速率为0. 81℃/h。夏季气温上升和下降都比较缓慢，海边升温速率为0. 25℃/h，内陆升温速率为0. 44℃/h；海边降温速率为0. 20℃/h，内陆降温速率为0. 65℃/h。

2) 观测期间平均气温日较差

秋季(11 月)为大气环流调整时期，各类天气系统移动频繁，因此气温日变化剧烈，气温日较差大于其他季节。冬季和夏季大气环流相对稳定，气温日较差相对较小，但冬季的气温日较差还是大于夏季的气温日较差(表8-6)。

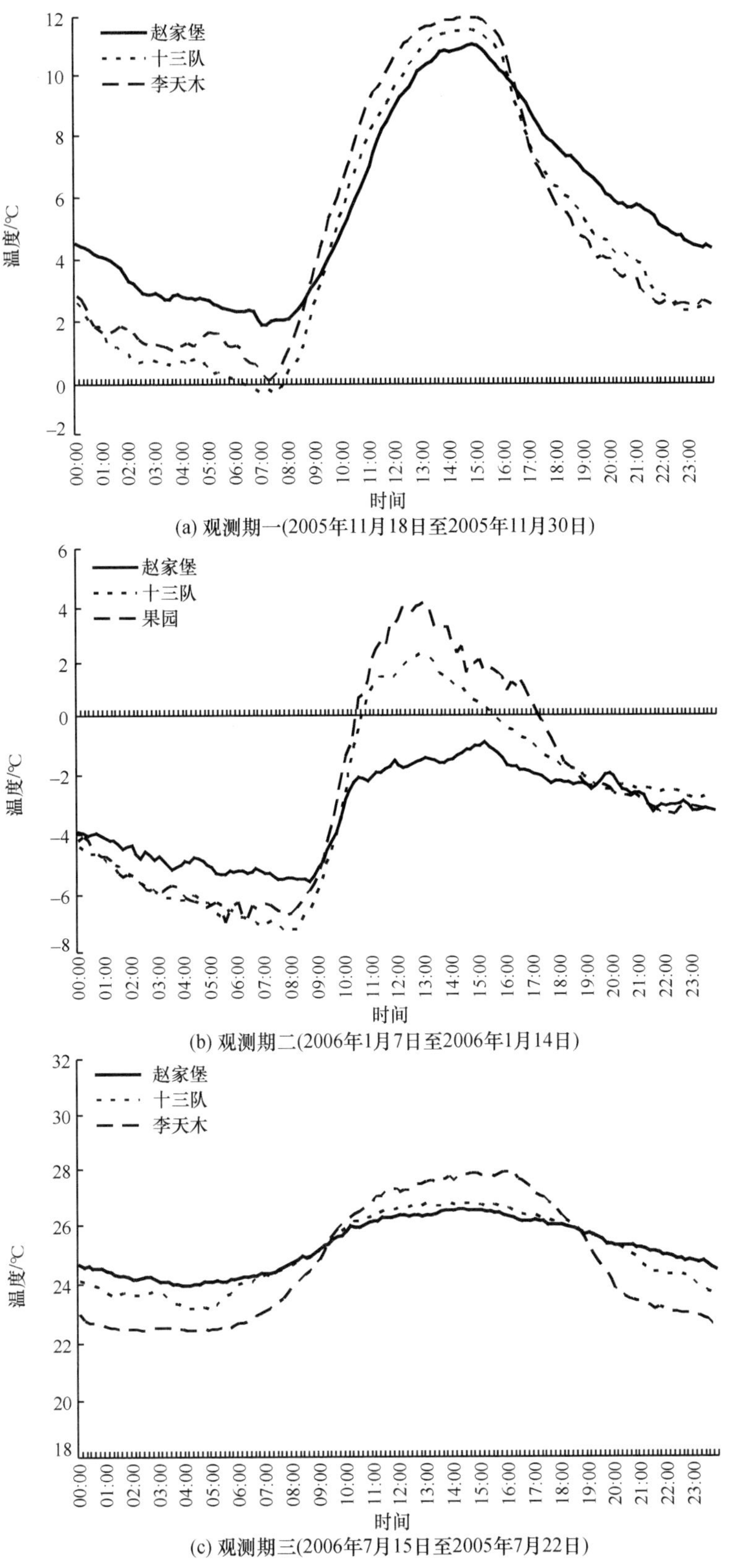

图 8-8　各观测点在各观测期日平均温度变化

表 8-6　各观测期的日平均温度的日较差

项目	海边	十三队	果园	黄骅	李天木
2005 年 11 月	8.96	11.65	12.69	10.14	11.62
2006 年 1 月	4.57	7.83	10.43	7.9	*
2006 年 7 月	2.58	3.6	8.9	*	5.325

*表示由于仪器故障而产生的缺测。

不同观测点之间的气温日较差也有所不同，基本规律是海边的气温日较差小于内陆的气温日较差。黄骅(县级市)和李天木(镇)尽管距海边更远，但由于处于人口稠密区和公路旁边，受人类活动的影响较大，夜间气温偏高，因此出现了气温日较差偏小的现象。

3) 海陆风日与非海陆风日的气温日变化

根据于恩红等(1997)提出的标准，观测期间的 2005 年 11 月 24 日、2006 年 1 月 15 日、2006 年 7 月 22 日被认为是海陆风日；2005 年 11 月 23 日，2006 年 1 月 12 日、2006 年 7 月 18 日被认为是非海陆风日。

A. 夏季观测期的气温日变化

夏季海陆风日的气温日变化表现出明显的升降起伏，气温日变化幅度随距海远近的不同而有所差异，海边的气温日变化小，赵家堡的日较差为 2.7℃；内陆的气温日较差大，果园的日较差为 8.9℃，李天木的日较差为 8.2℃[图 8-9(a)]。夏季非海陆风日的气温日变化升降起伏不明显，海边和内陆的气温日较差相差不大，赵家堡的日较差为 1.5℃，李天木的日较差为 2.7℃[图 8-9(b)]，7 月 18 日果园的观测资料由于仪器的故障缺失。

(a) 2006年7月22日(海陆风日)

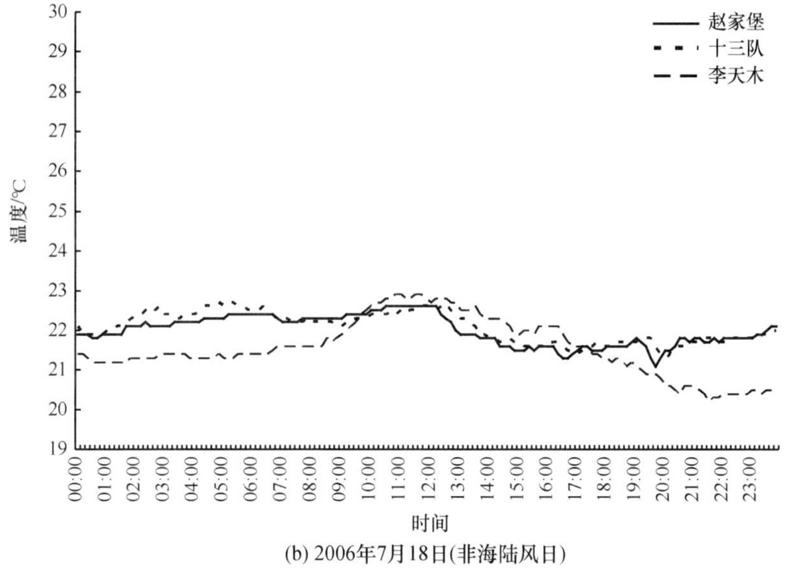

(b) 2006年7月18日(非海陆风日)

图 8-9　夏季观测期各观测点海陆风日与非海陆风日的气温变化

B. 秋季观测期的气温日变化

秋冬季海陆风日和非海陆风日的气温日变化升降起伏都很明显，因此海边和内陆之间的气温日较差相差不大，但海陆风日海边和内陆的日最高气温之间还是有较明显的差异[图 8-10(a)]，赵家堡 11. 48℃、果园 17. 7℃、李天木 17. 6℃；而非海陆风日海边和内陆的日最高气温之间差异就要小一些[图 8-10(b)]，赵家堡 12. 84℃、果园 16. 4℃、李天木 14. 1℃。

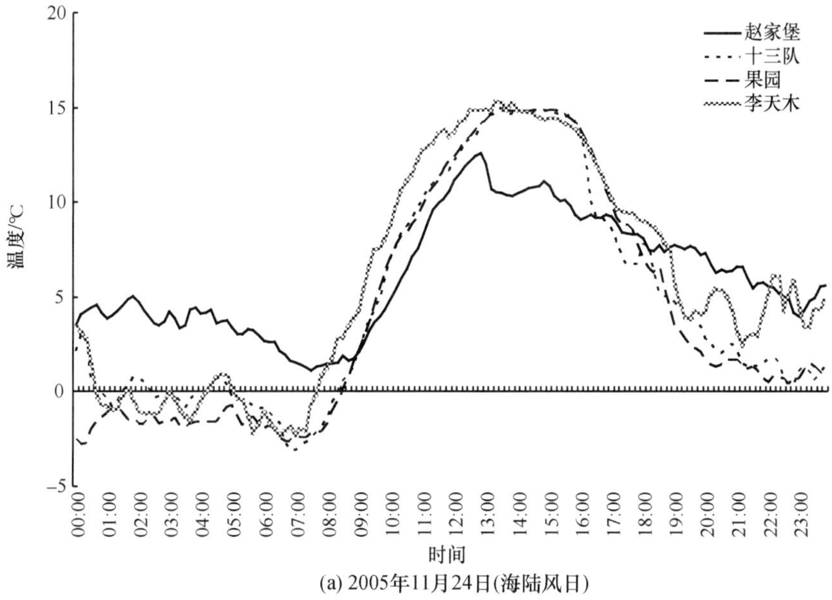

(a) 2005年11月24日(海陆风日)

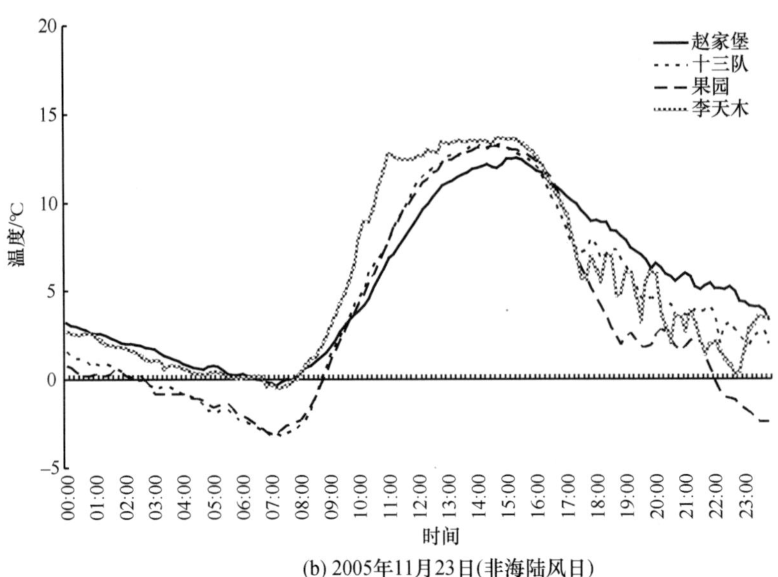

(b) 2005年11月23日(非海陆风日)

图 8-10　秋季观测期各观测点海陆风日与非海陆风日的气温变化

产生海陆风日与非海陆风日气温日变化差异的主要原因在于天气系统的影响。当没有明显的大范围天气过程时(锋面、云团、高低压系统、大风等)，海陆之间热量差异引起的局地环流表现显著，海陆风成为主要的热交换过程，海边受其影响最大，频繁的热量交换使得海边气温升降缓和，所以日较差较小；而内陆受海陆风的影响随距海距离的增加而逐渐减小，气温日变化则更多地受到辐射增温和辐射冷却的影响，所以日较差较大。但如果有大范围天气过程移来时，海陆之间的热量差异将被天气系统所带来的温度变化所掩盖，不论是海边还是内陆都要受天气过程的控制，因此海边和内陆之间的气温日变化之间差异也就不明显。

2. 气温空间变化特征

1) 观测期间平均气温的空间变化

各观测期间平均气温的空间分布差异如图 8-11 所示。日平均气温与日最低气温的空间变化趋势一致，从海边向内陆逐渐降低，日平均气温的空间递减率为 0. 025～0. 156 ℃/km。日最低气温的空间递减率为 0. 102～0. 239 ℃/km。日最高气温和气温日较差的空间变化趋势一致，从海边向内陆逐渐升高，日最高气温的空间递减率为 −0. 07～−0. 38 ℃/km，气温日较差的空间递减率为−0. 163～−0. 515 ℃/km。

2) 海陆风日与非海陆风日气温的空间变化

A. 夏季的日气温空间变化

在夏季，海陆风日(7 月 22 日)气温的空间变化明显(图 8-12)。近海岸地区[十三队—赵家堡，图 8-12(a)]的海陆温差除了半夜至清晨(22：30～05：30)这段时间之外，几乎是在 0℃线上下做变动，而内陆地区的海陆温差则随着离岸距离的增加而不断加大

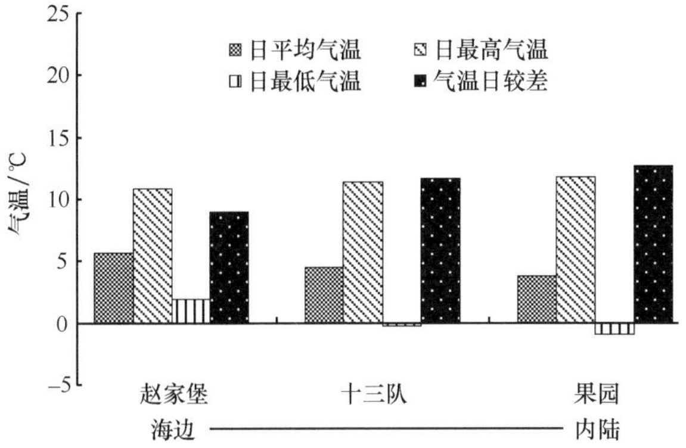

(a) 观测期一(2005年11月18日至2005年11月30日)

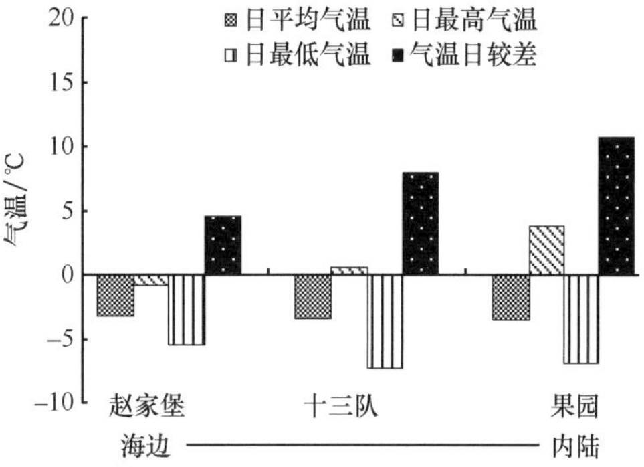

(b) 观测期二(2006年1月7日至2006年1月14日)

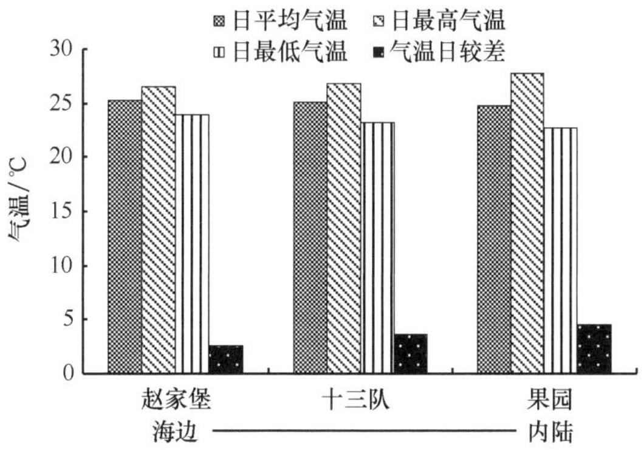

(c) 观测期三(2006年7月15日至2005年7月22日)

图 8-11　各观测期内各观测点平均气温空间分布差异

[图 8-12(c)]。白天，离岸 11.9 km 处[果园—赵家堡，图 8-12(b)]的最大温差为 1℃左右，到了 55.4 km 处[李天木—赵家堡，图 8-12(c)]增大到 3℃左右；夜间，离岸 11.9 km 处的最大温差为-6℃左右，到了 55.4 km 处减小到-3℃左右。后者温差减小的原因在于城镇、交通、人类活动的影响，致使当地夜间温度升高。非海陆风日(7 月 18 日)气温空间变化的特征不显著(图 8-13)。近海岸地区的海陆温差较小，基本是在 0℃线上下做变动，内陆 55.4 km 处(李天木—赵家堡)的海陆温差虽然出现了一定程度的日变化，但温差变幅为 0.6~1.6℃，远小于海陆风日的海陆温差变幅。

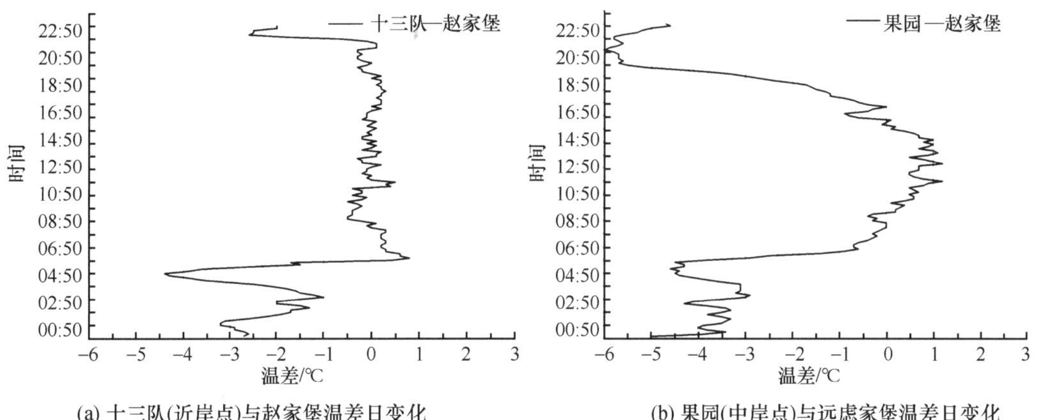

(a) 十三队(近岸点)与赵家堡温差日变化

(b) 果园(中岸点)与远虑家堡温差日变化

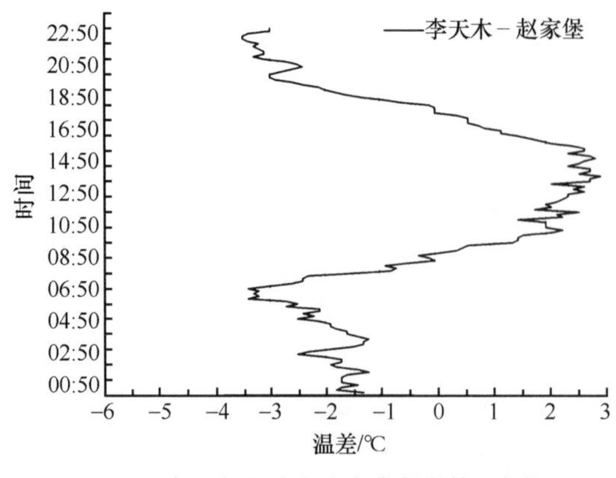

(c) 李天木(远岸点)与赵家堡温差日变化

图 8-12　2006 年 7 月 22 日(海陆风日)不同地点与海边的气温差

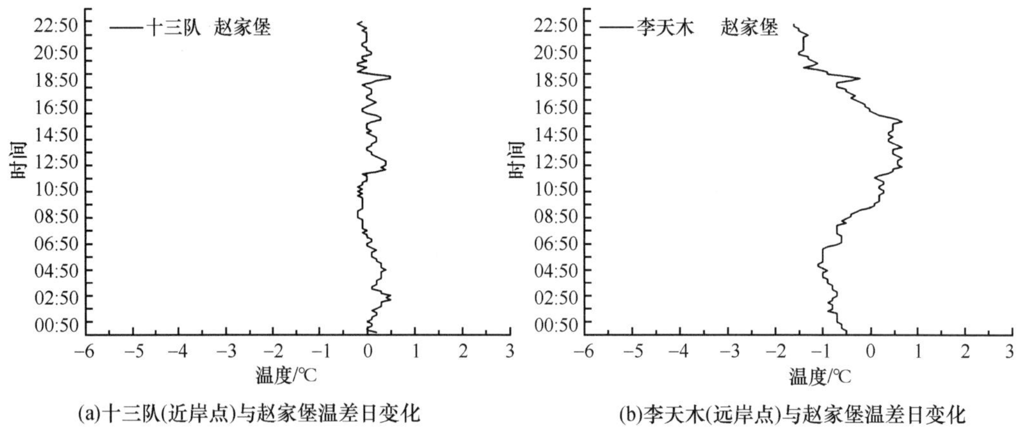

(a)十三队(近岸点)与赵家堡温差日变化　　(b)李天木(远岸点)与赵家堡温差日变化

图 8-13　2006 年 7 月 18 日(非海陆风日)不同地点与海边的气温差

B. 秋季的日气温空间变化

在秋季，无论是海陆风日(11 月 24 日)还是非海陆风日(11 月 23 日)，气温的空间变化都不像夏季那样随着离岸距离的增加而差异显著(图 8-14 和图 8-15)，不论是近海岸地区还是内陆地区，海陆温差基本上是同时上升、下降或者振荡。海陆风日(11 月 24 日)，近海岸地区和内陆地区的海陆温差变化幅度基本相当；非海陆风日(11 月 23 日)，近海岸地区(十三队—赵家堡)和离岸 11.9 km 处(果园—赵家堡)的海陆温差，除了傍晚至半夜时段(17：30~02：00)之外，基本上是在同步、同幅变化，离岸 55.4 km 处(李天木—赵家堡)的海陆温差，白天的变化幅度大于近海岸地区和离岸 11.9 km 处，夜间的变化幅度或是大于这两处(00：30~07：00)，或是在这两处之间(17：30~23：30)。

基于野外观测得到的气温数据，对渤海湾海岸地区气温的时空变化特点进行初步分析，可以得到以下基本结论。不同地点气温日变化的升降起伏趋势虽然一致，但日最高气温的出现时间随季节和离岸距离的不同而差异较大，日最低气温的出现时间随季节和离岸距离的不同差异较小。秋季、冬季气温上升和下降都很迅速，夏季气温上升和下降都比较缓慢。冬季和夏季气温日较差小，秋季气温日较差大。海陆风日与非海陆风日的

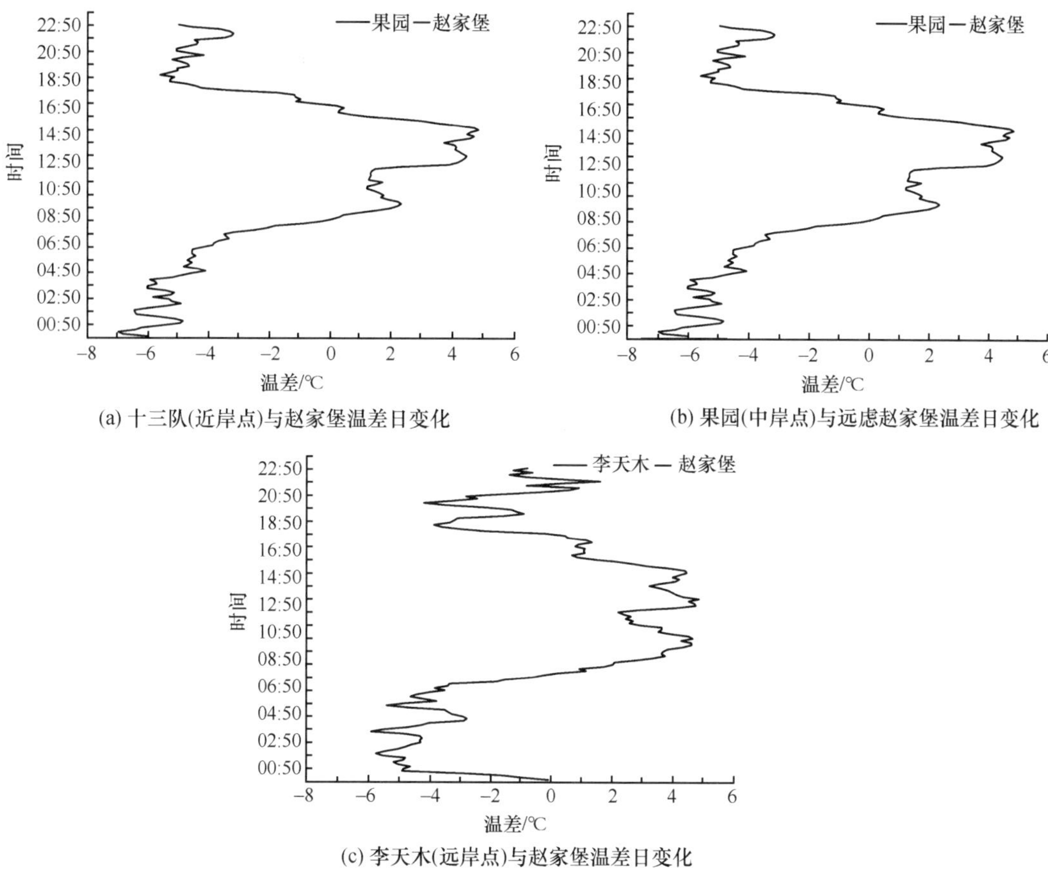

(a) 十三队(近岸点)与赵家堡温差日变化

(b) 果园(中岸点)与远虑赵家堡温差日变化

(c) 李天木(远岸点)与赵家堡温差日变化

图 8-14　2005 年 11 月 24 日(海陆风日)不同地点与海边的气温差

气温日变化随季节差异而有所不同。夏季海陆风日的气温日变化升降起伏明显，海边地区的气温日变化幅度小，内陆地区的气温日变化幅度大；而非海陆风日的气温日变化升降起伏不明显，海边和内陆的气温日变化幅度相差不大。秋季、冬季海陆风日和非海陆风日的气温日变化升降起伏都很明显，因此海边和内陆之间的气温日变化幅度相差不大。日平均气温与日最低气温从海边向内陆逐渐降低，空间递减率分别为 0.025～0.156 ℃/km和 0.102～0.239 ℃/km。日最高气温和气温日较差从海边向内陆逐渐升高，空间递减率分别为-0.07～-0.38 ℃/km 和-0.163～-0.515 ℃/km。夏季，海陆风日的气温空间变化显著，海陆温差随着离岸距离的增加不断加大；而非海陆风日的气温空间变化不显著，海陆温差随离岸距离的增加只是略有变化。秋季，无论是海陆风日还是非海陆风日，气温的空间变化都不像夏季那样随着离岸距离的增加而差异显著，海陆风日近海岸地区和内陆地区的海陆温差变化幅度基本相当，非海陆风日远离海岸的内陆地区海陆温差幅度要大一些。夏季海陆风日与非海陆风日海陆温差振幅分别为 1～3℃与 0～1.6℃，秋季海陆风日与非海陆风日海陆温差振幅分别为 5～7℃与 1.6～6.5℃。秋季的海陆温差振幅远大于夏季。

从以上结论以及前面的分析中可以看出，海陆风环流影响海岸地区气温的时间范围主要是海陆风日，这一点基本可以确认。而影响海岸地区气温的空间范围还并不是十分

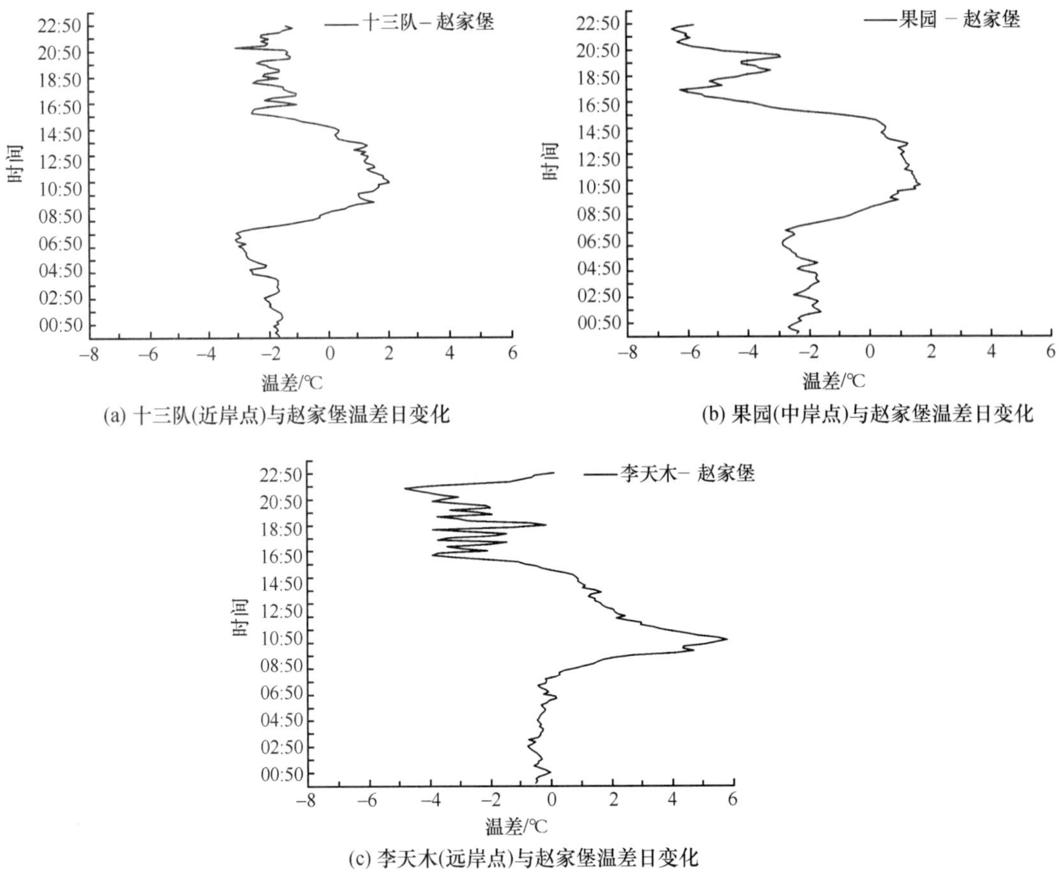

(a) 十三队(近岸点)与赵家堡温差日变化

(b) 果园(中岸点)与赵家堡温差日变化

(c) 李天木(远岸点)与赵家堡温差日变化

图 8-15　2005-11-23(非海陆风日)不同地点与海边温度差

清晰，目前能够确认的空间范围是从海边伸向内陆 10 km 左右。由于气温受下垫面以及人类活动的影响也比较明显，这些影响有可能与海陆风对气温的影响相互抵消，从而掩盖了海陆风环流影响海岸地区气温的空间范围。笔者认为，海陆风环流影响海岸地区气温的空间范围应大致与海风的作用范围相当，渤海湾地区估计最大范围可能是从海边伸向内陆 50~60 km。

本次观测时间比较短，观测地点的选择也存在欠缺，部分观测地点的仪器由于被盗和故障造成数据的缺失，使得本节在对海岸地区气温时空变化特点的定量分析上难免存在不足，这有待于今后用新获取的观测数据加以补充和订正。

8.2　渤海与环渤海地区年平均降水量的统计分析

渤海位于 37°05′~ 40°55′N，117°30′~ 125°30′E，三面被大陆包围，仅由渤海海峡与外海相通，属于半封闭式海域。这类典型半封闭海域的水量平衡在许多研究领域都受到关注。

水量平衡是指一定时期内所研究区域各项流入量等于流出量加上储存量的变化(董斌等，2003)。渤海海域的水量平衡主要通过 4 个方面来调节，包括渤海海面的降水，海水的蒸发，陆地地表径流的汇入以及渤海与黄海的水量交换。近几年，渤海海水和海冰的采集利用研究逐步发展起来，这部分水量的变化对渤海水量平衡势必产生一定影响。因此，对渤海海水、海冰利用量的研究也成为渤海水量平衡问题的重要组成部分。

根据渤海海域水量平衡特征，本节主要从大气降水这一角度进行研究。这部分水量是整个渤海海域水量平衡的重要组成部分，对其的研究是对整个区域水量平衡研究的一部分，是初步的，但却是必不可少的。大气降水中，除了渤海海域的降水影响到水量平衡外，环渤海陆地部分分水岭以内的降水也会对渤海的水量平衡产生影响，如陆地上的部分降水以地表径流的形式流入渤海等。为此，在进行研究时分别考虑渤海海域的降水和环渤海地区分水岭以内区域的降水两部分。

目前普遍使用雨量来表示降水量，雨量是指一个观测点上测得的，可代表观测点周围一个小区域的平均降水量(郁淑华，2001)。随着气象及水文研究领域的拓宽，点雨量对于区域平均降水量的研究而言就显得不够了，需要由区域内各点降水量推求该地区的平均降水量，即面雨量。以往气象上对面雨量计算方法的研究较少，水文上面雨量计算使用的方法有等值线法、算术平均法、数值法(泰森多边形法或三角形法)(郁淑华，2001)、格点法、逐步订正格点法等(毕宝贵等，2003)。算术平均法简便易行，但只适用于流域面积小、地形起伏不大，且测站多而分布较为均匀的流域；格点法能较好地反映降水的连续性；等值线法精度高，能反映降水的地区分布和地形对降水的影响(李武阶等，2000)，但较多地依赖于分析技能，且要求流域内雨量测站多而且分布均匀，操作也比较复杂；逐步订正法需要对边界上的网格面积进行订正，并要首先确定中心点的第一猜测场，计算较麻烦(方慈安等，2003)；泰森多边形法或三角形法考虑各雨量站的权重，当测站固定不变时，各测站的权重也不变，比算术平均法把各测站按等权重处理较为合理。并且，泰森多边形法已经实现了计算程序自动化，且精度较高，对测站分布不均匀的流域尤为适合(郁淑华，2001)。

基于已有研究方法的优缺点，结合研究区域内测站有限且分布不均匀的特点，本节利用 GIS 技术支持下的泰森多边形法根据离散分布的气象站点的降水量资料来计算整个研究区域的年平均降水总量。

8.2.1　研究区概况

该研究区域为环渤海地区分水岭以内的区域(划分方法见下)和渤海海域，该区域位于暖温带半湿润季风气候区，平均年降水量 560~916 mm，丰枯年降水量前者是后者的 3~5 倍，降水量年内分配不均(中国科学院海洋研究所海洋地质研究室，1985)。渤海海域自北向南分为辽东湾、渤海湾和莱州湾。与此对应，环渤海地区也分为辽东湾沿岸、渤海湾沿岸和莱州湾沿岸。根据地形特征，划分出环渤海地区分水岭以内的部分。将环渤海地区细化出分水岭，并对分水岭内年降水量进行研究，这种划分方法有助于提高计算区域降水量时的精确性。

1. 环渤海地区概况

环渤海地区三省两市(直辖市)包括辽宁省、河北省、山东省、北京市和天津市，从北、西和南 3 个方向环抱渤海，如图 8-16 所示(中国科学院海洋研究所海洋地质研究室，1985)。在以往对该地区所做研究基础上，依据地形细化出该地区的分水岭，对分水岭以内区域年平均降水量进行统计、分析。

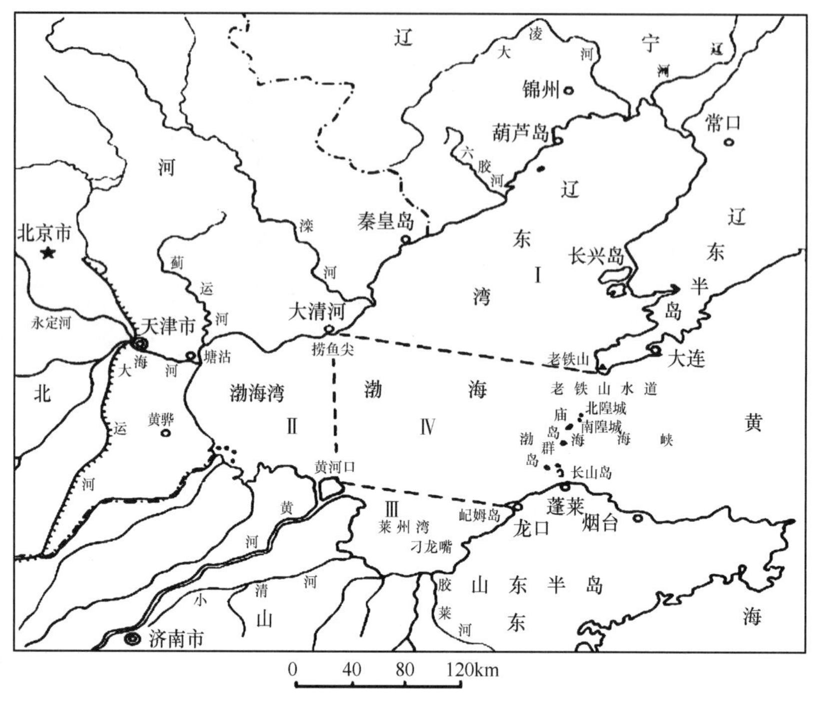

图 8-16　渤海位置图

资料来源：中国科学院海洋研究所海洋地质研究室，1985

辽东湾沿岸广阔的辽河平原夹在西部的努鲁儿虎山、辽西丘陵和东部的长白山余脉——龙岗山和千山山脉之间(郑应顺，1987)。东、西部的山脉在辽河平原上形成了一道天然分水岭，使得该地区的降水很大一部分通过地表径流最终汇入渤海的辽东湾。分水岭内年降水量一般为 400～1 000 mm，地域间差别很大，山地降水最多的年份可达 1 400～1 800 mm，平原地区降水偏少(周琳，1991)。

渤海湾沿岸从整体上由东北—西南走向的太行山脉和东西走向的燕山山脉相接形成“弧状山脉”(程树林等，1993)，面向渤海怀抱着华北平原，成为该地区的天然分水岭。分水岭内年平均降水量为 350～800 mm，地区分布极不均匀，燕山南麓为 700～800 mm，平原一带年降水量则在 500 mm 以下(邓绶林，1984)。

莱州湾沿岸由泰鲁沂山地和山东半岛的艾山、牙山、昆嵛山、大泽山形成了一道南北分水岭。分水岭以北的地区处于黄海和渤海之间，在气候上受海洋影响明显，降水分布很不均匀。平原的降水量为 600～900 mm，分水岭以北地区，特别是黄河以北地区降水量最小，在 650 mm 以下(孙庆基等，1987)。

2. 渤海海域概况

渤海包括北部的辽东湾(从河北省的大清河口至辽东半岛南端的老铁山一线为其南

界，如图 8-16 中 Ⅰ 所示），西部的渤海湾（以河北省大清河口到山东半岛北岸的黄河口一线为界，如图 8-16 中 Ⅱ 所示），南部的莱州湾（从黄河口至山东半岛龙口屺姆岛一线，如图 8-16 中 Ⅲ 所示），东以渤海海峡与黄海相通，中部是中央盆地，如图 8-16 中 Ⅳ 所示（中国科学院海洋研究所海洋地质研究室，1985）。

8.2.2　资料来源与研究方法

1. 资料来源

本研究所用资料包括两部分：一是确定研究区域边界地理位置的资料。划分环渤海地区分水岭的范围时，根据辽宁、河北、山东、北京及天津的地理、气候志（郑应顺，1987；周琳，1991；程树林等，1993；邓绶林，1984；孙庆基等，1987；河北师范大学地理系，1975；北京市气象局气候资料室，1987；大港油田地质研究所等，1985）和地图集（刘明光，1997）进行地理位置的判别、划分；具体到数字化地图上时，则利用了中国地图出版社等单位出版的 1∶400 万中国省界图进行分水岭内研究区域的提取；二是研究区域内气象站点的降水量数据。这部分数据来自相关省（直辖市）气象局及各省（直辖市）历年气象统计年鉴（北京市气象局，1982；国家气象局北京气象中心气候资料室，1985；河北省气象局，1975）。

根据研究内容和研究区域的特点对收集到的气象数据的站点进行筛选，选取河北省太行山山脉和燕山山脉分水岭以东的广阔平原地区 20 个站点，辽宁省辽河平原的 40 个站点，山东省泰鲁沂山地和山东半岛丘陵以北地区的 14 个站点，以及北京市的7 个站点、天津市的 11 个站点，统计得到这 92 个站点自 1971～2000 年 30 年的年平均降水量。

2. 研究方法

1）泰森多边形法

利用基于 GIS 技术支持下的泰森多边形法，根据研究区域内离散分布的气象站点的降水量来计算整个区域的降水总量简单易行。

利用泰森多边形法求算面雨量时，先要计算出各测站的面积权重系数，然后用各测站的雨量与该测站所占面积权重相乘后累加得到面雨量（徐晶等，2001）。计算公式如下：

$$\overline{P} = f_1P_1 + f_2P_2 + \cdots f_nP_n \tag{8-1}$$

式中，f_1，f_2，…，f_n 分别为各雨量站的多边形面积计算的权重数；（$f=\dfrac{\Delta A}{A}$，ΔA 为每个雨量站所在的多边形控制的面积，A 为指定区域的总面积）；P_1，P_1，…，P_n，$\overline{P}$ 分别为各测站同时期的雨量和指定区域的平均雨量。

本节的研究目标是求算研究区域内的年平均降水量，计算时利用泰森多边形法得到各个测站的最佳空间控制区域，使得各测站降水量最能代表的小范围区域内的年平均降水量。然后用各个多边形的年平均降水量乘以其多边形面积得到每个多边形的降水量，再将各多边形的降水量相加，得到整个研究区域的年平均降水量。计算公式如下：

$$V = P_1 \times \Delta A_1 + P_2 \times \Delta A_2 + P_n \times \Delta A_n \tag{8-2}$$

式中，V 为整个研究区域的年平均降水量。

2）年平均降水量的计算

A. 环渤海地区年平均降水量的计算

基于 GIS 技术，从 1∶400 万全国省界数字化地图上提取环渤海地区三省两市（直辖市）（辽宁省、河北省、山东省、北京市和天津市）的省界图，如图 8-17 所示。以渤海为地理中心，依据环渤海地区依地形而形成的分水岭（如 8.2.1 节中所述），划出其间降水通过地表径流汇入渤海的研究区范围，如图 8-17 中深色部分所示。

利用环渤海地区分水岭内 92 个测站的 30 年平均降水量数据，在 Arc/Info 地理信息系统的支持下，依据泰森多边形法原理生成研究区域内的各个泰森多边形，如图 8-18 所示。图 8-18 中，气象站点（用“ · ”表示）成为各泰森多边形内的控制点，各气象站点的年降水量就代表其控制的多边形的年平均降水量。

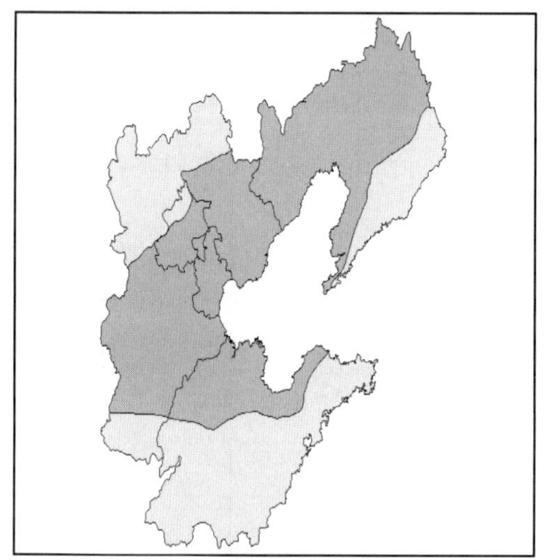

图 8-17　环渤海地区及分水岭位置

图 8-18　分水岭内泰森多边形数据分布

考虑到分水岭内不同流域的降水最终汇入到渤海的各海湾里，将分水岭内的研究区域再对应各海湾进行细分。平泉、迁安、乐亭以北的区域划到辽东湾沿岸范围内，肯利、淄博以东区域划到莱州湾沿岸范围内，其余部分为渤海湾沿岸所属范围，划分界限如图 8-18 黑实线所示。

根据泰森多边形法得到的研究区内各个多边形的控制点（气象站点）降水量数据及其控制面积（各个多边形的面积），利用式（8-2）求得整个环渤海地区分水岭内及各海湾沿岸地区的年平均降水量，如表 8-7 所示。

表 8-7　环渤海地区分水岭内及各海湾沿岸年平均降水量

项目	环渤海分水岭内	辽东湾沿岸	渤海湾沿岸	莱州湾沿岸
站点数目/个	92	45	38	9
总面积/亿 m^2	2991.27	1272.66	1523.87	194.74
年平均降水量/亿 m^3	1718.02	771.62	831.41	114.99

B. 渤海海域年平均降水量的计算

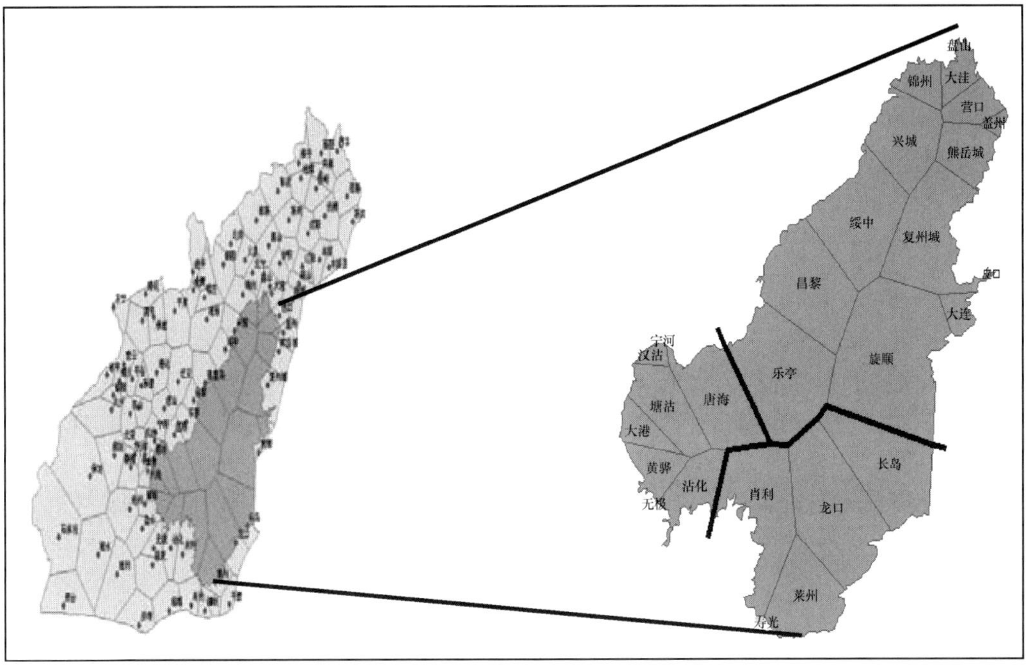

图 8-19　渤海海域泰森多边形分布示意图

利用环渤海地区年平均降水量的计算方法，选取渤海沿岸 27 个气象站点的降水量资料对渤海海域的年平均降水量进行计算。其中，辽东湾沿岸 14 个站点，渤海湾沿岸 8 个站点，莱州湾沿岸 5 个站点。渤海海域被划分成若干个泰森多边形，每个多边形对应于渤海沿岸的一个气象站点，如图 8-19 所示。计算各个泰森多边形的年平均降水量，并将整个渤海海域按照生成的泰森多边形大体划分成 3 个湾（划分界线如图 8-19 黑实线所示），分别计算各个湾的年降水量，见表 8-8。

表 8-8　渤海海域及各海湾年平均降水量

项目	渤海海域	辽东湾	渤海湾	莱州湾
站点数目/个	27	14	8	5
总面积/亿 m^2	850.53	458.24	126.25	226.04
年平均降水量/亿 m^3	488.41	284.59	73.77	130.05

8.2.3　主要结论

（1）渤海海域的水分平衡由多部分组成，本节仅从该海域的大气降水以及汇入该海域的陆地部分分水岭以内的大气降水两个方面进行研究。

计算时，利用环渤海地区各气象站点 1971～2000 年的年平均降水量对环渤海地区分水岭内的降水量进行统计，为了与环渤海地区的年需水量与降水量进行比较，参照《2000 年水资源公报》中按照行政区划分的环渤海地区三省两市（直辖市）2000 年的需水量和降水量统计资料进行比较分析。

环渤海地区三省两市(直辖市)年平均降水量为 2 689.49 亿 m^3，分水岭内的年平均降水量为 1 718.02 亿 m^3，2000 年该地区的需水量为 655.54 亿 m^3。分水岭内的年平均降水量占整个环渤海地区年平均降水量的 63.88%，是这个地区需水量的近 3 倍，如图 8-20所示。环渤海地区分水岭内的年平均降水量占整个环渤海地区年平均降水量的一半以上，且远大于该地区的淡水需水量。这部分降水通过植被吸收和蒸腾、地面蒸发、入渗形成地下水以及被人类直接截取利用，最终将以地表径流的形式流入渤海，成为渤海海域水量平衡中来自大气降水部分的补充，其补充量有待于进一步研究。

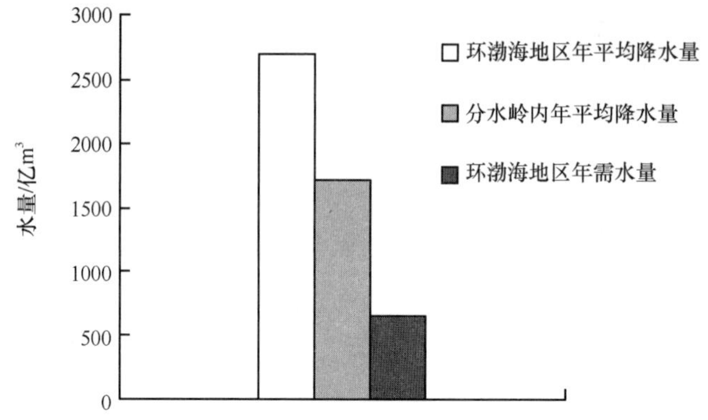

图 8-20　环渤海地区、分水岭内年平均降水量与年需水量的比较

(2) 目前对于渤海海水、海冰的储量及利用量的研究也是渤海水量平衡研究需要考虑的一部分。本节初步探讨渤海海水、海冰储量及利用量与渤海海域大气降水的比例关系。

渤海海域的年平均降水量为 488.41 亿 m^3。就海水、海冰作为淡水资源的开发利用方面来讲，2000 年辽宁省的海水直接利用量为 8.8 亿 m^3，山东省为 22.6 亿 m^3，天津市为 11.7 亿 m^3(水利部水利信息中心，2000)，粗算得到渤海海域 2000 年的海水直接利用量不到 43.1 亿 m^3。比较两省一市(直辖市)的海水直接利用量与相对应的渤海各湾的年平均降水量得到，辽东湾的海水直接利用量占该湾年平均降水量的 3.09%，渤海湾为 15.86%，莱州湾为 17.38%，对于整个渤海海域来讲该比例接近 8.82%，如图 8-20 所示。根据辽东湾海冰资源量的初步统计，2002 年其海冰资源量约为 17.3 亿 m^3(顾卫等，2003)，只占辽东湾海域 284.59 亿 m^3 年平均降水量的 6.08%，如图 8-21 所示。渤海海水、海冰利用量与渤海海域年平均降水量的比例关系只是其与渤海海域水量平衡关系中的一部分，在今后的研究中还有待于逐步完成海水、海冰采集利用量对整个渤海水量平衡影响的研究。

(3) 渤海海域的水量平衡，除大气降水外，还应包括陆地部分地表径流通过入海口进入渤海海域的淡水量、海表面的蒸发量以及渤海和黄海的海水交换，在以后的工作中还要对这些方面进行深入研究。

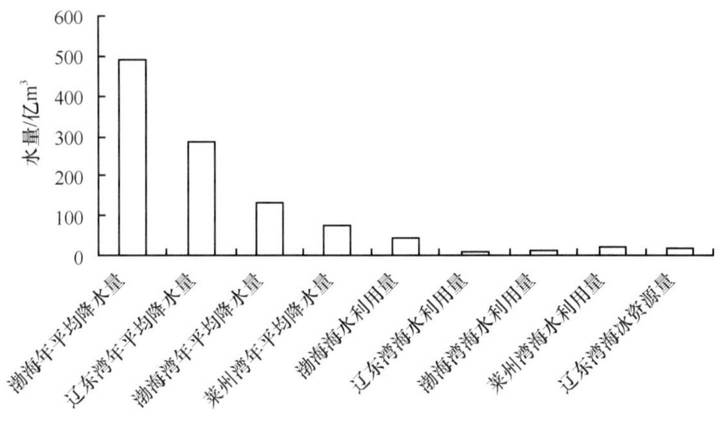

图 8-21　海域年平均降水量与海水、海冰利用量的比较

8.3　海冰开采对渤海周边地区冬季气候影响的数值试验

海冰作为大气下垫面之一，其反照率为 0.4~0.65，明显高于裸地(0.1~0.25)和海水(0.1)的反照率，因此海面有无海冰其反照率差异是很大的，下垫面的海冰异常会造成地球表面反照率的异常。这将影响地面的热平衡，从而造成地面温度的异常，再通过热力过程影响大气的温度。海冰除了通过改变反照率影响大气温度外，还会通过冰体的隔离效应有效地减小海洋向大气的感热和潜热通量，从而影响大气的温度。正因为海冰决定着反照率、热通量、湿度和海-气动力相互作用的变化，海冰的增长以及大气和海洋之间的热量交换极大地受到海冰厚度的影响。目前对海冰的研究多关注于极地海冰变化对全球大气环流的影响，利用全球大气环流模式模拟的结果表明，极地海冰的时空变化在大尺度海-气相互作用中起着重要作用，极地海冰面积和厚度的变化不仅影响高纬度地区大气环流，而且还会对低纬度地区造成一定的影响。

迄今为止，利用中尺度数值模式模拟区域海冰变化对区域气候和天气变化影响的试验几乎没有，因此，海冰开采是否对开采区域的天气及区域气候造成一定的影响，影响程度如何，至今尚不清楚。在海冰开采方案实施之前，详尽地了解开采区域气候特征及海冰变化对该区域气候所造成的影响，为海冰开采方案提供重要的气象科学依据是十分必要的。

由宾夕法尼亚大学/美国国家大气研究中心(PSU/NCAR)联合研制的中尺度数值模式 MM5，从 1978 年开始应用于中尺度天气研究，从最初第一代发展到第五代。目前，MM5 除了应用于暴雨、台风等短期天气研究以外，还应用于空气污染预报以及区域气候的研究等许多领域。许多科研工作者在 MM5 自身研究及应用方面做出了大量卓有成效的工作。程麟生和冯伍虎(2001)利用 MM5 对 1998 年 7 月 20~22 日湖北省武汉周边和鄂东地区发生的特大暴雨过程进行了二重、三重和四重双向影响嵌套网格模拟；凌铁军等(2004)将 MM5 应用于海面风场的预报；高山红等(2001)做了台风影响下渤海及邻域海面风场演变过程的 MM5 模拟分析；安兴琴等(2003)用 MM5 进行了兰州市南北两山地表植被对气象场影响的模拟研究。

本试验选用的基于 MM5V3 的 POLAR MM5 是美国俄亥俄州州立大学伯德极地研究中心的极地气象组在 MM5 基础上改造并优化，将之应用到极地区域的模式。POLAR MM5 是一个有限区域的三维非流体静力的基本模式方程，具有多个可能的物理过程参数化方案。在 MM5 基础上，POLAR MM5 对大尺度云和降水过程的 Reisner 显式微物理参数化方案、次网格尺度过程的 Grell 积云对流参数化方案、有关辐射传输的 CCM2 辐射方案和 1.5 阶湍流闭合的行星边界层参数化方案进行改进，从而改善冰相微物理过程的显式方案，修改了云/辐射相互作用，优化了湍流参数化，增加了海冰下垫面类型，改变了通过雪盖/冰面热量输送过程的处理方法(马艳等, 2007)。

8.3.1　数值试验设计

渤海地处中纬度季风气候带，是全球纬度最低的结冰海域之一，其结冰期主要发生在每年的 1 月至 2 月中旬。利用 2005 年 1 月 15 日至 2 月 14 日 NCEP 再分析资料和 MODIS 卫星反演海冰分布资料(韩素芹等, 2005)及中尺度模式 POLAR MM5 对 2005 年冬季渤海区域进行气候模拟，根据 MODIS 卫星反演海冰资料，对模式运行区域下垫面的渤海海冰进行不同方案的开采，模拟其对渤海及其周边地区冬季气候的影响。

1. 模式动力方案设计

模拟区域主要在渤海及其周边地区。试验采用 POLAR MM5 模式，应用三重嵌套水平网格(嵌套网格分布如图 8-22 所示)，以 NCEP(1°×1°)再分析格点资料为初始场，从 2005 年 1 月 15 日 00UTC 积分到 2005 年 2 月 14 日 00UTC，共计 30 天，模式每 6 h 输出一次结果。模式计算方案详解如表 8-9 所示。

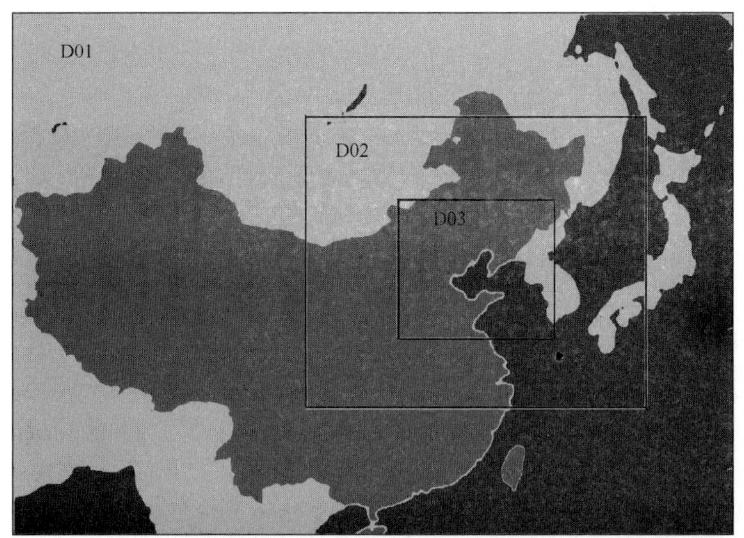

图 8-22　模式运行区域

(彩图见书后)

表 8-9　试验选取的模式计算方案

项目	参数设置
动力过程	非静力平衡
粗网格中心	110°E, 38°N
水平分辨率	粗网格 90 km; 第二层网格 30 km; 第三层网格 10 km
预报区域格点数	粗网格 67×55; 第二层网格 94×85; 第三层网格 127×121
垂直分辨率	23 层
地形/地表参数资料	粗网格 1°×1°; 第二层网格 10′×10′; 第三层网格 5′×5′
分析	修正的 CRESSMAN 方案
初始场资料	NECP(1°×1°)再分析资料
侧边界	粗网格: 与 NCEP 单向嵌套, 采用松弛流入/流出方案; 第二、第三网格: 与母网格双向嵌套(粗细网格同时积分, 母网格每个时间步的预报先提供给细网格作边界值, 细网格区域在相应时间步的预报值再返回替代粗网格对应格点的值
时间步长	270 s(粗网格)
预报时效	720 h
预报场输出间隔	6 h

2. 试验方案设计

POLAR MM5 模式中海冰的分析既可以来源于海表面温度 SST(此时开关选项 IEXSI = 1), 也可以来源于其他的数据文件(IEXSI = 2), 因此进行两组不同的控制试验: 控制试验 Ⅰ 海冰分析来源于 SST, 控制试验 Ⅱ 用 MODIS 卫星反演海冰分布数据进行替换, 分别模拟试验区域内冬季气候状况。图 8-23 是渤海常冰年的冰情分布。

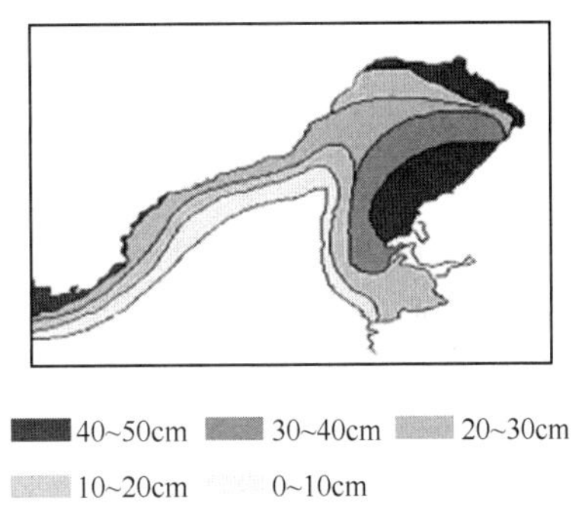

图 8-23　渤海常冰年的冰情分布

(1) 对比试验方案 Ⅰ: 开采部分海冰情况下的试验方案。根据 MODIS 卫星反演海冰分布[9], 开采距离岸边 20 km 以内的全部海冰, 该方案与控制试验 Ⅱ 的区别在于下边界海冰范围的差异, 通过这种变化模拟开采部分海冰对气候的影响。

(2) 对比试验方案 Ⅱ: 开采全部海冰情况下的极端试验方案。把渤海的海冰全部取走, 模拟其对周围地区气候的影响。

8.3.2　模式验证——控制试验反映的模拟方案模拟能力说明

1. 利用辽宁省 56 站观测数据与控制试验 Ⅰ 、Ⅱ 模拟结果进行对比

在对模式进行验证时, 将控制试验结果做月平均(对比 30 天)处理, 分析变量包括气温、风、海平面气压和 24 h 降水量。为了检验模式的模拟性能, 利用能够获得的辽宁省 56 站同期观测数据与控制试验 Ⅰ 、Ⅱ 的分析结果进行对比。通过月平均场对比发现, 两种控制试验模拟的辽宁省气温场和海平面气压场分布型基本一致, 并与实况基本吻

合。从图 8-24(b)可见，实际气温变化范围为-4～-18℃，气温高值区位于辽宁省西南部，冷中心位于辽宁省东北部；控制试验结果(以控制试验Ⅰ为例)如图 8-24(a)所示：模拟气温变化范围为-4～-14℃，气温高值区和低值区与实况分布一致。

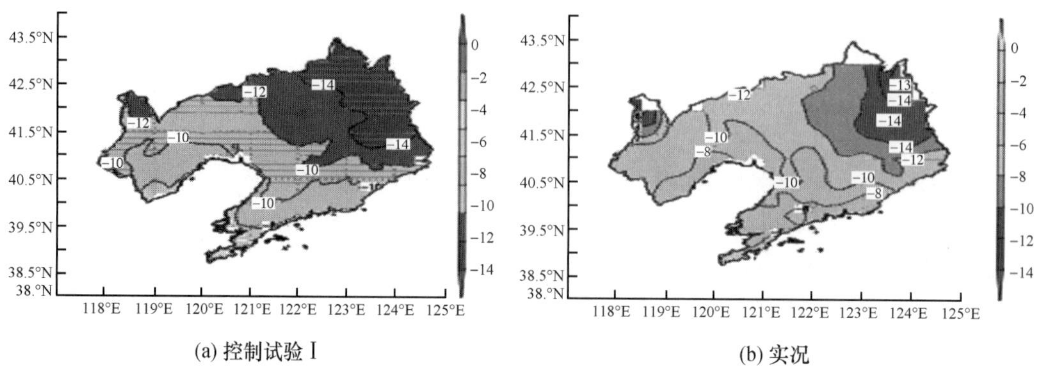

(a) 控制试验Ⅰ (b) 实况

图 8-24 控制试验Ⅰ(a)和实况(b)的辽宁省月平均气温分布(单位：℃)

(彩图见书后)

控制试验的月平均海平面气压场与实况分布型也大致相似，呈南北向带状分布，模拟结果偏大 10Pa 左右。月平均风速和 24 h 降水量场模拟结果不理想。

2. 分别对控制试验Ⅰ、Ⅱ的模拟结果与观测值做误差分析

为了进一步验证模拟结果，选取靠近渤海的 3 个站点的 4 个时次，将模拟结果与实况对比，这 3 个站点分别为大连、营口和葫芦岛。将控制试验Ⅰ、Ⅱ模拟的气温场分别与实况对比(表 8-10)，大连在 3 站中模拟误差最大；营口控制试验Ⅰ的误差略小于控制试验Ⅱ，而葫芦岛控制实验Ⅰ的误差略大于控制试验Ⅱ。

表 8-10 模拟温度场的绝对误差 (单位：℃)

站点	预报时次	02：00	08：00	14：00	20：00
营口	控制试验Ⅱ	0.80	0.83	0.59	1.33
	控制实验Ⅰ	0.45	0.45	0.41	0.99
葫芦岛	控制试验Ⅱ	0.47	0.46	1.89	0.49
	控制实验Ⅰ	0.76	0.81	1.82	0.77
大连	控制试验Ⅱ	3.95	3.24	1.07	3.26
	控制实验Ⅰ	3.98	3.27	1.04	3.27

将控制试验Ⅰ、Ⅱ模拟的海平面气压场分别与实况对比(如表 8-11)：大连模拟误差最大，葫芦岛次之，营口最小。

表 8-11 模拟海平面气压场的均方根误差 (单位：hPa)

站点	预报时次	02：00	08：00	14：00	20：00
营口	控制试验Ⅱ	4.69	4.17	4.83	4.44
	控制实验Ⅰ	4.70	4.17	4.81	4.43

续表

站点	预报时次	02：00	08：00	14：00	20：00
葫芦岛	控制试验Ⅱ	8.33	7.85	8.52	7.93
	控制实验Ⅰ	8.36	7.90	8.54	8.00
大连	控制试验Ⅱ	14.05	13.60	14.68	13.70
	控制实验Ⅰ	14.10	13.61	14.70	13.71

将控制试验Ⅰ、Ⅱ模拟的 10 m 高度风速分别与实况对比(表 8-12)：大连模拟误差最大，营口次之，葫芦岛最小。

表 8-12　模拟 10 m 高风速相对误差　(单位：%)

站点	预报时次	02：00	08：00	14：00	20：00
营口	控制试验Ⅱ	114.0	92.5	40.1	79.4
	控制实验Ⅰ	118.8	98.2	44.1	83.1
葫芦岛	控制试验Ⅱ	70.9	66.6	20.6	50.0
	控制实验Ⅰ	63.7	57.1	18.9	42.7
大连	控制试验Ⅱ	167.8	112.3	61.5	157.4
	控制实验Ⅰ	169.4	113.0	62.5	158.0

以上分析可知，控制试验Ⅰ与控制试验Ⅱ的模拟能力相当，均能够较准确地模拟研究区域的真实情况。

3. 控制试验Ⅰ、Ⅱ对渤海区域的模拟结果对比分析

把加入 MODIS 卫星反演的海冰面积分布数据的控制试验Ⅱ与用 SST 进行模式运算的控制试验Ⅰ做对比分析。图 8-25(a)、(b)、(c)分别是控制试验Ⅱ与控制试验Ⅰ的气温、气压和风矢量差值场。从图 8-25(a)可以看出，加入 MODIS 卫星反演的海冰面积分布数据后，有大面积海冰存在的辽东湾上空气温存在较大变化。在辽东湾西部平均气温上升，而东部平均气温下降。根据冰雪范围变化引起的区域地表反照率变化对气候变化具有正反馈效应，即冰雪范围减少使地表反照率降低，增强了辐射加热，使该区域增温，从而导致冰雪范围进一步减少(蒋熹，2006)，可以推断与 SST 反映的海冰分布面积相比，MODIS 卫星反演的海冰分布面积在辽东湾西部偏小，而在辽东湾东部偏大。总体而言，在渤海加入 MODIS 卫星反演的海冰面积分布资料对气温的影响区域主要位于渤海的辽东湾地区，气温最大变幅小于 1.5℃。

从图 8-25(b)可以看出，在渤海及其沿岸地区、山东北部及黄海北部至朝鲜半岛南部地区海平面气压都是大范围下降的，但最大降幅不超过 0.2Pa，考虑到控制试验Ⅰ气压偏大 10Pa 的模拟结果，两者相抵后气压更接近实际值。

在图 8-25(c)平均风场的差值图上可以看到，两组试验平均风场差异大的区域分布位置与图 8-25(a)中一致，除大连西部东南风增强外，其他地区以西北风、北风增强为主。冬季，渤海及其周边地区盛行西北风、北风，因此，控制试验Ⅱ的结果是平均风场在显著区域的风速略有增强。

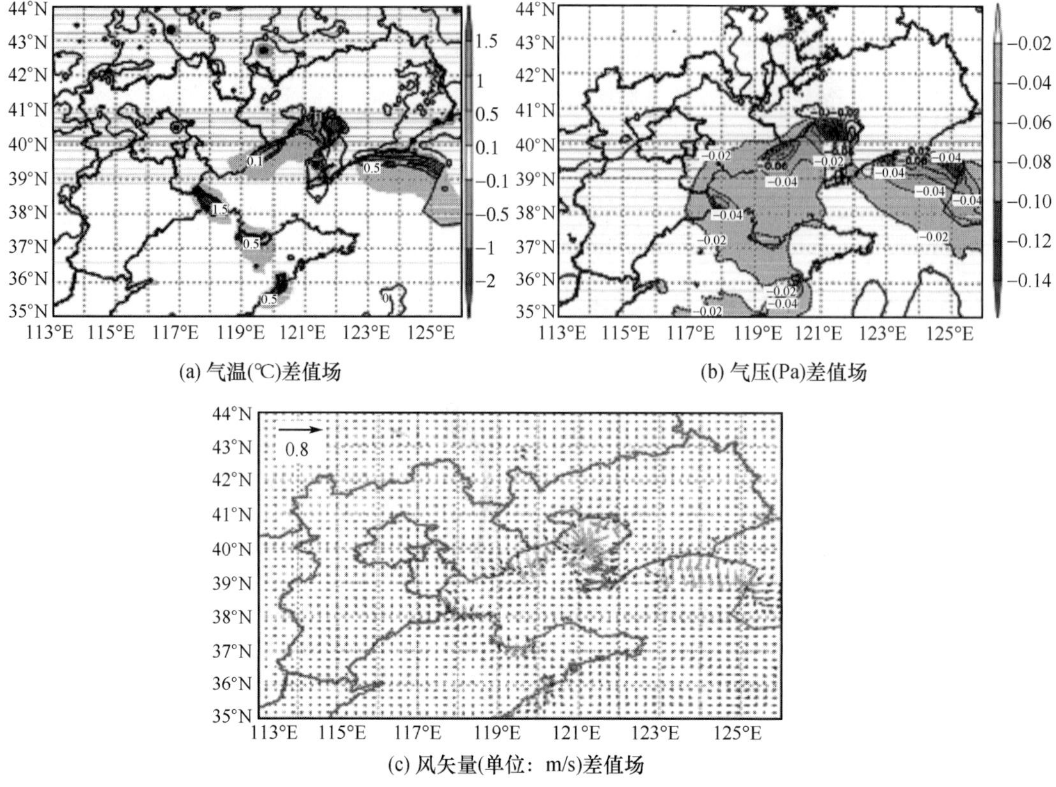

图 8-25　控制试验Ⅱ与控制试验Ⅰ的气象要素月平均差值场

(彩图见书后)

综合上述分析，直接把 MODIS 卫星反演的海冰面积分布数据作为模式下边界引入模式后，模拟结果与控制试验Ⅰ基本一致。

8.3.3　海冰变化对试验区气候影响的数值试验结果分析

由于控制试验Ⅱ是加入真实海冰数据的试验，而且与控制试验Ⅰ进行对比，模拟结果变化不大，所以为了便于比较不同海冰开采方案对气候的影响，在下面的分析中把对比试验Ⅰ、Ⅱ的结果与控制试验Ⅱ做比较。利用对比试验Ⅰ(开采部分海冰)和对比试验Ⅱ(开采全部海冰)的数值模拟结果分别求取冬季气温、海平面气压和风的月平均场，然后减去控制试验Ⅱ中相应变量的月平均值，即获得 2005 年冬季海冰期对比试验Ⅰ(开采部分海冰)、Ⅱ(开采全部海冰)与控制试验Ⅱ的月平均气温(图 8-26)、海平面气压(图 8-27)和 10 m 风矢量(图 8-28)差值场。

从图 8-26(a)中可以看出，在开采距离渤海沿岸 20 km 内的海冰后，开采区域上空气温有较显著的变化。辽东湾西部平均气温下降，最大降幅达到 1.5℃，而辽东湾东部及大连西部、南部平均气温升高了 0.1~1.0℃。当采用极端海冰开采方案，取走渤海上的全部海冰后，如图 8-26(b)所示，平均气温变化显著区仍然位于海冰开采区域。辽东湾上空的平均气温下降区增大，下降幅度小于 2.0℃；大连西部和南部仍是平均气温上升区，上升幅度小于 1.0℃。

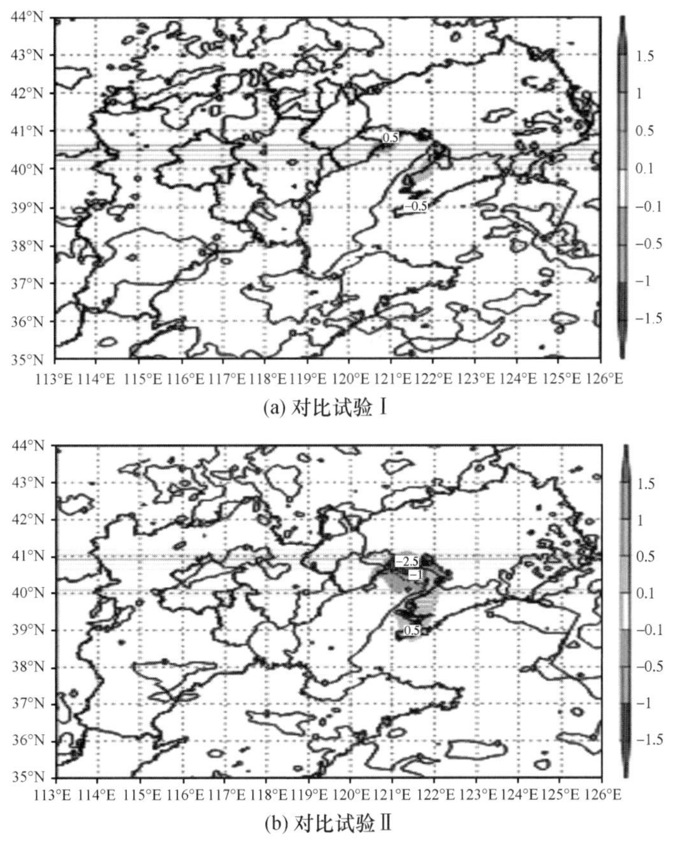

(a) 对比试验Ⅰ

(b) 对比试验Ⅱ

图 8-26　对比试验与控制试验Ⅱ的月平均气温差值场(单位：℃)

(彩图见书后)

图 8-27 是对比试验Ⅰ、Ⅱ与控制试验Ⅱ的月平均海平面气压差值场，即从图中可以发现海冰开采对海平面气压的影响范围与平均气温类似，影响区域也是位于辽东湾及大连西部和南部地区，并且辽东湾西部平均气压升高，辽东湾东部及大连西部和南部平均气压降低。

图 8-28 是对比试验Ⅰ、Ⅱ与控制试验Ⅱ的月平均 10 m 风矢量差值场，与前两个变量的平均差值场一样，月平均 10 m 风矢量差值大的区域仍位于辽东湾及大连西部和南

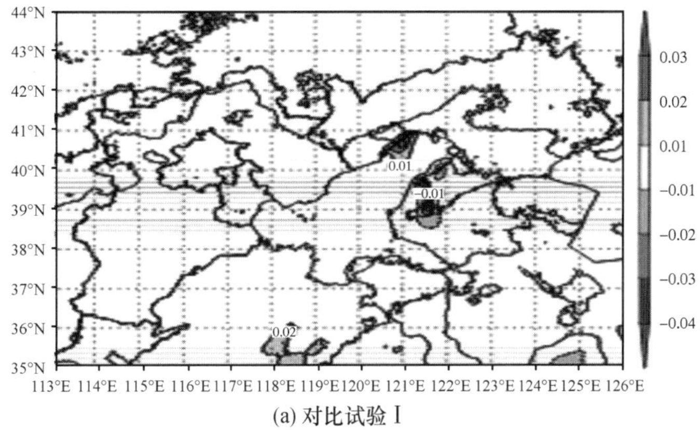

(a) 对比试验Ⅰ

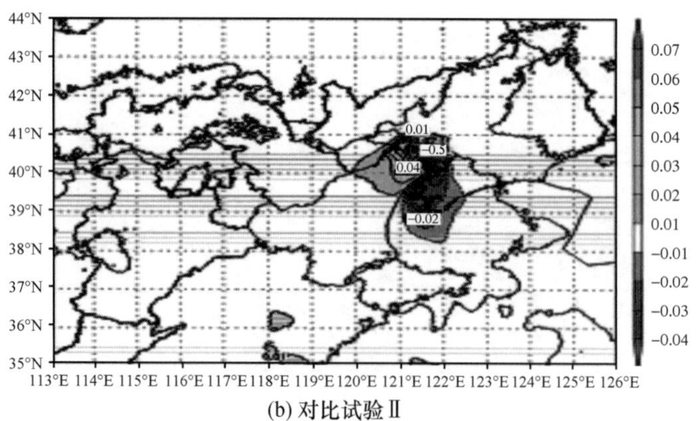

(b) 对比试验Ⅱ

图 8-27　对比试验与控制试验Ⅱ的月平均海平面气压差值场(单位：Pa)

(彩图见书后)

部。当开采部分海冰后[图 8-28(a)]，辽东湾西部东南风有略微增强，大连西部西北风有略微增强；当开采全部海冰后[图 8-28(b)]，在辽东湾上有一个弱的风辐散区，而大连西南部海面有一个弱风辐合区，这与平均海平面气压差值场的结果一致。

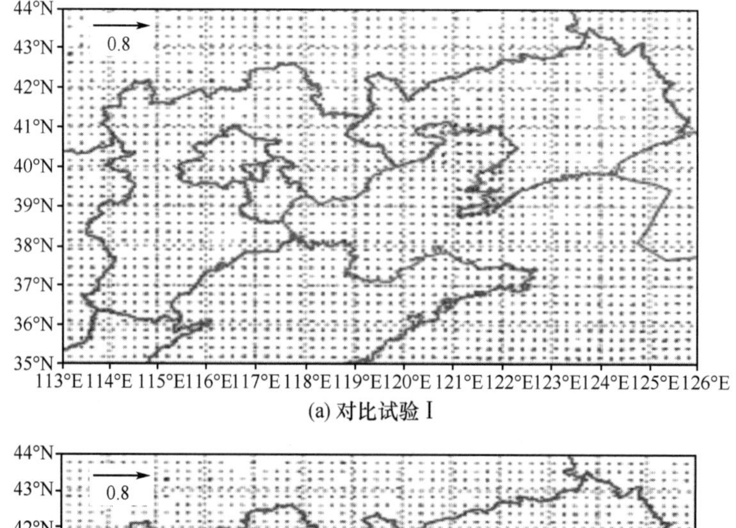

(a) 对比试验Ⅰ

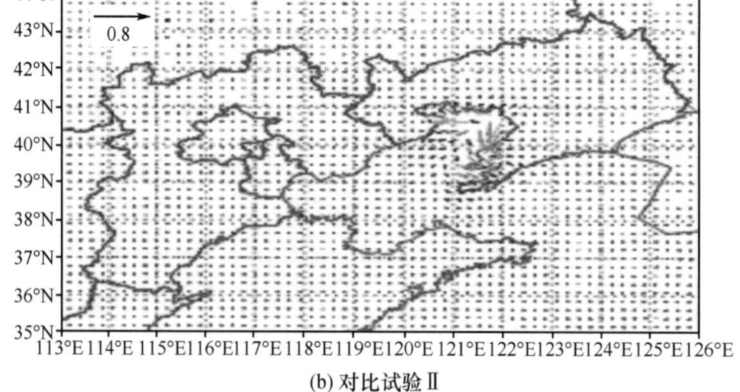

(b) 对比试验Ⅱ

图 8-28　对比试验与控制试验Ⅱ的月平均 10 m 风矢量差值场(单位：m/s)

(彩图见书后)

8.3.4　主要结论

利用中尺度数值模式 POLAR MM5，引入 MODIS 卫星反演海冰分布数据作为模式下边界条件，通过改变下垫面海冰分布状况，模拟冬季部分开采和极端开采海冰后，渤海及其周边地区的气候变化。从模拟结果来看，海冰开采会对开采区域及其周边地区的气候产生一定影响，影响最大的是气温，而对海平面气压及风场的影响很小。因为海冰主要分布于渤海北部，所以开采海冰后气候变化区域也主要位于渤海北部的辽东湾及大连西部和南部地区，影响范围随开采范围的增大而增大。海冰开采后，辽东湾西部平均气温下降（$|\Delta T| \leqslant 2.0$℃），气压略有上升，在辽东湾上空有一个弱的风辐散区；大连西部及南部平均气温上升（$|\Delta T| \leqslant 1.0$℃），气压略有下降，且有一个弱的风辐合区。

如前所述，冰雪范围变化引起的区域地表反照率变化对气候变化具有正反馈效应。海冰开采使海冰面积减少，反照率降低，其结果应导致平均气温升高。而在该试验中，海冰开采引起部分地区平均气温降低，这可能是由海冰分布面积及厚度引起的。如图 8-23所示，辽东湾东部的海冰面积及厚度均大于辽东湾西部，从而使海冰开采对辽东湾东部的影响较西部明显，即辽东湾东部下垫面反照率减小引起的气温上升幅度大于辽东湾西部。又由于海冰开采前，辽东湾东、西部的气温大致处于同一等值线上（图 8-29），则在海冰开采后，辽东湾东部气温将略高于西部气温，并在辽东湾上空产生由西向东的气压梯度力，形成局地环流，由此得出与模拟结果相似的结论。辽东湾东部及大连西部、南部气温升高，气压降低；而辽东湾西部气压升高，气温降低。

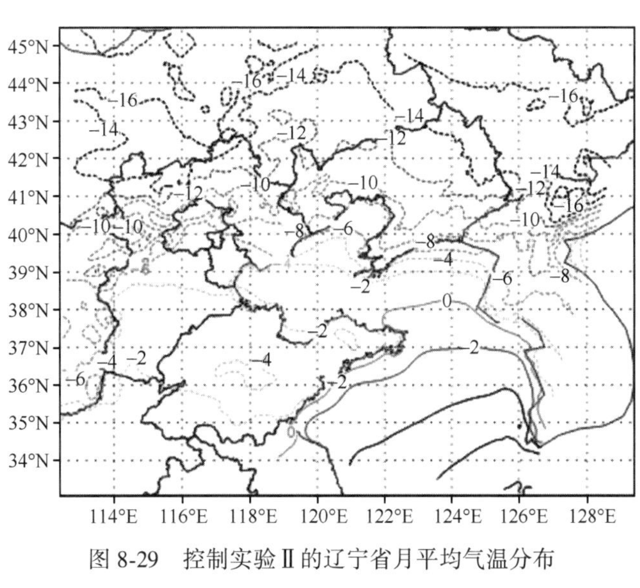

图 8-29　控制实验Ⅱ的辽宁省月平均气温分布

（彩图见书后）

综上所述，即使采用极端开采方案取走全部海冰，也仅对开采区域和大连小部分地区冬季气温有较明显的影响，而对我国其他邻海省份气温、海平面气压，以及风场影响微弱。况且这种极端开采方案在物理上也是难以实现的，因为还没有一种机制或方法可以在瞬间同时取走如此广大海面上的海冰。因此，为了缓解该地区淡水资源短缺，合理开采渤海海冰是可行的。

8.4 渤海海冰资源利用对海水盐分影响的数值模拟

受季节性冷空气的影响，我国渤海和黄海北部海面每年冬季都有不同程度的海冰生成。由于海水在冻结过程中将大量盐离子排出冰体，因此海冰的盐度大大低于海水，渤海海冰的盐度为4‰~11‰。发展海冰淡化技术，以较低的成本将其转化为淡水，从而提供生产和生活用水，可以缓解我国北方沿海地区对淡水的需求压力(徐学仁等，2003；陈伟斌等，2004；许映军等，2006，2007)。但是，海水结冰后会使周围海水的盐分升高，而且从海水中大规模开采海冰并淡化后如果高盐水排入海中，也会使周围水体的盐分增加。如果这些盐分不能及时被稀释搬运掉，将会给开发海域的生态环境和生物种群带来一定的压力。因此，在渤海海冰资源开发的同时必须研究增量盐分的输移扩散问题及其通过渤海海峡与外海交换的能力，以避免持续大范围开发带来盐分的蓄积，从而危害生态环境安全。

渤海三面环陆，通过渤海海峡与黄海相连，是一个典型的半封闭海。潮汐是渤海主要的水动力来源，但是在冬季，风应力较其他季节强很多，因此潮汐和风均是冬季渤海水动力的来源。在潮和风的动力驱动下，增量盐分通过对流输运和稀释扩散与周围水体混合，并与外海水体交换，从而降低盐度，使水质得到改善。水交换不畅的海域，由于盐分的持续累积，会给生态环境带来很大的压力。魏皓等(2002)对渤海的水交换时间做了初步研究，但是关于渤海盐分扩散的定量研究还未见报道。利用数值模式设置数值试验，可以用来评价不同动力机制对自然现象的影响程度，并对将来可能发生的现象作出预测，从而在一定程度上弥补观测资料和观测手段的不足。通过数值模拟的方法来定量研究渤海大范围结冰期间和规模采冰时增量盐分的扩散问题，可以为研究海冰资源利用对海洋环境的影响提供理论依据。

8.4.1 渤海大范围结冰期盐分扩散的数值模拟

渤海大规模结冰后增量盐分扩散是一个值得讨论的问题。首先模拟不同动力条件下的流场情况，这些动力条件包括潮汐的作用，局地风应力的作用，潮汐和风应力的共同作用。在获得实际流场的基础上，进一步模拟增量盐分在海水中的输移扩散过程，讨论渤海增量盐分的时空变化情况及影响因素。为了简化动力过程，不考虑海冰对流场和盐分扩散的影响。

1. 数值模式简介

采用美国 Hydroqual 公司研制的 ECOMSED 模式(Blumberg，2002)来研究渤海增量盐分的输移扩散问题。该模式是在普林斯顿海洋模型(POM)的基础上发展起来的较为成熟的三维浅海水动力模型，主要应用于浅水动力环境研究，如河流、海湾、河口、浅海、水库和湖泊等。除了水动力模块 ECOM 外，该模式还耦合了热通量模块、沉积物输运模块、粒子追踪模块、水质模块和波浪模块，可以用来进行多种物理、化学过程的模拟研究(图 8-30)。

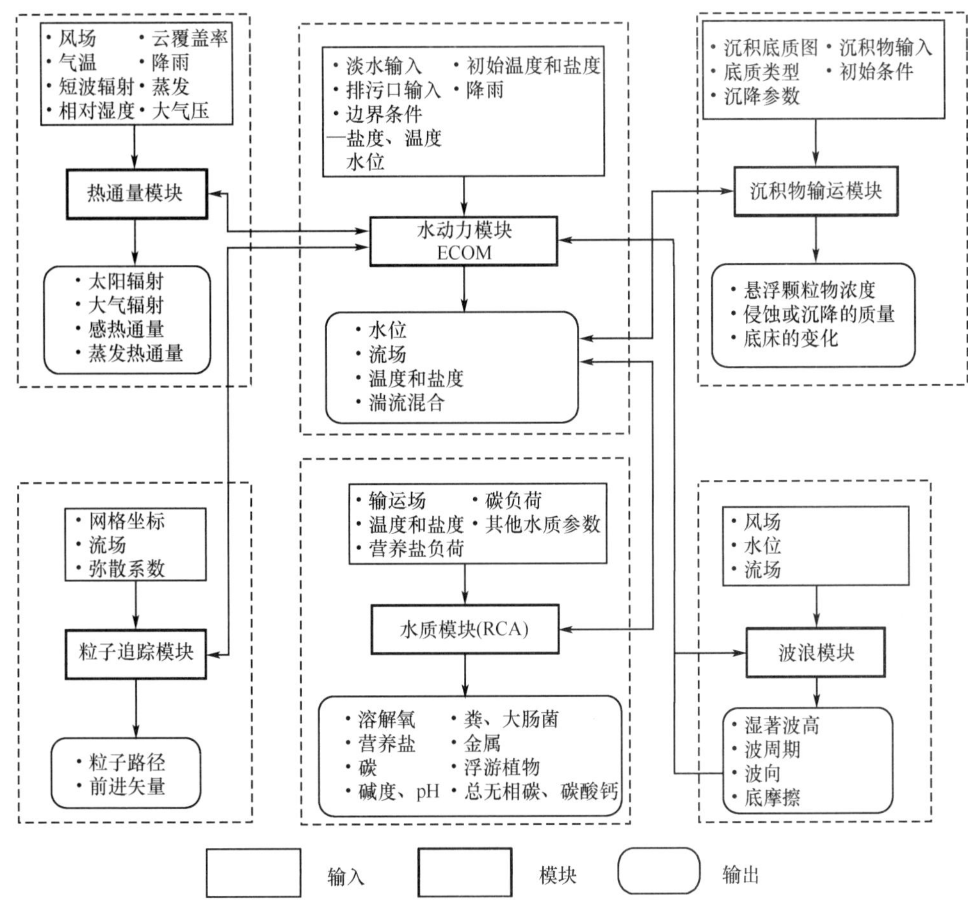

图 8-30　ECOMSED 模式结构图

2. 模式设置

模式的计算区域包括整个渤海。水深和海陆边界数据从最新出版的海图上提取，并订正到平均海平面，开边界取在 121.33°E(图 8-31)。模式的水平分辨率为(1/12)°×(1/12)°(图 8-32)，垂向分 6 个 σ 层，计算节点数为 55×61×6。外模态的时间步长取为 2 s，内模态的时间步长取为 1 min。

3. 计算流程与条件

设置 3 组数值试验来研究盐分输移和扩散的驱动机制。试验 1 只考虑潮的作用，来研究潮对盐分平流和扩散的影响。模拟 M_2、S_2、O_1、K_1 4 个主要分潮的潮流场，为进一步模拟增量盐分的输移扩散提供水动力环境。实验 2 只考虑风的作用，来研究局地风应力对盐分输移扩散的影响。这里，风场的数据从 COARDS 获得。实验 3 同时考虑了风和潮的作用，从而获得盐分输运场。除了驱动力不同之外，3 组实验的其他设置是相同的。

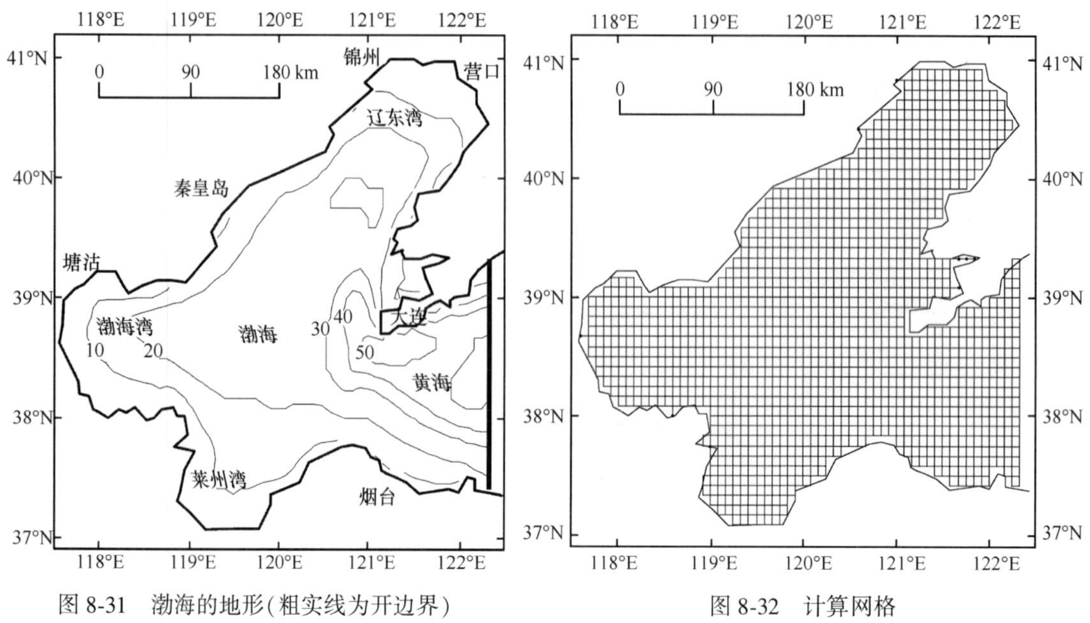

图 8-31　渤海的地形(粗实线为开边界)　　　　图 8-32　计算网格

开边界采用水位强迫边界条件，即

$$\eta = A_0 + \sum_i f_i H_i \cos[\sigma_i t + (v_{0i} + u_i) - g_i] \tag{8-3}$$

式中，下标 i 代表 4 个分潮，即 M_2，S_2，O_1和 K_1；A_0 为平均海平面在潮高基准面上的高度；H 和 g 是分潮的调和常数，从渤海、黄海、东海海洋图集(水文)上提取；σ 是分潮的角速率；ν_0 是分潮的格林尼治天文初相角，取决于计算的起始时刻；f 和 u 为分潮的交点因子和交点订正角。

上边界条件用局地风应力给定，即

$$K_M\left(\frac{\partial U}{\partial z}, \frac{\partial V}{\partial z}\right) = -\frac{1}{\rho_w}(\tau_x, \tau_y) \quad z = 0 \tag{8-4}$$

式中，U、V 分别是水平流速的东分量和北分量；K_M 是垂向动量混合系数；ρ_w 是海水的密度；τ_x、τ_y 是局地风应力的东分量和北分量，由风速资料计算得到。

当得到水动力场之后，进行盐度场模拟，计算海水结冰后增量盐分扩散场以及渤海各典型区域的平均盐分随时间变化的变化。描述盐度变化的对流扩散方程为

$$\frac{\partial S}{\partial t} + U\frac{\partial S}{\partial x} + V\frac{\partial S}{\partial y} + W\frac{\partial S}{\partial z} = \frac{\partial}{\partial x}\left(A_H \frac{\partial S}{\partial x}\right) + \frac{\partial}{\partial y} + \left(A_H \frac{\partial S}{\partial y}\right) + \frac{\partial}{\partial z}\left(K_H \frac{\partial S}{\partial z}\right) \tag{8-5}$$

式中，U、V、W 分别是 x、y、z 3 个方向的速度；S 为海水结冰后的增量盐分，即结冰后的海水的盐分减去未结冰时海水的盐分；K_H、A_H 分别为盐度的垂直、水平扩散系数。

计算格式：平流项的计算采用多维正定平流传输方案(MPDATA)(Smolarkiewicz, 1984)，它在迎风格式的基础上，通过一个迭代过程，一步步地缩小隐式耗散，并且具有二阶精度，可以有效地解决求解标量方程时出现负浓度这一不符合物理背景的问题。

计算时间从 12 月 15 日结冰开始到 3 月 15 日融冰结束为止，动力场的初始条件为

$$\eta(x, y, t_0) = 0, \quad U(x, y, t_0) = 0, \quad V(x, y, t_0) = 0 \tag{8-6}$$

关于盐分的初始条件，不考虑海水结冰时盐分析出的中间过程，而只关注结冰海域盐分增加的最终结果。根据渤海和黄海北部常年冰情分布情况(图 8-33)，本节假设在海水结冰的区域，即浮冰外缘线与海岸线之间，$S=0.32$，即认为结冰后析出的盐分使该区域未结冰的海水盐度升高了 0.32；在没有结冰的海区，$S=0.00$。

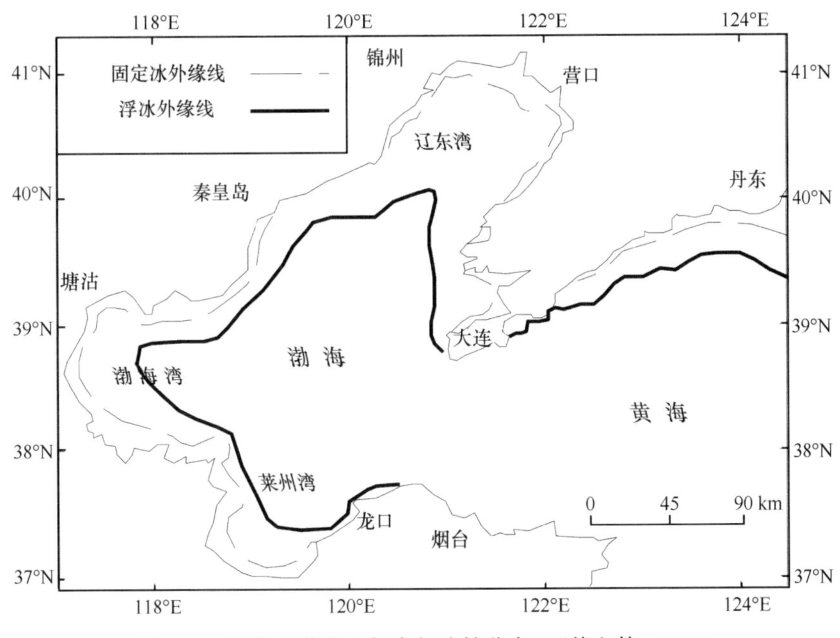

图 8-33　渤海和黄海北部常年冰情分布(丁德文等，1999)

开边界条件：取迎风格式，即

$$\frac{\partial S}{\partial t} + V \cdot \nabla S = 0 \tag{8-7}$$

4. 计算结果与分析

1) 潮对盐度扩散的作用

首先分析实验 1 的结果。通过对模拟的水位时间序列进行调和分析来获得渤海主要分潮的振幅和迟角。

图 8-34 是模拟的渤海 M_2 分潮的同潮时线和等振幅线的分布。可以看出，M_2 分潮在渤海存在两个无潮点：一个在老黄河口附近；另一个位于秦皇岛外海。由于受科氏力的作用，渤海的潮波系统沿着无潮点做逆时针旋转，渤海中部和莱州湾的潮汐振幅较小，其范围为 20~40 cm，其他两个湾的振幅较大，其中辽东湾的潮汐振幅可达 1.3 m 左右，渤海湾的潮汐振幅可达 1.1 m 左右。本节研究的模拟结果与历史资料(海洋图集编委会，1991)的结果比较一致(表 8-13)。其中，M_2 分潮振幅误差的绝对值平均为 2.53 cm，迟角误差的绝对值平均为 4.91°。此外，其他 3 个主要分潮的模拟结果也与历史资料的结果比较吻合。因此，可以在潮汐动力场的模拟基础上来进一步研究盐分的扩散情况。

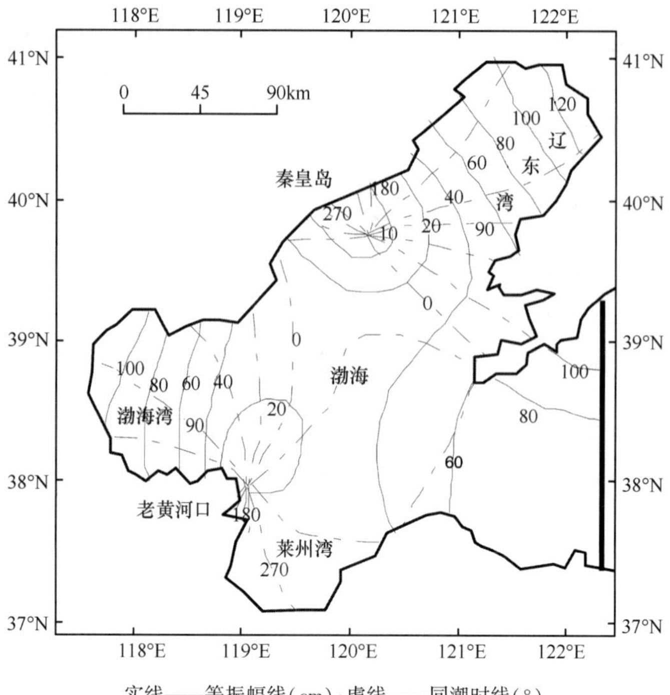

实线——等振幅线(cm);虚线——同潮时线(°)

图 8-34　模拟的渤海 M_2 分潮同潮图

表 8-13　M_2 分潮调和常数计算值和实测值的比较

站名	北纬	东经	M_2分潮振幅/cm			M_2分潮迟角/(°)		
			实测	计算	误差	实测	计算	误差
大连	38°58′	121°40′	98	95	3	292.2	290.1	2.1
旅顺	38°48′	121°15′	84	80	4	299	297	2
长兴岛	39°39′	121°28′	54	56	-2	83	79	4
营口	40°38′	122°9′	123.9	125	-1.1	144.3	137	7.3
葫芦岛	40°43′	121°0′	95.5	90	5.5	150.5	154	-3.5
秦皇岛	39°55′	119°37′	10.7	12	-1.3	313.4	296	17.4
大蒲河口	39°40′	119°21′	30	29	1	350	345	5
歧河口	38°37′	117°35′	100	98	2	115	110	5
大口河坝	38°19′	117°52′	80	85	-5	125	120	5
烟台	37°32′	121°24′	74	75	-1	290.5	292	-1.5
威海	37°30′	122°10′	61.8	60	1.8	299.8	299	0.8
砣矶岛	38°10′	120°45′	54.3	57	-2.7	296.7	302	-5.3
绝对值总平均			2.5333			4.9083		

将渤海分成辽东湾、渤海湾、莱州湾、渤海中部 4 个部分，分别分析这 4 个区域的盐分变化情况。图 8-35 是实验 1 条件下渤海表层增量盐度的时空变化情况。可以看出，随着时间的增加，莱州湾的高盐水最先被稀释，其次是渤海湾，辽东湾的高盐水稀释得最

慢，渤海中部的盐分随着时间变化而有所增加。在计算结束时刻，莱州湾的盐度范围为 0. 04~0. 08；渤海湾的盐度范围为 0. 08~0. 16；辽东湾的盐分增量范围为 0. 08~0. 32，辽东湾湾顶的盐度增量可达 0. 32，靠近渤海中部的区域，盐分增量可达 0. 08，这意味着水交换在辽东湾的顶部较弱。在渤海中部，盐度有少许增加，其范围为 0. 02~0. 06。从图中还可以看出，初始时刻，渤海海峡的盐度为零，随着不同盐度海水的混合，增量盐分通过渤海海峡向外海输运，3 月 15 日渤海海峡的盐度增加到 0. 02 左右。

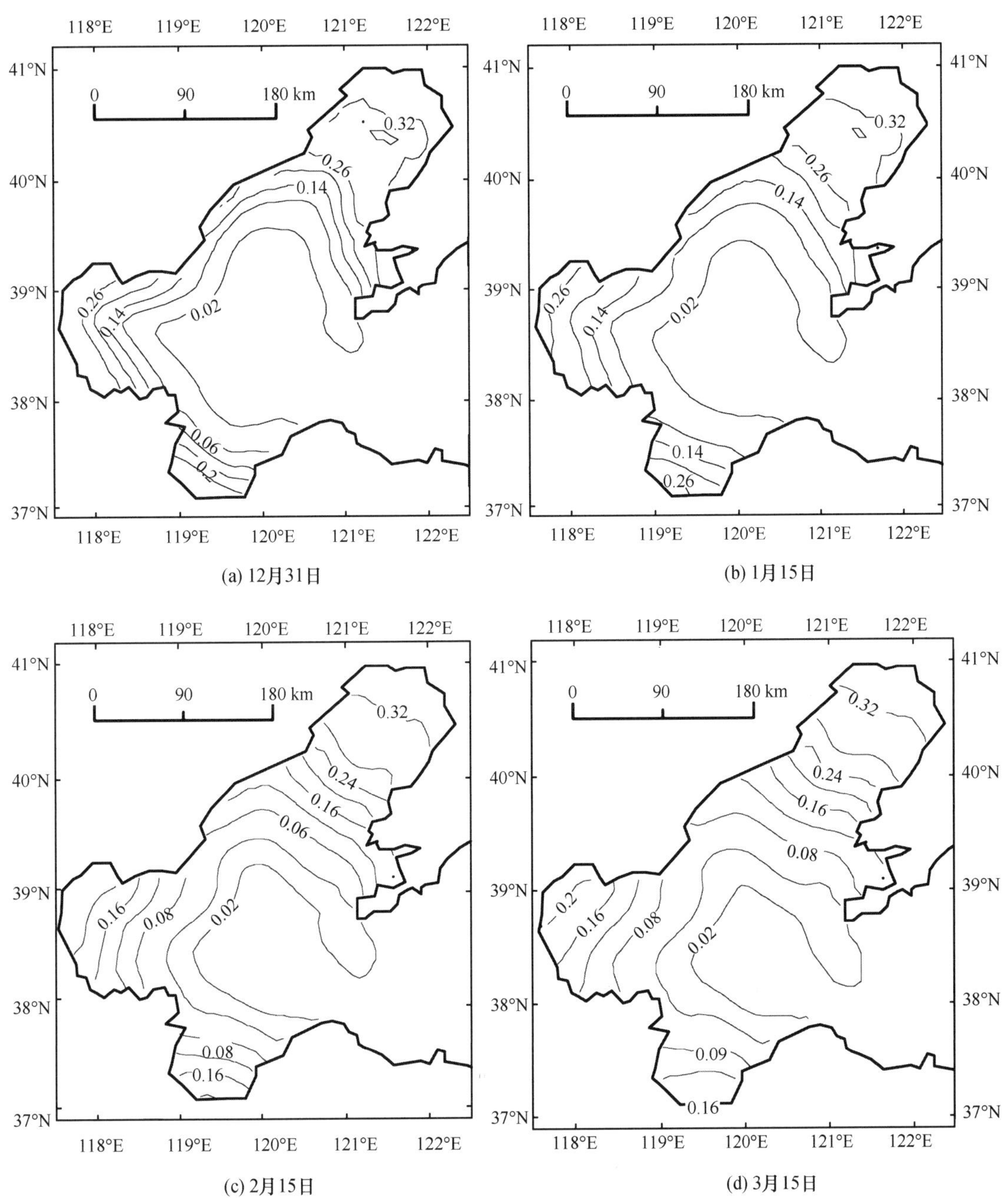

图 8-35　实验 1 条件下渤海表层增量盐分的时空变化

图 8-36 是实验 1 条件下渤海不同区域平均盐分增量随时间变化的变化，反映了不同海区的平均水交换能力。可以看出，渤海的 3 个湾中，莱州湾的水交换能力最强，冰期平均盐分增量减少了约 65%；其次是渤海湾，平均盐分增量减少了约 55%；辽东湾的水交换能力最弱，盐分增量减少了 29%。各湾水交换能力的差别是因为莱州湾和渤海湾比较开阔，其长和宽的特征尺度比为 1，且离外海较近，有利于水交换。而辽东湾的形状比较狭窄，其长和宽的特征尺度比为 2，且与外海的水交换在一定程度上受到辽东半岛的阻挡，因此不利于水交换。鉴于此，在海冰资源丰富的辽东湾开采海冰时需要特别注意盐度的变化，防治盐分的过量蓄积，以避免给生态环境带来危害。

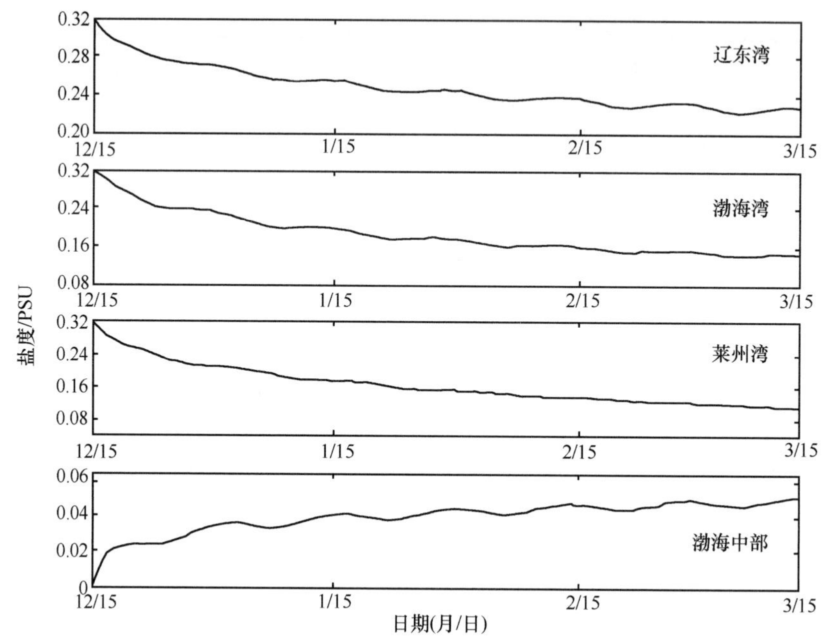

图 8-36　实验 1 条件下渤海不同海域平均盐度的时间变化

渤海中部海域，初始时刻没有海冰生成，盐度增量为零。随着时间的增加，渤海中部的低盐水和结冰区的高盐水通过平流和扩散作用发生相互混合，从而使结冰区的盐度减少，其减小速度在前 30 天尤为明显。渤海中部的盐度增加，但是渤海中部水域开阔，水深较深，因此盐度的增幅仅为 0. 06，不会对水质造成大的影响。由此可知，渤海中部海区通过混合作用稀释了结冰区的高盐水，对抑制冰区盐度的升高具有重要作用。

2）局地风应力对盐度扩散的作用

图 8-37 是实验 2 条件下渤海表层盐分增量的时空变化情况，图 8-38 是实验 2 条件下渤海不同区域平均盐分增量随时间变化的变化。与实验 1 的结果比较，计算结果呈现两个明显的特征：一是图 8-37 中辽东湾以东的盐度等值线与图 8-35 相比明显向南延伸，

这是因为冬季盛行西北风，从而使高盐水在辽东湾以东发生聚集，并在风生流的作用下向南运移。二是局地风引起的水交换能力要强于潮引起的水交换能力，在冰期莱州湾的盐度下降了 81%，渤海湾的盐度下降了 77%，辽东湾的盐度下降了 42%，比潮汐驱动时相同区域的情况大 16%、17% 和 13%。这是因为风生流在空间上是朝一个方向流动，而潮流在空间上呈往复流动，因此对盐分输运的贡献不大；而且由风引起的混合系数要大于潮所引起的混合系数。

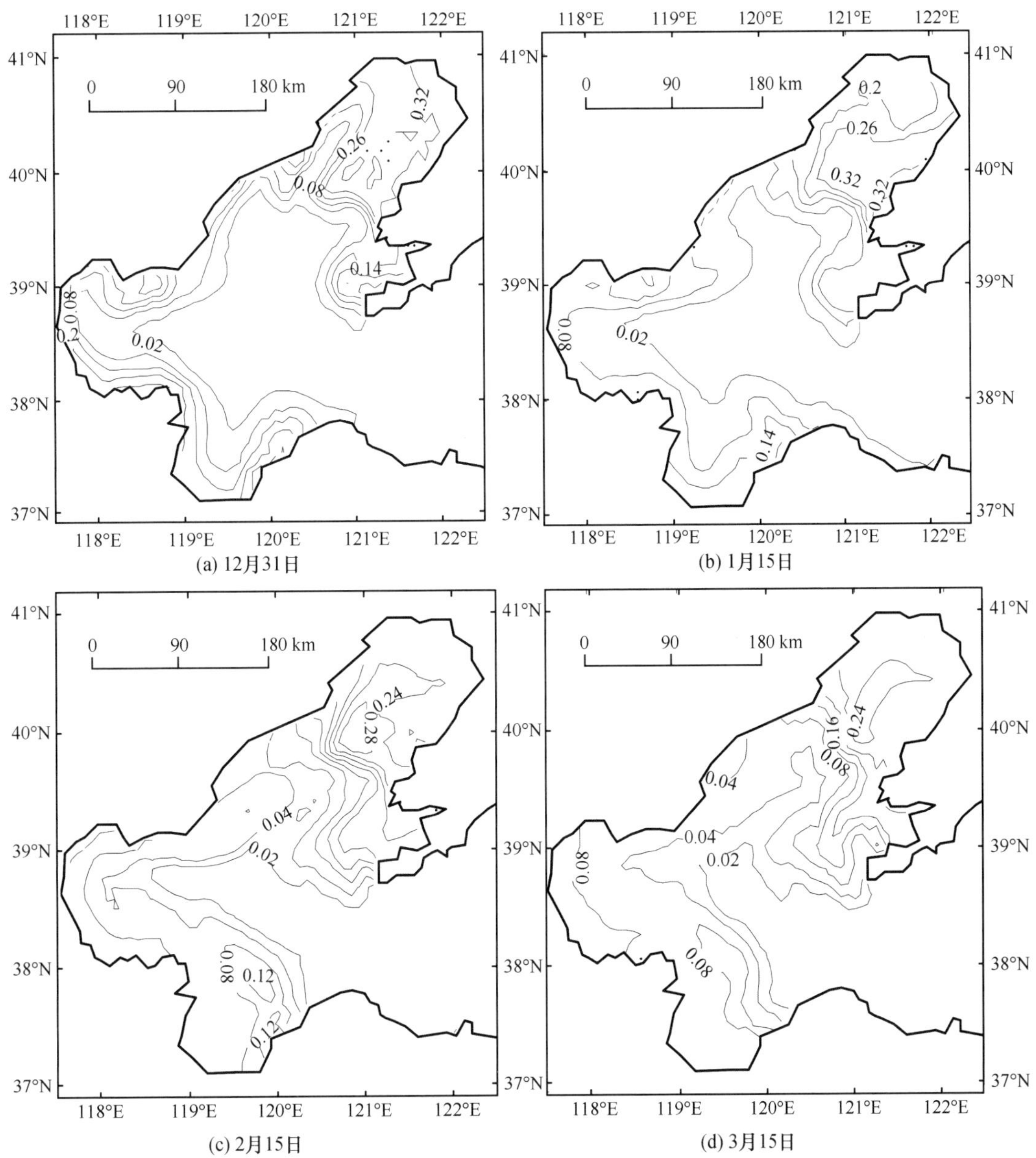

图 8-37　实验 2 条件下渤海表层增量盐分的时空变化

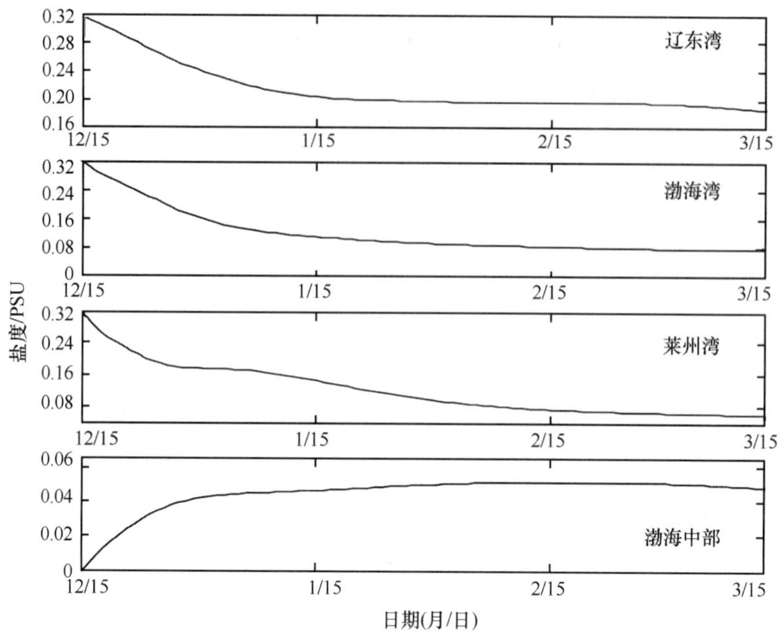

图 8-38　实验 2 条件下渤海不同海域平均盐度的时间变化

3）潮和局地风应力对盐度扩散的作用

图 8-39 是实验 3 条件下渤海表层增量盐度的时空变化情况。图 8-40 是实验 3 条件下渤海不同区域平均盐分增量随时间的变化。图上显示，冰期莱州湾的盐分减少了 78%，莱州湾的盐分减少了 61%，辽东湾的盐分减少了 31%，这意味着实验 3 条件下渤海的水交换能力强于实验 1 而弱于实验 2 的结果。其原因是潮流和风生流对盐分扩散的作用在流速反向时相互抵消，在同向时相互加强，抵消的部分要大于增强的部分。

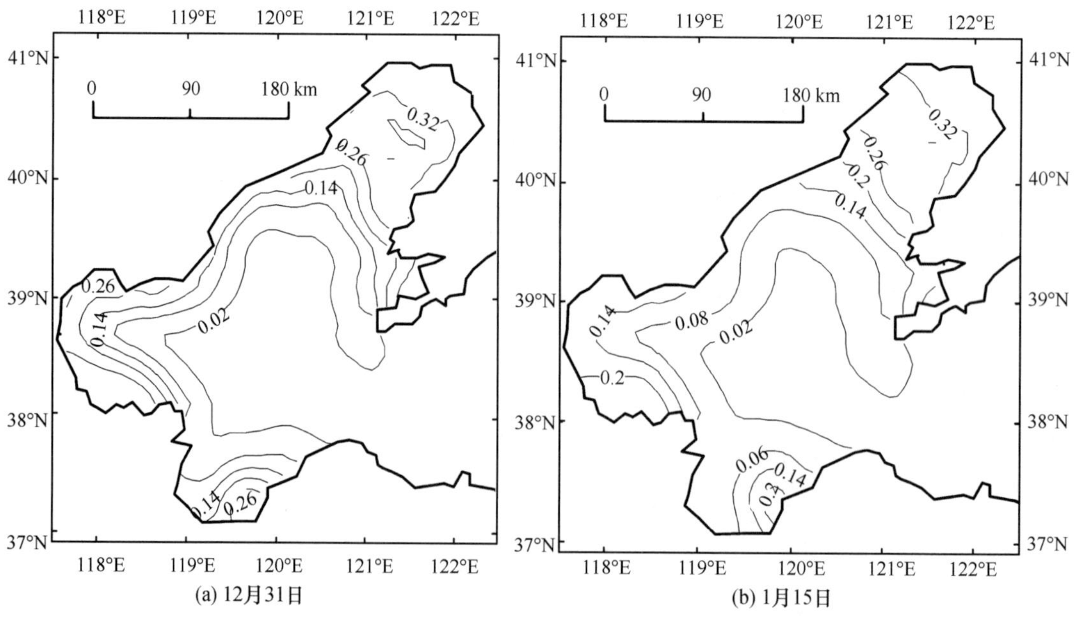

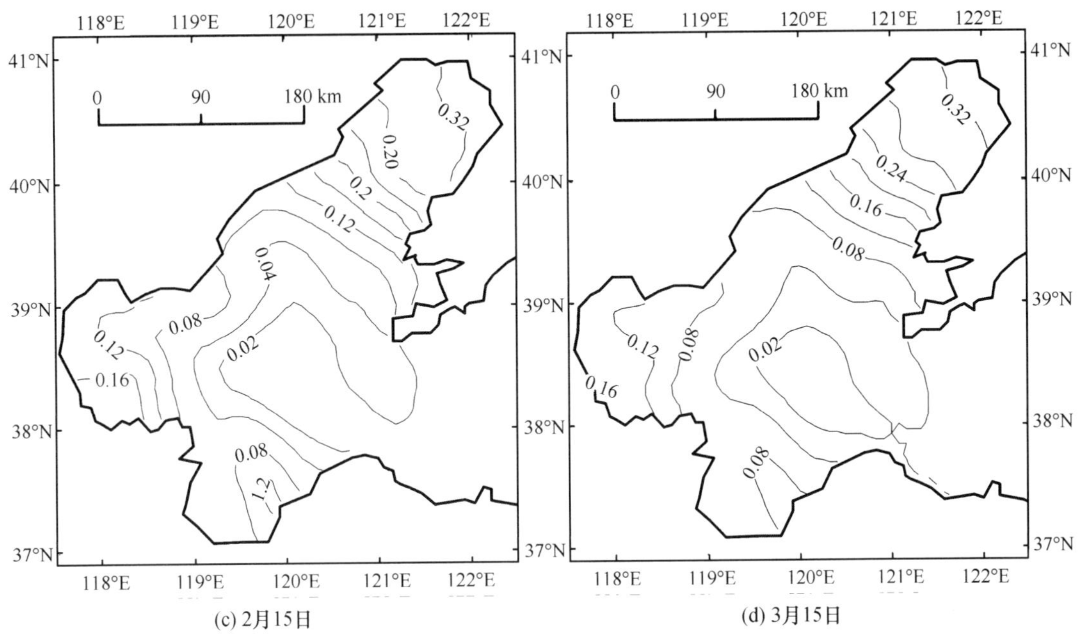

(c) 2月15日 (d) 3月15日

图 8-39 实验 3 条件下渤海表层增量盐分的时空变化

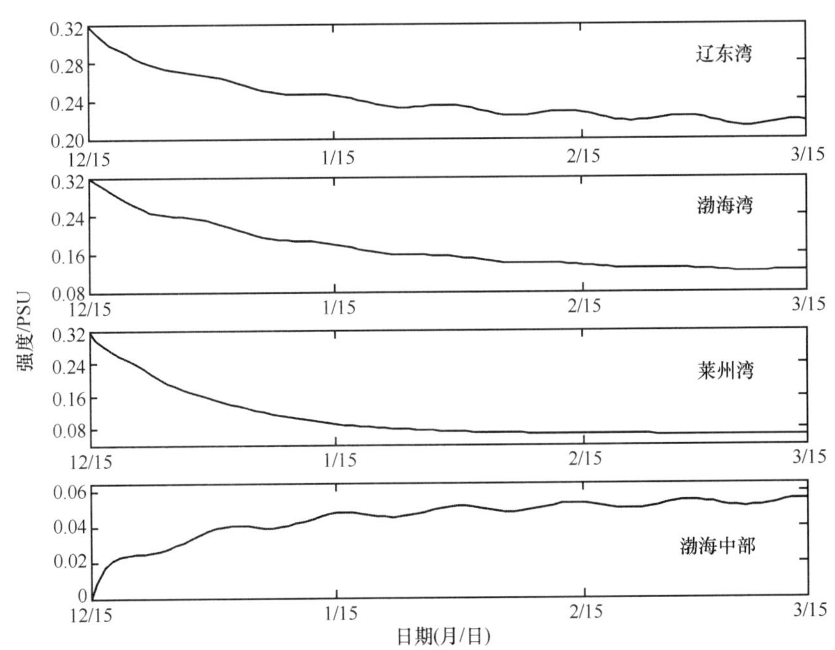

图 8-40 实验 3 条件下渤海不同海域平均盐度的时间变化

本节基于 ECOMSED 模式，建立了渤海结冰期的盐分扩散模型，定量地分析了 3 种动力驱动情况下渤海冰期增量盐分的变化情况，结果表明，风应力对盐分输运的作用要大于潮汐对盐分输运的作用，因为风生流是朝一个方向流动，而潮流在空间上呈往复流动，对盐分输运的贡献不大。潮和风对盐分输运的共同作用介于单独作用之间。渤海的 3 个湾中，莱州湾的水交换能力最强，渤海湾次之，辽东湾的水交换能力最弱。渤海中部通过混合作用稀释了结冰区的高盐水，对抑制冰区盐度的升高具有重要作用。通过渤海海峡，渤海有向外海输出的净盐通量。

8.4.2 渤海海冰大规模开采后盐分扩散的数值模拟

渤海冬季大规模采冰并且淡化之后，淡水可以直接用于生产和生活，而高盐水被排回到海洋中。本节定量地分析海冰利用后所排出盐分的扩散问题，采冰的区域为环渤海有代表性的缺水城市，取长兴岛、鲅鱼圈、葫芦岛、曹妃甸和黄骅 5 处，并假设海冰的日处理能力分别为 10 万 t/d、50 万 t/d 和 100 万 t/d 3 种情况。

1. 模式设置

与大范围结冰期盐分扩散的情况不同，定点采冰情况下盐分的扩散是点源扩散，除了盐分的源强需要单独给出外，模式的其他设置与前一节相同。这里同时考虑风和潮汐的动力作用。

源强的选取：假设海冰的处理能力分别 10 万 t/d、50 万 t/d 和 100 万 t/d，海冰利用后其所含的盐分都排到海水中，且海冰的平均盐分为 7，则 3 种取冰淡化能力下的盐分源强分别为 100000×7/86400 = 8. 1 kg/s，500 000×1. 025×7/86 400 = 40. 5 kg/s，1 000 000×1. 025×7/86 400 = 81. 0 kg/s。这里不考虑排到海中的水分对计算的影响。

2. 计算结果与分析

表 8-14 是海冰日处理能力为 10 万 t 的情况下增量盐分分别超 0. 005、0. 01、0. 05 的海水面积，表 8-15 是海冰日处理能力为 50 万 t 的情况下增量盐分分别超 0. 005、0. 01、0. 05 的海水面积，表 8-16 是海冰日处理能力为 100 万 t 的情况下增量盐分分别超 0. 005、0. 01、0. 05 的海水面积。从中可以看出，当日处理能力为 10 万 t 时，由于排出的盐分较少，增量盐分对海域的影响范围很小。其中，超 0. 005 度的面积在 12 月 31 日、1 月 15 日和 2 月 15 日均为 66 km^2，在 3 月 15 日为 199 km^2，其位置均位于黄骅附近海域（图 8-41），这是因为黄骅邻近海域为沉积型海岸，水深较浅，且靠近渤海湾顶部，所以水交换能力弱，盐分不易扩散，导致源强附近的盐度值较高。超 0. 01 和 0. 05 度的海水面积在计算时段内均为 0。

表 8-14　日处理海冰 10 万 t 能力下不同时刻超指定盐度的海水面积

（单位：km^2）

指定盐度	12 月 31 日	1 月 15 日	2 月 15 日	3 月 15 日
0. 005	66	66	66	199
0. 01	0	0	0	0
0. 05	0	0	0	0

表 8-15　日处理海冰 50 万 t 能力下不同时刻超指定盐度的海水面积

（单位：km^2）

指定盐度	12 月 31 日	1 月 15 日	2 月 15 日	3 月 15 日
0. 005	1196	2458	4983	7640
0. 01	531	930	1528	2258
0. 05	0	0	0	0

表 8-16　日处理海冰 100 万 t 能力下不同时刻超指定盐度的海水面积

（单位：km^2）

指定盐度	12 月 31 日	1 月 15 日	2 月 15 日	3 月 15 日
0. 005	3255	5979	11028	19399
0. 01	1196	2458	4982	7640
0. 05	66	66	66	199

当海冰日处理能力为 50 万 t 时，由于排到海水中的盐分增加，增量盐分对海域的影响范围较日处理能力为 10 万 t 时有明显扩大。其中，超 0. 005 度的海域面积在 12 月 31 日、1 月 15 日、2 月 15 日和 3 月 15 日分别为 1 196 km^2、2 458 km^2、4 983 km^2和 7 640 km^2；超 0. 01 度的海域面积在 12 月 31 日、1 月 15 日、2 月 15 日和 3 月 15 日分别为 531 km^2、930 km^2、1 528 km^2和 2 258 km^2。从空间分布来看，鲅鱼圈区和黄骅特定盐度等值线所包含的面积较大，葫芦岛和曹妃甸盐度等值线包含的面积较小，而长兴岛最小（图 8-42）。鲅鱼圈和黄骅分别靠近辽东湾和渤海湾的顶部，水深较浅，水交换能力较

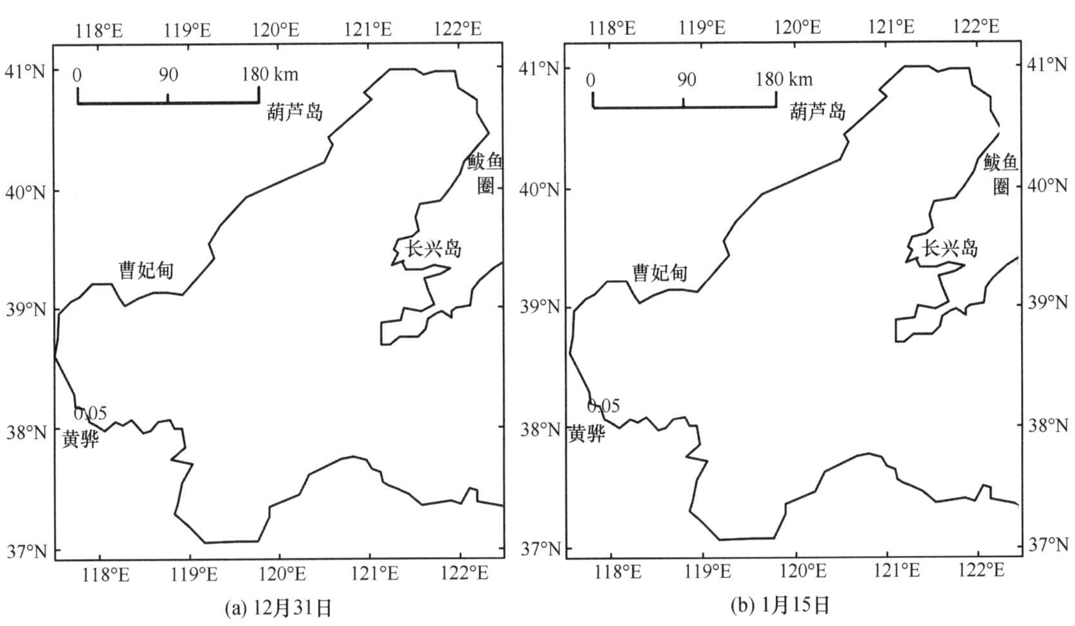

(a) 12月31日　　(b) 1月15日

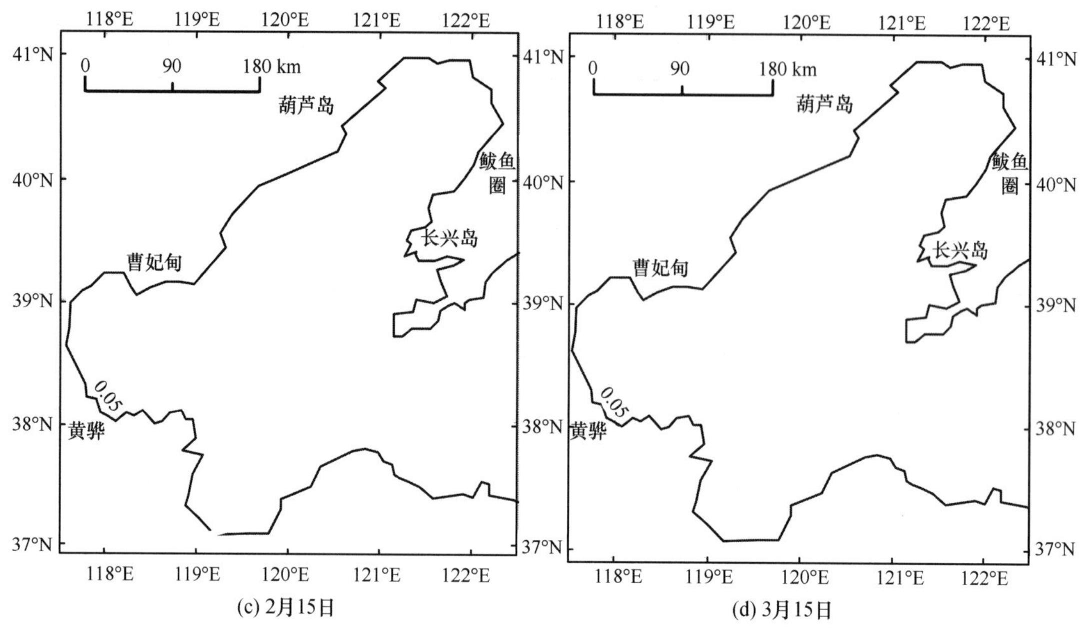

(c) 2月15日　　(d) 3月15日

图 8-41　日处理海冰 10 万 t 能力下增量盐分的扩散情况

弱，盐分聚集在沿岸海域不易被稀释；长兴岛海域靠近外海，且为典型的基岩型海岸，水深较深(>30 m)，水交换活跃，海冰利用后排出的盐分被很快稀释，所以各个时刻的增量盐分均小于 0.005，这说明在辽东湾靠近外海处水交换能力也较强；葫芦岛和曹妃甸的水交换能力介于上述两者之间。

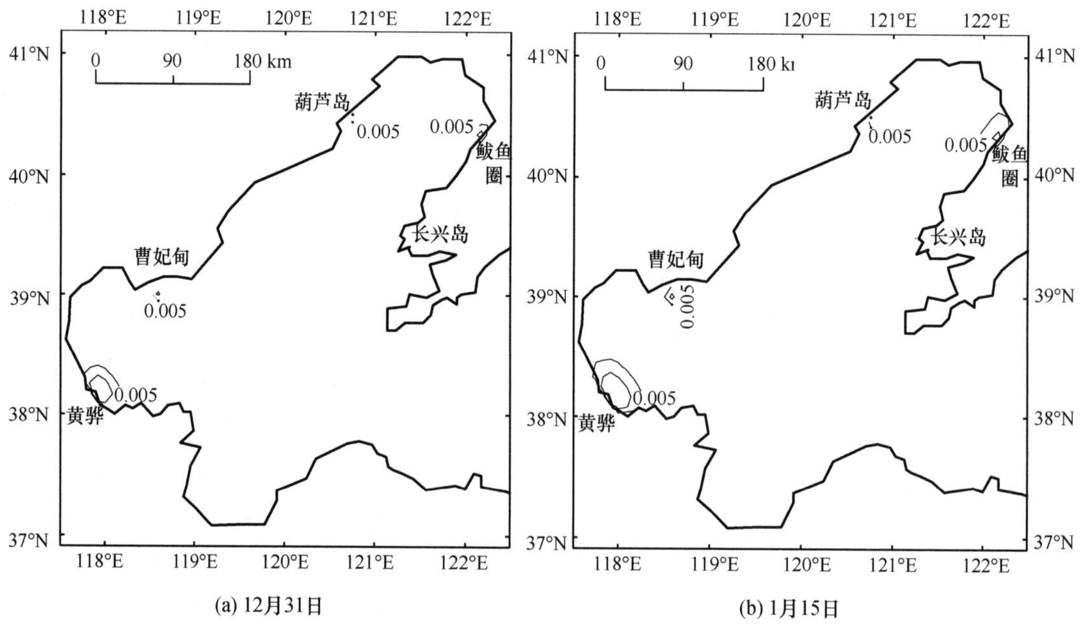

(a) 12月31日　　(b) 1月15日

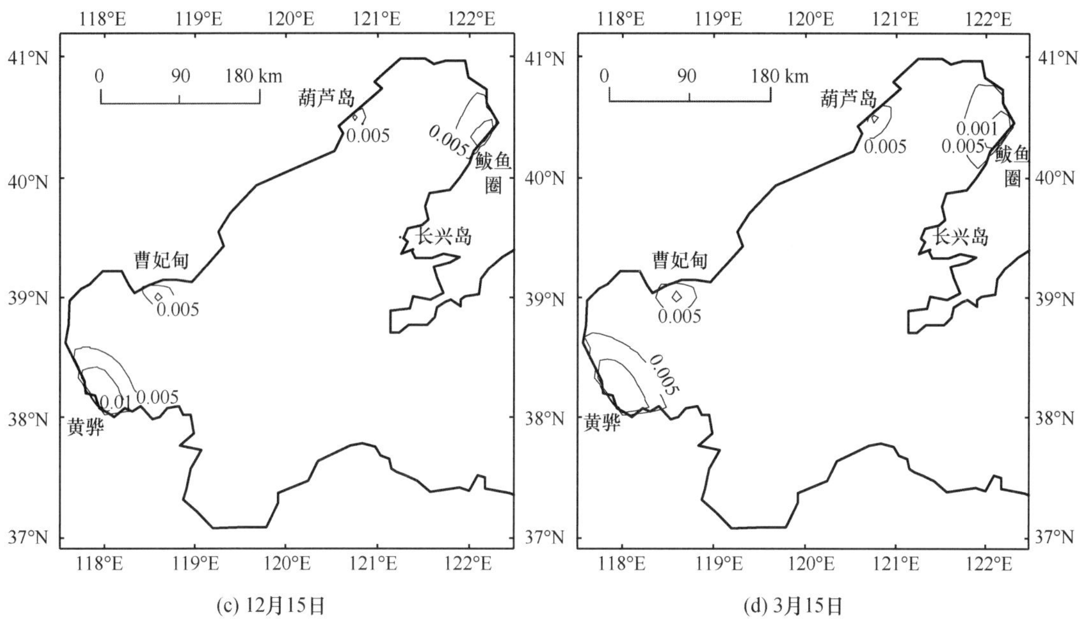

(c) 12月15日　　(d) 3月15日

图 8-42　日处理海冰 50 万 t 能力下增量盐分的扩散情况

当日处理能力为 100 万 t 时，每个海冰利用城市排到海洋中的盐分为 83.0 kg/s，增量盐分对海域的影响范围较大。其中，超 0.005 度的海域面积在 12 月 31 日、1 月 15 日、2 月 15 日和 3 月 15 日分别为 3 255 km^2、5 979 km^2、11 028 km^2和 19 399 km^2；超 0.01 度的海域面积在 12 月 31 日、1 月 15 日、2 月 15 日和 3 月 15 日分别为 1 196 km^2、2 458 km^2、4 983 km^2和 7 640 km^2；超 0.05 度的海域面积在 12 月 31 日、1 月 15 日、2 月 15 日和 3 月 15 日分别为 66 km^2、66 km^2、66 km^2和 199 km^2，均位于黄骅附近海域(图 8-43)。

本节基于 ECOMSED 模式，建立了渤海采冰期排出盐分的点源扩散模型，定量地分析了 3 种海冰日处理能力下采冰期增量盐分的变化情况。结果表明黄骅和鲅鱼圈的水交换能力最弱，源强附近的盐分不易扩散；其次是曹妃甸和葫芦岛；长兴岛邻近外海，且水深较深，水交换能力最强，源强附近的盐分很快被稀释。

8.4.3　主要结论

基于 ECOMSED 模型，分别模拟渤海大范围结冰期增量盐分的面源扩散问题和大规模采冰期排出盐分的点源扩散问题，其主要结论是：风应力对盐分输运的作用要大于潮汐对盐分输运的作用，潮和风对盐分输运的共同作用介于单独作用之间。莱州湾的水交换能力最强，渤海湾次之，辽东湾的水交换能力最弱。环渤海沿岸大规模利用海冰的城市中，黄骅和鲅鱼圈的水交换能力最弱，盐分不易扩散；其次是曹妃甸和葫芦岛；长兴岛邻近外海，且水深较深，水交换能力最强，盐分最易被稀释。模式现采用(1/12)°×(1/12)°的空间网格，对近岸海域的盐分扩散情况分辨得不够。下一步将提高模式的分辨率，从而得到盐分在近岸海域更细致的扩散情况。

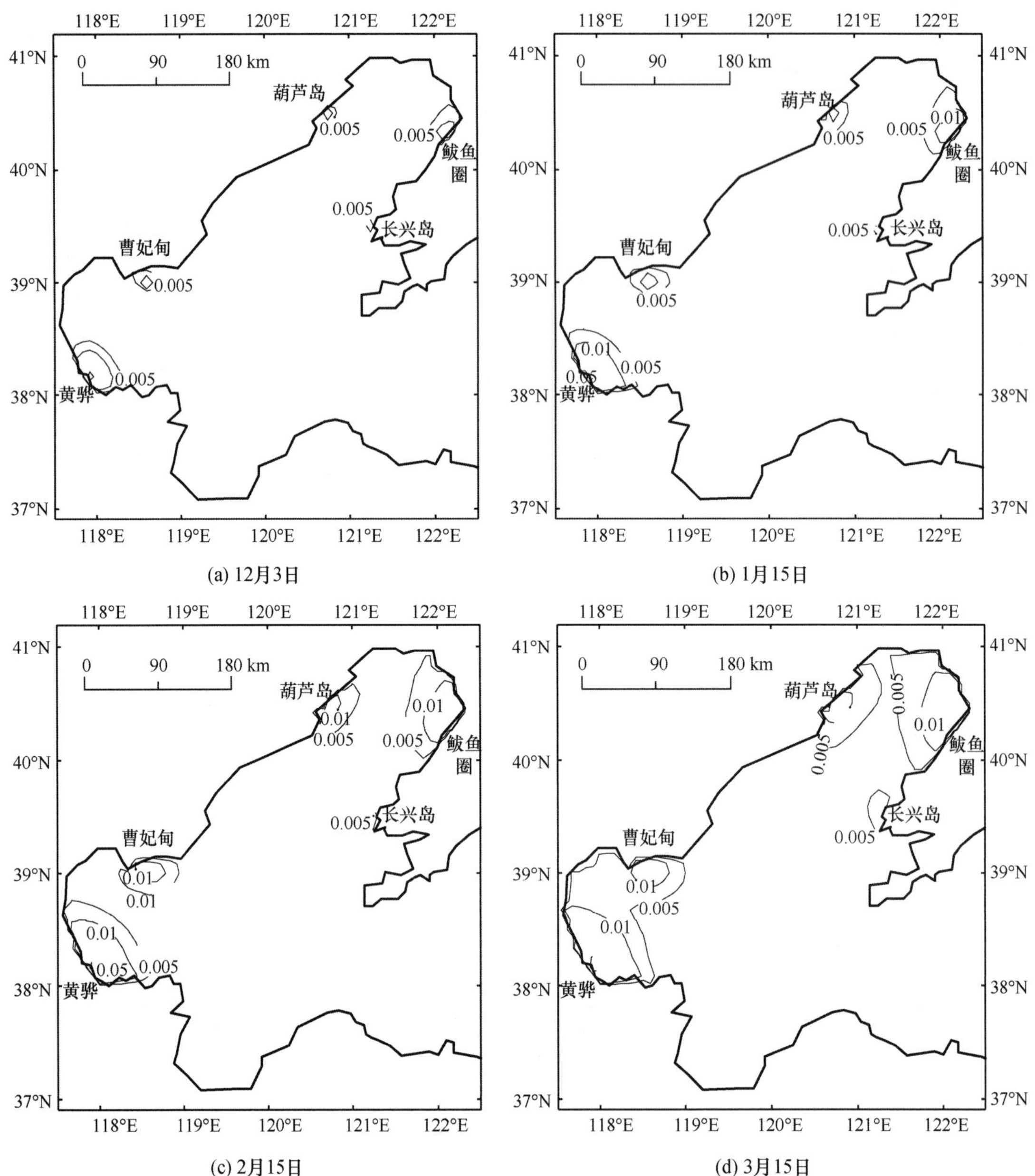

(a) 12月3日　(b) 1月15日　(c) 2月15日　(d) 3月15日

图 8-43　日处理海冰 100 万 t 能力下增量盐分的扩散情况

8.5　本章小结

渤海沿岸包括辽东湾、渤海湾和莱州湾这 3 个主要海湾，以及属于渤海中部的部分海岸，海冰资源开发利用工程将主要在这些沿岸地区展开实施。

渤海海冰开发将改变冬季渤海地区的下垫面性质，从而对渤海沿岸的气候造成影响。首先需要了解渤海沿岸的气候背景就是受海陆风影响的海岸小气候。梯度气象观测结果表明：渤海湾西岸典型海陆风日的海风影响范围可深入陆地 74 km 以上；而在非典型海陆风日，海陆风的影响范围深入陆地不及 10 km。

渤海海水和海冰的采集利用所涉水量的变化对渤海水量平衡势必产生一定影响。大气降水会缓和或消除这种影响，渤海海域年平均降水量为 488.41 亿 m^3。环渤海陆地部分分水岭以内的年平均降水量为 1 718.02 亿 m^3，占整个环渤海地区年平均降水量的 63.88%，为该地区需水量的近 3 倍。

海冰作为大气下垫面之一，海面有无海冰其反照率差异是很大的，下垫面的海冰异常会造成地球表面反照率的异常，反照率的异常将影响地面的热平衡，从而造成地面温度的异常，再通过热力过程影响大气的温度。利用中尺度数值模式 POLAR MM5，引入 MODIS 卫星反演海冰分布数据作为模式下边界条件，通过改变下垫面海冰分布状况，进行冬季部分开采和极端开采海冰后的渤海及其周边地区气候变化模拟，结果表明极端开采方案下的海冰开采对区域气温会产生一定影响，辽东湾西部平均气温下降（$|\Delta T| \leq 2.0$℃），辽东湾东部及大连西部、南部气温上升（$|\Delta T| \leq 1.0$℃）；但是极端开采方案在物理上难以实现，因此合理开采海冰是可行的。

利用 ECOMSED 模型分别模拟渤海大范围结冰期增量盐分的面源扩散和大规模采冰期排出盐分的点源扩散，结果表明对于盐分输运，风应力作用大于潮汐，潮和风的共同作用介于单独作用之间；就水交换能力而言，莱州湾>渤海湾>辽东湾。黄骅和鲅鱼圈的水交换能力最弱，大规模利用海冰所产生的盐分不易扩散；其次是曹妃甸和葫芦岛；长兴岛邻近外海，且水深较深，水交换能力最强，盐分最易被稀释。渤海中部通过混合作用稀释了结冰区的高盐水，对抑制冰区盐度的升高具有重要作用。采冰能力不同时，盐分增量的影响范围不同，渤海湾的影响范围最大。日开采能力为 100 万 t 时，黄骅港盐分增量超 0.05 度的海域面积可达 66～200 km^2。

参 考 文 献

安兴琴，陈玉春，吕世华 . 2003. 兰州市南北两山地表植被对气象场影响的模拟研究.气象科学，23(1)：12-21.

北京大学湍流和扩散科研组 . 1979. 锦西沿岸区的海风 . 北京大学地球物理系论文集，31-44.

北京市气象局 . 1982. 北京气候资料(二)(1955 ~1980).

北京市气象局气候资料室 . 1987. 北京气候志 . 北京：北京出版社：1.

毕宝贵，徐晶，林建 . 2003. 面雨量计算方法及其在海河流域的应用 . 气象，(8)：39-42.

陈述彭 . 1996. 海岸带及其可持续发展 . 遥感信息，(3)：6-12.

陈伟斌，徐学仁，周传光 . 2004. 离心转速对渤海灰白冰脱盐作用的实验研究 . 海洋学报，26(1)：25-32.

程麟生，冯伍虎 . 2001. “987”突发大暴雨及中尺度低涡结构的分析和数值模拟. 大气科学，25(4)：465-478.

程树林，郭迎春，郭康 . 1993. 太行山燕山气候考查研究 . 北京：气象出版社 .

大港油田地质研究所，海洋石油勘探局研究院，同济大学地质研究所 . 1985. 滦河冲积扇–三角洲沉积体系 . 北京：地质出版社：2-3.

邓绶林 . 1984. 河北地理概要 . 石家庄：河北人民出版社：98.

董斌，崔远来，黄汉生，等 . 2003. 国际水管理研究院水量平衡计算框架和相关评价指标 . 中国农村水利水电，(1)：5-8.

方慈安，潘志祥，叶成志，等 . 2003. 几种流域面雨量计算方法的比较 . 气象，(7)：23-26.

高山红，谢红琴，吴增茂 . 2001. 台风影响下渤海及领域海面风场演变过程的 MM5 模拟分析 . 青岛海洋大学学报，31(3)：325-331.

顾卫，史培军，刘杨，等 . 2002. 渤海和黄海北部地区负积温资源的时空分布特征 . 自然资源学报，17(2)：168-73.

顾卫，张秋义，谢锋，等 . 2003. 用气候统计方法估算辽东湾海冰资源量的尝试 . 资源科学，25(3)：9-17.

国家气象局北京气象中心气候资料室 . 1985. 中国降水量资料(1951～1980). 北京：气象出版社 .

海洋图集编委会 . 1991. 渤海、黄海、东海海洋图集(水文). 北京：海洋出版社：429-432.

韩素芹，黎贞发，孙治贵 . 2005. EOS/MODIS 卫星对渤海海冰的观测研究 . 气象科学，25(6)：624-628.

河北省气象局 . 1975. 河北省降水资料(2).

河北师范大学地理系 . 1975. 河北地理 . 石家庄：河北人民出版社：15-35.

蒋熹 . 2006. 冰雪反照率研究进展 . 冰川冻土，28(5)：728-738.

孔宁谦，欧志方 . 1998. 北海海陆风环流特征分析 . 广西气象，19(2)：33-35.

雷飚 . 2008. 渤海海冰开采对周边地区冬季气候影响的数值试验 . 北京师范大学硕士学位论文 .

李武阶，王仁乔，郑启松 . 2000. 几种面雨量计算方法在气象和水文上的应用比较 . 暴雨 · 灾害，(10)：62-67.

凌铁军，张蕴斐，杨学联，等 . 2004. 中尺度数值模式(MM5)在海面风场预报中的应用.海洋预报，21(4)：1-8.

刘明光 . 1997. 中国自然地理图集(第二版). 北京：中国地图出版社：113-114.

刘珍 . 2007. 渤海海冰面积的时间变化与区域气温的关系研究 . 北京师范大学硕士学位论文 .

马艳，陈尚，张庆华，等 . 2007. 用于极地的中尺度大气模式 Polar MM5 的改进和检验.海洋科学进展，25(1)：9-14.

史培军，范一大，哈斯，等 . 2002. 利用 AVHRR 和 MODIS 数据测算海冰资源量——以渤海海冰资源测算为例.自然资源学报，17(2)：138-143.

史培军，顾卫，谢锋，等 . 2003. 辽东湾冬季海冰资源量的空间分布特征.资源科学，25(3)：9-16.

史培军，哈斯，袁艺，等 . 2002. 渤海海冰作为淡水资源：脱盐机理与可利用价值，自然资源学报，17(3)：353-359.

水利部水利信息中心 . 2000 年国家水资源公报 .

孙庆基，林育真，吴玉麟，等 . 1987. 山东省地理 . 济南：山东教育出版社：76-77，116-117.

唐永銮，曾星舟 . 1988. 大气环境学 . 广州：中山大学出版社：210-268.

魏皓，田恬，周锋，等 . 2002. 渤海水交换的数值研究——水质模型对半交换时间的模拟 . 青岛海洋大学学报，32(4)：519-525.

吴晓莉，陈宏军 . 2001. 美国滨海地区综合管理的经验 . 城市规划，25(4)：26-31.

徐晶，林建，姚学祥，等 . 2001. 七大江河流域面雨量计算方法及应用 . 气象，27(11)：13-16.

徐学仁，陈伟斌，刘现明，等 . 2003. 海冰淡化方法研究：浸泡脱盐法 . 资源科学，25(3)：33-36.

许映军，顾卫，陈伟斌，等 . 2007. 重力法海冰固态自脱盐的姿态效应 . 海洋环境科学，26(1)：28-32.

许映军，李宁，顾卫，等 . 2006. 控温法海冰冻融固态脱盐技术研究 . 应用基础与工程科学学报，14(4)：470-478.

游春华，蔡旭辉，宋宇，等 . 2006. 京津地区夏季大气局地环流背景研究 . 北京大学学报(自然科学版)，42(6)：779-783.

于恩红 . 1997. 海陆风及其应用 . 北京：气象出版社：1-146.

郁淑华 . 2001. 面雨量计算方法的比较分析 . 四川气象，(3)：3-5.

赵骞，陈伟斌，张淑芳，等 . 2008. 渤海采冰增量盐分扩散的数值研究 . 海洋环境科学 . 27(3)：201-205.

赵骞，陈伟斌，张淑芳，等 . 2008. 渤海海冰淡化对海水盐度影响的数值模拟 . 27(增刊 2)：13-18.

郑应顺 . 1987. 辽东半岛自然地理 . 沈阳：辽宁教育出版社：44.

中国科学院海洋研究所海洋地质研究室 . 1985. 渤海地质 . 北京：科学出版社：1-2.

周琳 . 1991. 东北气候 . 北京：气象出版社：43.

周钦华 . 1987. 浙江沿海海陆风环流特征研究 . 杭州大学学报，14(1)：109-119.

朱抱真 . 1955. 台湾的海陆风 . 天气月刊(附刊)，8：1-11.

朱莱茵 . 2008. 渤海湾西岸气候的观测、诊断与分析 . 北京师范大学硕士学位论文 .

Blumberg A F. 2002. A primer for Ecomsed [R]. Mahwah：Hydroqual Inc.

B W 阿特金森 . 1987. 大气中尺度环流翻译组译 . 大气中尺度环流 . 北京：气象出版社：1-21，124-215.

Fisher E L. 1960. An Observational Study of the Sea Breeze. Journal Atmosphere Science，17：645-660.

Kingsmill D E. 1995. Convection Initiation Associated With A Sea-Breeze Front，A Gust Front and Their Collision. Monthly Weather Review，123：2913-2933.

Smolarkiewicz P K. 1984. A fully multidimensional positive definite advection transport algoritym with small implicit diffusion. Journal of Computational Physics，54：325-362.

第9章 渤海海冰资源品质分析

9.1 海冰主要成分检测指标

海冰资源工程性开采是海冰资源开发的核心内容，而海冰资源品质评定和品区划分是海冰资源工程开采选址的有效依据。区域海冰资源品质总体性差异主要表现为冰期、冰型、盛冰期一次冰厚、生长周期、工程性开采次数的不同，而局域海冰资源品质个体性差异主要表现为海冰理化指标的时空分异。海源性原生海冰资源的形成过程是热力作用和海洋动力作用的耦合过程，因而其基于海冰理化指标时空分异的品质差异具有一定的显著性。

本章主要参照国家生活饮用水标准(GB5749—85)、地表水环境质量标准(GHZB1—1999)、农田灌溉水质标准(GB5084—92)的相关水质指标结合以往多年海冰理化监测分析结果，认为海冰水质超标的检测项目主要为盐度(S)、全盐量(TS)、硫酸根(SO_4^{2-})以及氯度(Cl^-)4项。为了有效考察环渤海近岸海区海冰资源品质的空间差异，特选定理化检测指标如表9-1。

表9-1 环渤海近岸海区海冰品质分析指标

指标类别	项目	Item	备注
物理指标	pH	pH	
	悬浮物(泥沙含量)	Sand	
	硬度	Hardness(H)	
	盐度	Salinity (S)	
	全盐量	Total salt (TS)	超
化学指标	硫酸根	Sulphate (SO_4^{2-})	超
	氯度(氯离子)	Chlorine(Cl^-)	超
有机类	石油类	Oil	

9.2 海冰样品采集地点

渤海海冰资源是漂浮在海上的海水冻结物，具有面积广、流动性强、空间分布不均匀的特点。因此，实际工程性开采时，如果考虑到海冰淡化、存储、供水等环节，原料冰移送(输送)距离将决定海冰资源量获取的难易程度，即冰源离岸越近，可获取性越强；离岸越远，可获取性越差。

先前研究结果表明渤海海冰资源主要分布在辽东湾和渤海湾，主要为平整冰和堆积冰。辽东湾海冰资源自然储量最为丰富，常冰年盛冰期海冰自然储量多年均值占渤海海冰自然储量的60%~70%，而渤海湾约占20%。根据历史冰情资料分析和多年多点现场观测可知，渤海湾海冰基本都分布在沿岸20 km以内，而辽东湾海冰分布很广，冰量随着离岸距离不同有着明显的差异。以常冰年(1999~2000年)为例，辽东湾主要结冰区(营口、兴城等)各离岸等间距海冰分区海冰量随着离岸距离的增加呈现逐渐减少的趋势。

因此，考虑到渤海海冰资源的空间分布特征和将来各海区海冰资源工程性开采实际可操作性，特选定沉积型海岸(渤海湾西海岸)和基岩性海岸(辽东湾)海冰资源富集区代表点为检测站点(采样点)，具体见图 9-1 和表 9-2，具体划分为渤海湾西海岸、渤海湾东海岸、辽东湾西北海岸、辽东湾东南海岸以及辽东湾东北近海区 5 个区域(营口鲅鱼圈港区外近岸海区)。

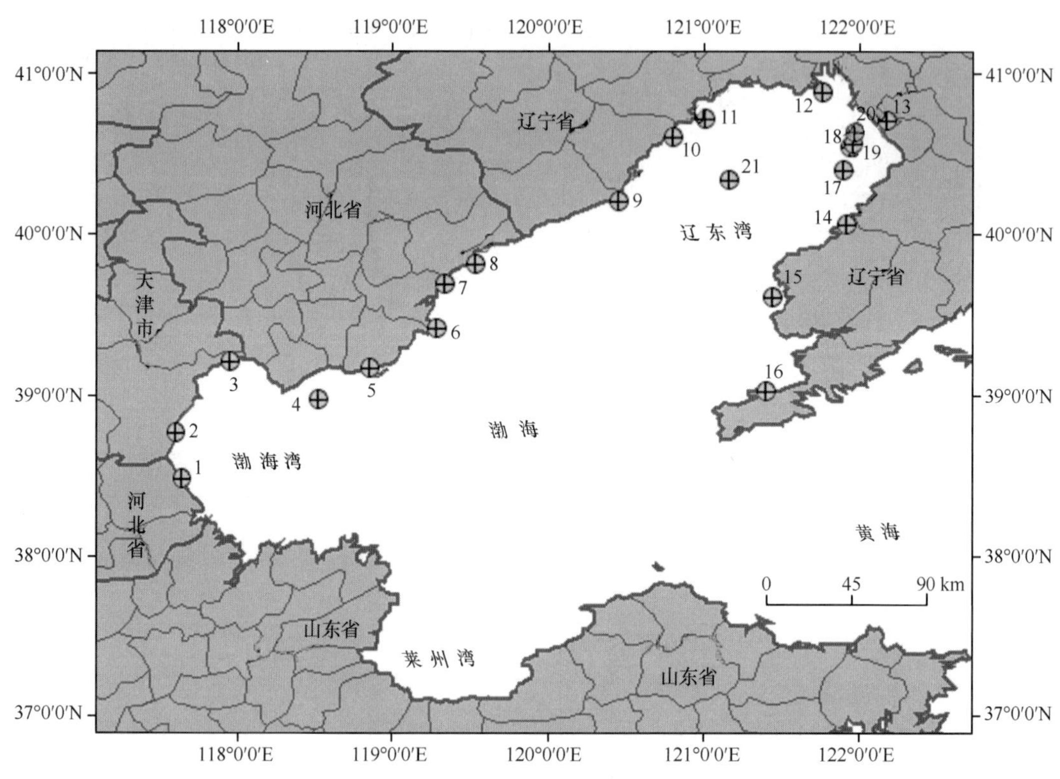

图 9-1　海冰冰样采集点空间分布

沿岸考察时间为 2006 年 1 月 30 到 2006 年 3 月 5 日，其中租破冰船进行海上调查(营口鲅鱼圈港区外近岸海区)3 天。海冰采集冰样为平整冰和堆积冰；海水水样为冰层下表层海水。近岸海冰监测站点均离岸 1 km 左右，每个站点每类水样平行采集 2 组。

表 9-2　近岸海冰检测站点及编码

编码	站点名称	东经	北纬	备注
1	黄骅	117°38.232′	38°29.209′	渤海湾西海岸
2	大港	117°35.555′	38°46.282′	
3	汉沽(大神堂码头)	117°57.422′	39°12.933′	
4	唐山(曹妃甸)	118°31.626′	38°59.012′	渤海湾北海岸
5	滦河口(东岸)	118°51.448′	39°10.439′	
6	滦河口(南岸)	119°16.992′	39°25.256′	

续表

编码	站点名称	东经	北纬	备注
7	南戴河(黄金海岸)	119°20.064′	39°41.835′	辽东湾西海岸
8	北戴河	119°31.759′	39°48.916′	
9	绥中(二河口)	120°27.683′	40°12.800′	
10	兴城(海滩)	120°48.031′	40°36.804′	
11	葫芦岛(东北港湾)	121°00.747′	40°43.331′	
12	三道沟	121°45.827′	40°52.984′	辽东湾东海岸
13	大洼县(盘锦港)	122°10.267′	40°42.487′	
14	鲅鱼圈	121°54.931′	40°03.810′	
15	长兴岛	121°26.278′	39°36.877′	
16	大连	121°24.331′	39°01.583′	
17	海上(破冰船 1)	121°53.420′	40°24.550′	辽东湾营口鲅鱼圈区东北近海区
18	海上(破冰船 2)	121°55.990′	40°32.840′	
19	海上(破冰船 3)	121°57.150′	40°34.310′	
20	海上(破冰船 4)	121°57.730′	40°38.190′	
21	海上(破冰船 5)	121°10.168′	40°20.636′	

9.3　海冰样品理化成分分析

各检测站点 3 类水样(平整冰、堆积冰以及海水)共采集 63×2 组，委托国家相关认证机构(国家海洋环境监测中心)进行检测分析。其中，pH 采用仪器法(GB/T17378—98)；盐度采用感应盐度仪器法(GB/T17378—98)；油类采用荧光分光光度法(GB/T17378—98)；硫酸根、全盐量以及悬浮物(泥沙)采用重量法(GB/T11899—89、HJ/T51-1999 以及 GB/T17378—98)；氯根(氯度)采用摩尔法(GB/T11896—89)；硬度采用络合滴定法。分析结果[海环监(2006)No. DLS001]如图 9-2～图 9-9 所示。

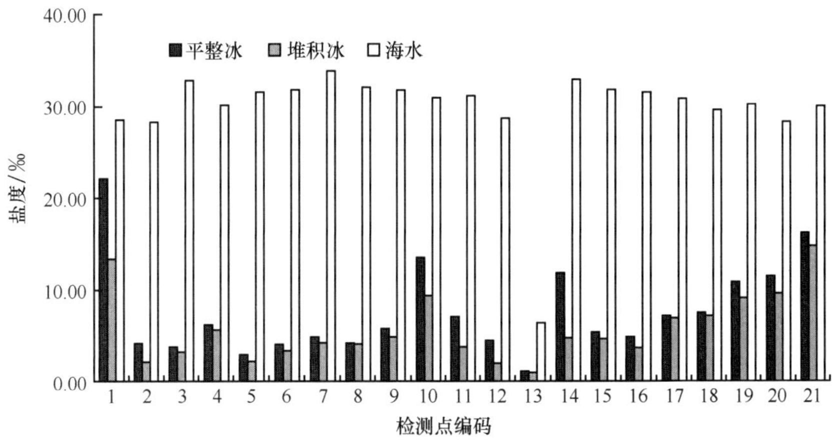

图 9-2　不同检测点海冰和海水盐度变化图

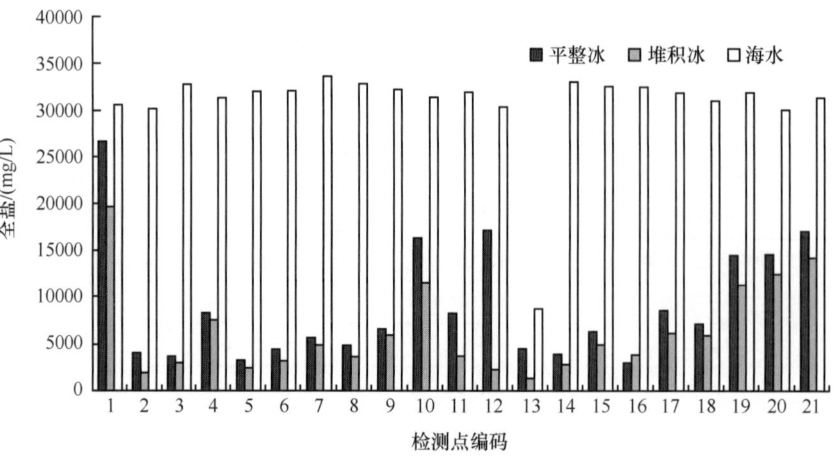

图 9-3　不同检测点海冰和海水全盐变化图

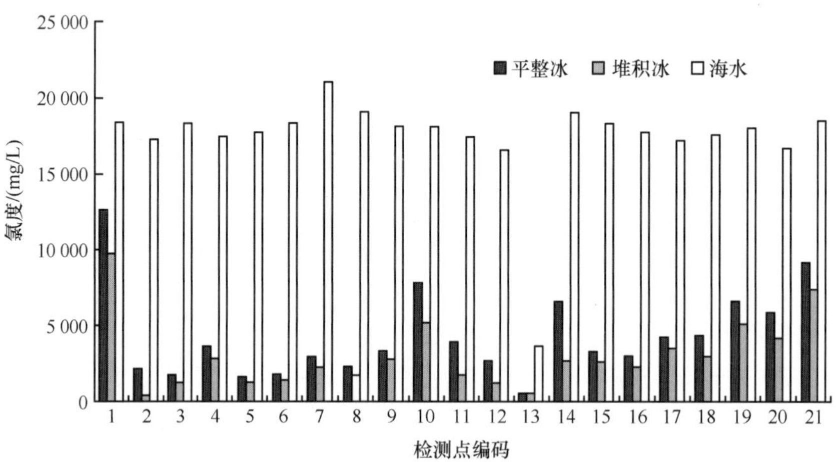

图 9-4　不同检测点海冰和海水氯度变化图

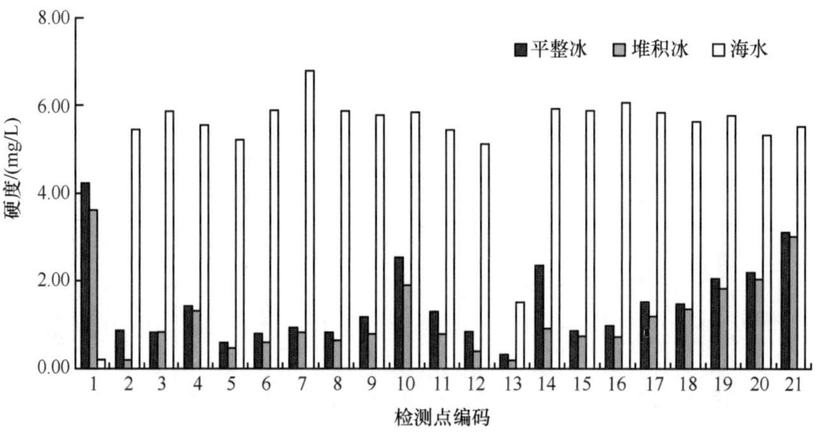

图 9-5　不同检测点海冰和海水硬度变化图

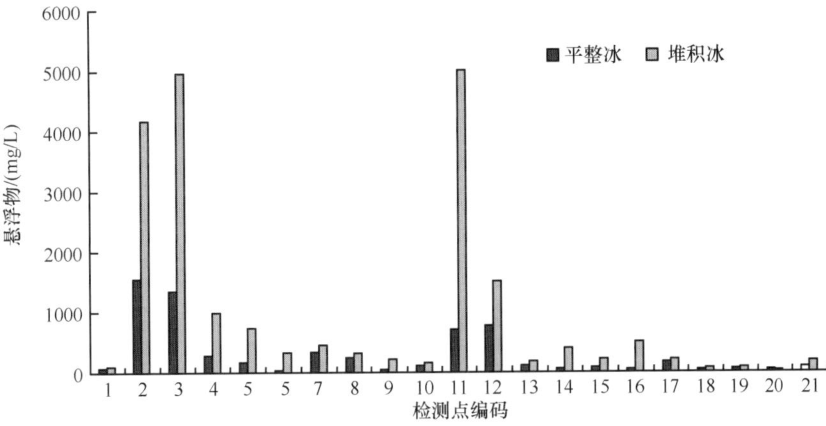

图 9-6　不同检测点海冰悬浮物含量变化图

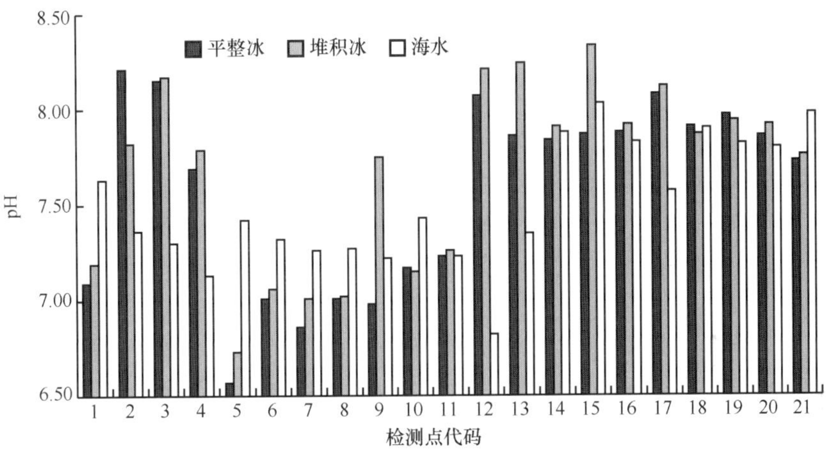

图 9-7　不同检测点海冰和海水 pH 变化图

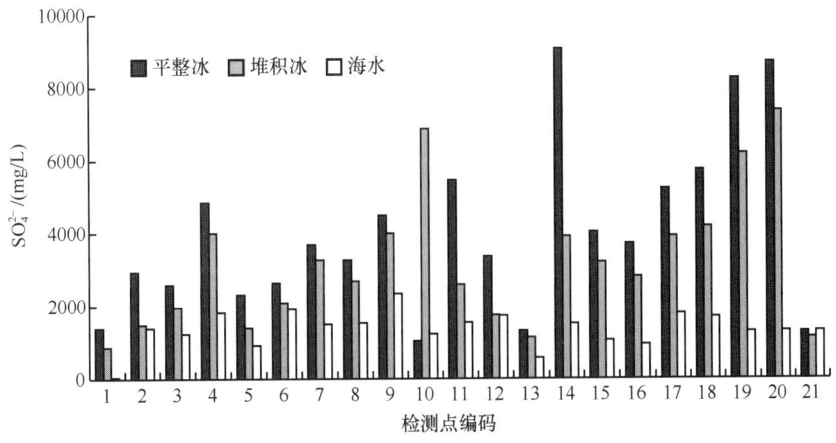

图 9-8　不同检测点海冰和海水硫酸根变化图

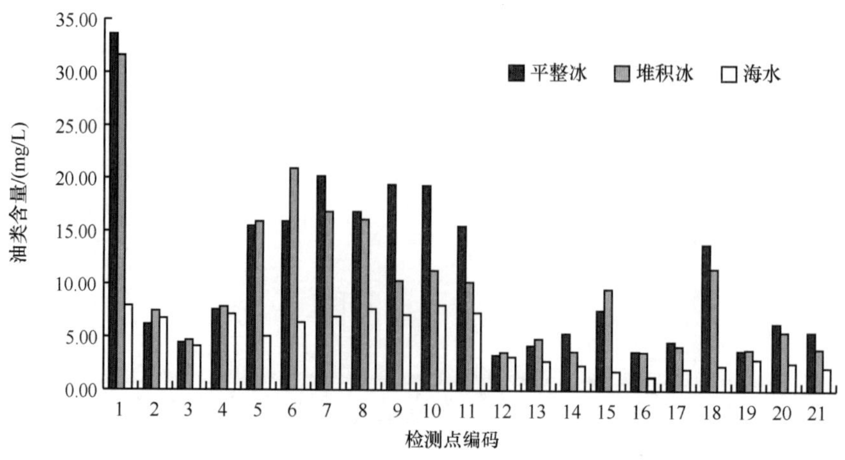

图 9-9　不同检测点海冰和海水油类含量变化图

海冰的资源性主要在于其低含盐量，主要表现为海水结冰过程中盐度、全盐量、氯度（氯离子或氯根）以及硬度（钙、镁等）的较大幅度的降低，使得其经过简单的技术处理过程而可以转化为淡水。不同检测站点不同类型水样盐度、全盐量、氯度以及硬度（钙、镁等）具有较强的相关性，其变化规律为：海水>平整冰>堆积冰。

图 9-2 为所选检测站点冰样（平整冰和堆积冰）与海水水样盐度分析结果。各检测站点海水、平整冰以及堆积冰盐度分布区间分别为［6.42，33.81］，［1.17，16.26］和［1.07，6.42］，均值分别为 29.67、7.61 和 5.72。渤海湾西海岸站点中，黄骅港（编号 1）平整冰和堆积冰盐度分别高达 22.09 和 13.37，远高于正常海冰盐度范围［3，11］，为奇异点，可能由于采样时海冰受海水浸泡引起。渤海湾站点平整冰和堆积冰盐度分布区间分别为［3.04，6.19］和［2.18，5.63］；海冰盐度极高值位于唐山曹妃甸（编号 4，渤海湾北海岸），总体上渤海湾沿岸海冰属于低盐度海冰。辽东湾站点平整冰和堆积冰盐度分布区间分别为［4.25，13.54］和［2.02，9.28］；海冰盐度极高值位于兴城（编号 10，辽东湾西北海岸）和鲅鱼圈（编号 14，辽东湾东南海岸）；极低值位于大洼县（编号 13，盘锦港），为陆地河流入海口，且冰期为背风岸；总体属于中高盐度海冰。辽东湾东北近海区（编号 17~21）平整冰和堆积冰盐度分布区间分别为［7.13，16.26］和［6.93，14.76］，各站点海冰盐度总体随离岸距离的增加而呈现加大的趋势，属于高盐度海冰，主要为海上海冰漂浮浸泡于高盐度母体海水中而导致的结果。总体上，海冰盐度空间分布规律为海上>辽东湾>渤海湾。

图 9-3 为所选检测站点冰样（平整冰和堆积冰）与海水全盐量分析结果。各检测站点海水、平整冰以及堆积冰全盐（mg/L）分布区间分别为［8690，33 570］，［2990，26 620］和［1390，19 680］，均值分别为 30 671 mg/L、9029 mg/L 和 6315 mg/L。渤海湾西海岸站点中，黄骅港（编号 1）平整冰和堆积冰全盐远高于正常海冰全盐，为奇异点。渤海湾站点平整冰和堆积冰全盐分布区间分别为［3810，8310］和［1910，7540］，属于低盐度海冰。辽东湾站点平整冰和堆积冰全盐分布区间分别为［2990，19 230］和［1910，11 490］，海冰盐度极高值位于兴城（编号 10，辽东湾西北海岸）和鲅鱼圈（编号 14，辽东湾东南海岸），总体属于中高盐度海冰。辽东湾东北近海区（编号 17~21）平整冰和堆积冰全盐分

布区间分别为[7050, 17 060]和[6150, 14 190], 各站点海冰全盐总体随离岸距离的增加而呈现加大的趋势, 属于高盐度海冰。总体上, 海冰全盐空间分布规律为海上>辽东湾>渤海湾。

图 9-4 与图 9-5 分别为所选检测站点冰样(平整冰和堆积冰)与海水水样氯度及硬度分析结果。因为海冰和海水氯度以及硬度与其盐度及全盐具有密切关联性, 因而各检测点冰样和水样氯度及硬度具有类似的空间特征, 即海上>辽东湾>渤海湾。其中, 各检测站点海水、平整冰以及堆积冰氯度(mg/L)分布区间分别为[3660, 21 057]、[559, 12 617]和[387, 9725], 均值分别为 17 365 mg/L、4292 mg/L 和 3005 mg/L; 而硬度分布区间分别为[0. 197, 6. 784], [0. 316, 4. 229]和[0. 194, 3. 615], 均值分别为 5. 260 mg/L、1. 485 mg/L 和 1. 159 mg/L。渤海湾站点平整冰和堆积冰氯度(mg/L)分布区间分别为[1593, 3660] 和[387. 6, 2818], 而相应硬度(mg/L)分布区间分别为[0. 592, 1. 420] 和[0. 197, 1. 320], 同样黄骅港(编号 1)相应指标检测值为奇异值。辽东湾站点平整冰和堆积冰氯度分布区间分别为[559. 8, 7794] 和[559. 8, 5210], 而相应硬度(mg/L)分布区间为[0. 828, 2. 524] 和[0. 636, 1. 893], 相应极高值位于兴城(编号 10, 辽东湾西北海岸)和鲅鱼圈(编号 14, 辽东湾东南海岸)。辽东湾东北近海区(编号 17~21)平整冰和堆积冰氯度分布区间分别为[4177, 9172]和[2985, 7347], 而相应硬度分布区间分别为[1. 499, 3. 116]和[3. 008], 各站点相应指标检测值总体随离岸距离的增加而呈现加大的趋势。

图 9-6 为所选检测站点冰样(平整冰和堆积冰)悬浮物(含沙量)分析结果。海冰中所含悬浮物(泥沙量)在海冰融化后会沉淀而充分分离, 但是不同泥沙含量的海冰光谱(透射、反射和散射)特征具有明显的差异。所选站点不同冰型海冰悬浮物含量特征是: 堆积冰>平整冰。相应空间分布特征总体为渤海湾>辽东湾>海上; 迎风岸>背风岸。这可以解释为近海岸海冰因为风浪和海流作用而在迎风岸撞击或搁浅, 因而泥沙含量较高。各检测站点平整冰和堆积冰悬浮物含量(mg/L)分布区间分别为[11. 84, 1558]和[16. 67, 5016], 均值分别为 301. 4 mg/L 和 986. 6 mg/L。主要极大值出现在天津大港、汉沽以及葫芦岛等冰期迎风岸站点。渤海湾站点海冰悬浮物含量分布区间分别为[40. 67, 1558]和[67. 4, 4972]。辽东湾站点相应检测值分布区间分别为[46, 323]和[162, 5016]。辽东湾东北近海区(编号 17~21)平整冰和堆积冰相应检测值分布区间分别为[11. 84, 174. 1] 和[44. 63, 192. 3], 各站点相应检测值总体随离岸距离的增加而呈现减小的趋势。

图 9-7 为所选检测站点冰样(平整冰和堆积冰)与海水水样 pH 分析结果。所选站点除滦河口东岸外, 海水和海冰 pH 总体呈碱性, 各站点不同冰型海冰 pH 特征为堆积冰>平整冰。相应空间分布特征总体为海上>辽东湾>渤海湾。辽东湾东北近海区(编号 17~21)平整冰和堆积冰相应检测值分布区间分别为[7. 73, 8. 08] 和[7. 76, 8. 12], 各站点相应检测值总体随离岸距离的增加而呈现减小的趋势。

图 9-8 为所选检测站点冰样(平整冰和堆积冰)与海水水样硫酸根分析结果。在水质检测中, 硫酸根(泻药成分)具有腹泻作用, 超标对人体有害。所选检测站点不同冰型和海水水样硫酸根总体特征表现为平整冰>堆积冰>海水。所选择站点相应检测值空间特征为海上>辽东湾>渤海湾。其中, 各检测站点平整冰、堆积冰以及海水硫酸根(mg/L)

分布区间分别为［1030，9050］、［864，7360］和［44，2341］，均值分别为 4063 mg/L、3181 mg/L 和 1366 mg/L。渤海湾站点平整冰和堆积冰相应检测值（mg/L）分布区间分别为［1402，4850］和［864，4010］，极大值点位于唐山（曹妃甸，编号 4）。辽东湾站点相应检测值分布区间分别为［1030，9050］和［1130，6870］，相应极高值位于鲅鱼圈（编号 14，辽东湾东南海岸）。辽东湾东北近海区（编号 17～21）相应检测值分布区间分别为［1295，8680］和［1137，7360］，各站点相应指标检测值总体上随离岸距离的增加而呈现加大的趋势。

图 9-9 为所选检测站点冰样（平整冰和堆积冰）与海水水样油类含量分析结果。如果海水中所含油类（主要是石油类）超过其自净能力，就会造成海水水质严重恶化，造成局域海区生态灾难。所选检测站点不同冰型和海水水样油类含量总体特征表现为平整冰>堆积冰>海水。所选择站点相应检测值空间特征辽东湾西北海岸>渤海湾>辽东湾东南海岸>海上；迎风岸>背风岸。其中，各检测站点平整冰、堆积冰以及海水油类（μg/L）分布区间分别为［3.31，33.6］、［3.56，31.6］和［1.25，7.97］，均值分别为 11.1 μg/L，9.86 μg/L和 4.64 μg/L，其中极大值位于黄骅（编码 1）站点，为奇异点（附近有大港油田，处于下风方向）。

9.4　本章小结

渤海海冰资源主要分布在辽东湾和渤海湾，主要为平整冰和堆积冰。海冰资源品质评定和品区划分是海冰资源工程开采选址的有效依据。区域海冰资源品质总体性差异主要表现为冰期、冰型、盛冰期一次冰厚、生长周期、工程性开采次数的不同，而局域海冰资源品质个体性差异主要表现为海冰理化指标的时空分异。海源性原生海冰资源的形成过程是热力作用和海洋动力作用的耦合过程，因而其基于海冰理化指标时空分异的品质差异具有一定的显著性。

海冰以及海水盐度、全盐量、氯度以及硬度（钙、镁等）的存在具有明显的关联性，不同冰型总体特征表现为海水>平整冰>堆积冰；相应指标空间分布特征为海上>辽东湾>渤海湾；近海区总体上随离岸距离的增加而呈现加大的趋势。不同冰型海冰悬浮物含量特征为堆积冰>平整冰；相应空间分布特征总体为渤海湾>辽东湾>海上，迎风岸>背风岸；近海区总体随离岸距离的增加而呈现减小的趋势。海水和海冰 pH 总体呈碱性，不同冰型特征为堆积冰>平整冰；相应空间分布特征总体为海上>辽东湾>渤海湾；近海区总体随离岸距离的增加而呈现减小的趋势。不同冰型和海水水样硫酸根总体特征表现为平整冰>堆积冰>海水；相应空间特征为海上>辽东湾>渤海湾；近海区总体随离岸距离的增加而呈现加大的趋势。不同冰型和海水水样油类含量总体特征表现为平整冰>堆积冰>海水；相应空间特征为辽东湾西北海岸>渤海湾>辽东湾东南海岸>海上；迎风岸>背风岸。

参考文献

徐学仁，陈伟斌，刘现明，等. 2003. 长兴岛沿岸海域海冰融化水水质状况. 海洋环境科学. 22(2)：33-36.
许映军，顾卫，袁帅，等. 2010. 渤海海冰资源理化品质的空间分布特征. 资源科学，32(3)：405-411.

第 10 章　渤海海冰资源开发区位评价

海冰资源的产业化开发是一项系统性的资源开发工程，内外界诸多因素条件制约着工程的开展实施。针对海冰资源的开发来说，这些因素条件可归结为海冰资源状况、海冰资源开发的环境及其约束和开发海冰资源的区域需求等 3 个主要方面。而海冰资源开发区位的确定正是在这些因素条件共同影响作用下，在整个区域空间上对海冰开发区位进行(最)优化选择的结果，区位优化选择的过程即是针对海冰资源开发涉及各项条件的综合评估。

本章正是基于此点，首先明确海冰资源开发的区位要求，分析环渤海区域开发海冰资源的必要性，再根据渤海海冰的资源禀赋和现有技术条件下的主要环境约束等因素，对渤海区域的海区和海岸的开发条件进行适宜性评估，分析渤海各区开发海冰资源的可行性，以期为海冰资源的产业化开发提供决策参考依据。

10.1　开发利用渤海海冰资源的基本区位要求

10.1.1　具备对海冰资源进行开发的区域需求

海冰作为潜在的可开发淡水资源，其开发的必要性主要取决于区域内对水资源大量而没有得到满足的现实需求。

渤海沿岸所在的环渤海地区淡水资源普遍匮乏，海冰的低盐特性和我国海冰的近岸特征，使得我国海冰，特别是渤海的海冰具有作为淡水资源开发的优越条件和必要性(史培军等，2002)，环渤海地区因此也应是我国海冰资源开发的核心地区。

环渤海地区是我国重要的区域经济带之一。该地区水资源严重短缺，是全国水资源保障压力最大的地区，水资源短缺已经成为制约该区域可持续发展的最大瓶颈。该区域以占全国 2% 的水资源总量，1. 3% 的地表水资源量，负载着全国 28% 的特大及大型城市、18% 的人口、21% 的灌溉面积、17% 的粮食总产量和 25% 的 GDP。目前，该地区大部分城市和地区人均水资源量低于 500 m^3，不到全国的 1/5，其中大连、天津、北京、青岛等城市人均水资源量甚至低于 200 m^3，处于极度缺水状态。而且，近年来随着环渤海沿岸城市群的崛起，经济高速发展，人口持续增加，该区域水资源紧缺局面不断加剧。

按照国际通行标准，区域合理的水资源开发利用率一般为 40% 左右，若超出则会对区域的生态环境造成不利影响。而目前环渤海地区水资源开发利用率已近 70%(表 10-1)，根据 2010 年发布的《全国水资源综合规划》分析，环渤海地区 2030 年用水需求量预测为 837. 6 亿 m^3，比现状供水量还要增加 200 亿 m^3以上，水资源供需矛盾日益突出。

表 10-1　环渤海地区多年平均水资源总量

地区	水资源总量/亿 m³	人均水资源/m³	地表水资源/亿 m³	地下水资源/亿 m³	现状水资源开发量/亿 m³	水资源开发利用率/%
北京	37. 4	190. 6	17. 7	26. 2	35. 2	94. 1
天津	15. 7	159. 4	10. 6	5. 7	23. 4	149. 0
河北	204. 7	284. 9	125. 0	122. 6	193. 7	94. 6
辽宁	341. 7	781. 0	302. 6	124. 6	142. 8	41. 8
山东	303. 1	333. 8	198. 2	164. 7	220. 0	72. 6
环渤海	902. 5	377. 7	654. 1	443. 8	615. 4	68. 2
全国	27 460. 3	2 003. 6	26 478. 2	8 149. 0	5 965. 2	21. 7

资料来源：2010 年中国水资源公报。

从渤海沿岸地带的水资源占有和利用情况看，近海区域的水资源短缺状况更为突出，沿岸地区大部分地区人均水资源量低于 500 m³。区域水资源利用率更是接近 80%，按照合理的水资源利用水平标准，沿岸地带水资源利用量要超支近 90 亿 m³。

表 10-2　渤海沿岸地区水资源与用水现状

沿岸地区	水资源总量/亿 m³			人均水资源/m³	供水量/亿 m³			用水量/亿 m³			供/用水量/亿 m³	水资源开发率/%
	地表水	地下水	折合		地表水	地下水	再生水等	工业用水	农业用水	生活用水		
大连	32. 5	6. 9	30. 9	526. 9	11. 1	3. 3	1. 1	4. 3	6. 4	4. 8	15. 5	50. 1
营口	9. 8	3. 4	10. 5	445. 8	6. 0	1. 7	0. 0	0. 7	6. 0	1. 0	7. 7	73. 3
盘锦	2. 4	2. 1	4. 5	342. 9	12. 0	1. 3	0. 3	0. 8	12. 3	0. 5	13. 6	302. 2
锦州	8. 2	8. 6	14. 0	454. 0	0. 4	7. 4	0. 0	1. 6	4. 4	1. 1	7. 8/7. 1	55. 6
葫芦岛	18. 0	6. 8	19. 6	695. 7	1. 4	3. 0	0. 1	0. 8	2. 7	1. 0	4. 5	23. 0
秦皇岛	12. 5	7. 5	16. 4	568. 9	5. 8	5. 7	0. 0	1. 4	6. 2	2. 9	11. 5/10. 5	70. 1
唐山	16. 9	17. 0	26. 3	357. 8	6. 7	19. 9	0. 0	5. 3	19. 5	2. 7	26. 6/27. 9	106. 1
天津	10. 0	5. 7	15. 7	159. 4	17. 2	6. 0	0. 2	18. 9	3. 4	1. 1	23. 4	149. 0
沧州	6. 0	6. 9	12. 3	168. 3	2. 5	11. 3	0. 0	2. 0	9. 7	2. 1	13. 8	112. 2
滨州	5. 6	6. 2	10. 2	269. 9	12. 7	2. 6	0. 1	0. 8	13. 8	0. 7	15. 3	150. 0
东营	4. 3	2. 6	6. 2	335. 4	8. 3	1. 1	0. 0	1. 5	7. 1	0. 7	9. 4	151. 6
潍坊	15. 4	14. 2	24. 5	280. 4	7. 3	8. 8	0. 5	2. 4	11. 9	2. 3	16. 6	67. 8
烟台	24. 9	13. 0	31. 9	489. 9	4. 4	4. 2	0. 0	1. 1	6. 4	1. 1	8. 6	27. 0
合计	166. 5	100. 9	223. 0	350. 1	95. 8	76. 3	2. 3	41. 6	109. 8	22. 0	174. 4	78. 2

面对严重的水资源短缺，大部分沿海城市只能依靠大量截流入境及入海水量和超采地下水加以解决。但一方面引用过境客水经常受到中上游地区水资源统一调配的影响，其供水保障能力受到严重制约(张效龙等，2001)；而大量超采地下水特别是深层地下水则导致了该区域地下水严重下降，并最终使得渤海沿岸地区成为我国地下水漏斗和海水入侵最严重的地区，对区域的经济发展和生态系统造成严重影响(张家团

和孙远斌，2011）。

环渤海地区是我国淡水资源最缺乏的地区之一，但临近的渤海也是我国冬季主要结冰海区。渤海海冰因其具有低盐性、丰富性、可再生性等资源特性，其作为淡水资源而加以开发利用的可行性已经在多年来开展的一系列研究中充分得到论证。开发渤海海冰资源作为我国环渤海地区乃至北方后备淡水资源加以利用，推动环渤海地区成为中国海冰资源开发与利用的技术示范基地，可为解决环渤海地区缺水问题找到一条新途径。通过在实践中证实海冰资源可以作为淡水资源为人类所用，更是具有中国特色的科技创新。

10.1.2　开发区域拥有优越的海冰资源及良好的资源生成条件

海冰作为有工业开发价值的潜在淡水资源的可利用性，主要取决于其可开采的价值。除涉及海冰本身的品质及开采、淡化、储运等技术问题之外，至关重要的是其资源储量(谢锋等，2003)。丰富的海冰资源储量，将能有效保证海冰资源实现产业化的开发利用，渤海海冰资源量在空间分布上存在的差异，则对渤海海冰资源产业化开发的布局有着至关重要的影响。

我国的渤海和黄海北部，跨于 37°~41°N，属中纬度，是世界上纬度最低的结冰海域，比鄂霍次克海最南端结冰位置还偏南。常年，渤海和黄海北部自 11 月中旬到 12 月上旬由北向南从岸边开始结冰，一般在翌年 1 月底或 2 月初达到结冰范围和结冰厚度的最高峰后，然后于 2 月下旬至 3 月中旬海冰由南向北渐次消失(张方俭，1979)。由此，渤海和黄海北部的冰期为 3~4 个月，其中以位于渤海北部的辽东湾冰期最长(北部可达 4 个月)，黄海北部和渤海湾依次次之(3 个月左右)，渤海南部的莱州湾冰期最短，一般仅有 2 个月(杨国金，2000)。

袁帅(2012)对 1987~2009 年每年渤海海冰盛冰期单日储量最大值进行统计分析，结果表明，在这 22 个冬季里，渤海海冰单日储量最大值为 56 亿 m^3(2000~2001 年)，最小值为 13 亿 m^3(2006~2007 年)。轻冰年海冰单日储量最大值为 13 亿~25 亿 m^3，常冰年海冰单日储量最大值为 25 亿~60 亿 m^3，重冰年海冰单日储量最大值在 60 亿 m^3以上。由于海冰具有再生性，即开采后在原有区域海冰可重新生成而可以重复开采，这使得海冰资源的潜在储量大为增加。在低开采率的条件下，渤海海冰资源的可采储量基本都在 50 亿 m^3以上，其极值可以达到 200 亿 m^3左右；而高开采率的条件下，渤海海冰资源的可采储量一般都在 100 亿 m^3以上，极端年份甚至可以接近 350 亿 m^3(马德毅和陈伟斌，2005)。从渤海区域海冰的资源总量上来看，海冰若能在环渤海地区得到充分开发，将能有效缓解甚至彻底解决该地区的水资源短缺问题。

海冰资源量的分布与纬度、水深、风向、海流和地形等有密切联系。辽东湾是渤海纬度最高的海区，因此这里海冰资源量分布最多，在常冰年占渤海海冰资源总量基本都在 50% 以上，而且辽东湾东岸的海冰要多于西岸；渤海湾海冰资源量在常冰年约占渤海海冰资源总量的 20%，莱州湾资源量较少，在轻冰年甚至没有海冰(袁帅，2009)。渤海海冰资源还具有明显的近岸性，随着离岸距离的增加，海冰资源储量逐渐减少(史培军等，2003)。

海冰资源储量规模和再生潜力的大小及各自的分布，实质上与区域海冰的生成能力即成冰环境密切相关，涵盖区域的大气温度、水深、盐度、海水的湍流和冻结核等气候和水文要素。

在主要环境要素中，温度、水深和海水盐度都明显具有宏观范围上的差异，在一定程度上其共同作用从而决定了区域海冰的生成能力。其中，低温是海冰形成和发展的决定性条件，最主要的原因是大气与海水的热力耦合作用使表层海水温度降低至冰点，气温的降低幅度和低温持续时间从而直接影响到海冰形成、发展、消融的全过程(顾卫等，2002)，决定了海冰资源的生成规模和持续时间。冬季渤海和黄海北部的气温远比海水的温度低，这使得海水受到上层冷空气的直接影响冷却降温，以致降到0℃以下而结冰，气温越低，结冰程度严重。

水深是影响所在海域结冰范围的关键因素，其影响效果较为明显：浅水区域热容小，而深水处热容大，在浅水域或混合层内，通过一定的湍流运动就可使整层的海水得到充分冷却而易于成冰。

盐度对海冰形成的影响很复杂。一方面，冰点是盐度的函数，冰点随着盐度的增大而降低，因此盐度低的表层海水先结冰，盐度高的表层海水后结冰。所以河流入海口处，大量淡水的加入使海水盐度较低，是造成该区早于其他海区结冰并且冰情较重的一个原因。另一方面，冰密度达到最大时的温度随盐度的增大而很快地降低，比冰点降低得还快；当盐度大于24.6时，最大密度的温度低于冰点，而小于24.6时，冰点低于最大密度时的温度。假设在初始均一的水柱内盐度超过24.6，表层海水受大气等因素冷却后，水变浓，直至结冰。因为变冷的表面海水密度大于下面的海水密度，这样冷却的表层海水不断下沉，形成对流，使表面海水冻结，整层海水降温到或接近冰点，因此在此情况下表面海水一旦冻结，就迅速发展，伸展到海底或混合层底部。由于对流的形成，冷却之前需要冷却更多的海水，因此延迟了结冰的时间。还有一个方面，海冰形成时，在冰晶、冰针和冰片的合并过程中，一部分盐水被包围在合并时形成的冰穴内，而另一部分则析出下沉到下面的海水中，析出的盐水使下层海水的盐度增加，加剧了下层海水的对流运动，同时，盐度的增加使冰点进一步降低，更延缓了结冰的时间和速度。

10.1.3　适于海冰资源开采的自然环境条件

尽管海冰广泛分布于渤海，但要深入海区内部，在海上冰区利用采冰浮体进行海冰的开采，将面临着海上冰况复杂、气象等作业条件恶劣等不利因素，设备的性能和运行稳定性会受到较大影响，海冰的大规模储存、运输也难以得到解决。而且，从整体上来说，随着离岸距离的增加，海冰资源储量逐渐减少(袁帅，2009)。因而，近岸海冰是海冰资源的主体，海冰资源分布集中的近海区域必然是进行海冰开发作业的核心地区。

所以实际可行的采冰方法仍是要立足于陆地，通过修建从海岸延伸至近海冰区的相关附属设施，配合采冰机械以岸基开发模式实现对海冰的开采。除要求沿岸有充足海冰资源外，岸基海冰的开采对海岸的环境条件同样有较高的要求。其中，滩涂(潮间带)范围、海岸类型和沿岸水深的作用显得尤为重要。

渤海海冰按其所处的位置由海岸向海推进，可分为位于滩涂上的搁浅冰、近岸的固定冰和远岸的流冰。开采搁浅冰由于受到潮汐、作业环境等条件的限制，其产量和成本乃至作业的安全等均会受到严重影响。因此，海冰开采的作业面必然要跨越浅滩从海岸向近海乃至远海水域扩展，附属设施的修建也将随之延伸。这使得潮滩(潮间带)宽窄乃至海岸带基底的稳定性成为海冰开采工程条件中必然要考虑的因素，潮间带越窄且基底稳定，越有利于节约建设成本和降低工程修建难度，便于海冰的采运和大量的相关附属设施(防波堤、栈桥、码头、拦冰透水坝等)的修建。

若在平原淤积型海岸，往往潮间带宽广，海岸带基底松软，通过修建辅助设施跨越潮间带进入海区进行海冰开采，必将面临庞大的基础设施投资和较大的技术难度；相反，在拥有较窄潮间带的基岩型海岸，稳定的岸基地质条件有利于开展基础设施建设，相对较短的向海延伸距离也有利于降低设施投资和技术难度，并便于相关设备的布置进入可作业水深区(水深大于 2 m)最终到达采冰及破冰的浮体适宜作业的水域，海冰向陆上的运输距离也因此得以缩短。

根据海冰开采作业的特点，海冰资源的开采需要涉及相关的水上作业，在现有的技术条件下，所在水域需具备一定的水深，保证作业浮体的一定吃水深度并安全稳定地运行，对于未来可能的海上海冰运输和储存，如同港口建设的要求，近岸的水深条件，这些都对海岸所在的近岸海底地形提出了一定的要求。

10.2　影响渤海海冰资源开发区位的自然因素及其分布

结合渤海海冰的资源状况，根据上述对适宜海冰资源开发区位条件的分析，从自然环境角度可从几个主要方面将相关的主要影响因素进行归纳总结。

10.2.1　海冰资源状况

海冰的形成和分布是区域气象要素和物理海洋要素共同作用的结果，具有明显的区域差异性。渤海冰情的空间特征主要表现在不同海区的冰情差异(辽东湾、渤海湾、莱州湾以及渤海中部)，除冰情很重的年份之外，渤海中部很少有海冰分布，因此渤海冰情的空间分布总体特征为近岸冰厚，北多南少，具体表现在以下 3 个海湾。

辽东湾的海冰范围最大，在冬季风的作用下，海冰范围不断向湾口扩展。海冰的输送一方面扩展了海冰的外缘线；另一方面输出的海冰不断降低海水温度，使之更容易结冰。受顺时针沿岸流的影响，海冰被从北岸向东输送，在东岸鲅鱼圈外海形成大范围的堆积冰区。西岸主要是平整冰，以单层冰为主，厚度不大。

渤海湾的海冰受环流的影响主要沿 15 m 等深线分布，但在河口附近冰区范围较大。在冬季风的作用下，海冰被不断向渤海湾的南部输送，在那里形成重叠和堆积的冰区。由于气象条件有利于海冰维系在渤海湾，历史上渤海湾曾出现严重的冰情；近年来由于气候变暖的因素，渤海湾冰情不重。

莱州湾结冰晚、融冰早，冰情不重，一般 12 月开始结冰，2 月底海冰全部融化。莱州湾西部靠近黄河三角洲的海域冰情较重，主要是那里的海水盐度低、海岸地形和风场相互作用有利于堆积以及三角洲沿岸浅滩面积大等原因。而东部海区各种因素都不利于海冰累积，冰情较轻。在河口和浅滩区，极端年份的海冰堆积高度可以达到 3 m，海上固定冰厚度可以达到 40 cm。莱州湾融冰虽早，但冰情不稳定，容易发生反复。

海冰的形成和发展与海面状况和大气条件密切相关，因此海冰具有的一个鲜明的特性是其在冰期内表现出的动态性。随着海洋和大气等条件的变化，海冰不断发生冻结、融化和漂移。因而在每一天甚至一天内的不同时刻，海区内的海冰都会呈现出不同的状态，其分布范围、局部冰厚等也相应处于不断调整演变状态中，这意味着冰期内特定区域的冰况可能会发生较大的波动，因此海冰资源量是一个变化的量。而对于海冰资源的工程性开发来说，可采海冰资源的稳定供应是至关重要的，这就要求采冰区区域及其周边能够较长时期保持稳定冰况并符合开采标准。所以对于海区内海冰的资源状况，不应以其在某一时刻或者其通常情况下的状态作为标准简单进行衡量。据此，本节采用观测期内(1988~2011 年冬季)10 cm 以上厚度的高品位海冰(结合海冰资源开采的实际情况，海冰厚度若低于 10 cm，采冰效率会大为下降)出现频率即保证率作为渤海海冰资源丰富程度的评判标准。

本研究中，数据来源为日本东京大学的 NOAA 数据库和中国国家气象中心在此观测期内渤海区域的卫星影像，从总共 2000 多幅图像中剔出有云覆盖及图像质量较差的部分，最终筛选出 580 幅进而从中提取结冰范围和冰厚信息。

为了定量地反映渤海海区冰厚的空间分布特征，以 1 km×1 km 为基本网格单元，利用 ArcGIS 9. 3 软件将渤海海区图划分为 73 944 个地理网格，并利用 IDL(interactive data language)编写程序分别算出每个单元在 580 幅卫星影像中的海冰厚度。

据此，渤海区域 10 cm 以上厚度海冰出现频率 $F(x, y)$ 的计算公式如下：

$$F(x,y)=\frac{T(x,y)_{h>10}}{580} \tag{10-1}$$

式中，x 和 y 代表海域内任意网点的地理坐标；$T(x,y)_{h>10}$ 为渤海区域内图像网格点 (x,y) 在 580 幅卫星图像中冰厚大于 10 cm 出现的次数。

渤海区域冬季(12 月至翌年 2 月)10 cm 以上厚度海冰出现频率即保证率分布的状况如图 10-1 所示。

10. 2. 2　海岸带及海底形态

1. 海岸带地貌

海岸带是海浪对地面作用所到的范围，其上界是激浪作用的边缘(陡峻的岩石海岸，也是海蚀崖的顶部；平缓的沙质海岸，上界位于潮滩顶部长草处)，下界位于相当于当地波长 1/3~1/2 的水深处。通常情况下，海岸带由 3 个基本单元所构成(图 9-3)，即海岸，潮间带和水下岸坡。海岸是指高潮线(海岸线)以上的沿岸陆地部分。潮间带是指介于高潮线与低潮线之间的地带，高潮时淹没，低潮时出露。水下岸坡，是低潮线(水深 0 m 线)以下直到波浪有效作用的下界。

海岸是海浪、潮流能达到的上界。因受地形影响，各地宽窄有别。也是水陆交互作用最强烈的地带，因而形成的海蚀地貌和海积地貌的景观是千变万化的。

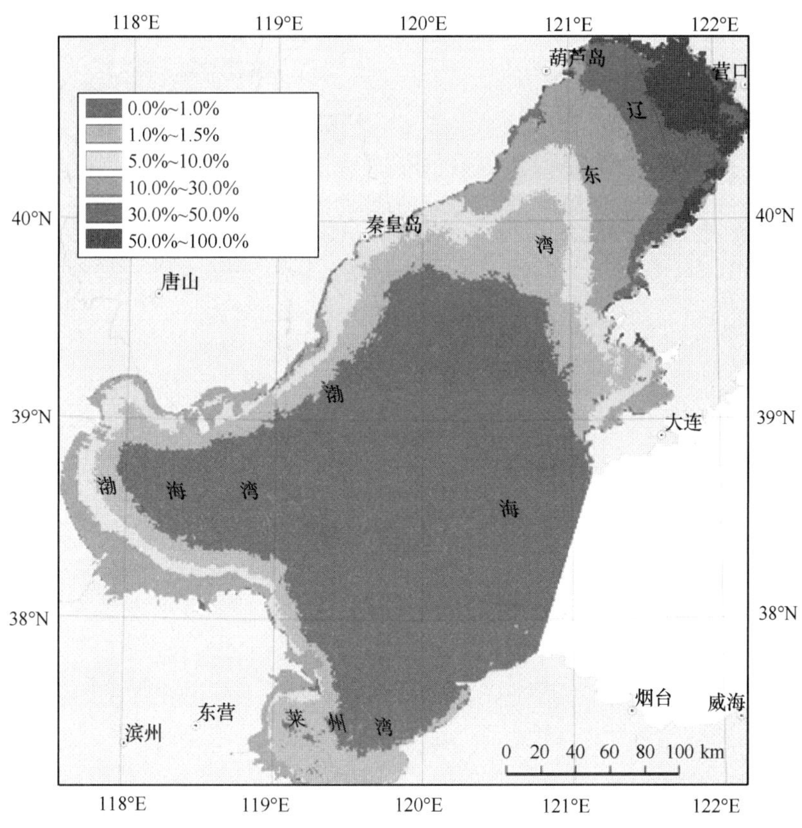

图 10-1　渤海冬季 10 cm 以上厚度海冰出现频率分布

（彩图见书后）

2. 渤海的海岸

渤海海岸线长约 2 668 km，海岸类型复杂多样，周围分别为山地、丘陵和平原等地貌形态所环抱。其中，山地海岸较为陡峭，海岸带倾角大于 30°；丘陵海岸较缓，一般倾角为10°～30°；平原海岸最平，倾角多在 15°以下。

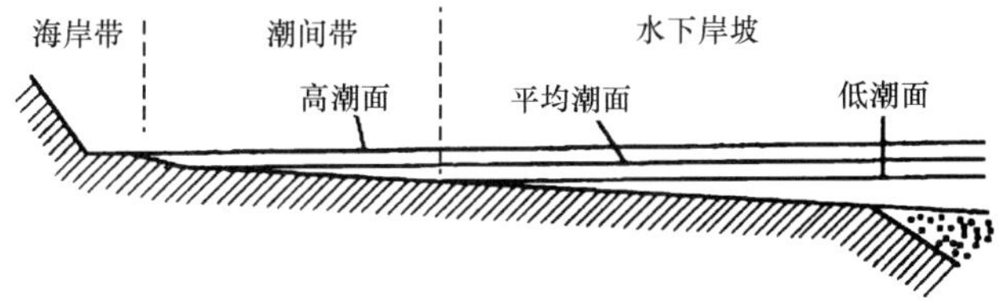

图 10-2　海岸带的基本结构（崔洪庆等，2008）

按照发生学原则，渤海海岸的主要类型可归纳为两大类：其一为基岩型（又可分为侵蚀基岩型和堆积基岩型）；其二为淤积型。前者主要分布于山东半岛北部沿岸区、辽东湾东西两侧的海岸地区；后者主要分布于莱州湾西侧、渤海湾及辽河平原一带。

具体海岸类型的分布如图 10-3 所示。

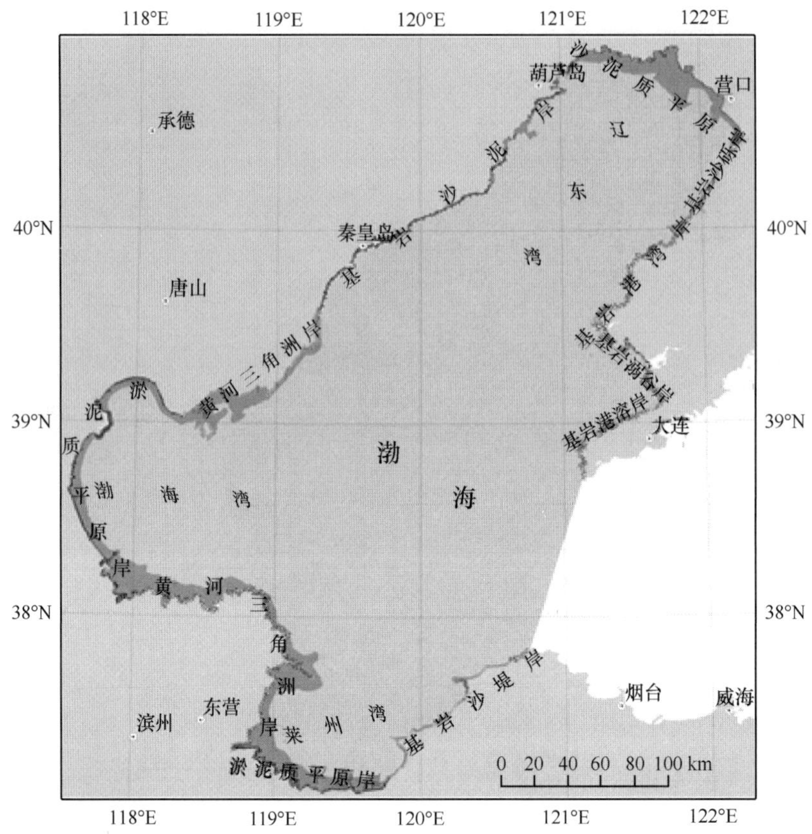

图 10-3　渤海海岸及滩涂分布(图中灰黑色区域为滩涂)

1）*基岩港湾岸*

主要分布在辽东湾东侧的旅顺海峡至华铜山段，其次为分布于山东半岛北岸的栾家口至蓬莱段，其余则多为零星的基岩岬角。以位于辽东半岛南侧、金州湾以南的大连地区基岩港湾岸最为典型。沿岸大多为低山丘陵，伸延入海者为岬，两岬之间凹向内陆者为湾。海蚀地貌发育明显，尤其在岩性松软或易风化的地区，而海积地貌却不甚发育，只是在湾顶部位，可见有少量砾质或沙质浅滩分布。岸线曲折、岬角突出、岬湾毗连、深水逼岸、水下斜坡陡急是其主要特点。

2）*岬湾溺谷岸*

主要分布在普兰店湾、复州湾和长兴岛、西中岛诸岛间水道。由于各河湾长时期汇入大量的泥沙物质，水道所在的河床和湾底逐步填平淤高，淹没沟谷，形成溺谷，构成独特的海岸地形。岛间及陆岛之间，由于长年淤积，已大部淤浅，仅有窄而浅的水道相隔，大有连陆之势。沿岸涨潮为潮道，落潮则几乎变为陆地。唯有岛向海的西、北两侧，水深坡陡，岸线曲折，港湾显著。

3）*基岩砾砂岸*

主要分布在辽东半岛的华铜沟至盖州团山段，海岸所处地段属于山前冲洪积狭斜平原，地势平缓微倾于海。此类海岸的特点是：在基岩型海岸的外侧，由于当地冲洪积物较为发育，在岸边往往出现狭窄堆积地貌，形成了冲洪积-基岩混合型海岸地貌。区域内岸边的岩石易于风化，在外营力作用下，沿岸山坡后退，高度显著降低，山体缩小而变为残丘。海岬明显后退，构成新的海蚀崖，崖下堆积有倒落的巨砾与砾石。随着海岬的迅速后退，浪蚀平台十分发育，湾内形成砂砾质沉积，或砂质沉积，使得岸线日趋平直。大部海岸为陡崖平直岸，但间有基岩岬角和砾沙质湾分布。

4）基岩沙泥岸

主要分布在辽西锦县的龙头礁至北戴河岸段，地势较为平坦但微倾于海，大部为冲洪积的平直岸。沿岸也属于山前冲洪积缓斜平原，因此河流输沙量相对较大，近岸泥沙堆积较为明显，冲洪积平原也要比辽东地区宽厚，局部有大面积冲洪积扇的堆积。有些岩脉较为坚硬而难于风化，虽经长期风化剥蚀，至今仍可延伸到岸边形成海蚀阶地和其他海蚀地貌，并有基岩岬角和泥沙质湾毗连。

5）基岩沙堤岸

主要分布于莱州湾东岸掖县虎头崖—黄县栾家口一带。这里的海岸受构造体系的影响，海岸走向为北东向，尽管受到各种外营力的长期侵蚀与破坏，也没有来得及改变其基本构架。组成海岸的岩石经长期的风化、剥蚀，经河流搬运而被带到岸边，再经当地潮汐、潮滩、波浪等水动力的再三改造，而塑造成许多典型的沙咀、沙坝及坝间潟湖等海积地貌。

6）沙泥质平原岸

主要分布于下辽河平原，从盖县团山子至锦县龙头岸段，辽宁境内主要大河——辽河、浑河、太子河和大小凌河等均经位于此岸的辽河口、大凌河口入海。因而形成规模不等、厚度相异的三角洲，由于下辽河平原是在裂谷中生成的，两侧受到夹持，因而很难看出其扇形轮廓实际上是由三角洲形成的。其地势微倾向海，坡度极平缓，接近海平面，因而河道无力下切而迂回曲折，河网密集，潮水上溯可达 20 余千米。在河道两侧可见冲积河漫滩及阶地，并遗留下多道古河道，或断续分布的潟湖洼地，间有沙地分布。

7）淤泥质平原岸

岸段北起南堡经渤海湾，绕过黄河三角洲达莱州湾顶虎头崖以西地区，是渤海的主要海岸类型，也是我国典型的淤泥质海岸岸段。岸段陆侧为由黄河、海河、滦河等三角洲组成的广袤无垠的华北平原，坡降很小。其特征是岸线平直无较大起伏，海岸平原平坦宽阔，上有贝壳堤及沙堤、潟湖和沼泽湿地，淤泥质潮间浅滩极其宽广，坡度平缓且组成物质以淤泥、粉砂为主，承压力极低，通行困难。

8）滦河三角洲岸

分布于秦皇岛七里海、赤洋口至柏格庄大清河口一带，组成一个冲积平原与三角洲的复合沉积体。其上部为冲积扇与冲积平原，下部为三角洲。由于滦河不仅多沙，而且入海沙体颗粒较粗，因而形成一系列远沙坝沉积。河口改道后，沙坝被切割分离，形成今日的离岸沙坝与沙岛，如曹妃甸、石臼坨等。

9）黄河三角洲岸

黄河是我国居于首位的多沙河流。途经黄土高原下泄的黄河，每年向河口输沙 12 亿 t 左右，促使三角洲及邻近海岸的淤长。黄河多沙，但粒度较细，因而沙质堆积体不发育，只在河床两侧可见天然堤。尾闾摆动后留下数十条高起的古河道，都由河床质粉砂所组成。而现河口段则分布一片分流叉道与漫流摊地，地势平坦、浅滩宽阔达十余公里，坡度平接。主流叉道均以粉砂沉积为主，两侧烂泥湾以淤泥为主，呈浮泥状游动。

3. 沿岸潮间带(滩涂)

海岸地形与海水的周期性涨落(潮汐)相配合造就了各地不同规模的潮间带，直接影响到海冰资源开发的海岸区域环境。渤海沿岸的潮间带(滩涂)面积达 68.04 万 hm^2，其中辽宁段、河北段、天津段和鲁北段分别占 35.5%、16.2%、8.6%和 39.7%(何书金等，2002)。主要是集中分布在黄河三角洲和辽河口地区(辽宁段和鲁北段共占环渤海总数的 75.21%)，同时也有大量海冰资源分布，尤其是位于辽东湾顶的辽河口地区是渤海海冰资源的富集区，但岸线外侧宽广滩涂的存在构成了目前技术条件下对海冰资源开发利用的严重限制。

4. 海底地形及水深

渤海是我国水深最浅的领海，为一个半封闭的地内陆海，海底地形从 3 个海湾向渤海中央及渤海海峡方向倾斜，坡度平缓，平均坡度为 7.7‰。平均水深只有 18 m，有 95%的海域水深在 30 m 以下，26%的海域水深甚至低于 10 m，中央海盆最深处的水深只有 30 m，在渤海海峡的老铁山水道，由于进出潮流的冲刷作用，局部可出现水深达 80 m 左右的冲刷潮沟。在海河和辽河河口附近，由于河口水下三角洲的堆积作用，致使等深线远远向海突出，5 m 等深线距岸分别为 30 km 和 45 km。在黄河口由于大量泥沙的影响，除形成陆上三角洲外，还形成特有的水下三角洲地形。用一根 4 m 长的竹竿，可轻易伸入拔出，几乎无法量出水深，这是黄河口地区所特有的泥浆沉积区。

辽东湾海底地形平缓，向海湾中部微微倾斜，东侧由金州湾、复州湾、普兰店湾和太平湾等数个小海湾组成，岸线蜿蜒曲折，地形复杂。辽东湾内大部水深小于 30 m，只有海湾中部约 2 750 km^2 的辽中洼地水深超过 30 m，但地形极为平坦，深度变化只有 2 m，仅在洼地东南部水深达 39 m，且海底凹凸不平。

渤海湾水深大部小于 20 m，海底地形由西南向东北缓慢倾斜，其平均坡度只约 0.3‰。仅北部曹妃甸以南水深较大，近东西向有一水深 30~31 m 的深槽。此外沿曹妃甸岸滩边缘有一条长达 46 km，宽 0.3~1.5 km 的水下沟谷，从水深 0.5 m 开始向东一直延伸至该深水槽内。海河口外也有一近东西向的海底谷地，也伸展至此槽内。两条沟谷之间有一向东面突出的舌状沙洲，最浅处可露出水面。该深槽的东北方还有数块零星分布的水深小于 20 m 的浅滩。

莱州湾水深都在 18 m 以内。湾底地形极其单调，由南向北缓慢倾斜，平均坡度仅有 0.16‰，只在东岸附近有范围不大的莱州浅滩和登州浅滩，其最浅处水深只有 1~3 m。

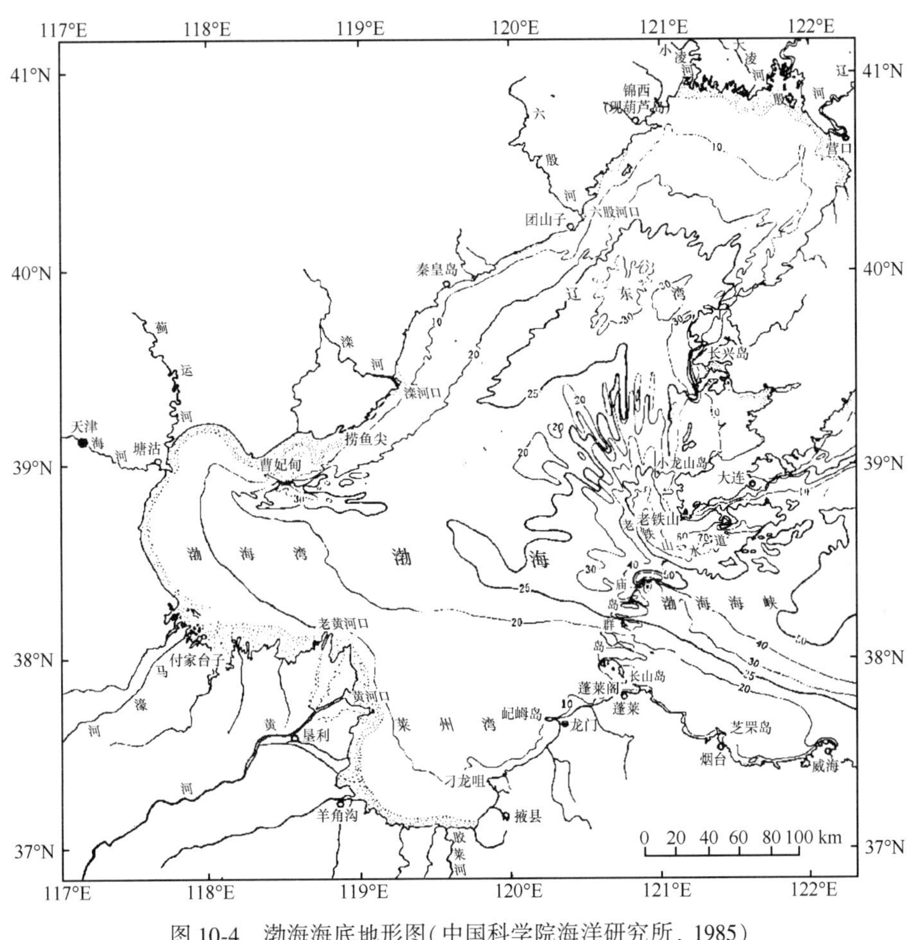

图 10-4　渤海海底地形图(中国科学院海洋研究所，1985)

10.2.3　海 洋 水 文

影响海冰资源开发区位条件的海洋水文因素主要包括海流和海水盐度等。

1. 渤海的海流

渤海的海冰除少量覆盖近岸区域的固定冰外，其余大部分为不断运动的流冰。海流对海冰的运动作用显著。短周期内往复的海流——潮汐使流冰来回漂移，而流向稳定的季节性表面海流则与冬季盛行风共同作用则使流冰做定向漂流。由此，与地形相配合，海流对区域海冰分布状况有着密不可分的联系。例如，辽东湾东岸附近的冰情之所以较西岸附近严重，除了渤海冬季盛行的偏北风外，辽东湾的右转潮流系统和冬季辽东湾顺时针沿岸流也起了关键作用(张方俭，1979)。

渤海的潮汐是比较复杂的，辽东半岛南部、山东半岛北部和渤海湾最西部属于正规半日潮，莱州湾、辽东湾大部和渤海湾最北部属于不正规半日潮，唯秦皇岛附近一带因地势隐蔽，海水迟滞作用较大，基本上每日只有一次高潮和一次低潮，属不正规全日潮。

而且涨潮与落潮的方向和时间并不完全相同。秦皇岛以北的辽东湾大部分海区，涨潮流皆向东和东北，落潮流向西和西南。秦皇岛往南一直到滦河三角洲的外围海域，涨潮流向西南，落潮流向东北。渤海湾沿岸基本上是涨潮流向为西北，落潮流向为东南。莱州湾涨潮流向为东，落潮流向为西。仅渤海湾北部南堡突出地带的东西两侧湾岸，就因受南北潮流的影响，形成了两个小型的顺时针方向的转流。

渤海的潮汐，因受地形、气压和风向等因素的影响，涨落潮的时间有先有后，潮汐涨落的时刻差(潮候差)各地不同，涨潮的高度也有大有小，各地的潮差（在同一次潮汐中，高潮与低潮所造成的海面高低的差别，称为潮差)也不相同。渤海由于所处的位置、地形、海水深度变化及海底情况等的不同，造成各地潮差的变化，渤海平均潮差 1~4 m，莱州湾最小，辽东湾和渤海湾最大。大致是秦皇岛附近、山东太平湾至龙口港湾附近的潮差最小，平均潮差不到 1 m。辽东湾的辽河河口一带潮差最大，平均潮差约 4 m，最大潮差达 5 m 以上。渤海湾西部平均潮差约 3 m，最大潮差也可达 5 m。

潮流对冰的瞬时漂流速度影响很大，但由于潮汐是一种往复运动，对于一个周期平均，几乎不会引起冰的明显移动(吴辉碇等，1998)。因此，长时间范围内海流对于海冰漂移和集聚的影响主要体现在海水的长期而稳定的流动。

渤海海区的海流在扣除了较强的周期性潮流之后，所得余流的量值最大不过 0. 2~0. 4 节，仅约为潮流最大可能流速的 1/10，而且表层流向受风的控制.有时显得不稳定，但若结合水文状况进行分析，一个相对稳定的弱环流系统仍然是存在的(USNOO，1964)。实际研究也表明，渤海冬季盛行的季节性表面海水环流是影响海冰长期运动的关键因素(郝培章等，1993)。

渤海的表面环流主要由黄海暖流余脉和渤海沿岸流组成。除夏季 6~8 月，特别是 8 月外，从海峡北部以高盐水舌入侵的黄海暖流余脉进入渤海中央并延伸到渤海西岸，受海岸阻挡而分成南北两支，北支沿辽东湾西岸北上，并与自辽河口沿辽东湾东岸南下的低盐水(或称为辽东沿岸流)相接，组成顺时针向的流动；南支伸入渤海湾后，转折南下，与自黄河口及莱州湾外向东流动的低盐浑水(渤南沿岸流)相汇，形成反时针向的流动，并从海峡南部流出渤海。这一环流模式在一年的多数月是基本稳定的。但是，到了夏季，特别是 8 月份，辽河的入海径流量骤增，这时辽东湾东岸盛行东南风，而西岸却吹东北风，迫使辽东湾顶(辽河口外)的沿岸低盐水沿两岸南下，流速可达 0. 3 节。而黄海暖流余脉的北支沿辽东湾东岸北上，构成一逆时针向的环流，并具有密度流性质；南支及渤海沿岸流所组成的渤南环流，则常年沿逆时针向流动。

实际的观测和相关的模拟研究表明(赵保仁等，1995)，冬季渤海表面盛行海流具体模式如图 10-5 所示。大体过程是：渤海海峡的海流为北进南出，通过渤海海峡北部进入渤海，其后通过渤海中部直抵渤海西岸，并由此分为南北两个分支。北向分支沿西海岸进入辽东湾，到湾顶后右转沿东岸南下，从而在渤海中部和辽东湾形成一个顺时针的环流。而南向分支，沿渤海西岸南进进入渤海湾，沿岸南下，途径黄河三角洲近海及莱州湾口，由渤海海峡南部流出渤海，在渤海南部从而形成了一个逆时针大环流。莱州湾则在风力和海岸走向的共同作用下形成了一个自成体系的顺时针环流(Mao and Guan，1981)。

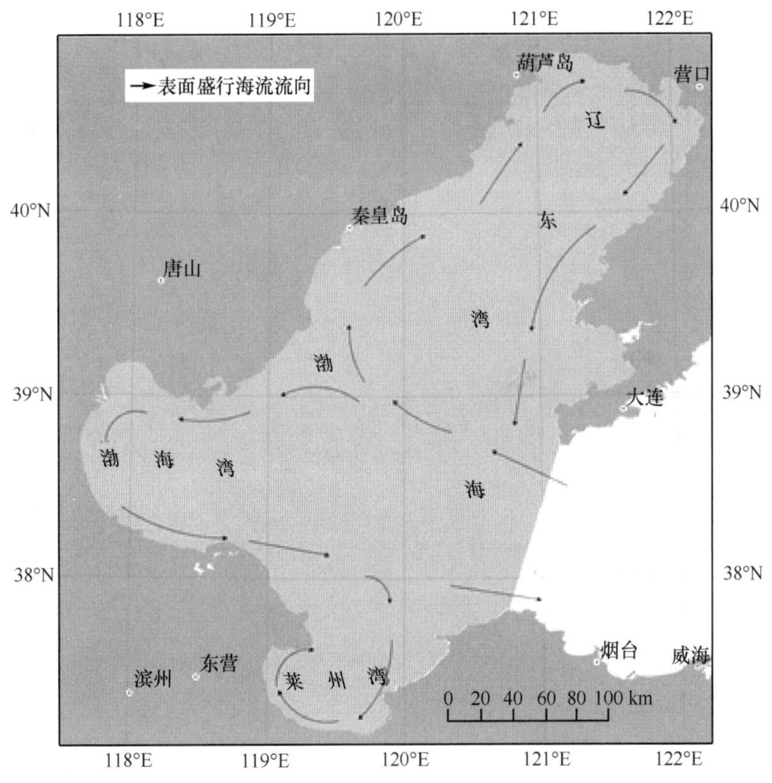

图 10-5 渤海冬季表面盛行海流

2. 海水盐度

根据国家海洋局在 2006 年发布的相关数据进行分析可知，渤海海水的冬季平均表层盐度分布表现为渤海湾和莱州湾盐度低，辽东湾和渤海中部及渤海海峡盐度高。盐度最低值出现在莱州湾顶的黄河口地区，冬季平均盐度值约为 29. 1；盐度最高值出现在辽东湾南部，盐度值约为 31. 1。从图 10-6 中可看出，辽东湾南部盐度值较高的盐水是北黄海高盐水从渤海海峡西伸进入渤海的水，受北黄海暖流影响，盐度较高，南北低盐区和中部高盐区形成盐度锋。

盐度对于海冰生成的影响虽不显著，但部分区域如在黄河口地区，较低的海水盐度在低温并不突出的条件下，促进了海冰的生成，造成了该处相对临近区域较为突出的冰情(张方俭，1986)。

10. 2. 4 区 域 气 候

影响海冰资源开发区位条件的区域气候因素主要是冬季气温和盛行季风。

1. 冬季气温

每年冬季的冰期长短、结冰范围等均有差异，其与当年冬季平均气温状况密切相关(马毓倩和李桐魁，2003)。渤海位于欧亚大陆的东侧，常受西伯利亚寒潮的侵袭和稳定的

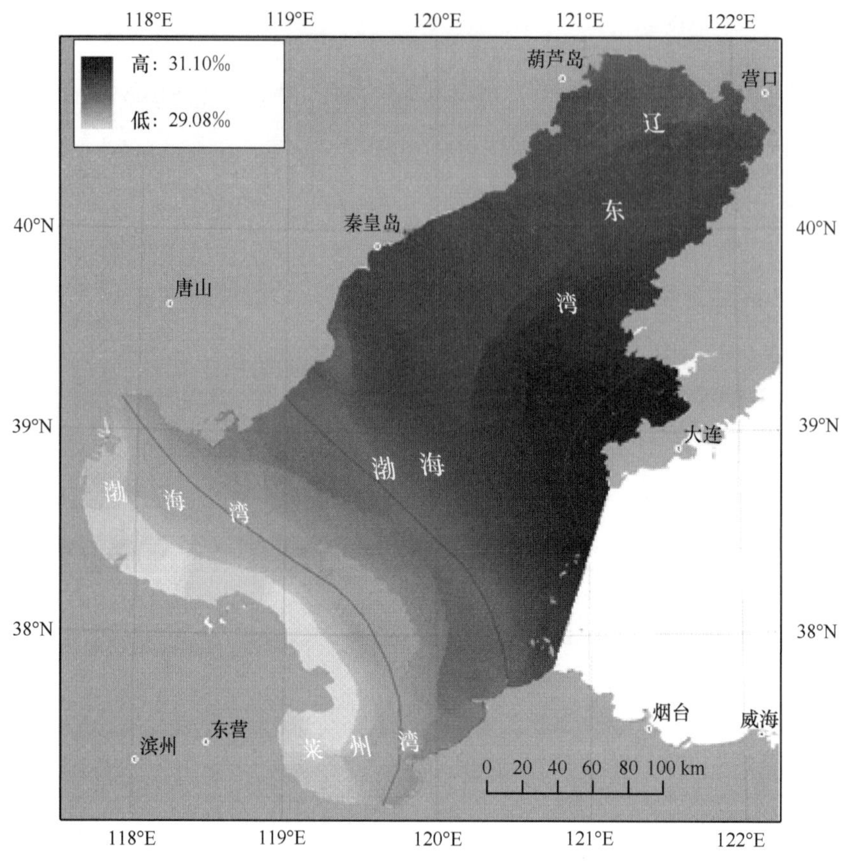

图 10-6　渤海表面海水冬季平均盐度分布图(国家海洋局，2006)

蒙古冷高压的控制，天气寒冷而干燥。当同一纬度的欧洲大西洋沿岸鲜花盛开的时候，渤海却是千里冰封的严冬季节。冬季的相对低温使得渤海成为世界上纬度最低的结冰海区。

海面冰的出现和分布主要是由表面海水降温到冻结点并持续冷却后形成的。在盐度基本保持稳定的限定海区，海水的冻结温度也是基本固定的，而盐度降低，冰点会随之提高。标准海水(盐度为 35‰)的冻结温度是-1.8℃，渤海区域海水盐度相对较低，表面海水盐度一般为 28‰~30‰，冻结温度相对较高，但也基本在-1℃以下，如辽东湾冰点温度约为-1.4℃。因此海面气温若不能持续稳定在-2℃乃至更低温度以下，是不利于海冰的生成乃至开采后再生的，通过对渤海海冰再生周期及工程性开采次数的研究进一步说明了气温对海冰资源开发的重要性(顾卫等，2003)。

根据来自中国气象局 1971~2000 年的资料统计，渤海及其沿岸地区冬季(12 月至翌年 2 月)平均气温等值线有随纬度变化的变化趋势(图 10-7)，在葫芦岛、盘锦、营口及锦州等北部城市冬季，平均气温在-6℃以下。从大连—唐山一线向南逐渐变暖，大连、唐山冬季平均温度为-3℃左右，而到南部的莱州湾地区平均温度则在-1℃左右，呈现出随纬度升高而下降的规律，但在南部受到大陆和海洋热力性质差异的影响，有西部低于东部的规律，如黄河三角洲冬季平均温度为低于-1℃，而同纬度的胶东半岛大部分地区要高于 0℃。

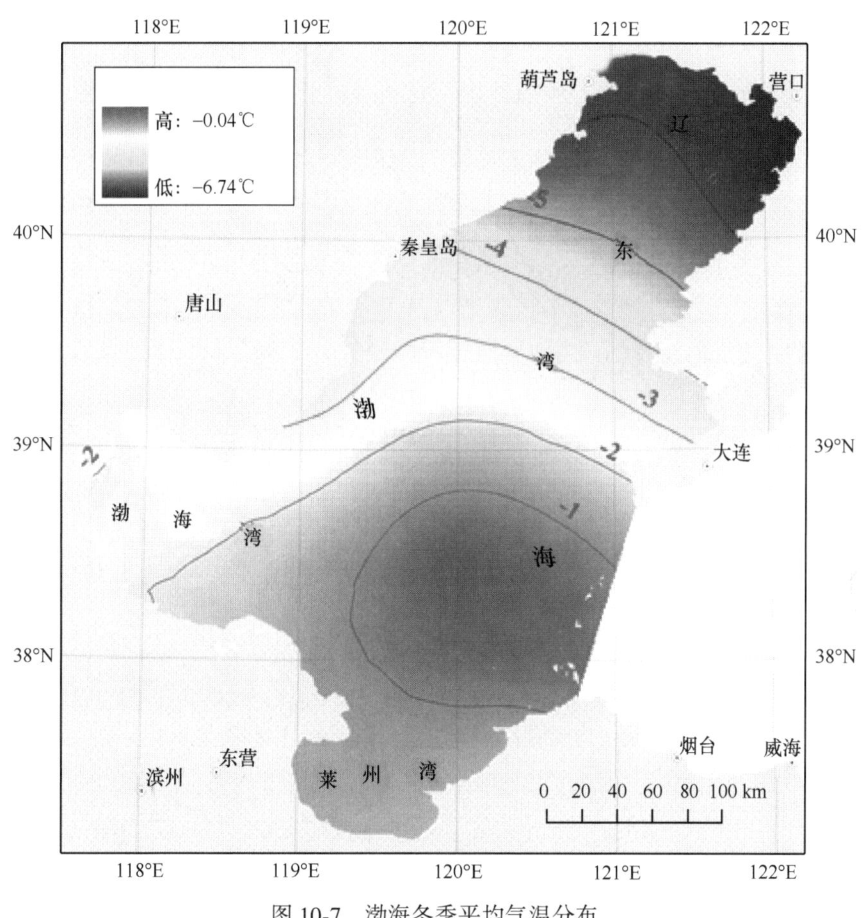

图 10-7　渤海冬季平均气温分布

（彩图见书后）

2. 冬季风

我国是一个典型的季风气候国家，冬季盛行偏北风，是季风最强的季节。此时，整个欧亚大陆几乎被强大的冷高压所控制，高压中心经常停留在蒙古国及我国内蒙古一带，每一次冷空气南下，伴随着出现一次大风过程。渤海地处欧亚大陆东部，所处纬度较高，正是冷空气南下的必经之路。此外，渤海还经常受到气旋大风的影响。因而，冬季渤海海面平均风力较大。

图 10-8 给出冬季合成风应力的量值和方向。图中箭头所指方向即为风应力的方向。在渤海中部、渤海海峡及其邻近海区风应力指向南南东；渤海湾指向东南；辽东湾中部以东及其沿岸地区，由于摆脱了长白山余脉山系的影响，在长兴岛附近开始拐弯逐渐转向南南东，应力方向沿着辽东半岛西部沿岸穿过渤海海峡到海峡东部呈一抛物线形状（张美芳和吴金宝，1983）。渤海主风向分区特征表现为辽东湾顶的风向为东北向，往南至辽东湾口逐渐转为北向；渤海湾风向则由从湾顶的西北风逐渐转为北向风；莱州湾沿岸风向由于受到胶东半岛阻挡的影响，则由湾口的偏北逐渐转向西南方向，而渤海中部则以北向风为主（图 10-9）。

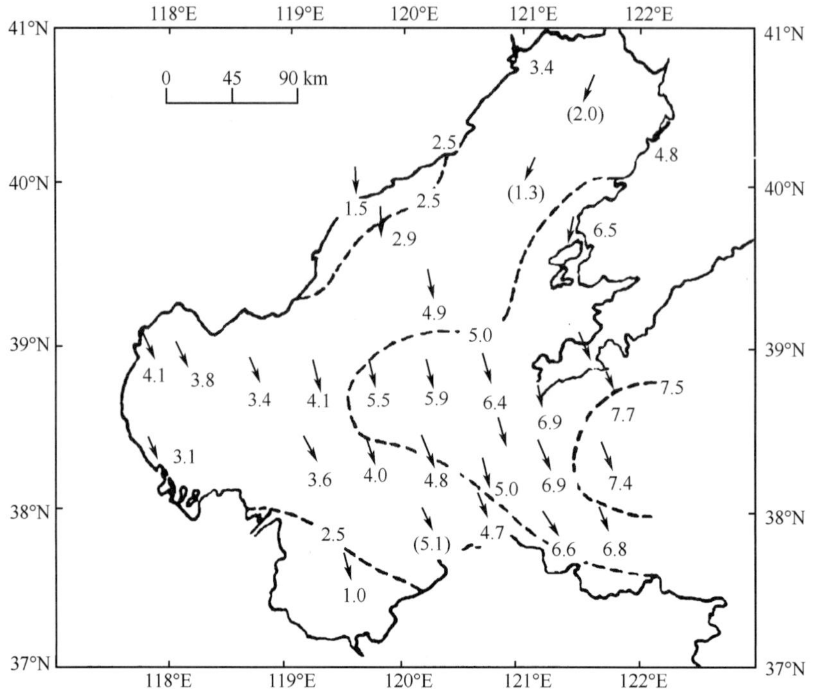

图 10-8 冬季渤海海面平均风应力场(单位：$N/m^2\times10^{-2}$)(张美芳和吴金宝，1983)

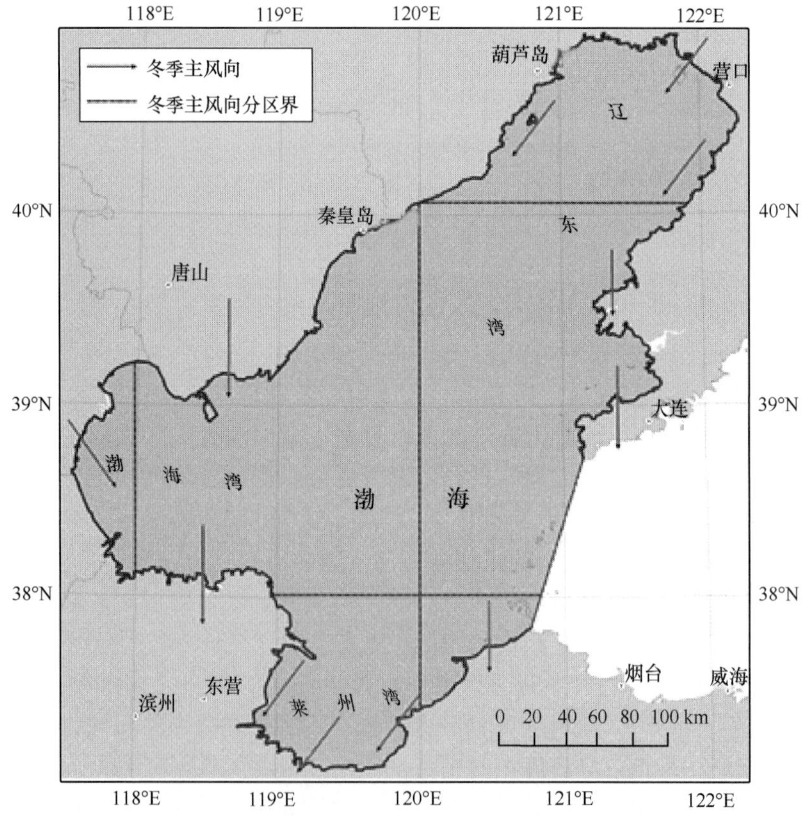

图 10-9 冬季渤海风向分区(国家海洋局，2006)

在冬季风(北风或偏北风)的影响下，海冰的漂移乃至分布都呈现出一定的规律性。例如，辽东湾西岸和东岸的海冰有很大差异。西岸是冬季风的背风岸，海冰形成后，在偏北气流的作用下不断地从岸边流向海上，表现为“离岸冰”的特征；东岸是冬季风的迎风岸，不仅自身有海冰的形成，还不断地接受由海上漂来的流冰，表现为“近岸冰”的特征(白珊，1999)。

因此，冬季风的作用主要体现在对海冰资源分布的影响，其与一定的海流条件相配合，在海冰生成能力区域差异的基础上导致了渤海海冰资源量在空间上的分异，从而使渤海海冰资源的空间分布呈现出如图 10-1 所示的特征。

10.3　渤海海冰资源开发区位评价

在本节中，冬季风与海流因素虽没有被列入评价指标体系，但针对两者直接作用下的海冰资源及其分布进行的海区条件评估，实质上已经涵盖它们的影响。

海冰资源开发条件所表现出的区域性差异是选择海冰资源开发区位的有效依据，而区域海冰资源开发条件的优劣是多项因素综合作用的结果。因此，评定区域的海冰资源开发区位条件需要建立客观合理的指标评价体系。根据海冰资源开发区域要求及对涉及因素的综合分析，对区位的评价应涉及海区和海岸两个主要方面的因素，研究中选取评价海区条件的海冰资源保证率、气温、水深、海水盐度、海区距岸距离和评价海岸的特定水深线距岸距离等指标组成评价指标体系。

10.3.1　渤海海区海冰资源开发适宜性评价

在对海区海冰资源开发适宜性的各评价指标中，海冰资源保证率(多年平均>10 cm 厚度海冰出现频率)的数值大小在一定程度上反映了海区的海水资源丰富程度，其基本反映了在一定时间(冬季冰期)和空间内(整个海区)海冰资源的分布情况，因而是评价海区海冰资源开发适宜性最基本的也是最重要的指标。

在已有指标针对现实的海冰资源丰富程度进行评价时，冰期气温的高低、水深的大小和盐度的状况的作用主要体现在海冰的实际开发过程中，其制约到海冰资源再生能力的大小，从而最终影响到海冰资源在开采后的资源补充能力。相比能直接反映资源丰富程度的指标，其所起到不可忽视的作用只有在海冰的工程性开采中才能得以充分体现。

从这 3 种指标的具体情况看，温度和水深在渤海区域的空间分布上表现出较大的差异性，且从其外在表现特征看(图 10-4 和图 10-7)，两者与海冰资源的现实分布有较大的契合性，在一定程度上表明两者与区域海冰资源生成能力的密切关系。与之对比，冬季渤海海域海水的表面盐度主要在 29‰~31‰之间波动，区域间变化平缓，其与区域海冰资源的分布除在个别区域外，并没体现出较大的关联，其对渤海海冰资源生成能力的影响表现相对较弱。

在海区评价中，海区距岸距离的大小至关重要。因为在现有海冰资源开发技术条件下，以岸基海冰开采为特征的海冰资源产业化开发，海冰资源的可获得性与其所在位置距岸距离有着高度的关联性。在特定区域，海冰在适合的盛行风和海流的作用下可自行向岸聚集，较小的海冰距离无疑增加了其可被开采的可能性，即一定海区丰富的海冰资源只有结合较短的离岸距离才具备较大的开发价值。

综上所述，海冰资源开发适宜性评价受到上述 5 个主要指标的共同影响，而实际上各个指标对于评定的影响程度是有差异的，这就需要对其值进行评估，即计算各个指标对应的权值。虽然各指标对评定的影响是客观存在的，但要同时评估多个指标对海区海冰资源开发适宜性影响的大小是非常困难的。为解决这个问题，可以谋求通过每两个指标对等级评定影响的比值得到判断矩阵再计算矩阵的标准化(各分量和为 1)，求得各指标对于海区海冰资源开发适宜性评价的权值，再由权值结合各指标的标准化值进行加权计算得到海区海冰资源开发适宜性的评价指数。

首先构造判断矩阵。判断矩阵是用以表示同一层次各个指标的相对重要性的判断值。在建立指标体系后，请专业人员对每两个指标两两比较其重要性，构建判断矩阵，导出权重。在构建判断矩阵时，采用了 1~9 比例标度。即将两个对象区分为“同样重要”“稍微重要”“重要”“重要得多”和“绝对重要”几个等级。在相邻两级中再插入一级，共 9 级，构成一个判断矩阵 A_j，其标度见表 10-3。

表 10-3　两两比较的等级划分及其标度

含义	标度
表示两个指标相比，具有同样重要性	1
表示两个指标相比，前者比后者稍微重要	3
表示两个指标相比，前者比后者明显重要	5
表示两个指标相比，前者比后者强烈重要	7
表示两个指标相比，前者比后者极端重要	9
表示上述相邻判断的中间值，重要程度分别介于 1、3、5、7、9 之间	2、4、6、8
若指标 i 与指标 j 的重要性之比为 a_{ij}，则指标 j 与指标 i 重要性之比为 $a_{ji}=1/a_{ij}$	上述各数的倒数

经上述分析，得出的判断矩阵如下：

$$A_j=(A_{ij})_{4\times4}=\begin{pmatrix} a_{11} & a_{12} & \cdots & a_{15} \\ a_{21} & a_{22} & \cdots & a_{25} \\ \vdots & \vdots & & \vdots \\ a_{51} & a_{52} & \cdots & a_{55} \end{pmatrix} \tag{10-2}$$

构造完判断矩阵之后，再依据此矩阵，计算各指标权重，具体步骤如下。

第一步　计算判断矩阵 A 的每一行指标的积 M_i：

$$M_i=\prod_{j=1}^{5} a_{ij},\qquad i=1,2,3,4,5 \tag{10-3}$$

第二步　计算各行 M_i 的 5 次方根值 $\overline{w}_i$：

$$\overline{w}_i=\sqrt[5]{M_i}\qquad i=1,2,3,4,5 \tag{10-4}$$

第三步　将向量归一化，计算公式如下：

$$W_i=\overline{w}_i\Big/\sum_{j=1}^{5}\overline{w}_j \tag{10-5}$$

式中，W_i 即为所求的各个指标的权重系数值。

第四步　检验矩阵的一致性。通过计算最大特征根 λ_{max}，结合平均随机一致性指标 RI，计算出一致性比率 CR，当 CR 小于 0.1 时，一般认为判断矩阵具有满意的一致性。否则就需要调整判断矩阵，使之具有满意的一致性。

海区海冰资源开发适宜性评价指标体系及通过上述计算过程所得的且经过一致性检验的各指标权重值如表 10-4 所示。

表 10-4　海区海冰资源开发适宜性评价指标及其权重

序号	指标名称	指标代号	指标权重
1	海区海冰资源保证率	B_1	0.38
2	海区温度	B_2	0.08
3	海区水深	B_3	0.13
4	海区盐度	B_4	0.04
5	海区距岸距离	B_5	0.38

经过指标的选择及权重的计算，再进行海区海冰资源开发适宜性指数 S 的计算。在对海区进行上述评价中，已按照前述方法，即以 1 km×1 km 为基本网格单元，利用 ArcGis 9.3 软件将渤海海区划分为 73 944 个地理网格，并将涉及各个指标值落实到每个网格之内，则海区内每个网格区域海冰资源开发适宜性综合指数 S 的计算公式为

$$S_{ij} = \sum_{i=1}^{5} w_i \times b_{ij}, \quad i = 1, 2, 3, 4, 5; j = 1, 2, 3, \cdots, 73\ 944 \tag{10-6}$$

式中，b_{ij}为第 j 个网格区域内的第 i 个指标经过标准化后的值。

S 值越大，代表海区的资源开发适宜性越好。

经过上述运算得出的各个网格点的指数值共同组合，构成了整个渤海海域海冰资源开发适宜性指数的分布状况，如图 10-10 所示。

若以指数值大于 0.80 作为划分最适宜开发海冰资源海区的标准，由上述分析可知，最适宜海区主要位于辽东湾顶和辽东湾东岸北部沿岸海区。而若界定指数值大于 0.60 的区域即为适宜开发海冰资源的海区，则指数值处于 0.60~0.80 的适宜开发海域主要位于辽东湾西岸海区、辽东湾北部海区、辽东湾东岸部分近岸海域和位于金州湾南部的大连市区北部小面积海区，渤海湾北起秦皇岛南部南至东营港的狭窄近岸海域也属于适宜开发海冰资源的海区。

10.3.2　渤海海岸条件对海冰资源开发适宜性的影响分析

海岸条件对于海冰资源开发的主要影响在于岸基采冰技术对于海岸环境条件的较高要求(李澜涛，2012)。除海岸本身的性质外，近海的形态和水深的作用也尤为关键。辅助设施(栈桥、码头和拦冰坝等)需穿过位于潮间带上难以顺利开展海冰开采作业的半搁浅冰区，潮间带的宽度决定了相关基础设施向海延伸的最短距离值越大，会导致基建规模的扩大和相关投资的增加，也增加了海冰向岸运输的成本。而目前技术条件下，破冰、集冰等浮体的安全稳定运行则要求作业区域具有一定的水深(>2 m)，在浅水区则很

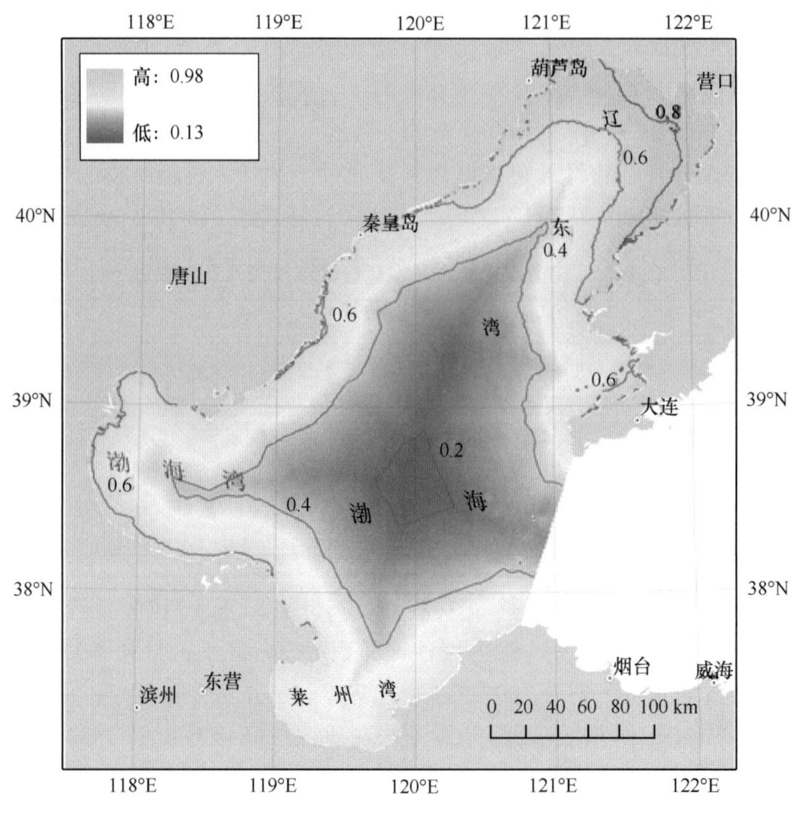

图 10-10　渤海海区海冰资源开发适宜性指数分布图

（彩图见书后）

难顺利进行海冰资源开采作业。因此，沿岸的海岸性质、近海形态和水深状况是影响区域海冰资源开发的主要环境限制因素。

从海岸性质看，辽东湾东西两岸及莱州湾东部地区的基岩型海岸更加有利于在当地开展海冰资源开发工程的建设，而渤海湾、莱州湾大部和海冰资源最为丰富的辽东湾顶地区则受制于淤积型的平原和三角洲的海岸属性。

根据图 10-11 中渤海海岸外侧潮间带规模的分布状况可知，渤海湾和莱州湾大部及辽东湾顶地区的海岸外侧存在着宽广的潮间带，渤海湾和莱州湾大部宽度基本都在 5 km 以上，最宽处在渤海湾及辽东湾顶地区可达 15 km 以上。在上述地区修建跨越潮间带的采冰附属基础设施，必将面临设施延伸过长而导致建设投资过大的问题，海冰的向岸运输也会受到限制。

若按照当前采冰设备的技术要求，水深小于 2 m 的浅水区则是又一个限制海冰开采的海岸环境条件。从图 10-11 可以看出，在渤海区域，此一浅水区的分布有明显的区域性特征：各海湾中，渤海湾和莱州湾沿岸海域均有较大面积的浅水区，而辽东湾地区除湾顶地区外的大部分海岸情况则相对较好。若界定于 2 m 水深线距离小于 1 km 的海岸为深水岸线，则深水岸线主要分布在辽东湾南部东西两岸及莱州湾以东海岸。深水岸线更加临近深水区，更加有利于在所在区域开展海冰开采作业。

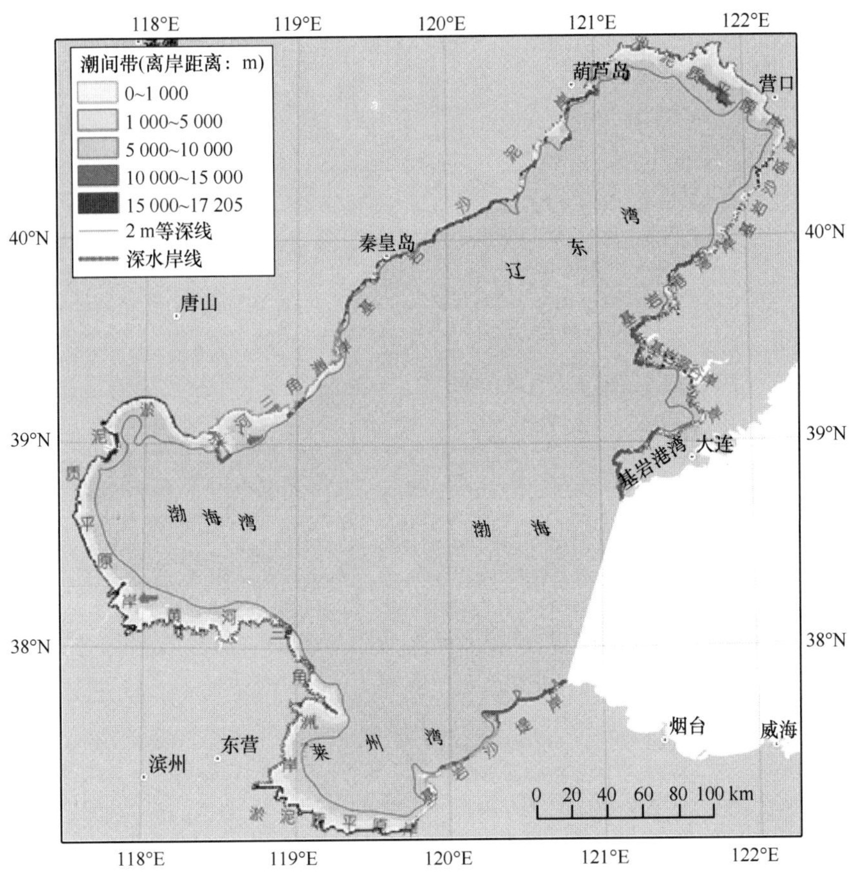

图10-11　渤海海岸海冰资源开发条件示意图

(彩图见书后)

10.3.3　渤海各区域适宜性综合评价

评估渤海海冰资源的区位需要在海区和岸线适宜性评价的基础上，通过分析两者在空间上的契合性进行区域适宜性的综合评估。由于海区和岸线适宜性评价结果的差异，渤海沿岸各处表现出不同的特征，这也成为渤海海冰资源开发区位选择的客观依据。

根据渤海海岸规模的差异，可将整个渤海分为辽东湾东岸南部(长兴岛及以南岸线)、辽东湾东岸北部、辽东湾顶、辽东湾西岸、渤海湾和莱州湾地区进行分区评估海冰资源开发的适宜性。

1. 辽东湾东岸南部地区

按照海区评价来看，在辽东湾东岸南部存在着两处面积较大且较适宜开发海冰资源的海区，分别位于该区域北部长兴岛北岸海区和金州湾南岸部分海区(图10-12)。

该区的海岸类型大部分为基岩性港湾海岸，间有小部分基岩溺谷岸分布，海岸性质有利于开展海冰资源开发的基础设施建设；海岸外侧滩涂只在部分区域小面积存在，并不构成开发海冰资源的明显限制；而从水深状况看，适宜开发海区也有深水岸线临近，特别是长兴岛北岸海区。

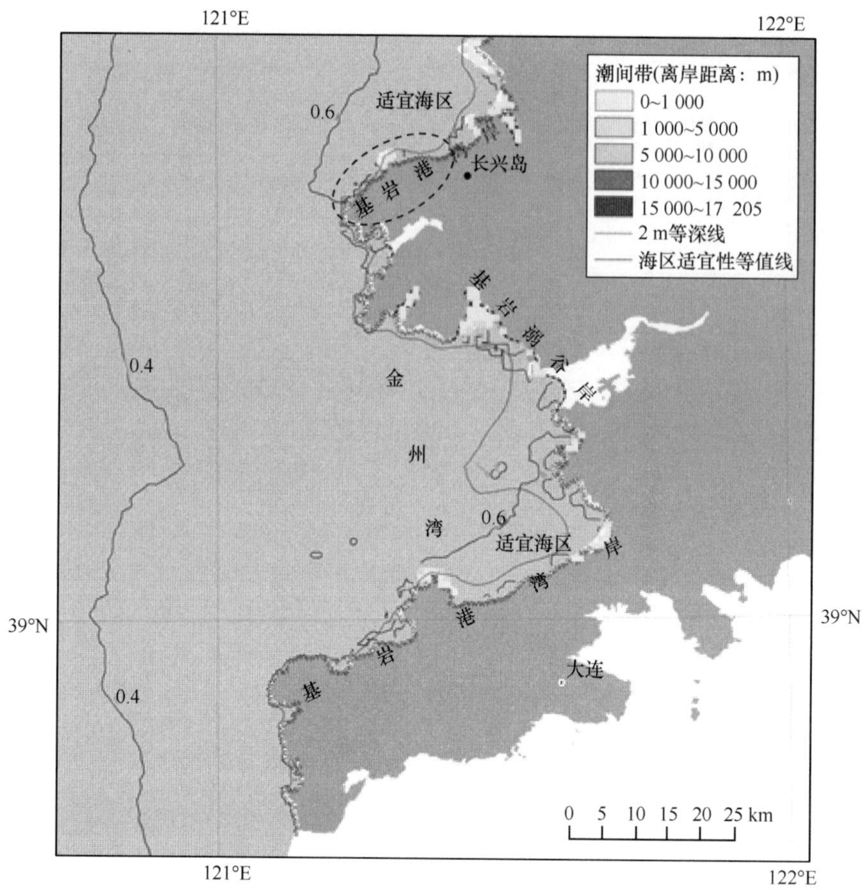

图 10-12　辽东湾东岸南部海冰资源开发区位分析

（彩图见书后）

因此，根据各项条件分析，可以判定该区中存在着适合开发海冰资源的区位，较为突出的区域则主要位于如图 10-12 中虚线框处。

2. 辽东湾东岸北部地区

该区海岸临近海域的海冰资源条件在整个渤海区域也几乎处于最佳状态，海区条件极适宜海冰资源的开发，其海岸类型大部分属于海冰开采相关基础设施建设施工条件较好的基岩类港湾岸和砂砾岸。沿岸滩涂虽广有分布，但普遍宽度较小，大多在 1 km 以内。

然而，由于沿岸大面积浅水区（小于作业要求的 2 m 水深）的存在，使得该区域深水岸线比较少（主要分布在该区南部海岸），对在海区条件极佳的该区域特别是在北部海岸带开发海冰资源构成一定限制。即使如此，综合各项因素，在该区南部长兴岛以北、隶属大连瓦房店市的部分海岸区域（图 10-13 虚线框内）仍具有较为优越的海冰资源开发条件。

3. 辽东湾顶地区

锦州港和鲅鱼圈以北的辽东湾顶地区海冰资源丰富，湾顶近岸海区的适宜性指数均在 0. 8 以上，海区开发条件极佳。

但该区的海岸大多属沙泥质的平原淤积型海岸，不利于开展对海岸基底稳定性要求

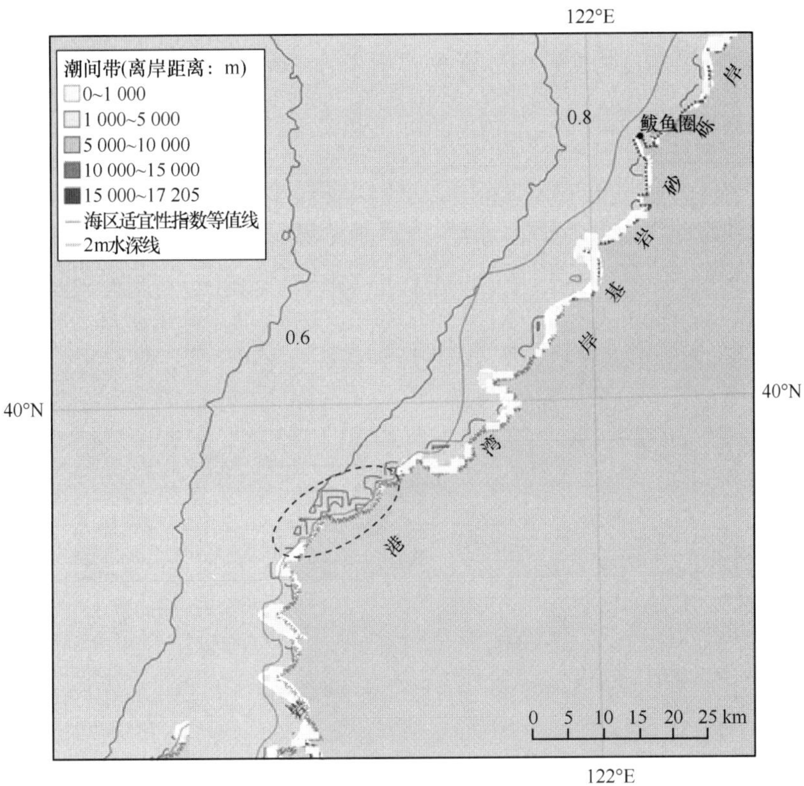

图 10-13　辽东湾东岸北部海冰资源开发区位分析

（彩图见书后）

较高的大规模、高强度基础设施建设，更为关键的是湾顶地区分布着宽广的滩涂，这构成了当前技术条件上对海冰资源进行开采的严重障碍。如果采取工程手段加以解决，需要修建长距离的跨海设施，即使在图 10-14 中虚线框所处的区域，滩涂宽度相对较小，

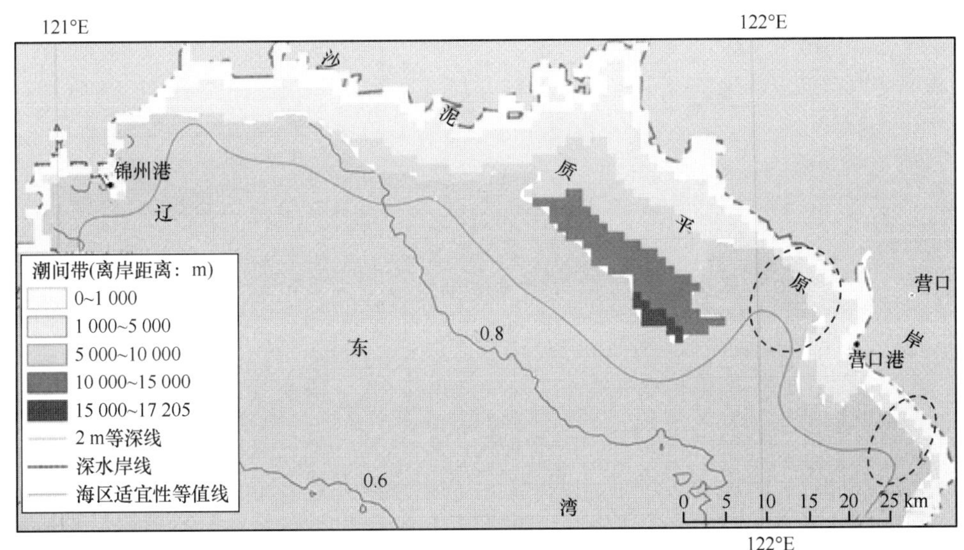

图 10-14　辽东湾顶地区海冰资源开发区位分析

（彩图见书后）

但也在 3 km 左右，且从岸线到适于海冰开采的深水区的距离更在 6 km 以上。因此，面临的工程投入和建设难度均会使海冰资源的开发受到严重制约。

4. 辽东湾西岸地区

从海区条件看，辽东湾西岸北部沿海属于较适宜开发海冰资源的海区，且该区海岸所属类型均属于基岩沙泥型，大部分海岸外侧滩涂规模较小，有利于开展工程建设，因此只要近岸水深条件适宜，在此地区就会存在适合开展海冰资源开发的区位。

根据上述要求，图 10-15 中虚线框内的辽东湾西岸的葫芦岛港附近、菊花岛部分海岸及葫芦岛市南部沿海等多处区域，海区条件适宜且紧邻深水岸线，利于海冰资源的开发。

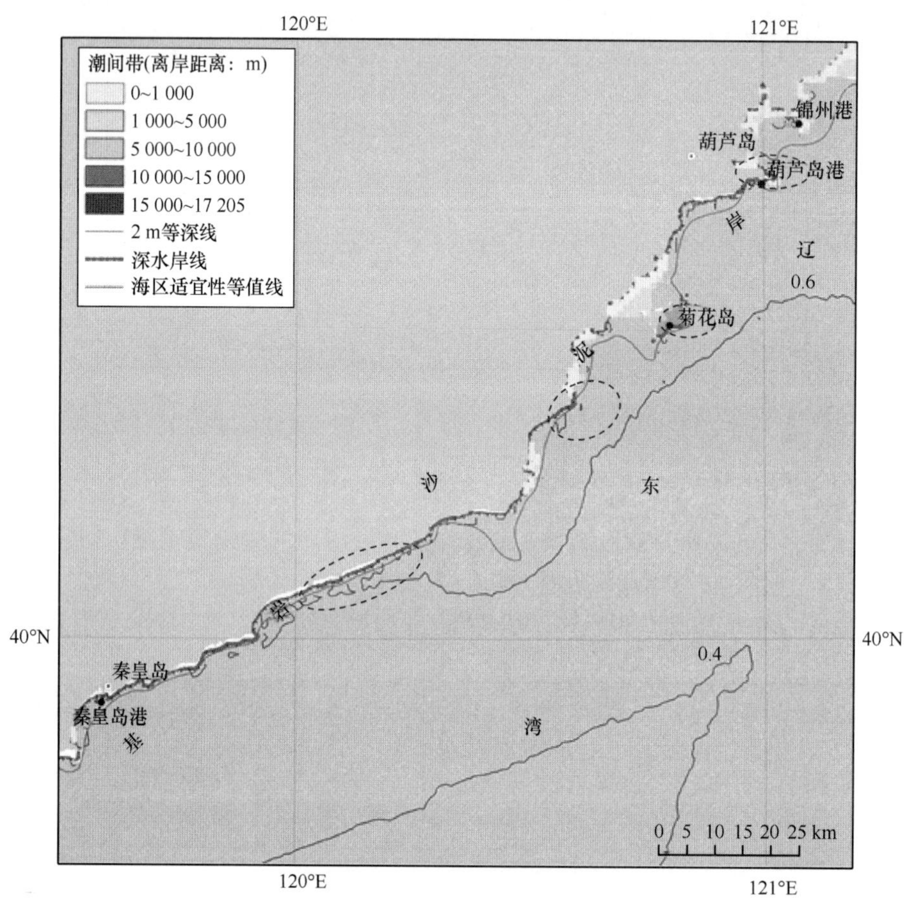

图 10-15　辽东湾西岸地区海冰资源开发区位分析

（彩图见书后）

5. 渤海湾地区

从海区条件看，渤海湾从湾顶向两侧延伸的沿岸存在着一个狭长的海冰资源开发适宜区（海区适宜性高于 0.6），但同时这些区域与岸线之间却分布着整个渤海区域面积最大的滩涂，滩涂外侧的近岸海区水深值也处于较低水平，这严重制约了在这一区域进行海冰资源开发。如图 10-16 所示，适宜开发海冰资源的海区大多位于 2 m 水深线向岸一侧，只有临近天津、黄骅和东营等海港（虚线框处）的极小部分海域符合作为海冰开采作业区的标准，但在前两者所在区域，若要达到适合作业的深水区，修建的附属设施需要向海的延伸距离要在 7 km 以上，在东营港区域也要超过 1 km。

此外，渤海湾海岸也由三角洲岸和淤泥质平原岸组成，不利于进行海冰资源开采的大规模基础设施建设。该区也有部分岸线如曹妃甸附近岸线条件较好，其所在的三角洲海岸的性质也可能通过一定的工程措施加以改善，以适应相关基础设施的修建，但其所临近海区的条件较差。

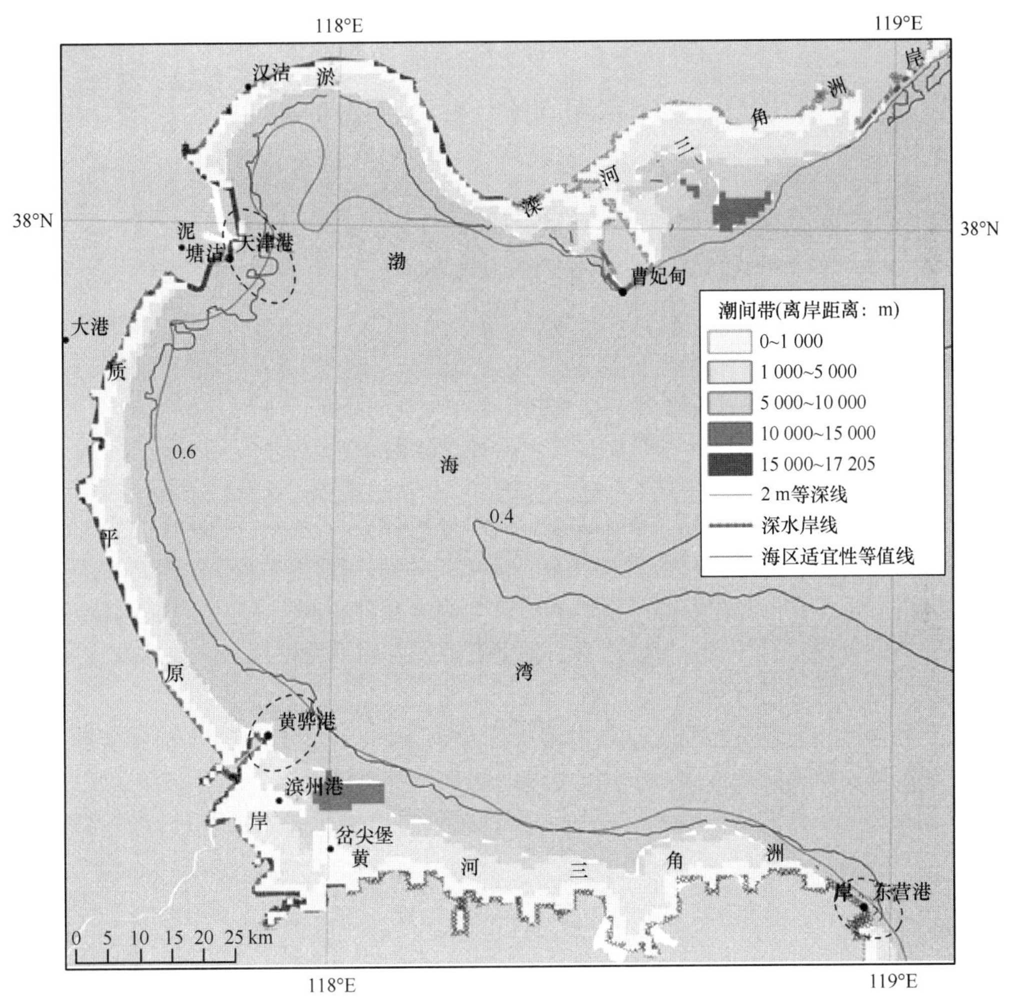

图 10-16　渤海湾地区海冰资源开发区位分析

（彩图见书后）

6. 莱州湾地区

由图 10-17 可知，从海区条件看，莱州湾大部地区的海区适宜性指数低于 0.4，这意味着该区的海冰资源条件不佳。实际上海冰资源的禀赋是海冰资源开发的最基本条件要求，这也决定了莱州湾地区并不适合对海冰资源的开发。

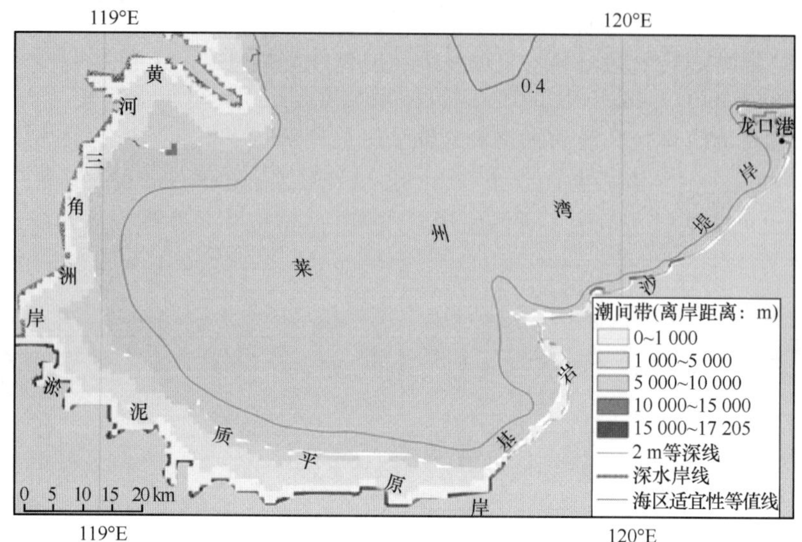

图 10-17　莱州湾地区海冰资源开发区位分析

（彩图见书后）

10.4　本 章 小 结

本章从海冰资源开发的区位要求出发，通过分析环渤海地区的水资源供求现状，揭示了海冰资源开发在区域内的必要性和现实意义。并通过围绕海冰资源禀赋和资源开发的环境条件要求，分析海冰资源开发的各项影响因素及其空间分布，并在此基础上对渤海海区和海岸分别进行评价，根据两者空间上的匹配性对渤海沿岸各主要区域进行海冰资源开发的可行性进行分析。

辽东湾地区相对具有较为优越的海冰资源开发条件，尤其以其东岸部分海岸为佳；渤海湾地区开发海冰资源虽具有一定的可能，但在当前海冰开发技术条件下，则面临着海冰资源及环境条件的约束等诸多不利因素；而莱州湾地区并不适宜进行海冰资源的开发。

参 考 文 献

白珊，刘钦政，李海，等. 1999. 渤海的海冰. 海洋预报，16(3)：1-9.

崔洪庆，韦重韬，司荣军. 2008. 地质学基础. 徐州：中国矿业大学出版社.

顾卫，顾松刚，史培军，等. 2003. 海冰厚度的时间变化特征与海冰再生周期研究. 资源科学，25(3)：24-32.

顾卫，史培军，刘杨，等. 2002. 渤海和黄海北部地区负积温资源的时空分布特征. 自然资源学报，17(2)：168-173.

国家海洋局. 2006. 中国近海海洋环境图集. 天津：国家海洋信息中心授权发布：45.

郝培章，刘金芳，俞慕耕. 1993. 辽东湾海冰及运动特点分析. 海洋预报，10(4)：54-58.

何书金，李秀彬，刘盛和. 2002. 环渤海地区滩涂资源特点与开发利用模式. 地理科学进展，21(1)：25-34.

李澜涛. 2013. 渤海海冰资源开发利用的区域适宜性评价研究. 北京师范大学博士学位论文.

马德毅，陈伟斌. 2005. 海冰资源开发利用与环渤海地区可持续发展. 中国海洋学会 2005 年学术年会. 银川.

马毓倩，李桐魁. 2003. 渤海沿岸冬季气温统计在海冰管理中的作用. 海洋预报，20(1)：32-37.

吴辉碇，白珊，张占海. 1998. 海冰动力学的数值模拟. 海洋学报，20(2)：1-13.

吴龙涛，吴辉碇，李万彪，等. 2005. 渤海冰漂移对海面风场、潮流场的响应. 海洋科学，27(5)：15-21.

谢锋，顾卫，袁艺，等. 2003. 辽东湾海冰资源量的遥感估算方法研究. 资源科学，25(3)：17-23.

杨国金. 2000. 海冰工程学. 北京：石油工业出版社.

袁帅. 2009. 渤海海冰资源量时空分布及其对气候变化的响应. 北京师范大学博士学位论文.

张方俭. 1979. 我国海冰的基本特征. 海洋通报，(6)：99-125.

张方俭. 1986. 我国的海冰. 北京：海洋出版社.

张家团，孙远斌. 2011. 环渤海地区水资源科学开发利用及管理探讨. 中国水利，(13)：10-13.

张美芳，吴金宝. 1983. 冬夏季渤海平均海面风应力场. 湖泊沼泽通报，(1)：1-6.

张效龙，邱汉学，张权. 2001. 环渤海经济区水资源现状及其可持续利用对策. 海岸工程，20(1)：64-71.

赵保仁，庄国文，曹德明，等. 1995. 渤海的环流、潮余流及对沉积物分布的影响. 海洋与湖沼，26(5)：466-473.

中国科学院海洋研究所. 1985. 渤海地质. 北京：科学出版社.

Li N, Xie F, Gu W, et al. 2009. Using remote sensing to estimate sea ice thickness in the Bohai Sea, China based on ice type. International Journal of Remote Sensing, 30(17): 4539-4552.

Mao H L, Guan B X. 1981. A note on circulation of the East China. Proceeding of the Japan-China Ocean Study Symposium on "Physical Oceanography and Marine Engineering in the East China Sea". Shimitu: Tokai University.

USNOO. 1964. Ocean Currents in the Vicinity of the Japanese Islands and China Coast.

Yuan Shuai, Gu Wei, Xu Yingjun, et al. 2012. The estimate of sea ice resources quantity in the Bohai Sea based on NOAA/AVHRR data. Acta Oceanologica Sinica, 30(1): 33-40.

彩 图

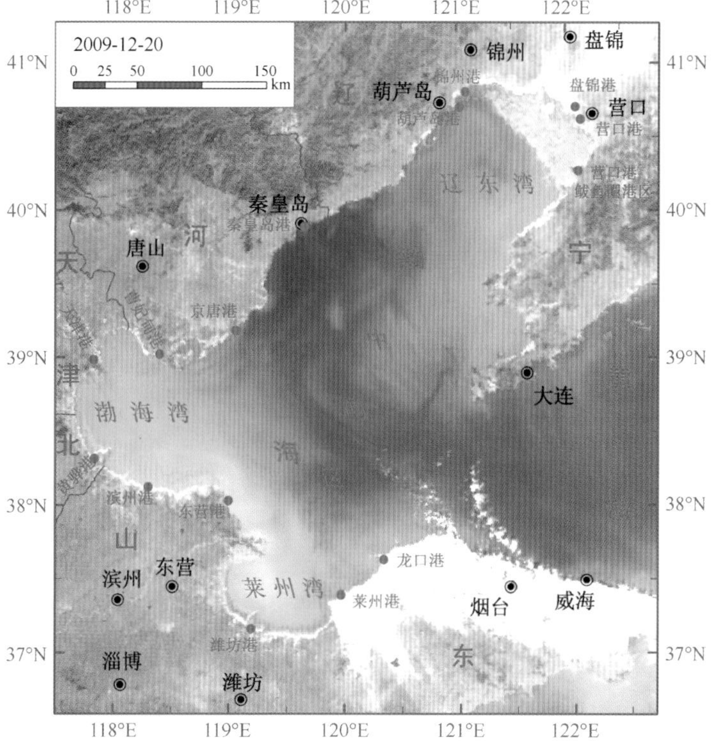

图 1-3(a) 初冰期 (2009 年 12 月 20 日) 海冰遥感图像

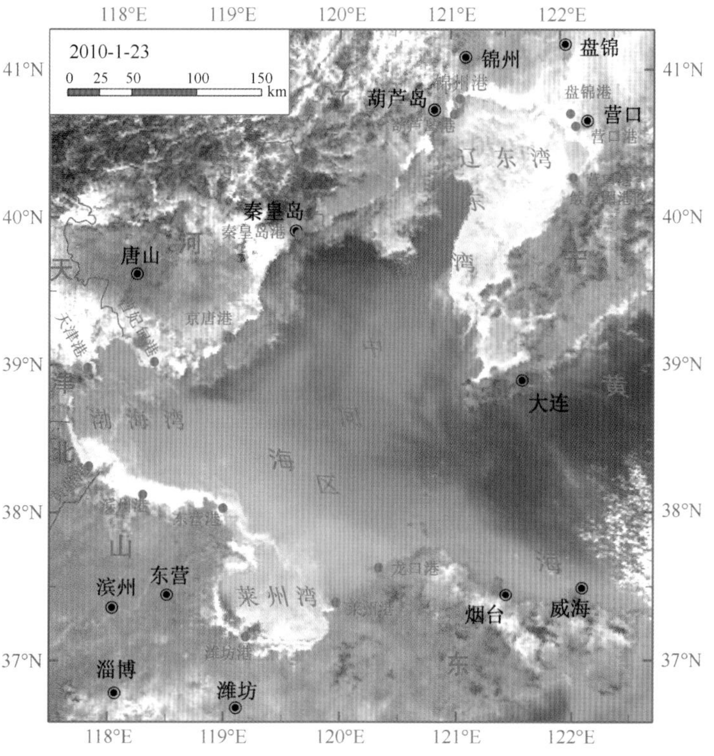

图 1-4(a) 盛冰期 (2010 年 1 月 23 日) 海冰遥感图像

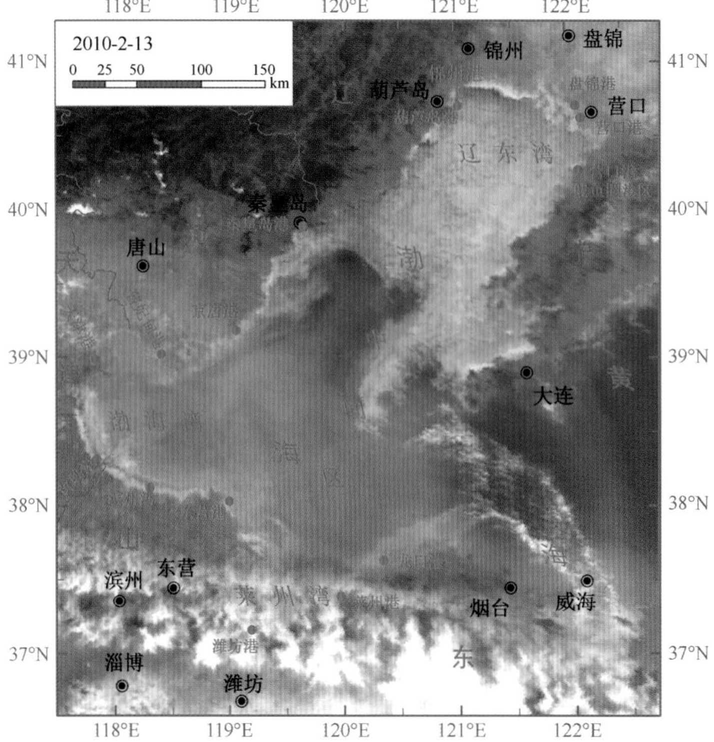

图 1-5(a) 盛冰期 (2010 年 2 月 13 日) 海冰遥感图像

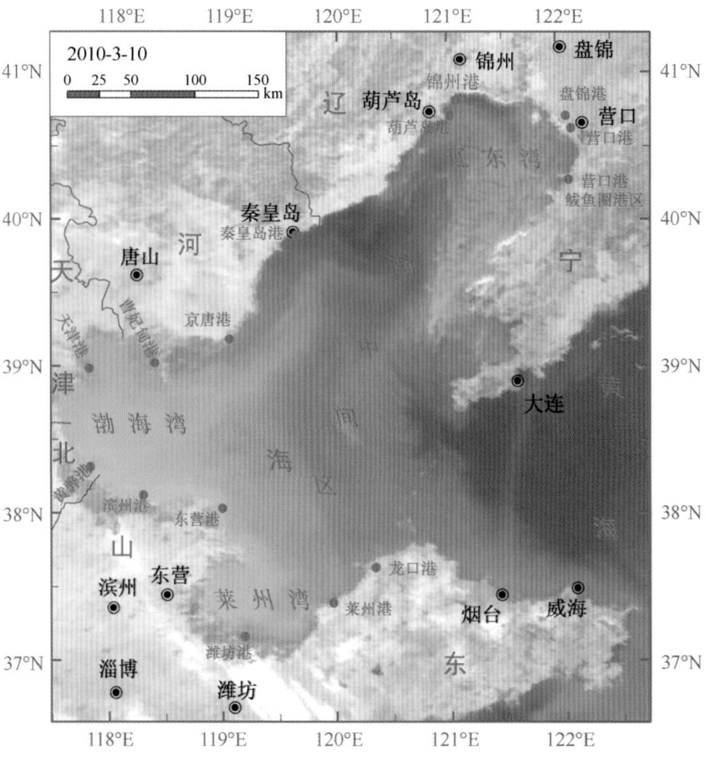

图 1-6(a) 终冰期 (2010 年 2 月 13 日) 海冰遥感图像

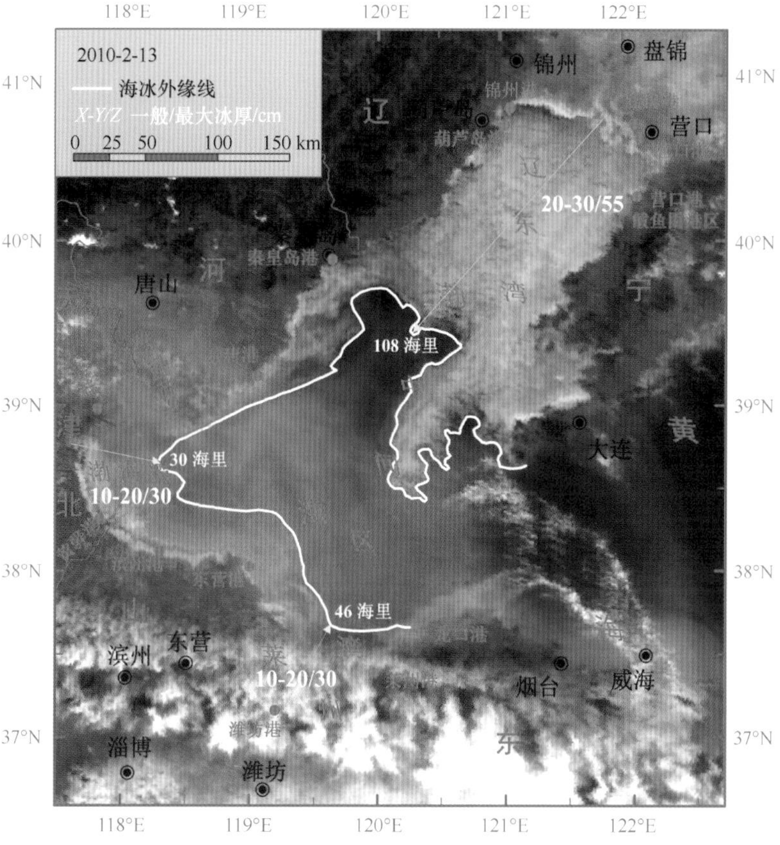

图 1-7 2010 年 2 月 13 日海冰实况图

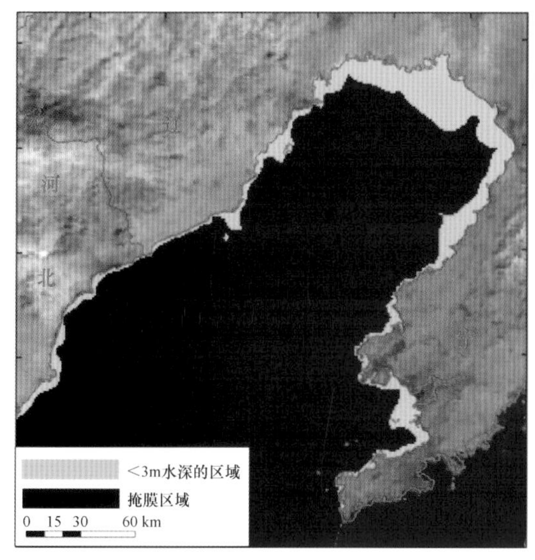

图 2-1 NOAA-14/AVHRR 资料利用海底等深线进行二值掩膜处理

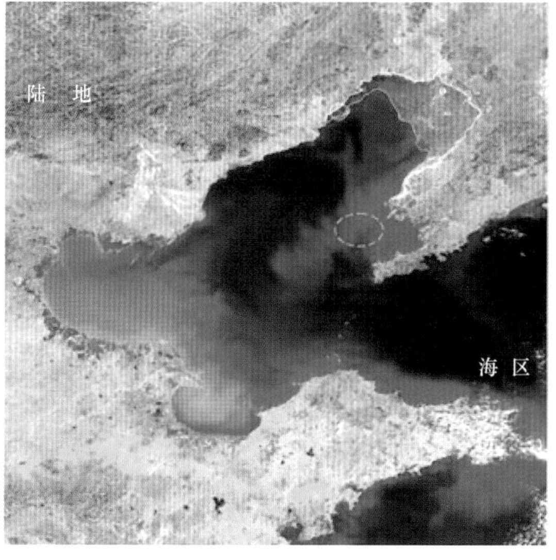

图 2-2 冬季渤海的卫星影像

图 2-5　不同分类数目的渤海海区影像非监督分类结果

（蓝色范围表示分类结果中的某一类型）

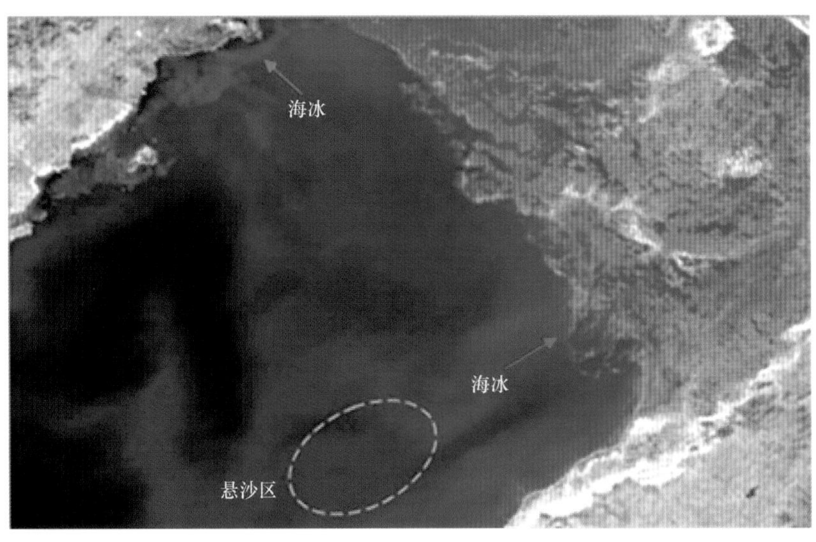

图 2-6　冬季渤海可见光反射光谱范围的影像图

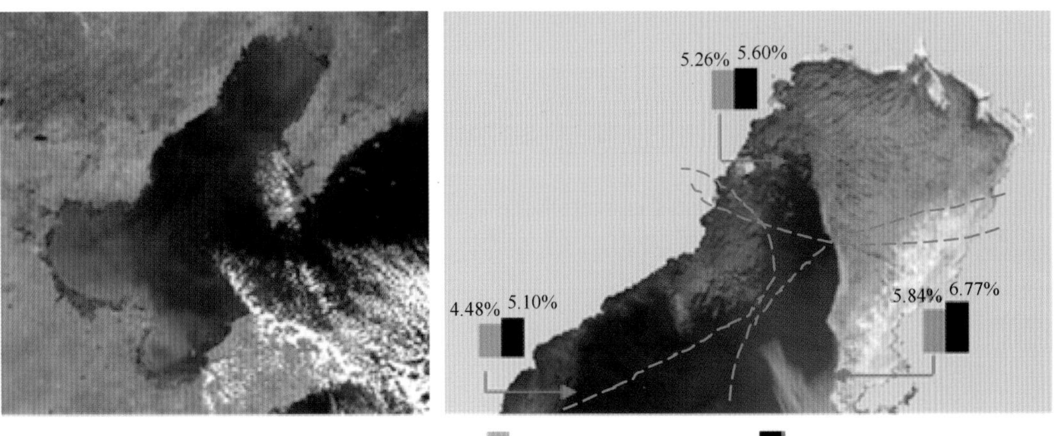

图 2-7　渤海北部海区可见光波段影像中的 3 个分区

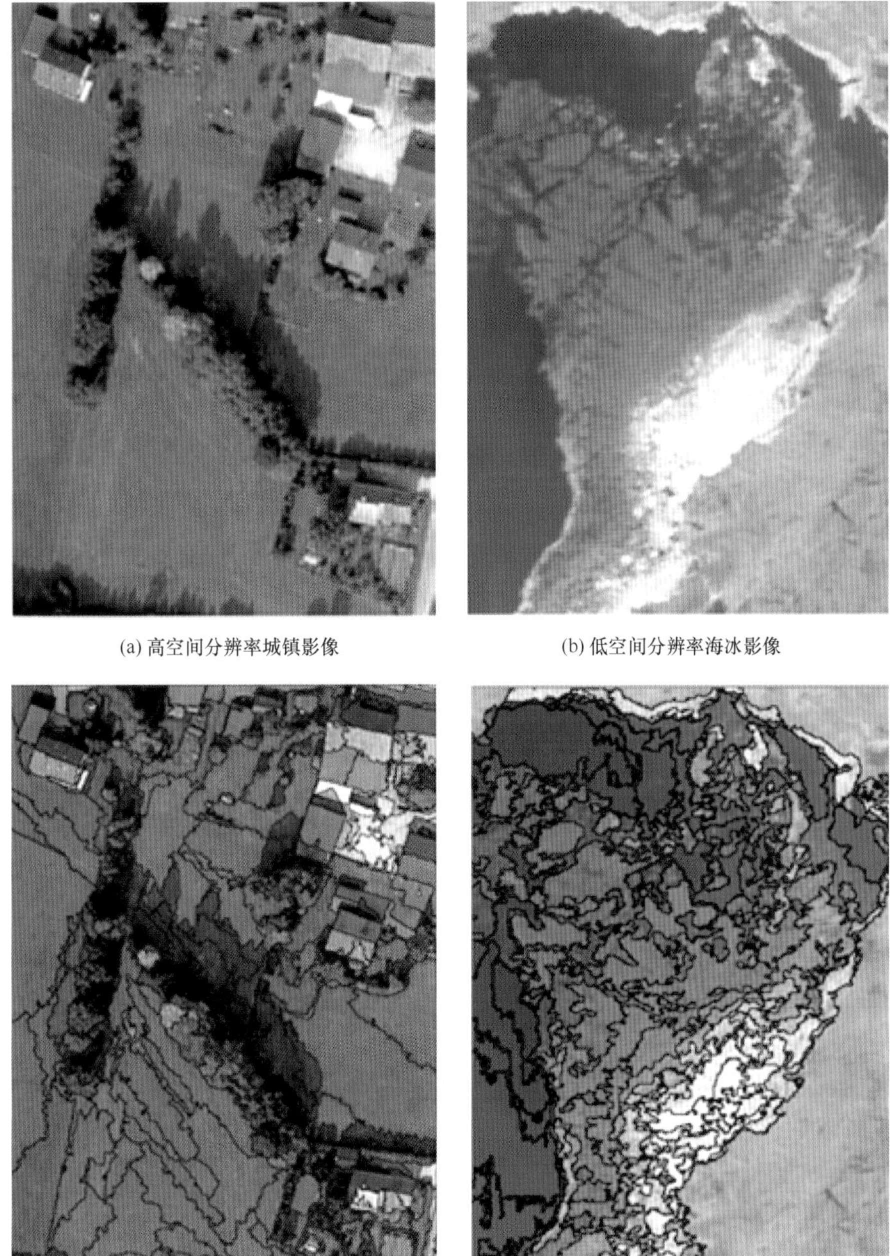

(a) 高空间分辨率城镇影像

(b) 低空间分辨率海冰影像

(c) 高空间分辨率影像的分割对象

(d) 低空间分辨率的分割对象

图 2-10　高空间分辨率城镇影像（a、c）和低空间分辨率海冰影像（b、d）

影像范围以黑色封闭多边形表示

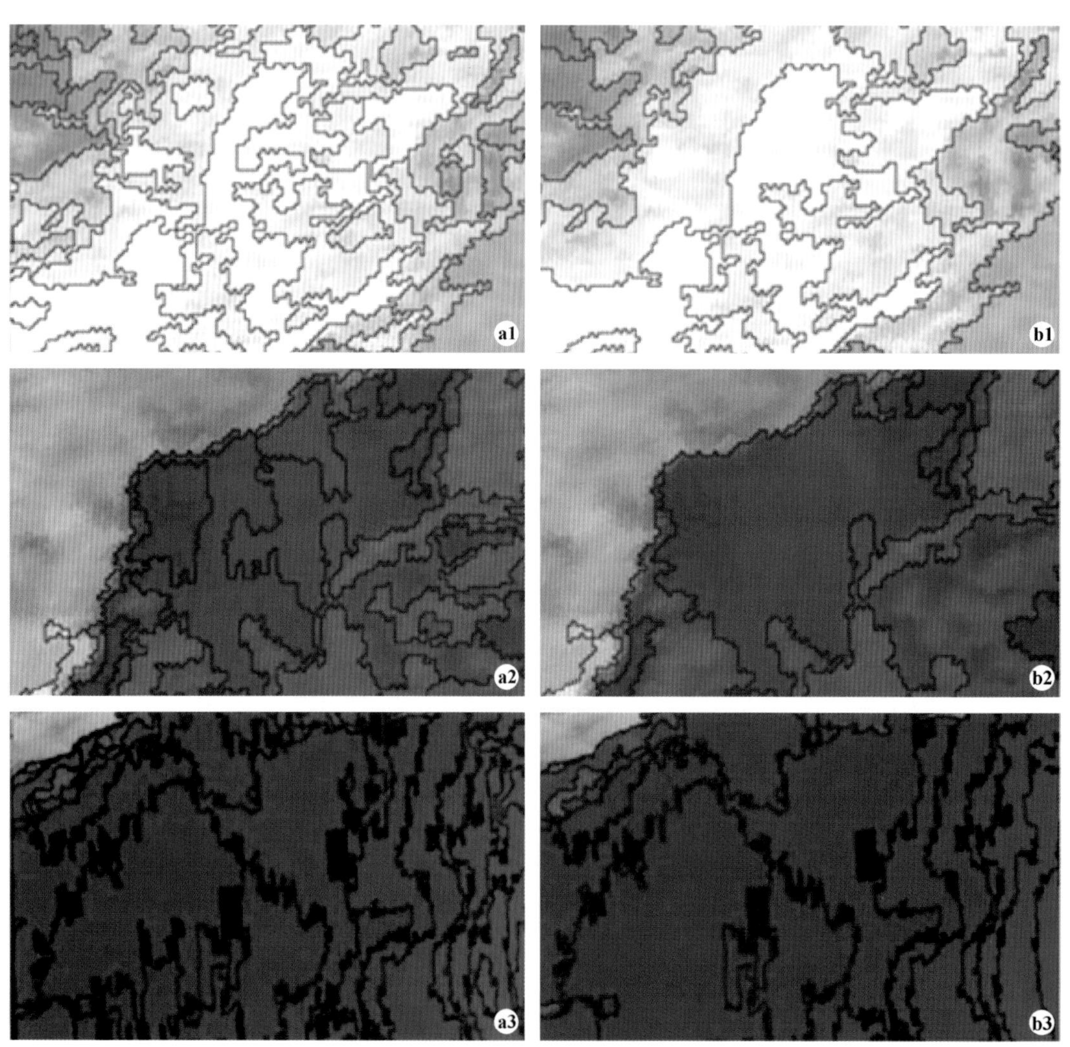

图 2-12　尺度 20（a 列）和 50（b 列）的低空间分辨率影像图像分割对比

a1 和 b1 是厚冰区，a2 和 b2 是薄冰区和海水区交错，a3 和 b3 是海水区；
各影像对象的范围以黑色封闭多边形表示

(a) 薄冰区的两个对象

(b) 海水区的两个对象

图 2-14　两组联结对象的灰度分布空间特性

深灰色表示的是对象 1（灰、白色区域）中和对象 2（虚线框表示）灰度值重叠的区域

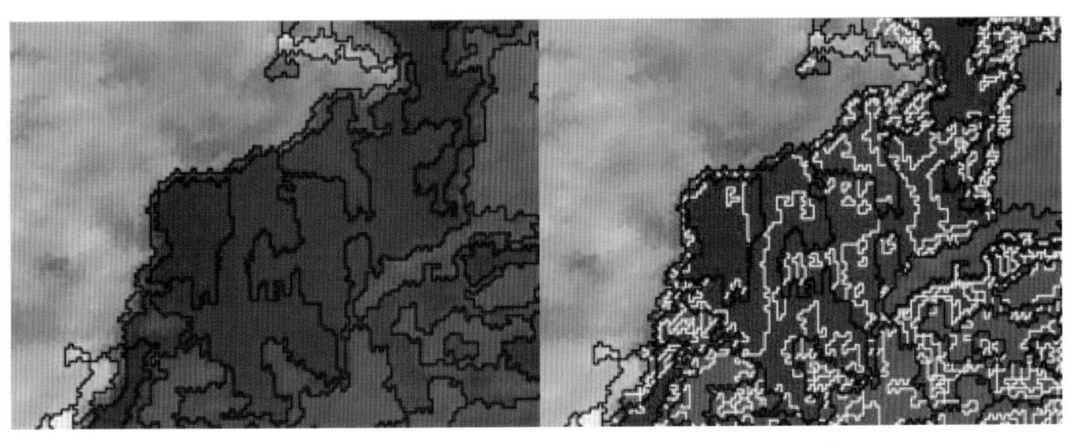

(a) 尺度参数为20　　(b) 尺度参数为10

图 2-16　不同尺度的冰水影像分割结果对比

黑线封闭多边形表示的是尺度参数为 20 的对象，白线封闭多边形是尺度参数为 10 的对象

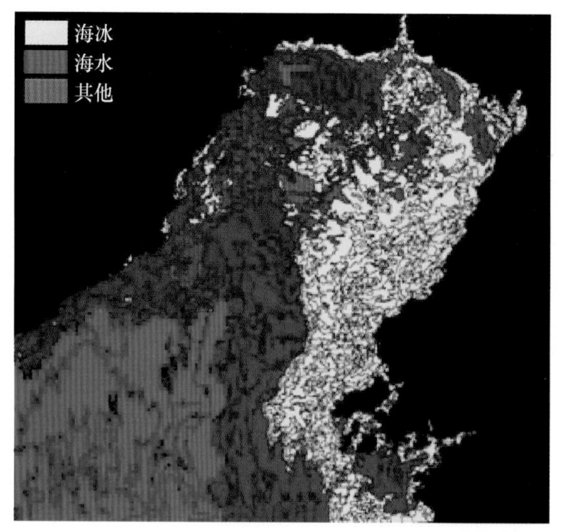

图 2-18　第 1 次冰水影像面向对象分类结果图

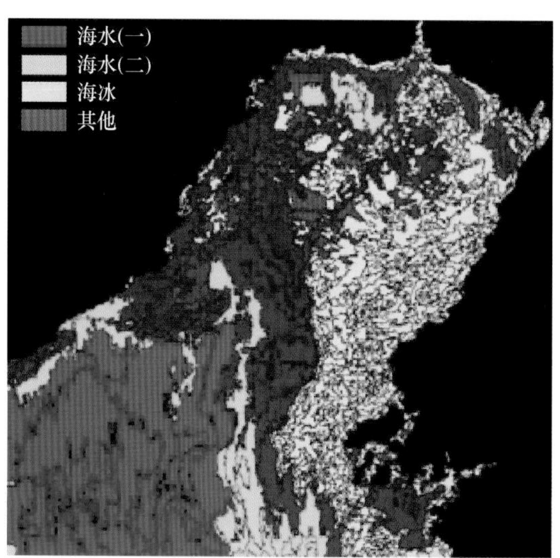

图 2-19　第 2 次冰水影像面向对象分类结果图

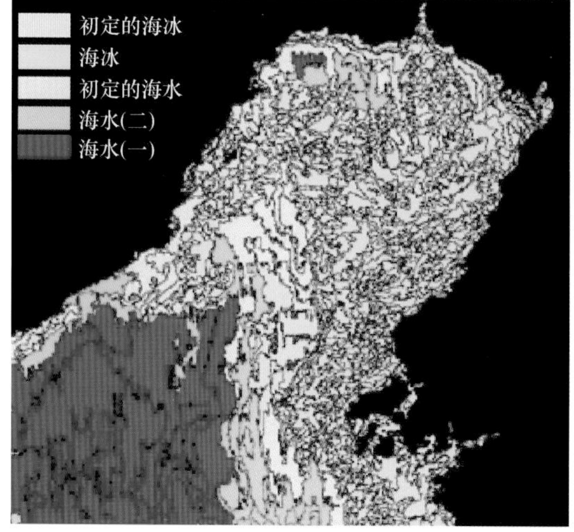

图 2-20　第 3 次冰水影像面向对象分类结果图

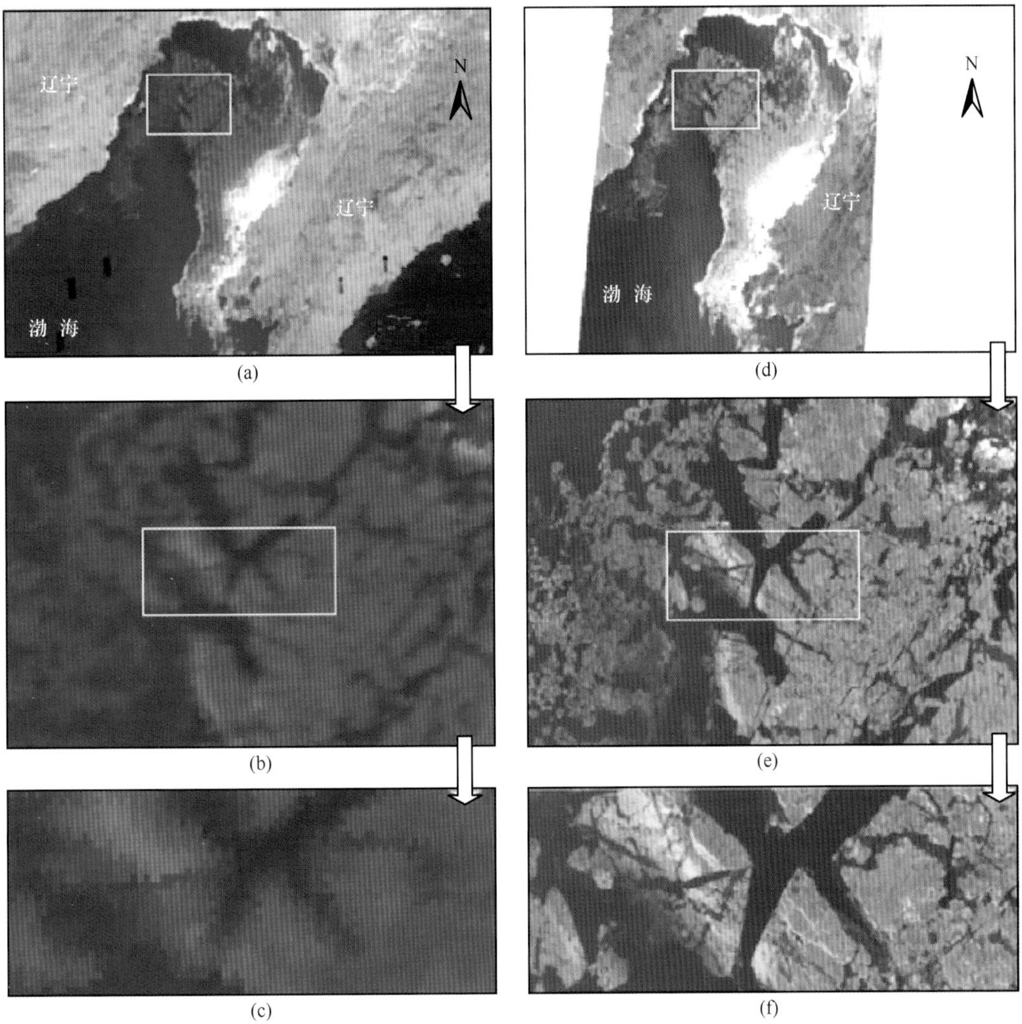

(a) (d)

(b) (e)

(c) (f)

图 2-24　MODIS（左列）和 TM（右列）数据中的冰水边界影像

下图是上图中白色矩形框范围的影像

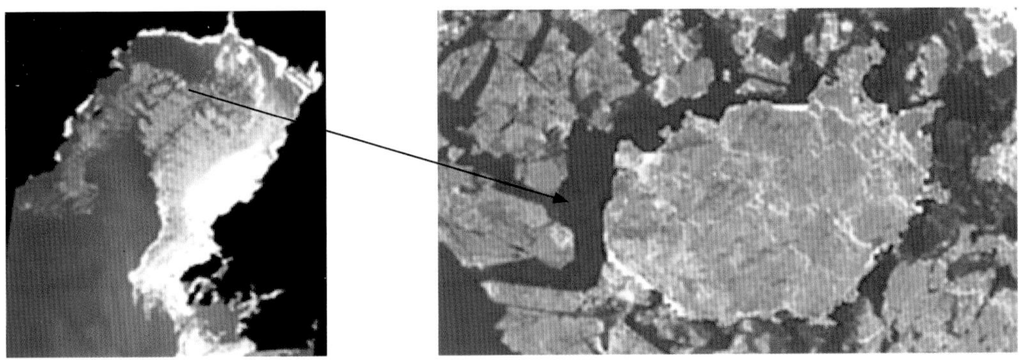

图 2-31　冰水混合像元的研究区

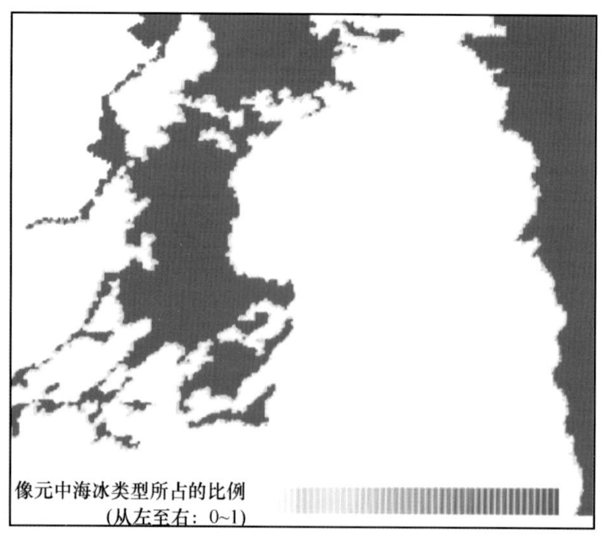

图 2-34　冰水混合像元分解结果（方法一）

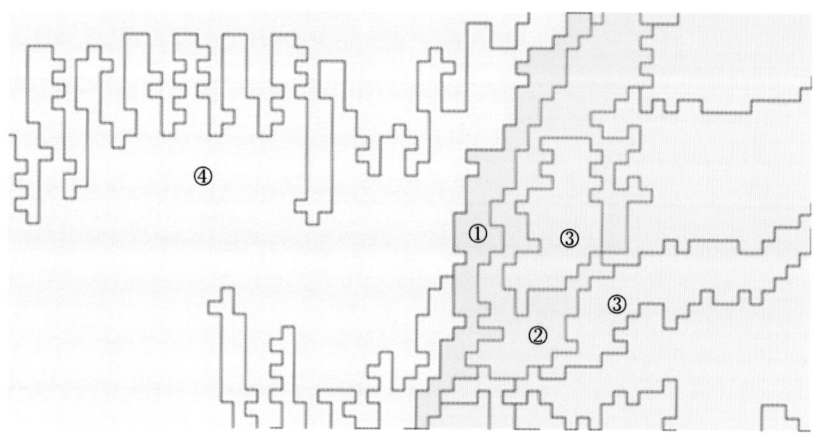

图 2-35　冰区边缘的对象图斑示意图

黑色多边形表示是影像对象的范围；黄色①、浅黄色②、土黄色③是海冰类型对象；蓝色④是海水类型对象；其中黄色为冰水交界的海冰类型对象

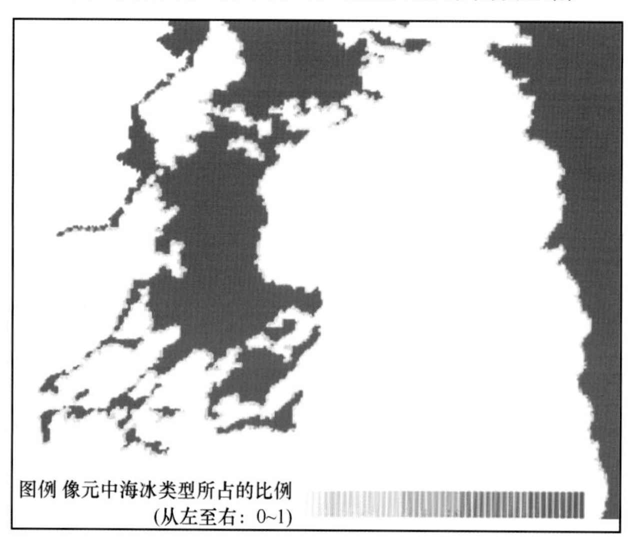

图 2-36　冰水混合像元分解结果（方法二）

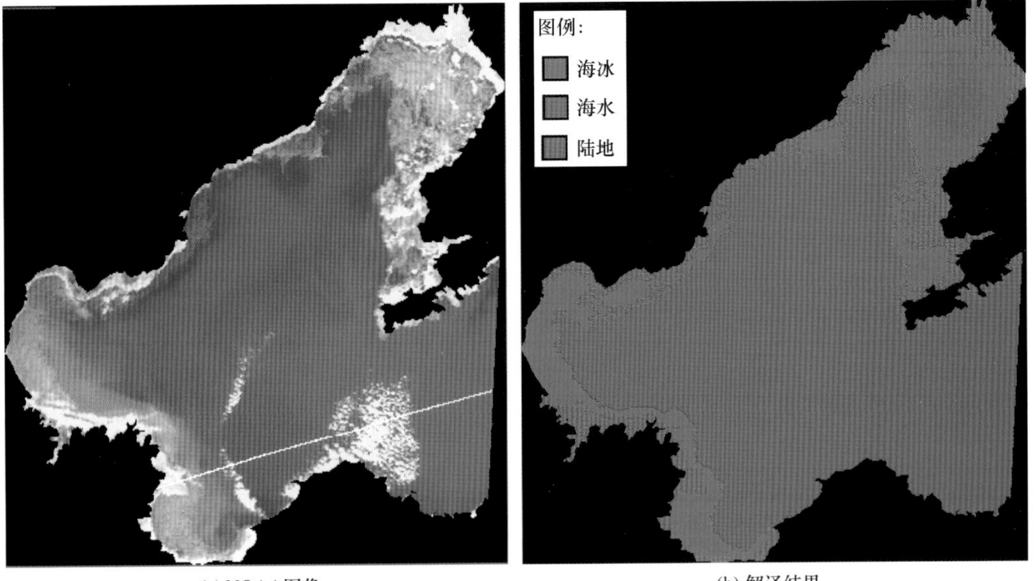

(a) NOAA图像　　(b) 解译结果

图 3-7　2003 年 1 月 7 日 NOAA 图像及解译结果图

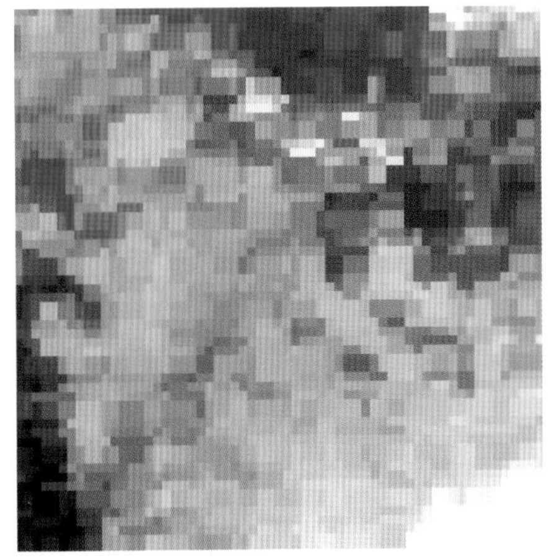

图 3-9　NOAA 影像样本

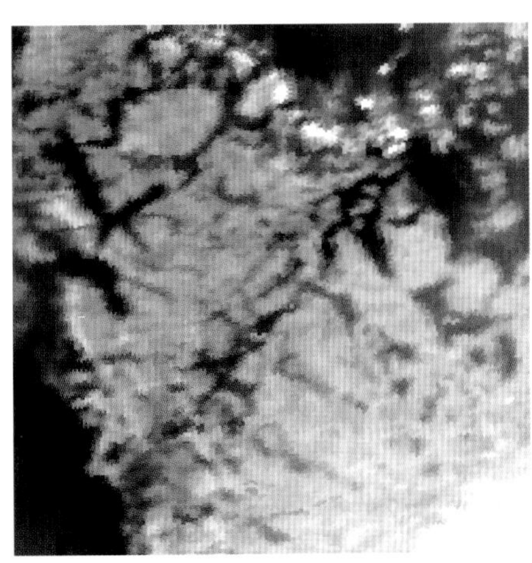

图 3-10　MODIS 影像样本

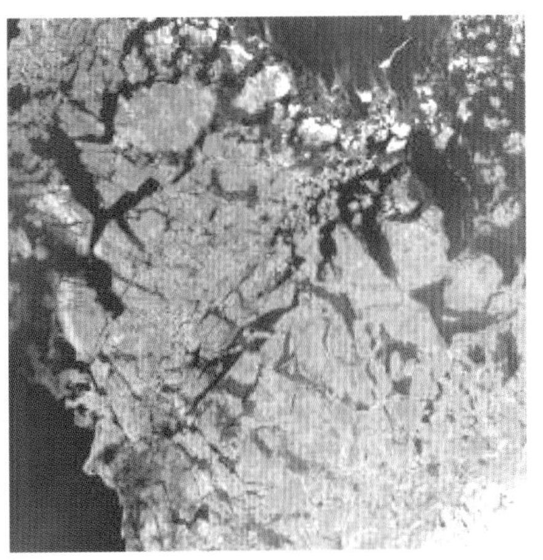

图 3-11　TM 影像样本

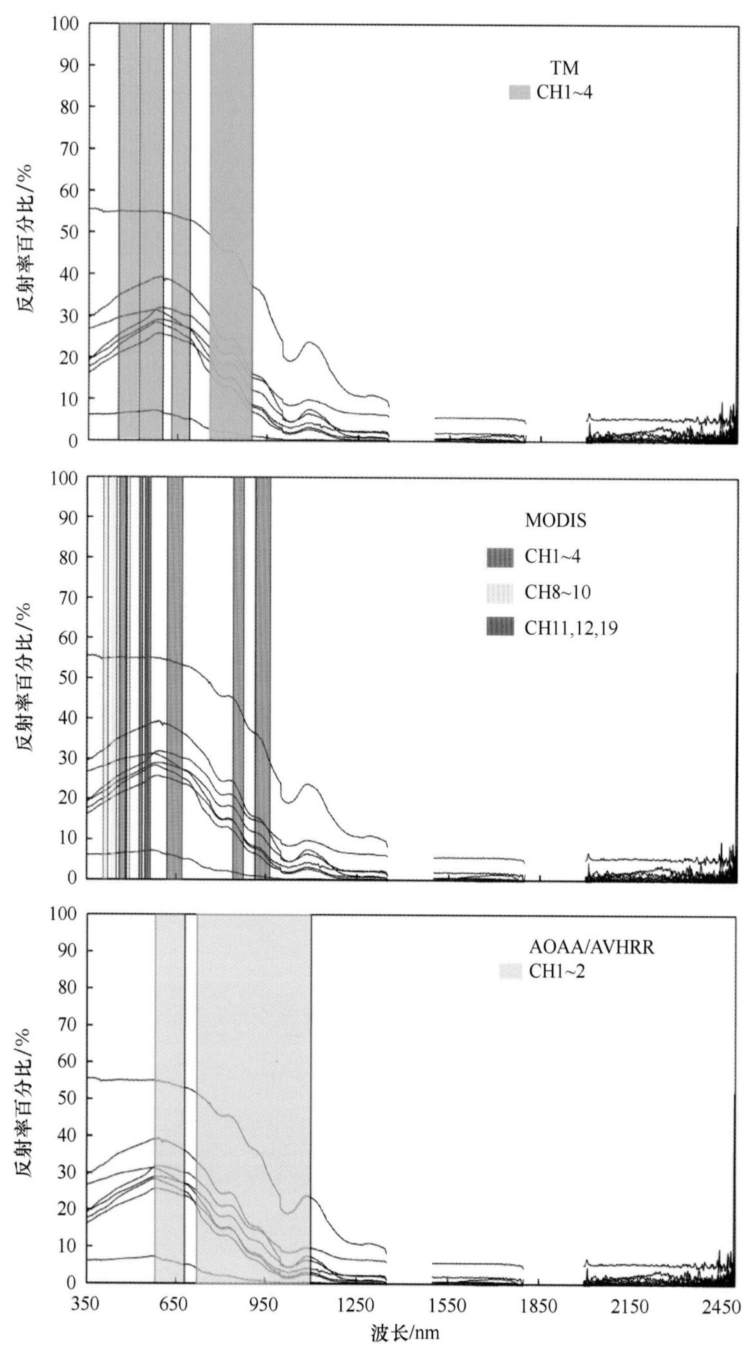

图 5-12　TM、NOAA/AVHRR 及 MODIS 数据可见光各通道对应的海冰反射光谱的位置

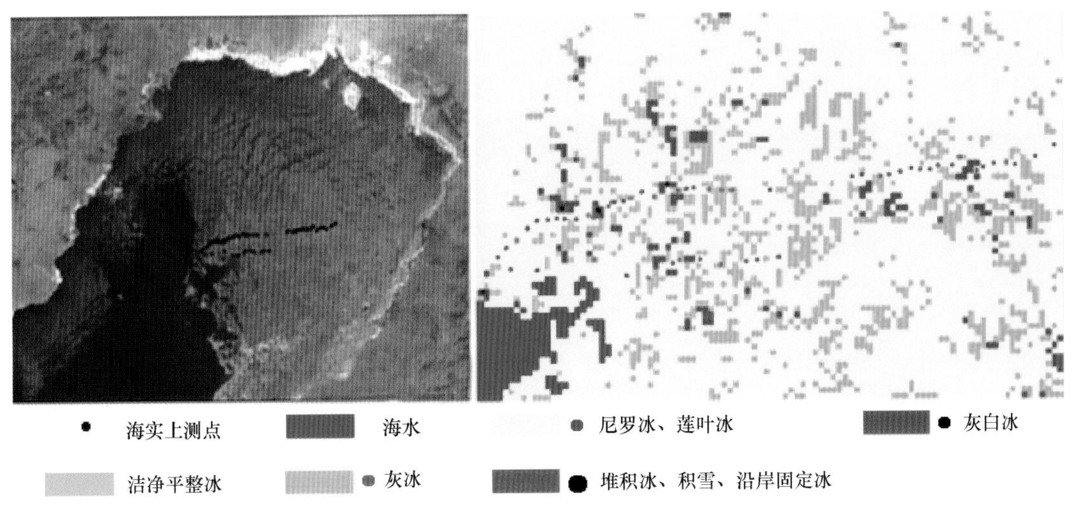

图 5-17　同步实测点位置及对应的海冰影像厚度范围划分

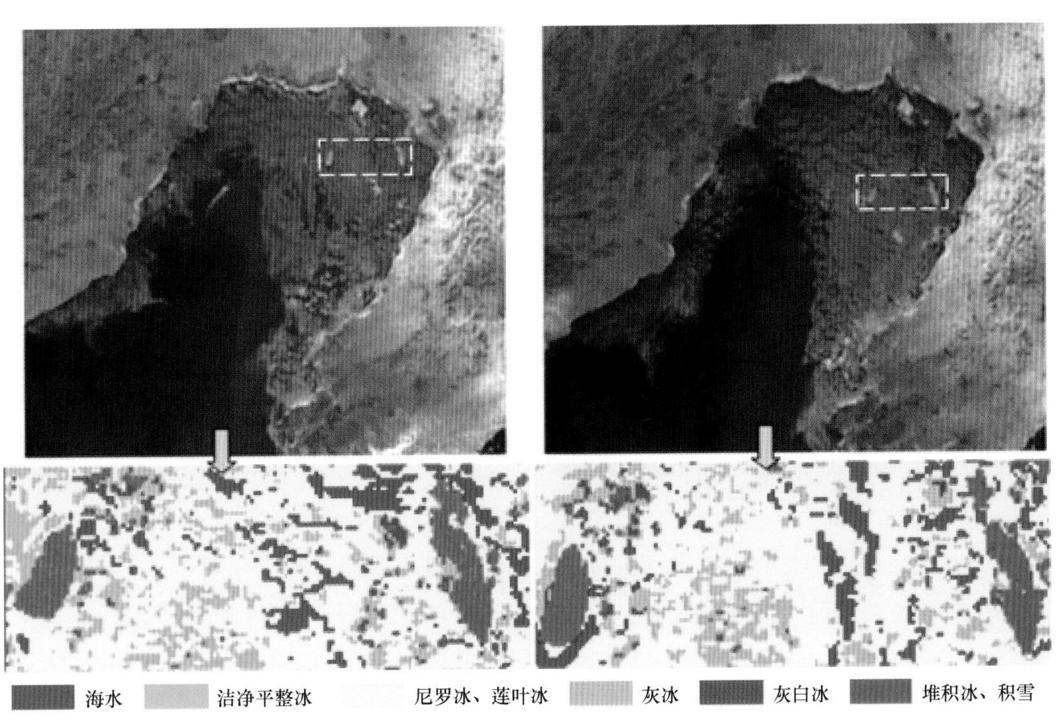

图 5-18　两幅影像的实验样区及海冰厚度范围划分结果图

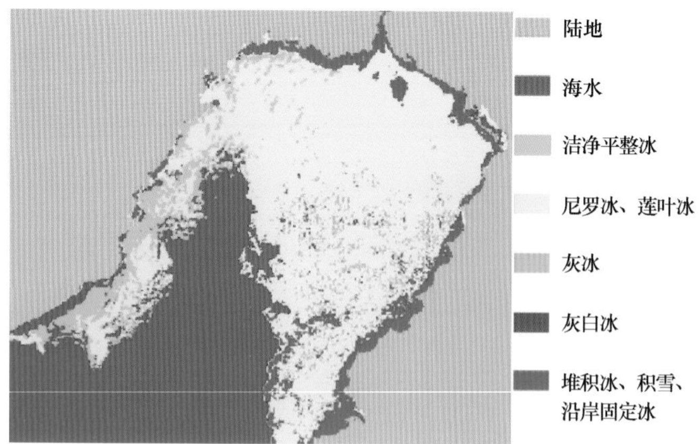

图 5-21　洁净平整冰提取结果示意图

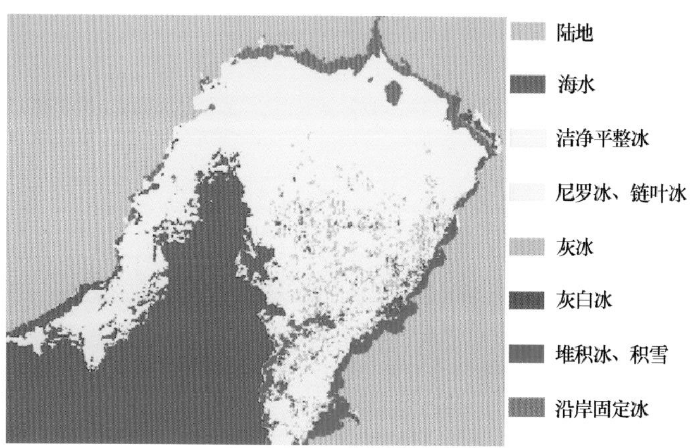

图 5-22　沿岸固定冰提取结果示意图

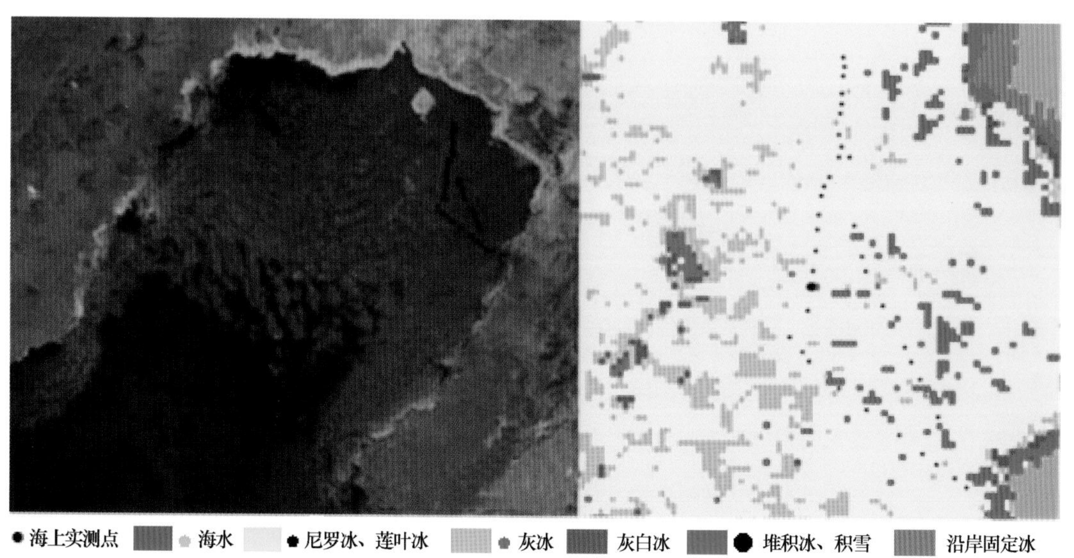

图 5-23　同步实测点位置及对应的影像厚度范围划分

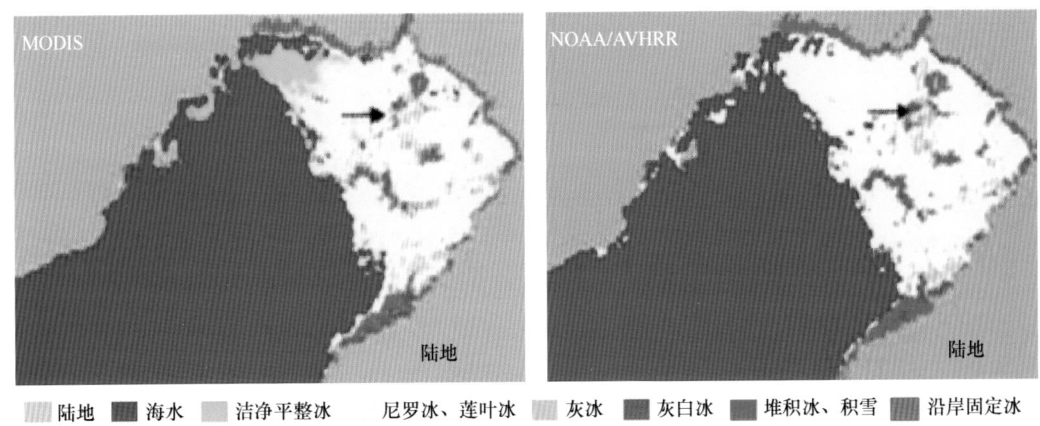

图 5-24　影像冰厚信息提取结果

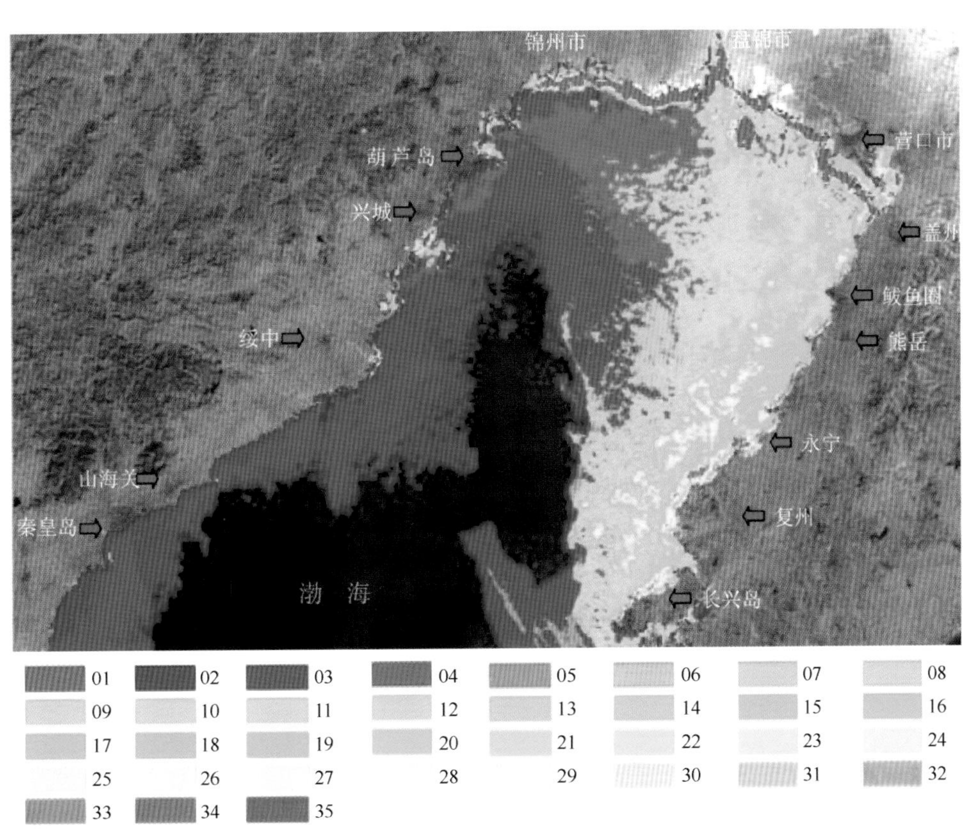

图 5-25　典型冬季渤海北部冰情分类图

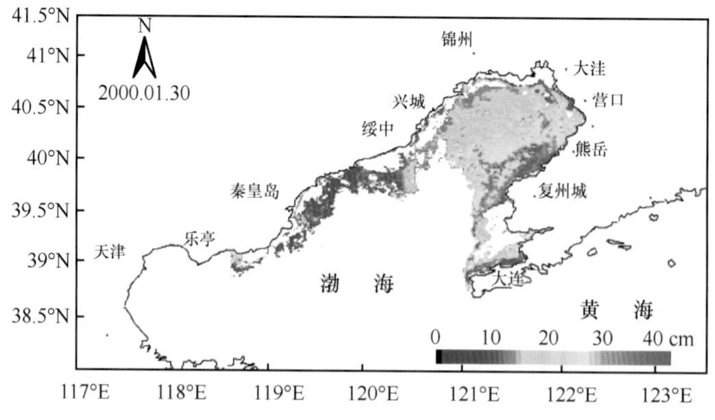

图 5-28　2000 年 1 月 30 日遥感反演的渤海海冰冰况图

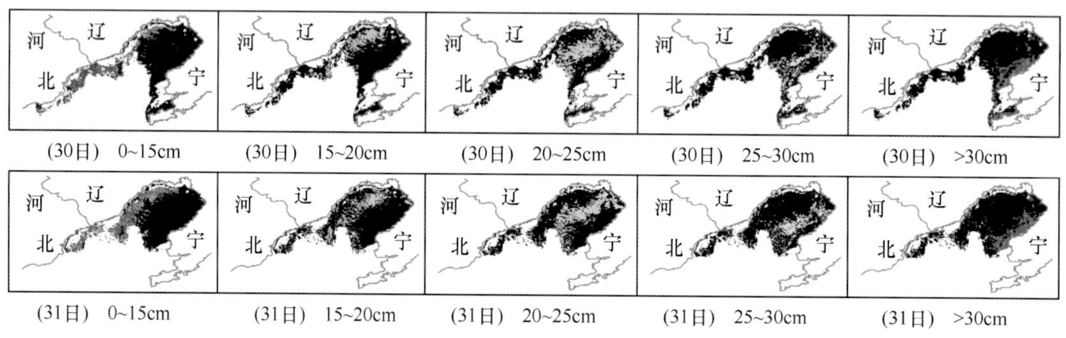

图 5-31　2000 年 1 月 30 日、31 日渤海辽东湾各个厚度等级的海冰分布图

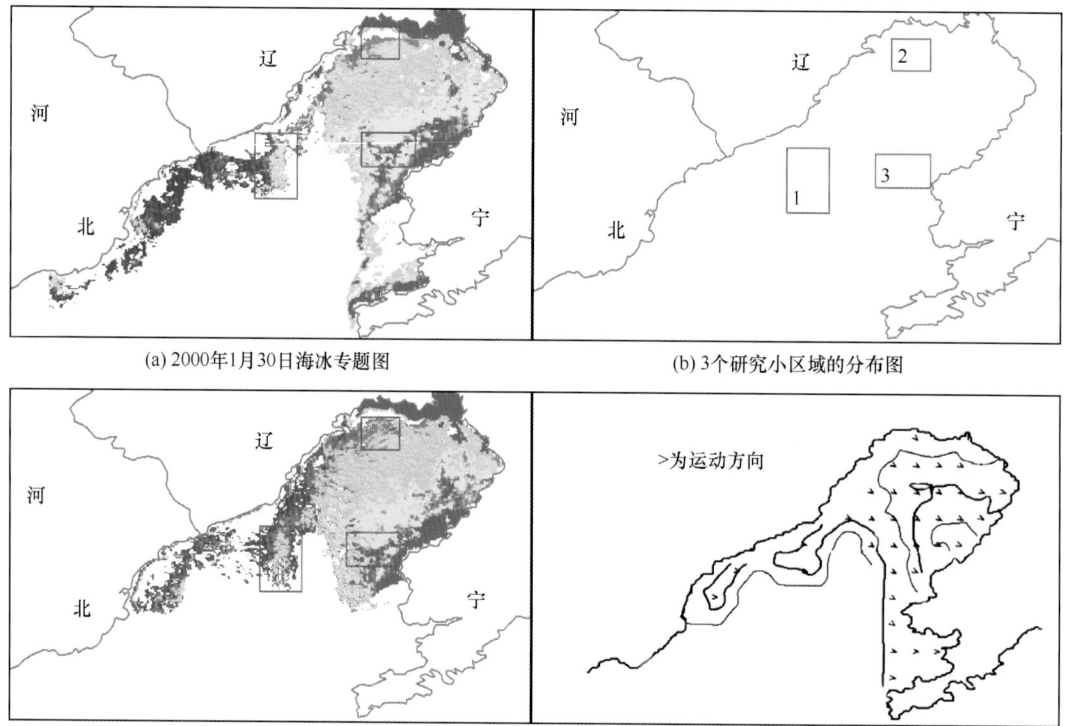

图 5-32　2000 年 1 月 30 日、31 日渤海辽东湾三个小区域的海冰运动分析

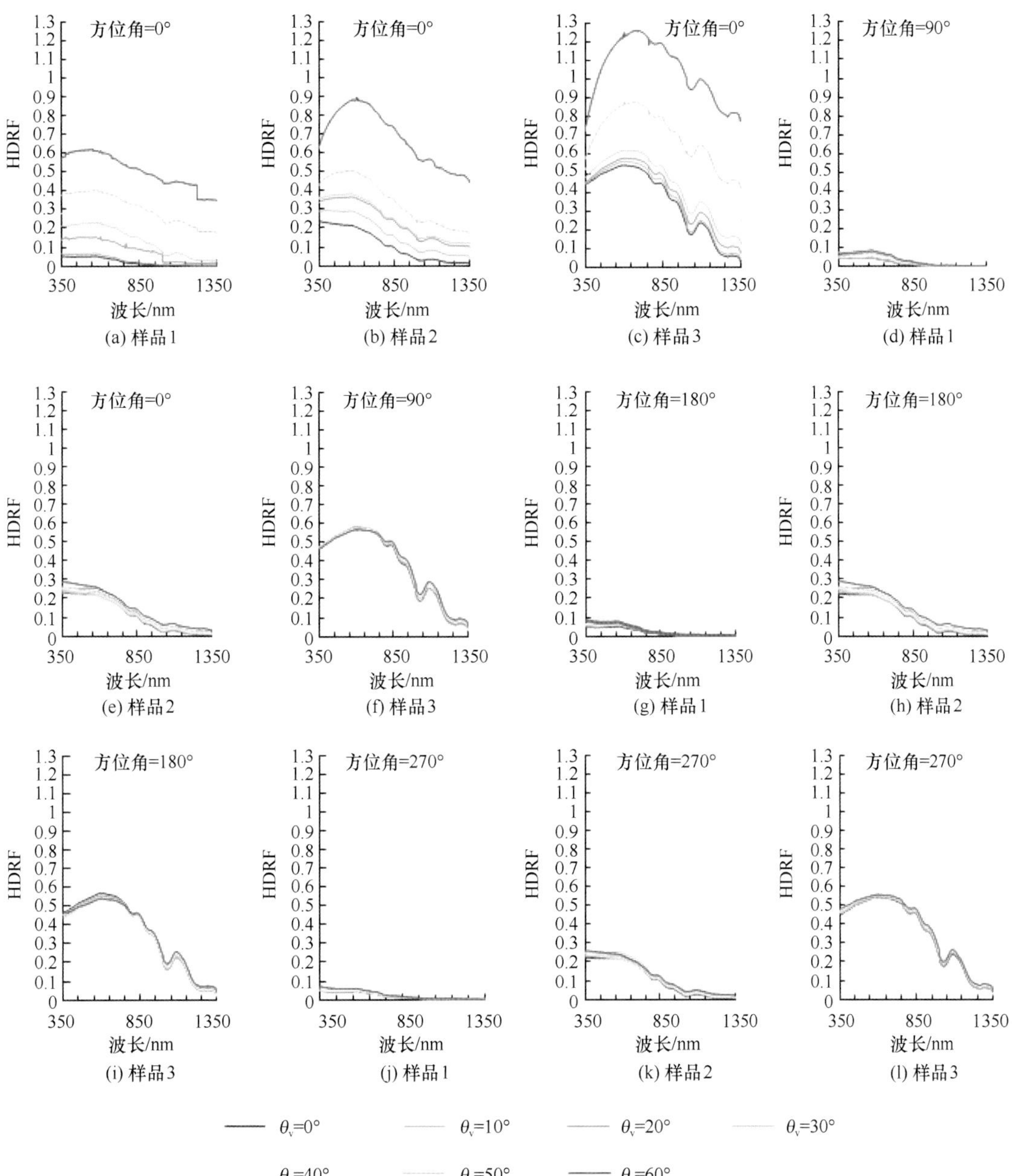

图 5-37　不同观测方向上的 HDRF 光谱

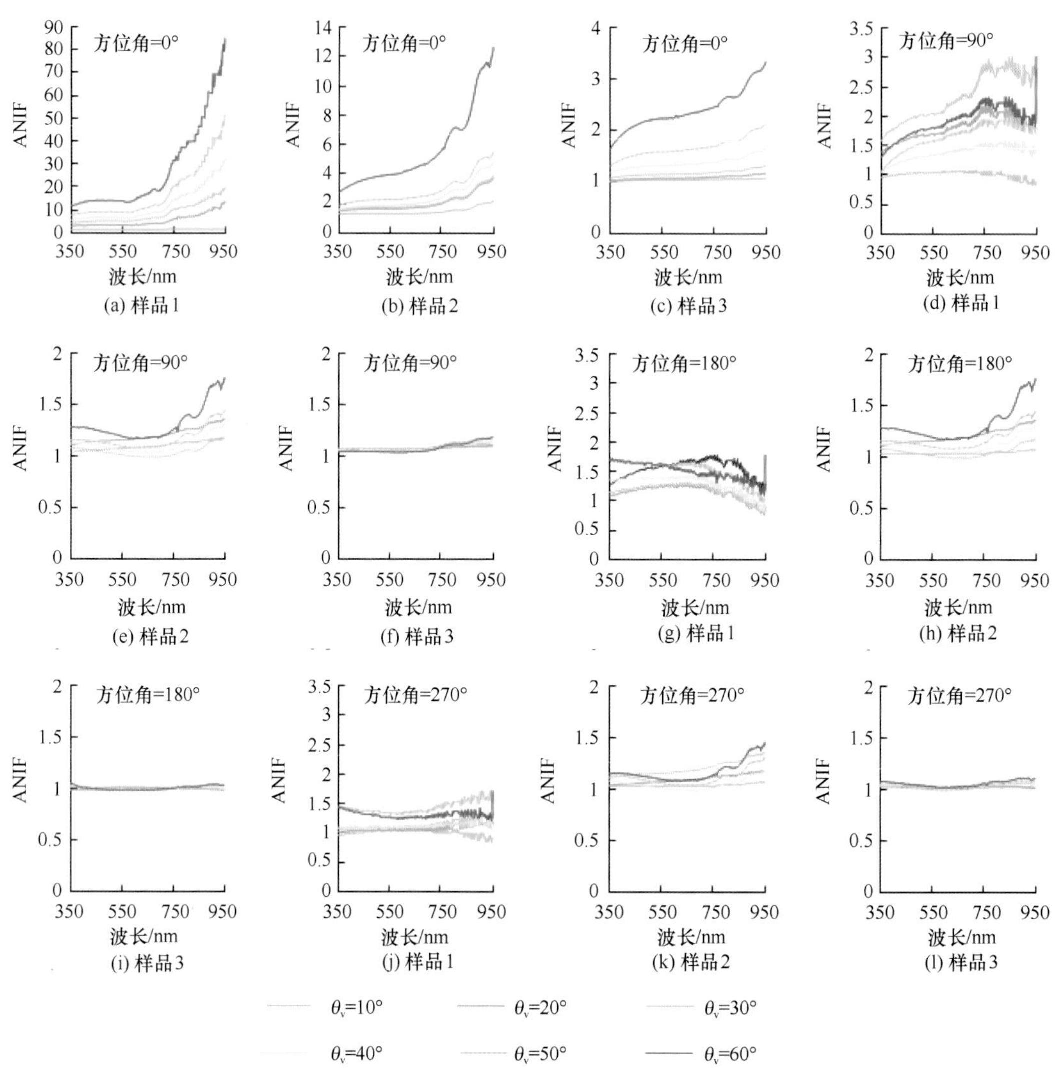

图 5-38　不同观测方向上的 ANIF 光谱

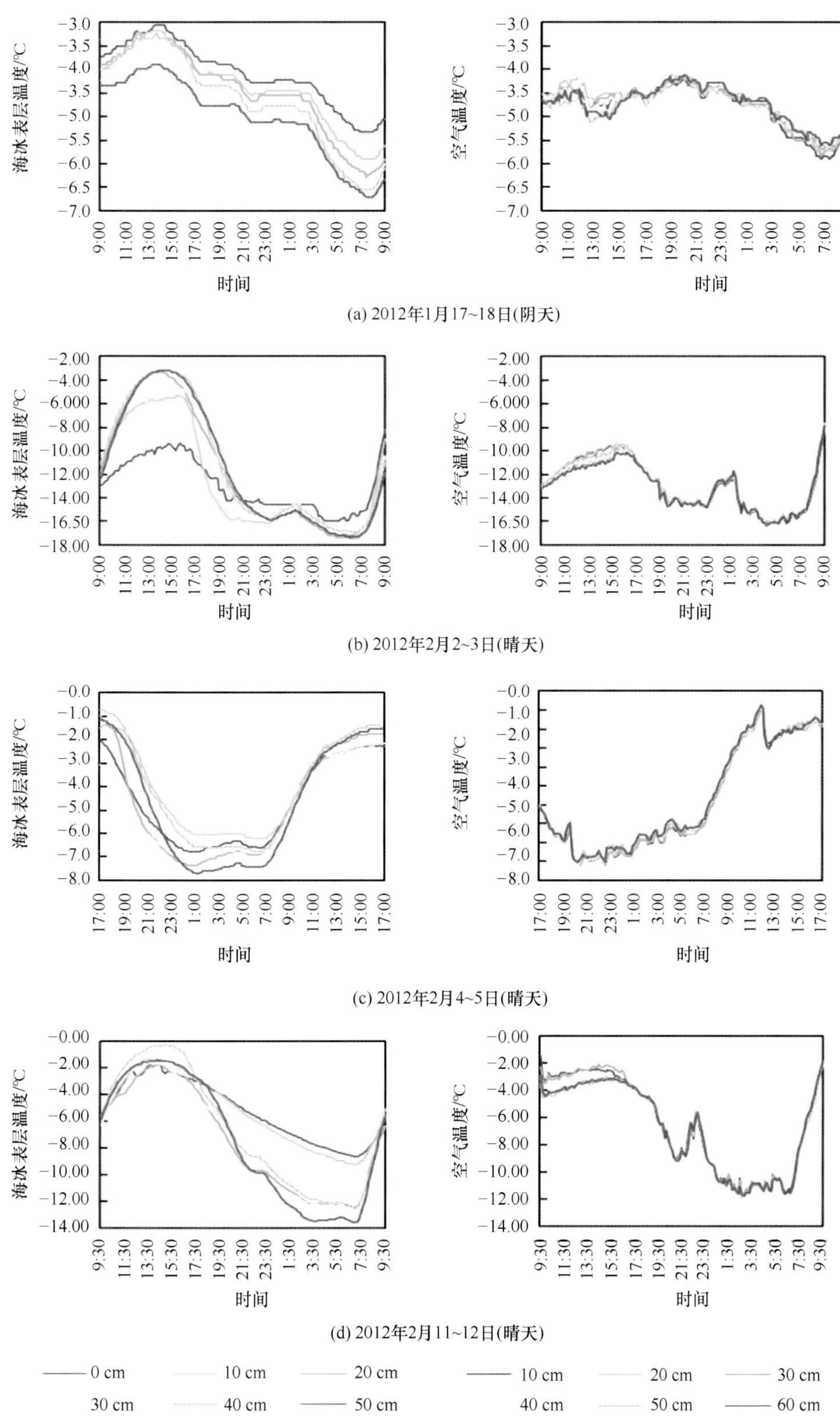

图 5-42　不同凸出高度海冰表层温度和不同高度的空气温度

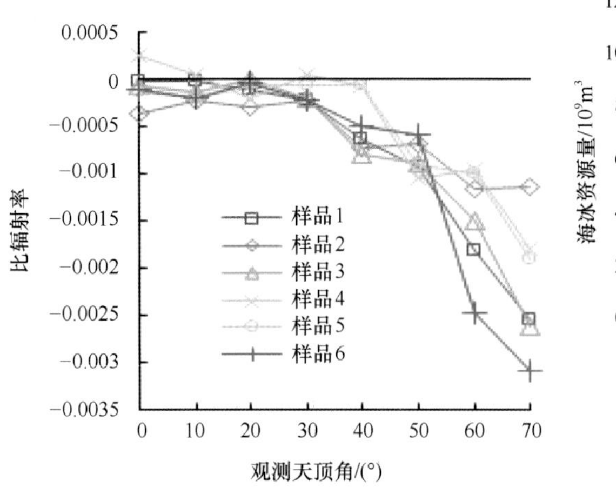

图 5-45　辐射率随天顶角的变化率

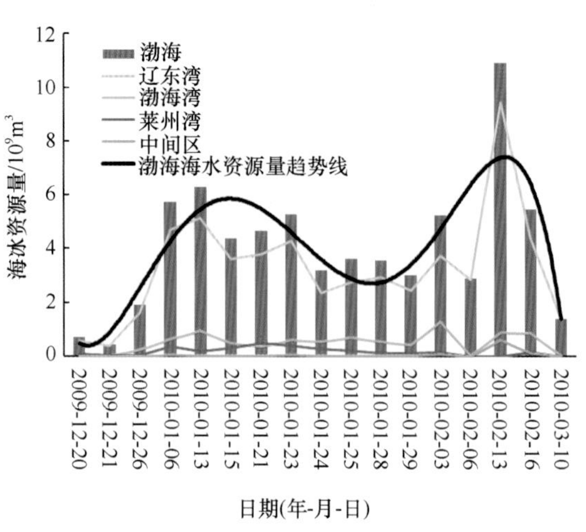

图 7-31　2009-2010 年冬季渤海海冰资源量

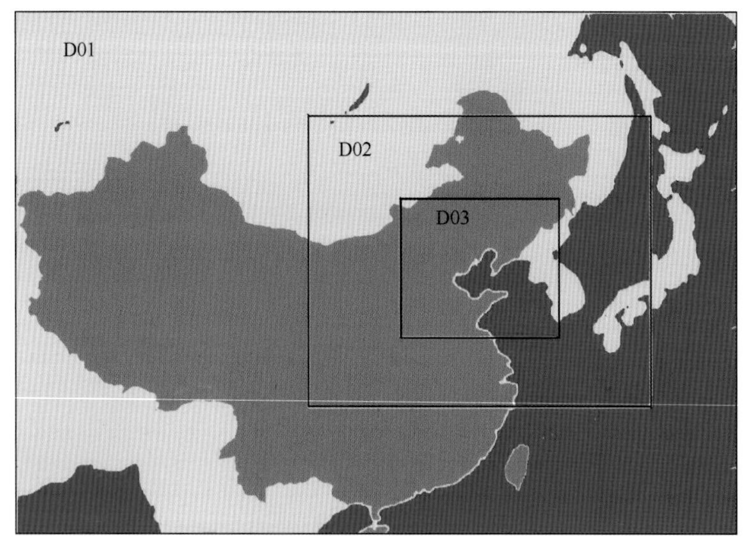

图 8-22　模式运行区域

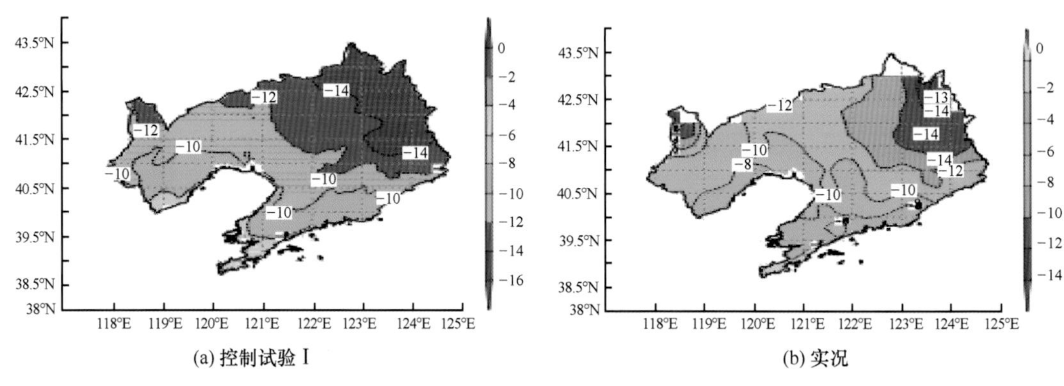

图 8-24　控制试验 I (a) 和实况 (b) 的辽宁省月平均气温分布（单位：℃）

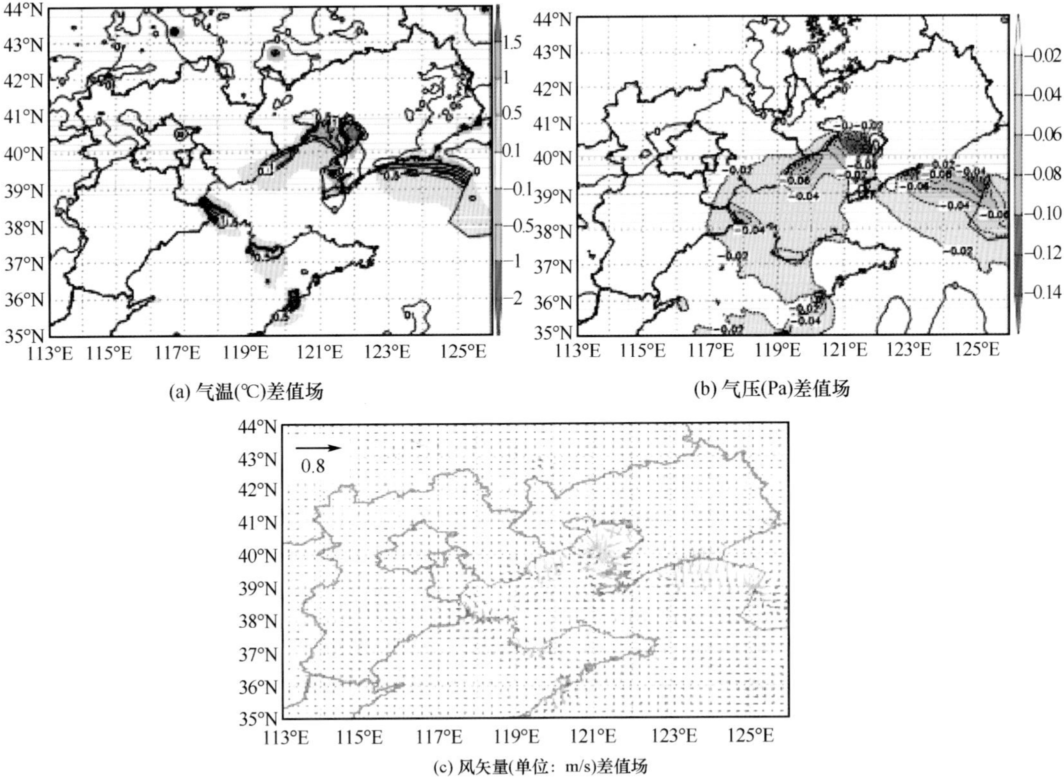

图 8-25　控制试验Ⅱ与控制试验Ⅰ的气象要素月平均差值场

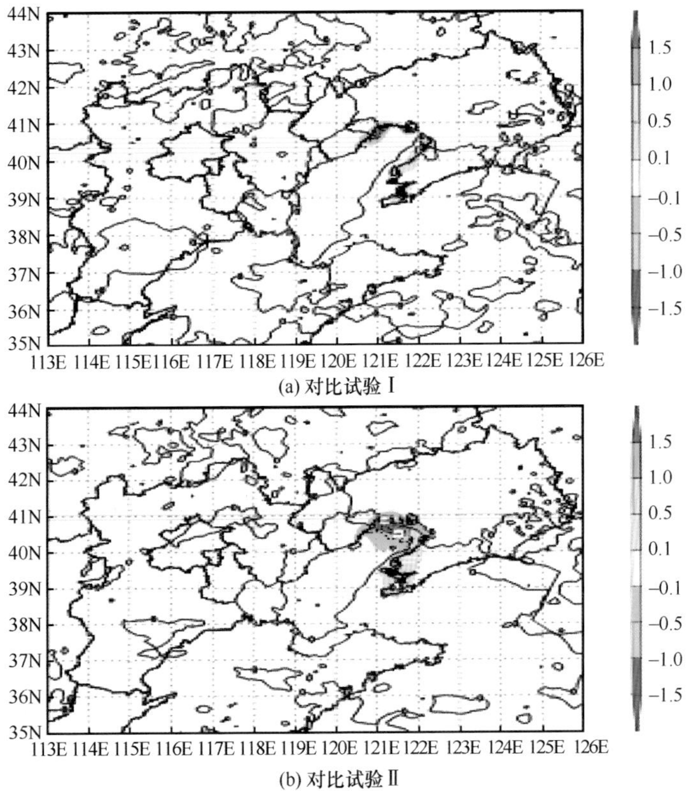

图 8-26　对比试验与控制试验Ⅱ的月平均气温差值场（单位：℃）

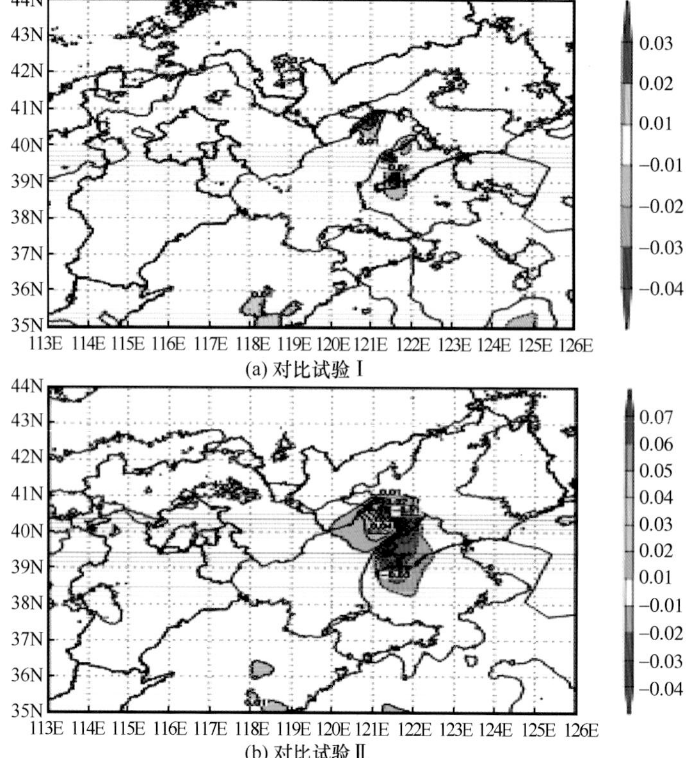

图 8-27　对比试验与控制试验 II 的月平均海平面气压差值场（单位：Pa）

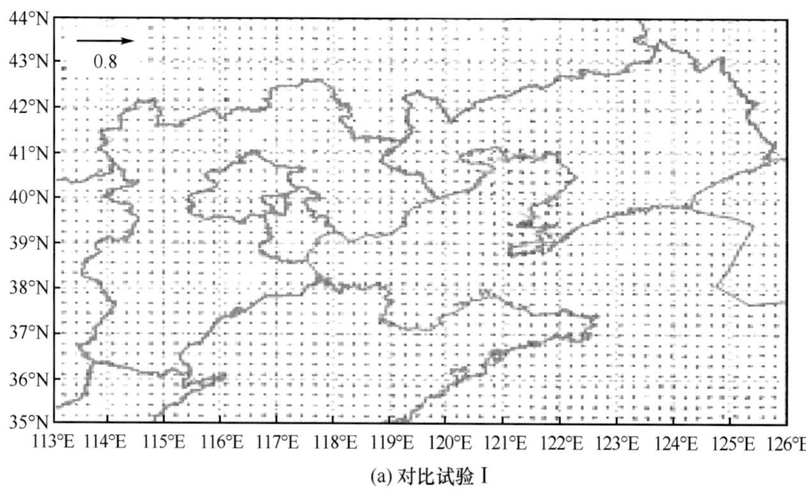

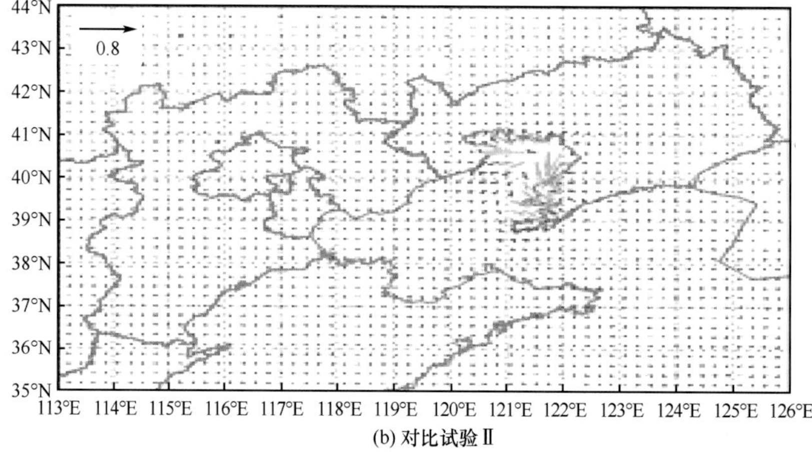

图 8-28　对比试验与控制试验 II 的月平均 10m 风矢量差值场（单位：m/s）

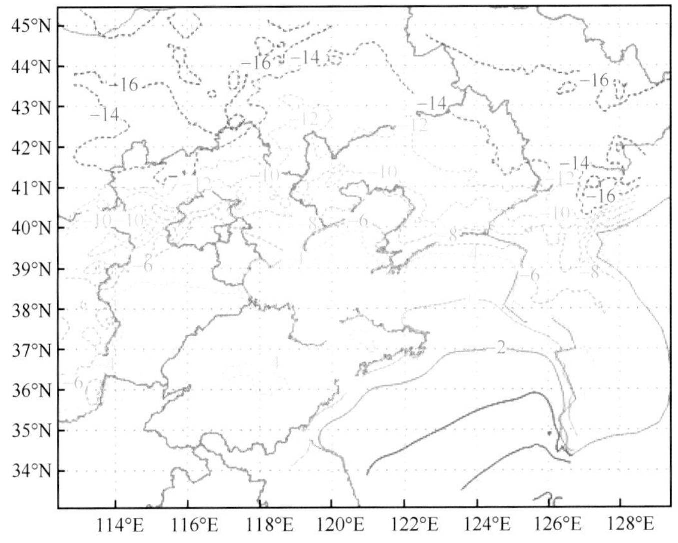

图 8-29　控制实验Ⅱ的辽宁省月平均气温分布

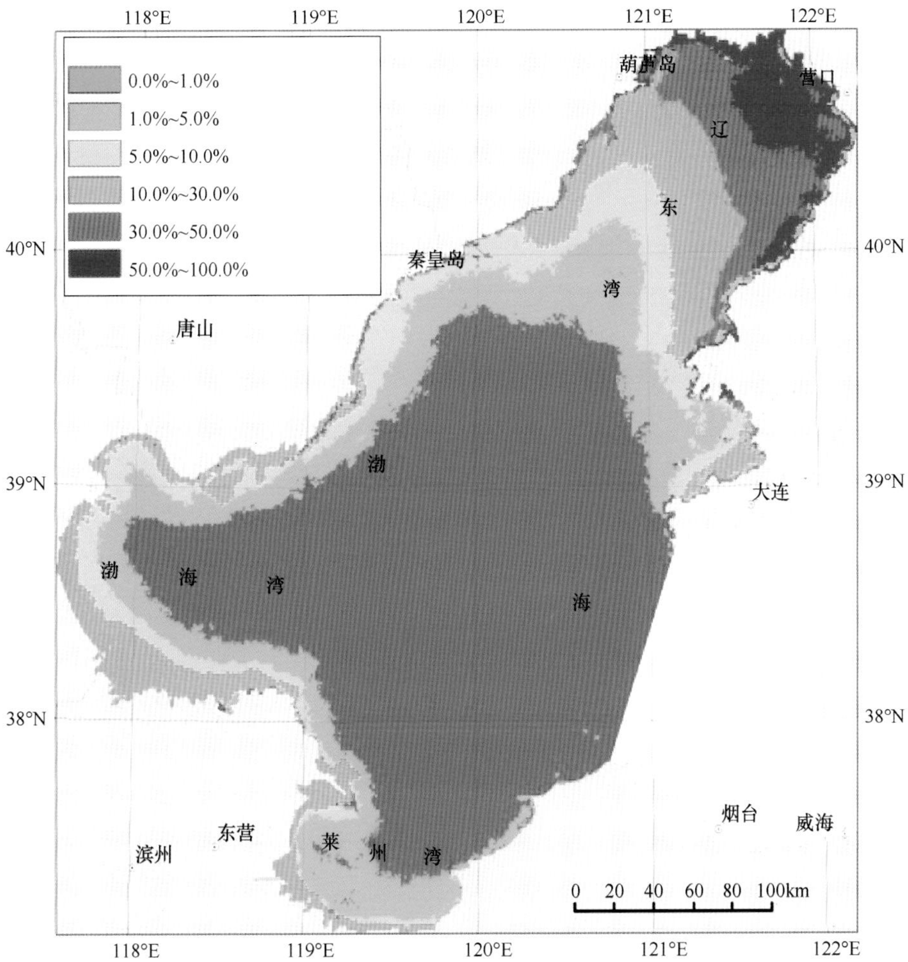

图 10-1　渤海冬季 10cm 以上厚度海冰出现频率分布

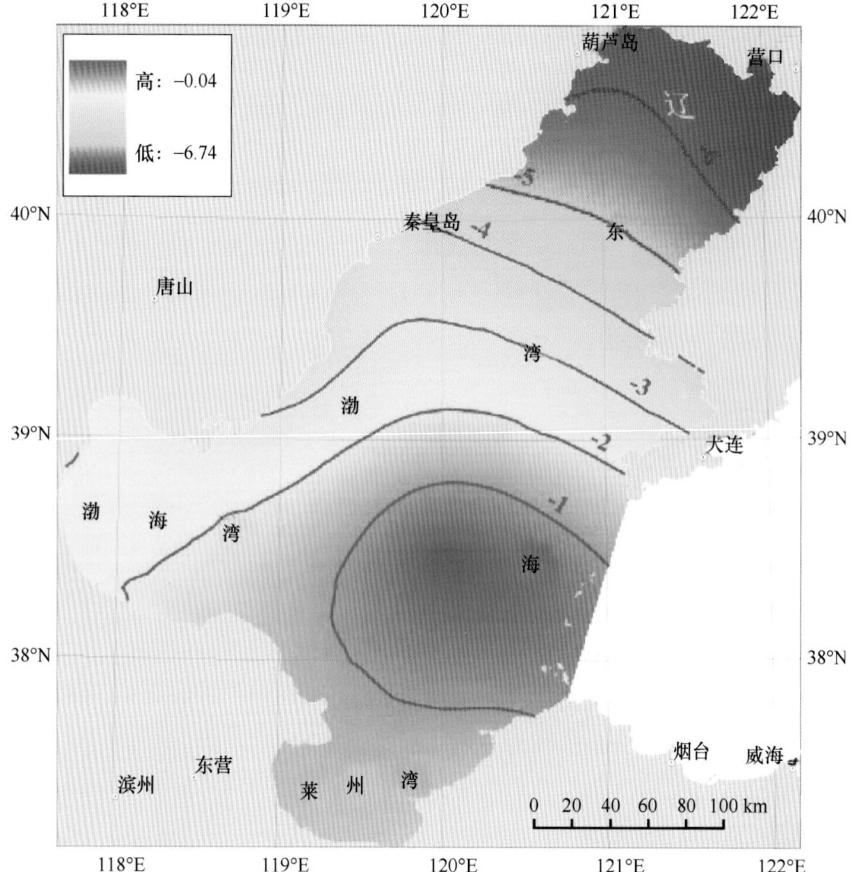

图 10-7　渤海冬季平均气温分布

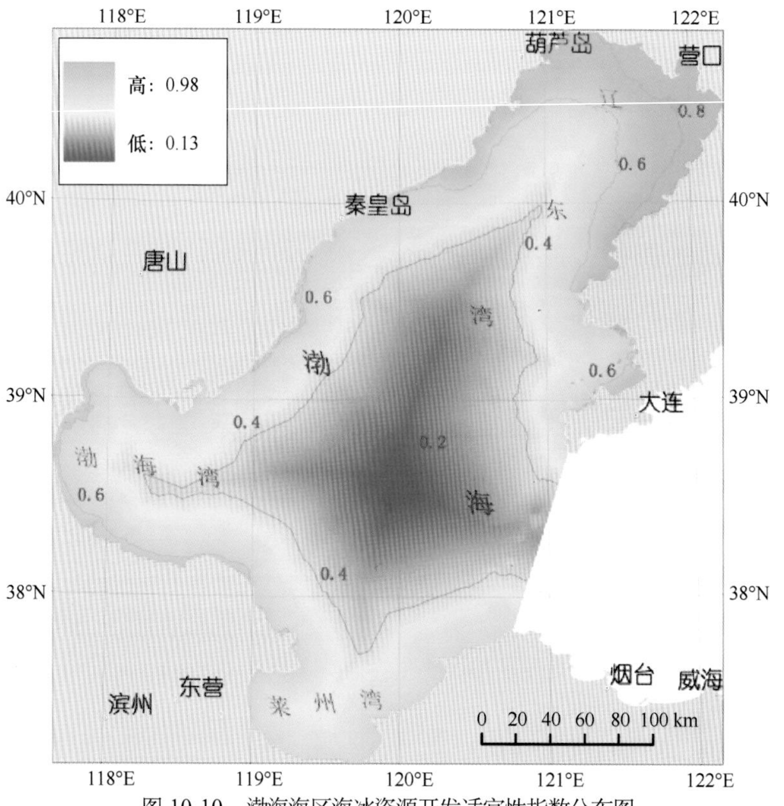

图 10-10　渤海海区海冰资源开发适宜性指数分布图

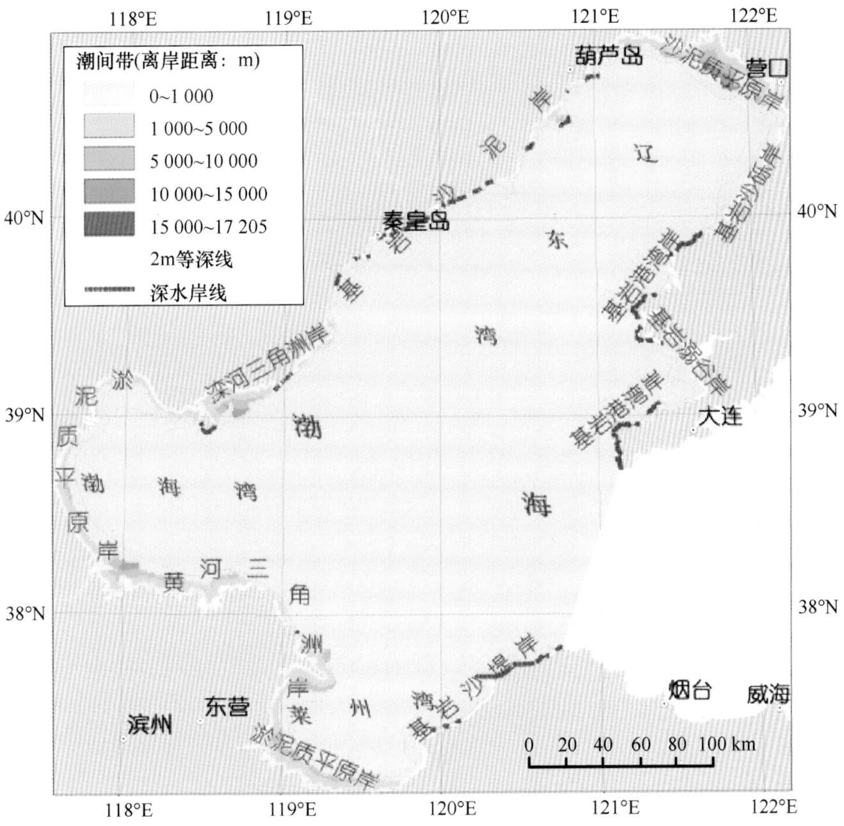

图 10-11　渤海海岸海冰资源开发条件示意图

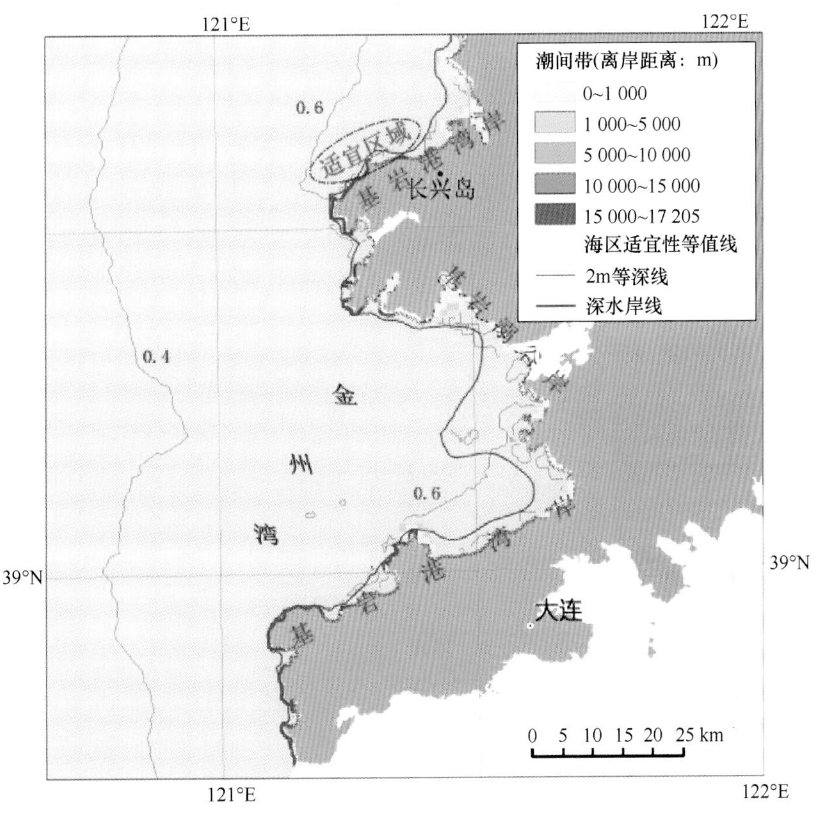

图 10-12　辽东湾东岸南部海冰资源开发区位分析

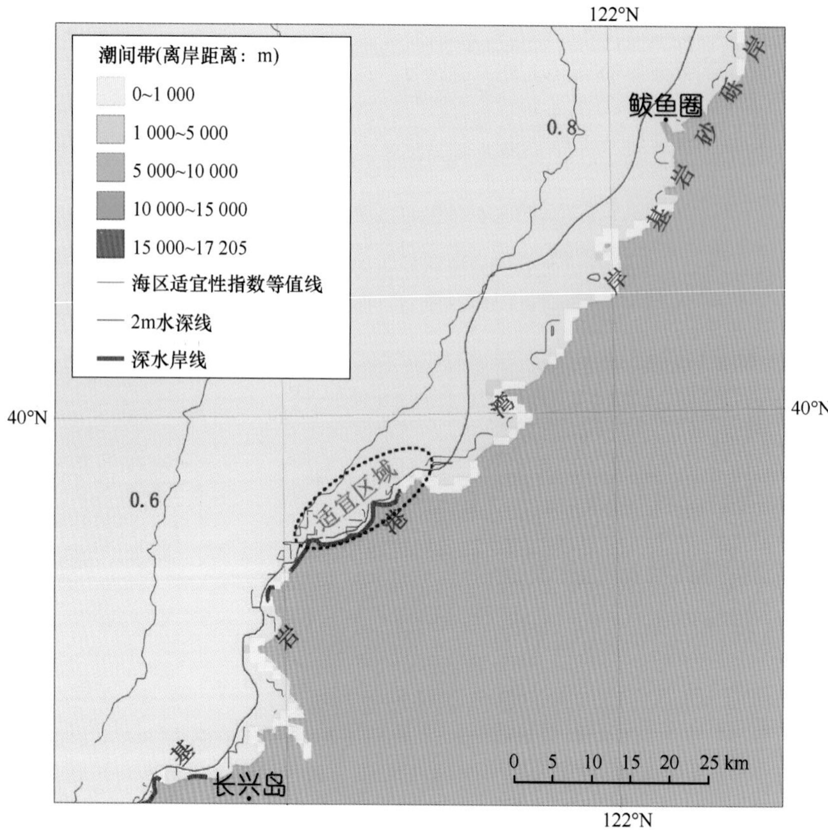

图 10-13　辽东湾东岸北部海冰资源开发区位分析

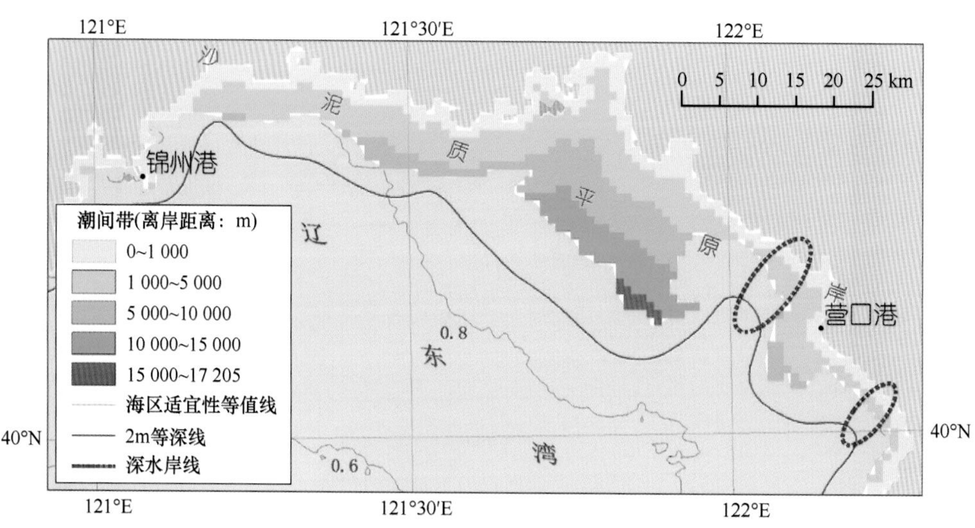

图 10-14　辽东湾顶地区海冰资源开发区位分析

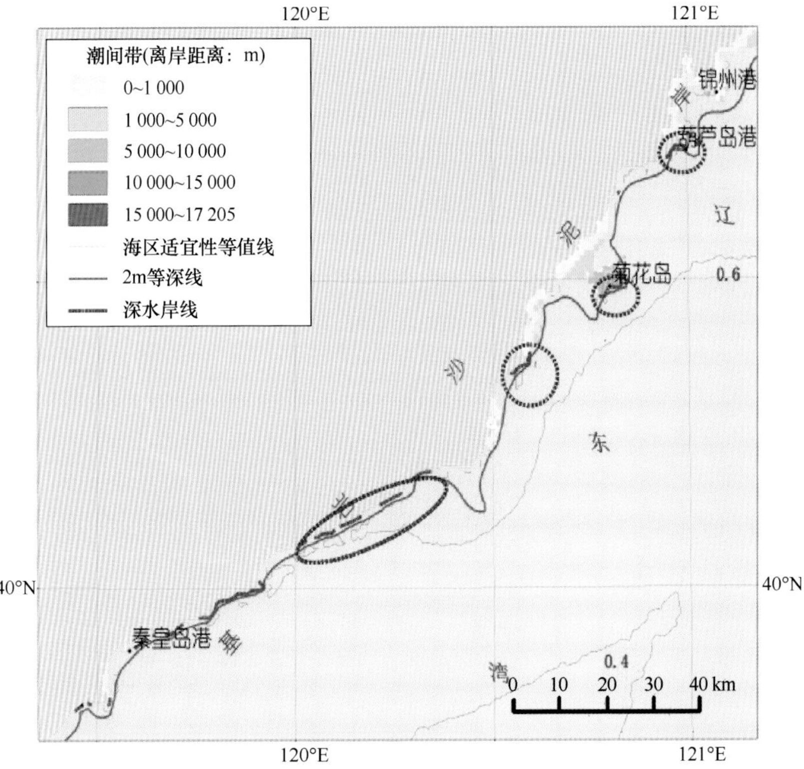

图 10-15　辽东湾西岸地区海冰资源开发区位分析

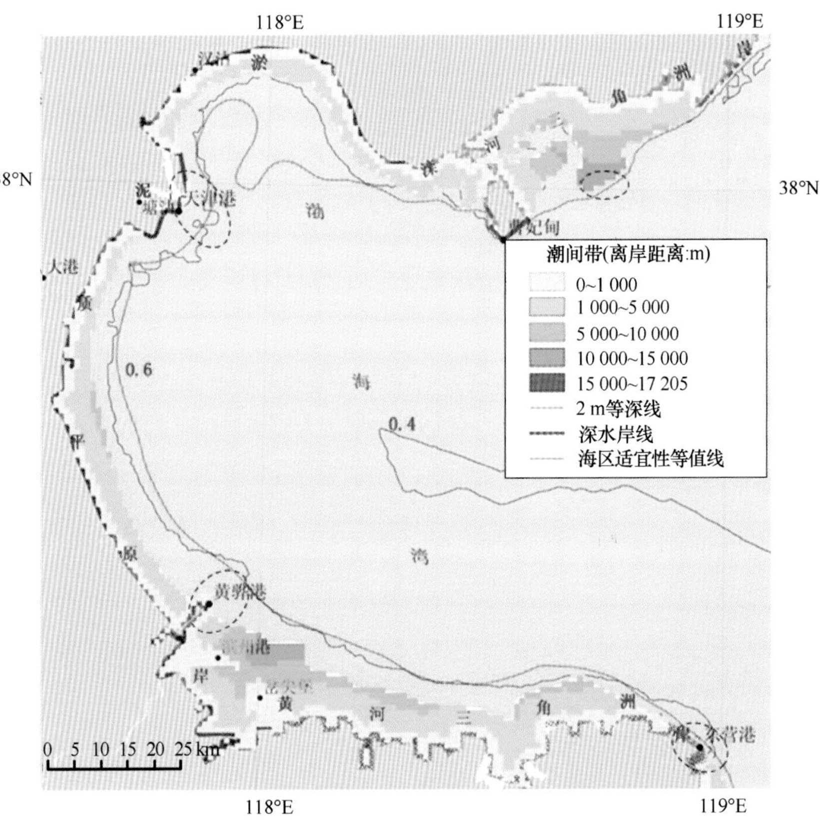

图 10-16　渤海湾地区海冰资源开发区位分析

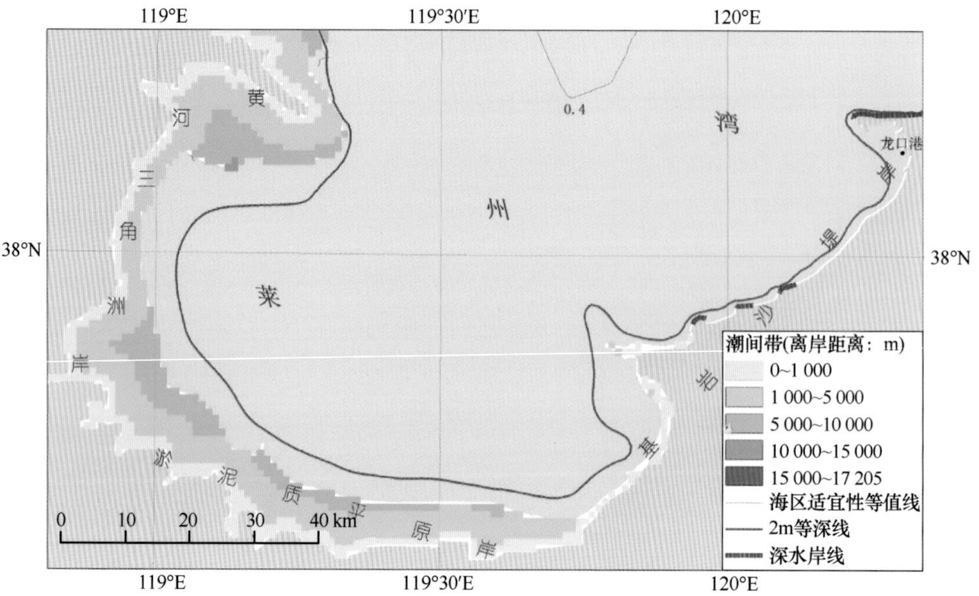

图 10-17　莱州湾地区海冰资源开发区位分析